"十四五"职业教育国家规划教材

全国高等职业教育药品类专业
国家卫生健康委员会"十三五"规划教材

供药学、药物制剂技术、化学制药技术、
生物制药技术等专业用

药物制剂技术

第 3 版

主　编　张健泓

副主编　杜月莲　何　静　徐宁宁

编　者　（以姓氏笔画为序）

王峥业（江苏省徐州医药高等职业学校）
苏　红（大庆医学高等专科学校）
杜月莲（山西药科职业学院）
李　辉（湖南中医药高等专科学校）
李　寨（天津医学高等专科学校）
杨媛媛（南阳医学高等专科学校）
何　静（重庆医药高等专科学校）
何国熙（广州白云山明兴制药有限公司）
邹玉繁（广东食品药品职业学院）
张健泓（广东食品药品职业学院）
张海松（江苏省徐州医药高等职业学校）
徐宁宁（徐州生物工程职业技术学院）
潘卫东（江苏省连云港中医药高等职业技术学校）
戴晓侠（山东药品食品职业学院）

人民卫生出版社

图书在版编目（CIP）数据

药物制剂技术/张健泓主编.—3版.—北京：人民卫生出版社，2018

ISBN 978-7-117-26500-3

Ⅰ.①药… Ⅱ.①张… Ⅲ.①药物-制剂-技术-高等职业教育-教材 Ⅳ.①TQ460.6

中国版本图书馆CIP数据核字（2018）第088854号

药物制剂技术
第3版

主　　编：张健泓
出版发行：人民卫生出版社（中继线 010-59780011）
地　　址：北京市朝阳区潘家园南里19号
邮　　编：100021
E - mail：pmph @ pmph.com
购书热线：010-59787592　010-59787584　010-65264830
印　　刷：人卫印务（北京）有限公司
经　　销：新华书店
开　　本：850×1168　1/16　印张：34
字　　数：800千字
版　　次：2009年1月第1版　2018年8月第3版
　　　　　2024年2月第3版第12次印刷（总第25次印刷）
标准书号：ISBN 978-7-117-26500-3
定　　价：76.00元

全国高等职业教育药品类专业国家卫生健康委员会“十三五”规划教材出版说明

《国务院关于加快发展现代职业教育的决定》《高等职业教育创新发展行动计划(2015-2018年)》《教育部关于深化职业教育教学改革全面提高人才培养质量的若干意见》等一系列重要指导性文件相继出台,明确了职业教育的战略地位、发展方向。为全面贯彻国家教育方针,将现代职教发展理念融入教材建设全过程,人民卫生出版社组建了全国食品药品职业教育教材建设指导委员会。在该指导委员会的直接指导下,经过广泛调研论证,人民卫生出版社启动了全国高等职业教育药品类专业第三轮规划教材的修订出版工作。

本套规划教材首版于2009年,于2013年修订出版了第二轮规划教材,其中部分教材入选了“十二五”职业教育国家规划教材。本轮规划教材主要依据教育部颁布的《普通高等学校高等职业教育(专科)专业目录(2015年)》及2017年增补专业,调整充实了教材品种,涵盖了药品类相关专业的主要课程。全套教材为国家卫生健康委员会“十三五”规划教材,是“十三五”时期人卫社重点教材建设项目。本轮教材继续秉承“五个对接”的职教理念,结合国内药学类专业高等职业教育教学发展趋势,科学合理推进规划教材体系改革,同步进行了数字资源建设,着力打造本领域首套融合教材。

本套教材重点突出如下特点:

1. 适应发展需求,体现高职特色　本套教材定位于高等职业教育药品类专业,教材的顶层设计既考虑行业创新驱动发展对技术技能型人才的需要,又充分考虑职业人才的全面发展和技术技能型人才的成长规律;既集合了我国职业教育快速发展的实践经验,又充分体现了现代高等职业教育的发展理念,突出高等职业教育特色。

2. 完善课程标准,兼顾接续培养　本套教材根据各专业对应从业岗位的任职标准优化课程标准,避免重要知识点的遗漏和不必要的交叉重复,以保证教学内容的设计与职业标准精准对接,学校的人才培养与企业的岗位需求精准对接。同时,本套教材顺应接续培养的需要,适当考虑建立各课程的衔接体系,以保证高等职业教育对口招收中职学生的需要和高职学生对口升学至应用型本科专业学习的衔接。

3. 推进产学结合,实现一体化教学　本套教材的内容编排以技能培养为目标,以技术应用为主线,使学生在逐步了解岗位工作实践,掌握工作技能的过程中获取相应的知识。为此,在编写队伍组建上,特别邀请了一大批具有丰富实践经验的行业专家参加编写工作,与从全国高职院校中遴选出的优秀师资共同合作,确保教材内容贴近一线工作岗位实际,促使一体化教学成为现实。

4. 注重素养教育,打造工匠精神　在全国“劳动光荣、技能宝贵”的氛围逐渐形成,“工匠精神”在各行各业广为倡导的形势下，医药卫生行业的从业人员更要有崇高的道德和职业素养。教材更加强调要充分体现对学生职业素养的培养，在适当的环节，特别是案例中要体现出药品从业人员的行为准则和道德规范，以及精益求精的工作态度。

5. 培养创新意识，提高创业能力　为有效地开展大学生创新创业教育，促进学生全面发展和全面成才，本套教材特别注意将创新创业教育融入专业课程中，帮助学生培养创新思维，提高创新能力、实践能力和解决复杂问题的能力，引导学生独立思考、客观判断，以积极的、锲而不舍的精神寻求解决问题的方案。

6. 对接岗位实际，确保课证融通　按照课程标准与职业标准融通，课程评价方式与职业技能鉴定方式融通，学历教育管理与职业资格管理融通的现代职业教育发展趋势，本套教材中的专业课程，充分考虑学生考取相关职业资格证书的需要，其内容和实训项目的选取尽量涵盖相关的考试内容，使其成为一本既是学历教育的教科书，又是职业岗位证书的培训教材，实现“双证书”培养。

7. 营造真实场景，活化教学模式　本套教材在继承保持人卫版职业教育教材栏目式编写模式的基础上，进行了进一步系统优化。例如，增加了“导学情景”，借助真实工作情景开启知识内容的学习；“复习导图”以思维导图的模式，为学生梳理本章的知识脉络，帮助学生构建知识框架。进而提高教材的可读性，体现教材的职业教育属性，做到学以致用。

8. 全面“纸数”融合，促进多媒体共享　为了适应新的教学模式的需要，本套教材同步建设以纸质教材内容为核心的多样化的数字教学资源，从广度、深度上拓展纸质教材内容。通过在纸质教材中增加二维码的方式“无缝隙”地链接视频、动画、图片、PPT、音频、文档等富媒体资源，丰富纸质教材的表现形式，补充拓展性的知识内容，为多元化的人才培养提供更多的信息知识支撑。

本套教材的编写过程中，全体编者以高度负责、严谨认真的态度为教材的编写工作付出了诸多心血，各参编院校对编写工作的顺利开展给予了大力支持，从而使本套教材得以高质量如期出版，在此对有关单位和各位专家表示诚挚的感谢！教材出版后，各位教师、学生在使用过程中，如发现问题请反馈给我们（renweiyaoxue@163.com），以便及时更正和修订完善。

人民卫生出版社

2018年3月

全国高等职业教育药品类专业国家卫生健康委员会 “十三五”规划教材 教材目录

序号	教材名称	主编	适用专业
1	人体解剖生理学(第3版)	贺 伟 吴金英	药学类、药品制造类、食品药品管理类、食品工业类
2	基础化学(第3版)	傅春华 黄月君	药学类、药品制造类、食品药品管理类、食品工业类
3	无机化学(第3版)	牛秀明 林 珍	药学类、药品制造类、食品药品管理类、食品工业类
4	分析化学(第3版)	李维斌 陈哲洪	药学类、药品制造类、食品药品管理类、医学技术类、生物技术类
5	仪器分析	任玉红 闫冬良	药学类、药品制造类、食品药品管理类、食品工业类
6	有机化学(第3版)*	刘 斌 卫月琴	药学类、药品制造类、食品药品管理类、食品工业类
7	生物化学(第3版)	李清秀	药学类、药品制造类、食品药品管理类、食品工业类
8	微生物与免疫学*	凌庆枝 魏仲香	药学类、药品制造类、食品药品管理类、食品工业类
9	药事管理与法规(第3版)	万仁甫	药学类、药品经营与管理、中药学、药品生产技术、药品质量与安全、食品药品监督管理
10	公共关系基础(第3版)	秦东华 惠 春	药学类、药品制造类、食品药品管理类、食品工业类
11	医药数理统计(第3版)	侯丽英	药学、药物制剂技术、化学制药技术、中药制药技术、生物制药技术、药品经营与管理、药品服务与管理
12	药学英语	林速容 赵 旦	药学、药物制剂技术、化学制药技术、中药制药技术、生物制药技术、药品经营与管理、药品服务与管理
13	医药应用文写作(第3版)	张月亮	药学、药物制剂技术、化学制药技术、中药制药技术、生物制药技术、药品经营与管理、药品服务与管理

序号	教材名称	主编	适用专业
14	医药信息检索(第3版)	陈　燕　李现红	药学、药物制剂技术、化学制药技术、中药制药技术、生物制药技术、药品经营与管理、药品服务与管理
15	药理学(第3版)	罗跃娥　樊一桥	药学、药物制剂技术、化学制药技术、中药制药技术、生物制药技术、药品经营与管理、药品服务与管理
16	药物化学(第3版)	葛淑兰　张彦文	药学、药品经营与管理、药品服务与管理、药物制剂技术、化学制药技术
17	药剂学(第3版)*	李忠文	药学、药品经营与管理、药品服务与管理、药品质量与安全
18	药物分析(第3版)	孙　莹　刘　燕	药学、药品质量与安全、药品经营与管理、药品生产技术
19	天然药物学(第3版)	沈　力　张　辛	药学、药物制剂技术、化学制药技术、生物制药技术、药品经营与管理
20	天然药物化学(第3版)	吴剑峰	药学、药物制剂技术、化学制药技术、生物制药技术、中药制药技术
21	医院药学概要(第3版)	张明淑　于　倩	药学、药品经营与管理、药品服务与管理
22	中医药学概论(第3版)	周少林　吴立明	药学、药物制剂技术、化学制药技术、中药制药技术、生物制药技术、药品经营与管理、药品服务与管理
23	药品营销心理学(第3版)	丛　媛	药学、药品经营与管理
24	基础会计(第3版)	周凤莲	药品经营与管理、药品服务与管理
25	临床医学概要(第3版)*	曾　华	药学、药品经营与管理
26	药品市场营销学(第3版)*	张　丽	药学、药品经营与管理、中药学、药物制剂技术、化学制药技术、生物制药技术、中药制药技术、药品服务与管理
27	临床药物治疗学(第3版)*	曹　红	药学、药品经营与管理、药品服务与管理
28	医药企业管理	戴　宇　徐茂红	药品经营与管理、药学、药品服务与管理
29	药品储存与养护(第3版)	徐世义　宫淑秋	药品经营与管理、药学、中药学、药品生产技术
30	药品经营管理法律实务(第3版)*	李朝霞	药品经营与管理、药品服务与管理
31	医学基础(第3版)	孙志军　李宏伟	药学、药物制剂技术、生物制药技术、化学制药技术、中药制药技术
32	药学服务实务(第2版)	秦红兵　陈俊荣	药学、中药学、药品经营与管理、药品服务与管理

序号	教材名称	主编	适用专业
33	药品生产质量管理(第3版)*	李　洪	药物制剂技术、化学制药技术、中药制药技术、生物制药技术、药品生产技术
34	安全生产知识(第3版)	张之东	药物制剂技术、化学制药技术、中药制药技术、生物制药技术、药学
35	实用药物学基础(第3版)	丁　丰　张　庆	药学、药物制剂技术、生物制药技术、化学制药技术
36	药物制剂技术(第3版)*	张健泓	药学、药物制剂技术、化学制药技术、生物制药技术
	药物制剂综合实训教程	胡　英　张健泓	药学、药物制剂技术、药品生产技术
37	药物检测技术(第3版)	甄会贤	药品质量与安全、药物制剂技术、化学制药技术、药学
38	药物制剂设备(第3版)	王　泽	药品生产技术、药物制剂技术、制药设备应用技术、中药生产与加工
39	药物制剂辅料与包装材料(第3版)*	张亚红	药物制剂技术、化学制药技术、中药制药技术、生物制药技术、药学
40	化工制图(第3版)	孙安荣	化学制药技术、生物制药技术、中药制药技术、药物制剂技术、药品生产技术、食品加工技术、化工生物技术、制药设备应用技术、医疗设备应用技术
41	药物分离与纯化技术(第3版)	马　娟	化学制药技术、药学、生物制药技术
42	药品生物检定技术(第2版)	杨元娟	药学、生物制药技术、药物制剂技术、药品质量与安全、药品生物技术
43	生物药物检测技术(第2版)	兰作平	生物制药技术、药品质量与安全
44	生物制药设备(第3版)*	罗合春　贺　峰	生物制药技术
45	中医基本理论(第3版)*	叶玉枝	中药制药技术、中药学、中药生产与加工、中医养生保健、中医康复技术
46	实用中药(第3版)	马维平　徐智斌	中药制药技术、中药学、中药生产与加工
47	方剂与中成药(第3版)	李建民　马　波	中药制药技术、中药学、药品生产技术、药品经营与管理、药品服务与管理
48	中药鉴定技术(第3版)*	李炳生　易东阳	中药制药技术、药品经营与管理、中药学、中草药栽培技术、中药生产与加工、药品质量与安全、药学
49	药用植物识别技术	宋新丽　彭学著	中药制药技术、中药学、中草药栽培技术、中药生产与加工

序号	教材名称	主编	适用专业
50	中药药理学(第3版)	袁先雄	药学、中药学、药品生产技术、药品经营与管理、药品服务与管理
51	中药化学实用技术(第3版)*	杨　红　郭素华	中药制药技术、中药学、中草药栽培技术、中药生产与加工
52	中药炮制技术(第3版)	张中社　龙全江	中药制药技术、中药学、中药生产与加工
53	中药制药设备(第3版)	魏增余	中药制药技术、中药学、药品生产技术、制药设备应用技术
54	中药制剂技术(第3版)	汪小根　刘德军	中药制药技术、中药学、中药生产与加工、药品质量与安全
55	中药制剂检测技术(第3版)	田友清　张钦德	中药制药技术、中药学、药学、药品生产技术、药品质量与安全
56	药品生产技术	李丽娟	药品生产技术、化学制药技术、生物制药技术、药品质量与安全
57	中药生产与加工	庄义修　付绍智	药学、药品生产技术、药品质量与安全、中药学、中药生产与加工

说明:*为“十二五”职业教育国家规划教材。全套教材均配有数字资源。

全国食品药品职业教育教材建设指导委员会
成员名单

莫国民 上海健康医学院

顾立众 江苏食品药品职业技术学院

倪　峰 福建卫生职业技术学院

徐一新 上海健康医学院

黄丽萍 安徽中医药高等专科学校

黄美娥 湖南食品药品职业学院

晨　阳 江苏医药职业学院

葛　虹 广东食品药品职业学院

蒋长顺 安徽医学高等专科学校

景维斌 江苏省徐州医药高等职业学校

潘志恒 天津现代职业技术学院

前　言

《药物制剂技术》是经全国高等职业教育教材审定委员会审定的"十二五"职业教育国家规划教材。本教材编写依据教育部药品类专业人才培养目标和行业人才需求，于 2009 年出版第 1 版，2013 年修订出版第 2 版，已经在全国高等职业院校使用 8 年，教材紧跟行业发展，充分体现了药品类职业教育特色，得到广大院校的一致好评，同时也得到企业认可。

根据全国高等职业教育药品类专业人才培养的定位，教材在内容选取上突出专业性、实用性、技能性。重点介绍药物制剂工业化生产的配方理论、生产工艺、生产技术以及产品质量控制等理论和技术。在教材内容编写上，弥补以往理论教学与实际工作岗位相脱节的不足，以药物制剂工业化生产流程为导向，以关键制药技术为载体设计课程内容，理论知识直接与岗位相对接。

根据广大读者的要求，第 3 版教材编写体例在第 2 版基础上进行了优化，教材编写指导思想是以提高质量和方便教师教学、学生学习为目标，结合近 5 年国内外制药新技术的变化以及我国《药品生产质量管理规范》(GMP) 实施、药物制剂质量控制与评价等的相关新要求，对各章节进行适当修改和补充。

本版教材仍然按制药工业化生产特点，分 9 个模块 23 个项目 78 个任务介绍。第一模块总论，主要介绍药物制剂技术基本概念及 GMP 基本知识；第二模块主要介绍药剂生产基本操作，包括制药卫生，制药用水，物料干燥，粉碎、过筛、混合技术及操作；第三、四、五、六模块分别介绍液体制剂类制备技术（包括液体制剂、无菌液体制剂、浸出制剂）、口服固体制剂制备技术、半固体制剂制备技术、其他制剂制备技术；第七、八模块介绍药物制剂生产新技术与新剂型以及药物制剂的稳定性与有效性等前沿知识。结合当前生物技术发展，本版教材在第 2 版基础上增加第九模块介绍生物技术药物制剂。同时在第七、八模块中增加仿制药一致性评价、纳米结晶、速释等相关内容。

本教材由张健泓担任主编，负责全书内容选取、体例设计及全书统稿和终稿审定，并负责编写项目一、十二；杜月莲担任副主编，负责项目七中任务一、二、三编写，并审定项目七；何静担任副主编，负责项目六编写；徐宁宁担任副主编，负责编写项目十九、二十三；王峥业负责编写项目五、九；邹玉繁负责编写项目八、十及附录表格；何国熙负责编写项目二；李寨负责编写项目四、十一、十六；张海松负责编写项目三，以及项目七中任务四、五、六；潘卫东负责编写项目十三；李辉负责编写项目十四；杨媛媛负责编写项目十五、十七、二十一；戴晓侠负责编写项目十八；苏红负责编写项目二十、二十二。

本书配套示范操作视频及微课由广东食品药品职业学院张健泓、王健明、李宗伟，徐州医药高等职业学校王峥业，大庆医学高等专科学校苏红，江苏省连云港中医药高等职业技术学校潘卫东，山东药品食品职业学院戴晓侠、吴超，天津医学高等专科学校李寨，徐州生物工程职业技术学院徐宁宁

（杭州医学院药剂教研室参与），常州卫生高等职业技术学校徐群、谢燕，湖南中医药高等专科学校李辉等老师制作。

本书内容丰富，理论实训一体化，更有大量标准示范操作视频，突出高等职业教育特点，好教、好学、好用，适用于高等职业教育药品类相关专业理论及实训教学，尤其是实训条件不足的学校可以弥补教学条件不足，也可以作为药品生产企业生产人员、管理人员培训教材或参考用书。

本书编写者是多年从事职业教育的资深老师和企业专家，为本书的编写付出了辛勤的努力，在此深表感谢。在编写过程中得到国内同行、企业专家的大力支持，在此表示感谢。

限于编者的水平与时间仓促，错误和不足在所难免，敬请广大读者及同行专家提出宝贵意见。

编者

2018 年 3 月

目　录

模块三　液体制剂类制备技术

模块四　口服固体制剂制备技术

模块七　药物制剂生产新技术与新剂型

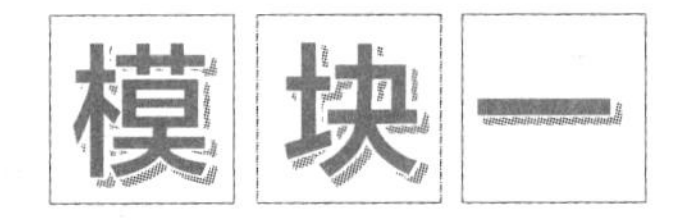

总 论

项目一

药物制剂基础

导学情景

情景描述

刘明是药物制剂技术专业的大一学生，一开学，学校就组织同学们到某制药企业进行专业认知，目的是让学生提前了解该专业的职业性质和岗位。刘明在参观该药厂的产品陈列柜时，看到了不同形状、不同颜色、不同形态的药品，他想知道为什么药品要制成各种各样的颜色和形态，难道只是为了好看吗?

学前导语

刘明的疑问实际上是很多没有学过与药品相关知识的人都想问的问题。本项目我们将带领同学们学习药物生产常用术语、药物剂型、药物标准、药物生产管理等内容，相信通过本项目的学习同学们就能自己解答刘明的疑问。

任务一　药物制剂概述

一、药剂学和药物制剂技术

药剂学是指研究药物制剂的基本理论、处方设计、制备工艺、质量控制和合理使用等内容的综合性应用技术科学。

药物制剂技术是指在药剂学理论指导下，研究药物制剂生产和制备技术的综合性应用技术课程。是制药类专业核心专业课程、药学类专业重要专业课程之一。

任何药物在供临床使用前都必须制成适合治疗或预防的应用形式，以达充分发挥药效、减少毒副作用、便于使用与保存等目的。药物剂型是指适合于诊断、治疗或预防的需要而制备的不同给药形式，简称剂型，如散剂、颗粒剂、胶囊剂、片剂、溶液剂、乳剂、注射剂、软膏剂、丸剂、气雾剂、栓剂等。

知识链接

药剂学的分支学科

药剂学是以多门学科的理论为基础的综合性技术科学。药剂学在数理、电子、生命、材料、化工、信息等科学领域推动下，形成了具有代表研究领域和方向的许多分支学科，主要有物理药剂学、工业药剂学、生物药剂学、药物动力学、临床药剂学、药用高分子材料学等。

1. 物理药剂学　是应用物理化学的基本原理和手段研究药剂学中有关剂型性质的学科。

2. 工业药剂学　是研究制剂工业生产的基本理论、工艺技术、生产设备和质量管理的学科，药物制剂技术属于工业药剂学范畴。

3. 生物药剂学　是研究药物及其制剂在体内的吸收、分布、代谢、排泄等过程，阐明药物的剂型因素、生物因素与药效间关系的一门科学。

4. 药物动力学　是应用动力学原理与数学模型，定量地描述药物通过各种途径（如静脉注射、口服给药等）进入体内的吸收、分布、代谢和排泄，即药物体内过程的量时变化动态规律的一门科学。

5. 临床药剂学　是以患者为对象，研究合理、有效与安全用药等，是与临床治疗学紧密联系的新学科，亦称临床药学。

6. 药用高分子材料学　主要介绍药剂学的剂型设计和制剂处方中常用的合成方法和天然高分子材料的结构、制备、物理化学特征及其功能与应用。

二、常用术语

1. 药物和药品　药物是指供预防、治疗和诊断人的疾病所用物质的统称，包括天然药物、化学合成药物和现代基因工程药物等。

药品是指用于预防、治疗、诊断人的疾病，有目的地调节人的生理功能并规定有适应证或功能主治、用法、用量的物质，包括中药材、中药饮片、中成药、化学原料药及其制剂、抗生素、生化药品、放射性药品、血清疫苗、血液制品和诊断药品等。

药物与药品都是用于预防疾病的物质，一般药品是指明了适应证、用法、用量的具体药物，药物涵盖了药品。

2. 药物剂型和药物制剂　药物剂型是指将药物制成适用于临床使用的形式，简称剂型，如片剂、注射剂、胶囊剂等。

药物制剂是指根据药典或药政部门批准的质量标准，将原料药按某种剂型制成具有一定规格的药剂，是各种剂型中的具体药品，如罗红霉素片剂、维生素E胶丸等。

3. 中间品和成品　中间品是指生产过程中需进一步加工制造的物品或未经合格检验的产品。

成品是指生产过程全部结束，并经检验合格的最终产品。

4. 药品批准文号　药品批准文号是指国家批准药品生产企业生产该药品的文号，由国家药品监督管理部门统一编制，并由各地药品监督管理部门核发。

药品批准文号代表着生产该药品的合法性，每一个合法制剂均有一个特定的批准文号。药品批准文号的格式：国药准字+1位字母+8位数字。其中字母"H"代表化学药、"Z"代表中药、"S"代表生物制品、"J"代表进口分包装药品。

5. 药品名称　包括通用名称、商品名和国际非专有名等。

药品的通用名称系指按中国国家药典委员会药品命名原则制定的药品名称，具有通用性，国家药典或药品标准采用的通用名称为法律名称。通用名称不可用作商标注册。

药品的商品名是指国家药品监督管理部门批准给特定企业使用的该药品专用的商品名称，是药品作为商品属性的名称，不同企业生产的同种药品，商品名是不同的，如对乙酰氨基酚是解热镇痛药，不同药厂生产的含有对乙酰氨基酚的复方制剂，其商品名有百服咛、泰诺林、必理通等；药品商品名，具有专有性质，不得仿用。

药品的国际非专有名（INN）是世界卫生组织（WHO）制定的药物（原料药）的国际通用名，采用国际非专有名，使世界药物名称得到统一，便于交流和协作。

具有商品名的药品在其包装上，必须同时标注通用名，而且商品名与通用名不得同行书写，字体比例以单位面积计不得大于通用名二分之一。

6. 批和批号 批是指在规定限度内具有同一性质和质量，并在同一连续生产周期中生产出来的一定数量的药品。

批号是用于识别“批”的一组数字或字母加数字，用于追溯和审查该批药品的生产历史。每批药品均应编制生产批号。

7. 制剂的物料 制剂生产过程中所用的物料包括原料、辅料和包装材料等。

知识链接

药品商品名与商标

药品的商品名是属于药品名称的一种，由文字组成，是药品专有，由原国家食品药品监督管理总局批准，不同企业生产同种药物其商品名是不一样的；商标是用于区别某一工业或商业企业或某企业集团的商品的特有标志，可以是图形或文字，也可以是文字与图形的组合，由国家工商行政管理总局批准。一个药品可以同时注册多个商标，或多个商标同时使用，只要商标使用符合法律规定就可以。但一个药品只能有一个商品名。

三、药物制剂的发展

药物制剂是在传统制剂的基础上发展起来，并随着药物和其他科学技术的发展而发展。根据制剂的发展年代，大致可分为三阶段：

第一阶段是传统制剂。传统制剂是将药物经简单加工，制成供内服或外用的制剂，包括中药制剂（如汤剂、丸剂、散剂、栓剂、酒剂等）和格林制剂（如酯剂、浸膏剂、散剂、酒剂、溶液剂等）。

第二阶段是近代药物制剂。近代药物制剂是在传统制剂的基础上，随着制药机械产生而发展起来的，有150余年的历史。如1843年生产模印片；1847年生产硬胶囊剂；1876年发明压片机，使片剂生产机械化；1886年发明安瓿，使得注射剂得以出现。

第三阶段是现代药物制剂。现代药物制剂是为了克服近代药物制剂的给药频繁、药物浓度不稳定的缺点，提高病人的依从性，减少药物的副作用，以提高治疗效果而发展起来的。1947年青霉素普鲁卡因缓释制剂的研制成功，标志着现代药物制剂的产生。现代药物制剂中有缓释制剂、控释制剂、靶向制剂、速释制剂、脉冲式给药系统等。

点滴积累

1. 药物制剂技术是研究药物制剂生产和制备技术的综合性应用技术课程。
2. 药品名称（包括有通用名、商品名和国际非专有名），命名必须符合国家规定，药品生产必须经批准并获得批准文号方可进行。

任务二　药物剂型

一、剂型的重要性

剂型是药物应用于人体的最终形式，对药效的发挥起着极为重要的作用，主要有以下几个方面：

1. 剂型可以适应不同的临床要求　同一药物制成的剂型不同，其作用速度有差别。如注射剂、吸入气雾剂、舌下给药片剂（或滴丸剂）等属速效剂型，起效快，可用于急救；如丸剂、片剂、缓控释制剂、植入剂等属慢效剂型或长效剂型，可以用于慢性病患者；如外用膏剂、栓剂、贴剂等给药剂型，一般用于皮肤、局部腔道疾病。

2. 剂型可适应药物性质要求　根据药物性质要求，选择适宜的剂型，以适应临床应用的需要。例如青霉素在水溶液中不稳定，容易分解，所以一般制成粉针剂；胰岛素口服，容易被消化液中的胰岛素酶破坏，因此一般制成注射剂；治疗十二指肠溃疡药奥美拉唑在胃部易被胃酸破坏，故一般制成肠溶性制剂。

3. 剂型可以改变药物的生物利用度或改变作用性质　同一药物制成的剂型不同，其生物利用度有差异。如解热镇痛药布洛芬制成栓剂比片剂释放速度快，生物利用度高。

有些药物制成剂型的不同或采用的给药方式不同，其药效不同。例如50%硫酸镁溶液口服液，具有泻下作用，而25%硫酸镁注射剂，用10%葡萄糖注射剂液稀释成5%溶液静脉注射时，可以起镇静、解痉作用；又如依沙吖啶（利凡诺）0.1%～0.2%溶液可用于局部涂敷起杀菌作用，但1%注射剂可用于中期引产。

4. 药物制成不同剂型可以降低或消除药物的毒副作用　如氨茶碱治疗哮喘很有效，但口服可引起心跳加快，而制成气雾剂可以减少这种副作用。又如芸香油片剂治疗支气管哮喘的有效率为94.6%，治疗哮喘性支气管炎的有效率为92.7%，但可引起恶心、呕吐等副作用；而用硬脂酸钠、虫蜡做基质，1% Na_2SO_4 作冷凝液制成的芸香油滴丸，具有肠溶作用，可克服芸香油片恶心、呕吐等副作用；而制成气雾剂，则起效快、副作用小。

5. 某些药物剂型具有靶向作用　如静脉注射乳剂、脂质体、微球体等具有微粒结构的制剂，在人体内被网状内皮系统的巨噬细胞吞噬后，主要在肝、肾、肺等器官分布较多或定位释放，而减少全身副作用，提高了治疗效果。

二、药物剂型分类

常用的剂型较多，根据不同需要可以进行不同分类，常用分类方法如下：

（一）按给药途径分类

1. 经胃肠道给药剂型 指药物制剂经口服或直肠进入胃肠道起局部作用或经吸收后发挥全身作用的制剂。如口服溶液剂、散剂、片剂等，直肠给药的栓剂、灌肠剂等。

2. 非胃肠道给药剂型 除胃肠道给药剂型外的其他所有剂型，这些剂型可以在给药部位起局部或被吸收后起全身作用。如各种注射给药剂型、呼吸道给药剂型（如气雾剂、喷雾剂、粉雾剂），皮肤给药剂型（如外用溶液剂、软膏剂、贴剂、搽剂等），黏膜给药剂型（如滴眼剂、滴鼻剂、眼用软膏剂、含漱剂、舌下片、粘贴片等），腔道给药剂型（如气雾剂、泡腾片等）。

这种分类方法与临床使用相关，在一定程度上反映给药途径对剂型制备的一些特殊要求，同时便于医疗机构药品存放管理。但因同一剂型多种给药途径而使分类复杂化，如片剂可以是口服给药、腔道给药、植入给药等。

（二）按分散系统分类

按药物（分散相）在溶剂（分散介质）中的分散特性，可将剂型分为：

1. 真溶液型 药物以分子或离子状态（质点的直径<1nm）分散于分散介质中形成的均匀分散体系，也称低分子溶液，如溶液剂、部分注射剂、甘油剂等。

2. 胶体溶液型 高分子药物分散在介质中形成的均匀分散体系，称高分子溶液或亲水胶体溶液，如胶浆剂、涂膜剂；固体药物以微细粒子（粒径在 1~500nm）状态分散在水中形成的非均相分散体系，称疏水胶体溶液。

3. 乳剂型 互不相溶或极微溶解的两相液体，其中一相以微小液滴分散于另一相中形成相对稳定的非均匀分散体系称为乳浊液，也称乳剂，如口服乳剂、静脉注射乳剂、部分搽剂等。

4. 混悬液型 固体药物以微粒状态分散在分散介质中所形成的非均匀分散体系，如合剂、洗剂、混悬剂等。

5. 气体分散型 液体或固体药物以微粒状态分散在气体分散介质中所形成的分散体系，如气雾剂、粉雾剂等。

6. 微粒分散型 药物以不同大小微粒呈液体或固体状态分散，如微球制剂、微囊制剂、纳米囊制剂等。

7. 固体分散型 固体药物以聚集体状态存在的分散体系，如片剂、散剂、颗粒剂、丸剂等。

该分类方法便于应用物理化学的原理说明各类剂型的特点，有利于制剂稳定性研究，但不能反映给药途径与用药方法对剂型的要求。

（三）按制法分类

按剂型制备过程中主要工序相同的归为一类，分为：

1. 浸出制剂 主要指采用浸出方法制备的制剂，如酒剂、酊剂、浸膏剂、丸剂等。

2. 无菌制剂 用灭菌方法制备或无菌技术制成的制剂，如注射剂、植入剂等。

该分类方法不能包括全部剂型,因此不常用。

(四)按形态分类

1. 液体剂型　如溶液剂、注射剂、洗剂、芳香水剂、合剂等。

2. 气体剂型　如气雾剂、喷雾剂等。

3. 固体剂型　如散剂、片剂、丸剂、胶囊剂等。

4. 半固体型　如软膏剂、凝胶剂、栓剂等。

形态相同的制剂在制备方法上有较多共性,制备工艺也较为接近,例如制备液体制剂多采用溶解、分散等方法;制备固体制剂多采用粉碎、过筛、混合等操作;制备半固体制剂多采用融化、研和等方法。

以上几类分类方法各有特点,由于剂型不同,使用途径和部位有异,在质量要求上有较多差别,从而生产制备上有所不同,本书根据剂型特点和生产实训、结合教学需要进行综合分类。

三、药物制剂生产工艺的重要性

药物制剂生产过程是指在《药品生产质量管理规范》(以下简称 GMP)指导下,涉及药品生产的各操作单元按规范操作要求进行有机联合作业的过程。尽管药物制剂都是根据药典或药品监督部门批准的质量标准,将药物制成适合临床需要的剂型。但是相同的药物制剂可以因为选择的工艺路线、工艺条件、操作技术不同而对药物制剂的疗效、稳定性产生影响。例如薄膜包衣的温度调节、喷枪和片床的距离、喷射间隔、喷射量等,均影响包衣片的质量。

在药物制剂生产过程中操作单元不同,也可影响药物制剂的质量及进入人体后的释放、吸收。例如螺旋藻片剂,由于原料中含有大量黏液细胞,采用一般静态干燥后难粉碎,同时压片时物料的流动性差、易黏冲,造成外观不佳,剂量不准,如果将原料打碎后直接喷雾干燥制成粉末,加乳糖直接压片,则压片时物料的流动性好,生产出来的片剂外观好、剂量准确,且崩解也较为理想。

另外原料药物的晶型、粒子大小等也可以直接影响药物在体内释放,从而影响药物的体内吸收,影响疗效。例如抗真菌药物灰黄霉素,药物经过一般粉碎成细粉后进行制粒压片,则药物的吸收少,疗效低;而药物经过微粉化(粒径 5μm)处理后,则片剂中的药物溶出快,生物利用度高,疗效好。

点滴积累

1. 剂型是药物应用于人体最终形式,制剂是各种剂型中的具体药品。
2. 同一药物制成不同剂型其起效时间、疗效、毒副作用均不同,甚至药理作用也不同;同一剂型采用不同生产工艺及条件制备都可能影响药品疗效。

任务三 药典与药品标准

一、药典

（一）概述

1. 药典 是一个国家记载药品质量规格、标准的法典。由国家组织药典委员会编纂，并由政府颁发施行，具有法律的约束力。药典中收载医疗必需、疗效确切、毒副作用小、质量稳定的常用药物及其制剂，规定其质量标准、制备要求、鉴别、杂质检查、含量测定、功能主治及用法用量等，作为药物生产、检验、供应与使用的依据。药典在一定程度上反映了该国家药物生产、医疗和科技的水平，也体现出制药卫生工作的特点和服务方向。药典在保证人民用药有效安全、促进药物研究和生产上起着重大作用。

2. 药典的修订 不同时代的药典代表着当时医药科技的发展和进步，随着科技水平的不断提高，新的药物和药物制剂不断被开发出来，对药物及其制剂的质量要求越来越严格，药品检验方法和技术的更新和提高，药典必须适时进行修订。我国通常是每5年修订出版一次药典，新修订版药典主要是：①增加新品种；②修改或增加新的检验项目或方法；③对有问题的药品进行删除。在新版药典出版前，国家药典委员会根据需要出版现行版增版本，以便新药及其制剂在临床上应用，增版本与药典具有相同法律约束力。

（二）中国的药典

新中国成立至今已出版了十版《中华人民共和国药典》，简称《中国药典》。收载的药品是医疗必须、临床常用、疗效肯定、质量稳定、副作用小、我国能工业化生产并能有效控制或检验其质量的品种。

1953年颁布我国第一部《中国药典》（1953年版），收载各类药品531种，1957年出版了《中国药典》（1953年版）增补本。

1963年颁布《中国药典》（1963年版），从本版药典开始《中国药典》分为两部，一部收载中药及成方制剂，二部收载化学药品、抗生素、生物制品及其制剂，共收载中西药品1310种。

1977年颁布《中国药典》（1977年版），一、二部共收载中西药品1925种，并增加了气雾剂、冲剂、汤剂、滴丸剂和滴耳液等剂型。

1985年颁布《中国药典》（1985年版），收载了中西药品1489种，在本版药典的理化鉴别中增加了薄层扫描、高效液相色谱法、紫外分光光度法、荧光分析法等现代仪器分析方法。

1990年颁布《中国药典》（1990年版），共收载了中西药品1751种，于1993年出版了《药典注释》，1996年出版《临床用药须知》与之相配套。

1995年颁布《中国药典》（1995年版），共收载了中西药品2375种，新增品种641种，并增加了搽剂、颗粒剂、露剂、口服液和缓释制剂等剂型，增加了泡腾片的崩解度检查方法，首次规定了栓剂和阴道用片的融变时限标准和检查法，增加溶出度检查品种数量，首次明确控释制剂和缓释制剂的定义等。

2000年颁布《中国药典》(2000年版)，收载中西药品2691种，其中新增品种399种，修订562个品种。在新增品种中，首次收载生物技术产品重组人胰岛素等。一部新增附录10个，修订31个；二部修订附录32个，新剂型大幅度增加，现代分析技术在本版药典中得到进一步应用。

《中国药典》(2005年版)首次分为3部，共收载3214种，其中新增525种。一部收载药材及饮片、植物油脂和提取物、成方制剂和单味制剂等，新增154种、修订453种；二部收载化学药品、抗生素、生化药品、放射性药品以及药用辅料等，新增327种、修订522种；三部收载生物制品，首次将《中国生物制品规程》并入药典，收载101种，其中新增44种、修订57种。其中《中国药典》(2000年版)收载而本版药典未收载的品种共有9种。

《中国药典》(2010年版)共收载4567种，其中新增1386种，药典一部收载药材和饮片、植物油脂和提取物、成方制剂和单味制剂共2165种。其中新增1019种(包括439个饮片标准)、修订643种；药典二部收载化学药品、抗生素、生化药品、放射性药品以及药用辅料，共计2271种，其中新增330种、修订1500种；药典三部收载生物制品，共计131种，其中新增37种、修订94种。

现行版药典为《中国药典》(2015年版)，并首次分为4部：一部收载药材和饮片、植物油脂和提取物、成方制剂和单味制剂等，收载品种2598种，其中新增440种、修订517种，不收载7种；二部收载化学药品、抗生素、生化药品、放射性药品等，收载品种2603种，其中新增492种、修订415种，不收载28种；三部收载生物制品，收载137种，其中新增13种、修订105种，不收载6种；四部收载通则、检验方法、药用辅料等，收载通则总数317个，其中制剂通则38个、检测方法240个、指导原则30个、标准物质和对照品相关通则9个，药用辅料收载270种，其中新增137种、修订97种，不收载2种。

《中国药典》每部均含有凡例、正文和索引。凡例是使用本药典的总说明，包括药典中各种计量单位、符号、术语等的含义及其在使用时的有关规定。正文是药典的主要内容，叙述本部药典收载的所有药物和制剂。索引设有中文、汉语拼音、拉丁名和拉丁学名索引，以便查阅。

(三) 国外药典

据不完全统计，目前世界已有近40个国家编制了国家药典，另外有3个区域性药典。如《美国药典》(The United States Pharmacopoeia)简称USP，现行版为第40版(2017年5月1日生效)；《英国药典》(British Pharmacopoeia)简称BP，现行版为2015年版；《日本药典》(Pharmacopoeia of Japan)简称JP，现行版为17版(2016年生效)。有些国家为了医药卫生事业的共同利益，共同编纂药典，如《欧洲药典》简称EP，2007年经欧洲36个国家和欧盟批准的共同制定欧洲药典协定，所有药品、药用物质生产厂在欧洲销售或使用其产品时，都必须遵循欧洲药典标准，欧洲药典条文具法定约束力，各国行政或司法机关强制执行欧洲药典，各成员国国家机关有义务遵循欧洲药典，必要时，欧洲药典个论可替代本国同品种的药典个论。《欧洲药典》第9版于2017年1月生效。

二、药品标准

药品标准是国家对药品质量、规格和检验方法所作的技术规定。药品标准是进行药品生产、经营、使用、管理和监督检验的法定依据。

任何一个在我国上市的药品都必须符合国家药品标准，国家药品标准包括：《中华人民共和国药典》及由国家药品监督管理部门颁布的药品标准，简称部颁标准或局颁标准；部颁标准和局颁标准结构和《中国药典》一致，收载品种包括国内新药、放射性药品、麻醉药品、避孕药以及仍需修订、改进的药品等，是药典的补充，同样具有法律约束力。除此之外国家药品标准还包括药品注册标准，药品注册标准是指国家药品监督管理部门批准给申请人特定药品的标准，生产该药品的药品生产企业必须执行该注册标准。药品标准具有法规性质，属强制性标准。凡正式批准生产的药品或药用辅料都要执行《中国药典》和部颁标准或局颁标准以及注册标准。中药材、中药饮片分阶段、分品种实施，暂可参照省、自治区、直辖市药品监督管理局制定的《炮制规范》执行。

三、处方

处方是指医疗和生产中关于药剂调制的一项重要书面文件。广义而言，凡制备任何一种药剂或制剂的书面文件，均可称为处方。按其性质分为：

1. 法定处方 国家药品标准收载处方。具有法律约束力。药品生产企业和药剂配制单位在制备药剂时应严格遵守。

2. 医生处方 医生对患者进行诊断后对特定患者的特定疾病的治疗、预防或其他需要而开写给药局有关患者用药方案（包括有关药品、给药量、给药方式、给药疗程以及调配方法等）的书面凭证。该处方具有法律上、技术上和经济上意义。

知识链接

协 定 处 方

协定处方是医院药剂科与临床医师根据医院日常医疗用药的需要，共同协商制订的处方。适于大量配制和储备，便于控制药品的品种和质量，提高工作效率，减少患者取药等候时间。每个医院的协定处方仅限于在本单位使用。

点滴积累

1. 《中国药典》从新中国成立至今已出版了10版，现行版是2015年版。《中国药典》（2015年版）分为四部。
2. 任何一个在我国上市药品均要符合国家药品标准，药品标准包括有药典、部颁或局颁标准、经药监部门批准的注册标准等；药品标准具有法规性质，属强制性标准。药品标准收载处方属法定处方，不得随意更改。
3. 处方是指制备任何一种药剂或制剂的书面性文件，按性质不同分为医生处方和法定处方。

任务四 药物制剂生产与GMP

药品生产是指将原料加工制备成能供医疗应用的形式的过程。药品生产是一个十分复杂的过程，从原料进厂到成品制造出来并出厂，涉及许多生产环节和管理，任何一个环节疏忽，都有可能导致药品质量的不合格。保证药品质量，必须在药品生产全过程进行控制和管理。

一、GMP 简介

GLP、GCP、GSP

GMP 是英文"Good Manufacturing Practice"的缩写。中文译为"药品生产质量管理规范"，也称"良好的生产规范"，简称 GMP。是在药品生产全过程中，保证生产出优质药品的一套科学、系统的管理体系。GMP 是药品进入国际医药市场的"准入证"。

课堂活动（讨论）

药害事故：2006 年 5 月、8 月发生两件较大的药害事件，即"齐二药"事件和"欣弗"事件，在这两事件中共引起了几十人死亡，而使这两个事件发生的主角＊＊＊＊＊＊药厂和＊＊＊＊＊＊生物药业有限公司均是通过了 GMP 认证的，为什么通过了 GMP 认证的企业生产的药品还会产生如此大的药害事故？

GMP 中心思想是：任何药品的质量形成是设计和生产出来的，而不是检验出来的。GMP 强调预防为主，在药品生产过程中建立质量保障体系，实行全面质量管理以确保药品质量。

GMP 的基本内容包括：制药企业机构设立和人员素质、厂房、设施、设备、物料、卫生、验证、文件、生产管理、质量管理、产品销售与收回、投诉与不良反应报告等。GMP 适用于药物制剂生产的全过程、原料药生产中影响成品质量的关键工序。我国现行的 GMP 是 2010 年修订版，2011 年 3 月 1 日起施行，分十四章 316 条。

知识链接

CGMP

CGMP 是英文 Current Good Manufacture Practices 的简称，即动态药品生产管理规范，也翻译为现行药品生产管理规范，它要求在产品生产和物流的全过程都必须验证。 美国 FDA 执行 CGMP 在国际上有较高的权威性，所以产品若得到美国 CGMP 认证，在国际市场上常常身价倍增。

CGMP 的主要目的是保证稳定的产品质量，药品质量就是 CGMP 的核心，而实现这一目标的过程（或理解为现场）是最重要的。 我们在评价一种药品的质量优劣，常常把药物是否经过质量检验认定为是否合格的标准，或者以产品的效果、外观为判断依据。 然而，在 CGMP 中，质量的概念是贯穿整个生产过程中的一种行为规范。 一个质量完全合格的药品未必是符合 CGMP 要求的，因为它的过程存在有出现偏差的可能，如果不是对全过程有严格的规范要求的话，潜在的危险是不能被质量报告所发现的。

CGMP 更强调的是过程的真实性，还有认证后的日常执行。 要实施一个高标准的、完善的 GMP，真正的挑战不在于认证，而是在于认证以后的日常控制。 美国 FDA 的现场检查就是对细节和对实施过程的"挑剔"，因为他们遵循的原则是保证患者的健康不受潜在危险的损害。

我国 2010 版 GMP 在很大程度上接近 CGMP。 强调全过程质量管理。

二、药品生产管理

药品生产管理是确保产品各项技术指标及管理标准在生产过程中具体实施的措施，是药品生产制造质量保证的关键环节。通过各种措施的实施，确保生产过程中使用物料经严格检验，达到国家规定制药标准，并由经过培训符合上岗标准的人员，严格按企业生产部门下达生产指令和标准操作规程进行药品生产操作，仔细如实记录操作过程及数据，确保所生产药品质量和药品的生产工作符合质量标准，安全有效。

生产过程管理包括生产标准文件管理、生产过程技术管理和批号管理。

1. 生产过程的文件管理 生产过程中的标准文件主要有生产工艺规程、标准操作规程（SOP）等。

（1）生产工艺规程：是规定为生产一定数量成品所需起始原料和包装材料的数量，以及工艺、加工说明、注意事项，包括生产过程中控制的一个或一套文件。内容包括品名，剂型，处方，生产工艺的操作要求，中间产品，成品的质量标准和技术参数及储存的注意事项，理论收得率、收得率和实际收得率的计算方法，成品的容器，包装材料的要求等。制定生产工艺规程的目的是为药品生产各部门提供必须共同遵守的技术准则，确保每批药品尽可能与原设计一致，且在有效期内保持规定的质量。

（2）标准操作规程（SOP）：是指以人的工作为对象，对工作范围、职责、权限、工作方法及工作内容所制定的规定、标准、办法、程序等书面要求，是对某一项具体操作的书面指令。例如岗位操作标准、设备标准操作规程、清洁操作规程等。

（3）批生产记录：是一个批次的产品生产过程中的所有记录，能提供该批产品的生产历史及与质量有关的情况。批生产记录内容包括产品名称、生产批号、生产日期、操作者与复核者签名、有关操作与设备、相关生产阶段的产品数量、物料平衡计算、生产过程的控制记录及特殊问题的记录。

生产标准文件不得任意更改，生产过程应严格执行。

2. 药品生产过程的技术管理

（1）生产前准备阶段：生产前准备阶段包括生产文件准备、生产物料准备、生产场地和工具准备。

生产文件指生产部门下达的当批生产指令、生产标准文件、标准生产记录文件；生产物料准备是指根据生产指令领取生产所需的物料，并对物料品名、批号、规格、生产日期、数量、供货单位、检验部门检验合格单等进行核对，以保证称取物料的准确性；生产场地和工具的准备是指对生产场地和工具进行清场、清洁工作的检查，包括生产设备是否完好、各部件是否正常、清洁度是否符合要求，生产用具是否完好、清洁度是否符合要求，电子天平等计量器是否符合生产要求、是否有计量合格证，生产场地有无上一批生产遗留的物料、有无清场合格证等。

（2）生产阶段：严格按生产工艺规程、标准操作规程进行药物制剂生产。在生产过程中要做好工序关键点监控与复核、设备运行过程中的监控，及时准确地填写生产过程中的各操作记录等。

（3）生产结束阶段：生产结束阶段的管理主要有：①生产产品：将产品装入周转桶，填上标签，在标签上注明品名、规格、批号、重量等，并将产品送入中间站；②清场：清场由操作人员按清场清洁标准操作规程进行，清场内容包括物料清理、文件清理、用具清理；③及时填写清场生产记录；④清场结束，由质量保证人员（QA）检查，发放清场合格证。

3. 批号管理　批号管理的目的是确保产品均匀性，主要内容是对批进行正确划分及批号的编制。根据 GMP 的规定，各类药品的“批”划分原则如下：

（1）无菌药品：①大、小容量注射剂以同一配液罐一次所配制的药液所生产的均质产品为一批；②粉针剂以同一批原料药在同一批连续生产周期内生产的均质产品为一批；③冻干粉针剂以同一批药液使用同一台冻干设备在同一生产周期内生产的均质产品为一批。

（2）非无菌药品：①固体、半固体制剂在成型或分装前使用同一台混合设备一次混合量所生产的均质产品为一批；②液体制剂以灌装（封）前经最后混合的药液所生产的均质产品为一批。

（3）原料药：①连续生产的原料药，在一定时间间隔内生产的在规定限度内的均质产品为一批；②间歇生产的原料药，可由一定数量的产品经最后混合所得的在规定限度内的均质产品为一批。混合前的产品必须按同一工艺生产并符合质量标准，且有可追踪的记录。

（4）中药制剂：①固体制剂在成型或分装前使用同一台混合设备一次混合量所生产的均质产品为一批。如采用分次混合，经验证，在规定限度内所生产一定数量的均质产品为一批。②液体制剂、膏滋、浸膏、流浸膏等以灌装（封）前经同一台混合设备最后一次混合的药液所生产的均质产品为一批。

点滴积累

1. 药品的质量是设计和生产出来的，生产过程要严格按照 GMP 规范进行才能保证药品质量达到既定目标。严格按企业生产部门下达生产指令和标准操作规程进行药品生产操作，仔细如实记录操作过程及数据，确保所生产药品质量和药品的生产工作符合质量标准。
2. 生产过程文件包括生产工艺规程、标准操作规程等。

实训一　参观药厂

【实训目的】

1. 熟悉人员、物料进入制剂生产车间的程序规定。
2. 了解厂址、厂房的设计、设备选用的要求。

【实训场地】

药厂

【实训步骤】

（一）参观前的指导

1. 厂址的选择要求　①药品生产企业的生产环境必须有整洁，生产区的地面、路面及运输等不会对药品的生产造成污染;②厂区设计上按生产、行政、生活和辅助区进行划分,同时在布局需考虑行政区、生活区、辅助区不会影响到生产区的环境造成污染。

2. 厂房的设计要求 ①人流、物流分开;②工艺布局遵循人流物流协调、工艺流程协调、洁净级别协调的原则,即厂房应按生产工艺流程及所要求的空气洁净级别进行合理布局,同一厂房内及相邻厂房之间的生产操作不得相互妨碍;③厂房应有防尘、捕尘及防虫和其他动物进入的设施;④厂房的结构与使用的建筑材料必须是便于进行清洁的;⑤生产区和储存区应有适宜的面积和空间进行设备的安置、物料存放,应能最大限度地减少差错和交叉污染;⑥洁净厂房周围应绿化,尽量减少厂区的露土面积。

3. 设备的要求 ①与药品直接接触的设备表面应光洁、平整、易清洗或消毒、耐腐蚀,不与药品发生化学变化或吸附药品;②设备所用的润滑剂、冷却剂等不得对药品或容器造成污染;③生产设备应有明显的状态标志,并定期维修、保养和验证;④生产、检验设备均应有使用、维修、保养记录,并由专人管理。

4. 物料的要求 ①物料的购入、储存、发放、使用等均应制定管理制度;②所用的物料应符合国家药品标准、包装材料标准、生物制品规程或其他有关标准,不得对药品的质量产生不良影响;③物料应从符合规定的单位购进;④待验、合格、不合格物料要严格管理,要有易于识别的明显状态标志;⑤对有温度、湿度或其他要求的物料中间产品和成品,应按规定条件储存;⑥物料应按规定的使用期限储存,无规定使用期限的,其储存一般不超过 3 年,期满后应复验。

物料的净化程序:见图 1-1、图 1-2。

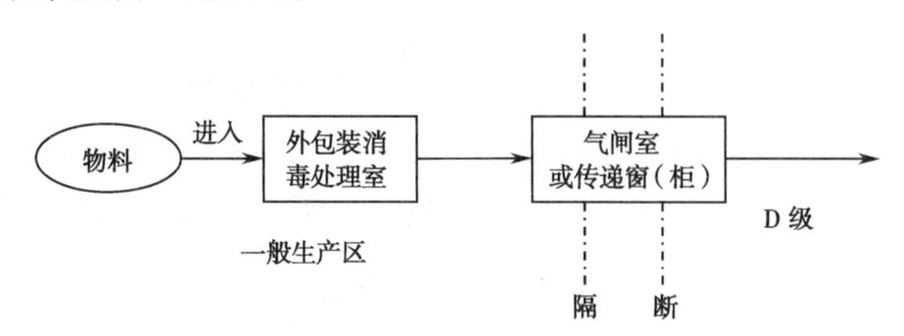

图 1-1 非无菌药品生产用物料进入 D 级洁净区程序

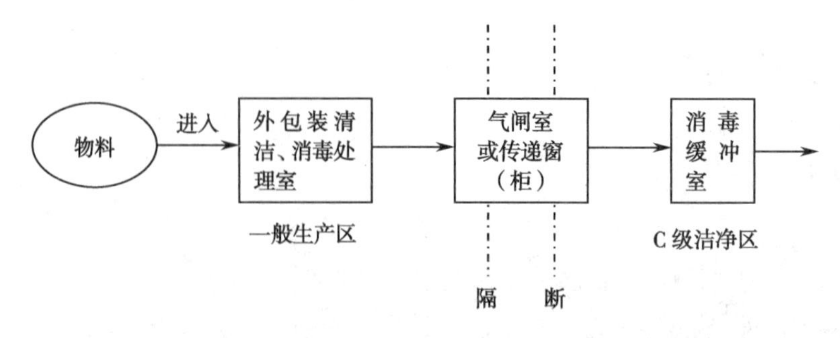

图 1-2 不可灭菌药品生产用物料进入 C 级洁净区程序

5. 人员要求 ①药品生产人员应有健康档案。直接接触药品的生产人员每年至少体检一次,传染病、皮肤病患者和体表有伤口者不得从事直接接触药品的生产。②在洁净室内操作时不得化妆和佩戴饰物,不得裸手直接接触药品。③工作服的选材、式样及穿戴方式应与生产操作和空气洁净度级别要求相适应，并不得混用。

人员净化的程序：如图 1-3、图 1-4。

人员进入 D 级洁净区更衣示范操作

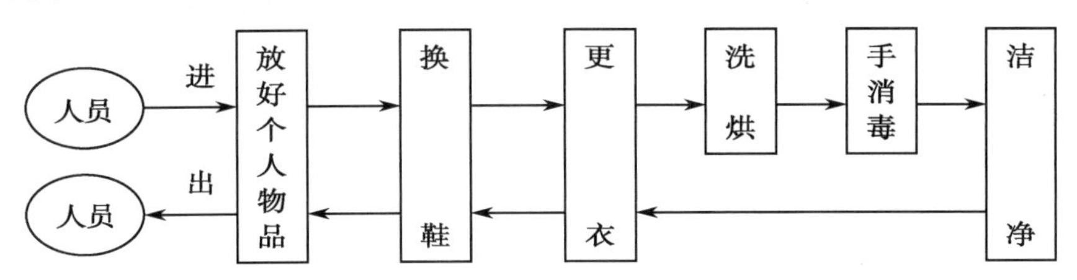

图 1-3　人员进出 D 级洁净区净化程序

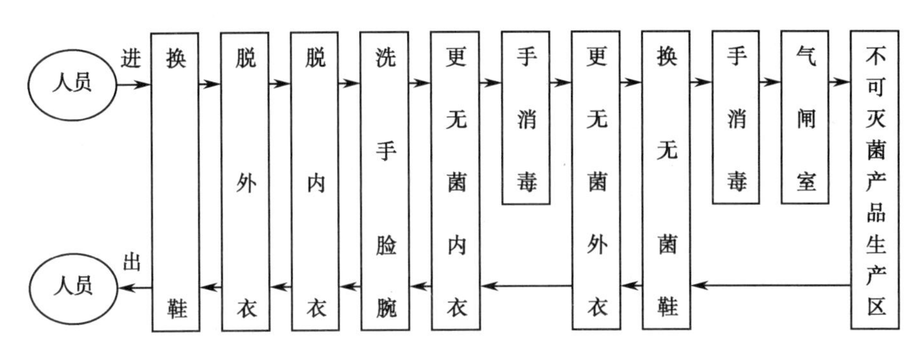

图 1-4　人员进出 C 级洁净区净化程序

（二）参观内容

1. 参观药品生产车间的设计、布局。

2. 参观常用剂型的生产工艺及制药设备。

3. 人员进入洁净室的净化练习。

4. 物料进入洁净室的净化练习。

【实训报告】

实训报告格式见附录一，每人实训结束后写出对药品生产车间参观后的认识，并分析讨论如何保持生产车间的洁净度符合级别要求。

【实训测试表】

测试题目	测试答案（请在正确答案后“□”内打“√”）
生产车间的洁净度有哪些级别？	①A 级 □ ②B 级 □ ③C 级 □ ④D 级 □
厂房的设计有哪些要求？	①人流、物流分开 □ ②厂房应有防尘、捕尘及防虫设施 □ ③厂房内不得设有地漏 □ ④洁净厂房周围应绿化，尽量减少厂区的露土面积 □ ⑤厂房生产区、辅助区应有适宜的面积 □

续表

测试题目	测试答案（请在正确答案后“□”内打“√”）
药品生产操作人员有哪些要求？	①药品生产人员应有健康档案 □ ②直接接触药品的生产人员每年至少体检一次 □ ③传染病、皮肤病患者和体表有伤口者不得从事药品的生产 □ ④在洁净室内操作时不得化妆和佩戴饰物，不得裸手直接接触药品 □
生产药品用的物料有何要求？	①物料必须符合国家药品标准 □ ②物料应从符合规定的单位购进 □ ③待验、合格、不合格物料要严格管理，要有易于识别的明显状态标志 □ ④对有温度、湿度或其他要求的物料中间产品和成品，应按规定条件储存 □ ⑤物料储存一般不超过3年 □
设备选用有何要求？	①与药品直接接触的设备表面应光洁、平整 □ ②不与药品发生化学变化 □ ③不吸附药品 □ ④设备所用的润滑剂、冷却剂等不得对药品或容器造成污染 □
人员或物料净化说法正确的有哪些？	①进入C万级洁净室的物料需经过消毒处理 □ ②进入A、B级洁净室的物料需经过消毒处理 □ ③进入A、B级洁净室的操作人员需经过3次更衣 □ ④进入A、B级洁净室的操作人员需经过2次更衣 □ ⑤进入D万级洁净室的人员需经过2次更衣 □

目标检测

一、选择题

（一）单项选择题

1. 有关《中国药典》叙述错误的是（　　）
   A. 药典是一个国家记载药品规格、标准的法典
   B. 药典由国家组织的药典委员会编写，并由政府颁布实施
   C. 药典不具有法律约束力
   D. 每部均含有凡例、正文和索引组成
2. 《中国药典》最新版本为（　　）
   A. 2000年版　B. 2005年版　C. 2015年版　D. 2017年版
3. 《药品生产质量管理规范》是指（　　）
   A. GMP　B. GSP　C. GLP　D. GAP
4. 将药物制成适合于临床应用的形式是指（　　）
   A. 剂型　B. 制剂　C. 药品　D. 成药

5. 下列剂型中属于均匀分散系统的是(　　)

A. 乳剂　B. 混悬剂　C. 疏水性胶体溶液　D. 溶液剂

6. 一个药品的名称一定有(　　)

A. 通用名　B. 英文名　C. 汉语拼音名　D. 商品名

7. 药典收载的处方称为(　　)

A. 法定处方　B. 医师处方　C. 协定处方　D. 秘方

(二) 多项选择题

1. 药物及其制剂收载进药典的条件为(　　)

A. 疗效确切　B. 祖传秘方

C. 质量稳定　D. 副作用小

E. 前版药典的收载的所用药物

2. 药剂学研究内容有(　　)

A. 制剂的制备理论　B. 制剂的处方设计　C. 制剂的生产工艺

D. 制剂的保管销售　E. 合理应用

3. 按剂型形态分类,可将药物剂型分为(　　)

A. 液体剂型　B. 固体剂型　C. 气体剂型

D. 半固体剂型　E. 微粒剂型

4. 药品批准文号中“字母”可以为(　　)

A. Z　B. H　C. J

D. K　E. S

二、简答题

1. 为什么要将药物制成剂型后才能用于临床?

2. 我国的药品标准有哪些?

3. 药品的生产管理包括哪些内容?药品的生产管理文件有哪些?

三、实例分析

通过查资料,分析药品生产企业需要达到哪些基本条件后,才能生产药品。

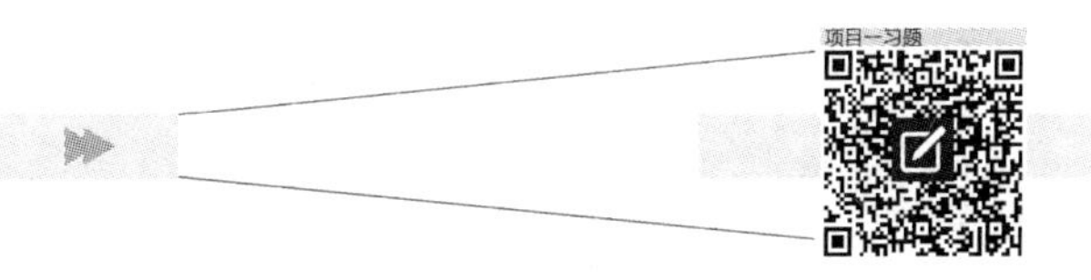

(张健泓)

模块二

药剂生产基本操作

项目二

制药卫生

导学情景

情景描述

2017 年暑假，药剂专业大一学生小王想利用假期到药厂参观，了解药品生产岗位操作，找到了在药厂工作的亲戚，到该企业后，发现该药厂的厂区绿化没用观赏性花草，且无泥土外露；与亲戚见面时，需要亲戚从生产车间出来，而自己不能到其工作车间去。回来后，小王百思不得其解，最后打电话向朋友请教才知道企业这样管理的原因是为了保证药品质量。

学前导语

药品生产企业应制定相应的卫生措施和卫生管理制度来防止药品污染。引起药品污染的主要因素有微生物和尘埃，而这两个因素与药品生产环境、人员、厂房、工艺等有关，所以制药卫生包括环境卫生、人员卫生、厂房卫生、工艺卫生等方面。本项目我们将带领同学们学习灭菌法、无菌操作法、空气净化技术，了解使制药卫生符合生产要求的措施。

药品是一种特殊商品。药品质量的优劣直接影响到人体健康和生命安全。药品不仅要有确切的疗效，还必须安全和质量稳定，药品一旦受到微生物的污染，微生物在一定适宜的条件下会大量生长繁殖，从而导致药品腐败变质，甚至会危及人体生命安全。

根据人体对环境微生物的耐受程度，《中国药典》对不同给药途径的药物制剂大体分为：无菌制剂和非无菌制剂（限菌制剂）。限菌制剂是指允许一定限度的微生物存在，但不得有规定控制菌存在的药物制剂。《药品生产质量管理规范》（2010 年修订）根据药物制剂不同的给药途径，对药物制剂的生产环境规定了洁净度标准。因此，药物生产的技术和生产的环境与药物的质量有直接关系，采用合适的技术手段和措施，对保障药品的质量具十分重要的意义。

任务一　灭菌法与无菌操作

灭菌法：系指用适当物理或化学手段将物品中活的微生物杀灭或除去的方法。

无菌操作：系指整个操作过程在避免被微生物污染的环境下进行的操作。

采用灭菌与无菌技术的主要目的是：杀灭或除去所有微生物繁殖体和芽孢，最大限度地提高药物制剂的安全性，保护制剂的稳定性，保证制剂的临床疗效。因此，有效的灭菌方法和正确的方式，对药品的质量至关重要。

灭菌与消毒区别

一、常用灭菌法

药物制剂技术中灭菌法通常分为物理灭菌法和化学灭菌法。

（一）物理灭菌法

利用蛋白质与核酸具有遇热、射线不稳定的特性及过滤等方法杀灭或除去微生物的技术称为物理灭菌法，亦称物理灭菌技术。该技术包括热灭菌法、射线灭菌法和过滤除菌法。

1. 热灭菌法 利用热能将微生物进行杀灭的灭菌技术。

（1）干热灭菌法：系指在干燥环境中加热灭菌的技术，其中包括火焰灭菌法和干热空气灭菌法。

1）火焰灭菌法：系指用火焰直接灼烧而达到灭菌的方法。该方法迅速、可靠、简便，但不适合药品的灭菌。

2）干热空气灭菌法：系指用高温干热空气灭菌的方法。由于在干燥状态下，热穿透力较差，微生物的耐热性强，必须在高温下长时间作用才能达到灭菌的效果。为了确保灭菌效果，通常采用的灭菌温度与相应时间为160～170℃灭菌120分钟以上、170～180℃灭菌60分钟以上或250℃灭菌45分钟以上。常用的设备有隧道灭菌系统，主要用于玻璃瓶的干燥和灭菌。

（2）湿热灭菌法：系指用饱和蒸汽、沸水或流通蒸汽进行灭菌的方法。由于蒸汽潜热大，热穿透力强，容易使蛋白质变性或凝固，因此该法的灭菌效率在相同温度下远高于干热灭菌法，是药物制剂生产过程中最常用的灭菌方法。湿热灭菌法可分类为热压灭菌法、流通蒸汽灭菌法、煮沸灭菌法和低温间歇灭菌法。

知识链接

影响湿热灭菌的主要因素

影响湿热灭菌的主要因素有：①微生物的性质与数量：不同的微生物或微生物的不同发育阶段对热的抵抗力有所不同，处于繁殖期的微生物对热的抵抗力最低；微生物的数量越少，灭菌时间越短。②蒸汽性质：饱和蒸汽含热量较高，穿透力较大，灭菌效率高；湿饱和蒸汽带有水分，热含量较低，穿透力差，灭菌效率较低；过热蒸汽温度虽然较高，但穿透力弱，灭菌效率也差。③药物性质：药物耐热性好，可以采用较高的灭菌温度，灭菌时间可缩短，可提高灭菌效率。④介质的性质：介质中含有营养物质时，能增强微生物的耐热性；介质的pH对灭菌效果也有影响，一般微生物耐热性在中性环境中最大，在酸性中最差。

1）热压灭菌法：系指利用高压饱和水蒸气加热杀灭微生物的方法。该法利用高压饱和蒸汽、过热水喷淋等手段使微生物菌体中的蛋白质、核酸发生变性而杀灭微生物。该法灭菌温度高，具有很强的灭菌效果，能杀灭所有细菌繁殖体和芽孢。热压灭菌法具有灭菌可靠，操作方便，易于控制和经济等优点，因此在注射剂的生产中是最为广泛应用的灭菌方法。

热压灭菌法所需的温度与时间通常为116℃（67kPa）×40min、121℃（97kPa）×30min或127℃×

15min,亦可采用其他温度和时间参数,但需通过实验验证确认合适的灭菌温度和时间。常用的设备有灭菌锅和热压灭菌柜,卧式热压灭菌柜是一种常用的大型灭菌设备,其基本结构如图 2-1。

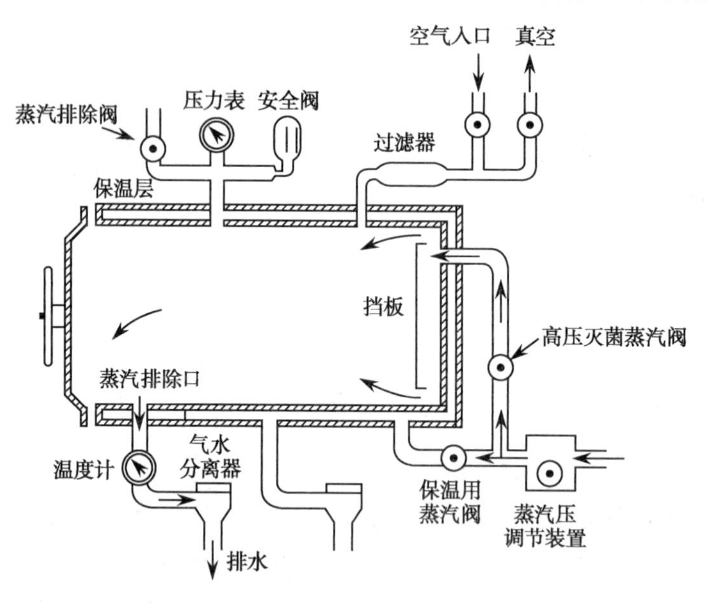

图 2-1 热压灭菌柜结构示意图

为保证灭菌效果,热压灭菌柜使用时应注意的问题有:①灭菌器的构造、被灭菌物体积、数量、排布等均对灭菌的效果有一定影响,故应先进行灭菌工艺验证,以确保灭菌效果;②必须使用饱和蒸汽;③必须将灭菌器内的空气排出,如果灭菌器内有空气存在,则压力表上所显示的压力是灭菌器内蒸汽和空气两者的总压,而非纯蒸汽的压力,故虽然压力能到达预定的水平,但温度达不到,从而影响到灭菌效果;④灭菌时间必须由全部药液温度真正达到所要求的温度时算起;⑤灭菌完毕后,应先停止加热,一般必须使压力表所指示的压力逐渐下降到零,才能放出柜内蒸汽,使柜内压力与大气压相等后,稍稍打开灭菌柜门待 10~15 分钟,再全部打开。

2)流通蒸汽灭菌法:系指在常压下,采用 100℃ 流通蒸汽加热杀灭微生物的方法。灭菌时间通常为 30~60 分钟。该法适用于消毒及不耐高热制剂的灭菌。但不能保证杀灭所有的芽孢,是非可靠的灭菌法。

3)煮沸灭菌法:系指将待灭菌物置沸水中加热灭菌的方法。煮沸时间通常为 30~60 分钟。该法灭菌效果较差,常用于生产器具和清洁器具的消毒。

4)低温间歇灭菌法:系指将待灭菌物置 60~80℃ 的水或流通蒸汽中加热 60 分钟,杀灭微生物繁殖体后,在室温条件下放置 24 小时,让待灭菌物中的芽孢发育成繁殖体,再次加热灭菌、放置使芽孢发育、再次灭菌,反复多次,直至杀灭所有芽孢。该法适合于不耐高温、热敏感物料和制剂的灭菌。其缺点是费时、工效低、灭菌效果差。

课堂活动

某药厂生产的克林霉素磷酸酯葡萄糖注射剂造成了 81 例严重不良反应,其中 3 人死亡。中国食品药品检定院对相关样品进行检验,结果发现无菌检查、热原检查均不符合规定。

试分析上述药品出现检验结果不符规定的原因。

2. 射线灭菌法 系指采用辐射、微波和紫外线杀灭微生物的方法。

(1)辐射灭菌法:系指将灭菌物品置于适宜放射源辐射的 γ 射线或适宜的电子加速器发生的电子束中进行电离辐射而达到杀灭微生物的方法。本法最常用的为放射性同位素($^{60}C_0$ 和 $^{137}C_S$)放射的 γ 射线,可杀灭微生物和芽孢。辐射灭菌所控制的参数主要是辐射剂量(指灭菌物品的吸收剂量)。

(2)微波灭菌法:采用微波(频率为 300~300 000MHz)照射产生的热能杀灭微生物的方法。该法是利用微波的热效应和非热效应(生物效应)相结合实现灭菌目的,热效应使微生物体内蛋白质变性而失活;非热效应干扰了微生物正常的新陈代谢,破坏微生物生长条件。微波的生物效应使得该技术在低温(70~80℃)时即可杀灭微生物,而不影响药物的稳定性,对热压灭菌不稳定的药物制剂,采用微波灭菌则较稳定,降解产物减少。

(3)紫外线灭菌法:系指用紫外线(能量)照射杀灭微生物的方法。用于紫外灭菌的波长一般为 200~300nm,灭菌力最强的波长为 254nm。该方法属于表面灭菌。紫外线不仅能使核酸蛋白变性,而且能使空气中氧气产生微量臭氧,而达到共同杀菌作用。该法适合于照射物表面灭菌、无菌室空气及纯化水的灭菌;不适合于药液的灭菌及固体物料深部的灭菌。由于紫外线是以直线传播,可被不同的表面反射或吸收,穿透力微弱,普通玻璃即可吸收紫外线,紫外线对人体有害,照射过久易发生结膜炎、红斑及皮肤烧灼等伤害。

用紫外线照射灭菌时应主要下列问题:①紫外线灯管的杀菌力一般随着使用时间的延长而衰退,当使用时间达到额定时间 70%时应更换紫外线灯管,以保证杀菌效果,国产紫外线灯平均寿命一般为 2000 小时;②紫外线的杀菌作用随菌种不同而不同,如杀霉菌的照射量要比杀杆菌大 40~50 倍;③紫外线照射通常按相对湿度为 60%的基础上设计,如果室内湿度大于 60%时,照射量应相应增加;④紫外线灭菌效果与照射时间有关,因此通过实验来确定照射时间;⑤紫外线照射灯的安装形式及高度,应根据实际情况,参考使用说明。

3. 过滤除菌法 系利用细菌不能通过致密具孔材料的原理以除去气体或液体中微生物的方法,常用于热不稳定的药品溶液或原料的除菌。该法适合于对热不稳定的药物溶液、气体、水等物质的灭菌。灭菌用过滤器应有较高的过滤效率,能有效地除尽物料中的微生物,滤材与滤液中的成分不发生相互交换,滤器易清洗,操作方便等。

为了有效地除尽微生物,滤器孔径必须小于芽孢大小(芽孢的直径>0. 5μm)。除菌过滤器采用孔径分布均匀的微孔滤膜作为滤材。微孔滤膜分亲水性和疏水性两种,根据过滤物品的性质及过滤目的选择。药品生产中采用的除菌滤膜孔径一般不超过 0. 22μm。过滤灭菌的保证与过滤液体的初始生物负荷及过滤器的对数下降值 LRV(log reduction value)有关。

(二)化学灭菌法

利用化学药品(又称化学消毒剂)具有能使微生物蛋白质变性而产生沉淀、与微生物的酶系统结合而影响其代谢功能或降低微生物的表面张力、增加菌体胞浆膜的通透性而使细胞破裂或溶解的作用等特性,将微生物杀灭的方法称为化学灭菌法。该法包括气体灭菌法和药液灭菌法。

1. 气体灭菌法 系指用化学药剂能形成的气体蒸气杀灭微生物的方法。常用的化学消毒剂有环氧乙烷、甲醛、臭氧(O_3)、戊二醛等。该法适合设备和设施等的消毒,而且特别适合生产厂房的消毒。运用该法消毒后应注意空间排空，防止残留的消毒剂对产生人体危害。

2. 药液灭菌法　系指采用杀菌剂溶液进行灭菌的方法。该法常应用于其他灭菌法的辅助措施，适合于皮肤、无菌器具和设备的消毒。常用消毒液有75%乙醇溶液、3%双氧水溶液、1%聚维酮碘溶液、0.1%~0.2%苯扎溴铵（新洁尔灭）溶液、酚或煤酚皂溶液等。

知识链接

灭菌方法可靠性的验证

当产品中存在微量的微生物时，现行的无菌检验方法往往难以检出。为了保证产品的无菌，有必要对灭菌方法的可靠性进行验证，F值和F_0值可作为验证灭菌方法可靠性的参数。

Z值：是指灭菌时间减少到原来的1/10所需升高的温度；或在相同灭菌时间内，杀灭99%的微生物所需提高的温度。

F值：在一定灭菌温度（T）下给定的Z值所产生的灭菌效果与在参比温度（T_0）下给定的Z值所产生的灭菌效果相同时所相当的时间，以分钟为单位。F值常用于干热灭菌的验证。

F_0值：在一定灭菌温度（T）、Z值为10℃所产生的灭菌效果与此在121℃、Z值为10℃所产生的灭菌效果相同时所相当的时间，以分钟为单位。也就是说，不管温度如何变化，t分钟内的灭菌效果相当于在121℃下灭菌F_0分钟的效果。显然，即把各温度下灭菌效果都转化成121℃下灭菌的等效值。因此称F_0为标准灭菌时间。目前F_0应用仅限于热压灭菌的验证。

二、无菌操作法

无菌操作法系指整个操作过程在无菌条件下进行的一种生产和操作方法。该法通常运用于不能加热灭菌或不宜用其他方法灭菌的无菌制剂的制备和微生物限度检查操作，如无菌粉末分装、无菌冻干即是运用无菌操作法进行生产的。无菌操作法必须在无菌操作室的无菌操作台（柜）或生物安全柜进行，因此对操作人员和物料的进入都有严格的规定，所有的用具、原料以及操作环境都必须进行灭菌，以保障空间的无菌状态，避免受到污染。无菌操作法通常采用层流空气洁净技术。

1. 无菌操作室的灭菌　无菌操作室应定期进行灭菌，可采用紫外线、液体和气体灭菌法对无菌操作室的环境进行灭菌，甲醛溶液加热熏蒸法是用于无菌操作室灭菌常用的一种方法，甲醛蒸气产生装置见图2-2。室内空间的用具、地面、墙壁等可用消毒剂擦拭消毒，可用热压灭菌的物品尽可能用热压灭菌的方法进行灭菌，以保持操作环境的无菌状态。

2. 无菌操作　操作人员进入无菌操作室应严格遵守无菌操作的工作规程，按规定更换无菌工作鞋后洗手消毒，然后换上无菌工作衣、戴上无菌工作帽和口罩。头发不得外露并尽可能减少皮肤的外露，不得裸手操作，以免造成污染。

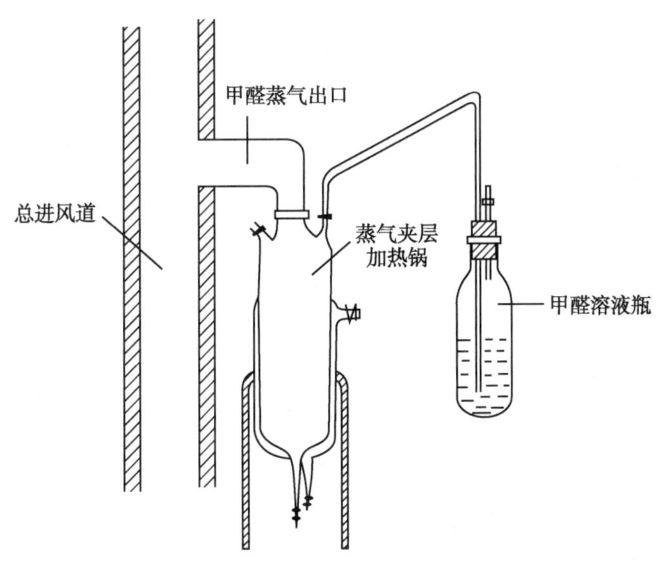

甲醛蒸气熏蒸注意事项

图 2-2 甲醛蒸气产生装置

三、无菌检查

无菌检查是指检查药典要求无菌的药品、原料、辅料及其他品种是否无菌的一种操作方法。无菌检查应在环境洁净度 C 级下的局部洁净度 A 级的单向流空气区域内或隔离系统中进行，其全过程中必须严格遵守无菌操作，防止微生物污染。

《中国药典》(2015 年版)规定的无菌检查法有直接接种法和薄膜过滤法，前者适用于非抗菌作用的供试品，后者适用于有抗菌作用或大量的供试品。直接接种法是指将供试品直接接种于培养基中，培养适宜时间后，再观察培养基上是否有菌落生成的检查方法。薄膜过滤法是指将供试品用薄膜过滤后，将过滤后的薄膜直接用显微镜观察；或者接种于培养基中，培养适宜时间后，再观察培养基上是否有菌落生成的检查方法。薄膜过滤法具有灵敏度高，不易产生假阴性结果，操作也简便等特点。

无菌检查结果是否合格，应按《中国药典》(2015 年版)规定的标准加以判断。

四、微生物限度检查

四大微生物的菌落特征

微生物限度检查应按《中国药典》(2015 年版)部规定的微生物限度检查法。微生物限度检查法系检查非规定灭菌制剂及其原料、辅料受微生物污染程度的方法。检查项目包括细菌数、霉菌数、酵母菌数及控制菌检查。

微生物限度检查应在环境洁净度 C 级下的局部洁净度 A 级的单向流空气区域内进行。检验全过程必须严格遵守无菌操作，防止再污染。单向流空气区域、工作台面及环境应定期按现行的国家标准进行洁净度验证。

供试品检查时，如果使用了表面活性剂、中和剂或灭活剂，应证明其有效性及对微生物的生长和存活无影响。

除另有规定外，该检查法中细菌培养温度为30～35℃；霉菌、酵母菌培养温度为23～28℃；控制菌培养温度为35～37℃。

检验结果以1g、1ml、10g、10ml或10cm为单位报告。

点滴积累 √

1. 灭菌法据灭菌条件分为物理灭菌法和化学灭菌法，物理灭菌法是指采用加热、射线、过滤等方法杀灭或除去微生物的方法，化学灭菌法是指利用化学药品直接作用于微生物并将其杀灭的方法。
2. 物理灭菌法根据灭菌的条件不同，分为干热灭菌法、湿热灭菌法、射线灭菌法、过滤除菌法，其中湿热灭菌法的灭菌效果比干热灭菌法高，过滤除菌法属于机械除菌方法。
3. 湿热灭菌法包括热压灭菌法、流通蒸汽灭菌法、煮沸灭菌法、低温间歇灭菌法，热压灭菌法的灭菌条件是高压饱和蒸汽、流通蒸汽灭菌法的灭菌条件是100℃流通蒸汽、煮沸灭菌法的灭菌条件是沸水、低温间歇灭菌法的灭菌条件是60～80℃的热水或流通蒸汽。
4. 射线灭菌法包括辐射灭菌法、微波灭菌法、紫外线灭菌法，其中辐射灭菌适于热敏性物料和制剂的灭菌，微波灭菌适于水性注射液灭菌，紫外线灭菌一般用于物体表面、无菌空气、蒸馏水的灭菌。
5. 无菌检查法有直接接种法和薄膜过滤法，直接接种法适合于非无菌作用的供试品，薄膜过滤法适合于有抗菌作用的或大量的供试品。

任务二　空气净化技术

一、概述

空气净化系指除去空气悬浮的尘埃粒子和微生物，以创造洁净空气环境而进行空气调节的措施。

空气净化技术系指为达到某一净化要求或标准所采用的空气净化方法。空气净化技术是一项综合性的技术，该技术除了合理地采用空气净化方法外，还必须与制冷、建筑、电控、设备、工艺等相互配合，有良好的管理措施和操作规程，严格进行维护管理。

1. 空气净化技术　空气净化技术一般采用空气过滤的方式，当含尘埃粒子的空气通过多孔过滤介质时，尘埃粒子被过滤介质的微孔截留或孔壁吸附，达到与空气分离的目的。常用空气净化技术通常采用的过滤方式有初效过滤、中效过滤和亚高效过滤或高效过滤。

（1）初效过滤：系指过滤空气中直径较大的尘埃粒子，以达到在空气净化过程中正常地进行，并有效地保护中效过滤器的目的。

（2）中效过滤：系指过滤空气中直径较小的尘埃粒子，以达到在空气净化过程中正常地进行，并有效地保护亚高效过滤或高效过滤器的目的。

(3)亚高效过滤或高效过滤:属于深层的末端过滤,以达到空气净化系统创造出高标准和高质量洁净空气的目的。根据《药品生产质量管理规范》(2010年修订)对洁净区的设置要求,净化系统基本上都选用高效过滤器作末端过滤。

2. 空气过滤的机制 根据尘埃粒子与过滤介质的作用方式,空气过滤的机制大体分为拦截作用和吸附作用。

(1)拦截作用:系指当尘埃粒子的粒径大于过滤介质微孔时,随着气流运动的粒子在过滤介质的机械屏蔽作用下被截留。

(2)吸附作用:系指当粒径小于过滤介质间隙的细小粒子通过介质微孔时,由于尘埃粒子的重力、分子间范德华力、静电、粒子运动惯性等作用,与间隙表面接触被吸附。

3. 制冷技术 药品生产的洁净厂房通常要满足温度18~24℃、湿度45%~65%的要求,就要应用制冷技术对空气净化系统的空气进行热量交换,以控制其温度和湿度,使其始终符合药品GMP的要求。

(1)制冷基本原理:从低于环境温度的物体中吸取热量,并将其转移给环境介质的过程,称为制冷。按照能量交换原理,可分为以下几种制冷方式:

1)蒸气压缩式:通过压缩机吸入从蒸发器出来的较低压力的工质蒸气。使之压力升高后送入冷凝器,在冷凝器中冷凝成压力较高的液体。经节流阀调节,液体在蒸发器蒸发为气体。利用工质由液体状态汽化为蒸气状态过程中吸收热量,介质因失去热量而降低温度,达到制冷的目的。常见的空调设备、冷水机均采用此方式制冷。

2)吸收式:利用某些具有特殊性质的工质对,通过一种物质对另一种物质的吸收和释放,产生物质的状态变化,从而伴随吸热和放热过程,实现制冷的目的。常见设备有溴化锂冷水机。

3)半导体式:利用半导体材料的帕尔帖效应,当直流电通过两种不同半导体材料串联成的电偶时,在电偶的两端即可分别吸收热量和放出热量,实现制冷的目的。此方式常用于电子设备冷却,家用小电器制冷。由于制冷功率较小,不运用于大型制冷设备。

(2)制冷设备能量交换过程:制药洁净技术中较多采用蒸气压缩式、吸收式制冷设备,制冷过程包含两个热量交换系统,共四个热量交换的过程:一是液态制冷剂(蒸气压缩式常用R134a、R123,吸收式常用水)气化过程与载冷剂(常用的有水、盐水、有机物,制药洁净技术中一般采用水作为载冷剂,称为冷冻水)之间的热量交换和载冷剂通过组合风柜系统的表冷器与净化空气系统的空气进行热量交换;二是制冷剂蒸气与载热剂(即冷却水)之间的热量交换和载热剂与冷却塔散热介质之间的热量交换。

(3)洁净技术中制冷系统的组成:洁净技术中制冷系统应用较多的主要方式有以下两种:集中供冷方式和单机供冷方式。

1)集中供冷方式:由冷水机组、冷冻水泵、冷冻水管网、空调风柜、冷却水泵、冷却水管网、冷却塔组成。冷水机组作为冷源,以水作为载冷剂,通过冷冻水管网向各空调风柜输送低温冷冻水,冷冻水经过空调风柜表冷器与空气进行热交换,实现对空气的温湿度处理。一套冷水机组可对多台空调风柜供冷。水是较好的载热体，输送方式简单，可实现远距离送冷。冷却系统采用水冷式，通过冷却水塔将冷水机组的热量传递到室外空气。

2）单机供冷方式：由压缩机、蒸发器、冷凝器组成。空调风柜自带冷源，直接通过制冷剂实现热交换，一体化程度高。由于制冷剂对输送管道要求较高，不适合远距离、大冷量输送。因此，此方式多用于独立运作、冷负荷较小的洁净系统。冷却方式多采用风冷式，通过冷却风扇带动空气流动，将冷凝器的热量传递大气中。

3）两种供冷方式的优缺点：①集中供冷方式适合于用冷量大、负荷波动小的系统。具有投资成本低、运行管理方便、集约化程度高等优点。由于系统管网庞大、结构复杂、技术要求高，维修保养难度较大、成本较高。如果系统不满负荷运转或负荷波动较大，则运行成本会大幅上升。②单机供冷方式适合于用冷量较小的系统。具有结构简单、操作简便、维修方便等优点。对冷负荷波动大、连续运行时间短的空调系统，具有较高的低运行成本优势。相对于集中供冷方式，此方式的投资成本较高，不适用于用冷面积大的洁净系统。

二、洁净区的要求

洁净区必须保持正压，即按洁净度等级的高低依次相连，并应有相应的压差，以防止低洁净级别房间的空气逆流至高洁净级别房间，洁净区与非洁净区之间、不同级别洁净区之间的压差应当不低于10Pa。必要时，相同洁净度级别的不同功能区域（操作间）之间也应当保持适当的压差梯度，通常是洁净通道与洁净房间应保持有5Pa的正压。《药品生产质量管理规范》（2010年修订）在附录1“无菌药品”中对洁净区作了具体的规定：除有特殊要求外，室温为18～26℃，相对湿度为45%～65%；洁净区的设计必须符合相应的洁净度要求，包括达到“静态”和“动态”的标准。

无菌药品生产所需的洁净区可分为以下4个级别：

A级：高风险操作区，如灌装区、放置胶塞桶和与无菌制剂直接接触的敞口包装容器的区域及无菌装配或连接操作的区域，应当用单向流操作台（罩）维持该区的环境状态。单向流系统在其工作区域必须均匀送风，风速为0.36～0.54m/s（指导值）。应当有数据证明单向流的状态并经过验证。

在密闭的隔离操作器或手套箱内，可使用较低的风速。

B级：指无菌配制和灌装等高风险操作A级洁净区所处的背景区域。

C级和D级：指无菌药品生产过程中重要程度较低操作步骤的洁净区。

口服液体和固体制剂、腔道用药（含直肠用药）、表皮外用药品等非无菌制剂生产的暴露工序区域及其直接接触药品的包装材料最终处理的暴露工序区域，应当参照“无菌药品”附录中D级洁净区的要求设置，企业可根据产品的标准和特性对该区域采取适当的微生物监控措施。

非无菌原料药精制、干燥、粉碎、包装等生产操作的暴露环境应当按照D级洁净区的要求设置。

生物制品的生产操作应当在符合表2-1中规定的相应级别的洁净区内进行，未列出的操作可参照表2-1在适当级别的洁净区内进行：

表 2-1 生物制品生产操作的洁净度级别要求

洁净度级别	生物制品生产操作示例
B 级背景下的局部 A 级	2010 年版 GMP 附录 1“无菌药品”中非最终灭菌产品规定的各工序灌装前不经除菌过滤的制品其配制、合并等
C 级	体外免疫诊断试剂的阳性血清的分装、抗原与抗体的分装
D 级	原料血浆的合并、组分分离、分装前的巴氏消毒
	口服制剂其发酵培养密闭系统环境(暴露部分需无菌操作)
	酶联免疫吸附试剂等体外免疫试剂的配液、分装、干燥、内包装

1. 洁净区的监测标准

(1)空气悬浮粒子的标准规定见表 2-2

表 2-2 不同洁净度级别悬浮粒子的最大允许量

洁净度级别	悬浮粒子最大允许数/m^3			
	静态		动态③	
	≥0.5μm	≥5.0μm②	≥0.5μm	≥5.0μm
A 级①	3520	20	3520	20
B 级	3520	29	352 000	2900
C 级	352 000	2900	3 520 000	29 000
D 级	3 520 000	29 000	不作规定	不作规定

注:①为确认 A 级洁净区的级别,每个采样点的采样量不得少于 $1m^3$。A 级洁净区空气悬浮粒子的级别为 ISO4.8,以≥5.0μm 的悬浮粒子为限度标准。B 级洁净区(静态)空气悬浮粒子的级别为 ISO5.0,同时包括表中两种粒径的悬浮粒子。对于 C 级洁净区(静态和动态)而言,空气悬浮粒子的级别分别为 ISO7.0 和 ISO8.0。对于 D 级洁净区(静态)空气悬浮粒子的级别为 ISO8.0。测试方法可参照 ISO14644-1。②在确认级别时,应当使用采样管较短的便携式尘埃粒子计数器,避免≥5.0μm 悬浮粒子在远程采样系统的长采样管中沉降。在单向流系统中,应当采用等动力学的取样头。③动态测试可在常规操作、培养基模拟灌装过程中进行,证明达到动态的洁净度级别,但培养基模拟灌装试验要求在“最差状况”下进行动态测试

(2)洁净区微生物监测的动态标准见表 2-3

表 2-3 洁净区微生物监测的动态标准①

洁净度级别	浮游菌 cfu/m^3	沉降菌(ϕ90mm) cfu/4 小时②	表面微生物	
			接触(ϕ55mm) cfu/碟	5 指手套 cfu/手套
A 级	<1	<1	<1	<1
B 级	10	5	5	5
C 级	100	50	25	-
D 级	200	100	50	-

注:①表中各数值均为平均值;②单个沉降碟的暴露时间可以少于 4 小时,同一位置可使用多个沉降碟连续进行监测并累积计数

知识链接

常见制剂对生产环境要求

1. 非无菌药品及原料药生产环境的空气洁净度级别

药品种类		洁净级别
栓剂	除直肠用药外的腔道用药	暴露工序:D级
	直肠用药	暴露工序:D级
口服液体药品	非最终灭菌	暴露工序:D级
	最终灭菌	暴露工序:D级
外用药品	表皮用药	暴露工序:D级
口服固体药品		暴露工序:D级
原料药	药品标准中有无菌检查要求	B+A级
	其他原料药	D级

2. 无菌药品及生物制品生产环境的空气洁净度级别

药品种类	洁净度级别	
可灭菌小容量注射液(<50ml)	浓配、粗滤	D级
	稀配、精滤、灌封	C+A级
可灭菌大容量注射液(>50ml)	浓配	D级
	稀配、滤过	C级
	灌封	C+A级
非最终灭菌的无菌药品及生物制品	配液	无法除菌滤过:B+A级 可除菌滤过:C级
	灌封、分装,冻干、压塞	B+A级
	轧盖	C+A级
外用药品	深部组织创伤和大面积体表创面用药	暴露工序:C级
眼用药品	供角膜创伤或手术用滴眼剂	暴露工序:C级
	一般眼用药品	暴露工序:C级

2. 洁净室内部布局　洁净室一般由更衣室、缓冲间、洁净通道、操作间、洗衣间、清洗间、器具间、洁具间、工具间、中转间、备料间、称量间、中控间以及物料通道的外清间和缓冲间等功能间组成。

三、洁净室的气流方向

进入洁净室的空气流向会影响到室内的洁净度,洁净室的气流方向有层流和紊流之分。

1. 层流　是指洁净室的空气流向呈平行状态,气流中的尘埃不易相互扩散,能保持室内的洁净度,常用于A级洁净区。层流据流向不同又分为水平层流与垂直层流,如图2-3、图2-4。

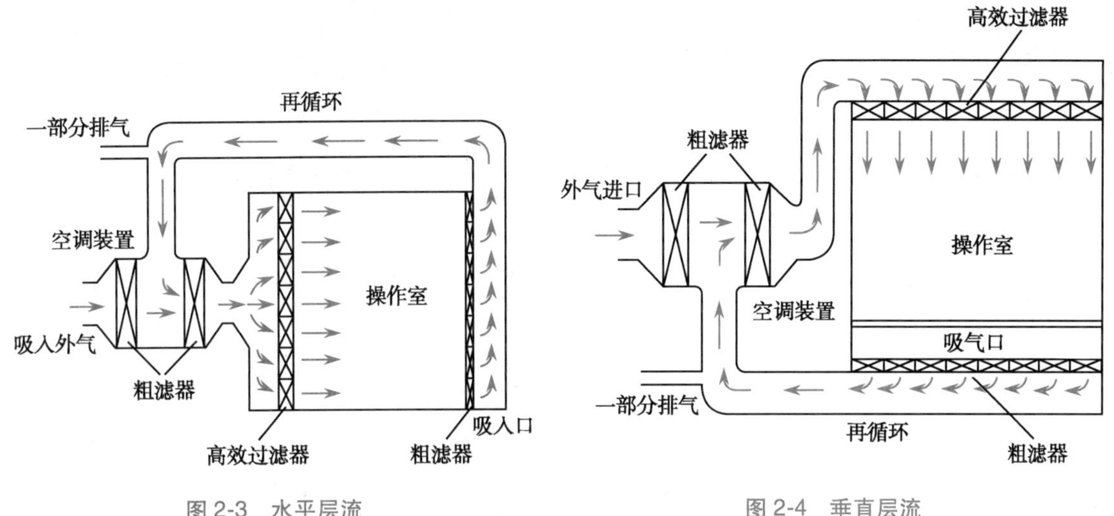

图 2-3 水平层流　　图 2-4 垂直层流

2. 紊流 是指洁净室的空气呈不规则状态，气流中的尘埃易相互扩散，由于送风口与出风口的安排方式不同，洁净室的洁净度可达到 B 级到 D 级，常见的送风口与出风口的安排方式见图 2-5。

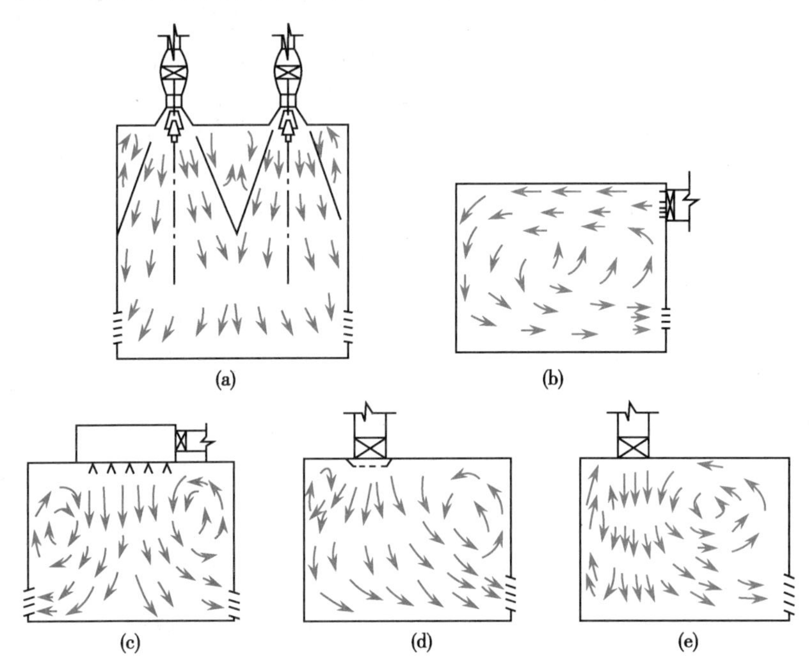

图 2-5 紊流洁净室送风口与出风口安排方式图

(a)密集流线形散发器顶送，双侧下回；(b)上侧送风，同侧下回；(c)孔板顶送，双侧下回；(d)带扩散板高效过滤器风口顶送，单侧下回；(e)无扩散板高效过滤器风口顶送，单侧下回

四、洁净室环境质量控制

洁净室环境的质量与洁净室的设计、设备的选型和工作管理有较大关系，在设计和设备选型已经确定的时候，管理和维护就显得非常重要了。为保证洁净室能保持良好状态，环境质量符合国家标准，建议做到以下要求：

1. 保持洁净区内所有的建筑物表面光滑、洁净、完好，不产生渗透作用，并能够耐受多种清洁剂反复使用和消毒；门、窗、各种管道、灯具、风口及其他设施、墙壁与地面的交界处等保持洁净、无浮尘。

2. 地漏干净，消毒并常保持液封状态，盖严上盖。洗手池、器具和洁具清洗池等设施，应里外保持洁净、无浮尘、垢斑和水迹。

3. 缓冲室（气闸）、传递柜、传递窗等缓冲设施的两扇门不能同时打开；在不工作时，注意关紧传递设施的门。

4. 严格控制进入洁净室的人数，仅限于该区域生产操作人员及经批准进入的人员进入；工作时应关紧操作间的门，尽量减少出入次数。对临时外来人员进行指导和监督。对进入洁净区人员实行登记制度。

5. 洁净区内进行各种操作活动要稳、准、轻，不做与工作无关的动作，各种活动（操作）应限制在最低限度。

6. 洁净区内所有物品应定数、定量、定置、挂状态牌，与本区生产无关的物品不允许带入。

7. 所用各种器具、容器、设备、工具需要不发尘的材料制作，并按规定程序进行清洁、消毒后方可放入洁净区。应尽量减少使用不易清洁的凹陷和凸出的壁架、橱柜和设备。

8. 使用后的清洁卫生工具要及时清洗干净、消毒并及时干燥，置于通风良好的洁具间内规定的位置。用前、用后要检查抹布、拖把是否会脱落纤维。

9. 记录用纸、笔需经洁净处理后方可带入洁净区。所用纸笔不发尘，不能用铅笔和橡皮，而应用签字笔。洁净区内不宜设告示牌、记事板。

10. 生产过程中产生的废弃物应及时放入洁净的不产尘的容器和口袋中，密闭放在洁净区内指定地点，并按规定在工作结束后将其及时清除出洁净区。洁净区空调宜连续运行，工作间歇时空调应做值班运行，保持室内正压，以防止室内结露。

11. 洁净室不宜安排一日 24 小时生产，每天必须有足够的时间用于清洁和消毒。更换品种要保证有足够的时间进行清场、清洁与消毒。

12. 必须保证洁净室维持在规定的洁净度等级环境下，并定期监测。

13. 按《空调净化系统清洁消毒管理规程》《空调净化系统清洁消毒标准操作规程》定期清洗回风滤网和定期清洗更换空气过滤器。

点滴积累

1. 空气的净化技术一般采用过滤的方式除去空气中悬浮的尘埃粒子和微生物，通常采用的过滤方式有初效过滤器、中效过滤器、亚高效过滤器或高效过滤器。
2. 空气过滤的机制有拦截作用和吸附作用。
3. 洁净区的要求有 A 级、B 级、C 级、D 级，各洁净区间的压差不少于 10Pa。
4. 洁净室的气流方向有层流和紊流，层流常用于 A 级洁净区。
5. 洁净室环境的质量控制可从厂房设计、人员、用具、生产安排等方面进行。

目标检测

一、选择题

（一）单项选择题

1. 下列关于使用热压灭菌柜应注意事项说法错误的是（　　）

A. 使用饱和水蒸气　　B. 排尽柜内空气

C. 使用过饱和水蒸气　　D. 需正确计时

2. 紫外线灭菌能力最强的波长是（　　）

A. 300nm　　B. 200nm　　C. 254nm　　D. 250nm

3. 下列不是使用其蒸气灭菌的为（　　）

A. 环氧乙烷　　B. 甲醛　　C. 戊二醛　　D. 苯甲酚

4. 使用高压饱和蒸汽灭菌的方法是（　　）

A. 热压灭菌法　　B. 流通蒸汽灭菌法

C. 辐射灭菌法　　D. 干热空气灭菌法

5. 主要用于空气及物体表面灭菌的是（　　）

A. 紫外线　　B. 辐射　　C. 热压　　D. 高速热风

6. 杀菌效率最高的蒸汽是（　　）

A. 饱和蒸汽　　B. 过热蒸汽　　C. 湿饱和蒸汽　　D. 流通蒸汽

（二）多项选择题

1. 影响湿热灭菌法的因素有（　　）

A. 灭菌时间　　B. 蒸汽的性质　　C. 药物的性质

D. 细菌的种类　　E. 细菌的数量

2. 下列属于物理灭菌法的有（　　）

A. 紫外线灭菌　　B. 辐射灭菌　　C. 环氧乙烷灭菌

D. 干热空气灭菌　　E. 热压灭菌

3. 洁净室的洁净级别有（　　）

A. A 级　　B. B 级　　C. C 级

D. D 级　　E. E 级

4. 空气过滤器按效率可分为（　　）

A. 初效过滤器　　B. 中效过滤器　　C. 亚中效过滤器

D. 亚高效过滤器　　E. 高效过滤器

二、简答题

1. 使用热压灭菌器需要注意哪些问题？

2. 低温间隙灭菌法的适用范围及应用上有何局限性？

3. 湿热灭菌法的灭菌效率比干热灭菌法高的原因有哪些？

三、实例分析

试分析有哪些措施可使药品的生产环境处于无菌状态？

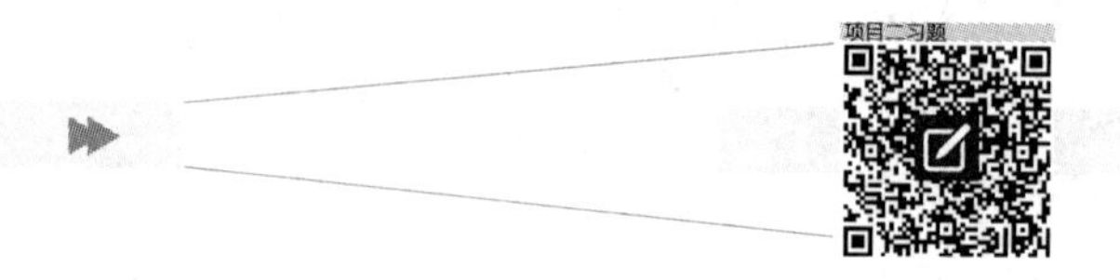

（何国熙）

项目三

制药用水

导学情景

情景描述

小明和妈妈去医院看望住院的外公后，走进医院旁边的超市想买瓶水喝，一进超市就看见饮用水大促销，看着各式各样包装精美的纯净水、矿泉水、蒸馏水等各类水产品，小明和妈妈看的眼花缭乱，不知道选哪一个，联想起住院外公打的点滴用的药水，爱问问题的小明，随口就问旁边的促销员，这喝的水和医院打点滴用的水一样吗?

学前导语

水是我们日常生活中用的最多的物质，也是药物制剂制备过程中用量最大、使用最广的原料之一。本项目我们将带领大家学习制药用水的主要用途和区别，了解制药用水的质量要求，掌握纯化水和注射用水的制备技术和设备，以及了解生活用水和制药用水的区别。

任务一　认识制药用水

一、制药用水种类及应用

水是药物制剂制备过程中用量最大、使用最广的原料之一。制药用水的种类有饮用水、纯化水、注射用水及灭菌注射用水。

饮用水是指符合生活饮用水标准的水；纯化水是指饮用水经蒸馏法、离子交换法、反渗透法或其他适宜方法所制得的水；注射用水是指纯化水经蒸馏所制得的水；灭菌注射用水是指注射用水按照注射剂生产工艺制备所得的水。制药用水的主要用途见表 3-1。

表 3-1　制药用水的主要用途

制药用水类别	主要用途
饮用水	①制备纯化水的水源 ②中药材、中药饮片的清洗 ③口服、外用的普通制剂所用药材的润湿、提取 ④制药用具的初洗

续表

制药用水类别	主要用途
纯化水	①制备注射用水的水源 ②非无菌药品直接接触药品的设备、器具和包装材料最后一次洗涤用水 ③注射剂、无菌药品直接接触药品包装材料的初洗 ④非无菌药品的配制 ⑤非无菌原料的精制 ⑥中药注射剂、滴眼剂所用药材的提取溶剂
注射用水	①无菌产品直接接触药品的包装材料最后一次清洗用水 ②注射剂、无菌冲洗剂配料 ③无菌原料的精制 ④无菌原料药直接接触药品的包装材料最后一次清洗用水
灭菌注射用水	注射用灭菌粉末的溶剂或注射液的稀释剂

二、制药用水的质量要求

制药用水的种类不同,质量要求有所不同,其中饮用水应符合生活饮用水卫生标准;纯化水与注射用水应符合《中国药典》(2015年版)的相关规定,见表3-2;灭菌注射用水除符合注射用水的质量要求外,还应符合注射剂项下的有关规定。

知识链接

总有机碳、电导率对纯化水质量的影响

总有机碳(TOC)的检查能反映水中有机物、内毒素及微生物污染的水平。控制了TOC,就能控制水中各种污染物的含量,如离子种类、微生物、悬浮杂质、细菌内毒素等。

电导率的大小能直接反映水质化学指标的好坏。当水的电导率≤2μs/cm时,其各项化学指标均能达到药典规定的纯化水各项化学指标的要求,因此纯化水制备时,需要进行电导率的检测。

表3-2　纯化水与注射用水质量指标

项目		质量指标	
		纯化水	注射用水
性状、化学指标	色	无色	无色
	浑浊度	澄明	澄明
	臭和味	无臭、无味	无臭、无味
	肉眼可见	不得含有	不得含有
	pH	符合规定	5.0~7.0

续表

项目		质量指标	
		纯化水	注射用水
性状、化学指标	电导率	依法检查应符合规定	依法检查应符合规定
	总有机碳(TOC)	≤0.50mg/L	≤0.50mg/L
	易氧化物	依法检查应符合规定	依法检查应符合规定
	不挥发物	依法检查应符合规定	依法检查应符合规定
	氨	≤0.00003%	≤0.00002%
毒理学指标	重金属	≤0.00001%	≤0.00001%
	硝酸盐	≤0.000006%	≤0.000006%
	亚硝酸盐	≤0.000002%	≤0.000002%
生物学指标	细菌指标微生物限度(细菌、霉菌、酵母菌总数)	≤100个/ml	≤10个/100ml
	细菌内毒素	无规定	<0.25EU/ml

注:以上总有机碳和易氧化物两项检查可选做一项

点滴积累

1. 制药用水的种类有饮用水、纯化水、注射用水、灭菌注射用水。
2. 饮用水主要用于中药材的初洗、制备纯化水的水源；纯化水主要用于非无菌制剂的制备、制备注射用水的水源；注射用水主要用于无菌制剂的制备；灭菌注射用水主要用于注射用灭菌粉末的溶剂或注射液的稀释剂。
3. 纯化水与注射用水在质量要求上有差异的项目有 pH、氨、微生物限度、细菌内毒素，其中纯化水不需做细菌内毒素检查。

任务二　纯化水的制备

一、纯化水的制备技术及设备

纯化水常用的制备技术有离子交换法、电渗析法、反渗透法、蒸馏法。还可以将上述几种制备技术综合应用,如离子交换法和电渗析法或反渗透法结合应用等,具有制得的纯化水质量好、经济、方便、效率高等优点。本节主要介绍离子交换法、电渗析法、反渗透法以及纯化水的质量控制,蒸馏法将在注射用水的制备技术中介绍。

(一)离子交换法

离子交换法是利用离子交换树脂除去水中的阴、阳离子,同时对细菌和热原也有一定的去除作用,是制备纯化水的基本方法之一。它的主要优点是所用设备简单,成本低,所得水化学纯度高等;其缺点是离子交换树脂常需要再生、消耗酸碱大等。故当水源含盐量超过500mg/L时,不宜直接用离子交换法制备纯化水。

案例分析

案例

对采用离子交换制备的纯化水进行质量检查，发现各项化学指标完全符合规定，但菌落数和细菌内毒素超标。

分析

各项化学指标符合规定，菌落数和细菌内毒素超标的原因主要有离子交换树脂老化、离子交换树脂处理不及时、储水罐与输水管道清洗不彻底、储存时间过长。

避免上述现象的措施有：①制水系统应经常处于动态，制水时，先放掉开始制备的纯水，动态循环一段时间经检测合格后，方可投入使用；②离子交换树脂应定期处理，老化的离子交换树脂应及时再生或清除；③停产一段时间后，应彻底清洗清洁储水罐及输水管道；④纯化水应新鲜制备，超过存放期的水必须放掉等。

1. 离子交换法的基本原理　离子交换法制备纯化水是通过阴、阳离子交换树脂上的极性基团分别与水中存在的各种阴、阳离子进行交换，从而达到纯化水的目的。

2. 离子交换法制水的工艺流程　离子交换法制备纯化水的一般采用工艺流程如图 3-1。

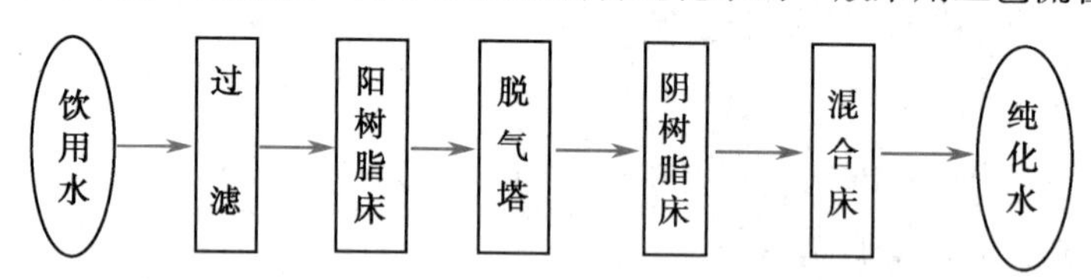

图 3-1　离子交换法制备纯化水工艺流程图

知识链接

离子交换树脂及常用种类

离子交换树脂是一种化学合成的球状、多孔性、具有活动性离子的高分子聚合体，不溶于水、酸、碱和有机溶剂，但吸水后能膨胀，性能稳定。使用后，可经过再生处理，恢复其交换能力；树脂分子由极性基团和非极性基团两部分组成，吸水膨胀后非极性基团作为树脂的骨架；极性基团（又叫交换基团）上可游离的交换离子与水中同性离子起交换作用。进行阳离子交换的树脂称阳树脂，进行阴离子交换的树脂称阴树脂。

离子交换树脂最常用的有两种：一种是 732 型苯乙烯强酸性阳离子交换树脂，其极性基团是磺酸基，可用简化式 $RSO_3^-H^+$ 和 $RSO_3^-\ Na^+$ 表示，前者为氢型，后者为钠型；钠型的树脂比较稳定，便于保存，但临用前需转化为氢型。另一种是 717 型苯乙烯强碱性阴离子交换树脂，其极性基团为季铵基，可用简化式 $RN^+(CH_3)_3Cl^-$ 或 $RN^+(CH_3)_3OH^-$ 表示，前者为氯型，后者为氢氧型；氯型较稳定，便于保存，但临用前需转化为氢氧型。

3. 树脂柱的组合 树脂柱的组合形式有:①单床:柱内只放阳树脂或阴树脂。②复合床:为一阳树脂柱与一阴树脂柱串联而成,两组以上复合床串联称多级复合床。③混合床:阴、阳树脂按一定比例混合均匀后装入同一树脂柱,一般阴、阳树脂按 2∶1 的比例混合。此床的出水纯度高(原因是在混合床内水中阴、阳离子分别与阴、阳树脂交错进行交换,同时又立即起中和作用,有利于反应向交换方向进行),但再生麻烦,一般与复合床联用。④联合床:为复合床与混合床串联组成,出水质量高,生产中多采用此组合。

知识链接

新树脂的处理和转型

新树脂常混有低聚可溶性杂质及其他有机、无机杂质,因此用前必须进行处理。此外,新买的阳树脂为钠型、阴树脂为氯型,不处理就直接使用会使制备的水中引入新的杂质离子,故使用前需分别用酸、碱处理转型。处理好的树脂按选定的工艺流程与用量装柱,出水合格后,即可收集。

1. 阳树脂的处理与转型 阳树脂首先用温水浸泡,洗至水为无色澄明后,沥干,用等体积的 5%~8%的 NaOH 浸泡 2~3 次,每次 10~30 分钟;再用常水洗至 pH 为 9,将水沥干,再用等体积的 5%~10%的 HCl 浸泡 2~3 次,每次 10~30 分钟;用常水洗至 pH 为 3(甲基橙指示液显橙色)备用;最后再用去离子水洗至 pH 为 5。

2. 阴树脂的处理与转型 阴树脂同样先用温水浸泡,洗至水为无色澄明后,沥干,用等体积的5%~10%的 HCl 浸泡 2~3 次,每次 10~30 分钟;再用常水洗至 pH 为 3 后,沥干,再用等体积的 5%~8%的 NaOH 浸泡 2~3 次,每次 10~30 分钟;用去阳离子水或去离子水洗至 pH 为 8~9,检查无 Cl^- 或极微量后备用。

(二)电渗析法

电渗析法是在外加电场作用下,利用离子定向迁移及交换膜的选择透过性而设计的,其基本原理如图 3-2。由于阳膜荷负电,排斥阴离子,允许溶液中的阳离子通过,并使其向阴极运动;而阴膜荷正电,排斥阳离子,允许阴离子通过,并使其向阳极运动,这样阴、阳离子膜隔室内水中的离子逐渐减少而达到去离子的效果。

电渗析法较离子交换法经济、节约酸碱,但制得的水纯度不高,比电阻较低,一般在 5 万~10 万 Ω·cm。当原水含盐量高达 3000mg/L 时,用离子交换法制备纯化水时树脂会很快老化,故此时将电渗析法与离子交换法结合应用来制备纯化水较适合。

(三)反渗透法

反渗透法是在 20 世纪 60 年代发展起来的新技术,国内目前主要用于原水处理和纯化水的制备,《美国药典》已收载此法作为制备注射用水的法定方法之一。

1. 反渗透的基本原理 反渗透的基本原理如图 3-3 所示,在 U 形管用一个半透膜将纯水和盐水隔开,则纯水就透过半透膜扩散到盐溶液一侧,此过程即为渗透。两侧液柱的高度差表示此盐所具有的渗透压。如果用高于此渗透压的压力作用于盐溶液一侧,则盐溶液中的水将向纯水一侧渗透，结果导致水从盐溶液中分离出来，此过程与渗透相反，故称为反渗透。反渗透过程中必须借助于性能适宜的反渗透膜，常用的反渗透膜有美国陶氏膜和海德隆膜等。

2. 反渗透制水流程　反渗透法制备纯化水的工艺流程如图 3-4。

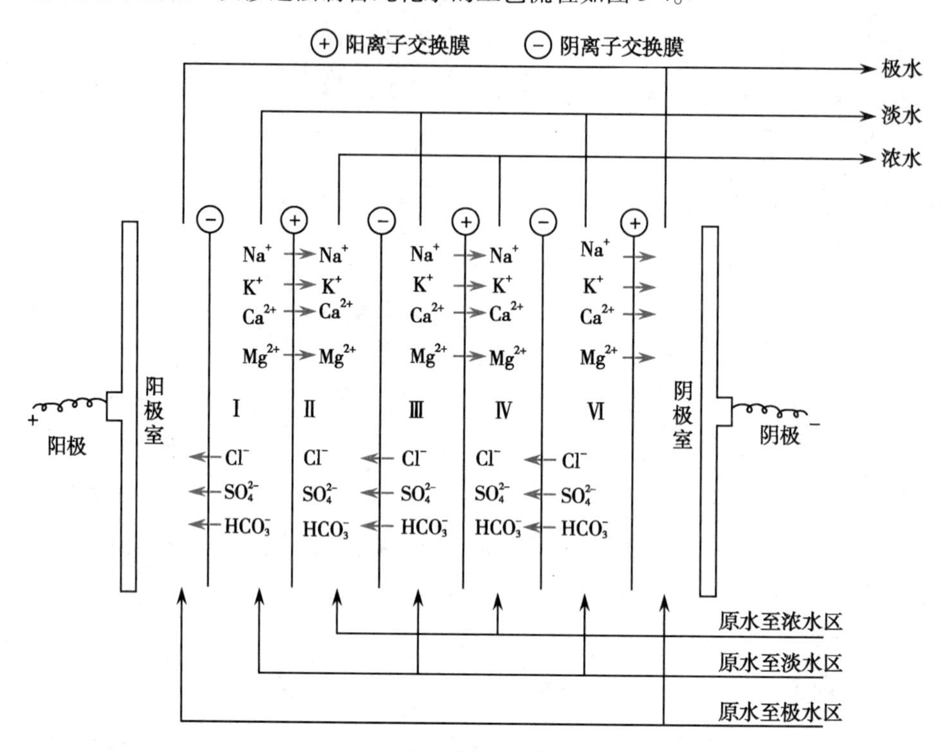

图 3-2　电渗析器工作原理示意图

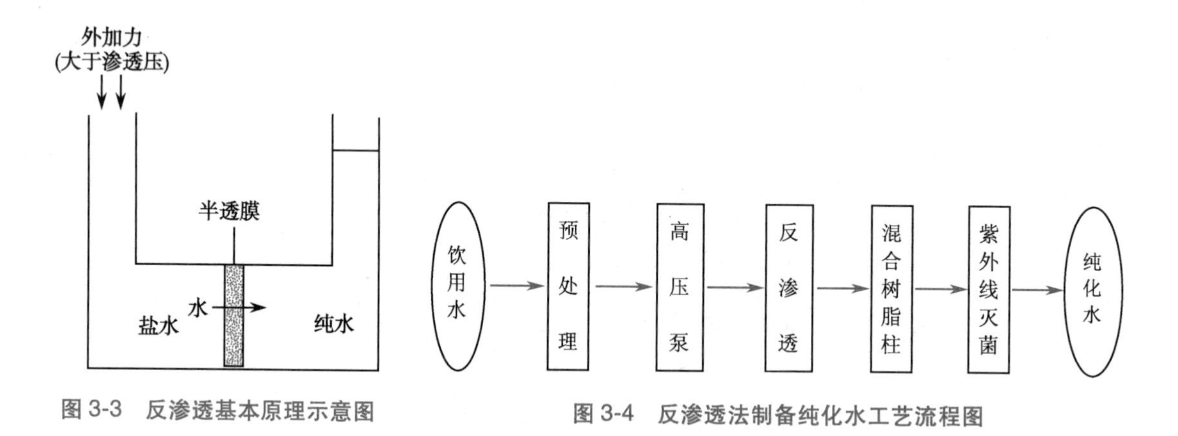

图 3-3　反渗透基本原理示意图

图 3-4　反渗透法制备纯化水工艺流程图

一般情况下，一级反渗透装量能除去 90%~95%的一价离子和 98%~99%的二价离子，同时能除去微生物和病毒，但除去氯离子的能力还达不到药典要求，故常在反渗透后面加上混合树脂柱使氯离子的含量达到药典要求。有机物的排除率与分子量有关，相对分子量大于 300 的化合物几乎全部除尽，故可除去热原。

3. 反渗透法的特点　①除盐、除热原效率高。二级反渗透装置产水导电率≤2μs/cm。通过二级反渗透系统可彻底除去无机离子、有机物、细菌、热原、病毒等，完全达到注射用水的要求。②制水过程为常温操作，对设备不会腐蚀，也不会结垢。③反渗透法制水设备体积小，操作简单、单位体积产水量大。④反渗透法制水设备及操作工艺简单，能源消耗低。⑤对原水质量要求较高。

知识链接

反渗透法除去水中热原的机制

反渗透法制备纯化水，必须借助于性能适宜的反渗透膜。反渗透膜的孔径小于10×10^{-10}m，而热原直径一般为（10~500）$\times10^{-10}$m，所以反渗法能除去水中的各种热原。

（四）纯化水的质量控制

纯化水为无色、无臭、无味的澄明液体。检查项目有：①酸碱度；②电导率；③硝酸盐；④亚硝酸盐；⑤氨；⑥二氧化碳；⑦易氧化物；⑧总有机碳、不挥发物；⑨重金属；⑩微生物限度等。检查时，按《中国药典》（2015年版）中纯化水项下的各项检查方法进行检查，应符合规定。新系统在投入使用前，整个水质监测分为3个周期，每个周期约7天，对各个取样点应天天取样，取样点为产水口、总送水口、总回水口及各使用点。

二、纯化水的制备操作

（一）制水岗位的洁净度要求

制水岗位对生产环境一般没有特殊要求，但各生产企业可根据具体情况制定相应的洁净度要求。

（二）纯化水的制备过程（以0.5t/h一级反渗透纯水装置操作为例）

1. 生产前准备

（1）检查是否有清场合格证，并确定是否在有效期内；检查设备、容器、用具、场地清洁是否符合要求（若有不符合要求的，需重新清场或清洁，并请QA填写清场合格证或检查后，才能进入下一步生产）。

（2）检查电、水、气是否正常；检查设备是否有“合格”“已清洁”标牌。

（3）做好检查氯化物、铵盐、酸碱度的化验准备。

（4）按《制水设备消毒规程》对设备、所需容器、工具进行消毒。

（5）挂本次运行状态标志，进入生产操作。

2. 生产操作

（1）预处理

1）多介质过滤器的清洗（每7天进行一次）：①反洗：反冲阀、反排污阀、总进水阀开启，其余阀门关闭，进原水，反洗5~15分钟；②正洗：开启总进水阀、顺冲阀，其余阀门关闭，进原水，正洗5~10分钟；③运行开启总进水阀、顺冲阀、出水阀到活性炭装置的阀门，其余阀门关闭，进水。

2）活性炭过滤器的清洗（每7天进行一次）：复上述①、②、③操作。

3）检查精密过滤器、保安过滤器：当压力降大于0.1MPa时，需更换。

（2）反渗透装置运行

1）预处理系统各阀门处于运行状态。

2）开机：①全自动开机：压力调节阀开 45°，开淡水阀、浓水阀、电源开关；调压力阀和浓水阀，使流量达标（浓水排放应是产水量的 35%～50%）；②手动开机：压力调节阀开 45°，开淡水阀、浓水阀、开电源；运行方式选手动。

3）关机：依次关闭运行方式、增压泵、一级高压泵、二级高压泵、电源开关。

知识链接

纯化水制备过程中的质量控制

纯化水制备过程中的控制质量点主要有：①水源应符合国家饮用水标准；②水源过滤后：SDI15<4、浊度<0. 2、铁<0. 1mg/L、氯<0. 1mg/L；③反渗透淡水：电导率<2. 0$\mu g/cm^2$、脱盐率>85%；④纯化水的储存时间不得超过 24 小时；⑤比电阻应每两小时检查 1 次，其他项目应每周检查 1 次；⑥定时清洗多介质过滤器、活性炭过滤器；⑦过滤器压力大于 0. 1MPa 时要更换；⑧定期对系统进行在线消毒。

3. 清场

（1）在储罐上贴标签，注明生产日期、班次、操作者、罐号，并填写好记录。

（2）清洁设备：设备的表面用 75% 乙醇擦拭；当下列情况出现时，需要清洗膜元件：①标准化产水量降低 10% 以上；②标准化透盐率增加 5% 以上；③进水和浓水之间的标准化压差上升了 15%。

（3）清洁纯化水储罐、输送管路、输送泵：①用刷子直接刷洗储罐内壁，用纯化水冲洗（一般每周一次）；②罐内若有储存超过 24 小时的纯化水，应先放掉积水，再用纯化水冲洗，才可用于储存新鲜纯化水；③用刷子沾清洁液刷洗储罐内壁，用纯化水冲洗至洗液中无 Cl^- 为止（一般每半年一次）；④对输送管路、输送泵清洗（一般每半年一次）。

（4）按规定时间进行在线灭菌。

（5）对场地、用具、容器进行清洁；经 QA 人员检查合格，发清场合格证。

4. 记录　及时规范地填写各生产记录、清场记录。

点滴积累

1. 纯化水的制备方法有离子交换法、电渗析法、反渗透法、蒸馏法，也可以将上述几种制备方法综合应用。
2. 采用离子交换法制备纯化水常见的工艺流程为饮用水→过滤→阳树脂床→脱气塔→阴树脂床→混合床→纯化水。
3. 电渗析法制备的水纯度不高，比电阻低，一般与离子交换法联合应用制备纯化水。
4. 反渗透法制水工艺简单、产水量大、除盐与除热原效率高，采用二级反渗透系统制备的水能达到注射用水要求。

任务三　注射用水的制备

注射用水制备可以用蒸馏法和反渗透法，但《中国药典》（2015 年版）收载的方法只有蒸馏法。蒸馏法是采用蒸馏水器来制备注射用水，蒸馏水器形式很多，但基本结构相似，一般由蒸发锅、隔膜器和冷凝器组成。生产中常用的蒸馏水器有多种，主要包括塔式蒸馏水器、多效蒸馏水器、气压式蒸馏水器。因塔式蒸馏水器耗能多、效率低、出水质量不稳定，故已停止使用。

一、注射用水的常用制备设备

目前，注射用水的制备设备多采用多效蒸馏水器、气压式蒸馏水器，下面分别介绍。

1. 多效蒸馏水器　多效蒸馏水器是近年国内广泛用来制备注射用水的重要设备，具有耗能低、产量高、水质优及自动化程度高等优点。其主要结构由圆柱形蒸馏塔、冷凝器及一些控制元件组成。多效蒸馏水器的效数不同，但工作原理相同，以三效蒸馏水器为例来介绍多效蒸馏水器的工作原理，其工作原理示意图如图 3-5。

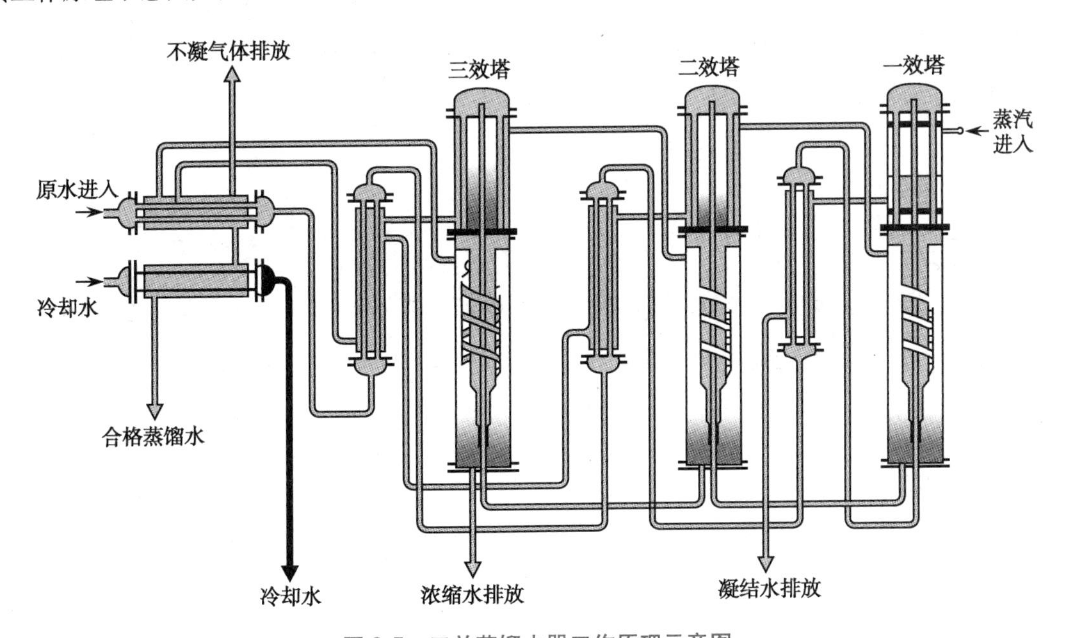

图 3-5　三效蒸馏水器工作原理示意图

一效塔内纯化水经高压三效蒸汽加热（温度可达 130℃）而蒸发，蒸汽经隔沫装置作为热源进入二效塔加热室，二效塔内的纯化水被加热产生的蒸汽作为三效塔的热源进入塔内加热纯化水，二效塔、三效塔的加热蒸汽被冷凝后生成的蒸馏水和三效塔内的蒸汽冷凝后蒸馏水汇集于收集器而成为注射用水。多效蒸馏水器的性能取决于加热蒸汽的压力和级数，压力愈大则产量愈大，效数愈多则热能利用效率愈高。从多方面因素如出水质量、能源消耗、占地面积、维修能力等考虑，选用四效以上的蒸馏水机较为合理。

知识链接

蒸发器、预热器、冷凝器内的水垢清洗

蒸发器、预热器、冷凝器内的水垢清洗操作程序为：①清洗液的配制：用安全酸洗剂配制成浓度5%~10%、温度60℃左右的溶液；②关闭蒸馏水机电源和蒸汽阀门，开启清洗阀门；③拆下"不合格蒸馏水"出口接头，装上酸洗闷片及密封圈，接上泵并连通循环清洗液箱；④开启泵，保持酸洗液的温度在60℃打开循环，按照每毫米水垢18小时的标准安排清洗时间；⑤酸洗时，要经常放气；⑥酸洗后，用0.5%~1%磷酸三钠或碳酸钠加热至80~100℃，进行中和循环3~5小时；⑦用纯化水冲洗蒸馏水机，直至冲洗水pH为中性；⑧关闭循环泵，排除残存水；⑨慢慢开启蒸汽阀门，将残存水排出，关闭各阀门。

2. 气压式蒸馏水器 气压式蒸馏水器是利用动力对二次蒸汽进行压缩、循环蒸发而制备注射用水的设备，主要由自动进水器、热交换器、加热室、蒸发室、冷凝器及蒸汽压缩机等组成。其工作原理是将进料水加热汽化产生二次蒸汽；把二次蒸汽经压缩机压缩成过热蒸汽，其压强、温度同时升高；使过热蒸汽通过管壁与进水进行热交换，使进水蒸发而过热蒸汽被冷凝成冷凝液，此冷凝液就是所制备的注射用水。气压式蒸馏水器具有多效蒸馏水器的优点，且不需冷却水，但电能消耗大。

二、注射用水的质量控制

注射用水为无色、无臭、无味的澄明液体。在《中国药典》(2015年版)中其检查项目除氯化物、硫酸盐、钙盐、硝酸盐、亚硝酸盐、二氧化碳、易氧化物、不挥发物与重金属等按纯化水检查应符合规定外，还规定pH应为5.0~7.0、细菌内毒素含量应小于0.25EU/ml、氨含量不超过0.00002%等。

知识链接

注射用水制备过程中的质量控制

注射用水制备过程中的质量控制点主要有：①制水水源应符合要求，制备过程中对pH、电导率、氨的检查应每2小时检查1次，其他项目应每周检查1次；②储罐、管路分配系统、输送泵、热交换器的材质、设计应符合规定；③关键水处理设备（包括主要部件）、管路分配系统及运行条件变更的管理应符合要求；④无菌滤膜的使用与保存必须按要求进行；⑤注射用水的贮存条件、时间应符合规定。

三、注射用水的储存要求

为了保证注射用水的质量，注射用水的储存要求有：①注射用水的储存应能防止微生物的滋生和污染;②储罐的通气口应安装不脱落纤维的疏水性除菌滤器;③储存条件为70℃以上保温循环;④一般药品生产用注射用水储存时间不超过12小时;⑤生物制品生产用注射用水储存时间一般不超过6小时,但若制备后4小时内灭菌则72小时内可使用。

点滴积累

1. 注射用水的制备方法有反渗透法、蒸馏法,《中国药典》(2015年版)收载的方法只有蒸馏法。
2. 2010年版GMP规定的注射用水的储存条件为70℃以上保温循环。
3. 一般药品生产用注射用水储存时间不超过12小时;生物制品生产用注射用水储存时间一般不超过6小时,但若制备后4小时内灭菌则72小时内可使用。

实训二 纯化水的制备

【实训目的】

1. 能按操作规程操作0.5t/h一级反渗透纯水装置制备纯化水。
2. 能进行0.5t/h一级反渗透纯水装置的清洁与维护。
3. 能对制水过程中出现不合格水进行判断,并能找出原因及提出解决方法。
4. 能解决制水设备出现的一般故障。
5. 能按清场规程进行清场工作。

【实训场地】

实训车间

【实训仪器与设备】

0.5t/h一级反渗透纯水装置、烧杯、试管、纳氏管、移液管、玻棒、具塞量筒、蒸发皿。

【实训材料】

甲基红指示液、溴麝香草酚蓝指示液、硝酸、硝酸银、氯化钡草酸铵、氯化钾、二苯胺硫酸、硫酸、硝酸钾、对氨基苯磺酰胺、稀盐酸、盐酸萘乙二胺、亚硝酸钠、碱性碘化汞钾、氯化铵、氢氧化钙、高锰酸钾、醋酸盐、硫代乙酰胺。

【实训步骤】

正文中纯化水制备中的纯化水制备操作。

【实训报告】

实训报告格式见附录一、记录表格由学生自己根据附录中的固体制剂的记录表样式自行设计。

【实训测试表】

测试题目	测试答案（请在正确答案后“□”内打“√”）
哪些是制水生产前须做的准备工作?	①检查是否有清场合格证、设备是否有“合格”标牌与“已清洁”标牌 □ ②做好氯化物、铵盐、酸碱度的化验准备工作 □ ③检查容器、工具、工作台是否符合生产要求 □ ④生产前需请 QA 人员检查 □
制水过程中的质量控制点有哪些?	①比电阻 □ ②氯化物 □ ③铵盐 □ ④电导率 □
制水过程中操作正确的有哪些?	①压力调节阀开 45° □ ②多介质过滤器的清洗每天进行一次 □ ③反洗多介质过滤器时,反冲阀、反排污阀、总进水阀开,其余阀门关 □ ④调压力阀和浓水阀,浓水排放量为产水量的 35%~50% □ ⑤制水结束,依次关闭电源、增压泵、运行方式 □
清场工作做法正确的有哪些?	①用水擦拭制水设备表面 □ ②用水冲洗墙壁、地面 □ ③用水清洗容器 □
制水岗位需填写的生产记录有哪些?	①填写生产指令 □ ②填写反渗透运行记录表 □ ③填写制水生产记录表 □ ④填写清场记录表 □

目标检测

一、选择题

（一）单项选择题

1. 树脂柱的最佳组合形式是(　　)

A. 阳→阴→混合床　　B. 阴→阳→混合床

C. 混合床→阳→阴　　D. 阴→混合床→阳

2. 制备注射用水最合理的工艺流程是(　　)

A. 饮用水→电渗析→过滤→离子交换→蒸馏→注射用水

B. 饮用水→过滤→离子交换→电渗析→蒸馏→注射用水

C. 饮用水→过滤→电渗析→离子交换→蒸馏→注射用水

D. 饮用水→离子交换→过滤→电渗析→蒸馏→注射用水

3.《中国药典》(2015 年版)规定注射用水的制备方法是(　　)

A. 离子交换法　B. 反渗透法　C. 蒸馏法　D. 电渗析法

4. 下列关于注射用水的叙述错误的是(　　)

A. 是指经过灭菌处理的纯化水　B. 可采用 70℃保温循环贮存

C. 为纯化水经蒸馏所得的水　D. 为无色、无臭、无味的澄明液体

5. 注射用水的 pH 为(　　)

A. 3.0~5.0　B. 5.0~7.0　C. 4.0~9.0　D. 7.0~9.0

6. 纯化水不需要检查的项目是(　　)

A. pH　B. 细菌内毒素　C. 氨　D. 不挥发物

7. 电渗析法可以除去水中的(　　)

A. 离子和带电荷微细杂质　B. 热原

C. 色素　D. 除电中性杂质

(二) 多项选择题

1. 纯化水的制备方法有(　　)

A. 离子交换法　B. 反渗透法　C. 电渗析法

D. 蒸馏法　E. 回流法

2. 制药用水的种类有(　　)

A. 饮用水　B. 纯化水　C. 注射用水

D. 灭菌注射用水　E. 海水

3. 按 2010 年修订版 GMP 规定,注射用水可采用的贮存条件有(　　)

A. 85℃循环保温　B. 80℃循环保温　C. 75℃循环保温

D. 70℃以上循环保温　E. 4℃循环保温

4. 下列关于纯化水与注射用水的比较说法正确的有(　　)

A. 两者的制备方法有差异

B. 两者的质量要求上有差异

C. 两者的贮存要求不同

D. 两者的氨含量要求相同

E. 两者的微生物限度要求均为≤100cfu/ml

5. 纯化水可用于(　　)

A. 提取中药有效成分　B. 输液瓶初洗　C. 安瓿瓶终洗

D. 压片机初清洁　E. 配制复方碘溶液

二、简答题

1. 制备四种制药用水的水源有何不同? 简述他们各自的适用范围。

2. 注射用水的贮存条件与贮存时间有何要求?

三、实例分析

1. 分析离子交换法制备纯化水时，为何阳树脂必须排首位？

2. 采用蒸馏法制备注射用水时，是如何除去热原的？

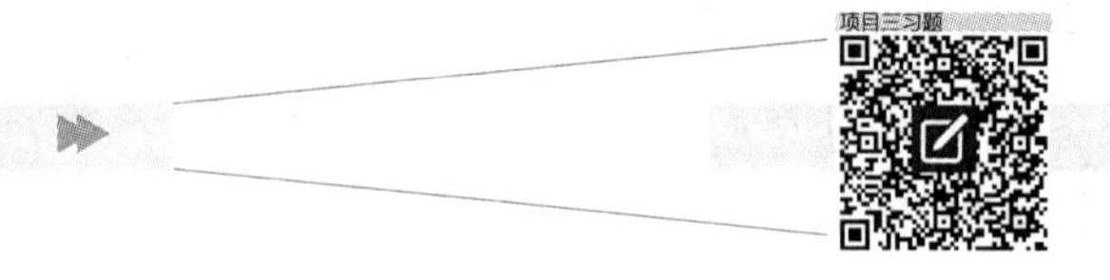

（张海松）

项目四

物料干燥

导学情景

情景描述

某制药企业改进生产工艺，用喷雾干燥法替代原来烘箱干燥的方法制备当归浸膏。改进工艺后与传统烘箱干燥制得的当归浸膏进行比较，采用喷雾干燥制备的浸膏，总浸膏收率提高了近10%，阿魏酸含量提高了1倍。新工艺的使用简化了操作过程，缩短了生产时间，提高了生产效率和产品质量。

学前导语

干燥是制剂生产中重要的单元操作，很多剂型的生产中都涉及干燥工序，如颗粒剂、中药浸膏等。干燥方法和工艺对剂型质量有重要影响。本项目我们将带领同学们学习影响干燥的因素、制剂生产中常用的干燥技术及适用范围，为其他剂型制备中干燥操作和方法选用打下基础。

任务一　干燥基础知识

一、干燥的含义

干燥是利用热能或其他适宜方法使物料中湿分(水分或其他溶剂)汽化,并利用气流或真空除去汽化的湿分,从而获得干燥产品的操作。干燥的目的在于保证制剂的质量,提高物料的稳定性,或使半成品具有一定的规格标准,便于进一步处理等。干燥的程度不是水分含量越低越好,需要根据制剂工艺的要求来控制。

干燥是制剂生产重要的单元操作,干燥的物料包括固体、半固体和液体。干燥的温度、方法应根据物料的性质进行选择。在制剂生产中涉及干燥操作的岗位有:中药材的干燥、制剂中间体(如中药浸膏、片剂生产中的湿颗粒)干燥、制剂成品(如颗粒剂、丸剂)干燥以及包装材料的干燥等。

知识链接

干 燥 机 制

在干燥过程中，当湿物料与热空气接触时，热空气作为干燥介质将热能传至物料表面，再由表面传至物料内部，这是一个传热过程；同时湿物料受热后，其表面湿分首先汽化，由于物料内部与表面间产生的湿分浓度差使湿分由物料内部向表面扩散，并不断向空气中汽化，这是一个传质过程。物料干燥的过程同时存在着传热过程和传质过程，两者方向相反。

干燥过程的必要条件是必须具备传热和传质的推动力。即湿物料表面湿分蒸气压一定要大于干燥介质中湿分蒸气的分压，压差越大，干燥过程进行得越迅速。相反，如果物料表面湿分蒸气压小于干燥介质，物料不仅不能干燥，反而吸湿。故干燥介质除应保持与湿物料的温度差及较低的含湿量外，尚须及时地将湿物料汽化的湿分带走，以保持一定的汽化推动力。

二、影响干燥的因素

影响物料干燥的因素主要包括物料中水分的性质、物料自身的性质、干燥介质的性质、干燥速度和干燥方法。

（一）物料的性质

1. 物料中水分的性质

（1）平衡水分与自由水分：物料与干燥介质相接触，以物料中所含水分能否干燥除去来划分平衡水分与自由水分。平衡水分是指在一定空气条件下，物料表面产生的水蒸气压等于该空气中水蒸气分压，此时物料中所含水分为平衡水分，是在该空气条件下不能干燥的水分。平衡水分是一定空气条件下物料干燥的限度，不因与干燥介质接触时间的延长而发生变化。而物料中多于平衡水分的部分称为自由水分，是能干燥除去的水分。平衡水分与物料的种类、空气状态有关，其含量随空气中相对湿度的增加而增大。通风可以带走干燥器内的湿空气，破坏物料与介质之间水的传质平衡，可提高干燥的速度，故通风是常压条件下加快干燥速度的有效方法之一。

（2）结合水分与非结合水分：物料中水分以干燥除去的难易程度划分为结合水分与非结合水分。结合水分是指借物理化学方式与物料相结合的水分，如结晶水、动植物细胞壁内的水分、物料内毛细管中的水分等。结合水分与物料的结合力较强，干燥速度缓慢，较难除去。非结合水分是指以机械方式与物料结合的水分，如附着在物料表面的水分、物料大空隙中的水分等。非结合水分与物料结合力较弱，干燥速度较快，较容易除去。

2. 其他性质　包括物料本身的结构、形状与大小、料层的厚薄等。通常颗粒状物料比粉末干燥快；有组织细胞的药材比膏状物干燥快；此外物料中湿分的沸点和蒸发面积也是影响干燥的重要因素。

（二）干燥介质的性质

1. 温度　干燥介质的温度越高，其与湿物料间温度差越大，传热速度越高，干燥速度越快。但应在制剂有效成分不被破坏的前提下提高干燥温度。

2. 湿度　干燥介质的相对湿度越低，湿度差越大，干燥速度越快。在干燥过程中，采用热空气作为干燥介质不仅可提供水分汽化所需的热量，还可降低空气的相对湿度，加快干燥速度。

3. 压力　压力与蒸发速度成反比，减压能降低湿分的沸点，使湿分在较低的温度下汽化，同时又避免物料中不耐热的成分受热破坏。因而减压是加快干燥的有效手段之一。

（三）干燥速度

干燥过程首先发生在物料表面，使物料内部和表面产生湿分浓度差，然后内部湿分逐渐扩散至表面而干燥除去。干燥的速度不宜过快，否则物料表面湿分很快蒸发，使表面黏结成硬壳，阻碍内部湿分的扩散和蒸发，使干燥不完全而出现外干内湿的现象。

（四）干燥方法

在干燥过程中，物料处于静态还是动态，会影响干燥的效率。静态干燥时，气流掠过物料层表面，干燥暴露面积小，干燥效率差。为了提高静态干燥的速度，应注意物料铺层的厚度，并适时地进行翻动。而在动态干燥下，物料悬浮于气流之中，粉粒彼此分开，大大增加了干燥暴露面积，干燥效率高，如沸腾干燥、喷雾干燥等。

点滴积累

1. 干燥是利用热能或其他适宜方法使物料中湿分（水分或其他溶剂）汽化，并利用气流或真空除去汽化的湿分，从而获得干燥产品的操作。
2. 制剂生产中物料干燥的程度需根据制剂工艺的要求来控制。 干燥的温度、方法应根据物料的性质进行选择。
3. 影响物料干燥的因素主要包括物料的性质、干燥介质的性质、干燥速度和干燥方法。

任务二 干燥常用技术

制剂生产中进行干燥处理的物料有粉末状、颗粒状、块状以及膏状；含热敏性成分的物料干燥过程中需要防止受热分解；干燥处理后的物料对疏松程度、粒径以及含水量等要求也不尽相同。由于被干燥物料的性质、要求、干燥程度等不同，因此实际操作中需采取不同的干燥技术和设备进行干燥。

干燥技术的分类方式有多种，按操作方式分为连续式、间歇式；按操作压力分为常压式、减压式；按加热方式分为热传导干燥、对流干燥、辐射干燥、介电加热干燥等。以下介绍制剂生产中常用的一些干燥技术。

一、常压干燥

常压干燥是在常压状态下进行干燥的方法。常压干燥简单易行，但干燥时间长，温度较高，易因过热引起成分破坏，干燥物较难粉碎，主要用于耐热物料的干燥。

制剂生产中常压干燥的常用设备是厢式干燥器，小型的称为烘箱，大型的称为烘房。干燥器内设置有多层支架，在支架上放置物料盘，空气经预热后进入干燥室内，带走物料的水分，使物料得到干燥。厢式干燥器主要以蒸汽或电能为热源，为间歇式干燥器。其设备简单，操作方便，适应性强，适用于小批量生产物料的干燥，干燥后物料破损少、粉尘少。缺点是干燥时间长、物料干燥不够均匀、热利用率低、劳动强度大。厢式干燥器多用于药材提取物及丸剂、散剂、颗粒等干燥，亦常用于中药材的干燥。

二、减压干燥

减压干燥又称真空干燥，是在负压状态下进行干燥的方法。此法具有干燥温度低，干燥速度快，设备密闭可防止污染和药物变质、产品疏松易于粉碎等特点，主要适用于热敏性物料，也可用于易氧化、易燃或含有机溶剂等物料的干燥。

三、沸腾干燥

沸腾干燥又称流化床干燥，干燥过程中从流化床底部吹入的热空气流使湿颗粒向上悬浮，在干燥室内翻滚如“沸腾状”，热气流在悬浮的湿粒间通过，在动态下进行热交换，带走水汽，达到干燥的目的。沸腾干燥是流化技术在干燥中的应用，主要用于湿粒性物料的干燥，如颗粒剂的干燥、片剂生产中湿颗粒的干燥等。

沸腾干燥具有以下特点：①传热系数大，传热良好，干燥速度较快；②干燥室内温度均一，并能根据需要调节，所得到的干燥产品较均匀；③物料在干燥室内停留时间可任意调节，适用于热敏物料的干燥；④可在同一干燥器内进行连续或间歇操作；⑤沸腾干燥器物料处理量大，结构简单，占地面积小，投资费用低，操作维护方便。沸腾干燥的缺点主要是对被处理物料含水量、形状和粒径有一定限制，不适宜于含水量高、易黏结成团的物料干燥，干燥后细粉比例较大，干燥室内不易清洗等。

沸腾干燥的设备为沸腾干燥器（流化床干燥器），有立式和卧式，在制剂工业中常用卧式多室流化床干燥器，如图 4-1 所示。它是由空气过滤器、沸腾床主机、旋风分离器、布袋除尘器、高压离心通风机、操作台等组成。其工作原理是将湿物料由加料器送入干燥器内多孔气体分布板（筛板）上，空气经预热器加热后吹入干燥器底部的多孔筛板，使物料在干燥室内呈悬浮状上下翻动而得到干燥，干燥后的产品由卸料口排出，废气由干燥器的顶部排出，经袋滤器或旋风分离器回收粉尘后排空。

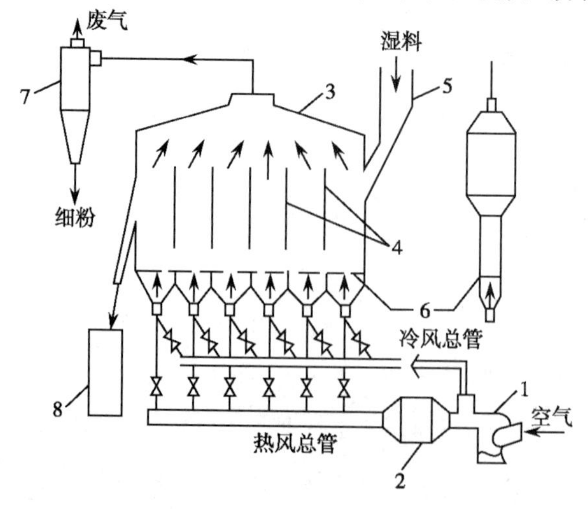

图 4-1　卧式多室流化床干燥器

1. 风机；2. 预热器；3. 干燥室；4. 挡板；5. 料斗；6. 多孔板；7. 旋风分离器；8. 干料桶

知识链接

改型流化床干燥器

1. 振动流化床干燥器　振动流化床是一种很成功的改型流化床，是将机械振动加于普通流化床的干燥器，床层可以垂直振动、水平振动或与床层轴线成一定角度作振动。干燥过程中由于机械振动促进流态化，物料受热均匀，热交换充分，干燥强度高，比普通流化床节能。它适于干燥不易流动的物料，如颗粒太粗或太细、易于黏结成团，以及特殊要求的物料，如要求保持晶形完整、晶体闪光度好等。

2. 脉冲流化床干燥器　是将传统流化床的恒定送风改变为周期性送风，通过调节气流的脉冲频率，使通过孔板的气体流量或流化区发生周期性变化，对物料进行干燥。脉冲流化床干燥器能有效克服沟流、死区和局部过热等传统流化床常见的弊端，适用于一些不易流动的物料，以及干燥温度不允许超过50~80℃的药物。

四、喷雾干燥

喷雾干燥是以热空气作为干燥介质，采用雾化器将液体物料分散成细小雾滴，当物料与热气流接触时，水分迅速蒸发而获得干燥产品的操作方法。此法能直接将液体物料干燥成粉末状或颗粒状制品。

喷雾干燥具有以下特点：①干燥速度快、干燥时间短，具有瞬间干燥的特点；②干燥温度低，避免物料受热变质，特别适用于热敏性物料的干燥；③由液态物料可直接得到干燥制品，省去蒸发、粉碎等单元操作；④操作方便，易自动控制，劳动强度小；⑤产品多为疏松的空心颗粒或粉末，疏松性、分散性和速溶性均好；⑥生产过程处在密闭系统，适用于连续化大型生产，可应用于无菌操作。

喷雾干燥的缺点主要是传热系数较低，设备体积庞大，动力消耗多，干燥时物料易发生黏壁等。

喷雾干燥的设备为喷雾干燥器，由雾化器、干燥器、旋风分离器、风机、加热器、压缩空气等组成，如图4-2所示。其工作原理是空气经过滤和加热后进入干燥器顶部空气分配器，沿切线方向均匀地进入干燥室。原料液经干燥器顶部的雾化器雾化成极细微的液滴，与热空气接触后在极短的时间内干燥为成品。成品连续地由干燥器底部和旋风分离器中输出，废气由风机排空。喷雾干燥器可用于中药提取液的干燥、制粒及颗粒的包衣等。

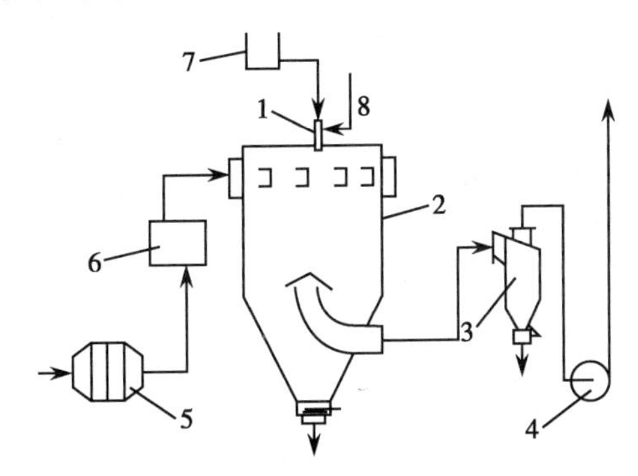

图4-2　喷雾干燥器

1. 雾化器；2. 干燥器；3. 旋风分离器；4. 风机；5. 加热器；6. 电加热器；7. 料液贮槽；8. 压缩空气

知识链接

喷雾干燥器操作注意事项

1. 喷雾干燥器中的莫诺泵为一螺杆泵，忌干启动，开机前必须从进料口加入足量的水才能开机，否则会使泵体损坏。

2. 喷雾时，料液调节必须由小逐渐加大，否则容易产生黏壁现象。

3. 取样检查干燥程度时，必须先关掉风档，再取下授粉筒。如发现成品含水量偏高，可适当减小进料量或增加进风温度，反之增加进料量或降低进风温度。

4. 停机前，必须将料液喷完，然后换上清水进行喷雾约5分钟，并需保持出风温度不变，否则剩余在干燥室内的粉末含水量将改变。

五、冷冻干燥

冷冻干燥是指在低温、高真空条件下，使水分由冻结状态直接升华除去的一种干燥方法。其干燥原理是将需要干燥的药物溶液预先冻结成固体，然后在高真空和低温的条件下使水分由冰直接升华成气体，从而使药物达到干燥的目的。

冷冻干燥特别适用于易受热分解的药物。干燥后所得的产品质地疏松，加水后迅速溶解恢复药液原有特性，同时产品重量轻、体积小、含水量低，可长期保存而不变质。冷冻干燥的缺点是设备投资费用高、干燥时间长、生产能力较低。一些生物制品（酶制剂及血浆、蛋白质等）、抗生素以及粉针剂常采用此法干燥。

知识链接

干燥过程中的生产工艺管理与质量控制

1. 生产工艺管理要点

（1）干燥操作室一般按D级洁净度要求。室内相对于室外呈正压，温度18～26℃、相对湿度45%～65%。

（2）物料干燥的温度和时间应严格按工艺要求控制。

（3）干燥后物料含水量应符合规定。

（4）干燥过程中的物料应有标示，防止发生混药、混批。

（5）干燥完成后按设备的清洁要求进行清洁。

2. 质量控制点

（1）外观：应符合制剂工艺规定。

（2）物料的含水量：应符合制剂工艺规定。

六、其他

1. 红外干燥 是利用红外辐射元件所发射的红外线对物料直接照射而加热的一种干燥方式。红外线是介于可见光和微波之间的一种电磁波，波长在 0.72～5.6μm 区域的称为近红外线，5.6～1000μm 区域的称为远红外线。由于一般物料对红外线的吸收光谱大多位于远红外区域，故常用远红外线干燥。红外干燥时，由于物料表面和内部的分子同时吸收红外线，故受热均匀，干燥快，但电能消耗大。

远红外隧道烘箱即利用远红外线进行灭菌干燥的设备，干燥隧道的两端可进行加料和卸料，被干燥物料放置于不锈钢网带上，物料沿着隧道式的干燥通道缓慢向前移动，通过远红外线的照射加热达到干燥目的。该设备广泛用于各种安瓿瓶、西林瓶及其他玻璃容器的干燥灭菌。

2. 微波干燥 微波是指频率很高、波长很短，介于无线电波和光波之间的一种电磁波。微波干燥的原理是将湿物料置于高频电场内，湿物料中的水分子在微波电场的作用下快速转动而产生剧烈的碰撞与摩擦，部分能量转化为热能，物料本身被加热而干燥。

微波干燥具有加热迅速、均匀、干燥速度快、穿透力强、热效率高等优点，微波操作控制灵敏、操作方便，对含水物料的干燥特别有利。缺点是成本高、对有些物料的稳定性有影响。

3. 吸湿干燥 系指将干燥剂置于干燥柜架盘下层，而将湿物料置于架盘上层进行干燥的方法。常用的干燥剂有无水氧化钙、无水氯化钙、硅胶等。吸湿干燥只需在密闭容器中进行，不需特殊设备，常用于含湿量较小及某些含有芳香成分的药物干燥。

点滴积累

1. 干燥常用技术有常压干燥、减压干燥、沸腾干燥、喷雾干燥、冷冻干燥、红线外干燥、微波干燥、吸湿干燥等。
2. 常压干燥主要用于耐热物料的干燥；减压干燥主要适用于热敏性物料，也可用于易氧化、易燃或含有机溶剂等物料的干燥；沸腾干燥主要用于湿粒性物料的干燥；喷雾干燥能直接将液体物料干燥成粉末状或颗粒状制品，特别适用于热敏性物料的干燥；冷冻干燥特别适用于易受热分解的药物。

目标检测

一、选择题

（一）单项选择题

1. 干燥过程中湿物料受热后，表面水分首先汽化，物料内部水分扩散到物料表面，并不断汽化，此过程为（　　）

　A. 传质过程　　B. 传热过程

　C. 既是传热过程又是传质过程　　D. 以上都不是

2. 下列影响干燥的因素的叙述中，错误的是（　　）

A. 温度越高,干燥速率愈快
B. 相对湿度愈小,干燥速率愈快
C. 压力愈大,干燥速率愈快
D. 物料堆积愈厚,干燥速率愈慢

3. 下列关于常压干燥的叙述中,错误的是(　　)

A. 操作简单易行　B. 干燥时间较长　C. 干燥物易粉碎　D. 干燥温度较高

4. 下列属于流化干燥技术的是(　　)

A. 真空干燥　B. 冷冻干燥　C. 沸腾干燥　D. 微波干燥

5. 下列叙述不属于喷雾干燥优点的是(　　)

A. 干燥迅速
B. 干燥时间短
C. 干燥物不需粉碎
D. 适用黏稠性料液的干燥

6. 下列关于沸腾干燥的叙述中,不正确的是(　　)

A. 为动态干燥,干燥迅速
B. 物料可直接由液体干燥为固体
C. 干燥后细粉比例较大
D. 可用于片剂生产中湿颗粒的干燥

7. 对热极不稳定的药物干燥可采用的方法是(　　)

A. 常压干燥　B. 冷冻干燥　C. 红外线干燥　D. 微波干燥

(二) 多项选择题

1. 下列有关干燥的叙述中,正确的为(　　)

A. 提高物料的稳定性
B. 使成品或半成品具有一定的规格标准,便于进一步处理
C. 干燥的必要条件是必须具有传热和传质的推动力
D. 干燥的物料大部分为固体,也有半固体和液体
E. 物料干燥程度应干燥至水分含量越低越好

2. 下列有关干燥操作的叙述中,正确的有(　　)

A. 干燥岗位操作室的室内保持正压,洁净度要求一般为 D 级
B. 物料干燥的温度和时间应严格按要求控制
C. 干燥过程中的物料应有标示
D. 干燥后物料含水量应符合规定
E. 干燥结束后,应按要求及时清场

3. 下列有关喷雾干燥的叙述中,正确的有(　　)

A. 具有瞬间干燥的特点
B. 干燥温度低,避免物料受热变质
C. 可由液态物料直接得到干燥制品
D. 干燥产品质量良好,多为疏松的空心颗粒或粉末
E. 以上都不是

4. 下列有关沸腾干燥的叙述中,正确的有(　　)

A. 在热空气流的作用下,物料在干燥室内呈“沸腾状”

B. 为动态干燥，干燥速度快

C. 干燥后细粉比例较大

D. 为湿颗粒干燥的常用方法

E. 适宜于含水量高、易黏结成团的物料干燥

5. 下列属于动态干燥的方法为（　　）

A. 吸湿干燥　　B. 沸腾干燥　　C. 红外干燥

D. 微波干燥　　E. 喷雾干燥

二、简答题

1. 简述影响物料干燥的因素有哪些？

2. 制剂生产中常用的干燥技术有哪些？哪些可用于热敏性物料的干燥？

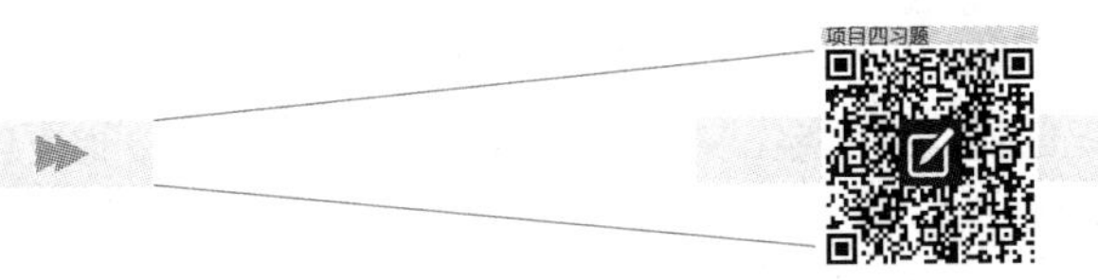

（李　赛）

项目五

粉碎、过筛、混合

导学情景

情景描述

1. 张同学吃糖时，会让糖块在嘴里一点点溶化了细细品味，而李同学却喜欢把糖块嚼碎了吃，他们谁吃糖的速度更快？ 李同学吃糖的过程中，牙齿起了什么作用？

2. 为方便以后熬粥时原料取用方便，李妈妈将家里剩余的半袋黄豆、一袋大米、半袋小米放置在一个陶罐内，用手搅拌了几次，请问这样做的目的是什么？ 搅拌完后，发现大米包装袋上的保质期显示已经过期，又想将大米分离出来，你能给出一个好的方法吗?

学前导语

粉碎、筛分、混合的操作除在日常生活中会用到之外，在药品生产中也是很重要的单元操作。 本项目我们将带领同学们学习药品生产中粉碎、过筛、混合的基本知识、方法和设备。

任务一　粉碎操作

一、粉碎的含义

粉碎是借助机械力将大块物料破碎成适宜大小的颗粒或细粉的操作。

粉碎度可用来表示物料被粉碎的程度。其常以粉碎前的粒度 D_1 与粉碎后的粒度 D_2 的比值(n)来表示。

$$n=\frac{D_1}{D_2} \qquad 式(5\text{-}1)$$

由此可知:粉碎度越大,物料粉碎得越细。粉碎度的大小,应根据药物性质、剂型和使用要求等来确定。

知识链接

粉 碎 机 制

1. 内聚力与粉碎的关系　物质依靠本身分子间的内聚力而集结成一定形状，粉碎是利用外力破坏物质分子间的内聚力，将大物料破碎成颗粒或细粉。

2. 表面自由能与粉碎的关系　固体物质经粉碎后，表面积增加，引起表面自由能的增加，故不稳定。已粉碎的粉末有重新结聚的倾向，使粉碎过程达到动态平衡后，粉碎便停止在一定阶段，不再进行。如果采用混合粉碎的方法可以使已粉碎的粉末表面吸附另一种药物，而使粉碎后的粉末自由能不致明显增加，从而阻止了结聚，粉碎便能继续进行。

3. 机械能与粉碎的关系　在粉碎过程中，为使机械能尽可能有效地用于粉碎过程，应将达到要求细度的粉末随时取出，使粗粒有充分机会接受机械能，这种粉碎称为自由粉碎或循环粉碎；反之，若细粉始终保留在粉碎系统中，不但能在粗粒中起缓冲作用，而且会消耗大量机械能，也产生大量不需要的过细粉末，这种粉碎称为缓冲粉碎。故在粉碎操作中必须随时分离细粉，如在粉碎机上装置药筛或利用空气将细粉吹出等，均可减少机械能消耗，而提高粉碎效率。

4. 药物性质与粉碎的关系　药物粉碎的难易与药物本身的结构和性质有关。

二、粉碎的目的

粉碎的主要目的在于减小粒径，增加物料的表面积，对制剂生产具有重要的意义：①增加表面积，有利于提高难溶性药物的溶出度和生物利用度；②提高固体药物的分散度；③有利于制剂生产中各成分的均匀混合；④有助于药材中有效成分的浸出。

粉碎对制剂质量影响很大，但也应注意粉碎过程可能带来晶型转变、热分解、黏附性增大、流动性变差、粉尘飞扬等不良作用。

三、粉碎常用方法及设备

粉碎过程常用的外加力有冲击力、压缩力、剪切力、弯曲力、研磨力等，多数粉碎过程是这几种作用力综合作用的结果。冲击力、压缩力对脆性物料的粉碎更有效；剪切力对纤维状物料更有效；粗碎以冲击力和压缩力为主；细碎以剪切力、研磨力为主。因此，根据被粉碎物料的性质和粉碎程度的不同，需选择不同的粉碎方法和设备。

课堂活动

下列药物如何粉碎：

1. 氧化与还原性强的药物：火硝、硫黄、雄黄；
2. 贵重细料药：牛黄、麝香、人参；
3. 刺激性、毒性药物：蟾酥、信石、红粉；
4. 质地坚硬的矿物、贝壳类非水溶性药物：朱砂、珍珠、贝壳；
5. 含黏液和糖分或树脂、树胶的黏性药材，干浸膏等：熟地、枸杞、树胶。

（一）粉碎常用方法

1. 干法粉碎与湿法粉碎　干法粉碎是指把物料经过适当干燥处理，降低水分再进行粉碎的操作，是制剂生产中最常用的粉碎方法。湿法粉碎是指在物料中添加适量的水或其他液体进行研磨粉碎的方法。湿法粉碎可避免粉尘飞扬，粉碎度高，对于某些刺激性较强或毒性药物的粉碎具有特殊意义。

2. 单独粉碎与混合粉碎　单独粉碎是指对同一物料进行的粉碎操作。贵重药物、刺激性药物、混合易于引起爆炸的药物（如氧化性药物和还原性药物混合）、适宜单独处理的药物（如滑石粉、石膏等）等应采用单独粉碎。混合粉碎是指两种或两种以上物料同时粉碎的操作。若处方中某些物料的性质及硬度相似，则可以将其掺合在一起粉碎，混合粉碎既可避免一些黏性药物单独粉碎的困难，又可使粉碎与混合操作结合进行。

3. 低温粉碎　低温粉碎是指利用物料在低温时脆性增加，韧性与延伸性降低的性质，使物料在低温条件下进行粉碎的操作。此法适宜在常温下粉碎困难的物料如树脂、树胶、干浸膏等的粉碎，对于含水、含油较少的物料也能进行粉碎。低温粉碎能保留物料中的香气及挥发性有效成分，并可获得更细的粉末。

4. 流能粉碎　流能粉碎是指利用高压气流使物料与物料之间、物料与器壁间相互碰撞而产生强烈的粉碎作用的操作。气流粉碎在粉碎的同时可进行粒子分级，可得到粒度要求为 3~20μm 的微粉。由于高压气流在粉碎室中膨胀时产生冷却效应，故本法适用于热敏性物料和低熔点物料的粉碎。

5. 开路粉碎与循环粉碎　开路粉碎是指被粉碎物料只通过粉碎设备一次的操作；循环粉碎是指在粉碎物料中若含有尚未充分粉碎的物料，通过筛分设备将粗颗粒分出再返回粉碎机继续粉碎的操作。循环粉碎可避免已达到细度要求的细粉始终保留在粉碎系统中而消耗机械能。

知识链接

药物粉碎的一些特殊方法

1. 水飞法　水飞法属于湿法粉碎，适应于难溶于水的药物如朱砂、珍珠、炉甘石、滑石等。该法将药物与水共置研钵或球磨机中研磨，使细粉混悬于水中，然后将此混悬液倾出，余下药物加水反复操作，直至全部药物研磨完毕。所得混悬液合并、沉降，倾去上清液，将湿粉干燥，可得极细粉末。

2. 串研法与串油法　串研法与串油法均属于混合粉碎，是将含黏性或油性较大的药物经特殊处理后进行粉碎的方法。含糖较多的黏性药物如熟地黄、山茱萸、麦冬等，先将处方中其他干燥药物研成粗粉，然后掺入黏性药物中使成块状或颗粒状，于60℃以下充分干燥后再粉碎，俗称串研法。含油脂较多的药物如杏仁、桃仁、苏子等，须先捣成稠糊状，再把处方中已粉碎的其他药粉分次掺研粉碎，使药粉及时将油吸收，以便于粉碎与过筛，俗称串油法。

3. 蒸罐法　处方中如含有树脂及糖分较多的药物，则需蒸制后再粉碎。该法先将适于蒸制的药物置于蒸罐中，加入适量黄酒加热蒸制，以酒被吸尽为度；另将处方中不宜蒸制的药物（如含有挥发油及芳香药）粉碎为粗粉，与蒸制的药物混合均匀，干燥后粉碎为细粉。

ER-5-1

水飞法操作

（二）粉碎常用设备

研钵使用的注意事项

1. 研钵　又称乳钵，一般用陶瓷、玻璃、金属和玛瑙制成。研钵由钵和杵棒组成，钵为圆弧形、上宽下窄，底部有较厚的底座，杵棒的棒头较大，以增加研磨面。杵棒与钵内壁接触通过研磨、碰撞、挤压等作用力使物料粉碎、混合均匀。研钵主要用于少量物料的粉碎或供实验室用。

2. 球磨机　球磨机是在圆柱形球磨缸内装入一定数量，不同大小的钢球或瓷球构成。使用时将物料装入圆筒内密盖后，由电动机带动旋转，物料经圆球的冲击和研磨作用而被粉碎、磨细。球磨机的粉碎效率较低、粉碎时间较长，但由于密闭操作，故适合于贵重物料的粉碎、无菌粉碎。球磨机可进行干法粉碎或湿法粉碎，必要时还可充入惰性气体，适应范围较广。

球磨机的使用

3. 冲击式粉碎机　冲击式粉碎机对物料的粉碎作用力以冲击力为主，结构简单，操作维护方便，其典型的粉碎结构有锤击式（如图 5-1）和冲击柱式（如图 5-2）两种。冲击式粉碎机适用于脆性、韧性物料以及中碎、细碎、超细碎等粉碎，应用广泛，又称为万能粉碎机。

4. 流能磨　又称气流粉碎机（如图 5-3），是利用高压气流带动物料，产生强烈的撞击、冲击、研磨等作用而使物料粉碎，粉碎后的物料随高压气流由出料口进入旋风分离器或袋滤器进行分离，较大颗粒沿器壁外侧重新进入粉碎室进行粉碎。常用的流能磨有圆盘形流能磨和轮型流能磨，可进行粒度要求为 3~20μm 的超微粉碎、热敏性物料和低熔点物料的粉碎，以及无菌粉末的粉碎。

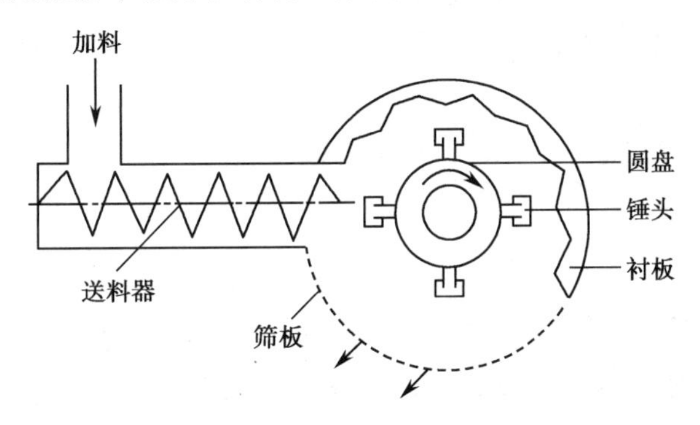

图 5-1　锤击式粉碎机示意图

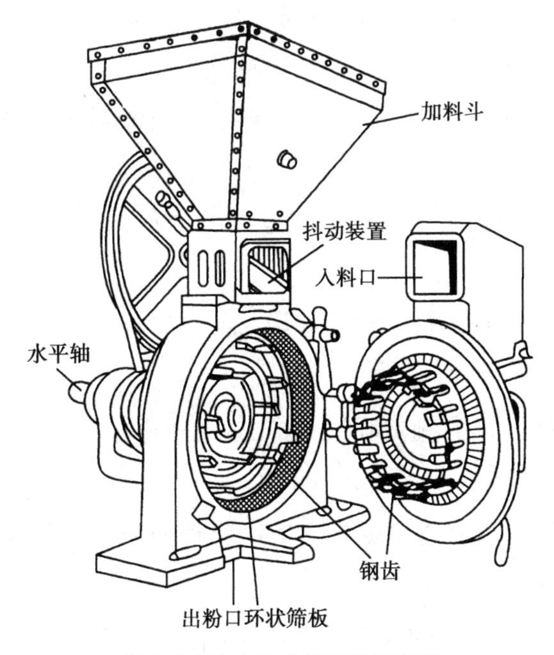

图 5-2　冲击柱式粉碎机示意图

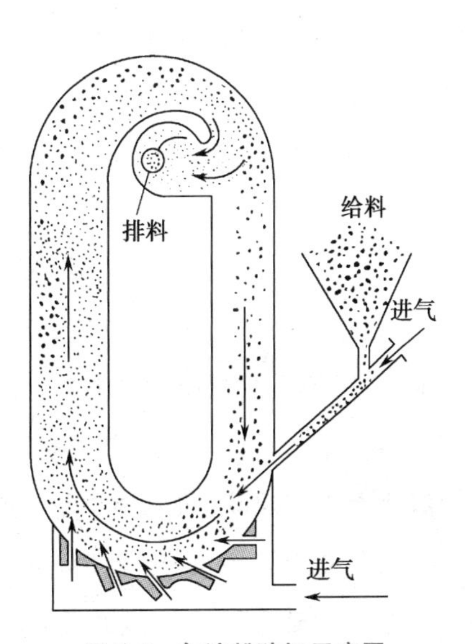

图 5-3　气流粉碎机示意图

知识链接

粉碎过程中的生产工艺管理与质量控制

1. 生产工艺管理要点

（1）固体制剂粉碎岗位操作室一般按 D 级洁净度要求。室内与相邻操作室呈负压，须有捕尘装置，温度 18~26℃、相对湿度 45%~65%。

（2）物料严禁混有金属物。

（3）物料含水分不应超过 5%。

（4）粉碎过程中的物料应有标示，防止发生混药、混批。

（5）按设备的清洁要求进行清洁。

2. 质量控制点

（1）外观：色泽、粒度均匀。

（2）异物：无异物。

（3）粒度：粉碎后物料的粒度应符合制剂工艺规定。

四、粉体的基本知识

（一）粉体的概念

粉体是无数个固体粒子集合体的总称。粉体中粒子大小范围一般在 0.1~100μm 之间，粉体的性质对制剂的成型和生产，药物的释放与疗效均会产生影响。

（二）粉体的性质

1. 粉体的密度　是指单位体积粉体的质量，由于粉体的粒子内部和粒子之间存在空隙，故粉体的体积有不同的含义。根据所指的体积的不同，粉体的密度包括真密度、粒密度和堆密度。

（1）真密度：指排除所有的空隙（即排除粒子内部以及粒子之间的空隙）的体积测量的密度值，为该物质的真实密度。

（2）粒密度：指排除粒子间的空隙，但不排除粒子内部空隙的体积而求得的密度，为粒子本身的密度。

（3）堆密度：又称松密度，指单位体积粉体的质量，该体积包括粒子内部的空隙以及粒子之间空隙在内的总体积。

对于同一种粉体来说，真密度>粒密度>堆密度。在药剂实训中，堆密度是最重要的。散剂的分剂量、胶囊剂的充填以及片剂的压制等都与堆密度有关。

2. 粉体的空隙率　是粉体中空隙所占有的比率。粉体空隙率的大小影响着药物的崩解和溶出。一般说来，空隙率大，崩解、溶出较快、较易吸收。

3. 粉体的流动性　是粉体的重要性质，对制剂的生产和制剂的质量影响很大。粉体的流动性可用休止角、流出速度和压缩度来表示。为改善粉体流动性可采取以下措施：①适当增加粒径；②控制含湿量；③添加少量细粉和润滑剂等。

4. 粉体的吸湿性　是指固体表面吸附水分子的现象。药物粉末发生吸湿，会使粉末的流动性下降并易出现固结、润湿、液化等不稳定性现象。

临界相对湿度（critical relative humidity，CRH）可作为药物吸湿性指标，CRH 是指吸湿量急剧增加时的相对湿度，一般 CRH 值愈大，药物则愈不易吸湿。为防止药物吸湿，应将生产及贮藏环境的相对湿度控制在药物的 CRH 值以下。

点滴积累

1. 粉碎是借助机械力将大块物料破碎成适宜大小的颗粒或细粉的操作。物料被粉碎的程度可用粉碎度表示，粉碎度越大，物料粉碎的越细。
2. 粉碎可减小物料粒径，增加表面积，对制剂生产具有重要的意义。
3. 物料粉碎的方法主要有干法粉碎、湿法粉碎、单独粉碎、混合粉碎、低温粉碎和流能粉碎等。
4. 对于同一种粉体其密度大小为：真密度>粒密度>堆密度。
5. 临界相对湿度（CRH）是指吸湿量急剧增加时的相对湿度，为防止药物吸湿，制剂的生产及贮藏一般控制在药物的 CRH 值以下。

任务二　筛分操作

一、筛分的目的

筛分是借助网孔工具将粗细物料进行分离的操作。通过筛分可对粉碎后的物料进行粉末分等，从而获得粒度较均匀的物料，同时筛分还有混合作用。此外，为提高粉碎效率，已达细度要求的物料也必须及时筛出以减少能量的消耗。由于筛分时较细的粉末先通过筛孔，较粗的粉末后通过，所以筛分后的粉末应适当加以搅拌，以保证药粉的均匀度。

二、药筛的种类及规格

（一）药筛的种类

筛分用的药筛，按其制作方法不同可分为编织筛与冲制筛两种。编织筛的筛网由钢丝、不锈钢丝、尼龙丝、绢丝等编织而成，但使用中筛孔易变形。尼龙丝对一般药物较稳定，在制剂生产中应用较多。冲制筛是在金属板上冲压出圆形的筛孔而成，其筛孔牢固，孔径不易变动，常用于高速粉碎过筛联动的机械上。

（二）药筛的规格

《中国药典》所用药筛，选用国家标准的 R40/3 系列，共规定了九种筛号，一号筛的筛孔内径最大，依次减小，九号筛的筛孔最小。目前制药工业上，习惯常以目数来表示筛号及粉末的粗细，即以每英寸(2.54cm)长度有多少筛孔来表示。例如每英寸长度有100个孔的筛子叫做100目筛,目数越大,筛孔越小。工业用筛的规格与《中国药典》规定的筛号对照见表5-1。

表5-1　我国常用的工业用筛的规格与药典的筛号的对照表

筛号	筛孔内径(平均值)	目号(孔/英寸)
一号筛	2000μm±70μm	10目
二号筛	850μm ±29μm	24目
三号筛	355μm ±13μm	50目
四号筛	250μm ±9.9μm	65目
五号筛	180μm ±7.6μm	80目
六号筛	150μm ±6.6μm	100目
七号筛	125μm ±5.8μm	120目
八号筛	90μm ±4.6μm	150目
九号筛	75μm ±4.1μm	200目

(三)粉末的等级

粉末的分等级是按通过相应规格的药筛而定的,《中国药典》(2015年版)把固体粉末分为六种规格。粉末的分等标准见表5-2。

表5-2　粉末的分等标准

等级	分等标准
最粗粉	指能全部通过一号筛,但混有能通过三号筛不超过20%的粉末
粗粉	指能全部通过二号筛,但混有能通过四号筛不超过40%的粉末
中粉	指能全部通过四号筛,但混有能通过五号筛不超过60%的粉末
细粉	指能全部通过五号筛,并含能通过六号筛不少于95%的粉末
最细粉	指能全部通过六号筛,并含能通过七号筛不少于95%的粉末
极细粉	指能全部通过八号筛,并含能通过九号筛不少于95%的粉末

三、过筛常用设备

制剂生产中常用的筛分设备有旋振筛、往复振动筛粉机和悬挂式偏重筛粉机等。

1. 旋振筛　是利用在旋转轴上配置不平衡重锤或配置有棱角形状的凸轮使筛产生振动的过筛装置。筛网的振动方向具有三维性质,对物料产生筛选作用。旋振筛(图5-4)可用于单层或多层分级使用,结构紧凑、操作维修方便、分离效率高,单位筛面处理能力大,适用性强,故被广泛应用。

2. 往复振动筛粉机　是利用偏心轮对连杆所产生的往复振动而筛选粉末的装置。操作时物料由加料斗加入，落入筛子上，借电机带动皮带轮，使偏心轮做往复运动，从而使筛体往复运动，对物料产生筛选作用。振动筛适用于无黏性的药材粉末或化学药物的过筛。由于其密闭于箱内也适宜毒剧药、刺激性药及易风化或易潮解药物的过筛。

认识旋振筛

图 5-4　旋振筛

3. 悬挂式偏重筛粉机　是利用偏重轮转动时不平衡惯性而产生振动的粉末筛选设备。操作时开动电动机，带动主轴，偏重轮即产生高速的旋转，由于偏重轮一侧有偏重铁，使两侧重量不平衡而产生振动，故通过筛网的粉末很快落入接收器中。偏重筛粉机结构简单，造价低，占地小，效率高，适用于矿物药、化学药品和无显著黏性的药材粉末的过筛。

知识链接

筛分过程中的生产工艺管理与质量控制

1. 生产工艺管理要点

（1）筛分岗位操作室一般按 D 级洁净度要求。室内保持干燥且有捕尘装置，与相邻操作室呈负压，温度 18~26℃、相对湿度 45%~65%。

（2）严格按操作规程设置药筛规格、筛分速度、料层厚度及筛分时间等。

（3）物料保持干燥。

（4）筛分过程随时注意设备声音。

（5）生产过程所有物料均应有标示，防止发生混药、混批。

（6）按设备的清洁要求进行清洁。

2. 质量控制点

（1）外观：色泽、粒度均匀。

（2）粒度：筛分后粉体的粒度应符合制剂工艺规定。

点滴积累

1. 筛分是借助网孔工具将粗细物料进行分离的操作。通过过筛可对粉末分等级，还可进行粉末或颗粒的混合。
2. 药筛可分为编织筛和冲制筛，《中国药典》共规定了9种筛号，一号筛的筛孔内径最大，九号筛的筛孔最小。
3. 粉末按通过相应规格的药筛来分等级，《中国药典》把固体粉末分为6种规格，分别为最粗粉、粗粉、中粉、细粉、最细粉、极细粉。

任务三　混合操作

一、混合的目的

混合是指将两种或两种以上物料均匀混合的操作。混合以含量均匀一致为目的，使处方组分均匀地混合，色泽一致，以保证剂量准确和用药安全。混合是制剂生产的基本操作，几乎所有的制剂生产都涉及混合操作。

二、混合方法

混合的方法主要有研磨混合、搅拌混合和过筛混合三种。

1. 研磨混合　系将各组分物料置乳钵中共同研磨的混合操作，此技术适用于小量尤其是结晶性药物的混合。不适于引湿性及爆炸性成分的混合。

2. 搅拌混合　系将各物料置适当大小容器中搅匀，多作初步混合之用。大量生产中常用混合机混合。

3. 过筛混合　系将处方中各组分药粉先初步混合，再通过适宜的药筛一次或多次使之混匀，由于较细较重的粉末先通过筛网，故在过筛后仍须加以适当的搅拌混合。

知识链接

混合机制

混合机内粒子经随机的相对运动完成混合，混合机制主要有三种：

1. 对流混合　固体粒子群在机械转动的作用下，产生较大的位移进行的总体混合。

2. 剪切混合　由于粒子群内部力的作用结果产生滑动面，破坏粒子群的团聚状态而进行的局部混合。

3. 扩散混合　由于粒子的无规则运动，在相邻粒子间相互交换位置而进行的局部混合。

上述3种混合机制在实际的操作中往往同时发生，但所表现的程度因混合机的类型、粉体性质、操作条件等不同而存在差异。

三、混合的原则

物料混合中组分的量或密度差异较大时，应注意以下几方面原则：

1. 组分的比例量　混合物料比例量相差悬殊时，应采取等量递加混合法(习称配研法)。即将量大的物料先取出部分，与量小物料约等量混合均匀，如此倍量增加量大的物料，直至全部混匀为止。

2. 组分的堆密度　混合物料堆密度相差较大时，应将堆密度小的先放入混合机内，再加堆密度大的物料进行混匀。

3. 混合设备的吸附性　将量小的药物先置混合机内，会因混合器壁的吸附造成较大损耗，故应先取少部分量大的组分于混合机内先行混合再加量小的药物混匀。

四、混合常用设备

制剂生产中的混合设备多采取容器旋转或搅拌的方式实现物料均匀混合的目的。常用的混合设备分为干混设备和湿混设备。干混设备为具有各种形状的混合容器的混合机，容器可做二维或三维运动；湿混设备包括槽形混合机、双螺旋锥形混合机等。

1. V 型混合筒　混合筒由一定几何形状(如 V 形、立方形、双圆锥形等)的筒构成，一般装在水平轴上并有支架，由传动装置带动绕轴旋转，其中以 V 型混合筒(如图 5-5)较为常用。密度相近的粉末，可采用混合筒混合。V 型混合筒在旋转混合时，装在筒内的干物料随着混合筒转动，V 形结构使物料反复分离、合一，用较短时间即可混合均匀。

2. 三维运动混合机　其主要由混合容器和机架组成，混合容器两端呈锥形圆桶状的称为双锥形混合机(如图 5-6)。混合桶可作三维空间多方向摆动和转动，使桶中物料交叉流动与扩散，混合中无死角，混合均匀度高。本机适合于干燥粉末或颗粒的混合。

三维运动混合机

图 5-5　V 型混合筒

图 5-6　双锥形混合机

3. 槽型混合机　其主要部分为混合槽，槽内轴上装有与旋转方向成一定角度的∽形搅拌桨（如图 5-7），可以正反向旋转，用以搅拌槽内的药粉。本机除可用以混合粉料外，亦常用于颗粒剂、片剂生产中软材的制备。

槽型混合机搅拌效率较低，混合时间较长，但操作简便，易于维修，目前仍得到广泛应用。

槽型混合机的混合原理与操作方法

图 5-7　槽型混合机

案例分析

案例

某企业员工在用槽型混合机进行混合操作时，用设备状态牌铲黏附在器壁上的物料，结果状态牌落入搅拌槽，伸手取时被搅拌桨切断右手手掌，只剩拇指。

分析

生产时，必须严格按照设备标准操作规程操作设备。该员工不应该用设备状态牌铲物料，更不应该在设备运转时将手或任何工具伸进混合槽内。

4. 双螺旋锥形混合机　其混合容器为立式圆锥形容器，容器内安装有螺旋推进器（如图 5-8）。混合时左右两个螺旋推进器既自转又绕锥形容器中心轴旋转，产生较高的切变力，使物料自底部上升的同时又在容器内旋转，迅速混匀物料。该设备混合效率高，适用于混合润湿、黏性的固体物料。

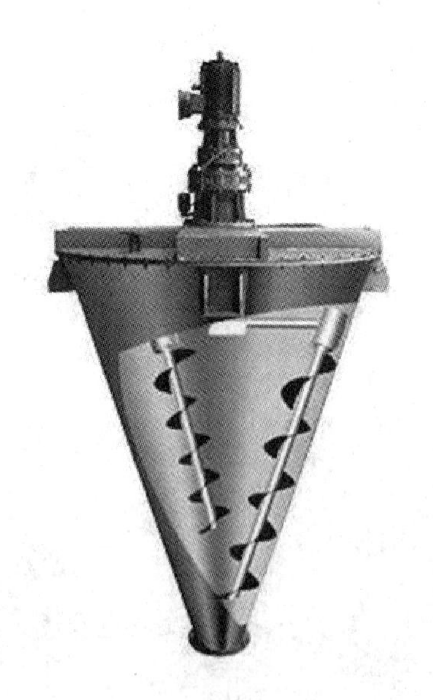

图 5-8　双螺旋锥形混合机

知识链接

混合过程中的生产工艺管理与质量控制

1. 生产工艺管理要点

（1）固体制剂混合岗位操作室一般按 D 级洁净度要求。室内必须保持干燥且有捕尘装置，室内与相邻操作室呈负压，温度 18~26℃、相对湿度 45%~65%。

（2）严格按操作规程设置混合时间。

（3）混合过程随时注意设备声音。

（4）生产过程所有物料均应有标示，防止发生混药、混批。

（5）按设备的清洁要求进行清洁。

2. 质量控制关键点

混合均匀度应符合制剂工艺规定。

点滴积累

1. 混合是制剂生产的基本操作，以含量均匀一致为目的。
2. 混合的方法主要有研磨混合、搅拌混合和过筛混合三种。
3. 混合物料比例量相差悬殊时，应采取等量递加混合法。
4. 混合物料堆密度相差较大时，应将堆密度小的先放入混合机内，再加堆密度大的物料进行混匀。

实训三 粉碎、筛分、混合操作

【实训目的】

1. 能使用设备进行物料的粉碎、筛分和混合。
2. 能按操作规程操作粉碎、筛分、混合设备并进行清洁与维护。
3. 能掌握粉碎、筛分、混合过程中的质量控制。
4. 能按清场规程进行清场工作。

【实训场地】

实训车间

【实训仪器与设备】

20B 型万能粉碎机、S365 旋振筛、V 型混合机、不锈钢盆、托盘、天平等。

【实训材料】

需粉碎、筛分的药物、需混合的物料（如淀粉、糊精等）。

【实训步骤】

按照 D 级洁净室要求着装，进入粉碎、筛分、混合的操作岗位。

（一）20B 型万能粉碎机的操作

1. 开机前准备　①检查是否有清场合格证，并确定是否在有效期内；检查设备、容器、场地清洁是否符合要求；②检查电、水、气是否正常；③检查设备是否有“合格”标牌、“已清洁”标牌；④检查设备状况是否正常（如机器所有紧固螺栓是否全部拧紧；筛板是否安装好；用手转动主轴盘车应活动自如，无卡、滞现象；粉碎室是否清洁干燥，筛网位置是否正确；收粉布袋是否完好，粉碎机与除尘机管道连接是否密封；粉碎室门是否关闭、锁紧；开机观察空机运行过程中，是否有异常声音等）；⑤按生产指令领取物料，并确保物料的品名、批号、规格、数量、质量符合要求；⑥按设备与用具的消毒规程对设备、用具进行消毒；⑦挂本次运行状态标志，进入生产操作。

2. 开机操作　①先启动除尘机，确认工作正常；②按主机启动开关，待主机运转正常平稳后方可加料粉碎；③每次向料斗加物入料时应缓慢均匀；④停机时必须先停止加料，待 10 分钟后或不再出料后再停机。

3. 清场　①按《20B 型万能粉碎机清洁操作规程》《场地清洁操作规程》对设备、场地、用具、容器等进行清洁消毒；②清场后，经 QA 人员检查合格，发《清场合格证》。

4. 记录　及时规范地填写各生产记录、清场记录。

（二）S365 旋振筛的操作

1. 开机前准备　①检查是否有清场合格证，并确定是否在有效期内；检查设备、容器、场地清洁是否符合要求；②检查电、水、气是否正常；③检查设备是否有“合格”标牌、“已清洁”标牌；④检查设备状况是否正常（如机器所有紧固螺栓是否全部拧紧；筛网规格是否符合要求、筛网有无破损；筛网是否锁紧，是否依次装好橡皮垫圈、钢套圈、筛网、筛盖；开机观察空机运行过程中，是否有异常声音、机器运转是否平稳等）；⑤按生产指令领取物料，并确保物料的品名、批号、规格、数量、质量符合要求；⑥按设备与用具的消毒规程对设备、用具进行消毒；⑦挂本次运行状态标志，进入生产操作。

2. 开机操作　①按主机启动开关，待主机运转正常平稳后，开始加料；②加料必须均匀，速度要适当，否则物料会溢出或影响筛分产量；③筛分完毕，待不再出料后再停机。

3. 清场　①按《S365 旋振筛清洁操作规程》《场地清洁操作规程》对设备、场地、用具、容器等进行清洁消毒；②清场后，经 QA 人员检查合格，发《清场合格证》。

4. 记录　及时规范地填写各生产记录、清场记录。

（三）V 型混合机的操作

1. 开机前准备　①检查是否有清场合格证，并确定是否在有效期内；检查设备、容器、场地清洁是否符合要求。②检查电、水、气是否正常。③检查设备是否有“合格”标牌、“已清洁”标牌。④检查设备状况是否正常（如机器所有紧固螺栓是否全部拧紧；开机观察空机运行过程中，是否有异常声音、机器运转是否平稳；调节料桶位置，使加料口处于理想的加料位置等）。⑤按生产指令领取物料，并确保物料的品名、批号、规格、数量、质量符合要求。⑥按设备与用具的消毒规程对设备、用具进行消毒。⑦挂本次运行状态标志，进入生产操作。

2. 开机操作　①根据工艺要求，调整好时间继电器；②松开加料口卡箍，取下平盖进行加料，加料量不得超过额定装量；③加料完毕后，盖上平盖，上紧卡箍，开机进行混合；④混合完毕自动停机，切断电源，打开出料阀出料（若出料口位置不理想，可点动开机，将出料口调整到最佳位置）；⑤出料时应控制出料速度，以便控制粉尘及物料损失。

3. 清场　①按《V型混合机清洁操作规程》《场地清洁操作规程》对设备、场地、用具、容器等进行清洁消毒；②清场后，经QA人员检查合格，发《清场合格证》。

4. 记录　及时规范地填写各生产记录、清场记录。

【实训报告】

实训报告格式见附录一、记录表见附录二、三、四、五、六、七、九、十、十一。

【实训测试表】

测试题目	测试答案（请在正确答案后"□"内打"√"）
哪些为粉碎、筛分、混合岗位生产前需做的准备工作？	①检查是否有清场合格证，并确定是否在有效期内 □ ②检查设备、容器、场地清洁是否符合要求 □ ③检查设备是否有"合格"标牌、"已清洁"标牌 □ ④生产指令领取物料 □ ⑤按设备与用具的消毒规程对设备、用具进行消毒 □
粉碎过程操作正确的有哪些？	①严格按操作规程进行粉碎操作 □ ②先开启除尘机，确认工作正常后开启主机 □ ③开启主机前需先加入待粉碎的物料 □ ④往料斗加入物料应缓慢均匀 □ ⑤停机时须先停止加料，待不出料后再停机 □
筛分过程操作正确的有哪些？	①严格按操作规程进行筛分操作 □ ②主机启动平稳后才能加入物料 □ ③根据要求选择合适孔径的筛网 □ ④生产过程的所有物料均应有标示 □ ⑤停机时必须先停止加料，待不再出料后再停机 □
混合过程操作正确的有哪些？	①混合机每次混合物料不得超过额定装量 □ ②严格按照操作规程设定混合时间 □ ③出料时应控制出料速度，防止粉尘及物料损失 □ ④生产完成后需及时进行清场 □ ⑤生产中所有物料均应有标示，防止发生混药、混批 □
粉碎、筛分、混合岗位需填写的生产记录有哪些？	①填写生产指令 □ ②填写生产记录 □ ③填写清场记录 □

目标检测

一、选择题

（一）单项选择题

1. 固体物料粉碎前粒径与粉碎后粒径的比值是（　　）

A. 混合度　　B. 粉碎度　　C. 脆碎度　　D. 崩解度

2. 树脂、树胶等药物宜采用（　　）

A. 湿法粉碎　　B. 干法粉碎　　C. 低温粉碎　　D. 高温粉碎

3. 难溶性药物欲得极细粉时，常采用的粉碎方法是（　　）

A. 加液研磨法　　B. 水飞法　　C. 单独粉碎　　D. 混合粉碎

4. 利用高压气流使物料的颗粒之间相互碰撞而产生强烈粉碎作用的粉碎设备是（　　）

A. 球磨机　　B. 流能磨

C. 锤击式粉碎机　　D. 冲击柱式粉碎机

5. 混合物料密度相差较大时，最佳的混合方法是（　　）

A. 等量递加法　　B. 将重者加在轻者之上

C. 多次过筛　　D. 将轻者加在重者之上

6.《中国药典》（2015 年版）将药筛的筛号分成为（　　）

A. 六种　　B. 七种　　C. 八种　　D. 九种

7. 药筛筛孔的“目”数习惯上是指（　　）

A. 每厘米长度上筛孔数目　　B. 每平方厘米面积上筛孔数目

C. 每英寸长度上筛孔数目　　D. 每平方英寸面积上筛孔数目

8.《中国药典》（2015 年版）将粉末的等级分成为（　　）

A. 六级　　B. 七级　　C. 八级　　D. 九级

9. 六号药典标准筛的孔径相当于工业标准筛的（　　）

A. 60 目　　B. 80 目　　C. 100 目　　D. 200 目

（二）多项选择题

1. 下列关于粉碎的叙述，正确的有（　　）

A. 粉碎可以减小粒径，增加物料的表面积　　B. 粉碎有助于药材中有效成分的浸出

C. 粉碎操作室须有捕尘装置　　D. 粉碎操作室内与相邻操作室应呈正压

E. 粉碎后物料的粒度应符合规定

2. 下列关于筛分的叙述中，正确的为（　　）

A. 筛分是借助网孔工具将粗细物料进行分离的操作

B. 通过筛分可对粉碎后的物料进行粉末分等

C. 应根据对粉末细度的要求，选用适宜筛号的药筛

D. 筛分操作时，不可用力挤压过筛

E. 操作结束应及时清场

3. 以下关于药筛的叙述中，正确的包括（　　）

A. 药筛按其制作方法不同可分为编织筛与冲制筛

B. 冲制筛是在金属板上冲压出圆形的筛孔而成

C. 药典标准筛共规定了九种筛号；其筛号越大，孔径越小

D. “目”是以每平方厘米面积上有多少孔来表示

E. 目数越大，筛孔越小

4. 常用的混合技术有（　　）

A. 研磨混合　　B. 湿法混合　　C. 过筛混合

D. 搅拌混合　　E. 粉碎混合

5. 下列有关混合操作的叙述正确的有（　　）

A. 混合是指将两种或两种以上物料均匀混合的操作

B. 混合操作室必须保持干燥，洁净度要求达 D 级

C. 室内与相邻操作室呈负压

D. 生产过程所有物料均应有标识，防止发生混药、混批

E. 混合后物料均匀度应符合规定

二、简答题

1. 用水飞法粉碎炉甘石、滑石等难溶于水的药物，该如何操作？

2. 药筛有哪些种类和规格？按照《中国药典》（2015 年版），粉末如何分等级？

3. 什么是等量递加法？如果将 30g 淀粉和 90g 糊精混合均匀，该如何操作？

（王峥业）

模块三

液体制剂类制备技术

项目六

液体制剂

导学情景

情景描述

小明出汗很多，食欲不佳，易惊厥，医生诊断是缺乏维生素 A 和 D，妈妈买来鱼肝油乳，小明以为是妈妈给他买的是牛奶，拿起来要喝。 妈妈说，这是药物鱼肝油乳，不能想喝就喝，更不能多喝，必须按说明书的剂量服用。 否则可能鱼肝油中毒。

学前导语

鱼肝油乳是鱼肝油溶解在植物油中，再使植物油以小油滴的形式分散在水中的一种粗分散体系，属于液体剂型中的乳剂。 将鱼肝油制成鱼肝油乳以后，能遮盖鱼肝油的不良臭味，还可加芳香矫味剂使之易于服用，并且易于吸收。 本项目我们将带领同学们学习液体制剂的基本知识和常用的液体制剂。

任务一　液体制剂基础

一、液体制剂的含义与特点

（一）液体制剂的含义

液体制剂系指药物分散在适宜分散介质中制成的液态剂型，可供内服或外用。药物在介质中的分散状态有分子、离子、微粒、液滴等，其分散程度的大小与液体制剂的理化性质、药效、稳定性等密切相关。

广义的液体制剂是指所有以液态形式使用的药物制剂，狭义的液体制剂是指除了浸出制剂和无菌制剂以外的其他液态制剂，本项目所阐述的有关内容为狭义的液体制剂。

（二）液体制剂的特点

药物的分散状态、溶剂的性质以及液体制剂的流体性质，使液体制剂具有如下特点：①药物的分散度大，吸收快，奏效迅速；②能降低某些药物的刺激性，如溴化物、水合氯醛等，通过调整浓度可避免局部浓度过高引起的刺激性；③能增加某些易燃易爆药物的稳定性和安全性，如甲醛、硝酸甘油等；④给药途径广泛，可供内服、外用和腔道用药；⑤易于分取剂量，服用方便，特别适用于婴幼儿和老年患者。液体制剂的主要缺点是：①贮运和携带不方便；②水性液体易于霉败，而非水性液体溶剂的药理作用大、成本高；③药物分散度大，化学性质不稳定的药物制成液体后不易贮存；④液体制剂对包装的要求较高。

二、液体制剂的分类

(一) 按分散系统分类

液体制剂通常由分散相与分散介质两个部分组成,分散介质有水、乙醇、脂肪油或甘油等;分散相可以是固体、液体或气体药物,其存在形式有分子、离子、胶粒、液滴、微粒等,其中以分子或离子状态分散属于单相(均相)分散系统,以胶粒、液滴、微粒状态分散属于多相(非均相)分散系统。液体制剂最常用的分类方法是按分散系统分类。分散相分散程度的不同使液体制剂在外观、物理性质、生产工艺上也存在较大差别。见表6-1,根据分散相的粒径大小,常将液体制剂分为真溶液(低分子溶液)、胶体溶液(高分子溶液、溶胶剂)、混悬液和乳浊液。

表6-1　分散体系的分类与特征

类型		分散相大小	特征
真溶液	低分子溶液	<1nm	小分子或离子分散,透明溶液,单相分散体系,能透过滤纸和半透膜,动力学和热力学稳定体系
胶体溶液	高分子溶液	1~100nm	高分子分散,单相分散体系,能透过滤纸,不能透过半透膜,动力学和热力学稳定体系
	溶胶剂	1~100nm	胶粒分散,多相分散体系,能透过滤纸,不能透过半透膜,有丁达尔效应,热力学不稳定体系
混悬液		>500nm	微粒(固体)分散,多相分散体系,动力学和热力学不稳定体系
乳浊液		>100nm	液滴分散,多相分散体系,动力学和热力学不稳定体系

知识链接

相的含义

"相"是指体系达到平衡时,物理性质和化学性质均匀一致的部分。相与相之间有物理界面,这是单相系统与多相系统的主要区别点,如混悬液的分散相与分散介质间存在固-液界面,乳浊液的分散相与分散介质间存在液-液界面,混悬液与乳浊液均为多相分散体系。

(二) 按给药途径与给药方法分类

液体药剂的给药途径主要有口服和外用两种。

1. 口服液体制剂　经消化道给药的口服液体制剂有芳香水剂、溶液剂、合剂、口服液等。

2. 外用液体制剂　常见的有:①皮肤科用液体药剂:如洗剂、搽剂、涂剂等;②五官科用液体药剂:如洗耳剂、滴耳剂、滴鼻剂、含漱剂、滴牙剂等;③直肠、阴道、尿道用液体制剂:如灌肠剂、灌洗剂等。

三、液体制剂的质量要求

液体制剂除应含量准确，性质稳定，安全无毒、无刺激外，还有以下质量要求：①溶液型液体药剂应澄明，乳剂或混悬剂应保证其分散相粒子细腻均匀，混悬剂在振摇时易均匀分散；②口服液体制剂应外观良好，口感适宜，分散介质首先选用纯化水，其次选用低浓度乙醇，特殊用途下可选用液状石蜡和植物油等；③具有一定的防腐能力，微生物限度应符合规定的要求；特殊制剂如供耳部伤口、耳膜穿孔或手术前应用的滴耳剂要求无菌；④包装容器的大小和形状适宜，应便于储运、携带和使用。

四、液体制剂的溶剂及附加剂

（一）液体制剂的溶剂

液体制剂的溶剂分散与溶解药物，影响液体药剂的性质和质量。液体药剂常用的溶剂应具有以下几个条件：①对药物应有较好的溶解性和分散性；②无臭味，毒副作用小，成本低，具防腐性，化学性质稳定；③不影响主药的含量测定。溶剂溶解药物依据“相似相溶”的原理，这里的“相似”是指溶剂与药物“极性程度”相似。溶剂根据极性程度大小分为极性溶剂、半极性溶剂和非极性溶剂。

1. 极性溶剂

（1）水：水是最常用的极性溶剂，本身无任何药理及毒副作用，价廉易得，可与乙醇、甘油、丙二醇等以任意比例混溶，能溶解大多数极性药物，如生物碱盐类、苷类、蛋白质类、糖类、树胶类、黏液质类等。但水性液体药剂不稳定、易霉变、不宜久储，某些药物在水中易水解。

（2）甘油：甘油为无色黏稠液体，毒性较小，能与水、乙醇、丙二醇以任意比例混溶。甘油常用于外用液体制剂，具有保湿、滋润皮肤和滞留延效的作用。甘油能溶解许多不易溶于水的药物，如硼酸、鞣质、苯酚等，也能缓和药物的刺激性，故多用于黏膜用制剂（含水量需达到10%以上），但无水甘油因有较强的吸水性从而对皮肤和黏膜有刺激性。内服制剂中使用甘油有甜味且可延缓或防止鞣质的析出。甘油含量达30%以上具有防腐作用。

（3）二甲基亚砜：二甲基亚砜（DMSO）为无色透明液体，具有大蒜臭味，有较强的吸湿性，能与水、乙醇、甘油、丙二醇等溶剂混溶。因其溶解范围广而有“万能溶剂”之称。DMSO对皮肤、黏膜的穿透力较强，能促进药物的透皮吸收，同时有止痒、消炎及治疗风湿病的作用，对皮肤有轻度刺激性，高浓度可引起皮肤烧灼感、瘙痒及发红，故一般用其40%~60%的水溶液。

2. 半极性溶剂

（1）乙醇：没有特殊说明时，乙醇特指95%（V/V）的乙醇。可与水、甘油、丙二醇等溶剂以任意比例混溶。不同浓度的乙醇极性不同，因此乙醇的溶解范围较广，能溶解大多数有机药物如生物碱及其盐、苷类、挥发油、树脂、鞣质、有机酸和色素等。乙醇含量达20%以上可防腐，40%以上能延缓某些药物的水解。外用时能促进药物发挥局部作用。相对其他有机溶剂而言，乙醇毒性较小。但乙醇挥发性强，易燃烧，制剂需要密闭贮存。乙醇用水稀释时能产生热效应并使体积缩小，稀释时应使其冷至室温（20℃）后，再调至需要量。

（2）丙二醇：常用1,2-丙二醇，性质与甘油相似而黏性较甘油小，有辛辣味，在口服制剂的应用上受到限制,可作为内服及肌肉注射的溶剂,是安全性较好的半极性溶剂。丙二醇能溶解很多有机药物,如磺胺类、局部麻醉药、维生素 A、维生素 D 及性激素等。对药物的水解有一定缓解作用,并能促进药物的吸收。

(3)聚乙二醇:液体制剂中常用的是聚乙二醇(PEG)200~600,为无色透明的黏性液体,有微弱特殊臭气,与水、乙醇可任意混溶。PEG 能溶解很多不溶性无机盐和水不溶性的有机药物,对易水解药物有一定的稳定作用,在外用制剂中,本品能增加皮肤的柔软性,并具有一定的保湿作用。

3. 非极性溶剂

(1)脂肪油:脂肪油为麻油、豆油、花生油、橄榄油等植物油的总称,是常用非极性溶剂。能溶解非极性药物,如激素、挥发油、游离生物碱、芳香族药物等。脂肪油有润肤及保护皮肤的作用,因而多作外用制剂如洗剂、擦剂、滴鼻剂的溶剂,内服可作脂溶性药物的溶剂,如维生素 AD 滴剂。脂肪油易变质,易酸败,易与碱性药物发生皂化反应。

(2)液状石蜡:液状石蜡是从石油产品中分离得到的液状烃混合物,分轻质和重质两种,密度范围在 0.83~0.91g/cm^3(25℃),为无色透明油状液体,性质稳定。能溶解生物碱、挥发油及非极性药物等。本品在肠道内不分解也不吸收,有润肠作用。可作口服制剂和搽剂的溶剂。

(3)乙酸乙酯:乙酸乙酯为无色油状液体,有微臭,具有挥发性和可燃性,在空气中容易氧化、变色,需加入抗氧剂。对甾体药物、挥发油的溶解性较好,常作搽剂等外用液体药剂的溶剂。

(4)肉豆蔻酸异丙酯:为异丙醇与肉豆蔻酸酯化而成的无色透明液体,性质稳定,不酸败,不易氧化和水解。可与液体烃类、脂肪油等混合。本品对皮肤有较好的渗透、滋润和软化作用,能促进药物经皮吸收,常用作外用制剂的溶剂。

(二)防腐剂、矫味剂与着色剂

1. 防腐剂 由于微生物在水性液体制剂中易于生长和繁殖,故水性液体制剂中常加入防腐剂。大多数防腐剂都具有一定的毒性和异臭味,选用时应考虑给药途径和使用浓度。选择防腐剂时需重点考虑三个因素:①对微生物的防腐能力,同等条件下宜选择有效浓度较小的防腐剂;②溶液的 pH,应调整至适宜防腐剂发挥作用的 pH 范围;③与药物及其他附加剂的配伍问题,防腐剂的作用易受到表面活性剂及高分子物质的影响而降低防腐能力。一般情况下,两种防腐剂合用的效果常比单一使用效果好。

常用的防腐剂有:

(1)羟苯酯类:又称尼泊金类,为优良的防腐剂,无毒、无味、无臭,可内服、外用。化学性质稳定,在 pH 3~8 范围内能耐受 100℃、2 小时灭菌。在酸性、中性、碱性溶液中均有效,酸性溶液中作用较强。常用品种有羟苯甲酯、乙酯和丙酯,常用浓度为 0.03%~0.16%,几种酯的合用有协同作用。尼泊金类不宜用于含吐温类的药液,因其防腐作用来自于游离的羟苯酯,虽然吐温类能增加尼泊金类在水中的溶解度,但因其络合作用降低其防腐能力。

(2)苯甲酸类:常用苯甲酸与苯甲酸钠,防腐作用主要是未解离的分子,为酸性防腐剂,pH 2.5~4.0 防腐最佳。苯甲酸常用量为 0.1%~0.3%,一般配成 20%的乙醇溶液备用,苯甲酸钠常用量为

0.2%~0.5%。苯甲酸的防发酵能力较尼泊金类强，而防霉作用较尼泊金类弱。苯甲酸和尼泊金联合应用对防霉和防发酵最为理想，常用于中药水性制剂、糖浆剂的防腐。

(3)山梨酸类：常用山梨酸与山梨酸钾，防腐作用主要是未解离的分子，酸性溶液中抑菌效果好。常用浓度为0.05%~0.2%，本品对霉菌和细菌均有较强的抑制作用，适用于含有吐温类的液体药剂。与苯甲酸比较，毒性小，价格贵。

(4)苯扎溴铵：为阳离子型表面活性剂，有一定毒性和刺激性，只作外用制剂的防腐剂，常用浓度0.02%~0.2%，5%的水溶液可作为消毒剂。

(5)其他：20%乙醇、30%甘油、0.5%~1%苯甲醇、0.5%以上的三氯叔丁醇、0.02%~0.2%苯扎溴铵、0.25%~0.5%苯酚、0.05%~0.1%麝香草酚、0.05%薄荷油、0.01%桂皮醛、0.1%脱水醋酸、氯仿等也都有一定的防腐作用。

2. 矫味剂　许多药物具有不良的苦、咸、腥味，加入矫味剂和矫臭剂可掩盖和矫正制剂的不良嗅味，增加患者对医嘱的依从性。但是，毒剧药物为避免误服，矫味应慎重，对利用苦味作用的制剂如复方龙胆合剂等苦味健胃药则不应矫味。

常用的矫味剂有甜味剂、芳香剂、胶浆剂及泡腾剂。

(1)甜味剂：分为天然甜味剂和合成甜味剂，天然甜味剂有葡萄糖、果糖、蔗糖、木糖醇、单糖浆、果汁糖浆(如橙皮糖浆)、蜂蜜等；甜叶菊素是从甜叶菊中提取的天然甜味剂，其甜度是蔗糖的300倍，是优良的新型甜味剂；合成甜味剂有糖精、甜蜜素、天冬甜素、阿司巴坦、安赛蜜等。

(2)芳香剂：分为天然香料和人工香料，天然香料多为从天然植物中提取出的挥发油或芳香制剂，如薄荷油、桂皮油、橙皮油，以及薄荷水、桂皮水、复方豆蔻酊、复方橙皮酯等；人工合成的香料有香蕉香精、菠萝香精、橘子香精、柠檬香精，樱桃香精、玫瑰香精、巧克力香精等。

(3)胶浆剂：胶浆剂的黏稠性可延缓药物释放，控制药物向味蕾扩散，干扰味蕾对药物的感受，降低药物的刺激性而矫味，如与甜味剂合用效果更好。常用的有阿拉伯胶、西黄耆胶、羧甲基纤维素(CMC)、甲基纤维素(MC)、琼脂胶浆、海藻酸钠等。

(4)泡腾剂：泡腾剂为碳酸氢钠与有机酸(枸橼酸、酒石酸等)的混合物，在水中发生化学反应生成CO_2产生气泡，溶于水形成碳酸能麻痹味蕾而矫味，亦可与甜味剂及芳香剂合用于清凉饮料。

3. 着色剂　着色剂按来源分为天然色素和人工合成色素两大类，按用途分为食用色素和外用色素，只有食用色素才可用作内服药剂的着色剂。着色剂的颜色应与所加矫味剂协调配合，如薄荷味用绿色，橙皮味用橙黄色等。

(1)天然色素：植物性色素有焦糖、叶绿素、胡萝卜素和甜菜红等；矿物性色素有氧化铁(外用使药剂呈肤色)等。

(2)合成色素：人工合成色素的特点是色泽鲜艳，价格低廉，但大多数毒性较大，用量不宜过多。其中食用色素有胭脂红、苋菜红、柠檬黄、日落黄、胭脂蓝、靛蓝等；外用色素有伊红(适用于中性或弱碱性溶液)、品红(适用于中性或弱酸性溶液)、美蓝(适用于中性溶液)等。

点滴积累

1. 液体制剂系指药物分散在适宜分散介质中制成的液态剂型，可供内服或外用。根据分散相被分散的粒径大小，常将液体制剂分为真溶液（低分子溶液）、胶体溶液（高分子溶液、溶胶剂）、混悬液和乳浊液。
2. 溶液型液体制剂应澄明，乳剂或混悬剂应保证其分散相粒子细腻均匀，混悬剂在振摇时易均匀分散。液体制剂应能具有一定的防腐性。
3. 液体制剂常用的极性溶剂有水、甘油、二甲基亚砜，常用的半极性溶剂有乙醇、丙二醇、聚乙二醇，常用的非极性溶剂有脂肪油、液状石蜡等。
4. 液体制剂常用的防腐剂有羟苯酯类、苯甲酸类、山梨酸类，根据需要可加入矫味剂和着色剂，如甜味剂、芳香剂、胶浆剂、泡腾剂、食用色素和外用色素，只有食用色素才可用作内服药剂的着色剂。

任务二　表面活性剂

一、表面活性剂的含义与结构特征

物质有固、液、气三相，界面是指物质的相与相之间的交界面，如液-液、液-气、液-固、气-固、固-固等界面。通常将有气相组成的界面称为表面。界面现象（表面现象）是指在物质相与相之间的界面（表面）上产生的所有物理化学现象。

（一）表面张力

液体表面层分子所受到的周围相邻分子的作用力是不对称的，存在着垂直于表面向内，使表面自动收缩至最小面积的力，即表面张力。这就是液滴趋于球形的原因。

知识链接

表面张力与表面自由能

由于表面张力的存在，表面分子势能高于内部分子，表面分子具有比内部分子多余的能量，称为表面自由能，它与表面积、表面张力成正比。表面自由能不稳定，有自动趋于缩小的趋势，在表面张力不变的情况下，增大的表面积会趋于自动缩小，这也是分散的液滴趋于自动合并、粉末粉碎不能无限进行下去的原因。在药物制剂中，为使被分散的物质均匀细腻常需增大被分散物质的表面积，可以通过减小表面张力来使体系稳定。

（二）表面活性剂

溶液表面张力的大小因溶质不同而改变。如一些无机盐可以使水的表面张力略有增加，一些低级醇则使水的表面张力略有下降，而肥皂和洗衣粉可使水的表面张力显著下降。使液体表面张力下降的作用称为表面活性作用。表面活性剂是指具有表面活性作用,并能使表面张力显著降低的,分子结构中既有亲水基团(极性基)、又有亲油基团(非极性基)的两亲性物质。

二、表面活性剂的分类

表面活性剂按其能否解离,分为离子型、非离子型。离子型表面活性剂又分为阴离子型、阳离子型和两性离子型。表面活性剂的分类见图 6-1。

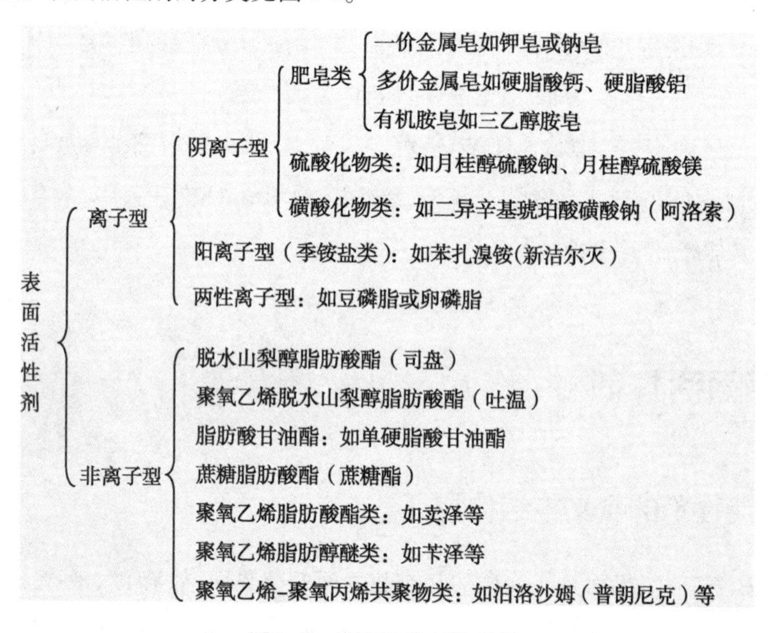

图 6-1 表面活性剂的分类

(一) 阴离子型表面活性剂

阴离子型表面活性剂分子结构中的阴离子具有较强的表面活性作用。

1. 肥皂类 系高级脂肪酸盐,主要有月桂酸、硬脂酸、油酸等高级脂肪酸盐。分为碱金属皂、碱土金属皂、有机胺皂(如三乙醇胺皂)等。其中一价皂一般为 O/W 型乳化剂,二价、多价皂为 W/O 型乳化剂。本类有良好的乳化能力,但易被酸和钙、镁盐破坏。因有刺激性,一般只供外用。

2. 硫酸化物 系硫酸化油和高级脂肪醇硫酸酯类,主要有硫酸化蓖麻油(土耳其红油)、十二烷基硫酸钠(SDS)、月桂醇硫酸钠(SLS)等。本类有较强的乳化能力,主要作为外用软膏 O/W 型乳化剂,也可作片剂等固体制剂的润湿剂或增溶剂。

3. 磺酸化物 系脂肪族磺酸化物、烷基芳基磺酸化物、烷基萘磺酸化物等,主要有琥珀酸二异辛酯磺酸钠(阿洛索-OT)、十二烷基苯磺酸钠、琥珀酸二己酯磺酸钠等。本类渗透力强,易起泡和消泡,去污力好,为优良的洗涤剂。人体内的胆汁酸盐亦属此类,如甘胆酸钠、牛磺胆酸钠等,常作为单脂肪酸甘油酯的增溶剂和胃肠道中脂肪的乳化剂。

(二) 阳离子型表面活性剂

阳离子型表面活性剂分子结构中的阳离子具有较强的表面活性作用。其又称阳性皂,系季铵化物,分子结构的主要部分是一个五价的氮原子,主要有苯扎氯铵(洁尔灭)、苯扎溴铵(新洁尔灭)、氯化苯甲烃铵等。本类有很强的杀菌作用,主要用于皮肤、黏膜、手术器械的消毒,某些品种还可作为抑菌剂用于眼用溶液。

（三）两性离子型表面活性剂

两性离子型表面活性剂分子结构中的阴离子和阳离子均具有较强的表面活性作用。在碱性水溶液中呈现阴离子表面活性剂的性质，起泡性好，去污力强；在酸性水溶液中呈现阳离子型表面活性剂的性质，杀菌作用强。

天然的两性离子型表面活性剂有卵磷脂，其外观呈透明或半透明黄色或黄褐色油脂状，是注射用乳剂和脂质体制备中的主要辅料。合成的两性离子型表面活性剂有氨基酸型和甜菜碱型，其阴离子部分主要是羧酸盐，阳离子部分为胺盐（氨基酸型）或季铵盐（甜菜碱型）。如十二烷基双（氨乙基）-甘氨酸盐酸盐（Tego MHG）为氨基酸型两性离子型表面活性剂，杀菌作用强且毒性比阳离子型表面活性剂小，其1%水溶液的喷雾消毒能力强于相同浓度的苯扎溴铵、洗必泰和70%的乙醇。

（四）非离子型表面活性剂

1. 脂肪酸甘油酯 主要是脂肪酸单甘油酯和脂肪酸二甘油酯。表面活性不强，*HLB* 值为3~4，常作W/O型辅助乳化剂。

2. 蔗糖脂肪酸酯 简称蔗糖酯，属多元醇型非离子表面活性剂，是蔗糖与脂肪酸反应生成的一类化合物，包括单酯、二酯、三酯、多酯。*HLB* 值为5~13，常作O/W型乳化剂和分散剂。

3. 脂肪酸山梨坦 脂肪酸山梨坦系脱水山梨醇脂肪酸酯，商品名司盘（span），根据脂肪酸不同，分为司盘20、司盘40、司盘60、司盘65、司盘80、司盘85等。其外观为白色至黄色的油状液体或蜡状固体，亲油性强，常作W/O型乳化剂。

4. 聚山梨酯 聚山梨酯系聚氧乙烯脱水山梨醇脂肪酸酯，商品名吐温（tween），包括吐温20、吐温40、吐温60、吐温65、吐温80、吐温85等。其外观为黏稠的黄色液体，亲水性强，常作增溶剂、O/W型乳化剂，溶液的pH不会影响其增溶作用。

5. 聚氧乙烯脂肪酸酯 系聚乙二醇和长链脂肪酸缩合生成的酯，商品卖泽（Myrij）是其中的一类。本类水溶性和乳化能力强，常作O/W型乳化剂和增溶剂。

6. 聚氧乙烯脂肪醇醚 系聚乙二醇和脂肪酸缩合生成的醚类，商品苄泽（Brij）是其中的一类。常作O/W型乳化剂和增溶剂。

7. 聚氧乙烯-聚氧丙烯共聚物 系聚氧乙烯与聚氧丙烯聚合而成，又称泊洛沙姆（Poloxamer），商品名普朗尼克（Pluronic）。本类无过敏性，对皮肤、黏膜几乎无刺激，毒性小，有优良的乳化、润湿、分散、起泡、消泡性能，可用作静脉乳剂的O/W型乳化剂。

三、表面活性剂的基本性质

（一）临界胶束浓度

1. 表面吸附 表面活性剂溶于水时，由于其两亲性结构而在水-空气界面产生定向排列，亲水基团朝向水而亲油基团朝向空气。在浓度较低时，表面活性剂基本集中在液体表面形成单分子层，其在表面层的浓度大大高于溶液内的浓度，这种表面活性剂在溶液表面层聚集的现象称为表面吸附。

2. 胶束的形成　随着浓度增加，表面活性剂表面吸附达到饱和后，表面活性剂分子即转入溶液内部，致使表面活性剂分子亲油基团之间相互吸引、缔合而形成胶束，即亲油基团朝内形成疏水碳氢内核、亲水基团朝外形成亲水栅状层，大小在胶体粒子范围（1～100nm）的聚合体。胶束结构有球状、棒状、六角束状、板状或层状等，见图6-2。在非极性溶剂中油溶性表面活性剂亦可形成相似的反向胶束。

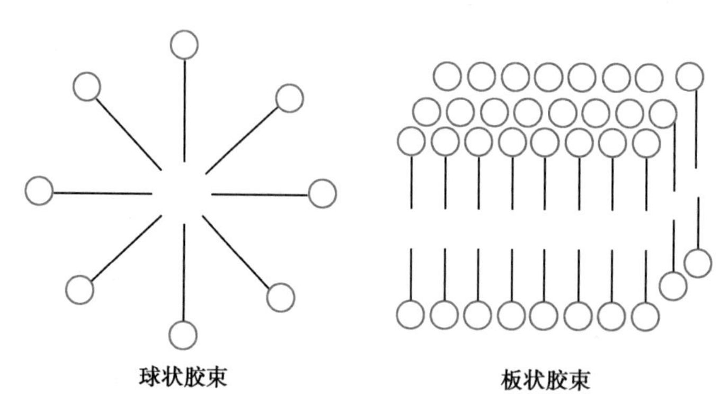

图6-2　胶束形状示意图

3. 临界胶束浓度　表面活性剂分子缔合形成胶束的最低浓度称为临界胶束浓度（critical micell concentration，CMC）。表面活性剂的浓度越高，胶束数量越多。到达临界胶束浓度时，分散系统由真溶液变成胶体溶液，同时会发生表面张力急剧降低、增溶作用增强、起泡性能和去污力加大、渗透压、导电度、密度和黏度等突变，出现丁达尔（Tyndall）现象等。表面活性剂的临界胶束浓度与表面活性剂的化学结构、溶液中加入的电解质与非电解质、pH、温度的不同而改变。

（二）*HLB*值

表面活性剂分子中亲水、亲油基团对水和油的综合亲和力称为亲水亲油平衡值（Hydrophile-Lipophile Balance，HLB）。1949年格里芬（Griffin）提出*HLB*值的概念。他将非离子型表面活性剂亲水性最大的聚氧乙烯二醇基的*HLB*值定为20，将疏水性最大的饱和烷烃基的*HLB*值定为0，所以非离子表面活性剂的*HLB*值为0～20之间。*HLB*值越大，其亲水性越强；*HLB*值越小，其亲油性越强。现在常用表面活性剂的*HLB*值范围为0～40。常用表面活性剂的*HLB*值见表6-2所示。

表6-2　常用表面活性剂的*HLB*值

表面活性剂	*HLB*值	表面活性剂	*HLB*值
二硬脂酸乙二酯	1.5	司盘60	4.7
司盘85	1.8	蔗糖酯	5～13
司盘65	2.1	单油酸二甘酯	6.1
卵磷脂	3	司盘40	6.7
单硬脂酸丙二酯	3.4	阿拉伯胶	8
司盘83	3.7	司盘20	8.6
单硬脂酸甘油酯	3.8	吐温61	9.6
司盘80	4.3	明胶	9.8

续表

表面活性剂	HLB 值	表面活性剂	HLB 值
阿特拉斯 G-917(月桂酸丙二酯)	4.5	吐温 81	10
吐温 65	10.5	卖泽 49(聚氧乙烯硬脂酸酯)	15
吐温 85	11	聚氧乙烯壬烷基酚醚(乳化剂 OP)	15
卖泽 45(聚氧乙烯单硬脂酸酯)	11.1	吐温 40	15.6
聚氧乙烯 400 单硬脂酸酯	11.6	泊洛沙姆 188	16
油酸三乙醇胺	12	卖泽 51	16
聚氧乙烯氢化蓖麻油	12~18	聚氧乙烯月桂醇醚(平平加 O-20)	16
聚氧乙烯烷基酚	12.8	西土马哥(聚氧乙烯十六醇醚)	16.4
西黄蓍胶	13	吐温 20	16.7
聚氧乙烯脂肪醇醚(乳白灵 A)	13	卖泽 52(聚氧乙烯 40 硬脂酸酯)	16.9
聚氧乙烯 400 单月桂酸酯	13.1	苄泽 35(聚氧乙烯月桂醇醚)	16.9
吐温 21	13.3	油酸钠	18
吐温 60	14.9	油酸钾	20
吐温 80	15	十二烷基硫酸钠	25~30

在实际工作中,通常是两种或两种以上表面活性剂合并使用满足制剂的需求。非离子表面活性剂混合后的 *HLB* 值一般可用下式求算:

$$HLB=\frac{HLB_A \times W_A + HLB_B \times W_B}{W_A + W_B} \qquad 式(6\text{-}1)$$

式中 HLB_A、HLB_B 分别表示 A、B 两种表面活性剂的 *HLB* 值,W_A、W_B 表示 A、B 两种表面活性剂的混合比例。

例如,用 45% 司盘 60($HLB=4.7$)和 55% 吐温 60($HLB=14.9$)组成的混合表面活性剂的 *HLB* 值为 10.31。但上式不能用于混合离子型表面活性剂 *HLB* 值的计算。

(三)昙点和克氏点

1. 昙点　某些含聚氧乙烯基的非离子表面活性剂,其溶解度开始随温度上升而加大,到某一温度后其溶解度急剧下降,使溶液变混浊,甚至产生分层,但冷后又可恢复澄明,这种由于温度升高,非离子表面活性剂由澄明变混浊的现象称为起昙,这个转变温度称为昙点(clouding point)。起昙是由于温度升高,聚氧乙烯型非离子表面活性剂的亲水基团中位于外侧的氢原子与水分子形成的氢键断裂,溶解度下降所致,当温度降低至昙点以下时,氢键重新形成增加了其在水中的溶解度,使溶液恢复澄明。

昙点是聚氧乙烯型非离子表面活性剂的特征值。聚合度较低的聚氧乙烯类表面活性剂昙点较低,反之则昙点较高。盐类或碱性物质加入能使表面活性剂的昙点降低。某些表面活性剂由于不纯,可具有双重昙点;但并非所有含聚氧乙烯型表面活性剂均有起昙现象,如泊洛沙姆 188、泊洛沙姆 108,由于其本身溶解度较大,在常压时看不到起昙现象。

2. 克氏点(Krafft point)　离子表面活性剂一般温度升高,溶解度增大,当上升到某温度后,溶解度急剧上升,此温度称为克氏点。克氏点是离子型表面活性剂的特征值,通常也是该表面活性剂应用温度的下限,只有在温度高于 Krafft 点时才能产生更大的作用。如十二烷基磺酸钠的 Krafft 点约为 70℃,故其表面活性在室温时发挥不够充分。

四、表面活性剂的生物学性质

1. 表面活性剂对药物吸收的影响　表面活性剂对药物吸收的影响与表面活性剂的种类、使用浓度等多种因素有关。通常浓度较低的表面活性剂因降低表面张力的作用,能使固体药物与胃肠道体液间的接触角变小,增加药物的润湿性而加速药物的溶解和吸收。但当表面活性剂的浓度增加到临界胶束浓度时,药物被包裹或镶嵌在胶束内如果不易释放,而药物只能以游离的分子形式吸收时,则可降低药物的吸收。表面活性剂有溶解生物膜脂质的作用,可增加上皮细胞的通透性改善药物的吸收,但高浓度的表面活性剂也可能使膜蛋白变性,影响药物的吸收。

部分药物制剂使用表面活性剂促进药物的吸收的应用举例见表 6-3。

表 6-3　使用表面活性剂促进药物的吸收

药物	表面活性剂	药物	表面活性剂
维生素 A	十二烷基硫酸钠	水杨酸胺	去氢胆酸钠
肝素	琥珀酸二异辛酯硫酸钠	核黄素	十二烷基硫酸钠
碘仿	聚山梨酯 80	水杨酸	聚山梨酯 80
酚磺酞	琥珀酸二异辛酯硫酸钠	硫脲	烷基苯磺酸盐

2. 表面活性剂与蛋白质的相互作用　蛋白质分子结构中既含有氨基,又含有羧基,当 pH 在等电点以上,羧基解离带有负电荷,当 pH 在等电点以下,氨基或胍基发生解离而带有正电荷。因此在蛋白质分子带负电或正电的情况下,可分别与阳离子型或阴离子型表面活性剂发生电性结合。此外,表面活性剂还可能破坏蛋白质二维结构中的盐键、氢键和疏水键,从而使蛋白质各残基之间的交联作用减弱,螺旋结构变得无序或受到破坏,最终使蛋白质发生变性。

3. 表面活性剂的毒性　表面活性剂的毒性大小,一般是阳离子型>阴离子型>非离子型,部分表面活性剂半数致死量见表 6-4,从表中可见,表面活性剂用于静脉注射给药比口服给药毒性大,但口服与静脉注射给药之间的毒性无相关性。

表 6-4　部分表面活性剂半数致死量(LD_{50})

品名	类型	口服给药(g/kg)	静脉注射(g/kg)
氧化苯甲烃胺	阳离子型	0.35	0.03
脂肪酸磺酸钠	阴离子型	1.6~6.5	0.06~0.35
聚山梨酯 80	非离子型	25	5.8
普朗尼克 F68	非离子型	15	7.7

离子型表面活性剂不仅毒性大,且有较强的溶血作用,不可注射用。非离子型表面活性剂也有

溶血作用，但一般较小。同类表面活性剂的溶血作用也不同，如聚山梨酯类溶血作用的强弱顺序是聚山梨酯20>聚山梨酯60>聚山梨酯40>聚山梨酯80。目前吐温类表面活性剂仍只用于某些肌肉注射液中。

表面活性剂外用时对皮肤、黏膜有一定的刺激性，非离子表面活性剂的刺激性最小。表面活性剂刺激性的大小与表面活性剂的种类、浓度及聚氧乙烯基的聚合度有关。同类产品中浓度越大，刺激性越强；聚合度越大，亲水性越大，则刺激性越小。

五、表面活性剂在药物制剂中的应用

表面活性剂在药物制剂中可做增溶剂、乳化剂、润湿剂、起泡剂和消泡剂等，用途广泛。表面活性剂 *HLB* 值大小与制剂中的应用见图6-3。

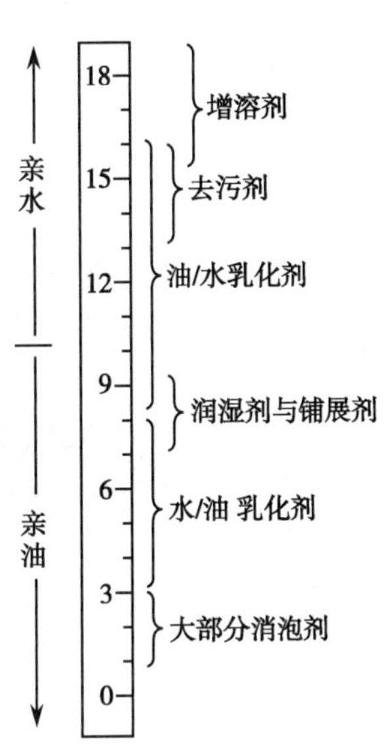

图6-3　不同 *HLB* 值表面活性剂的应用

1. 增溶剂　增溶系因表面活性剂胶束的作用而增大物质溶解度的现象。被增溶的物质称为增溶质。当表面活性剂用量固定、增溶达到平衡时，增溶质的饱和浓度称为该物质的最大增溶浓度；若继续加入增溶质，会导致液体混浊。以水为溶剂，常用作增溶剂的表面活性剂一般 *HLB* 值为15~18。

增溶仅发生在胶束形成的溶液中。根据自身的化学结构，增溶质被增溶的形式主要有3种：①被胶束疏水内核包藏：非极性药物完全进入胶束的疏水中心区内而被增溶，如苯和甲苯的增溶；②定向穿插于胶束中：半极性药物的非极性基团插入胶束的疏水中心区，极性基团伸入球形胶束外缘的亲水栅状层中被增溶，如水杨酸的增溶；③被胶束亲水栅状层吸附或形成氢键：极性药物由于分子两端都有极性基团，可完全被球形胶束外缘亲水栅状层所吸附而增溶；或在含聚氧乙烯的增溶剂中，因药物含较强电负性原子而与聚乙二醇基形成氢键得到增溶，如对羟基苯甲酸的增溶。

表面活性剂增溶作用示意图见图6-4。

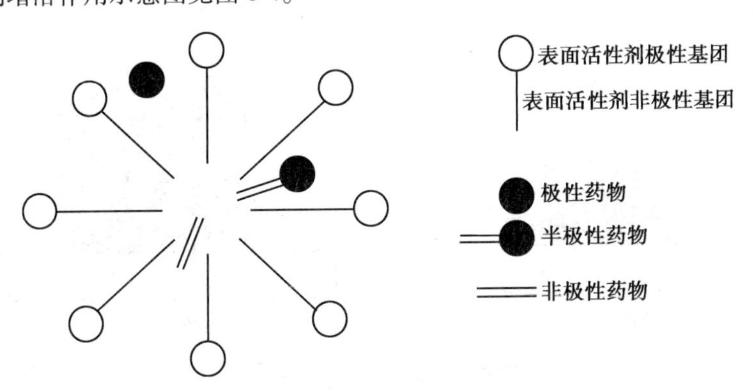

图6-4　表面活性剂增溶作用示意图

为保证最好的增溶效果，使用增溶剂时原则上应先将药物与增溶剂混合后再加水稀释。但当加入一定量的水稀释时，也可能导致溶液发生混浊，这是因为稀释后药物、水及增溶剂三者间比例改变超出可增溶范围。为了保证配制澄明溶液以及在稀释时仍保持澄明,可通过实验制作药物、增溶剂及水的三元相图来确定增溶剂的用量。

2. 乳化剂 两种或两种以上不相混溶的液体因第三种物质的存在,使其中一种液体以细小的液滴分散在另一液体中,这一过程称为乳化。具有乳化作用的物质称为乳化剂。表面活性剂可作为乳剂的乳化剂。表面活性剂能降低油-水界面张力,有利于小液滴呈分散状态从而使乳剂易于形成,同时表面活性剂的分子能在分散相液滴周围定向排列形成保护膜,防止液滴相互碰撞时的聚结合并,从而提高乳剂的稳定性。

表面活性剂的 *HLB* 值可决定乳剂的类型。亲油性强的表面活性剂(*HLB* 值 3~8)通常作为水/油型乳化剂,亲水性强的表面活性剂(*HLB* 值 8~18)通常为油/水型乳化剂。乳化不同种类的油相所需的乳化剂的 *HLB* 值也有不同,乳化各种油所需 *HLB* 值见表 6-5。欲制成稳定的乳剂,需通过实验选择 *HLB* 值适宜的表面活性剂。

表 6-5 乳化各种油所需 *HLB* 值

油相物质	水/油型	油/水型	油相物质	水/油型	油/水型
硬脂酸	—	17	棉籽油	—	7.5
鲸蜡醇	—	13	植物油	—	7~12
羊毛脂	8	15	芳香挥发油	—	9~16
液状石蜡(重质)	4	10.5	凡士林	4	10.5
液状石蜡(轻质)	4	10~12	蜂蜡	5	10~16
有机硅化合物	—	10.5	石蜡	4	9

3. 润湿剂 润湿是指液体在固体表面铺展或渗透的黏附现象,润湿示意图见图 6-5。促进液体在固体表面铺展或渗透的表面活性剂称为润湿剂。表面活性剂可降低固体药物和润湿液体之间的界面张力,使液体能黏附于固体表面并在固-液界面上定向排列,排除固体表面所吸附的气体,降低润湿液体与固体表面间的接触角,使固体被润湿。作为润湿剂的表面活性剂,分子中的亲水基与亲油基应该具有适宜的平衡,其 *HLB* 值一般在 7~9 并应有合适的溶解度。

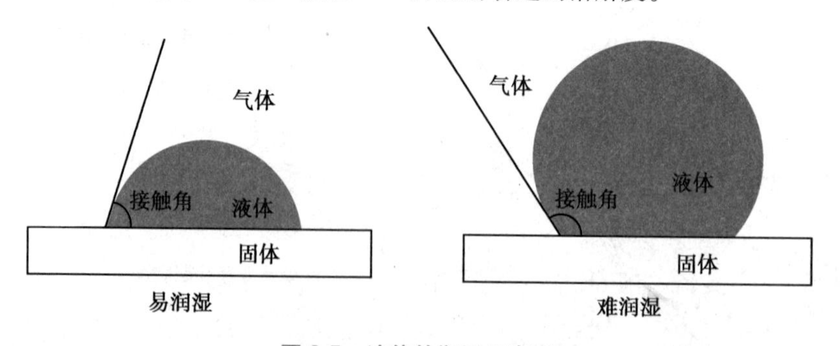

图 6-5 液体的润湿示意图

4. 起泡剂和消泡剂 泡沫层是很薄的薄膜包围着气体,属于气体分散在液体中的分散系统。一些含有表面活性剂的溶液搅拌时能产生大量泡沫;一些能发生泡沫的系统,在加入表面活性剂后,泡沫能维持长时间稳定。有发生泡沫作用和稳定泡沫作用的表面活性剂分别称为起泡剂和稳泡剂。

这是由于亲水性较强的表面活性剂吸附在液-气表面，降低了液体表面张力，增加液体黏度，因而使泡沫形成并稳定。皮肤、黏膜给药的制剂中可加入起泡剂和稳泡剂，通过产生持久稳定的泡沫，使药物在用药部位均匀分散且不易流失。

有些中药水浸出液，因含有天然两亲物质如皂苷、蛋白质、树胶等高分子化合物，在蒸发浓缩或剧烈搅拌时，产生大量泡沫，给操作带来许多困难。可加入少量的豆油、硅酮及含5~6个碳原子的醇或醚等。这些物质表面活性大，可吸附在泡沫表面上，顶走原来的起泡剂，同时由于其本身碳链短不能形成坚固的液膜，使泡沫迅速破坏。能使原来泡沫破坏消失的表面活性剂称为消泡剂，*HLB* 值为1.5~3。

课堂活动

表面活性剂还可作去污剂，根据表面活性剂在药剂中的应用，试分析在去除污垢的过程中，表面活性剂起了哪些作用?

5. 消毒剂和杀菌剂　多数阳离子型表面活性剂和两性离子型表面活性剂都可用作消毒剂。该类表面活性剂强烈作用于细菌生物膜上的蛋白质，使之变性或破坏而达到消毒和杀菌作用。如苯扎溴铵为一种常用广谱杀菌剂，皮肤消毒、局部湿敷和器械消毒分别用其0.5%醇溶液，0.02%水溶液和0.05%水溶液(含0.5%亚硝酸钠)。

点滴积累

1. 表面活性剂是指具有表面活性作用，并能使表面张力显著降低的，分子结构中既有亲水基团（极性基）、又有亲油基团（非极性基）的两亲性物质。
2. 表面活性剂按其能否解离，分为离子型、非离子型。 离子型表面活性剂又分为阴离子型、阳离子型和两性离子型。
3. 表面活性剂分子缔合形成胶束的最低浓度称为临界胶束浓度（CMC），到达临界胶束浓度时，分散系统由真溶液变成胶体溶液，性质会发生突变。
4. 起昙是指某些含聚氧乙烯基的非离子表面活性剂，由于温度升高，非离子表面活性剂由澄明变混浊的现象，这个转变温度称为昙点。
5. 表面活性剂分子中亲水、亲油基团对油或水的综合亲和力称为亲水亲油平衡值，*HLB* 值越大，其亲水性越强，现在常用表面活性剂的 *HLB* 值范围为0~40，在药物制剂中，一般 *HLB* 值15~18可做增溶剂、*HLB* 值3~8可作W/O型乳化剂、*HLB* 值8~18可作O/W型乳化剂，*HLB* 值7~9可做润湿剂等。

任务三　真溶液型液体制剂

一、概述

1. 真溶液型液体制剂含义　真溶液型液体制剂即溶液型液体药剂，系指药物以小分子或离子

（直径在 1nm 以下）状态分散在溶剂中所形成的液体药剂，可供内服或外用。

2. 真溶液型液体制剂的特点　溶液型液体药剂属于单相分散体系，药物分散均匀、澄明，并能通过半透膜。药物的分散度大，其总表面积与机体的接触面积大，口服后药物能较好地吸收，故其作用和疗效比同一浓度药物的混悬液或乳浊液快而高。因分散度大，药物化学活性也随之增高，特别是某些药物的水溶液很不稳定，所以在制备溶液型液体药剂时，应注意药物的稳定性和防腐问题。

3. 增加药物溶解度的方法　生产中可能会遇到有效浓度与溶解度的矛盾，如碘在水中的溶解度是 1∶2950，而作为甲状腺功能亢进辅助治疗药物的复方碘口服液的浓度要求达到 4.5%~5.5%。对溶解度小、溶解速度慢，临床上要求只能制成溶液型液体制剂的难溶性药物，可采取适当措施增大溶解度以达到有效治疗浓度，增大溶解速度提高生产效率。增加药物溶解度的制剂学方法有以下几种：

（1）制成盐类：将碱性药物加酸（常用盐酸、硫酸、磷酸、氢溴酸、硝酸等）或将酸性药物加碱（常用氢氧化钠、氢氧化氨、碳酸钠等）制成盐，成为离子型极性化合物，其溶解度大大地增加。如盐酸普鲁卡因、盐酸麻黄碱、磺胺嘧啶钠等。具体的操作方法有 2 种：①将药物直接制成盐投料，再溶解，这种方法通常在原料生产企业中实施；②以有机酸或有机碱投料，通过调节 pH 以促进药物在碱性或酸性溶液中的溶解，这种方法在制剂生产中经常使用。调节 pH 时，除考虑溶解度以外，还要考虑稳定性、安全性以及生理适应性，选用不同酸碱成盐后其药理作用、稳定性、刺激性、毒性等可能发生变化。

（2）更换溶剂或选用混合溶剂：根据“相似相溶”规律，选择与药物极性程度相似的溶剂或复合溶剂。如樟脑不溶于水，而溶于醇、脂肪油等，故不宜制成樟脑水溶液，而制成樟脑醑或樟脑搽剂；氯霉素在水中的溶解度仅 0.25%，若采用水中含有 25%乙醇、55%甘油的混合溶剂，则可制成 12.5%氯霉素溶液。

药物在混合溶剂中的溶解度除了与溶剂种类有关外，还和各溶剂的比例有关。在混合溶剂中各溶剂在某一比例时，药物的溶解度出现极大值，这种现象称为潜溶，该比例混合溶剂称为潜溶剂。如苯巴比妥在 90%的乙醇中有最大溶解度。

（3）加入助溶剂：在药物中加入第三种物质，通过形成配位化合物、有机分子复合物、缔合物和复盐等而增加药物溶解度的方法叫助溶，加入的第三种物质叫助溶剂。如咖啡因与苯甲酸钠形成分子复合物苯甲酸钠咖啡因，溶解度由 1∶50 增大到 1∶1.2。

常用的助溶剂可分为三类：①无机化合物，如碘化钾、氯化钠等；②有机酸及其钠盐，如苯甲酸钠、水杨酸钠、对氨基苯甲酸钠等；③酰胺化合物，如乌拉坦、尿素、烟酰胺、乙酰胺等。

（4）使用增溶剂：增溶是指因表面活性剂形成胶束后增加难溶物质在溶剂中的溶解度的过程。具有增溶能力的表面活性剂称增溶剂，被增溶的物质称为增溶质。表面活性剂的相关内容见本项目任务二表面活性剂。外用液体制剂的增溶剂可以选择一价金属皂如硬脂酸钠、油酸钠、油酸钾等。内服液体制剂的增溶剂常用吐温类。

二、常见的溶液型液体制剂

（一）溶液剂

1. 概述　溶液剂系指非挥发性药物（氨除外）的澄明溶液，可供内服或外用。溶剂多为水，少数以乙醇或油为溶剂。如复方碘口服溶液、硝酸甘油乙醇溶液、维生素 D 油溶液等。溶液剂应澄清、不得有沉淀、浑浊、异物等。溶液剂具有以下特点:①给药途径广泛;②分散度大,吸收快,疗效高;③以量取代替称取,取用方便;④可控制药物浓度,降低药物的刺激性,并且剂量准确,因而特别适用于小剂量、毒性大、刺激性大的药物。为了便于调配处方,易溶性药物溶液剂亦可制成高浓度的贮备液(倍液),供临床调配应用。

2. 溶液剂的制备 溶液剂的制备方法有三种,即溶解法、稀释法和化学反应法。

(1)溶解法:溶解法应用广泛,包括称量、溶解、过滤、定量等步骤。制备时,一般将药物用溶剂总体积的 2/3~3/4 溶解,过滤,再自滤器上添加溶剂至全量,搅匀,即得。

溶解法制备过程中应注意以下几点:①投料顺序:当处方中存在多个固体物料时,应遵循"难溶先溶、附加剂先溶、特殊药品先溶"的原则,一些用量较少的特殊药品,如毒药、麻醉药品等应先加入溶解,含有挥发性成分的液体药物最后加入;②加入方向:含醇制剂与水性制剂混合时,通常应将醇溶液加至水液中,并慢加快搅;③混合方式:高浓度盐液与高浓度醇液混合时应"先稀释,后混合",目的是防止混合时由于溶剂的改变而导致混合液析出沉淀,影响质量;④加入分散剂:挥发油类药物配制饱和溶液(如芳香水剂)时,由于油在水中不易分散,可酌加分散剂(如滑石粉)用力振摇以加速溶解;⑤器具干燥:非水溶剂需器具干燥。溶剂为植物油、液状石蜡、乙醇时,容器及用具等器材均应干燥,以免制品中混入水而浑浊。

(2)稀释法:系将高浓度溶液或易溶性药物的浓贮备液稀释至治疗浓度范围内的方法。稀释时应注意单位换算。例如,工厂生产的过氧化氢溶液浓度为 30%(m/V),而常用浓度为 2.5%~3.5%(m/V)。

(3)化学反应法:本法适用于原料药物缺乏或不符合医疗要求的情况,此时可将两种或两种以上的药物配伍在一起,经过化学反应而生成所需药物的溶液。

(二)糖浆剂

1. 概述 糖浆剂是指含有药物、药材提取物或芳香物质的浓蔗糖水溶液。蔗糖浓度应不低于 65%(m/V),高浓度的蔗糖能起到高渗防腐的作用,若含糖量降低,因蔗糖的营养作用,则更容易滋生微生物,需加防腐剂。糖浆剂分为:①单糖浆:为纯蔗糖的饱和水溶液,主要用于矫味,有时也作助悬剂;②芳香糖浆:含有挥发油和芳香性物质,如橙皮糖浆,主要用于矫味,有时也有治疗作用;③含药糖浆:如枸橼酸哌嗪糖浆、驱蛔灵糖浆等,主要用于治疗作用。

除另有规定外,糖浆剂应澄清,在贮存期间不得有发霉、酸败、异物、变色、产生气体或其他变质现象,允许有少量轻摇易散的沉淀。糖浆剂应装于清洁、干燥、灭菌的密闭容器中,宜密封置阴凉处贮存。

课堂活动

糖浆剂为何要规定蔗糖浓度?

2. 糖浆剂的制备 糖浆剂常用的制备方法有热溶法、冷溶法和混合法等。制备糖浆剂时应注意以下几点:①环境应符合生产净化要求,所用的容器、用具应洁净、必要时灭菌处理,并及时灌装;②应选择药用白糖,不能选用食用糖,因食用糖含杂质多,且易吸潮、长霉;③糖浆剂应在 30℃ 以下密闭贮藏。

知识链接

蔗糖的转化

蔗糖为双糖，在加热，特别在酸性条件下，易水解成葡萄糖和果糖，俗称转化糖。转化糖具有还原性，可延缓某些易氧化药物的变质，但转化糖含量过高时制剂的颜色变暗且更容易发酵。因此，严格控制加热的温度、时间，并注意调节 pH，以防止蔗糖水解后生成转化糖。

(1)热熔法:将适量纯化水加热煮沸后,加入规定量的蔗糖搅拌溶解,再加入其他药物搅拌溶解、保温过滤,自滤器上加适量新沸过的纯化水至全药,搅匀即得。此法适用于制备有效成分对热稳定的糖浆剂。其优点是易溶、易滤、易存。加热能加快溶解,在加热过程中蛋白质凝固并吸附杂质,过滤可除去之;同时,加热能杀死微生物和酶类,提高产品稳定性;溶解后黏度降低,宜趁热保温过滤。加热时,要注意掌握加热时间和温度,最好在水浴或蒸气浴上进行,以避免蔗糖焦化或转化,大量生产时采用装以适当的搅拌器蒸气夹层锅,过滤可用板框压滤机。

(2)冷溶法:将蔗糖溶于冷水或含药的溶液中制成糖浆剂。此法适用于对热不稳定或挥发性药物。制得的糖浆色泽较浅,但制备所需时间较长,在生产过程容易污染微生物。

(3)混合法:系将药物或中药材提取物与单糖浆均匀混合。此种方法适合于制备有效成分对热不稳定的含药糖浆。特点是灵活、简便、应用广泛。混合时应根据药物状态和性质,采用适当的方法加入药物:①水溶性固体药物或药材提取物,可先用少量纯化水使其溶解再与单糖浆混合;水中溶解度较小的药物可酌情加少量其他适宜的溶剂使之溶解,再加入单糖浆中搅拌均匀。②药物的液体制剂和可溶性液体药物可直接加入单糖浆中搅匀,必要时过滤。③药物如为含醇制剂,当与单糖浆混合易发生混浊时,可加入适量甘油助溶或加滑石粉助滤,滤至澄清。④药物如为水性浸出药剂,应净化除杂后再加入单糖浆中,以免糖浆剂产生混浊或沉淀。⑤药物为中药材,须经浸出、纯化、浓缩至适当浓度,再加入单糖浆中。

(三)甘油剂

甘油剂为药物的甘油溶液,含有不低于50%(*W/W*)甘油,专供外用,常用于耳、鼻、喉科疾患。甘油具有黏稠性、防腐性和吸湿性,对皮肤黏膜有滋润作用,能使药物滞留于患处延长药物局部疗效。甘油对硼酸、鞣质、苯酚和碘等有较大的溶解度,并能缓和某些药物的刺激性,故常用于黏膜制剂。甘油引湿性较大,应密闭保存。甘油剂的制备主要有溶解法和化学反应法,操作中应注意器具干燥。

(四)芳香水剂

芳香水剂系指芳香挥发性药物(多为挥发油)的饱和或近饱和水溶液。芳香性植物药材用蒸馏法制成的含芳香性成分的澄明溶液亦称露剂、药露。芳香水剂应具有与原药材相同的气味,不得有异臭、沉淀或杂质等。一般供作矫味剂,也有用于治疗,因用量大,一般不加防腐剂。芳香水剂中的挥发性成分大多容易分解变质失去原味,且易霉败,所以芳香水剂不宜大量配制和久贮。

芳香水剂的制法因原料不同而异。含挥发成分的植物药材多用水蒸气蒸馏法，纯净的挥发油或化学药物多用溶解法、稀释法。因挥发油难溶于水，浓度一般在0.05%左右，可采取振摇溶解法或加分散剂溶解法，溶解时可采取强力振摇或者加分散剂（如滑石粉等）共研以增大挥发油与水的接触面，从而加速溶解，加入的分散剂在过滤时也可起到助滤剂作用；也可采取增溶法，制备时挥发油先与增溶剂混匀，再加水溶解。

（五）醑剂

醑剂系指挥发性药物的乙醇溶液，可供外用或内服。醑剂一般作芳香矫味剂用，如复方橙皮醑、薄荷醑等；也可用于治疗，如芳香氨醑。凡用于制备芳香水剂的药物一般都可以制成醑剂。由于挥发性药物在乙醇中的溶解度较大，故醑剂的浓度比芳香水剂大得多，一般为5%～20%，可用醑剂稀释制备芳香水剂。醑剂中乙醇的浓度一般为60%～90%。

醑剂的制备中应注意器具干燥。主要有溶解法和化学反应法，醑剂与水性制剂混合时易析出溶质出现浑浊，应采用慢加快搅的形式，将醑剂加入到水性制剂中。

（六）酏剂

酏剂是一种澄明、味甜、含有调味香料和乙醇的口服液体。主要以水、乙醇为溶媒，有时加入甘油、山梨醇或糖浆作为辅助溶剂或甜味剂。酏剂与醑剂的区别在于酏剂中的含醇量相对较低，且含有较多的甜味剂。这种剂型国内较少，而国外使用较多。

三、制备举例

ER-6-1

制备复方碘溶液的示范操作

1. 复方碘溶液（卢戈液）

【处方】 碘　50g　碘化钾　100g

纯化水　适量　共制　1000ml

【制法】 取碘化钾，加少量纯化水溶解后，加碘搅拌溶解，再加适量的纯化水使成1000ml，搅匀，即得。

【用途】 调节甲状腺功能，主要用于甲状腺功能亢进的辅助治疗，外用作黏膜消毒药。

【处方分析】 处方中碘化钾起助溶剂和稳定剂作用，因碘具有挥发性又难溶于水（1∶2950），碘化钾可与碘生成易溶性络合物而溶解，并且此络合物可减少碘的刺激性和挥发性。其反应式为：$I_2 + KI = KI \cdot I_2$

【注意事项】 ①在制备时，为加快碘的溶解，宜先将碘化钾加适量纯化水（1∶1）配成近饱和溶液，然后再加碘溶解；②本品内服时，应以5～10倍的水稀释后服用，以减少对黏膜的刺激性，对碘过敏者禁用；③碘溶液具氧化性，应贮存于密闭玻璃塞瓶内，不得直接与软木塞、橡胶塞及金属塞接触，为避免被腐蚀，可加一层玻璃纸衬垫。

2. 单糖浆

【处方】 蔗糖　850g　纯化水　适量

共制　1000ml

【制法】 取纯化水450ml煮沸，加蔗糖搅拌溶解后，继续加热至溶液澄明，用脱脂棉层过滤，自滤器上添加适量的热纯化水，使其冷至室温时为1000ml，搅匀，即得。

【用途】 作矫味剂或赋形剂用。

【注意事项】 ①本品为蔗糖的近饱和水溶液，为无色或淡黄白色的黏稠液体，相对密度应不低于1.30；②糖浆的浓度是依相对密度来控制的，故在煮沸时应随时抽样测定相对密度，一般刚取出热糖浆温度在90℃以上，相对密应为1.280，冷至25℃时相对密度应为1.313。

3. 樟脑醑

【处方】 樟脑　100g　　乙醇　适量

共制　1000ml

【制法】 取樟脑，加乙醇约800ml溶解后过滤，在自滤器上添加乙醇使成1000ml，搅匀，即得。

【用途】 局部刺激药，外用，局部涂搽。适用于神经痛、关节痛、肌肉痛及未破冻疮等。

【注意事项】 ①本品为无色澄明液体，有特异芳香，味苦而辛，并有清凉感；②本品含醇量应为80%~87%；③本品遇水易析出结晶，所用器材及包装材料均应干燥。

点滴积累

1. 真溶液型液体制剂即溶液型液体药剂，系指药物以小分子或离子（直径在1nm以下）状态分散在溶剂中所形成的液体药剂，可供内服或外用。
2. 根据溶质和溶剂的不同，常用的有溶液剂、糖浆剂、甘油剂、芳香水剂和醑剂等。
3. 对溶解度小、溶解缓慢，临床上要求只能溶液型液体制剂的难溶性药物，可根据药物的性质不同，采取制成盐类、更换溶剂或选用混合溶剂、加入助溶剂、使用增溶剂等措施增大溶解度以达到有效治疗浓度。
4. 溶液剂的制备方法有三种，即溶解法、稀释法和化学反应法。采用溶解法应注意药物加入顺序和方法；糖浆剂的制备方法有热溶法、冷溶法和混合法等；若用非水溶剂，则应注意器具干燥。

任务四　胶体溶液型液体制剂

一、概述

胶体溶液型液体制剂系指具有胶体微粒的固体药物或高分子化合物分散在溶剂中的液体药剂。外观与溶液剂相似，分散相直径在1~100nm之间。胶体型液体制剂所用的分散媒大多数为水，少数为非水溶剂，如乙醇、丙酮等。按分散相与溶剂之间的亲和力不同，分为亲液胶体与疏液胶体，水为最常用的溶剂，所以一般又称亲水胶体与疏水胶体。亲水胶体又称为高分子溶液剂，为高分子化合物的单分子分散于溶剂中形成的单相分散体系，如胃蛋白酶合剂等；疏水胶体又称为溶胶剂，为多个小分子聚结成胶粒分散于分散溶媒中形成的多相分散体系，如氢氧化铝溶胶等。表面活性剂形成的缔合胶束，也属于胶体分散系统。

二、高分子溶液剂

（一）高分子溶液剂的含义

高分子溶液剂系指高分子化合物溶解于溶剂中形成的均匀分散的液体制剂，属于热力学稳定系统。以水为溶剂时，称为亲水性高分子溶液，又称为亲水胶体溶液或称胶浆剂，在药剂中应用较多。胶浆剂本身无较大的治疗功效，但有一定的黏稠性及保护作用，在药剂生产中常用作黏合剂、乳化剂、助悬剂等附加剂。胶浆剂容易发霉变质，可加入适量羟苯酯类作防腐剂，但不宜大量调配。医院临床工作中，常在胶浆内加入适宜的电解质或某种药物制成供临床诊断或治疗用的辅助剂，如心电图导电胶。

（二）高分子溶液剂的性质

1. 带电性 高分子化合物结构中的某些基团在水溶液中可因解离而带正电或带负电。带正电荷的为正胶体，带负电荷的为负胶体。带正电荷的高分子水溶液有琼脂、明胶、血红蛋白、碱性染料等；带负电荷的有淀粉、阿拉伯胶、西黄蓍胶、鞣酸、树脂及酸性染料等。一些高分子化合物所带电荷受溶液 pH 的影响。如蛋白质分子中含有羧基与氨基，当溶液的 pH>等电点时，蛋白质带负电荷，pH<等电点时，蛋白质带正电荷。在等电点时，高分子化合物不带电，这时，高分子溶液的许多性质发生变化，如黏度、渗透压、溶解度、导电性都变为最小值。高分子化合物在溶液中荷电，所以有电泳现象，用电泳法可测得高分子化合物所带电荷的种类。

2. 过滤性 高分子溶液能透过滤纸，不能透过半透膜，提纯高分子溶液可用透析方法除去其中的电解质，但因润湿的滤纸带负电荷可吸附正胶体，因此高分子溶液过滤时应注意电荷吸附问题。

3. 渗透压大 高分子溶液有较高的渗透压，渗透压的大小与高分子溶液的浓度有关。浓度越大，渗透压越高，临床应用有血浆代用液如右旋糖酐等。

4. 黏度大 高分子溶液是黏稠性流动液体，因此也常用作助悬剂、增稠剂、黏合剂。通过测定高分子溶液的黏度，可以确定高分子化合物的分子量。

（三）高分子溶液剂的稳定性

水化膜是高分子溶液稳定的主要因素，高分子化合物含有大量亲水基团，能与水形成牢固的水化膜，可阻止高分子化合物分子之间的相互凝聚，对高分子化合物的稳定性起重要作用。电荷因素是高分子溶液稳定的次要因素，高分子质点因带有电荷，同电相斥作用对其稳定性也有一定的影响，但对高分子溶液来说，电荷对其稳定性并不像对疏水胶体那么重要，当向高分子溶液中加入少量电解质时，不会由于反离子的作用而引起凝聚，长期透析也不影响其稳定性。但若破坏其水化膜，则会发生凝聚而引起沉淀。如：①盐析作用，加入大量电解质时由于电解质强烈的水化作用，夺去了高分子质点水化膜的水分而使其沉淀，这一过程称为盐析，在制备生化制品时经常使用；②加入脱水剂，如强亲水性的乙醇、丙酮，使其失去水化膜而产生沉淀，在制备高分子物质如右旋糖酐、羧甲基淀粉钠等，都是利用加入大量乙醇的方法，使它们失去水化膜而沉淀。

（四）高分子溶液剂的制备

高分子化合物的溶解与低分子化合物不同，要经过溶胀过程，包括有限溶胀和无限溶胀。

1. 有限溶胀与无限溶胀 有限溶胀是指水分子钻到高分子化合物分子间的空隙中去，与其亲水性基团发生水化作用而使其体积胀大的过程，有限溶胀需要先充分进行。无限溶胀是指当高分子化合物分子间的空隙里充满了水分子，降低了分子间的范德华力，使之不断溶胀，最后高分子化合物完全以分子状态分散在水中，形成亲水胶体溶液的过程，无限溶胀过程往往需借助搅拌或加热来加速完成。

2. 操作要点 具体操作可因原料状态不同有所差别：①粉末状原料：选择大口盛器，先加水，再撒粉于水面，令其充分吸水膨胀，最后略加振摇即可均匀溶解，如胃蛋白酶。也可将原料置于干燥的盛器内，先加少量乙醇或甘油使其均匀润湿，然后加大量水振摇使溶。操作时切忌直接将水加到粉末中，这样会表面黏结成团使水很难透入团块中心，有限溶胀无法充分进行，导致很难制成均匀的溶液。②片状、块状原料：先粉碎成细粒，加少量水放置，令其充分吸水膨胀，然后加足热水，并加热溶解，如明胶、琼脂。

三、溶胶剂

（一）溶胶剂的含义

溶胶剂系指固体药物细微粒子分散在水中形成的非均匀分散的液体制剂，又称疏水胶体溶液。与溶液一样透明，可微呈乳光，是一种高度分散的热力学不稳定体系。将药物分散成溶胶状态，它们的药效会出现显著的变化，目前溶胶剂直接应用很少，通常是使用经亲水胶体保护的溶胶制剂，如氧化银溶胶就是被蛋白质保护而制成的制剂，用做眼、鼻收敛杀菌药。

（二）溶胶剂的性质

1. 光学性质 当强光线通过溶胶剂时，从侧面入射光的垂直方向可见一个发亮的圆锥光柱，称为丁达尔（Tyndall）效应。这是由于胶粒粒度小于自然光波长引起光散射所致，这也是判断是否为胶体溶液的简便方法。低分子真溶液主要是透射光，初分散的混悬液粒径大形成反射光，故都看不到丁达尔效应。

2. 电学性质 溶胶剂中的胶粒因解离或吸附介质中的离子而荷正电或荷负电。胶粒或微粒表面的电荷称为吸附层，由于静电力的作用，在其周围介质中形成一个具有反离子的扩散层，形成双电层结构，胶粒的吸附层与扩散层带有相反的电荷，并有电位差存在，当胶粒与介质相对移动时才可显示出这一电位差，称为动电位或 ζ 电位，ζ 电位越高，微粒间斥力越大，溶胶越稳定。

3. 动力学性质 布朗运动是由于胶粒受溶剂水分子不规则的撞击产生，能克服重力作用使胶粒不下沉，使其具有动力学稳定性。胶粒粒径越小，布朗运动越明显。当粒径大小超出了胶体分散体系的范围，质点本身的布朗运动不足以克服重力作用，而从分散媒中析出沉淀的现象称为聚沉。溶胶聚沉后往往不能恢复原态。

（三）溶胶剂的稳定性

电荷因素是溶胶剂稳定的主要因素。溶胶剂微粒双电层之间的 ζ 电位越高，微粒间斥力越大，溶胶越稳定。由于胶粒荷电而具有的水化膜,在一定程度上也增加了溶胶剂的稳定性,但仅起次要作用。溶胶剂对电解质极其敏感,将少量带相反电荷的溶胶或电解质加入到溶胶剂中,由于电荷被中和使 ζ 电位降低,同时又减少了水化层,可使溶胶剂产生凝聚、沉降。保护胶体是指向溶胶剂中加入天然的或合成的亲水性高分子溶液,使溶胶剂具有亲水胶体的性质而增加其稳定性。

(四)溶胶剂的制备

溶胶剂常用的方法有分散法与凝聚法。

1. 分散法 系采用一定的物理化学方法将药物的粗大粒子分散成溶胶粒子大小的方法。

(1)机械分散法:常采用胶体磨进行制备,将药物、分散介质、稳定剂等加入胶体磨中,经过旋转体与固定体之间的狭小缝隙研磨后经排出口流出。旋转体与固定体之间的狭小缝隙可按需要进行调节。胶体磨的转速可达 10 000r/min。

(2)超声波分散法:用 20 000Hz 以上超声波所产生的能量使分散粒子分散成溶胶剂的方法。

(3)胶溶法:加入一种称为胶溶剂的稳定剂,使新沉淀重新分散成胶体的方法称为胶溶法。如 $Fe(OH)_3$ 沉淀中加入少量 HCl,经搅拌后,形成 $Fe(OH)_3$ 溶胶。胶溶作用对那些疏松、新鲜的沉淀效果较佳,而对陈老结块的沉淀效果差。

2. 凝聚法 系利用物理条件的改变或化学反应使分子或离子分散的物质,结合成胶体粒子的方法。

(1)物理凝聚法:常用的有更换溶剂法,改变分散介质的性质使已溶解的药物因溶解度减低而凝聚成溶胶。如将硫磺溶于乙醇中制成饱和溶液,过滤,将滤液以细流加入水中,边加边搅拌,因硫磺在水中溶解度小,迅速析出硫磺,凝聚形成胶粒而分散于水中。

(2)化学凝聚法:系借助于氧化、还原、水解、复分解等化学反应,制备溶胶。如硫代硫酸钠溶液与稀盐酸作用,产生新生态硫分散于水中,形成溶胶,且具有很强的杀菌作用。

采用凝聚法,控制胶粒的大小是个关键。为此,除了加稳定剂外,还应控制凝聚过程中温度、浓度(采用稀溶液),注意溶液的加入顺序,并且慢加快搅。

四、制备举例

制备 CMC-Na 胶浆的示范操作

1. 羧甲基纤维素钠胶浆

【处方】 羧甲基纤维素钠	25g	甘油	300ml
羟苯乙酯溶液(5%)	20ml	香精	适量
纯化水	适量	共制	1000ml

【制法】 取羧甲基纤维素钠分次加入到 500ml 热纯化水中,轻加搅拌使其溶解,然后加入甘油、羟苯乙酯溶液(5%)、香精,最后添加纯化水至 1000ml,搅匀,即得。

【用途】 本品为润滑剂。用于腔道、器械检查或查肛时起润滑作用。

【注意事项】 ①羧甲基纤维素钠为白色纤维状粉末或颗粒,无臭,在冷、热水中均能溶解,但在冷水中溶解缓慢,不溶于一般有机溶剂;②羧甲基纤维素钠遇阳离子型药物及碱土金属、重金属盐能发生沉淀,故不能采用季铵类和汞类防腐剂;③羧甲基纤维素钠在 pH 5~7 时黏度最高,当 pH 低于 5

或高于10时黏度迅速下降，一般调节pH为6~8为宜；④甘油可起保湿、增稠和润滑作用。

2. 心电图导电胶

【处方】 氯化钠　180g　淀粉　100g
甘油　200g　羟苯乙酯溶液（5%）　6ml
纯化水　适量　共制　1000ml

【制法】 取氯化钠溶于适量水中，加入羟苯乙酯溶液（5%）加热至沸；另取淀粉用少量冷水调匀，将上述氯化钠溶液趁热缓缓加入制成糊状，加入甘油，再加水使成1000ml，搅匀即得。

【用途】 供心电图及脑电图检查时电极导电用，局部涂擦。

【注意事项】 本品为具流动性的无色黏稠液体。应密闭保存。

点滴积累

1. 胶体溶液型液体药剂包括高分子溶液剂和溶胶剂，外观与溶液剂相似，分散相直径在1~100nm之间。
2. 高分子溶液剂系指高分子化合物溶解于溶剂中形成的均匀分散的液体制剂，属于热力学稳定系统，高分子溶液的稳定性主要是由高分子化合物形成的水化膜。
3. 高分子化合物的溶解要经过溶胀过程，包括有限溶胀和无限溶胀（溶解）。
4. 溶胶剂系指固体药物细微粒子分散在水中形成的非均匀分散的液体制剂，又称疏水胶体溶液。与溶液一样透明，可微呈乳光，是一种高度分散的热力学不稳定体系。
5. 溶胶剂具有丁达尔现象，因有布朗运动，属于动力学稳定体系。
6. 溶胶剂常用的制备方法有分散法与凝聚法。

任务五　混悬剂

一、概述

（一）混悬剂的含义

混悬液型液体制剂系指难溶性固体药物以微粒状态分散于液体分散介质中形成的非均相液体药剂，亦称为混悬剂。它属于粗分散体系，分散相微粒的大小一般在0.1~10μm之间，也有50μm或更大。混悬剂的分散介质大多数为水，也有植物油。干混悬剂是按混悬剂的要求将难溶性固体药物与适宜辅料制成粉状物或颗粒状制剂，临用时加水振摇即可分散成混悬液，如头孢氨苄干混悬剂等，其优点是可简化包装，便于贮存和携带，并可提高制剂稳定性。

（二）混悬剂的质量要求与应用

混悬液型液体药剂的质量要求是：①混悬微粒细微均匀，微粒大小应符合该剂型和临床的要求。②混悬微粒沉降缓慢，沉降后不结块，稍加振摇后应迅速分散，以保证分剂量准确；口服混悬剂（包括干混悬剂）沉降体积比应不低于0.90。③黏稠度适宜，便于倾倒且不沾瓶壁；外用混悬剂应易于涂展，不易流散，干后能形成保护膜。④色、香、味适宜，药效稳定，不得霉败，标签上应注明“用前摇匀”。

在药物制剂生产中一般下列情况可考虑制成混悬剂：①不溶性药物需制成液体剂型应用；②药物的使用浓度超过了溶解度而不能制成溶液剂；③两种溶液混合时药物的溶解度降低或产生难溶性化合物；④为了产生长效作用等。但为了安全起见，毒性药物或剂量小的药物，一般不应制成混悬剂使用。

（三）混悬剂的稳定性

混悬微粒大于胶体粒子，没有布朗运动在动力学上的稳定作用，因此在重力作用下粒子会沉降。同时因微粒分散度较大，由于表面自由能的作用可发生聚结。所以，混悬剂既是热力学不稳定系统，也是动力学不稳定系统。混悬剂的稳定性与下列因素有关：

1. 混悬微粒的沉降 混悬微粒与分散介质之间存在密度差，因重力作用，静置时会发生沉降，在一定条件下，微粒沉降速度符合斯托克斯（Stokes）定律。

$$V=\frac{2r^2(\rho_1-\rho_2)g}{9\eta} \qquad 式(6\text{-}2)$$

式中，V 为微粒沉降速度，r 为微粒半径，ρ_1 为微粒密度，ρ_2 为分散介质密度，η 为分散介质的黏度，g 为重力加速度。

由以上公式可以看出，沉降速度 V 与 r^2、$(\rho_1-\rho_2)$ 成正比，与 η 成反比。为了延缓微粒的沉降速度，增加混悬剂的稳定性，常采取以下措施：①粉碎药物，减少混悬微粒的粒径，此措施效果最好；②向混悬剂中加入糖浆、甘油等，以减少微粒与分散介质之间的密度差；③向混悬剂中加入黏性较大的高分子助悬剂，以增加分散介质的黏度。

2. 润湿 固体药物能否润湿影响混悬剂制备的难易、质量好坏及稳定性。以水为溶剂时，亲水性药物润湿性好，易制备成均匀稳定的混悬剂，如炉甘石洗剂，疏水性药物则因难润湿，药物微粒会漂浮或下沉，不易均匀分散在分散媒中，如复方硫磺洗剂。加入润湿剂可降低固液间的界面张力，去除固体微粒表面的气膜，使制成的混悬剂分散均匀、稳定。

3. 混悬微粒的电荷与水化 与胶粒一样，混悬微粒由于吸附或解离等原因而带电，微粒表面电荷与分散介质中相反离子之间可构成双电层，具有双电层结构，具有 ζ 电位。由于微粒表面带电，水分子可在微粒周围形成水化膜，微粒的电荷与水化有利于混悬剂的稳定。疏水性微粒主要靠微粒带电而水化，这种水化作用对电解质敏感。但亲水性药物微粒的水化作用很强，水化作用受电解质的影响较小、制剂更稳定。

知识链接

混悬剂中微粒的溶解与结晶

在混悬系统中，同时存在微粒的溶解和结晶两个过程。微粒的溶解度和溶解速度与粒子半径有关。在溶解过程中，根据溶解规律，粒径小的微粒由于表面积大、表面能高而溶解速度比粒径大的微粒快；而结晶过程中，液相中的分子或离子不断地析出结晶并附着于没有溶解的粒径大的微粒表面，结果混悬剂中的小粒子会越来越小，而大粒子变得越来越大越来越多，使沉降速度加快，致使混悬剂稳定性降低。因此，在制备混悬剂时，混悬微粒要求细微均匀。

4. 絮凝与反絮凝　混悬微粒的分散度比较大，因而具有较大的表面自由能而将趋于聚集。但由于微粒荷电，电荷的排斥力阻碍了微粒聚集。若在混悬剂中加入适当电解质使 ζ 电位降低，可形成疏松的絮状聚集体，使沉降体积大，沉降物不结块，这一过程称为絮凝，加入的电解质称为絮凝剂；若加入的电解质增大 ζ 电位，增加混悬剂流动性，这一过程称为反絮凝，加入的电解质称为反絮凝剂。

知识链接

电位与絮凝

在混悬剂中加入电解质后有几种情况：①若加入的电解质使 ζ 电位适当降低，减少微粒之间的排斥力，混悬微粒相互接近但不发生合并，形成疏松的网状团块结构，即絮状聚集体，这一过程称为絮凝，加入的电解质称为絮凝剂。絮凝状态下的混悬剂沉降虽快，但沉降体积大，沉降物不结块，一经振摇又能迅速恢复均匀的混悬状态。为了得到稳定的混悬剂，一般应控制 ζ 电位在 20~25mV 范围内，使其恰好能产生絮凝作用。②如果加入的电解质使微粒间的斥力过小而引力过大，微粒间可发生合并、结块等现象，则混悬剂的分散体系可能遭到破坏，即使振摇也难以恢复。③如果加入的电解质增大 ζ 电位，使微粒间的斥力加大，则微粒间距离加大，微粒以单一的粒子分散，可使絮凝状态变为非絮凝状态，这一过程称为反絮凝，加入的电解质称为反絮凝剂。若微粒絮凝成团、糊状时，加入反絮凝剂则可增加混悬剂流动性，使之易于倾倒，方便应用。

5. 其他

（1）药物的晶型：某些药物如巴比妥、可的松、氯霉素等为多晶型药物，在混悬液中可因转型而结块，影响了制品的质量，某些助悬剂的加入能防止晶型转变。

（2）分散相的浓度：在同一分散体系中，分散相浓度过高或过低，混悬液均不稳定。

（3）温度：温度变化不仅能改变药物的溶解度和分解速度，还能改变微粒的沉降速度、絮凝速度、沉降容积，从而改变混悬液的稳定性。值得注意的是冷冻能破坏混悬液的网状结构，也能使稳定性降低。

二、混悬剂的稳定剂

混悬剂常用的附加剂有助悬剂、润湿剂、絮凝剂与反絮凝剂四个大类。

（一）助悬剂

助悬剂可增加分散介质的黏度，降低药物微粒的沉降速度；能被吸附在微粒表面，形成保护膜，阻碍微粒的合并与絮凝；个别尚有触变性，可维持微粒均匀分散。对于多晶型药物，加入高分子亲水胶体作助悬剂还可延缓晶型转化和结晶长大，从而更好地增强混悬剂的稳定性。常用的助悬剂主要有：

1. 高分子物质　如甲基纤维素、羧甲基纤维素、羟丙基甲基纤维素、聚乙烯醇、聚乙烯吡咯烷酮等。它们的水溶液均透明，干燥后能形成薄膜，一般用量为 0.1%~1%。性质稳定，受 pH 影响较小，但与某些药物易发生配伍变化。

2. 低分子物质　如甘油、糖浆等。内服混悬剂常使用糖浆，兼有矫味作用；外用制剂常使用甘油。

3. 皂土类　主要是硅皂土和胶体硅酸镁铝。有泥土味，在外用制剂中使用较多。

4. 触变胶　如2%硬脂酸铝植物油胶体溶液。

知识链接

触　变　胶

有些胶体溶液如硬脂酸铝分散于植物油中形成的胶体溶液，在一定温度下静置时，逐渐变为凝胶，当搅拌或振摇时，又复变为可流动的胶体溶液，这种可逆的变化性质称为触变性。具有触变性的胶体称为触变胶。利用触变胶作助悬剂，可制得较稳定的混悬液。

助悬剂的用量可根据药物的性质（如亲水性强弱）和助悬剂本身性质而定。一般情况下疏水性强的药物多加，亲水性药物少加或不加助悬剂；相对密度小（质轻）的药物可用甘油、糖浆等低分子助悬剂，相对密度大（质重）的药物可用西黄蓍胶等黏性强的高分子助悬剂。

（二）润湿剂

润湿剂是指用来增加固体粒子表面亲水性的物质。常用的润湿剂有：

1. 表面活性剂　表面活性剂有很好的润湿效果，为常用的润湿剂，宜选用 *HLB* 值7~9之间，且有合适的溶解度者。外用润湿剂可选用肥皂、月桂醇硫酸钠、硫化蓖麻油等。内服润湿剂可选用聚山梨酯类，如聚山梨酯60、聚山梨酯80等。离子型表面活性剂能影响微粒表面的ζ电位，故对混悬液中沉淀物的状态也有一定的影响。

2. 甘油、乙醇　甘油、乙醇等也有一定的润湿作用，但润湿效果不强。

（三）絮凝剂与反絮凝剂

絮凝剂和反絮凝剂均为电解质，如酒石酸盐、酸式酒石酸盐、枸橼酸盐、酸式枸橼酸盐和磷酸盐等。同种电解质，对不同的药物而言，可以是絮凝剂，也可以是反絮凝剂；同种电解质应用于药物，也可因电解质用量不同，可以是絮凝剂，也可以是反絮凝剂。大多数需要贮藏放置的混悬剂宜选用絮凝剂，其沉降体系疏松，易于分散。若要求微粒细、分散好的混悬剂可使用反絮凝剂。

三、混悬剂的制备

制备混悬剂时应考虑尽可能使混悬液微粒细微均匀，其制备方法有分散法和凝聚法。

（一）分散法

分散法是将药物粉碎成微粒，直接分散在液体分散介质中制成混悬剂。小剂量制备时，可直接用研钵研磨，大量制备时，可用乳匀机、胶体磨等。为得到细微颗粒，通常采用加液研磨法，一般为一份药物加0.4份~0.6份液体，使成糊状时研磨效果最好。对于液体的选择，亲水性药物可选择药物的水溶液，也可用黏稠的助悬剂如胶浆剂、甘油、糖浆等进行加液研磨；疏水性药物应首选润湿剂如乙醇、甘油、表面活性剂等液体进行加液研磨。对于质重、硬度大、粒度要求极细的药物，可采用“水飞法”，可使药物粉碎到极细的程度。

（二）凝聚法

通过化学或物理的方法使分子或离子分散状态的药物溶液凝聚成不溶性的药物微粒制成混悬剂的方法。为使微粒细小均匀，凝聚法应控制反应条件，如药物的浓度、反应温度、加入顺序、加入速度、搅拌速度等因素。

1. 化学凝聚法　两种或以上化合物经化学反应生成不溶解的药物悬浮于液体中制成混悬剂的一种方法。

2. 物理凝聚法　也称更换溶剂法，常用的微粒结晶法即为其中一种，系指将药物制成热饱和溶液，在搅拌下加到另一种不同性质的冷溶剂中，使之快速结晶，得到 10μm 以下（占 80%~90%）的微粒的方法，然后再将微粒分散于适宜介质中制成混悬剂。

四、混悬剂的质量评价

混悬剂的质量优劣，应按质量要求进行评定，评定的方法有：

1. 粒径　测定混悬剂中微粒的大小及分布情况，是对混悬剂进行质量评定的重要指标。可采用显微镜法、库尔特计数法进行测定。

2. 沉降体积比　沉降体积比是指沉降物的体积与沉降前混悬剂的体积之比。除另有规定外，用具塞量筒盛供试品 50ml，密塞，用力振摇 1 分钟，记下混悬物开始高度 H_0，静置 3 小时，记下混悬的最终高度 H，沉降体积比 F 按下式计算。

$$F=\frac{H}{H_0}$$　式(6-3)

F 值在 0~1 之间，F 值愈大混悬剂愈稳定。《中国药典》(2015 年版)规定：口服混悬剂（包括干混悬剂）沉降体积比应不低于 0.90。

沉降体积比示意图

沉降曲线是沉降容积 F 随时间的函数，以 F 为纵坐标，沉降时间 t 为横坐标，可得沉降曲线，曲线的起点为最高点 1，然后缓慢降低并最终与横坐标平行。沉降曲线若缓慢降低比较平和，则可认为处方设计优良。

3. 絮凝度　絮凝度用以评价絮凝剂的效果，预测混悬剂的稳定性。絮凝度 β 用下式表示：

$$\beta=\frac{F}{F_\infty}=\frac{H/H_0}{H_\infty/H_0}=\frac{H}{H_\infty}$$　式(6-4)

式中，F 为絮凝混悬剂的沉降体积比。F_∞ 为去絮凝混悬剂的沉降体积比，β 表示由絮凝作用所引起的沉降容积增加的倍数。β 值愈大，絮凝效果愈好，则混悬剂稳定性好。

4. 重新分散试验　优良的混悬剂在贮藏后再经振摇，沉降微粒能很快重新分散，保证服用时混悬剂的均匀性和药物剂量的准确性。将混悬剂置于带塞的 100ml 量筒中，密塞，放置沉降，然后 360°、20r/min 的转速转动，经一定时间旋转，量筒底部的沉降物应重新均匀分散，重新分散所需旋转次数愈少，表明混悬剂再分散性能良好。

絮凝度示意图

5. 流变学性质 采用旋转黏度计测定混悬液的流动曲线，根据流动曲线的形态确定混悬液的流动类型，用以评价混悬液的流变学性质。触变流动、塑性触变流动和假塑性触变流动能有效地减慢混悬剂微粒的沉降速度。

五、制备举例

复方硫磺洗剂

【处方】硫酸锌 30g 沉降硫 30g

樟脑醑 250ml 甘油 100ml

羧甲基纤维素钠 5g 纯化水 适量

共制 1000ml

【制法】取羧甲基纤维素钠，加适量的纯化水，迅速搅拌，使成胶浆状；另取沉降硫分次加甘油研至细腻后，与前者混合。再取硫酸锌溶于200ml纯化水中，过滤，将滤液缓缓加入上述混合液中，然后再缓缓加入樟脑醑，随加随研，最后加纯化水至1000ml，搅匀，即得。

【用途】保护皮肤、抑制皮脂分泌、轻度杀菌与收敛。用于干性皮脂溢出症，痤疮等。用前摇匀，局部涂抹。

【注意事项】①药用硫由于加工处理的方法不同，分为精制硫、沉降硫、升华硫，其中以沉降硫的颗粒最细，易制成细腻而易于分散的成品，故选用沉降硫为佳；②硫为强疏水性物质，颗粒表面易吸附空气而形成气膜，故易集聚浮于液面，应先以甘油润湿研磨，使其易与其他药物混悬均匀；③樟脑醑应以细流慢加快搅加入混合液中，以免析出颗粒较大的樟脑；④羧甲基纤维素钠可增加分散介质的黏度，并能吸附在微粒周围形成保护膜，而使本品趋于稳定；⑤本品禁用软肥皂，因它可与硫酸锌生成不溶性的二价皂。

点滴积累

1. 混悬液型液体制剂系指难溶性固体药物以微粒状态分散于液体分散介质中形成的非均相液体药剂，分散相微粒的大小一般在0.1~10μm之间，混悬剂既是热力学不稳定系统，也是动力学不稳定系统。
2. 混悬液型液体制剂要求混悬微粒细微均匀，沉降缓慢，沉降后不结块，口服混悬剂（包括干混悬剂）沉降体积比应不低于0.90，减小混悬微粒的粒径是延缓微粒沉降的最有效措施。
3. 混悬剂常用的附加剂有助悬剂、润湿剂、絮凝剂与反絮凝剂四个大类。絮凝剂和反絮凝剂均为电解质，一般要求微粒细、分散好的混悬剂，需要使用反絮凝剂；大多数需要贮藏放置的混悬剂宜选用絮凝剂，其沉降体系疏松，易于分散。
4. 制备混悬剂的方法有分散法和凝聚法。

任务六　乳剂

一、概述

（一）乳剂的含义、分类及特点

1. 乳剂的含义　乳浊液型液体制剂也称乳剂，系指两种不相混溶或极微溶的液体，通常是油和水，由于第三种物质乳化剂的加入，其中一种液体以微小液滴形式分散在另一种液体所形成的液体药剂。被分散的液滴为分散相，又称内相、不连续相，分散媒又称外相、连续相。乳剂是由水相、油相和乳化剂三者所组成的液体制剂。

2. 乳剂的类型　乳剂的类型，主要决定于乳化剂的种类及性质。

乳剂类型示意图

（1）按分散相性质与结构分类：①水包油型乳剂，分散相为油滴，分散介质为水相，简写为油/水乳剂、O/W 型乳剂；②油包水型乳剂，分散相为水滴，分散介质为油相，简写为水/油乳剂、W/O 型乳剂，其鉴别法见表 6-6；③复乳，分散相大小 50μm 以下，分 O/W/O 型、W/O/W 型、O/W/O/W 型或 W/O/W/O 型等。

表 6-6　乳剂的类型鉴别方法

鉴别法	O/W 型乳剂	W/O 型乳剂
外观法	乳白色	近似油状色
稀释法	可用水稀释	可用油稀释
导电法	导电	不导电或几乎不导电
染色法	水溶性染料外相染色	油溶性染料外相染色

（2）按乳滴大小分类：①普通乳，分散相大小 1~100μm；②亚微乳，分散相大小 0.1~1.0μm；③毫微乳（纳米乳），分散相大小 10~100nm。

3. 乳剂的特点　乳剂可供内服，也可外用。乳剂在应用方面有以下特点：①制成乳剂后油与水能均匀混合，分剂量准确，应用方便；②乳剂的分散相高度分散，使药物能较快地被吸收并发挥药效；③水包油型乳剂能遮盖油的不良臭味，还可加芳香矫味剂使之易于服用；④乳剂能改善药物对皮肤、黏膜的渗透性及刺激性；⑤静脉注射乳剂体内分布有靶向性。

（二）乳剂的形成机制

当将互不相混溶的两种液体，如少量油和多量水同置一容器内加以振摇，油即以小球滴分散在水中形成乳浊液。由于油-水间界面增大而油滴的表面自由能也增大，已分散的油滴又趋向于重新聚集合并。

加入具有表面活性、能降低界面张力、分子中具有亲水基团和亲油基团的两亲性物质乳化剂后，系统发生改变：①油水界面形成吸附膜：乳化剂被吸附在油-水界面上，亲水基团转向水层，亲油基团转向油层，乳化剂分子定向排列起来形成了吸附薄膜。②降低界面张力形成乳剂：由于乳化剂分子的亲液性不同，对薄膜两侧的界面张力有不同的影响。如果乳化剂亲水性强，可强烈地降低水的界

乳剂的形成机制图

面张力，而对油的界面张力则降低不多，此时油呈球形，因而得水包油型乳剂。反之，如果乳化剂亲油性强，可强烈地降低油的界面张力，而对水的界面张力则降低得不多，此时水呈球形，因而得油包水型的乳剂。同时，乳化剂的液膜包裹在液滴外围，阻止液滴的聚集合并。③降低表面自由能使体系稳定：表面自由能与表面积和表面张力的乘积成正比，乳化后液滴分散度增大，表面积增加，但乳化剂因降低界面张力，故表面自由能增加不大，从体系能量上使形成的乳剂可以稳定。

（三）影响乳化的因素

1. 乳化剂的种类与用量 乳化剂表面活性愈强、乳化剂用量愈多，乳剂愈易形成而且稳定。但用量过多，往往使乳剂过于黏稠而不易倾倒。

2. 黏度与温度 乳化液的黏度愈大愈稳定，但其所需做的乳化功亦大。黏度与界面张力均随温度的升高而降低，所以提高操作时的温度易于乳化。最适宜的乳化温度为70℃左右。

3. 乳化时间 乳化剂的乳化力愈强，所用的器械效率愈高，则所需时间就愈短；制备的乳剂量愈大，要求乳剂愈均匀，分散度愈高，则所需乳化的时间就愈长。

4. 其他 制备乳剂所用的方法、器械，也能影响成品的分散度、均匀性与稳定性。

二、乳化剂

（一）乳化剂的种类

1. 天然高分子化合物 此类乳化剂亲水性强，为油/水型乳化剂。常用的有：①来源于植物，如阿拉伯胶、西黄蓍胶、杏树胶、白及胶、琼脂、海藻酸钠等，此类乳化剂乳化作用较弱，常将它们合并使用，如阿拉伯胶与西黄蓍胶合用等；②来源于动物，如卵磷脂、胆固醇、明胶、酪蛋白、卵黄等，此类乳化剂安全性好，如卵磷脂常用于静脉注射用乳剂。

2. 合成乳化剂 通常为合成表面活性剂，*HLB* 值为3~8一般形成W/O型乳剂，*HLB* 值为8~16一般形成O/W型乳剂。常用的有：①阴离子型表面活性剂：O/W型有硬脂酸钠、硬脂酸钾、硬脂酸三乙醇胺皂、十二烷基硫酸钠等，一般用于外用制剂；W/O型有硬脂酸钙等。②非离子型表面活性剂：O/W型的有聚山梨酯、聚氧乙烯脂肪酸酯类（Myrij）、聚氧乙烯脂肪醇醚类（Brij）、聚氧乙烯聚氧丙烯共聚物类等；W/O型的有脂肪酸山梨坦等。非离子型乳化剂毒性小，可内服，因毒性和溶血性，静脉注射使用受限，其中Pluronic F68可用于静脉给药。

3. 固体微粒乳化剂 一些溶解度小、颗粒细微的固体粉末，乳化时可被吸附在油水界面，形成乳剂。一般 $\theta<90°$，易被水润湿，为O/W型乳化剂，如氢氧化镁、氢氧化铝、二氧化硅、皂土等；$\theta>90°$，易被油润湿，为W/O型乳化剂，如氢氧化钙、氢氧化锌等。

4. 辅助乳化剂 辅助乳化剂是指乳化能力弱，一般用于增加乳剂黏度，防止液滴的合并，提高稳定性。常用的有：①增加水相黏度，如HPC、CMC-Na、阿拉伯胶、西黄蓍胶、杏树胶、白及胶等；②增加油相黏度，如鲸蜡醇、单硬脂酸甘油酯、硬脂酸等。

（二）乳化剂的选用原则

选择乳化剂可根据以下要求来确定：①*HLB* 值选择，根据乳剂的类型是O/W型还是W/O型，根据乳化的油相所需的 *HLB* 值，选择适宜 *HLB* 值的乳化剂；②安全性选择，根据使用途径，供外用、口服还是静脉注射，选择符合安全性要求的乳化剂；③乳化力和稳定性选择，根据分散相液滴大小要求，选择乳化能力和稳定性符合要求的乳化剂。

两种或两种以上无物理、化学配伍禁忌的乳化剂合并使用，往往比单独使用一种为好，混合乳化剂的 *HLB* 值的计算方法参见表面活性剂的性质，但阴离子与阳离子乳化剂不能混合使用。

三、乳剂的稳定性

ER-6-7

乳剂不稳定现象示意图

1. 乳析　又称分层，即乳剂在放置过程中，其分散相互相凝结上浮或下沉而与分散媒分离的现象。其主要是由于分散相与分散媒的密度差较大造成的，减小分散相和分散剂之间的密度差，增加分散介质的黏度，都可以减小乳剂分层的速度。分层特点是：①可逆，轻轻振摇即能恢复成乳剂原来状态，界面膜、乳滴大小没有变；②容易引起絮凝和破坏。

2. 絮凝　乳滴聚集形成疏松的聚集体，经振摇即能恢复成均匀乳剂现象。絮凝是乳剂合并的前奏。絮凝的主要原因是电解质和离子型乳化剂的作用使乳剂的 ζ 电位降低。絮凝特点是：①可逆，轻微振摇能恢复乳剂原来状态；②加速分层速度，暗示着稳定性降低。

3. 转型　系指乳剂由一种类型（如油/水型）转变为另一种类型（如水/油型）的现象。其主要原因有：①乳化剂 *HLB* 值发生变化。如加入或反应生成反型乳化剂、混合乳化剂的混合比例改变等。如油酸钠是 O/W 型乳化剂，遇氯化钙后生成油酸钙，变为 W/O 型乳化剂，乳剂则由 O/W 型变为 W/O 型。②分散相浓度（或称相体积比）不当。据经验证明，分散相浓度为 50% 左右时，乳剂最稳定。25% 以下和 74% 以上稳定性均差。

4. 合并与破裂　乳剂中的乳滴周围乳化膜可隔离乳滴，乳化膜破坏会导致乳滴变大，此现象称为合并。合并进一步发展可使乳剂分为油、水两相则称为破坏。合并与破坏的特点是不可逆。其主要原因有：①乳剂中乳滴大小不均匀，小乳滴通常填充于大乳滴之间，使乳滴的聚集性增加，容易引起乳滴的合并。所以为了保证乳剂的稳定性，制备乳剂时应尽可能地保持乳滴大小的均一性。此外分散介质的黏度增加，可使乳滴合并速度降低。②乳化膜较薄或不够“牢固”，则乳剂易发生破裂。乳化剂形成的乳化膜愈牢固，就愈能防止乳滴的合并和破坏。③乳剂中其他附加剂或者药物本身，光线、温度等外界因素的变化以及相反类型的乳化剂加入，均可能引起乳化膜破坏而致乳剂破裂。

5. 酸败　系指受光、热、空气、微生物等影响，使乳剂组成分发生水解、氧化，引起乳剂酸败、发霉、变质的现象。可通过添加适当的稳定剂（如抗氧剂等、防腐剂等），以及采用适宜的包装及贮存方法，即能防止乳剂的酸败。

四、乳剂的制备

（一）乳剂的制备方法

1. 胶乳法　系指以阿拉伯胶为乳化剂，先制成 O/W 型初乳，然后再逐渐加水稀释即得。初乳的制备是关键，胶乳法制备初乳分干胶法和湿胶法两种，湿胶法操作步骤为：胶+水相→滴加油相，边加边研→研至初乳生成。干胶法操作步骤为：胶+油相（干燥乳钵研磨）→一次加入水相→研至初乳生成。操作过程中要注意：①初乳制备油、胶、水要有严格比例，若为植物油，则为 4：1：2，若为挥发油，则为 2：1：2；②应同向旋转研磨，以免乳剂破裂；③初乳成功以后才能加水稀释，其判断标准是色白、黏稠，研磨时能听到劈裂声。

2. 直接混合法 将油相、水相、乳化剂混合后搅拌研磨或用乳化机械（机械法）制成乳剂，两相可采取交替加入混合乳化（两相交替加入法），也可一次性混合后乳化。常用的有胶体磨、乳匀机、液体高速剪切机、高压均质机等，由于乳化机械的强力剪切作用，粒子分散度较大，可制得质量较好的乳剂。不同机械的原理和效率不同，可根据不同粒径需要选用不同设备。

3. 新生皂法 有些乳剂处方中只有油相和含碱的水相，需通过发生皂化（有时需要加热至一定温度）反应生成乳化剂来制备乳剂的方法称为新生皂法，如植物油与氢氧化钙溶液反应，生成钙皂作 W/O 型乳化剂，硬脂酸与三乙醇胺反应，生成有机铵皂作 O/W 型乳化剂。

（二）乳剂中加入药物的方法

1. 胶乳法制备乳剂时，由于初乳需要严格的油、胶、水比例，油溶性药物先溶于油，制备初乳前加入，乳化时尚需适当补充乳化剂用量，水溶性药物则可先制成水溶液，在初乳剂制成后加入。

2. 机械法生产时，药物能溶于油的先溶于油，可溶于水的先溶于水，然后将油、水两相混合进行乳化。

3. 在油、水中均不溶解的药物，乳剂制成后，研成细粉混悬加入。

五、乳剂的质量评价

（一）乳剂粒径大小

乳剂粒径大小是衡量乳剂质量的重要指标。不同用途的乳剂对粒径大小要求不同，如静脉注射乳剂，其粒径应在 0.5μm 以下。其他用途的乳剂粒径也都有不同要求。

（二）分层现象

分层现象这一过程的快慢是衡量乳剂稳定性的重要指标。为了在短时间内观察乳剂的分层，可用离心法加速其分层。如口服乳剂用 4000r/min 离心 15 分钟，不得分层。

（三）乳滴合并速度

乳滴合并速度符合一级动力学规律，其直线方程为：

$$\log N = \log N_0 - \frac{kt}{2.303} \quad \text{式(6-5)}$$

式中，N 是 t 时间的乳滴数，N_0 是 t 为 0 时乳滴数，k 为合并速度常数，t 为时间。测定时间 t 变化的乳滴数 N，求出合并速度常数 k，估计乳滴合并速度，用以评价乳剂稳定性大小。

（四）稳定常数

乳剂离心前后光密度变化百分率称为稳定常数，用 K_e 表示，其表达式如下：

$$K_e = \frac{A_0 - A}{A} \times 100\% \quad \text{式(6-6)}$$

K_e 为稳定常数，A_0 为未离心乳剂稀释液的吸光度，A 为离心后乳剂稀释液的吸光度。本法是研究乳剂稳定性的定量方法。测定方法是：取乳剂适量于离心管中，以一定速度离心一定时间，从离心管底部取出少量乳剂，稀释一定倍数，以纯化水为对照，用比色法在可见光某波长下测定吸光度 A，同法测定原乳剂稀释液吸收度 A_0，代入公式计算 K_e，离心速度和波长的选择可通过试验加以确定，K_e 值愈小乳剂愈稳定。

六、制备举例

鱼肝油乳的制备

【处方】

鱼肝油	500ml	阿拉伯胶(细粉)	125g
西黄蓍胶(细粉)	7g	挥发杏仁油	1ml
糖精钠	0.1g	氯仿	2ml
纯化水	适量	共制	1000ml

【制法】取鱼肝油与阿拉伯胶粉置干燥乳钵内，研匀后一次加入纯化水 250ml，不断研磨至成稠厚的初乳。加糖精钠水溶液（取糖精钠加纯化水少许溶解制得）、挥发杏仁油与氯仿，缓缓加西黄蓍胶浆（取西黄蓍胶浆置干燥瓶中加醇 10ml 摇匀后，一次加入纯化水 200ml，强力摇匀制成），加适量纯化水使成 1000ml，研匀即得。

【用途】用作治疗维生素 A 与 D 缺乏症的辅助剂。

【处方分析】①西黄蓍胶是辅助乳化剂，糖精钠是甜味矫味剂，氯仿有防腐作用，杏仁油为芳香矫味剂；②本品是 O/W 型乳剂，也可采用湿胶法制备。

点滴积累

1. 乳剂系指两种不相混溶的或极微溶的液体，通常是油和水，由于第三种物质（乳化剂）的加入，其中一种液体以微小液滴形式分散在另一种液体所形成的相对稳定的两相体系。
2. 乳剂据分散相结构不同分为单乳和复乳；单乳又分为水包油型乳剂（油/水乳剂、O/W 型乳剂）和油包水型乳剂（水/油乳剂、W/O 型乳剂），其鉴别法有外观法、稀释法、导电法、染色法等。
3. 乳剂的剂量准确，应用方便；分散相（液滴）高度分散，乳化剂能改善药物对皮肤、黏膜的渗透性，吸收好疗效快；静脉注射乳剂体内分布有靶向性。
4. 选择乳化剂时，要考虑 *HLB* 值、安全性、乳化力和稳定性。
5. 乳剂的不稳定现象有乳析、絮凝、转型、合并与破坏、酸败等。
6. 乳剂的制备方法有胶乳法、直接混合法和新生皂法。

任务七　按给药途径与应用方法分类的液体制剂

液体药剂按分散系统分为溶液型液体药剂、胶体溶液型液体药剂、混悬液型液体药剂和乳浊液型液体药剂四大类，在临床工作中，常常又按给药途径和应用方法将其分类、命名。常见的按给药途径与应用方法分类的液体药剂有以下几种：

一、合剂

合剂系指主要以水为分散介质，含两种或两种以上药物的内服液体药剂（滴剂除外）。合剂中的药物多数是化学药物。但也可以某些醇性浸出制剂（如酊剂、流浸膏剂等）为原料配制而成。合剂除以水为分散介质外，有时为了溶解药物可加少量的乙醇或甘油。

二、洗剂

洗剂系指专供涂抹、敷于皮肤的外用液体药剂。洗剂的分散介质多为水和乙醇。应用时一般轻涂或用纱布蘸取湿敷于皮肤上，亦有用于冲洗皮肤伤患处或腔道等。一般有清洁、消毒、消炎、止痒、收敛及保护等局部作用。洗剂有溶液型、混悬型、乳剂型以及它们的混合液，其中以混悬型的洗剂居多。混悬型洗剂中所含水分在皮肤上蒸发时，有冷却及收缩血管的作用，能减轻急性炎症，留下的干燥粉末有保护皮肤免受刺激的作用。洗剂中常加乙醇，目的是促进蒸发、增加冷却作用，且能增加药物的渗透性；有的也加入甘油，目的是待水分蒸发后，剩留的甘油能使药物粉末不易脱落，并有保湿的功效。

三、搽剂

搽剂系指专供揉搽皮肤表面用的液体药剂。有镇痛、收敛、保护、消炎、杀菌、引赤、抗刺激作用等。起镇痛、引赤、抗刺激作用的搽剂，多用乙醇为分散介质，使用时用力揉搽，可增加药物的渗透性。起保护作用的搽剂多用油、液状石蜡为分散介质，搽用时有润滑作用，无刺激性，并有清除鳞屑痂皮的作用。乳剂型搽剂多用肥皂为乳化剂，搽用时肥皂有润滑，且乳化皮脂而有利于药物的穿透的作用。

四、涂剂

涂剂系指涂于局部患处的外用液体制剂。一般以乙醇、丙酮、二甲基亚砜等为溶剂；内含药物多具有抑制真菌、腐蚀或软化角质等作用。常用于赘疣、灰指甲、癣症、脱色、除臭等。用时以棉签或软毛刷蘸取药液少许，涂于患处。一般因刺激性较强，使用时注意勿沾污正常皮肤或黏膜。

五、滴耳剂

滴耳剂系指供滴入耳腔内的外用液体药剂。滴耳剂一般以水、乙醇、甘油为溶剂；也有以丙二醇、聚乙二醇等为溶剂。乙醇为溶剂虽然有渗透性和杀菌作用，但有刺激性。以甘油为溶剂作用缓和、药效持久、有吸湿性，但渗透较差。水作用缓和，但渗透作用差。所以滴耳剂常用混合溶剂。滴耳剂有消毒、止痒、收敛、消炎、润滑作用。患慢性中耳炎，由于黏稠分泌物存在，使药物很难达到中耳部，故制剂中常加入溶菌酶、透明质酸酶等，能液化分泌物、促进药物的分散，加速肉芽组织再生。外耳道有炎症时，其 pH 多在 7.1~7.8 之间，所以外耳道所用滴耳剂最好为弱酸性。

六、滴鼻剂

滴鼻剂系指专供滴入鼻腔内使用的液体药剂。亦可以固态药物形式包装，另备溶剂，在临用前配成溶液或混悬液的制剂。滴鼻剂能产生全身或局部效应。滴鼻剂多以水、丙二醇、液状石蜡、植物油为溶剂，一般制成溶液剂；但亦有制成混悬剂、乳剂使用的。滴鼻剂的水溶液易与鼻腔内分泌物混合，容易分布于鼻腔黏膜表面，但维持药效短；油溶液刺激性小，作用持久，但不易与鼻腔黏液混合。正常人鼻腔液 pH 一般为 5.5~6.5，炎症病变时，则呈碱性，有时 pH 可高达 9，易使细菌繁殖，影响鼻腔内分泌物的溶菌作用以及纤毛的正常运动。所以滴鼻剂 pH 一般为 5.5~7.5。

七、含漱剂

含漱剂系指清洁口腔用的液体药剂。主要用于口腔的清洗、去臭、防腐、收敛和消炎。多为药物的水溶液，也有含少量甘油及乙醇。溶液中常加适量着色剂，以示外用，不可咽下。因一般发出量较大（多为 200~600ml），可制成浓溶液发出，用时稀释，也可制成固体粉末用时溶解。含漱剂要求微碱性，以利于除去微酸性的分泌物与溶解黏液蛋白。

八、制备举例

甲癣涂剂

【处方】	水杨酸	50g	丙酮	50ml	冰醋酸	300ml
	碘	45g	碘化钾	27g	纯化水	27ml
	乙醇	适量	共制	1000ml		

【制法】 水杨酸溶于适量乙醇后，加丙酮、冰醋酸混匀；另取碘化钾溶于 27ml 水中，加碘使之全部溶解后，加适量乙醇混匀，再与前液混合，最后加乙醇使成 1000ml，搅匀，即得。

【用途】 本品有溶解角质、抑制真菌作用。用于手、足癣，外用，刮薄病甲板后，涂于患处。

点滴积累

液体制剂按给药途径和应用方法分为合剂、洗剂、搽剂、涂剂、滴耳剂、滴鼻剂及含漱剂等。

任务八　液体制剂的包装与贮存

一、液体制剂的包装

液体制剂的包装关系到成品的质量、运输和贮存。液体药剂体积大、稳定性较其他制剂差。同时因液体制剂的流动性，包装不严易导致药液渗漏，因此即使产品符合质量标准，但因包装不当，在运输和贮存过程中也可能会发生变质。因此包装容器的材料选择、容器的种类、形状以及封闭的严密性等都极为重要。液体制剂的包装材料应符合下列要求：①应符合药用标准，对人体安全、无害、无毒；②不与药物发生作用，不改变药物的理化性质和疗效；③能防止和杜绝外界不利因素的影响；

④坚固耐用、体轻、形状适宜、美观,便于运输、携带和使用;⑤不吸收、不沾留药物。液体制剂的包装材料包括容器(玻璃瓶、塑料瓶等)、瓶塞(橡胶塞、塑料塞、软木塞等)、瓶盖(塑料盖、金属盖等)、标签、说明书、塑料盒、纸盒、纸箱、木箱等。

液体制剂包装应符合 GMP 和《药品经营质量管理规范》(GSP)相关规定,瓶上必须按照规定印有或者贴有标签并附有说明书。标签或者说明书上必须注明药品的通用名称、成分、规格、生产企业、批准文号、生产批号、生产日期、有效期、适应证或者功能主治、用法、用量、禁忌、不良反应和注意事项。特殊管理的药品、外用药品和非处方药的标签,必须印有规定的标志。

二、液体制剂的贮存

液体制剂特别是以水为分散介质者,在贮存期间极易因水解和污染微生物而沉淀、变质或霉败,故应临时调配。一般应密闭,贮于阴凉、干燥处。贮存期不宜过长。医院自制液体药剂应尽量减少生产批量,缩短存放时间,有利于保证液体药剂的质量。

点滴积累

1. 液体制剂因流动性和不稳定性,包装容器的材料、容器的种类、形状以及封闭的严密性等都极为重要。
2. 液体制剂一般应密闭,贮于阴凉、干燥处贮存。

实训四 溶液型液体制剂的制备

【实训目的】

1. 掌握真溶液型液体制剂的概念、特点。
2. 掌握不同类型真溶液型液体制剂的制备技能,配制合格的产品。
3. 掌握真溶液型液体制剂中附加剂的使用方法。
4. 熟悉真溶液型体液制剂的质量评定方法。

【实训场地】

实验室

【实训仪器与设备】

烧杯、量筒、玻璃棒、托盘天平等。

【实训材料】

碘、碘化钾、硼砂、碳酸氢钠、液态苯酚、甘油、伊红、纯化水等。

【实训步骤】

(一)复方碘口服溶液(卢戈氏液)

【处方】碘 0.5g 碘化钾 1g

纯化水加至 10ml

【制备过程】取碘化钾，加纯化水溶解后，加碘搅拌溶解，再加适量的纯化水使成10ml，搅匀，即得。

【注意事项】①在制备时，为加快碘的溶解，宜先将碘化钾加适量纯化水（1∶1）配成近饱和溶液，然后再加碘溶解；②碘溶液具氧化性，应贮存于密闭玻璃塞瓶内，不得直接与软木塞、橡胶塞及金属塞接触。为避免被腐蚀，可加一层玻璃纸衬垫。

（二）复方硼酸钠溶液

【处方】	硼酸钠（硼砂）	0.75g	碳酸氢钠	0.75g
	液化苯酚	0.15ml	甘油	1.75ml
	伊红	适量	纯化水加至	50ml

【制备】取硼砂、碳酸氢钠溶于适量水中，将液化酚溶于甘油后加入，放置半小时，待气泡停止后，加水至足量，并加适量伊红染色（着色剂）为淡红色，搅匀即得。

【注意事项】

1. 硼砂不易溶解，可用热水加速溶解。
2. 碳酸氢钠在40℃以上易分解，故先用热纯化水溶解硼砂，放冷后再加入碳酸氢钠。
3. 液化酚加到甘油中可减少其刺激性。

【实训报告】

1. 实训报告格式见附录一。
2. 思考题：

（1）复方硼酸钠溶液为何用伊红？

（2）两种溶液起治疗作用的是哪些成分？

【实训测试表】

测试题目	测试答案（请在正确答案后“□”内打“√”）
哪些是实验操作前一定需做的准备工作？	①着装整洁，卫生习惯好 □ ②熟悉实验内容、相关知识 □ ③正确选择所需的材料及设备 □ ④正确洗涤 □
溶液剂具有以下哪些特点？	①给药途径广泛 □ ②分散度大，吸收快，疗效高 □ ③用量取代替称取，取用方便 □ ④可控制药物浓度，降低药物的刺激性 □ ⑤剂量准确，因而特别适用于小剂量、毒性大、刺激性大的药物 □
溶解法制备过程中应注意的事项有哪些？	①“难溶的先溶、附加剂先溶”的原则 □ ②毒药、麻醉药品等应先加入溶解 □ ③含有挥发性成分的液体药物最后加入 □ ④含醇制剂与水性制剂混合时，通常应将醇溶液加至水液中，并慢加快搅 □ ⑤采用非水溶剂，器具应干燥 □

续表

测试题目	测试答案（请在正确答案后“□”内打“√”）
哪些是实验操作时和实验结束后应做的记录？	①能够正确、及时记录实验现象、数据 □ ②分析讨论实验过程中的出现特色现象的原因 □ ③实训报告内容完整、真实、书写工整 □

实训五 高分子溶液剂的制备

【实训目的】

1. 掌握高分子溶液制剂的概念、特点。
2. 掌握高分子溶液液体制剂的制备技能，配制合格的产品。
3. 掌握高分子溶液液体制剂中附加剂的使用方法。
4. 熟悉高分子溶液体液制剂的质量评定方法。

【实训场地】

实验室

【实训仪器与设备】

烧杯、量筒、玻璃棒、托盘天平等。

【实训材料】

羧甲基纤维素钠、甘油、5%尼金泊乙酯、香精、纯化水等。

【实训步骤】

【处方】

羧甲基纤维素钠	1g	甘油	10ml
5%尼金泊乙酯	0.1ml	香精	适量
纯化水加至	50ml		

【制备】将羧甲基纤维素钠溶于约30ml热水中，分散后加入尼泊金乙酯、甘油，放冷后加香精，加纯化水至50ml，搅匀，即得。

【注意事项】

1. CMC-Na是高分子物质，溶解需要有限溶胀过程，加入水中注意分次撒入使其充分吸水膨胀。
2. 甘油具有湿润作用，也可以先将甘油和CMC-Na混合，甘油湿润后加水，可以加快溶胀。
3. 本品不宜久存，必要时加防腐剂。
4. 搅拌不宜过于强烈，防止大量气泡产生。

【实训报告】

1. 实训报告格式见附录一。
2. 思考题：

(1)制备羧甲基纤维素钠时，为什么要将羧甲基纤维素钠撒在液面上，令其自然膨胀溶解？能不能使用冷水？

（2）如果出现大量气泡如何处理？

【实训测试表】

测试题目	测试答案（请在正确答案后“□”内打“√”）
胶体溶液包括哪些？	①高分子溶液剂 □ ②溶胶剂 □ ③表面活性剂胶团形成的缔合胶体 □ ④亲水（液）胶体 □ ⑤疏水（液）胶体 □
高分子溶液剂的性质正确叙述的有哪些？	①带电性，带正电荷的为正胶体，带负电荷的为负胶体 □ ②能透过滤纸，不能透过半透膜 □ ③有较高的渗透压 □ ④药液黏稠 □ ⑤水化膜较厚，性质稳定，对电解质不敏感 □ ⑥使用脱水剂或盐析，可形成沉淀 □
溶胶剂的性质正确叙述的有哪些？	①带电性，具双电层结构 □ ②有丁达尔现象 □ ③有布朗运动，是动力学稳定体系 □ ④对电解质敏感，不稳定，常需加入亲水胶体做保护胶体 □
胶体溶液制备方法有哪些？	①分散法 □ ②凝聚法 □ ③胶溶法 □ ④溶胀法，包括有限溶胀和无限溶胀过程 □

实训六　混悬剂的制备

【实训目的】

1. 会用分散法制备混悬剂。

2. 能正确评价混悬剂液的质量。

【实训场地】

实验室

【实训仪器与设备】

架盘天平、乳钵、烧杯、量杯、100ml 带刻度比浊管、尺子、坐标纸。

【实训材料】

炉甘石、氧化锌、甘油、西黄芪胶、三氯化铝、枸橼酸钠、沉降硫、硫酸锌、樟脑醑、5%苯扎溴铵溶液、吐温 80、纯化水。

【实训步骤】

【处方】

1. **炉甘石洗剂**

炉甘石洗剂处方

处方＼序号	1	2	3	4
炉甘石	4g	4g	4g	4g
氧化锌	4g	4g	4g	4g
甘油	5ml(6.4g)	5ml(6.4g)	5ml(6.4g)	5ml(6.4g)
西黄芪胶		0.5%(0.25g)		
三氯化铝			0.5%(0.25g)	
枸橼酸钠				0.5%(0.25g)
纯化水加至	50ml	50ml	50ml	50ml

2. **复方硫洗剂**

复方硫磺洗剂处方

处方＼序号	1	2	3
硫酸锌	3g	3g	3g
沉降硫	3g	3g	3g
甘油	10ml	10ml	10ml
樟脑醑	25ml	25ml	25ml
5%苯扎溴铵溶液		2.5ml	
聚山梨酯-80			0.3g
纯化水加至	100ml	100ml	100ml

【制备】

1. **炉甘石洗剂**

(1)处方①:将炉甘石、氧化锌加甘油研成糊状,逐渐加入纯化水至足量。

(2)处方②:将炉甘石、氧化锌加甘油研成糊状,再加入西黄芪胶胶浆,逐渐加纯化水至足量(西黄芪胶需先用乙醇分散)。

(3)处方③:将炉甘石、氧化锌加甘油研成糊状,再加入三氯化铝水溶液,逐渐加纯化水至足量。

(4)处方④:将炉甘石、氧化锌加甘油研成糊状,再加入枸橼酸钠水溶液,逐渐加纯化水至足量。

2. 复方硫磺洗剂

（1）处方①：取沉降硫置于乳钵中加入甘油研匀，缓缓加入硫酸锌水溶液（将硫酸锌溶于25ml水中过滤）研匀，缓缓加入樟脑醑，边加边研，最后加入纯化水使成全量，研匀即得。

（2）处方②：取沉降硫置于乳钵中加入甘油混匀，加入聚山梨酯-80研匀，缓缓加入硫酸锌水溶液（将硫酸锌溶于25ml水中过滤）研匀，缓缓加入樟脑醑，边加边研，最后加入纯化水使成全量，研匀即得。

（3）处方③：取沉降硫置于乳钵中加入甘油研匀，加入5%苯扎溴铵溶液研匀，缓缓加入硫酸锌水溶液（将硫酸锌溶于25ml水中过滤）研匀，缓缓加入樟脑醑，边加边研，最后加入纯化水使成全量，研匀即得。

3. 稳定性效果评价

（1）沉降容积比的测定：将4种处方制成的炉甘石洗剂及按3种处方制成的复方硫洗剂分别倒入有刻度的具塞比浊管内，密塞，用力振摇1分钟，记录混悬液的开始高度 H_0，并放置，按表6-7及表6-8所规定的时间测定沉降物的调试 H，计算沉降容积比（$F=H/H_0$），记录于相应表内。

（2）重分散实验：将分别装有炉甘石洗剂、复方硫磺洗剂的比浊管放置一定时间（48小时或1周），使其沉降，然后将比浊管倒置翻转（一反一正为一次），将筒底部沉降物重新分散所需要的翻转次数记录于相应表内。

【注意事项】

1. 制备炉甘石洗剂时，炉甘石和氧化锌分别研细后再混匀，加甘油和适量水进行研磨，加水量以成糊状为宜。

2. 制备复方硫磺洗剂时，樟脑醑宜以细流缓缓加入，边加边研磨，避免由于溶剂改变使樟脑析出较大的颗粒而影响混悬液质量。

【实训报告】

实训报告格式见附录一、实训结果记录表按表6-7、表6-8格式。

1. 炉甘石洗剂稳定性效果评价

表6-7　炉甘石洗剂稳定性效果评价

沉降实验	沉降容积比（H/H_0）			
放置时间（单位：min）	处方1	处方2	处方3	处方4
5				
15				
30				
60				
120				
沉降后重分散翻转次数				

2. 复方硫洗剂稳定性效果评价

表 6-8 复方硫洗剂稳定性效果评价

沉降实验	沉降容积比（H/H_0）		
放置时间（单位：min）	处方 1	处方 2	处方 3
5			
15			
30			
60			
120			
沉降后重分散翻转次数			

【实训测试表】

测试题目	测试答案（请在正确答案后“□”内打“√”）
混悬液型液体药剂的质量要求有哪些?	①混悬微粒细微均匀 □ ②混悬微粒沉降缓慢,沉降后不结块 □ ③口服混悬剂(包括干混悬剂)沉降体积比应不低于 0.90 □ ④黏稠度适宜,便于倾倒且不沾瓶壁 □ ⑤外用混悬剂应易于涂展,不易流散,干后能形成保护膜 □ ⑥标签上应注明“用前摇匀” □
混悬剂常用的附加剂有哪些?	①助悬剂 □ ②润湿剂 □ ③絮凝剂 □ ④反絮凝剂 □
混悬剂常用制备方法有哪些?	①分散法 □ ②凝聚法 □ ③溶解法 □ ④溶胀法 □ ⑤乳化法 □

实训七 乳剂的制备

【实训目的】

1. 会采用不同乳化剂制备乳剂。
2. 会鉴别乳剂的类型,并能恰当地评价乳剂的质量。

【实训场地】

实验室

【实训仪器与设备】

架盘天平、乳钵、烧杯、量杯、投药瓶、载玻片、显微镜、试管、滴管、离心机。

【实训材料 】

液状石蜡、阿拉伯胶、纯化水、氢氧化钙、花生油、苏丹红溶液、亚甲蓝溶液。

【实训步骤】

【处方】

1. 液状石蜡乳处方　液状石蜡 12ml；阿拉伯胶 4g；纯化水加至 30ml。

2. 石灰搽剂处方　氢氧化钙溶液 50ml；花生油 50ml。

【制备】

1. 液状石蜡乳

（1）干胶法：将阿拉伯胶与状石蜡于乳钵中研磨均匀，按油∶胶∶水为 3∶1∶2 的比例一次加足水，研磨至成稠厚初乳。再加纯化水适量研匀，共制成 50ml 乳剂，即得。

（2）湿胶法：取纯化水 8ml，加入阿拉伯胶 4g 配制成胶浆。将胶浆移至乳钵中，分次加入液状石蜡，每次加入都用力研磨使成稠厚初乳，至加完 12ml 液状石蜡为止。加纯化水适量研磨均匀，共制成 30ml。即得。

2. 石灰搽剂　取氢氧化钙溶液与花生油混合，用力振摇，使成乳浊液，即得。

3. 质量检查

（1）均匀度检查：所制得的乳剂镜检油滴应有较好的分散度与均匀度。

（2）乳剂类型鉴别：分别取液状石蜡乳和石灰搽剂约 1ml，置于试管内，滴入一滴苏丹红溶液，摇匀，显微镜检查，能被染色的为 W/O 型乳剂；另取两支试管，重复上述试验，滴入亚甲蓝溶液，能被染色的是 O/W 型乳剂。

（3）离心试验：取乳剂 10ml 置于离心管内，以 1000r/min，离心 5 分钟，镜检。比较离心前后乳剂微粒的变化。

【注意事项】

1. 制备液状石蜡乳时应严格控制油、胶、水的比例。如采用干胶法制备，则所用器具应干燥。

2. 制备液状石蜡乳时，乳钵以内壁粗糙者为佳。

【实训报告】

实训报告格式见附录一、实训结果记录表如下：

项目	液状石蜡乳	石灰搽剂
外观性状		
镜检结果		
染色结果		
结论（判断乳剂的类型）		

续表

项目		液状石蜡乳	石灰搽剂
离心结果	离心前		
	离心后		
离心作用对乳剂稳定性影响			

【实训测试表】

测试题目	测试答案（请在正确答案后“□”内打“√”）
乳剂类型的鉴别方法有哪些？	①外观法 □ ②稀释法 □ ③导电法 □ ④染色法 □
乳剂制备方法有哪些？	①干胶法 □ ②湿胶法 □ ③混合乳化法(包括两相交替加入法、机械法等)□ ④新生皂法 □
乳剂常见不稳定现象有哪些？	①乳析 □ ②絮凝 □ ③转型 □ ④合并与破坏 □ ⑤酸败分散法 □

目标检测

一、选择题

（一）单项选择题

1. 以下对液体制剂的质量要求说法，一定正确的是（　　）

A. 无菌　　B. 澄清　　C. 浓度高　　D. 分散均匀

2. 液体制剂的特点是（　　）

A. 吸收快，奏效迅速　　B. 刺激性大，难服用

C. 流动性大，不适用于腔道使用　　D. 性质稳定性好，易存贮

3. 含糖量要求达到65%的液体制剂是（　　）

A. 口服液　　B. 芳香水剂　　C. 糖浆剂　　D. 溶液剂

4. 加入电解质可能会产生絮凝而使稳定性增强的剂型是（　　）

A. 溶液剂　　B. 糖浆剂　　C. 混悬剂　　D. 滴鼻剂

5. 会发生破裂的液体制剂是(　　)

A. 溶液剂　B. 糖浆剂　C. 混悬液　D. 乳剂

6. 乳剂分层的原因是(　　)

A. 重力的作用　B. 微生物的作用　C. 乳化剂的作用　D. 增溶剂的作用

7. 乳剂贮存时发生变化但不影响使用的是(　　)

A. 乳析　B. 转型　C. 破裂　D. 酸败

8. 高分子溶液剂加入大量电解质可导致(　　)

A. 高分子化合物分解　B. 盐析

C. 产生凝胶　D. 胶粒带电,稳定性增加

9. 液体制剂常用的防腐剂是(　　)

A. 司盘 40　B. 吐温 80　C. 尼泊金　D. 二甲基亚砜

10. 液体制剂常用的增溶剂是(　　)

A. 亚硫酸钠　B. 吐温 80　C. 洁尔灭　D. 尼泊金

11. 关于干胶法制备初乳的叙述中,正确的是(　　)

A. 乳钵应先用水润湿　B. 分次加入所需的水

C. 胶粉应与水研磨成胶浆　D. 应沿同一方向研磨至初乳生成

12. 可作为 W/O 型乳化剂的是(　　)

A. 一价肥皂　B. 聚山梨酯类　C. 脂肪酸山梨坦类　D. 阿拉伯胶

(二) 多项选择题

1. 按给药途径分类的液体制剂有(　　)

A. 口服液　B. 胶体溶液　C. 洗剂

D. 滴鼻剂　E. 乳剂

2. 对胶体溶液分散相的叙述,正确的为(　　)

A. 分散相是固体　B. 分散相是液体

C. 一般分散相粒径在 1~100nm　D. 分散相可能是高分子化合物

E. 分散相可能是多分子的聚集体

3. 可以增强混悬剂的稳定性的方法有(　　)

A. 加入亲水性高分子物质　B. 加入单糖浆　C. 加入电解质

D. 加入增溶剂　E. 使用胶体磨进行分散

4. 液体制剂的分散溶媒包括(　　)

A. 水　B. 乙醇　C. 脂肪油

D. 聚乙二醇　E. 甘油

5. 增加药物水中溶解度的方法有(　　)

A. 加入表面活性剂　B. 加入助溶剂　C. 提高粉碎度

D. 搅拌　E. 将药物制成盐

6. 在液体制剂中表面活性剂的作用有(　　)

A. 增溶　　B. 助溶　　C. 助悬

D. 乳化　　E. 防腐

二、简答题

1. 列出液体制剂常用的附加剂。
2. 试述表面活性剂的应用与 *HLB* 值的关系。
3. 配液时如果出现药物难溶解的现象,可以采用哪些措施解决?

(何 静)

项目七

无菌液体制剂

导学情景

情景描述

2015 年 4 月的一天，某班同学正在野外春游踏青，忽然有一名同学开始打喷嚏、流鼻涕、流眼泪，随后出现了胸闷、喘息、呼吸困难症状，同学们立即将其送往医院，经医生诊断该同学为呼吸道过敏，医生为其注射了盐酸苯海拉明进行治疗。

学前导语

盐酸苯海拉明是一种常用的抗过敏药，其注射液主要用于急性重症过敏反应。 注射剂种类多，给药途径广，是应用最广泛的剂型之一，更适于危重病症的抢救，在临床治疗中具有不可替代的地位。 本项目我们将带领同学们学习各类注射剂的基本知识和基本操作，制备出合格的注射剂。

任务一　无菌液体制剂基础

一、无菌制剂的含义、分类

根据人体对环境微生物的耐受程度，《中国药典》对不同给药途径的药物制剂大体分为限菌制剂和无菌制剂。限菌制剂是指允许一定限量的微生物存在，但不得有规定控制菌存在的药物制剂，如口服制剂不得含大肠杆菌、金黄色葡萄球菌等有害菌。无菌制剂则要求不得检出任何活的微生物。

根据药物制剂除去活微生物的制备工艺不同，无菌制剂又可分为灭菌制剂与无菌制剂。灭菌制剂指采用物理、化学方法杀灭或除去所有活的微生物繁殖体和芽孢的药物制剂；无菌制剂指在无菌环境中，采用无菌操作方法或技术制备的不含任何活的微生物繁殖体和芽孢的药物制剂。

无菌制剂一般直接注入体内或直接与创伤面、黏膜接触应用，在使用前必须保证处于无菌状态，在生产和贮存该类制剂时，对设备、人员及环境也有特殊要求。常见的无菌制剂主要有以下几类：

1. 注射剂　如大、小容量注射剂与粉针剂等。

2. 眼用制剂　如供手术或角膜穿透伤等使用的滴眼剂、眼用膜剂、眼膏等。

3. 植入型制剂　指用埋植方式给药的制剂，如植入片等。

4. 创面用制剂　如溃疡、烧伤及外伤用的溶液、软膏、气雾剂等。

5. 手术用制剂　如止血海绵和骨蜡、用于伤口或手术后切口的冲洗液和透析液等。

无菌制剂有液体、固体、半固体甚至气体等多种形式，临床应用最多的无菌液体制剂是注射剂和滴眼剂。

二、注射剂概述

注射剂(injections)俗称针剂，指药物与适宜的溶剂或分散介质制成的供注入体内的溶液、乳状液或混悬液及供临用前配制或稀释成溶液或混悬液的粉末或浓溶液的无菌制剂。注射剂由药物、溶剂、附加剂及特制的容器所组成，是临床应用中最广泛的剂型之一。

(一) 注射剂的特点

1. 药效迅速、作用可靠　注射剂因直接注射入人体组织、血管或器官内，所以吸收快，作用迅速。特别是静脉注射，药液可直接进入血液循环，更适于抢救危重病症者。并且因注射剂不经胃肠道，故不受消化系统及食物的影响，因此剂量准确，作用可靠。

2. 适用于不宜口服给药的患者　在临床上常遇到昏迷、抽搐、惊厥等状态的患者，或消化系统障碍的患者均不能口服给药，采用注射给药则是有效的途径。

3. 适用于不宜口服的药物　某些药物由于本身的性质不易被胃肠道吸收，或具有刺激性，或易被消化液破坏，可将这些药物制成注射剂。如酶、蛋白等生物技术药物由于其在胃肠道不稳定，常制成粉针剂。

4. 发挥局部定位作用　如牙科和麻醉科用的局麻药等。

5. 注射给药不方便且安全性较低　由于注射剂是一类直接入血的制剂，使用不当更易发生危险。且注射时疼痛，易发生交叉污染，安全性差。故应根据医嘱由技术熟练的人员进行注射，以保证安全。

6. 其他　注射剂一般制造过程复杂，生产费用较大，且价格较高。

知识链接

无针注射给药系统

近年来，新型注射剂技术的研究取得了较大的突破，脂质体、微球、微囊等新型注射给药系统已实现商品化，无针注射剂亦已面市。

无针注射给药系统是以物理学、物理化学、分析化学、药剂学、药理学、药物代谢动力学、生物药剂学等学科理论为基础，综合运用计算机设计、数控机电加工技术、物理化工技术和药剂成型技术设计研制的，针对皮内、皮下、黏膜或创口部位给药，不使用传统注射器针头的新型给药系统。其具有无针、无痛、无交叉感染、使用方便等优点，医护人员或自我给药患者都能很方便地学会使用，尤其适用于有恐针感的患者和小儿患者，可显著提高患者的顺应性。无针注射器见图 7-1。

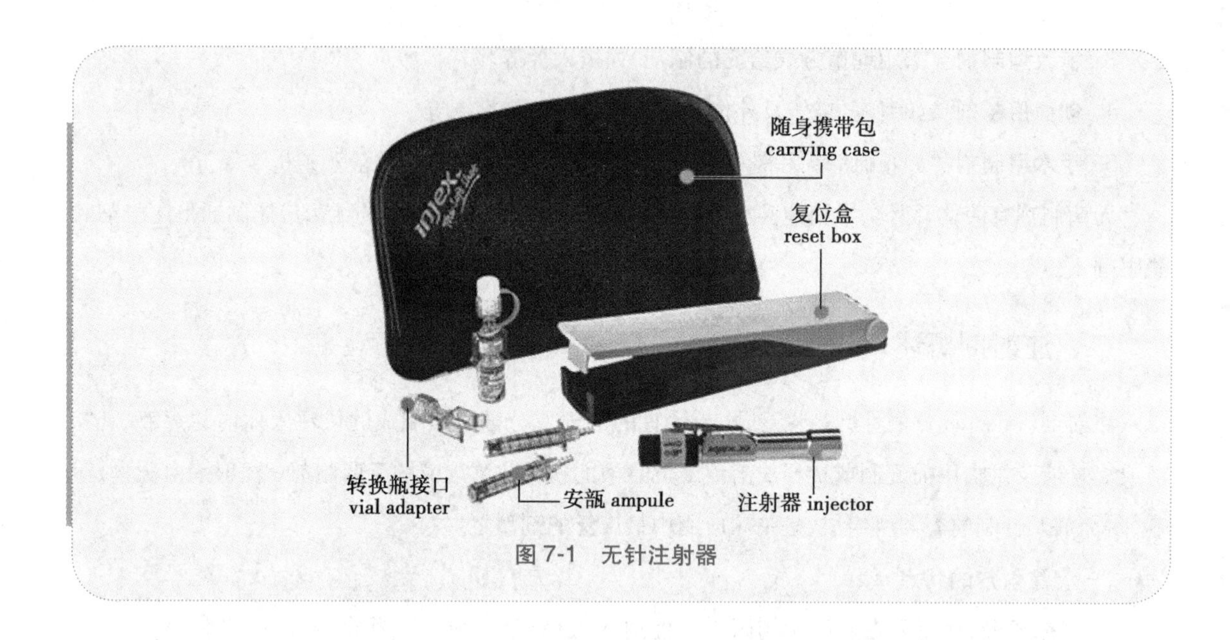

图 7-1　无针注射器

（二）注射剂的质量要求

1. **无菌**　注射剂成品中不得含有任何活的微生物，必须达到《中国药典》现行版无菌检查的要求。

2. **无热原**　无热原是注射剂的重要质量指标，特别是供静脉及脊椎注射的制剂。

3. **可见异物**　在《中国药典》现行版规定的条件下检查，不得有肉眼可见的混浊或异物。微粒注入人体后，较大的可堵塞毛细血管形成血栓，若侵入肺、脑、肾、眼等组织也可形成栓塞，并由于巨噬细胞的包围和增殖，形成肉芽肿等危害。可见异物检查，不但可保证用药安全，而且可以发现生产中的问题。

4. **安全性**　注射剂不应引起对组织的刺激性或发生毒性反应，特别是一些非水溶剂及一些附加剂，必须经过必要的动物试验，以确保安全。

5. **渗透压**　注射剂的渗透压要求与血浆的渗透压相等或接近。供静脉注射的大剂量注射剂还要求具有等张性。

6. **pH**　注射剂的 pH 要求与血液相等或接近（人体正常血液 pH 约为 7.24~7.45），一般控制在 4~9 的范围内。

7. **稳定性**　因注射剂多系水溶液，所以稳定性问题比较突出，故要求注射剂具有必要的物理和化学稳定性，以确保产品在储存期内安全有效。

8. **降压物质**　有些注射液，如复方氨基酸注射液，其降压物质必须符合规定，确保安全。

（三）注射剂的分类和给药途径

1. **注射剂的分类**　注射剂按照药物的分散方式不同，可分为溶液型注射剂、混悬型注射剂、乳剂型注射剂以及临用前配成液体使用的注射用无菌粉末等。

（1）溶液型注射剂：该类注射剂应澄明，包括水溶液和非水溶液等，如盐酸普鲁卡因注射液、紫杉醇注射液、二巯丙醇注射液等。

（2）混悬型注射剂：药物粒度应控制在 15μm 以下，含 15~20μm（间有个别 20~50μm）者，不应超过 10%，若有可见沉淀，振摇时应容易分散均匀。混悬型注射剂不得用于静脉或椎管注射。如醋酸可的松注射液、鱼精蛋白胰岛素注射液等。

(3)乳剂型注射剂：该类注射剂应稳定，不得有相分离现象，不得用于椎管注射，静脉用乳状液型注射液分散相球粒的粒度 90%应在 1μm 以下，不得有大于 5μm 的球粒。如静脉营养脂肪乳注射液等。

(4)注射用无菌粉末：亦称粉针，指供注射用的无菌粉末或块状制剂。如青霉素、蛋白酶类粉针剂等。

2. 注射剂的给药途径

(1)皮内注射：注射于表皮与真皮之间，一次剂量在 0.2ml 以下，常用于过敏性试验或疾病诊断，如青霉素皮试液、白喉诊断毒素等。

(2)皮下注射：注射于真皮与肌肉之间的松软组织内，一般用量为 1～2ml。皮下注射剂主要是水溶液，药物吸收速度稍慢。由于人体皮下感觉比肌肉敏感，故具有刺激性的药物混悬液，一般不宜作皮下注射。

(3)肌内注射：注射于肌肉组织中，一次剂量为 1～5ml。注射油溶液、混悬液及乳浊液具有一定的延效作用，且乳浊液有一定的淋巴靶向性。

(4)静脉注射：注入静脉内，一次剂量自几毫升至几千毫升，且多为水溶液。油溶液和混悬液或乳浊液易引起毛细血管栓塞，一般不宜静脉注射，但液滴平均直径<1μm 的乳浊液，可作静脉注射。凡能导致红细胞溶解或使蛋白质沉淀的药液，均不宜静脉给药。

(5)脊椎腔注射：注入脊椎四周蛛网膜下腔内，一次剂量一般不得超过 10ml。由于神经组织比较敏感，且脊椎液缓冲容量小、循环慢，故脊椎腔注射剂必须等渗，pH 在 5.0～8.0 之间，注入时应缓慢。

(6)其他：包括动脉内注射、心内注射、关节内注射、滑膜腔内注射、穴位注射以及鞘内注射等。

三、热原

热原系指能引起恒温动物体温异常升高的致热物质，包括细菌性热原、内源性高分子热原、内源性低分子热原及化学热原等。药品生产中所指的“热原”，主要是指细菌性热原，是某些细菌的代谢产物，存在于细菌的细胞膜和固体膜之间，是微生物的一种内毒素。内毒素注射后能引起人体致热反应。大多数细菌都能产生热原反应，致热能力最强的是革兰阴性杆菌。霉菌与病毒也能产生热原。内毒素是由磷脂、脂多糖和蛋白质所组成的复合物。其中脂多糖是内毒素的主要成分，具有特别强的致热活性，因而可大致认为热原=内毒素=脂多糖。脂多糖的组成因菌种不同而不同。热原的分子量一般为 1×10^6 左右。

含有热原的注射液注入体内后，大约半小时就能使人体产生发冷、寒战、体温升高、恶心呕吐等不良反应，严重者出现昏迷、虚脱，甚至有生命危险，临床上称为“热原反应”。

（一）热原的性质

1. 耐热性　热原在 60℃加热 1 小时不受影响，100℃加热也不降解，但在 180℃3～4 小时、250℃

30～45 分钟或 650℃1 分钟加热可使热原彻底破坏。

2. 过滤性　热原体积小，约为 1～5nm，可通过一般的滤器包括微孔滤膜而进入滤液，但可被活性炭吸附。

3. 水溶性　由于磷脂结构上连接有多糖，所以热原能溶于水。

4. 不挥发性　热原本身不挥发，但在蒸馏时，可随水蒸气中的雾滴带入蒸馏水中，因此制备注射用水时在蒸馏水器的蒸发室上部应设隔沫装置，以分离蒸汽和雾滴。

5. 其他　热原能被强酸、强碱破坏，也能被强氧化剂（如高锰酸钾或过氧化氢等）破坏，超声波及某些表面活性剂（如去氧胆酸钠）也能使之失活。

（二）热原的主要污染途径

1. 溶剂　如注射用水，是热原污染的主要来源。蒸馏设备结构不合理，操作与接收容器不当或贮藏时间过长等易发生热原污染。故注射用水应新鲜使用，蒸馏器质量要好，环境应洁净。

2. 原辅料　特别是用生物方法制备的药物和辅料易滋生微生物，如右旋糖酐、水解蛋白等药物；葡萄糖、乳糖等辅料在贮藏过程中可因包装损坏等而污染。

3. 容器、用具、管道与设备等　注射剂生产中对容器、用具、管道与设备等，应按 GMP 要求认真清洗处理，否则常易导致热原污染。

4. 制备过程与生产环境　注射剂制备过程中室内卫生差，操作时间过长，产品灭菌不及时或灭菌不合格，均能增加细菌污染的机会，从而可能产生热原。

5. 使用过程的输液器具和调配环境　有时输液本身不含热原，但往往也有可能由于输液器具污染而引起热原反应，输液配制使用应符合静脉用药集中调配中心管理规范。

（三）热原的去除方法

1. 高温法　凡能经受高温加热处理的容器与用具，如针头、针筒或其他玻璃器皿，在洗净后，于 250℃加热 30 分钟以上，可破坏热原。

2. 酸碱法　玻璃容器、用具可用重铬酸钾硫酸清洗液或稀氢氧化钠液处理来破坏热原。热原亦能被强氧化剂破坏。

3. 吸附法　注射剂常用活性炭处理，用量为 0.05%～0.5%（*m*/*V*）。此外，有将 0.2%活性炭与 0.2%硅藻土合用于处理 20%甘露醇注射液，除热原效果较好。

4. 离子交换法　国内有用#301 弱碱性阴离子交换树脂 10%与#122 弱酸性阳离子交换树脂 8%，成功地除去丙种胎盘球蛋白注射液中的热原。

5. 凝胶过滤法　如用二乙氨基乙基葡聚糖凝胶（分子筛）制备无热原去离子水。

6. 反渗透法　用反渗透法通过三醋酸纤维膜除去热原，这是近几年发展起来的有实用价值的新方法。

7. 超滤法　一般用 3.0～15nm 孔径的超滤膜除去热原。如用超滤膜过滤可除去 10%～15%葡萄糖注射液的热原。

8. 其他方法　采用二次以上湿热灭菌法或适当提高灭菌温度和时间可除去热原，如葡萄糖或甘露醇注射液中含有的热原亦可采用上述方法处理。微波也能破坏热原。

课堂活动

经检查，有一批葡萄糖注射液已污染热原，试分析该注射液中的热原可能是通过哪些途径污染的？ 葡萄糖注射液生产中应如何避免污染以及除去热原？

四、注射剂常用的附加剂

为确保注射剂的安全、有效和稳定,除主药和溶剂外还可加入其他物质,这些物质统称为“附加剂”。各国药典对注射剂中所用的附加剂的类型和用量往往有明确的规定,注射剂中附加剂的使用应符合“注射用”的标准,同时还必须考虑给药方法与安全性等方面的要求与特点。

案例分析

案例

2006 年，我国齐齐哈尔第二制药有限公司生产的亮菌甲素注射液在临床出现严重的不良反应，造成多名患者死亡，被称为“齐二药”事件。

分析

经检测，这批注射液含有二甘醇，由于二甘醇对人体严重的肾毒性，导致患者急性肾衰竭死亡。 该事件发生的原因主要是：某经销商将工业原料二甘醇假冒丙二醇销售给了齐齐哈尔第二制药有限公司，而该厂又在未经检验的情况下将这种二甘醇错当成丙二醇使用在了亮菌甲素注射液中。

我国药典规定，注射剂所用原辅料应从来源及工艺等生产环节进行严格控制并应符合注射用的质量要求。 因此，为保障公众用药安全，药品生产企业必须遵守国家相关规定，保证每个环节按照标准操作规程执行，对原辅料的采购、检验、使用等环节进行严格管理。

附加剂种类不同,在注射剂中的作用也不同,其作用主要有：

（一）增加主药的溶解度

配制注射剂时,对于溶解度较小,不能满足临床要求的药物,须采用适宜的方法来增加药物溶解度。增加药物溶解度的方法参见项目六。增溶剂和助溶剂是常用来增加药物溶解度的附加剂,同时也能提高药液的澄明度。注射液多用安全性较好的吐温类、卵磷脂、普朗尼克等增溶剂,而普通的液体药剂则有更多的选择。

（二）防止主药的氧化

为延缓和防止药物氧化变质,提高稳定性,注射剂中可加入抗氧剂、金属螯合剂等附加剂。

另外,注射液在配液和灌封时通入惰性气体驱除注射用水和容器空间的氧,可有效防止药物氧化。常用的惰性气体有 N_2 和 CO_2。使用时,应注意 CO_2 可能改变某些药液的 pH,惰性气体必须净化后使用。通入惰性气体的方法一般是:先在注射用水中通入惰性气体使其饱和,配液时再通入药液中,并在惰性气体的气流下灌封,驱除安瓿中的氧气。

（三）抑制微生物生长

为防止污染,多剂量包装的注射液可加适宜的抑菌剂,加有抑菌剂的注射液,仍应采用适宜的方法灭菌。静脉输液与脑池内、硬膜外、椎管内用的注射液均不得添加抑菌剂。除另有规定外，一次注射量超过 15ml 的注射液，不得添加抑菌剂。加有抑菌剂的注射剂，在标签中应标明所加抑菌剂的名称与浓度。

（四）调节 pH

调节注射液的 pH，可以增加药物稳定性，减少对机体的局部刺激性，确保用药安全。

（五）调节渗透压

等渗溶液是指与血浆渗透压相等的溶液。注入机体内的液体一般要求等渗，否则容易产生刺激性。如 0.9%的氯化钠、5%的葡萄糖溶液为等渗溶液。肌内注射可耐受 0.45%～2.7%的氯化钠溶液（相当于 0.5～3 个等渗浓度）。对于静脉注射，低渗溶液容易造成溶血现象，即使是不至于产生溶血的低渗注射液用于静脉注射也是不容许的；高渗溶液容易引起红细胞萎缩，有形成血栓的可能，但只要注射速度足够慢，血液可自行调节使渗透压很快恢复正常，所以静脉注射液可以适当调节为偏高渗，但不宜过高。对脊椎腔内注射，其注射液必须调节至等渗。

常用的等渗调节方法有冰点降低数据法和氯化钠等渗当量法。表 7-1 为一些药物的 1%水溶液的冰点降低值与氯化钠等渗当量，根据这些数据，可将所配溶液调节为等渗溶液。

表 7-1　一些药物的 1%水溶液的冰点降低值与氯化钠等渗当量

药物名称	1%（*m*/*V*）水溶液冰点降低值（℃）	1g 药物的氯化钠等渗当量（*E*）	等渗浓度溶液的溶血情况		
			浓度%	溶血%	pH
硼酸	0.28	0.47	1.90	100	4.6
盐酸乙基吗啡	0.19	0.15	6.18	38	4.7
硫酸阿托品	0.08	0.10	8.85	0	5.0
盐酸可卡因	0.09	0.14	6.33	47	4.4
氯霉素	0.06	—	—	—	—
依地酸钙钠	0.12	0.21	4.50	0	6.1
盐酸麻黄碱	0.16	0.28	3.20	96	5.9
无水葡萄糖	0.10	0.18	5.05	0	6.0
葡萄糖（H_2O）	0.091	0.16	5.51	0	5.9
氢溴酸后马托品	0.097	0.17	5.67	92	5.0
盐酸吗啡	0.086	0.15	—	—	—
碳酸氢钠	0.381	0.65	1.39	0	8.3
氯化钠	0.58	—	0.90	0	6.7
青霉素 G 钾	—	0.16	5.48	0	6.2
硝酸毛果芸香碱	0.133	0.22	—	—	—
吐温-80	0.01	0.02	—	—	—
盐酸普鲁卡因	0.12	0.18	5.05	91	5.6
盐酸丁卡因	0.109	0.18	—	—	—

1. 冰点降低数据法　冰点降低数据法调节渗透压的依据是冰点相同的稀溶液具有相等的渗透压。一般情况下，血浆冰点为-0.52℃。根据物理化学原理，任何溶液冰点降低到-0.52℃，即与血浆等渗。等渗调节剂的用量可用式7-1计算。

$$w=\frac{0.52-a}{b} \qquad \text{式(7-1)}$$

式中，w 为配制等渗溶液需加等渗调节剂的百分含量（g/100ml）；a 为药物溶液的冰点降低值，若溶液中含有两种或两种以上的物质时，则 a 为各物质冰点降低值的总和；b 为所用等渗调节剂1%溶液的冰点降低值。

例：配制2%的盐酸普鲁卡因注射液100ml，需加入多少克氯化钠，可调为等渗溶液？

解析：查表7-1可知，2%的盐酸普鲁卡因注射液的冰点降低值 a 为 $0.12\times2=0.24$；所用等渗调节剂氯化钠1%溶液的冰点降低值 b 为0.58。则

$$w=\frac{0.52-0.24}{0.58}=0.48g$$

因此，需加入0.48g氯化钠可将2%的盐酸普鲁卡因注射液100ml调为等渗溶液。

对于成分不明或查不到冰点降低数据的注射液，可通过实验测定，再依上法计算。

2. 氯化钠等渗当量法　氯化钠等渗当量指与药物1g呈现等渗效应的氯化钠的量，一般用 E 表示。查出药物的氯化钠等渗当量后，可计算出等渗调节剂的用量，计算方法见式7-2。

$$X=0.009V-EW \qquad \text{式(7-2)}$$

式中，X 为配成 V ml等渗溶液需加入氯化钠的克数；E 为药物的氯化钠等渗当量；W 为 V ml溶液内所含药物的克数；0.009为每1ml等渗氯化钠溶液中所含氯化钠的克数。

例：配制1%盐酸普鲁卡因注射液200ml，应加入多少克氯化钠，可使其成为等渗溶液？

解析：查表7-1可知，盐酸普鲁卡因的氯化钠等渗当量 E 为0.18；1%盐酸普鲁卡因注射液200ml含主药量 W 为 $1\%\times200=2g$。则

$$X=0.009\times200-0.18\times2=1.44g$$

因此，配制1%盐酸普鲁卡因注射液200ml，应加入1.44g氯化钠使其成为等渗溶液。

知识链接

等张调节

等张溶液是指渗透压与红细胞膜张力相等的溶液。等渗和等张溶液定义不同，等渗溶液不一定等张，等张溶液亦不一定等渗。对有些药物来说，它们的等渗和等张浓度相等。如0.9%的氯化钠溶液。但还有一些药物如盐酸普鲁卡因、甘油、丙二醇等，其等渗溶液注入体内，还会发生不同程度的溶血现象。

在新产品试制中，即使所配制的溶液为等渗溶液，为用药安全，亦应进行溶血试验，必要时加入氯化钠、葡萄糖等调节为等张溶液。

（六）其他作用

注射剂中的附加剂还能发挥局部止疼，助悬、乳化、延效等作用。具体作用参见项目六。

注射剂常用的附加剂见表 7-2。

表 7-2　注射剂常用的附加剂

附加剂	浓度范围（%）	附加剂	浓度范围（%）
pH 调节剂		**抗氧剂**	
醋酸，醋酸钠	0.22~0.8	亚硫酸钠	0.1~0.2
枸橼酸，枸橼酸钠	0.5~4.0	亚硫酸氢钠	0.1~0.2
乳酸	0.1	焦亚硫酸钠	0.1~0.2
酒石酸，酒石酸钠	0.65~1.2	硫代硫酸钠	0.1
磷酸氢二钠，磷酸二氢钠	0.71~1.7	**等渗调节剂**	
碳酸氢钠，碳酸钠	0.005~0.06	氯化钠	0.5~0.9
抑菌剂		葡萄糖	4~5
苯甲醇	1~2	甘油	2.25
羟苯酯类	0.01~0.015	**局部止疼剂**	
苯酚	0.5~1.0	利多卡因	0.05~1.0
三氯叔丁醇	0.25~0.5	盐酸普鲁卡因	1.0
硫柳汞	0.001~0.02	苯甲醇	1.0~2.0
螯合剂		三氯叔丁醇	0.3~0.5
EDTA-2Na	0.01~0.05	**助悬剂**	
增溶剂、乳化剂、润湿剂		明胶	2.0
聚氧乙烯蓖麻油	1~65	甲基纤维素	0.03~1.05
聚山梨酯 20	0.01	羧甲基纤维素钠	0.05~0.75
聚山梨酯 40	0.05	果胶	0.2
聚山梨酯 80	0.04~4.0	**稳定剂**	
聚维酮	0.2~1.0	肌酐	0.5~0.8
聚乙二醇-40 蓖麻油	7.0~11.5	甘氨酸	1.5~2.25
卵磷脂	0.5~2.3	烟酰胺	1.25~2.5
Pluronic F-68	0.21	辛酸钠	0.4
填充剂		**保护剂**	
乳糖	1~8	乳糖	2~5
甘氨酸	1~10	蔗糖	2~5
甘露醇	1~2	麦芽糖	2~5
		人血白蛋白	0.2~2

点滴积累

1. 无菌制剂不含任何活的微生物。 注射剂是应用最多的无菌制剂，药效迅速可靠，适用范围广，应用途径较多，质量要求高。
2. 注射剂特别是供静脉及脊椎注射的制剂要求无热原。 热原是微生物产生的一种内毒素，污染途径广泛，注射剂生产中应根据药物的性质，选择合适的方法有效去除热原。
3. 注射剂常用的附加剂有增溶剂、助溶剂、抗氧剂、金属螯合剂、pH 调节剂、渗透压调节剂、抑菌剂、局部止疼剂等，注射剂所用的附加剂必须符合《中国药典》所规定的各项检查和含量要求。

任务二　小容量注射剂

小容量注射剂也称水针剂，指装量小于 50ml 的注射剂，生产过程包括原辅料和容器的前处理、称量、配制、过滤、灌封、灭菌、质量检查、包装等步骤。小容量注射剂生产工艺流程如图 7-2。

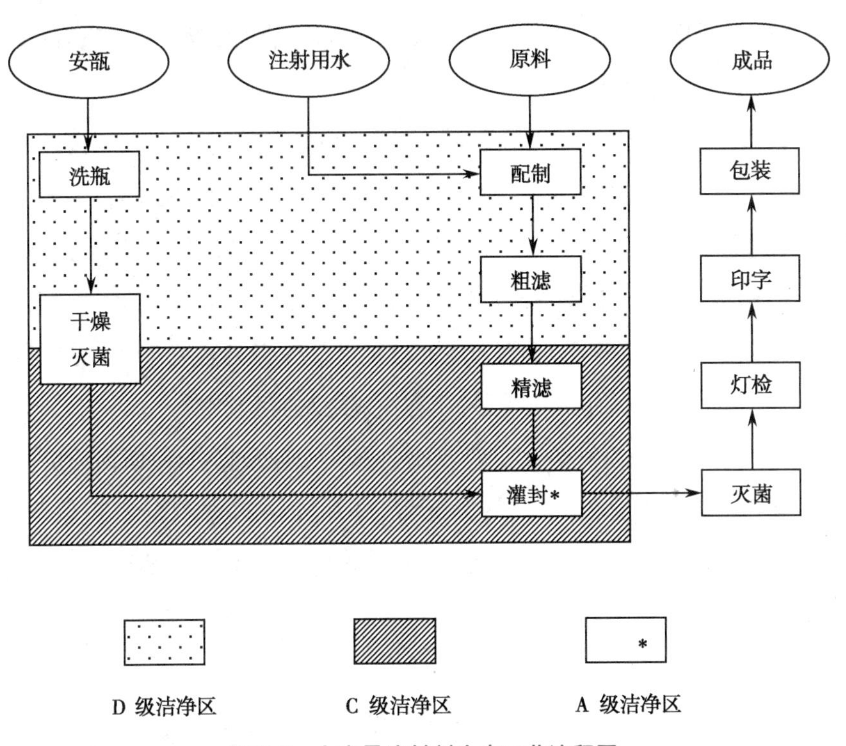

图 7-2　小容量注射剂生产工艺流程图

一、小容量注射剂的包装容器

小容量注射剂的包装容器称为安瓿，我国目前以玻璃安瓿应用较多，为避免折断安瓿瓶颈时产生玻璃屑、微粒进入安瓿内污染药液，我国强制推行曲颈易折安瓿。易折安瓿在外观上分为两种，色环易折安瓿和点刻痕易折安瓿。它们均可平整折断，不易产生玻璃碎屑。安瓿多为无色，也可采用棕色玻璃安瓿。无色安瓿有利于检查药液的可见异物；棕色安瓿可遮光，滤除紫外线，适用于光敏性药物，但棕色安瓿含氧化铁，痕量的氧化铁有可能被药液浸取而进入产品中，如果产品中含有的成分能被铁离子催化，则不能使用棕色安瓿。安瓿常用的规格通常有 1ml、2ml、5ml、10ml、20ml 等几种。

知识链接

制造安瓿的玻璃

玻璃质量有时能影响注射剂的稳定性，如导致 pH 改变、沉淀、变色、脱片等。目前制造安瓿的玻璃主要有中性玻璃、含钡玻璃和含锆玻璃。中性玻璃是低硼酸硅盐玻璃，适合于盛装近中性或弱酸性注射剂，如葡萄糖注射液、灭菌注射用水等。含钡玻璃的耐碱性好，可盛装碱性较强的注射液，如磺胺嘧啶钠注射液（pH 10~10.5）。含锆玻璃系含少量锆的中性玻璃，具有更高的化学稳定性，耐酸、碱性能好，可用于盛装酸碱性较强及对 pH 敏感药物，如乳酸钠、碘化钠、磺胺嘧啶钠、酒石酸锑钾等注射液。

随着塑料工业的发展，塑料安瓿也有应用，塑料安瓿材质为聚乙烯，不会产生碎屑，采用扭力开瓶，旋转即可开瓶，操作方便，且断口不锐利，不会划伤护理人员；还能防撞击，便于运输和携带。

（一）安瓿的质量要求及检查

1. 安瓿的质量要求　安瓿的质量与注射剂的稳定性关系密切，安瓿用来灌装各种性质不同的注射液，不仅在制造过程中需经高温灭菌，而且应适合在不同环境下长期储藏。因此，注射剂玻璃容器应达到以下质量要求：①应无色透明，以利于检查药液的可见异物、杂质以及变质情况；②应具有低的膨胀系数、优良的耐热性，使之不易冷爆破裂；③熔点低，易于熔封；④不得有气泡、麻点及砂粒；⑤应有足够的物理强度，能耐受热压灭菌时产生的较大压力差，并能避免在生产、装运和保存过程中可能造成的破损；⑥应具有高度的化学稳定性，不与注射液发生物质交换。

2. 安瓿的检查　为了保证注射剂的质量，安瓿必须按药典要求进行一系列的检查，主要包括物理和化学检查。物理检查内容主要有安瓿外观、尺寸、应力、清洁度、热稳定性等；化学检查内容主要有容器的耐酸碱性和中性检查等。理化性能合格后，尚需做装药试验，装药试验主要是检查安瓿与药液的相容性，证明无影响方能使用。

（二）安瓿的洗涤

1. 安瓿的洗涤技术　安瓿在制造和运输过程中难免受到污染，必须经过洗涤方可使用。安瓿的洗涤方法一般有以下几种：①甩水洗涤法：将安瓿经喷淋灌水机灌满滤净的纯化水或注射用水，再用甩水机将水甩出，如此反复 3 次。此法由于洗涤质量不高，生产中已基本不用。②汽水喷射洗涤法：指用过滤的纯化水或注射用水与过滤的压缩空气由针头喷入安瓿内交替喷射冲洗，冲洗顺序一般为气→水→气→水→气。最后一次洗涤用水应是经过微孔滤膜精滤的注射用水。③超声波洗涤法：利用超声技术清洗安瓿是国外制药工业近二十年来新发展起来的一项新技术。在液体中传播的超声波能对物体表面的污物进行清洗。它具有清洗洁净度高、清洗速度快等特点。特别是对盲孔和各种几何状物体，洗净效果独特。

2. 安瓿的洗涤设备　药厂生产一般将安瓿洗瓶机安装在安瓿干燥灭菌与灌封工序前，组成洗、烘、灌、封联动生产线。

安瓿洗涤常用的设备一般采用超声波与汽水喷射洗涤法相结合。①汽水喷射式安瓿洗瓶机组：主要由供水系统、压缩空气及其过滤系统、洗瓶机三大部分组成，汽水冲洗程序自动完成；②超声波安瓿洗瓶机：利用超声波清除瓶内、外黏附较牢固的物质，与汽水喷射联用，可自动完成进瓶、超声波清洗、外洗、内洗到出瓶的全套生产过程，清洗效果好。

小容量水针洗瓶岗位标准操作

3. 安瓿洗涤岗位的洁净度要求　安瓿洗瓶操作室洁净度按D级要求。室内相对室外呈正压，除有特殊要求外，温度控制在18~26℃，相对湿度45%~65%。

（三）安瓿的干燥灭菌

1. 安瓿干燥灭菌技术与设备　清洗后的安瓿需要干燥和灭菌，一般采用干热灭菌方法，干燥和灭菌一次完成。安瓿的干燥与灭菌常用的设备有两大类：一类是间歇式干热灭菌设备，即烘箱；另一类是连续式干热灭菌设备，即隧道式烘箱。大生产中采用隧道式烘箱，隧道式烘箱也有两种形式，一种是电热层流干热灭菌烘箱；另一类是远红外线加热灭菌烘箱。

两种隧道式烘箱都是整个输送隧道在密封系统内，有层流净化空气保护不受污染。隧道烘箱内分为三个区，分别完成预热、高温灭菌和冷却过程，冷却后的安瓿温度接近室温，以便下道工序进行灌装封口。隧道式烘箱前端可与洗瓶机相连，后端可设在C级洁净区与灌封机相连，组成联动生产线。

2. 安瓿干燥灭菌岗位的洁净度要求　安瓿干燥灭菌操作室洁净度按D级要求，最终灭菌注射剂灭菌后的安瓿在C级洁净度下于密闭容器保存，非最终灭菌注射剂灭菌后的安瓿在B级洁净度下于密闭容器保存。室内相对室外呈正压，除有特殊要求外，温度控制在18~26℃，相对湿度45%~65%。

二、小容量注射剂的配液与过滤

小容量注射剂主要由药物、溶剂及其他附加剂组成。供注射用的原料和辅料，必须符合《中国药典》所规定的各项检查与含量要求。某些品种，可另行制定内控标准。在大生产前，应做小样试制，检验合格后方可使用。

注射剂所用溶剂必须安全无害，并不得影响疗效和质量。一般分为水性溶剂和非水性溶剂。水性溶剂最常用的为注射用水，也可用0.9%氯化钠溶液或其他适宜的水溶液。非水性溶剂常用的为植物油，主要为供注射用大豆油，其质量应符合《中国药典》现行版的标准；其他还有乙醇、丙二醇、聚乙二醇等溶液。

（一）注射剂配液与过滤常用的技术与设备

1. 配液　注射液配制前，应正确计算原辅料的用量，称量时应两人核对。含结晶水的药物应注意其换算。

注射液配制方法分为浓配法和稀配法两种。浓配法指将全部药物加入部分处方量溶剂中配成浓溶液，加热或冷藏后过滤，然后稀释至所需浓度，此法可滤除溶解度小的杂质。稀配法指将全部药物加入于全部处方量溶剂中，一次配成所需浓度，再行过滤，此法可用于优质原料。

在配制油性注射液时，先将注射用油经150℃干热灭菌1~2小时，冷却至适宜温度（一般在主药熔点以下20~30℃），趁热配制，过滤（一般在60℃以下），温度不宜过低，否则黏度增大，不易过滤。

注射剂生产中配制药物溶液的容器是配液罐，配液罐应由化学性质稳定、耐腐蚀的材料制成，避免污染药液，目前药厂多采用不锈钢配液罐。配液罐在罐体上带有夹层，罐盖上装有搅拌器，顶部一般装有喷淋装置便于配液罐的清洗。夹层既可通入蒸汽加热，提高原辅料在注射用水中的溶解速度，又可通入冷水，吸收药物溶解热。搅拌器由电机经减速器带动，转速约20r/min，加速原辅料的扩散溶解，并促进传热防止局部过热。配液罐分为浓配罐和稀配罐。

小容量水针配液岗位标准操作

2. 过滤　注射液过滤一般采用二级过滤，即先将药液进行预滤，常用滤器为钛滤器；预滤后的药液再进行精滤，常用微孔滤膜（孔径为0.22~0.45μm）滤器，药液经含量、pH检验合格后方可精滤。为确保过滤质量，很多药厂将精滤后的药液灌装前再进行终端过滤，所用滤器为孔径0.22μm的微孔滤膜滤器。

（1）钛滤器：钛棒以工业纯钛粉（纯度≥99.68%）为主要原料经高温烧结而成。主要特性有：①化学稳定性好，能耐酸、耐碱，可在较大pH范围内使用；②机械强度大，精度高、易再生、寿命长；③孔径分布窄，分离效率高；④抗微生物能力强，不与微生物发生作用；⑤耐高温，一般可在300℃以下正常使用；⑥无微粒脱落，不对药液形成二次污染。该滤器常用于浓配环节中的脱炭过滤以及稀配环节中终端过滤前的保护过滤。

（2）微孔滤膜滤器：微孔滤膜是一种高分子滤膜材料，具有很多的均匀微孔，孔径从0.025~14μm不等，其过滤机制主要是物理过筛作用。微孔滤膜的种类很多，常用的有醋酸纤维滤膜、聚丙烯滤膜、聚四氟乙烯滤膜等。微孔滤膜的优点是孔隙率高、过滤速度快、吸附作用小、不滞留药液、不影响药物含量，设备简单、拆除方便等；缺点是耐酸、耐碱性能差，对某些有机溶剂如丙二醇适应性也差，截留的微粒易使滤膜阻塞，影响滤速等，故应用其他滤器预滤后，再使用该滤器过滤。

知识链接

投料量的确定和偏差纠正

1. 投料量的确定　操作的原则是按生产指令进行投料，这是保证中间体含量合格的基础。但由于生产指令中提供的是处方中各种组分的比例及理论上的配液总量，故实际的投料量还需要根据情况进行适当的换算。

为保证含量与其均一性，配液操作中还应注意：①认真校对称量器具，准确称量，并执行双核对制度；②控制搅拌器转速、搅拌时间等进行适度搅拌。

2. 偏差纠正　指生产人员对配液操作中出现的不合格现象予以返工。

（1）浓度偏高：配制的液体成分含量偏高可能是由于投料量正确，而溶剂加入量不足所致。一般的处理方法是补足溶剂至规定配液体积即可。

（2）浓度偏低：浓度偏低的问题相对比较复杂，如果是因为药物本身稳定性较差，配液时由于温度等因素的影响使部分药物降解而导致浓度偏低，则需要通过工艺的修订，如改变配液温度，或在规定的范围内选择较高的配液浓度以弥补纠正质量偏差。 如果是由于生产操作者工作疏忽导致投料量不准所致的浓度偏低，应添加补给量。

（二）配液与过滤岗位的洁净度要求

注射剂浓配间洁净度按 D 级、稀配及过滤间按 C 级要求，精滤后药液在 C 级洁净度下存放。室内相对室外呈正压，除有特殊要求外，温度控制在 18～26℃，相对湿度 45%～65%。

三、小容量注射剂的灌封

滤液经检查合格后进行灌装和封口，即灌封。灌装药液时应注意：①剂量准确。灌装时注射液可分别按易流动液和黏稠液，根据《中国药典》现行版要求（见表 7-3）适当增加装量，以保证注射用量不少于标示量。②药液不沾瓶。为防止灌注器针头“挂水”，活塞中心常有毛细孔，可使针头挂的水滴缩回并调节灌装速度，过快时药液易溅至瓶壁而沾瓶。③易氧化的药物灌装时应通惰性气体，通惰性气体应既不使药液溅至瓶颈，又使安瓿空间空气除尽，一般采用空安瓿先充一次惰性气体，灌装药液后再充一次效果较好。

表 7-3　注射液装量增加量

标示装量（ml）	增加量（ml）		标示装量（ml）	增加量（ml）	
	易流动液	黏稠液		易流动液	黏稠液
0.5	0.10	0.12	10	0.50	0.70
1	0.10	0.15	20	0.60	0.90
2	0.15	0.25	50	1.0	1.5
5	0.30	0.50			

（一）注射剂灌封常用的技术与设备

安瓿封口目前都采用旋转拉丝封口，该方法封口严密，不易出现毛细孔，对药液的影响小。灌封过程中可能出现的问题主要有剂量不准，封口不严，出现泡头、平头、焦头等。焦头是经常遇到的问题，产生的原因有：灌药时给药太急，溅起药液挂在安瓿壁上，封口时形成炭化点；针头往安瓿里注药后，针头不能立即回药，尖端还带有药液水珠；针头安装不正，尤其是安瓿往往粗细不匀，给药时药液沾瓶；压药与针头打药的行程配合不好，造成针头刚进瓶口就注药或针头临出瓶时才注完药液；针头升降轴不够润滑，针头起落迟缓等。应分析原因加以解决。

灌封所用设备为拉丝灌封机。自动安瓿灌封机，可自动完成进瓶→理瓶→送瓶→前充氮→灌装→后充氮→预热→拉丝封口→出瓶等工序。灌封机可与超声波洗瓶机、隧道灭菌烘箱联动进行，组成洗涤、烘干灭菌以及药液灌封三个步骤联合起来的生产线。其主要特点是生产全过程是在密闭或层流条件下工作，符合 GMP 要求，采用先进的电子技术和微机控制，实现机电一体化，使整个生产过程达到自动平衡、监控保护、自动控温、自动记录、自动报警和故障显示，减轻了劳动强度，减少了操作人员。

小容量水针剂灌封岗位标准操作

（二）灌封岗位的洁净度要求

最终灭菌注射剂灌封岗位洁净度要求为C级背景下的局部A级，非最终灭菌注射剂灌封岗位洁净度要求为B级背景下的局部A级。室内相对室外呈正压，除有特殊要求外，温度控制在18~26℃，相对湿度45%~65%。

四、小容量注射剂的检漏与灭菌

一般注射液灌封后必须尽快进行灭菌（应在4小时内灭菌），以保证产品的无菌。注射液的灭菌要求是在杀灭所有微生物的前提下，避免药物的降解。灭菌与保持药物稳定性是矛盾的两个方面，灭菌温度高、时间长，容易把微生物杀灭，但却不利于药液的稳定，因此选择适宜的灭菌法对保证产品质量甚为重要。药厂生产一般采用热压灭菌法，要求按灭菌效果 F_0 大于8进行验证。

灭菌后的安瓿应立即进行漏气检查。若安瓿未严密熔合，有毛细孔或微小裂缝存在时，则药液易被微生物与污物污染或导致药物泄漏，因此必须剔除漏气产品。安瓿灭菌、检漏常用的设备即安瓿检漏灭菌柜，多通过高温高压灭菌，真空加色水检漏，最后用清水进行清洗处理，保证瓶外壁干净无污染。根据加热介质不同，安瓿检漏灭菌柜主要有两种类型，即蒸汽式安瓿检漏灭菌柜和水浴式安瓿检漏灭菌柜。

五、小容量注射剂的质量检查

按照《中国药典》（2015年版），除另有规定外，注射剂应进行以下相应检查：

1. **装量**　标示装量为不大于2ml者取供试品5支，2ml以上至50ml者取供试品3支，按照药典方法进行检查，每支的装量均不得少于其标示量。

2. **可见异物**　可见异物指存在于注射剂、滴眼剂中，在规定条件下目视可以观测到的不溶性物质，其粒径或长度通常大于50μm。注射剂除另有规定外，按照药典可见异物检查法检查，应符合规定。

3. **不溶性微粒**　除另有规定外，溶液型静脉用注射液、注射用无菌粉末及注射用浓溶液按照药典不溶性微粒检查法检查，应符合规定。

4. **无菌**　按照药典无菌检查法检查应符合规定。

5. **细菌内毒素或热原**　除另有规定外，静脉用注射剂按药典各品种项下的规定，按照细菌内毒素检查法或热原检查法检查，应符合规定。

六、小容量注射剂的包装

经检验合格的注射剂，应在安瓿上印字注明注射剂的品名、规格及批号。注射剂生产中印字包装生产线，使印字、装盒、贴签及包装等联动成一体，提高了安瓿的印包效率。

七、小容量注射剂制备举例

维生素 C 注射液

【处方】维生素 C　　104g　　碳酸氢钠　　49.0g

亚硫酸氢钠　　2.0g　　依地酸二钠　　0.05g

注射用水加至　　1000ml

【制法】在配制容器中，加处方量 80%的注射用水，通二氧化碳至饱和，加维生素 C 溶解后，分次缓缓加入碳酸氢钠，搅拌使完全溶解，加入预先配制好的依地酸二钠和亚硫酸氢钠溶液，搅拌均匀，调节药液 pH 为 6.0~6.2，添加二氧化碳饱和的注射用水至足量，过滤，溶液中通二氧化碳，并在二氧化碳或氮气流下灌封，最后于 100℃流通蒸汽灭菌 15 分钟。

【用途】本品用于预防及治疗坏血病，并用于出血性体质，鼻、肺、肾、子宫及其他器官的出血。

【处方分析】维生素 C 为主药，碳酸氢钠为 pH 调节剂，亚硫酸氢钠为抗氧剂，依地酸二钠为金属离子螯合剂，注射用水为溶剂。

【注意事项】①本品易氧化降解，原辅料的质量，特别是原料和碳酸氢钠，是影响维生素 C 注射液质量的关键。空气中的氧气、溶液的 pH 和金属离子（特别是铜离子）对其稳定性影响较大。因此处方中加入抗氧剂、金属离子螯合剂及 pH 调节剂，工艺中采用充惰性气体等措施，可以提高产品的稳定性。②本品稳定性与温度有关。实验表明，100℃流通蒸汽灭菌 30 分钟后含量降低 3%，而流通蒸汽灭菌 15 分钟后仅降低 2%，故以 100℃流通蒸汽灭菌 15 分钟为宜。③维生素 C 显强酸性，注射时刺激性大，产生疼痛，故加入碳酸氢钠（或碳酸钠）调节 pH，可以避免疼痛，并增强本品的稳定性。

点滴积累

1. 小容量注射剂的包装容器为安瓿，安瓿灌装药液前须进行严格的清洗、干燥和灭菌。
2. 小容量注射剂制备过程主要有配液、过滤、灌封、灭菌等步骤，小容量注射剂生产各环节均须有效控制微粒、微生物及热原的污染，生产所用设备一般为洗瓶、干燥灭菌、灌封联动线。
3. 小容量注射剂质量检查项目主要有：装量、可见异物、不溶性微粒、无菌、细菌内毒素或热原等。

任务三　大容量注射剂

一、概述

大容量注射剂简称输液，指供静脉滴注输入体内的大剂量（除另有规定外，一般不小于 100ml）注射液。通常包装在玻璃或塑料的输液瓶或袋中，不含抑菌剂。使用时通过输液器调整滴速，持续而稳定地进入静脉,以补充体液、电解质或提供营养物质等。由于其用量大而且直接进入人体血液,应在生产全过程中采取各种措施防止微粒、微生物、内毒素污染,确保安全。生产工艺等亦与小容量注射剂有一定差异。大容量注射剂生产工艺流程如图 7-3。

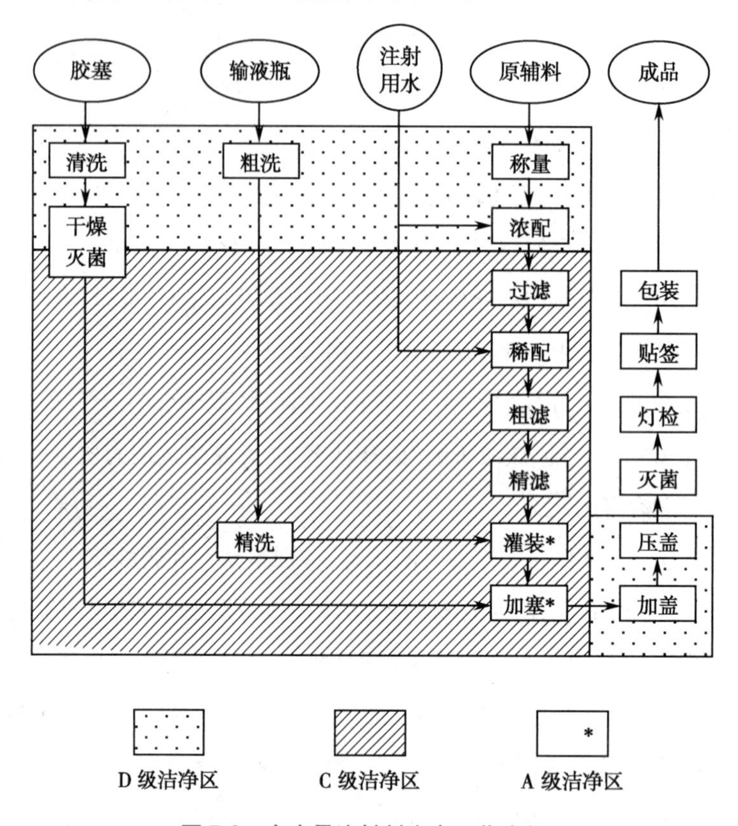

图 7-3　大容量注射剂生产工艺流程图

（一）大容量注射剂的分类

1. 电解质输液　用以补充体内水分、电解质,纠正体内酸碱平衡等。如氯化钠注射液、复方氯化钠注射液、乳酸钠注射液等。

2. 营养输液　主要用于不能口服吸收营养的患者。营养输液有糖类输液、氨基酸输液、脂肪乳输液等。糖类输液中最常见的为葡萄糖注射液。

3. 胶体输液　用于调节体内渗透压。胶体输液有多糖类、明胶类、高分子聚合物类等,如右旋糖酐、淀粉衍生物、明胶、聚乙烯吡咯烷酮(PVP)等。

4. 含药输液　含有药物的输液,可用于临床治疗,如替硝唑、苦参碱等输液。

（二）大容量注射剂的质量要求

输液的质量要求与注射剂基本一致,但由于注射剂量较大,特别强调的是:①对无菌、无热原及澄明度,应更加注意;②含量、色泽、pH 也应符合要求,pH 应在保证疗效和制品稳定的基础上,力求接近人体血液的 pH,过高或过低都会引起酸碱中毒;③渗透压应调为等渗或偏高渗,不能引起血象的任何异常变化;④不得含有引起过敏反应的异性蛋白及降压物质,输入人体后不会引起血象的异常变化,不损害肝、肾等;⑤不得添加任何抑菌剂,在贮存过程中质量稳定。

二、大容量注射剂的制备

(一) 大容量注射剂的包装容器

大容量注射剂所用的包装容器主要有瓶型和袋型两种。

瓶型输液容器主要包括玻璃瓶和塑料瓶,玻璃瓶由硬质中性玻璃制成,具有透明度好、热稳定性优良、耐压、瓶体不变形、气密性好等优点;缺点为重量大、易破损、生产时能耗大、成本高等。塑料瓶一般采用聚丙烯(PP)、聚乙烯(PE)材料,优点是重量轻、不易破碎、耐碰撞、运输便利,化学性质稳定,生产自动化程度高、一次成型、制造成本低;缺点是瓶体透明性不如玻璃瓶,有一定的变形性、透气性等。另外,瓶型输液容器在使用过程中需形成空气回路,外界空气进入瓶体形成内压以使药液滴出,增加了输液过程中的二次污染。

袋型输液容器的主要优点是在使用过程中可依靠自身张力压迫药液滴出,无须形成空气回路,降低二次污染的几率。且生产自动化程度较高,其制袋、印字、灌装、封品可在同一生产线上完成。非 PVC 多层共挤输液袋由多层聚烯烃材料同时熔融交联共挤制得,不使用黏合剂和增塑剂。共挤膜袋具有机械强度高、表面光滑,惰性好、能够阻止水气渗透,对热稳定、可在 121℃高温蒸汽灭菌、不影响透明度等特点,是当今输液体系中主要的输液软袋包装形式。

目前我国仍以玻璃瓶输液容器应用较多,此种包装由输液瓶、胶塞、铝盖组成。输液瓶瓶口内径必须符合要求,光滑圆整,大小合适,否则将影响密封程度,在贮存期间可能污染长菌。输液瓶清洗一般采用超声波与汽水喷射联用技术,常用的设备有滚筒式洗瓶机和厢式洗瓶机等。胶塞分为天然橡胶塞和合成橡胶塞等,由于天然橡胶塞组成比较复杂,与注射液接触后,其中一些物质能进入药液,使药液出现混浊或产生异物,有些药物还可与胶塞发生化学反应,现已停止使用。目前生产中主要应用丁基橡胶塞,丁基橡胶塞具有气密性好,耐热性、耐酸碱性好,内在洁净度高,有较强的回弹性等特点。胶塞外轧铝盖确保瓶口密封。

(二) 大容量注射剂的制备

1. 配液与过滤　大容量注射剂所用原料应为优质注射用原料,注射用水应新鲜制备。配制采用浓配法,通常加入针用活性炭处理,活性炭有吸附热原、杂质和色素的作用。配制要求、基本操作及所用器具、设备及其处理方法等基本与小容量注射剂相同。

输液过滤一般采用三级过滤,生产中通常先以钛滤器脱碳过滤,再分别以 0.45μm 和 0.22μm 的微孔滤膜滤器过滤,既可以有效地除去输液中的微粒,也可以进一步控制微生物污染水平。滤后的药液须取样检查,含量、色泽、pH、可见异物等合格后灌装。

2. 灌封　大容量注射剂灌封包括灌注、塞胶塞、轧铝盖等操作,要求装量准确,铝盖封紧,药液灌装温度应维持在 50℃较好,防止细菌粉尘污染。目前生产中多采用旋转式自动灌封机、自动放塞机、自动落盖轧口机,实现生产联动化,提高了效率和产品质量。灌封完成后,应进行检查,对于轧口不严、松动的输液应剔除处理。

3. 灭菌　为了减少污染,输液配液过程应尽量缩短,一般从配液到灭菌不宜超过 4 小时。输液灭菌通常采用热压灭菌法,根据输液容器大且瓶壁较厚的特点,灭菌开始应逐渐升温,一般预热 20～

30分钟，如果骤然升温，能引起输液瓶爆炸，待到灭菌温度115℃、压力69kPa（0.7kg/cm²）时，维持30分钟。输液灭菌常用的设备为热压灭菌柜，有蒸汽式和水浴式两种。蒸汽式灭菌柜是以饱和蒸汽为灭菌介质；水浴式灭菌柜利用高温循环水作为灭菌介质，对物品进行水淋式升温、灭菌、冷却工作。

案例分析

案例

2006年安徽华源生物药业有限公司生产的克林霉素磷酸酯葡萄糖注射液（欣弗）应用后，出现胸闷、心悸、心慌、寒战、肾区疼痛、腹痛、过敏性休克、肝肾功能损害等严重不良反应，被称为“欣弗”事件。

分析

对相关样品检验，结果表明该注射液无菌检查和热原检查均不合格。经调查原因主要是该生产企业未按批准的工艺参数灭菌，按照规定，“欣弗”应在105℃，灭菌30分钟，但实际操作中，降低灭菌温度，缩短灭菌时间，增加灭菌柜装载量，导致灭菌不彻底，注射液中含有没有灭杀的微生物，用于人体后，发生了很严重的热原反应。

因此，药品生产企业必须建立健全质量保证体系，严格按照法定标准、批准工艺组织生产，建立真实的药品生产记录和销售记录，保证产品检验合格后审核放行，确保药品生产质量。

4. 包装　输液经质量检验合格后，应立即贴上标签，标签上应印有品名、规格、批号、日期、使用注意事项、制造单位等项目，以免发生差错，并供使用者随时备查。贴好标签后装箱，封妥，送入仓库。包装箱上亦应印上品名、规格、生产厂家等项目。装箱时应注意装严装紧，便于运输。

三、大容量注射剂生产过程中容易出现的问题及解决办法

1. 可见异物问题　注射液中常出现的微粒有炭黑、碳酸钙、氧化锌、纤维素、纸屑、黏土、玻璃屑、细菌和结晶等，主要来源是：

（1）原料与附加剂：注射用葡萄糖有时可能含有少量蛋白质、水解不完全的糊精、钙盐等杂质；氯化钠、碳酸氢钠中常含有较高的钙盐、镁盐和硫酸盐；氯化钙中含有较多的碱性物质。这些杂质的存在，会使输液产生乳光、小白点、混浊等现象。活性炭的X射线证明石墨晶格内含有少量杂质，能使活性炭带电。杂质含量较多时，不仅影响输液的澄明度，而且影响药液的稳定性。因此应严格控制原辅料的质量，国内已制定了输液用的原辅料质量标准。

（2）输液容器与附件：输液中发现的小白点主要是钙、镁、铁、硅酸盐等物质，这些物质主要来自橡胶塞和玻璃输液容器。

（3）生产工艺以及操作：车间洁净度差，容器及附件洗涤不净，滤器的选择不恰当，过滤与灌封操作不合要求，工序安排不合理等都会增加澄明度的不合格率，因此，输液生产必须严格执行GMP管理要求。

(4)医院输液操作以及静脉滴注装置的问题:无菌操作不严、静脉滴注装置不净或不恰当的输液配伍等都可引起输液的污染。安置终端过滤器(0.8μm 孔径的薄膜)是解决微粒污染的重要措施。

2. 染菌　输液染菌后出现霉团、云雾状、混浊、产气等现象,也有一些外观并无变化。如果使用这些输液,将会造成脓毒症、败血症、内毒素中毒甚至死亡。染菌主要原因是生产过程污染严重、灭菌不彻底、瓶塞松动不严等。有些芽孢需 120℃灭菌 30~40 分钟,有些放射线菌 140℃灭菌 15~20 分钟才能杀死。若输液为营养物质时,细菌易生长繁殖,即使经过灭菌,大量尸体的存在,也会引起致热反应。最根本的办法就是尽量减少制备生产过程中的污染,严格灭菌条件与严密包装。

3. 热原反应　关于热原的污染途径及除去方法参见本项目任务一。使用过程中的污染占 84%左右。使用过程中的污染也不容忽视,提高输液器具的质量也很重要。

四、大容量注射剂的质量检查

1. 装量　按照《中国药典》(2015 年版)最低装量检查法检查,应符合规定。

2. 渗透压摩尔浓度　除另有规定外,静脉输液及椎管注射用注射液按《中国药典》(2015 年版)各品种项下的规定,按照渗透压摩尔浓度测定法检查,应符合规定。

3. 可见异物、不溶性微粒、无菌、细菌内毒素或热原等项目检查同小容量注射剂。

五、大容量注射剂制备举例

5%、10%葡萄糖注射液

【处方】	注射用葡萄糖	50g	100g
	盐酸	适量	适量
	注射用水	加至	1000ml

【制法】 取处方量葡萄糖投入煮沸的注射用水中,使其成 50%~70%浓溶液,用盐酸调节 pH 至 3.8~4.0,同时加 0.1%(m/V)的活性炭混匀,煮沸约 20 分钟,趁热过滤脱碳,滤液加注射用水至所需量。测 pH 及含量,合格后滤至澄明,即可灌装封口,115℃、30 分钟热压灭菌。

【用途】 5%、10%葡萄糖注射液,具有补充体液、营养、强心、利尿、解毒作用,用于大量失水、血糖过低、高热、中毒等症。

【处方分析】 葡萄糖为主药,盐酸为 pH 调节剂,注射用水为溶剂。

【注意事项】 ①本品有时有澄明度不合格的质量问题。多是由于原料不纯或过滤操作不当所致。一般可采用浓配法,加适量盐酸并加热、煮沸使糊精水解,并中和胶粒电荷,使蛋白质凝聚,再用活性炭吸附滤除。②本品另一质量问题是颜色变黄、pH 下降。有人认为是葡萄糖在酸性液中发生降解生成有色物质和酸性产物所致。灭菌温度和时间、溶液的 pH 是影响本品稳定性的主要因素。因此,一方面要严格控制灭菌温度和时间,同时要调节溶液的 pH 在 3.8~4.0 为宜。

点滴积累

1. 大容量注射剂指供静脉滴注输入体内的大剂量注射液，主要有电解质、营养、胶体及含药输液等类型。
2. 大容量注射剂的包装容器为输液瓶或输液袋。
3. 大容量注射剂生产中容易出现的问题有染菌、热原反应、可见异物等。

任务四　粉针剂

一、概述

注射用无菌粉末简称粉针，指药物制成的供临用前用适宜的无菌溶液配制成澄清溶液或均匀混悬液的无菌粉末或无菌块状物。可用适宜的注射用溶剂配制后注射，也可用静脉输液配制后静脉滴注。注射用无菌粉末在标签中应标明所用溶剂。

在水中不稳定的药物，特别是对湿热敏感的抗生素类药物和生物制品等，如青霉素、头孢菌素类及一些酶制剂等，均需制成粉针。粉针根据药物的性质与生产工艺条件不同，可分为注射用无菌分装制品和注射用冷冻干燥制品两种。注射用无菌分装制品是指将原料用溶剂结晶法或喷雾干燥法等精制成无菌粉末，再进行无菌分装的产品；注射用冷冻干燥制品指将药物制成无菌水溶液，无菌分装后通过冷冻干燥法制成的无菌粉末。

二、注射用无菌分装制品

（一）原辅料的质量要求

粉针剂是非最终灭菌的注射剂，产品的无菌水平很大程度上依赖于原辅料的无菌水平。因此，在灌装无菌粉针剂之前应对原料进行严格的质量检查，以保证灌装后产品的质量。

对无菌分装的原料除应符合最终灭菌注射剂的质量要求外，还应符合下列质量要求：①粉末无异物，配成溶液或混悬液的可见异物检查合格；②粉末的细度或结晶应适宜，便于分装；③无菌、无热原。

（二）制备过程

无菌分装粉针剂的生产工艺常采用直接分装法。系将精制的无菌粉末，在无菌条件下直接进行分装。其主要过程为：

1. 药物的准备　为制定合理的生产工艺，需要掌握药物的物理化学性质。主要测定待分装物料的热稳定性、临界相对湿度、粉末的晶型和粉末的松密度。待分装原料可用无菌过滤、无菌结晶或喷雾干燥法处理，必要时需进行干燥、粉碎、过筛等操作，以得到流动性较好的、符合注射要求的精制无菌粉末。

2. 分装容器与附件的处理　分装粉针剂的容器主要是西林瓶，西林瓶需清洗、干燥灭菌等处理，处理方法与安瓿相同；胶塞需清洗、硅化、灭菌等处理，处理方法与输液相同。

3. 分装 分装必须在高度洁净的无菌室中按照无菌操作法进行。目前常用的分装机械有螺杆式分装机和气流式分装机等，分装后的小瓶立即加塞并用铝盖密封。

4. 灭菌和异物检查 对于不耐热的品种，必须严格无菌操作；对于能耐热的品种可补充灭菌。异物检查一般用目检视，在传送带上进行，不合格者则从流水线上剔除。

5. 印字、贴签与包装 产品的贴签与包装等目前生产上已实现机械化和自动化。

（三）无菌分装工艺中可能存在的问题

1. 装量差异 影响装量差异的主要原因是粉末流动性差。粉末含水量和吸湿性、粒子形状、分装室内相对湿度、药物的含量均匀度等，均会影响粉末的流动性，以致影响装量。分装机械的性能也会影响装量差异。

2. 不溶性微粒 药物粉末经过一系列处理，污染机会增加，应从原辅料的处理开始，严格原辅料质量及其处理方法和环境，防止污染。

3. 无菌 在无菌分装过程中，稍有不慎就有可能造成局部染菌，微生物在固体粉末中繁殖缓慢，肉眼又难以发现，有很大的危险性。因此，层流净化装置应定期进行验证，为分装过程提供可靠的环境保证。

4. 吸潮现象 主要是封口不严引起的，胶塞透气性和铝盖松动都有可能导致产品吸潮变质，故应选择性能好的胶塞，采用铝盖压紧后瓶口烫蜡等方法，确保封口严密。

三、注射用冷冻干燥制品

注射用冷冻干燥制品简称冻干粉针，一些虽在水中稳定但加热即分解失效的药物，如酶制剂及血浆、蛋白质等生物制品常制成冷冻干燥粉针剂。

（一）冷冻干燥制品的特点

冷冻干燥制品的特点主要有：①不耐热的药物可避免因高热而分解变质；②所得产品质地疏松，加水后迅速溶解恢复药液原有的特性；③含水量低，一般在1%～3%范围内，同时干燥在真空中进行，故不易氧化，有利于产品长期贮存；④产品中的微粒物质比用其他方法生产者少，因为污染机会相对减少；⑤产品剂量准确，外观优良。冷冻干燥制品的缺点是溶剂不能随意选择，需特殊设备，成本较高。

（二）冷冻干燥的原理

冷冻干燥的原理可用水的三相图（图7-4）说明，图中O点为冰、水、汽三相的平衡点，当压力低于O点压力，在三相平衡点以下的条件下，水的物理状态只有固态和气态，不存在液态的水，降低压力或升高温度都可以打破气固两相平衡，使固态的冰直接升华变为水蒸气。

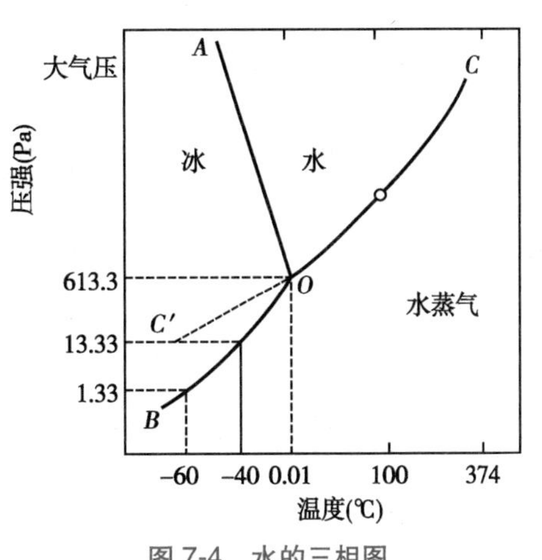

图7-4 水的三相图

冷冻干燥常用的设备为冷冻干燥机组，简称冻干机，通常由制冷系统、真空系统、加热系统和电器仪表控制系统等组成。

知识链接

冷冻干燥添加剂

在冷冻干燥过程中，除了少数药物含有较多的成分可以直接冷冻干燥外，大多数药物都需添加合适的添加剂。

添加剂的种类很多，加入填充剂，如明胶、甘露醇、乳糖、右旋糖酐、山梨醇等，可使产品具有一定的体积；冻干后产生倒坍，则可加甘氨酸或甘露醇等；牛血清白蛋白是一种结晶保护剂，可使过分干燥而引起的产品结构损坏减至最小，也可用蔗糖。另外，还可加入防冻剂如甘油、二甲亚砜、PVP 等；抗氧化剂如维生素 E、维生素 C 等；改善崩解温度添加剂如葡聚糖、PVP 等，此外，也可以添加 pH 调整剂、缓冲剂等。

（三）冻干粉针的制备

1. 药液配制、过滤及灌装 药液配制、过滤及灌装操作应严格按无菌操作法进行。先将主药和辅料溶解在适当的溶剂中，通常为含有部分有机溶剂的水性溶液，再用不同孔径的滤器对药液分级过滤，最后通过 0.22μm 级微孔膜滤器进行除菌过滤。过滤后的药液灌注到经清洗、干燥灭菌的容器中，用无菌胶塞半压塞后，转移至冻干箱内。分装时溶液厚度应薄些，液面深度一般为 1～2cm，以便于水分升华。

2. 冷冻干燥 冷冻干燥的工艺条件对保证产品质量极为重要，对于新产品应首先测定产品的低共熔点，然后控制冻结温度在低共熔点以下，以保证冷冻干燥的顺利进行。低共熔点是指在水溶液冷却过程中，冰和溶质同时析出结晶混合物时的温度。冷冻干燥的工艺过程一般分三步进行，即冻结、升华干燥、再干燥。

（1）冻结（预冻）：制品必须进行预冻后才能升华干燥，冻结温度通常应低于产品低共熔点 10～20℃，如预冻温度不在低共熔点以下，抽真空时则有少量液体“沸腾”而使制品表面凹凸不平。预冻方法有速冻法与慢冻法两种，慢冻法是每分钟降温 1℃，形成结晶数量少，晶粒粗，但冻干效率高；速冻法是将冻干箱先降温至-45℃以下，再将制品放入，因急速冷冻而析出细晶，形成结晶数量多，晶粒细，制得产品疏松易溶，引起蛋白质变性的概率小，对酶类、活菌活病毒的保存有利。药液在冷冻干燥过程的变化过程见图 7-5。

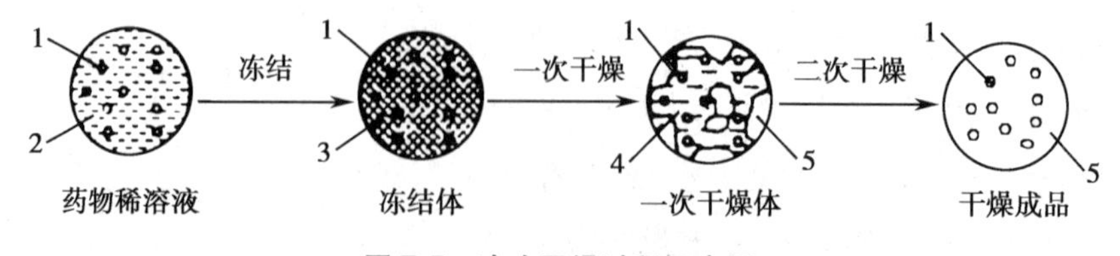

图 7-5 冷冻干燥过程示意图

（2）升华干燥：在维持冻结状态的条件下，用抽真空的方法降低制品周围的压力，当压力低于该温度下水的饱和蒸汽压时，冰晶直接升华，水分不断被抽走，产品不断干燥。

升华干燥的方法有两种，一种是一次升华法，另一种是反复预冻的升华法。一次升华法指制品一次冻结，一次升华即可完成，适用于共熔点为-10℃～-20℃的制品，而且溶液的浓度、黏度不大，装量在10～15mm厚的情况。反复预冻升华法适用于共熔点较低，或结构比较复杂而黏稠难以冻干的制品，如蜂蜜、蜂王浆等。如某制品共熔点为-25℃，预冻至-45℃左右，然后将制品升温到共熔点附近，维持30～40分钟，再将温度降至-40℃左右，如此反复处理，使制品结构改组，表层外壳由致密变为疏松，有利于水分升华，可缩短冻干周期。

(3)再干燥：制品经升华干燥后，水分通常并未完全除去，为尽可能除去残余的水，需要进一步干燥。二次干燥的温度，根据制品性质确定，制品在保温干燥一段时间后，整个冻干过程即告结束。

3. 封口及轧盖 通过安装在冻干箱内的液压或螺杆升降装置全压塞，用铝盖轧口密封。

(四) 冻干粉针制备过程中可能存在的问题和解决的办法

1. 产品含水量偏高 含水量一般控制住1%～3%，药液装量过厚、干燥时热量供给不足、真空度不够、冷凝器温度不够低等，可造成含水量偏高。可采用旋转冻干机提高冻干效率或用其他相应措施解决。

2. 喷瓶 在高真空条件下，少量液体从已干燥的固体界面下喷出的现象称为喷瓶。主要是预冻温度过高，产品冻结不实，升华时供热过快，局部过热，部分产品熔化为液体所造成。因此，必须控制预冻温度在产品共熔点以下10～20℃，同时加热升华时，温度不超过共熔点。

3. 产品外形不饱满或萎缩 药液浓度太高，冻干开始形成的干燥外壳结构致密，升华的水蒸气穿透阻力增大，水蒸气滞留在已干的外壳，使部分潮解，致使体积收缩，外形不饱满。黏度大的样品更易出现这种现象。可在配方时加入适量甘露醇、氯化钠等填充剂，或采用反复预冻升华法，改善结晶状态与制品的通气性，使水蒸气顺利逸出，产品外观就可得到改善。

4. 不溶性微粒 可能是粉末原料的质量及冻干前处理工作有问题，应加强人员的流向和密集度、物流与工艺的管理，严格控制环境污染。

四、制备举例

注射用辅酶A(注射用冷冻干燥制品)

【处方】	注射用辅酶A	56.1U	水解明胶	5mg
	甘露醇	10mg	葡萄糖酸钙	1mg
	半胱氨酸	0.5mg	注射用水	适量

【制法】将上述各成分用适量注射用水溶解，无菌过滤，分装在安瓿中，每支0.5ml，冷冻干燥，熔封，半成品质检、包装。

【用途】本品为体内乙酰化反应的辅酶，有利于糖、脂肪和蛋白质的代谢，用于白细胞减少症，原发性血小板减少性紫癜及功能性低热。

【处方分析】注射用辅酶A为主药，半胱氨酸为稳定剂，水解明胶、甘露醇、葡萄糖酸钙为填充剂。

【注意事项】①辅酶A为白色或微黄色粉末，具典型的硫醇味，有引湿性、易溶于水、不溶于丙酮、乙醚、乙醇。易被空气、过氧化氢、碘或高锰酸盐等氧化成无活性的二硫化物，故在制剂中加稳定剂和赋形剂(填充剂);②辅酶A在冻干工艺中易丢失效价,因此投料量应酌情增加;③从生产细胞色素C的废液中可提取出复合辅酶A,也可制成冻干制品。

点滴积累

1. 粉针剂适用于在水中不稳定的药物，特别是对湿热敏感的抗生素类药物和生物制品等。
2. 粉针剂可分为注射用无菌分装制品和注射用冷冻干燥制品两种。
3. 注射用冷冻干燥制品生产过程中不需加热，制得产品质地疏松。

任务五　滴眼剂

一、概述

滴眼剂指由药物与适宜辅料制成的供滴入眼内的无菌液体制剂。可分为水性或油性溶液、混悬液或乳状液。滴眼剂也可以固态如粉末、颗粒、块状或片状等形式包装,另备溶剂,在临用前配成溶液或混悬液。滴眼剂常用于杀菌、消炎、散瞳、麻醉等作用。

滴眼剂应与泪液等渗,溶液型滴眼剂应澄明,混悬型滴眼剂的沉降物不应结块或聚集,经振摇易再分散;除另有规定外,滴眼剂每个容器的装量应不超过10ml,应具有一定的稳定性;眼用制剂在开启后最多可使用4周。

知识链接

眼用制剂

眼用制剂指直接用于眼部发挥治疗作用的无菌制剂。

眼用制剂可分为眼用液体制剂、半固体制剂及固体制剂。眼用液体制剂有滴眼剂、洗眼剂、眼内注射溶液等；眼用半固体制剂有眼膏剂、眼用乳膏剂、眼用凝胶剂等；眼用固体制剂有眼膜剂、眼丸剂、眼内插入剂等。

二、滴眼剂的附加剂

滴眼剂中可加入调节渗透压、pH、黏度以及增加药物溶解度和制剂稳定性的辅料,并可加适宜浓度的抑菌剂和抗氧剂,所用辅料不应降低药效或产生局部刺激。

滴眼剂常用的附加剂有:

1. pH调整剂　滴眼剂的pH通常要求在5~9之间,pH不当可引起刺激性,增加泪液的分泌,导致药物流失,甚至损伤角膜,为避免过强的刺激性,常用缓冲溶液来稳定药液的pH。常用的缓冲溶液有:①磷酸盐缓冲溶液,由0.8%的磷酸二氢钠溶液和0.947%的磷酸氢二钠溶液组成。临用前按不同比例配合,可得pH为5.9~8.0的缓冲溶液。②硼酸盐缓冲溶液,由1.24%的硼酸溶液和1.91%的硼砂溶液组成,临用时按不同比例配合,可得pH为6.7~9.1的缓冲溶液。

2. 渗透压调整剂　滴眼剂的渗透压应与泪液等渗，渗透压过高或过低对眼都有刺激性，眼球能适应的渗透压范围相当于浓度为 0.6%~1.5%的氯化钠溶液。滴眼剂常用的等渗调节剂有氯化钠、葡萄糖、硼酸等。

3. 抑菌剂　一般滴眼剂是采用多剂量包装形式，在使用过程中无法始终保持无菌，因此选用抑菌剂十分重要。不仅要求抑菌效果好，还要求作用迅速，即在患者两次使用的间隔时间内达到无菌。

滴眼剂常用的抑菌剂有：①有机汞类，硝酸苯汞有效浓度为 0.002%~0.005%，在 pH 6.0~7.5 时作用最强，与氯化钠、碘化物、溴化物等有配伍禁忌，长期使用有汞沉积报道，故不适用于慢性病及长期治疗，硫柳汞稳定性较差。②季铵盐类，苯扎氯铵、苯扎溴铵、氯己定（洗必泰）等阳离子型表面活性剂，抑菌力强，也稳定，但配伍禁忌多，pH 小于 5 时作用减弱，遇阴离子表面活性剂或阴离子胶体化合物失效。最常用的是苯扎氯铵，但对硝酸根离子、碳酸根离子、蛋白银、水杨酸盐、磺胺类的钠盐、荧光素钠、氯霉素等有配伍禁忌。③醇类，常用的三氯叔丁醇，在弱酸中作用好，与碱有配伍禁忌，常用浓度为 0.35%~0.5%。苯乙醇的配伍禁忌很少，但单独使用效果不好，对其他类抑菌剂有良好的协同作用，常用浓度为 0.5%。苯氧乙醇对铜绿假单胞菌有特殊的抑菌力，常用浓度为 0.3%~0.6%。④酯类，常用羟苯酯类，即尼泊金类，如对羟基苯甲酸甲酯、乙酯、丙酯。乙酯单独使用其有效浓度为 0.03%~0.06%，甲酯与丙酯混合使用，其浓度分别为 0.16%（甲酯）及 0.02%（丙酯），在弱酸中作用力强，但某些患者感觉有刺激性。⑤酸类，常用的为山梨酸，微溶于水，最低抑菌浓度为 0.01%~0.08%，常用浓度为0.15%~0.2%，对真菌有较好的抑菌力，适用于含有聚山梨酯的滴眼剂。

使用单一抑菌剂，抑菌效果往往不理想。两种以上的抑菌剂联合应用可达到强效、速效抑菌作用，特别是迅速杀灭对眼危害较大的铜绿假单胞菌，例如依地酸二钠能增强抑菌剂苯扎氯铵、三氯叔丁醇对铜绿假单胞菌的抑制作用。

4. 黏度调节剂　适当增加滴眼剂的黏度，可降低滴眼剂的刺激性，延长药物在眼内作用时间，减少流失量，从而提高药效。滴眼剂合适的黏度是 4~5cPa·s。常用的增黏剂有甲基纤维素（MC）、聚乙烯醇（PVA）、聚维酮（PVP）等，羧甲基纤维素钠（CMC-Na）不常用，因其与生物碱盐及氯己定有配伍禁忌。

三、滴眼剂的制备

滴眼剂生产工艺流程图见图 7-6。

1. 容器　滴眼剂应用的包装容器应无菌、不易破裂，其透明度应不影响可见异物检查。

滴眼剂多用塑料瓶包装，一般由瓶身、滴嘴和外盖组成，瓶身多用聚乙烯（PE）或高密度聚乙烯（HDPE）等，便于挤压给药，滴嘴和瓶盖一般采用较硬的聚丙烯（PP）材质，滴嘴和瓶口要求密封效果好，配合间隙合理。滴眼瓶可采用真空灌水、汽水加压倒冲、加压喷淋等法洗涤，最后一次用滤清的注射用水洗涤；滴嘴与外盖等附件采用纯化水、注射用水清洗后，放于滤清的 75%乙醇液中浸泡 2 小时，沥干，不超过 50℃烘干备用。用于角膜创伤及眼部注射用的滴眼剂一般用安瓿包装，处理同注射剂。

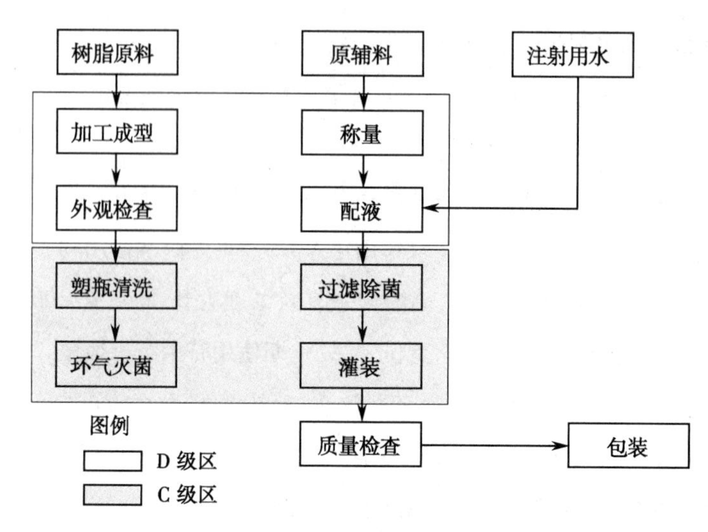

图 7-6　滴眼剂生产工艺流程图

2. 药液的配滤与灌装　滴眼剂小量配制可在避菌柜中进行，大生产要按注射剂生产工艺要求进行。所用器具洗净后干热灭菌，或用杀菌剂浸泡灭菌，用前再用注射用水洗净，以避免污染。

滴眼剂的配制与注射剂工艺过程几乎相同。对热稳定的药物，配滤后应装入适宜容器中，灭菌后进行无菌灌装。对热不稳定的药物可用已灭菌的溶剂和用具在无菌柜中配制，操作中应避免细菌污染。眼用混悬剂可将药物微粉化后灭菌，另取表面活性剂、助悬剂加适量注射用水配成黏稠液与药物混匀，添加注射用水制成。用于眼部手术或眼外伤的滴眼剂，按安瓿剂生产工艺进行，制成单剂量剂型，保证完全无菌，不加抑菌剂。

大生产中滴眼剂灌装多采用减压灌装法。

四、滴眼剂的质量检查

1. 可见异物　滴眼剂按照《中国药典》(2015 年版)可见异物检查法检查，应符合规定。

2. 粒度　按照《中国药典》(2015 年版)，混悬型滴眼剂应做粒度检查。取供试品适量(相当于主药 10μg)，大于 50μm 的粒子不得超过 2 个，且不得检出大于 90μm 的粒子。

3. 沉降体积比　按照《中国药典》(2015 年版)方法检查，混悬型滴眼剂沉降体积比应不低于 0.90。

4. 装量　按照《中国药典》(2015 年版)最低装量检查法检查，应符合规定。

5. 渗透压摩尔浓度　水溶液型滴眼剂按照《中国药典》(2015 年版)渗透压摩尔浓度测定法检查，应符合规定。

6. 无菌　按照《中国药典》(2015 年版)无菌检查法检查，应符合规定。

五、制备举例

醋酸氢化可的松滴眼液(混悬液)

【处方】醋酸氢化可的松(微晶)　5g　　硼酸　20g

硝酸苯汞	0.02g	羧甲基纤维素钠	2g
聚山梨酯 80	0.8g	注射用水加至	1000ml

【制法】 取硼酸、硝酸苯汞、羧甲基纤维素钠溶于300ml热注射用水中，过滤后备用；另取醋酸氢化可的松微晶，置干燥灭菌容器中，加聚山梨酯80研匀，然后加入少量上述溶液，研成糊状。检查糊状物中微粒细度，80%以上微粒达5~20μm符合要求。糊状物中再少量分次加入上述溶液研匀，最后加注射用水至1000ml，过200~250目筛，在搅拌下分装，经100℃流通蒸汽30分钟灭菌，即得。

【用途】 本品用于急性或亚急性虹膜炎、交感性眼炎、小泡性角膜炎等的治疗。

【处方分析】 醋酸氢化可的松为主药；羧甲基纤维素钠为助悬剂，配液前应精制；聚山梨酯80为润湿剂；硝酸苯汞为抑菌剂；硼酸为pH调整剂与等渗调整剂；注射用水为溶剂。

【注意事项】 ①本品含醋酸氢化可的松应为标示量的90.0%~110.0%；②醋酸氢化可的松微晶的粒径应在5~20μm之间，过粗容易产生刺激性，降低疗效、损伤角膜；③本品为混悬型滴眼剂，为防止产品结块，灭菌时应不断振摇或选用旋转式灭菌设备，本品静置后会有细微颗粒下沉，但经振摇后应为均匀的乳白色混悬液；④因氯化钠能使羧甲基纤维素钠溶液的黏度显著下降，促使结块沉降，故处方中改用硼酸，既能克服降低黏度的缺点，又能减轻药液对眼黏膜的刺激性；⑤本品的pH应为4.0~7.0。

点滴积累

1. 滴眼剂常用的附加剂有pH调整剂、渗透压调整剂、抑菌剂、黏度调节剂等。
2. 滴眼剂所用的滴眼瓶大多为塑料瓶，滴眼剂大生产中多采用减压灌装法。
3. 滴眼剂质量检查的项目主要有可见异物、粒度、沉降体积比、装量、渗透压摩尔浓度、无菌等。

任务六　中药注射剂

一、概述

中药注射剂指饮片经提取、纯化后制成的供注入人体内的溶液、乳状液及供临用前配制成溶液的粉末或浓溶液的无菌制剂。中药注射剂有注射液、注射用无菌粉末和注射用浓溶液等类型，已在临床中得到了广泛应用。

在中药注射剂的多年研究、生产及应用过程中人们逐渐发现了中药注射剂的一些问题，如稳定性、安全性等。目前对中药注射剂的要求非常严格，对中药提取物选择注射剂时必须考虑以下基本原则：①有效成分对威胁患者生命的重症、急症，如严重外伤昏迷、恶性肿瘤、胃肠道严重障碍等疾病有确切的治疗效果；②注射给药较其他途径给药疗效更加显著，或其他给药途径无法实现。

知识链接

我国第一支中药注射剂“暴泼利尔”诞生记

1939 年，山西太行山腹地，一些八路军将士因为艰苦的战争环境患上了严重的流感、疟疾等疾病，浑身疼痛，高烧不退，而治疗这种病的西药奎宁异常缺乏，严重地影响了部队的士气和战斗力。情况紧急，时任八路军 129 师卫生部部长钱信忠同志号召并带领广大医务人员上山采集当地丰富的传统中草药柴胡，采回清洗后将其熬成汤药，汤药给病人服用后收到了很好的疗效。但是汤药携带和使用极其不方便，恰逢当时我军安瓿项目试制成功，钱信忠同志和制药厂药剂研究室主任韩刚等同志等马上带领一些人员着手开始研制，经过多次试验，终于制成了第一支柴胡注射液，并取名为“暴泼利尔”。经多次临床试用，“暴泼利尔”治疗疟疾及一般的发热疾病效果显著，疗效较好，使用广泛，且未发现有毒副作用。1941 年 5 月 1 日，“暴泼利尔”受到晋冀鲁豫边区大会的奖励，后来正式命名这种针剂为“柴胡注射液”，成为我国第一支中药注射剂。

二、中药注射剂的制备

按照《中国药典》规定，中药注射剂制备除另有规定外，饮片应按各品种项下规定的方法提取、纯化、制成半成品，以半成品投料配制成品。因而中药注射剂的制备包括两部分，即原液的制备和注射剂的制备。

（一）原液的制备

为确保注射剂质量，原液制备要做到全程监控，方法适当，最大限度地保留有效成分，去除无效成分。原液制备的关键步骤为药材的提取与纯化及鞣质的除去等。

1. 提取与纯化　中药注射剂原液的制备关键是中药有效成分的提取和纯化，主要是用水提醇沉法等常用的中药材提取和纯化方法将有效成分从中药材中提取出来，并对其进行提纯精制，以备使用。

2. 鞣质的除去　鞣质是多元酚的衍生物，既溶于水又溶于醇。有较强的还原性，在酸、酶、强氧化剂存在或加热情况下，可发生水解、氧化、缩合反应，产生水不溶性物质，影响注射剂澄明度。鞣质又能与蛋白质形成不溶性鞣酸蛋白，肌内注射使局部组织发生硬结、疼痛。因此，注射剂中必须除去鞣质。目前常用的除鞣质的方法有明胶沉淀法、醇溶液调 pH 法、聚酰胺吸附法等。

（二）中药注射剂的制备

根据注射剂的类型，按照大、小容量注射剂及粉针剂的具体制备方法进行。

（三）中药注射剂存在的问题及解决办法

1. 存在的问题　①药材质量难以统一，中药材因产地、采收季节、贮存条件以及炮制等加工的差异难以获得质量统一和恒定的原药材，对最终产品的质量与疗效等产生重要影响；②有效物质不完全清楚，以致影响产品质量的控制与安全性；③中药注射剂的质量控制技术相对落后，无法客观、科学、全面评价其质量；④中药各成分在体内浓度过低，或体内过程复杂，无法对药物在体内的代谢、排泄、相互作用等进行全面了解，带来临床应用的安全隐患；⑤临床应用不规范，如未经试验与其他药物配伍使用，造成临床的不良反应，时有发生。

2. 解决办法　主要针对中药注射剂存在的问题进行系统的研究，如：①建立中药材种植及加工规范，采用指纹图谱等更全面的质量控制手段保障中药材质量；②加强中药注射剂有效物质的基础研究，对其中的有效成分及含量进行全面控制，保障中药注射剂的安全性与有效性；③提高制备工艺水平，加强工艺过程控制，建立药材、半成品与成品的制备工艺保障系统；④建立更全面的质量控制标准；⑤重视临床前及临床试验中安全性和毒理学试验研究，及早发现安全性隐患；⑥合理使用中药注射剂，说明书的内容要更详细，包括配伍用药、不良反应、药物动力学等。

点滴积累

1. 中药注射剂指饮片经提取、纯化后制成的供注入人体内的溶液、乳状液及供临用前配制成溶液的粉末或浓溶液的无菌制剂。
2. 中药注射剂的制备包括原液的制备和注射剂的制备两部分。

目标检测

一、选择题

（一）单项选择题

1. 一般注射剂的 pH 应为（　　）
   A. 3~8　　B. 3~10　　C. 4~9　　D. 5~10
2. 对热原性质的叙述正确的是（　　）
   A. 溶于水，不耐热　　B. 溶于水，有挥发性
   C. 耐热、不挥发　　D. 可耐受强酸、强碱
3. 注射液中加入焦亚硫酸钠的作用是（　　）
   A. 抑菌剂　　B. 抗氧剂　　C. 止痛剂　　D. 等渗调节剂
4. 热原主要是微生物的内毒素，其致热中心为（　　）
   A. 蛋白质　　B. 脂多糖　　C. 磷脂　　D. 核糖核酸
5. 常用作注射剂等渗调节剂的是（　　）
   A. 硼酸　　B. 硼砂　　C. 苯甲醇　　D. 氯化钠
6. 装磺胺嘧啶钠注射液应选择的玻璃容器为（　　）
   A. 含钾玻璃　　B. 蓝色玻璃　　C. 中性玻璃　　D. 含钡玻璃
7. 对于易溶于水，且在水溶液中不稳定的药物，可制成注射剂的类型为（　　）
   A. 注射用无菌粉末　　B. 溶液型注射剂　　C. 混悬型注射剂　　D. 乳剂型注射剂
8. 氯霉素眼药水中加入硼酸的主要作用是（　　）
   A. 增溶　　B. 调节 pH　　C. 防腐　　D. 增加疗效
9. 下列关于冷冻干燥的正确表述是（　　）

A. 冷冻干燥所出产品质地疏松，加水后迅速溶解

B. 冷冻干燥是在真空条件下进行，所出产品不利于长期储存

C. 冷冻干燥应在水的三相点以上的温度与压力下进行

D. 冷冻干燥过程是水分由固变液而后由液变汽的过程

10. 主要用于注射用灭菌粉末的溶剂或注射液稀释剂的是(　　)

A. 纯化水　　B. 灭菌蒸馏水　　C. 注射用水　　D. 灭菌注射用水

11. 中药注射剂原液的提取和纯化方法不包括(　　)

A. 水提醇沉法　　B. 醇提水沉法　　C. 离子交换法　　D. 蒸馏法

12. 解决中药注射剂澄明度问题的方法不包括(　　)

A. 除尽杂质　　B. 蒸馏法

C. 热处理冷藏法　　D. 调节药液适宜的 pH

(二)多项选择题

1. 热原污染的途径有(　　)

A. 原料　　B. 溶剂　　C. 制备过程

D. 管道　　E. 使用过程

2. 具有局部止疼和抑菌双重作用的附加剂是(　　)

A. 盐酸普鲁卡因　　B. 三氯叔丁醇　　C. 苯酚

D. 甲酚　　E. 苯甲醇

3. 安瓿经洗涤、干燥灭菌后应检查的项目有(　　)

A. 干燥程度　　B. 可见异物　　C. 残留水量

D. 色泽　　E. 无菌

4. 在生产注射用冻干制品时，其工艺过程包括(　　)

A. 预冻　　B. 粉碎　　C. 升华干燥

D. 再干燥　　E. 包衣

5. 将药物制成注射用无菌粉末的目的有(　　)

A. 防止药物氧化　　B. 防止药物挥发

C. 防止药物水解　　D. 防止药物失效

E. 提高制剂的稳定性

6. 对滴眼剂叙述正确的有(　　)

A. 可制成水性或油性溶液、混悬液及乳浊液

B. pH 为 4~9

C. 滴眼剂装量不超过 10ml

D. 应与泪液等渗

E. 按无菌制剂要求生产

7. 注射用冷冻干燥制品含水量偏高的原因有(　　)

A. 液层过厚　　B. pH 过高　　C. 热量供给不足

D. 真空度不够　　E. pH 过低

二、简答题

1. 注射液配液与过滤过程中应如何控制其质量？
2. 输液可分为哪几类？各有何临床用途？
3. 简述造成粉针剂喷瓶的原因。
4. 简述冷冻干燥工艺过程。
5. 简述滴眼剂的质量检查。
6. 简述中药注射剂中鞣质的除去方法。

三、实例分析（分析下列处方中辅料的作用，并简述其制备过程）

1. 盐酸普鲁卡因注射剂

【处方】 盐酸普鲁卡因　20.0g(　　　)
氯化钠　4.0g(　　　)
盐酸(0.1mol/L)　适量(　　　)
注射用水　加至 1000ml(　　　)

制备过程：

2. 氧氟沙星滴眼剂

【处方】 氧氟沙星　3.0g(　　　)
氯化钠　8.5g(　　　)
羟苯乙酯　0.3g(　　　)
醋酸　适量(　　　)
氢氧化钠　适量(　　　)
注射用水　加至 1000ml(　　　)

制备过程：

项目七习题

(杜月莲、张海松)

项目八

浸出制剂

导学情景

情景描述

王大姐最近感冒了，血压也不稳，心慌气短，性格倔强的她听说西药副作用大，一直不愿意吃药。但感冒症状太严重了，王大姐非常难受，因此不得不去药店买药。药师了解到王大姐不愿意服用西药，于是给王大姐推荐了板蓝根颗粒、双黄连口服液、清热感冒颗粒等中药制剂。王大姐吃完药后，身体很快就恢复了。

学前导语

中药制剂即中成药，是以中药材为原料，在中医理论的指导下，根据规定的处方，将中药加工或提取后制成具有一定规格，可以直接用于防病治病的一类药品。因能标本兼治、副作用较小很受人们的欢迎。其制备工艺包括原药材的预处理、提取与精制、制剂制备等技术操作。本项目带领大家学习常见浸出制剂的特点、制备等。

任务一　浸出制剂基础

一、浸出制剂的概念与特点

（一）浸出制剂的概念

浸出制剂系指用适宜的浸出溶剂和浸出技术提取药材中有效成分，直接制得或经适当精制与浓缩等技术处理制成的制剂。可供内服或外用，也可供制备其他制剂。

知识链接

浸出制剂的发展

浸出制剂在我国具有悠久的历史，最早的记载是商汤的“伊尹创制汤液”，其后又有酒剂和内服煎膏剂（膏滋）的应用。浸出制剂在国外也有发展，传统制剂有酊剂、流浸膏、浸膏剂。近年来随着新设备、新技术、新工艺的应用及辅料、质量标准等方面的深入研究，开发出许多安全有效的新剂型与新品种。以药材浸出物为原料进一步精制而制成的中药注射剂、粉针剂、滴丸剂及微型胶囊等新品种的应用，改变了我们通常对中药所持有的“中药起效慢，作用缓，主要在于滋补和调理”的惯常印象，表现出其对紧急救治方面的功能。

（二）浸出制剂的特点

浸出制剂虽然组成比较复杂，成品中除含有效成分、辅助成分外，往往还含有一定量的无效成分，但一般具有以下特点：

1. 具有药材所含成分的综合作用，利于发挥药材成分的多效性。浸出制剂与同一药材中提取的单体化合物相比，不仅疗效较好，有时还能发挥单体化合物不能起到的多功效和综合作用。如阿片酊不仅具有镇痛作用，还有止泻功能，但从阿片粉中提取的纯吗啡只有镇痛作用。

2. 药效缓和、持久、不良反应小。浸出制剂中由于各种成分影响，能促进有效成分的吸收，延缓有效成分在体内的运转，增强制剂的稳定或在体内转化成有效物质，降低药物的不良反应。如鞣质可缓和生物碱的作用并使药效延长。

3. 有效成分浓度较高、服用方便。浸出制剂通过各种提取方法对处方中药物进行全部或部分提取，去除了大部分药材组织物质及无效成分，提高了有效成分的浓度，故与原处方中药量相比，服用量减少，方便了患者使用。

4. 有些浸出制剂稳定性较差。浸出制剂中由于多种成分共存，在贮存过程中有效成分会发生水解、氧化、沉淀、霉变等理化性质的变质现象，有时会严重影响制剂的质量和药效。因此制备浸出制剂时，应尽量除去无效成分和有害成分，最大限度地保留有效成分，并应尽量做到有效成分的量化控制，以保证其有效性。

二、浸出制剂的种类

浸出制剂按浸出溶剂和制备技术不同可分为以下几类：

1. 水浸出制剂 指以水为主要溶剂，在一定的条件下浸出药材中的有效成分而制得的浸出制剂，如汤剂、合剂、口服液、煎膏剂等。

2. 含醇浸出制剂 指在一定条件下，用适当浓度的乙醇或蒸馏酒为溶剂浸出药材中的有效成分制成的制剂，如酒剂、酊剂、流浸膏剂等。

3. 含糖浸出制剂 指在水或含醇浸出制剂的基础上，通过浓缩等技术处理后，加入适量蔗糖或蜂蜜制成的制剂，如煎膏剂、糖浆剂等。

4. 精制浸出制剂 指在水或醇浸出制剂的基础上经过精制处理制成的制剂，如中药注射剂、气雾剂、片剂等。

点滴积累

1. 浸出制剂系指用适宜的浸出溶剂和浸出技术提取药材中有效成分，直接制得或经适当精制与浓缩等技术处理制成的制剂。
2. 浸出制剂的特点有：能发挥药材所含成分的综合作用，利于发挥药材成分的多效性；药效缓和、持久、不良反应小；有效成分浓度较高、服用方便；有些浸出制剂稳定性较差等特点。
3. 浸出制剂按浸出溶剂和制备技术不同可分为水浸出制剂、含醇浸出制剂、含糖浸出制剂、精制浸出制剂。

任务二 浸出的原理

一、浸出的过程

浸出过程是指溶剂进入细胞组织,溶解或分散其成分后变成浸出液的全部过程,其实质就是药材中的可溶性成分由药材固相转移到溶剂液相中的传质过程。无细胞结构的中药材(如矿物药、树脂类药材等),其成分可直接溶解或分散于溶剂中;对具有完好细胞结构的中药材而言,浸出过程包括药材润湿,溶剂向药材组织细胞中渗透,有效成分解吸附、溶解、扩散、置换等一系列过程。

课堂活动

新鲜药材与干燥药材中的有效成分存在状态有什么不同? 这些不同对有效成分的提取有什么影响? 生产过程又应如何区别对待?

(一)浸润与渗透阶段

当药材与浸出溶剂接触后,溶剂接触药材后首先附着于药材表面使之润湿,而后借助液体静压力和毛细管的作用,渗透进入药材细胞组织内。

因此,药材的润湿是药材中有效成分浸出的首要条件,能否润湿取决于药材和浸出溶剂的性质以及药材与溶剂之间的界面张力。含有蛋白质、果胶、糖类、纤维素等极性成分的药材,易被水或乙醇等极性溶剂润湿;含脂溶性成分较多的药材,则需用氯仿、石油醚等非极性溶剂浸提或脱脂后再用极性溶剂提取。非极性溶剂也不易润湿含水量多的药材,应将药材先行干燥后再提取。溶剂与药材间的界面张力越大,药材越不容易被润湿,加入适量表面活性剂,有利于药材的润湿和渗透。药材浸润、渗透过程的速度与溶剂性质、药材表面状态、药材粉碎程度、浸出温度及压力等因素有关。

(二)解吸与溶解阶段

药材中有效成分往往被组织吸附,溶剂必须首先解除这种吸附作用(解吸),才可使有效成分转入溶剂中(溶解)。药材中有效成分能否被溶解,取决于有效成分的结构和溶剂的性质,通常遵循"相似相溶"的规律。随着可溶性成分的不断溶解或胶溶,细胞内溶液的浓度逐渐增大,细胞内渗透压不断提高,溶剂继续向细胞内透入,并使部分细胞壁膨胀破裂,为已溶解的成分向外扩散创造了有利条件。这一变化的速度与药材和溶剂的性质有关,一般疏松的药材进行得比较快,溶剂为水时则速度较慢。

(三)扩散阶段

可溶性成分经溶解或胶溶后在细胞内形成的浓溶液,使细胞内外产生较高的浓度差和渗透压差。细胞内外浓度差的存在,使细胞内高浓度的溶液不断向细胞外低浓度方向扩散;同时细胞内较高的渗透压,又促进溶剂不断地由细胞外进入细胞内,直到细胞内外浓度相等,渗透压达到平衡时扩散终止。此时,浸提时间再长,有效成分也无法继续扩散出来。因此,浓度差是渗透和扩散的推动力,也是浸出的主要动力。在浸出过程中能保持较大的浓度梯度,则扩散速度快,浸出效率高。

扩散是浸出过程的重要阶段，浸出成分的扩散速度可用 Ficks 扩散公式(8-1)来说明：

$$dM = -DF(\frac{dc}{dx})dt \quad 式(8\text{-}1)$$

式中，dM 扩散物质量；dt 扩散时间；D 扩散系数（随药材而变化，与浸出溶剂的性质亦有关）；F 扩散面积，代表药材的粒度和表面状态；dc/dx 浓度梯度；负号表示药物扩散方向与浓度梯度方向相反。由式 8-1 可知，dM 值与药材的粉碎度、表面状态、扩散过程中的浓度梯度、扩散时间与扩散系数成正比。当 D、F、t 值一定时，浓度梯度（dc/dx）若能在浸出过程中保持最大，则扩散速度快，浸出效率高。

（四）置换过程

由式 8-1 可知，浸出的关键在于保持最大的浓度梯度（dc/dx），为提高浸出推动力和浸出效率，例如浸出时进行搅拌、更换新鲜溶剂或采用流动溶剂浸出，促使新鲜溶剂或稀浸出液随时置换药材周围的浓浸出液，创造出良好的浓度梯度，使扩散继续进行，提高浸出效能，直到有效成分提取完全。

浸出过程是由浸润与渗透、解吸与溶解、扩散、置换等连续进行又相互联系的四个阶段组成的。其中前三个阶段是自发进行的，最后一个阶段则需要人工辅助进行。

二、浸出的影响因素

（一）药材性质

1. 药材成分 药材中的有效成分多为小分子物质，由于小分子的成分溶解和扩散速度较快，故最初的浸出液中含有较多有效成分。药材中的大分子物质多为无效成分，其溶解、扩散较慢，浸出时间越长，浸出的杂质相应也会增多。

2. 药材的粉碎程度 一般来说，药材粉碎的越细，表面积越大，其与溶剂接触面越大，扩散速度就越快，有利于有效成分的浸出。但药材粉碎得过细，其吸附能力也随之增强，造成有效成分损失，同时过度粉碎常导致大量细胞破裂，细胞内大量不溶性大分子、树脂、黏液质等作为杂质进入浸出液，增大了浸出液的黏度而影响扩散速度，并造成后续过滤、精制操作的困难。因此，在浸出过程中，应根据药材的性质、浸出溶剂及浸出方法等事先进行适当粉碎。通常花、叶、全草等疏松药材宜用最粗粉甚至可以不粉碎；坚硬的根、茎、皮宜粉碎成较细的粉或用薄片。一般含黏性成分较多的药材以水为浸出溶剂时宜用粗粉，以乙醇为浸出溶剂时宜用中粉；坚硬的药材用较细的粉，疏松的药材用粗粉；采用渗漉技术浸出时，选择中粉或粗粉，防止细粉造成溶剂流通不畅或引起堵塞。

（二）浸出溶剂

浸出过程中，除根据被浸出成分的性质选择适宜的溶剂外，浸出溶剂的用量和 pH 与浸出结果密切相关。

1. 浸出溶剂的极性 应遵循相似相溶原理，根据药材中各种成分的理化性质选择适宜极性的溶剂，尽可能使有效成分多提取出来，而无效成分少提取出来。

2. 浸出溶剂的用量 浸出溶剂的用量要适当，增加浸出溶剂的用量，可以降低细胞外液的溶液浓度，有利于有效成分的充分浸出，但溶剂用量过大，浸出液的浓度过低，会给后续的浓缩工序带来不便。

3. 浸出溶剂的 pH　加酸能够增加碱类成分在水中的溶解度,可以促进生物碱的浸出;加碱能够增加酸类成分在水中的溶解度,可以促进某些有机酸的浸出。溶剂具有适宜的 pH 也有助于增加某些成分的稳定性。

（三）浸出工艺条件

1. 浓度梯度　浓度梯度是指药材组织内的浓溶液与外部溶液之间的浓度差,是扩散作用的主要动力,浓度梯度越大,扩散速度越快,浸出效率越高,当浓度梯度为零时,扩散停止。因此,在浸出过程中,应设法选择适当的浸出工艺与浸出设备来创造和保持最大的浓度梯度,以加速有效成分的浸出。如浸出操作中,通过搅拌、强制循环或及时更换浸出溶剂,采用渗漉、循环式或罐组式动态提取等措施,都有助于增大浓度梯度。

2. 浸出温度　温度与扩散速度成正比,温度升高,有利于药材组织的软化,浸出液的黏度降低,有利于有效成分的溶解和扩散速度加快,从而有利于药材有效成分的浸出。同时,温度升高可使细胞内蛋白质凝固,破坏酶及杀死微生物,有利于制剂稳定。但浸出升高温度也会使易挥发性成分损失、某些不耐热成分破坏,还能使无效成分的浸出量增加而影响浸出质量。因此在浸出过程中,提取温度控应制在有效成分不被破坏的情况下,维持浸出温度在溶剂沸点温度下或接近于沸点温度对浸出比较有利。

3. 浸出时间　一般浸出时间越长,有效成分的浸出越完全。但当扩散达到平衡后,时间即不再起作用。在浸出过程中,分子量小的成分因扩散快而首先进入浸出液,然后浸出量逐渐减少;而高分子成分浸出量则逐渐增大,因此长时间浸出有利于高分子成分的提取。此外,浸出时间过长,会使工艺时间延长,无效成分的浸出量增多,并能引起某些有效成分的水解失效和水性浸出液的霉败,影响浸出液质量。所以,应根据具体药材的性质、浸出溶剂、浸出方法等来确定适宜的浸出时间。

4. 浸出压力　提高浸出压力,可加速溶剂对药材的浸润与渗透,使药材组织内部更快地充满溶剂而形成浓浸出液,从而加速浸出;同时,在加压下的渗透,可使部分细胞壁破裂,有利于浸出成分的扩散。药材组织坚实,浸出溶剂较难浸润时,提高浸出压力有利于加速浸润、渗透过程,缩短浸出时间。但加压力对组织松软、容易润湿的药材的浸出则影响不显著。

5. 新技术的应用　新技术的应用不仅能够缩短浸出时间、提高浸出效果,也有助于提高浸出制剂的质量。浸出新技术如超声波提取技术、酶提取技术、超临界流体萃取技术、电磁场浸出等;也包括新型浸出设备的使用,如多功能提取罐的使用使浸出效率提高,能耗减少,操作简单;还包括浸出工艺的优化设计,优化的浸出工艺有助于提高有效成分的提取转移率。

点滴积累

1. 浸出过程包括润湿与渗透、解析与溶解、扩散、置换，其中润湿是浸出的前提，置换是力求创造最大的浓度差，以达到最佳的浸出效果。
2. 浸出的影响因素包括药材的性质、浸出溶剂、浸出工艺条件。

任务三　浸出制剂的制备

一、原药材的预处理

（一）药材品质的检验

1. 药材来源与品种的鉴定　中药品种繁多，由于各地名称不一，有些同名异物或同物异名，造成药材品种复杂化。药材种属不同，成分各异，其药效和所含成分也有很大差异。如果药材品种未经鉴定，即使处方恰当，工艺稳定，亦很难保证制剂质量稳定和有效性。因此，使用药材前应对其来源并进行品种鉴定。

2. 有效成分或总浸出物的测定　药材的产地、炮制方法、药用部位与贮存方法等不同，对药材的质量和有效成分含量会有很大影响，继而影响制剂质量。为了正确核实药材的投料量，必要时要对有效成分已明确的药材进行化学成分的含量测定，对有效成分尚未明确的药材，可测定药材总浸出物量作为参考指标。

3. 含水量的测定　药材含水量关系到有效成分的稳定性和投料量的准确性，水分大也易发霉变质。药材含水量一般约为 9%~16%，大量生产时应根据药材的组织和成分的特性，结合实际生产经验，定出含水量的控制标准。

（二）药材的炮制

中药炮制后入药是中医用药的特点之一，药材经炮制后可起到增效、减毒或改变药性等作用。只有严格按照国家药品标准或地方炮制规范对药材依法炮制，才能保证浸出药剂的内在质量，使用药安全有效。

（三）药材的粉碎

药材的粒度是影响浸出的主要因素之一。药材应用前进行适当的粉碎，有利于有效成分的浸出。

二、浸出溶剂与浸出辅助剂的选择

（一）浸出溶剂的选择原则

为保证浸出药剂的质量，浸出溶剂应能最大限度地溶解和浸出有效成分，而尽量减少无效成分和有害物质的浸出，选择合适的浸出溶剂对浸出制剂的制备有着非常重要的意义，直接关系到药材中有效成分的浸出和制剂的稳定性、安全性、有效性及经济效益。

选择浸出溶剂时应考虑以下基本要求：①能最大限度地溶解和浸出有效成分，最低限度地浸出无效成分；②不与药材中有效成分发生化学反应，不影响浸出制剂的稳定性、药效和质量控制；③本身无或少有药理作用；④具有适宜的物理性质，如比热小、沸点低、黏度小、不易燃烧；⑤来源广泛、价格低廉、使用安全。

（二）常用的浸出溶剂

1. 水　水为最常用的一种极性浸出溶剂，可与乙醇、甘油等溶剂相混溶，具有溶解范围广、无药理作用、使用安全、经济易得等特点。生物碱盐、苷、水溶性有机酸、糖类、鞣质、氨基酸、蛋白质、黏液质、树胶、色素等多种成分都能被水浸出，但也因其浸出范围广，对有效成分的选择性差，容易浸出大量无效成分，给后续工艺如过滤、精制、浓缩等操作带来困难。另外，水浸出液容易发生霉变、不利于贮存；有的有效成分还可能发生水解、氧化或分解作用（如苷类）。

2. 乙醇　乙醇是制剂生产中仅次于水的常用浸出溶剂，为半极性溶剂，能与水任意比例进行混合。与水相比浸出选择性较强，不能溶解树胶、淀粉、蛋白质、黏液质等杂质。生产中经常使用不同浓度的乙醇有选择性地浸出药材有效成分，适用面广。如20%～50%的乙醇适用于蒽醌及其苷、鞣质等水溶性成分的浸出，60%～70%的乙醇用作强心苷、酯类、鞣质等成分的提取，含量在90%以上时适于浸取生物碱、挥发油、有机酸、内酯、树脂和叶绿素等；乙醇含量达20%以上时具有防腐作用，达40%时能延缓某些苷、酯等成分的水解。但乙醇有一定药理作用，易燃、易挥发，成本较高。

3. 乙醚　乙醚是非极性的有机溶剂，微溶于水，可与乙醇及其他有机溶剂任意混溶。乙醚溶解选择性较强，可溶解树脂、游离生物碱、脂肪、挥发油、某些苷类。乙醚有强烈的药理作用，沸点34.5℃，极易燃烧，价格昂贵，一般仅用于有效成分的提纯精制。

4. 其他　此外，药材浸出中还会用到乙酸乙酯、丙酮、石油醚、氯仿、正丁醇等有机溶剂。

（三）浸出辅助剂

为了提高浸提效能，增加药材中有效成分的溶解度和稳定性，去除或减少浸出液的杂质，常在浸出溶剂中添加一些用于提高浸提效能的物质，此类物质称为浸出辅助剂。常用的浸出辅助剂有酸、碱、表面活性剂、甘油等物质。

1. 酸　酸可与生物碱生成可溶性盐类，有利于增大生物碱在水中的溶解度；酸还可以使有机酸游离，便于用有机溶剂浸提；适当的酸度还可以对一些生物碱产生稳定作用或沉淀某些杂质。酸的用量不宜过多，否则会引起药用成分的水解或其他不良作用。常用的酸有盐酸、硫酸、醋酸、枸橼酸和酒石酸等。

2. 碱　碱主要用于增加酸性有效成分的溶解度和稳定性，还可以除去碱不溶性杂质，适用于含皂苷、有机酸、黄酮、蒽醌、内酯、酚类等成分的药材。常用的碱有氨水、碳酸钙、氢氧化钙、碳酸钠等，以氨水最为常用。

3. 甘油　甘油为鞣质的良好溶剂，可增加鞣质的浸出；将甘油加到以鞣质为主成分的制剂中，可增强鞣质的稳定性。

4. 表面活性剂　在浸出溶剂中加入适宜的表面活性剂，能降低药材与溶剂间的界面张力，促进药材表面的润湿性，利于药材成分的浸出。通常选用毒性较小或无毒性的非离子表面活性剂，如聚山梨酯80、聚山梨酯20等。

三、浸出方法的选用

课堂活动

大家有煎过中药么？　说说煎药的器具、方法及注意事项。

常用的浸出方法有煎煮法、浸渍法、渗漉法、回流法、水蒸气蒸馏法及超临界流体萃取法等;近年来,超声波提取、半仿生提取、酶法等技术也在研究试用。不同方法适用于不同类型或含不同性质有效成分的药材浸出,在选择浸出方法时要从药物的性质、溶剂性质、剂型要求以及生产规模等方面综合考虑。

(一)煎煮法

煎煮法是以水作溶剂,将药材加热煮沸一定的时间以提取药用成分的浸出方法,又称水煮法或水提法。煎煮法是最早应用的一种浸出方法,符合中医传统用药习惯,至今仍普遍使用,其操作简单易行,能浸出大部分药用成分。此法除用于制备传统汤剂、煎膏剂外,同时也是制备中药片剂、颗粒剂、口服液、注射剂或作为提取某些有效成分的基本浸提方法。根据煎煮时是否加压,可分为常压煎煮法和加压煎煮法,后者常用于常压下不易煎透的药材。

煎煮法适用于有效成分能溶于水且对湿热较稳定的药材,浸提成分范围广,有效成分尚不清楚的中药或方剂进行剂型改进时也常用此法粗提。但对热不稳定的、易水解、酶解或挥发性成分在煎煮过程中易被破坏或损失。此外,煎煮法制得的浸出液往往含杂质较多,给后续精制工序带来麻烦;水浸出液也易霉败变质,故应及时处理。

1. 操作方法 煎煮法的操作工艺流程为:配料→粉碎→加水浸泡→煎煮 2~3 次→过滤→合并煎液。按照处方要求将所需药材配齐,准确称量,适当粉碎,置于适宜煎煮器中,加适量水使浸没药材,浸泡 20~60 分钟使药材充分膨胀后,加热至沸腾,保持微沸状态一定时间,分离煎出液,药渣依次再加水煎煮,一般 2~3 次或至煎出液味淡为止。合并各次煎出液,静置,过滤即得。

2. 注意事项

(1)煎煮容器:应选择化学稳定性及保温性好的材料制成煎煮容器,直接接触药材的部分忌用铜、铁制品。小量制备可用陶制容器或砂锅,大量生产选用不锈钢或搪瓷制容器。

(2)药材粒度:药材粒度要根据药材质地、所含成分等确定。实际生产时,对全草、花、叶及质地疏松的根及根茎类药材,可以直接入煎或切段、厚片入煎;对质地坚硬、致密的根及根茎类药材,应切薄片或粉碎成粗颗粒入煎;对含黏液质、淀粉较多的药材,不宜粉碎而宜切片入煎,以防煎液黏度增大,妨碍成分扩散,甚至焦化糊底。

(3)煎煮用水:煎药宜采用纯化水或经过软化过的饮用水,防止水中钙、镁等离子与药材成分发生沉淀反应。水的用量应视药材的性质、煎煮的时间以及煎煮设备加以调整,第一次煎煮的用水量一般为药材量的 8~10 倍,第二次为 6~8 倍。若质地疏松的药材可适当增加用水量,相反,质地坚硬的药材可适当减少。

(4)浸泡时间:加热前应先用冷水将药材饮片浸泡一段时间,使药材组织充分软化膨胀,以利于溶剂的渗透和有效成分的浸出。如用沸水浸泡或直接进行煎煮,则药材表面的淀粉糊化、蛋白质凝固,会妨碍水分进入细胞内部,影响有效成分的浸出。故需要通过实验来确定合适的浸泡时间,一般情况下需要浸泡 20~60 分钟。

(5)煎煮火候:煎煮药物的火力大小,俗称“火候”。一般先用大火煮沸,再用小火保持微沸状态,即先武火后文火。小量生产可以使用直火加热,大生产通常采用蒸汽加热。

（6）煎煮时间和次数：煎煮时间应根据药材的性质、质地、投料量以及煎煮工艺与设备的不同适当增减。时间太短，有效成分不能充分浸出；时间太长，杂质煎出量增多，挥发性成分挥发损失。生产上一般煎煮时间为30~60分钟。质地坚硬、有效成分难以煎出及某些有毒的药材，投料量较大或为第一煎时，则可适当延长煎煮时间；质地松软、清解剂或芳香类药物以及有效成分受热易破坏的药材或投料量较小或为第二煎时，煎煮时间可适当缩短。药材的煎煮次数一般为2~3次。实验证明，药材只煎煮一次，有效成分丢失很多；若煎煮次数过多，有效成分的浸出率提高不大，但耗时和耗能，且煎出液中杂质增多。

（7）悬浮物的处理：煎煮中药材时往往会产生一些悬浮物，如果为胶体物质如蛋白质、树脂以及皂苷等产生的泡沫，可以采用降低温度，保持微沸状态；减少搅拌次数或不搅拌等方法解决；如有泡沫过多产生"溢锅"现象，可以采用添加消泡剂的方法减轻或消除；若是相对密度较小的植物绒毛、叶子等引起的悬浮，可以在煎煮前采用包煎的方法使其不悬浮。

案例分析

案例

煎煮操作中使用了不锈钢敞口煎煮锅，使用了铁铲作为搅拌工具，发现产品质量不合格。

分析

煎煮药材忌用铁器，植物性药材中往往含有鞣质、有机酸等，会与铁离子发生化学反应，导致产品质量不合格。案例中使用铁铲作为搅拌工具可能有两方面原因，一是认为煎煮锅为煎煮设备，忽略了搅拌器具也是煎煮设备的一部分，二是对煎煮岗位职责不明确，不清楚该操作对产品质量影响的重要性。

避免这种现象的发生，需要明确影响生产的各种因素，更需要增强操作人员的责任心，重视生产过程中的每个细节。

3. 常用的煎煮设备

（1）一般提取器：小量生产常用敞口倾斜式夹层锅、搪玻璃罐、不锈钢罐等。为了强化提取，可在提取器上加盖，增设搅拌器、泵、加热蛇管等。

（2）多功能提取罐：是目前生产企业普遍采用的一种密闭间歇式提取设备，适用于多种有效成分的提取，可在常压常温提取、加压高温提取或减压低温提取。无论水提、醇提、提取挥发油、回收药渣中溶剂均能适用。

（二）浸渍法

浸渍法是指将药材置密闭容器中，用一定量的溶剂，在一定温度下浸泡至规定时间提取有效成分的浸出方法。浸渍法操作简单易行，浸出液的澄明度较好；但浸渍法为静态提取法，浸提效率差，有效成分浸出不完全，操作时间长。浸渍法适用于遇热易破坏、易挥散的药材，黏软性、无组织结构的药材，新鲜和易膨胀的药材；不适用于贵重药材、毒性药材及有效成分含量较低的药材。

1. 操作方法　浸渍法的操作工艺流程为：配料→粉碎→浸渍→分离上清液→压榨药渣→合并静置→过滤→浸出液。按照处方要求将所需药材配齐，准确称量，适当粉碎，置有盖容器中，加入定量的溶剂、密盖，间歇振摇，浸渍规定时间，倾取上清液，过滤，压榨残渣，收集压榨液和滤液合并，静置24小时过滤，即得。按照浸出的温度和浸渍次数不同，可分为冷浸渍法、热浸渍法和重浸渍法。

(1)冷浸渍法：又称常温浸渍，即在室温条件下进行的浸渍操作。冷浸渍法特别适用于不耐热、含挥发性以及含黏性成分的药材，且制成品的澄明度较好，常用于酊剂、酒剂的制备。若将滤液一步浓缩至规定程度，可制备流浸膏剂、浸膏剂、颗粒剂、片剂等。

冷浸渍法操作工艺流程见图8-1。

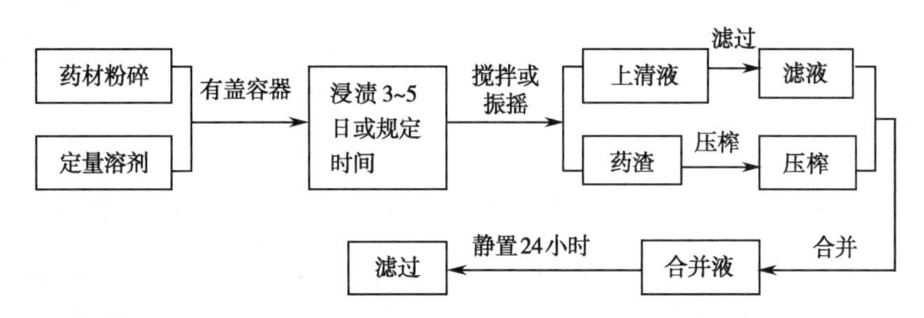

图8-1 冷浸渍法操作工艺流程

(2)热浸渍法：将药材放入密闭容器内，通过水浴或蒸汽加热，在低于溶剂沸点，高于室温条件下进行的浸渍操作。由于温度升高，扩散速度快，大大缩短浸渍时间，提高生产效率，并使有效成分浸出完全。但温度升高可导致杂质的浸出量增加，冷后沉淀析出，故澄明度较冷浸渍法差；对热不稳定成分的药材不宜采用热浸渍法。选用的溶剂不同，浸渍的温度也不同，一般以水为溶剂的浸渍温度控制为60~80℃，以乙醇为溶剂的浸渍温度控制为40~60℃。热浸渍法常用于酒剂的制备。

(3)重浸渍法：又称多次浸渍法。操作时将一定量的溶剂分为几份，先用其中一份浸渍药材，药渣再用第二份溶剂进行浸渍，如此重复2~3次，最后将各份浸渍液合并。重浸渍法操作使浸提过程保持了较大的浓度差，提高了浸出效率，同时也减少了药渣吸附浸出液而造成有效成分的损失，但操作相对烦琐、费工费时。

2. 注意事项

(1)药材粒径：一般浸渍药材需要粉碎成碎块或粗粉，这样既可使药材具有较大的扩散面积，有利于成分溶解浸出，又不致因过度粉碎使大量不溶性高分子物质进入浸出液中，影响浸出液的澄明度。

(2)浸渍溶剂：多采用蒸馏酒、乙醇，也可根据有效成分的性质选用水、酸水或碱水。溶剂用量应按处方规定使用，若处方中无明确规定，一般用药材量的10倍左右，可根据药材性质适当加减。

(3)浓度梯度：浸渍法属于静态提取方法。实际操作中要保持较大浓度差，可以采用振摇或搅拌的措施；或者将药材装入布袋，悬于浸出溶液的上方。

(4)药渣吸附：浸渍操作中，药渣会吸附一定量的药液。浸出液的浓度越高，药渣吸附所引起有效成分的损失就越大。在生产中，可利用重浸渍技术减少有效成分的损失外，也可通过压榨药渣来减少有效成分的吸附。

(5)杂质处理：压榨药渣或加热浸渍时，常有不溶性成分或杂质进入浸出液内，需将浸出液合并后放置24小时后过滤，必要时需放冷藏后过滤。

3. 常用的浸渍设备　浸渍法所用的主要设备为浸渍器和压榨器。

(1)浸渍器:小剂量生产可以采用具塞玻璃容器,工业生产中浸渍器应选用化学稳定性好的搪瓷罐、陶瓷罐或不锈钢罐等,形状一般为圆筒状,下部有出液口。为防止药材残渣堵塞出口,应设有多孔假底,假底上铺有滤布,供放置药材并起过滤作用;容器应能密闭防止溶剂挥散。大型浸渍器上安装搅拌器,也可在下段安装离心泵,将下部浸出液通过离心泵反复抽至浸渍器上端,起搅拌作用以加快浸出。有些浸渍设备带有夹层,可供冷、热浸渍两种方式使用。

(2)压榨器:压榨器用于挤压药渣中残留的浸出液。小量生产可用螺旋压榨器,大量生产时宜采用水压机。

(三)渗漉法

渗漉法是将药材适宜粉碎后装于渗漉装置中,从渗漉器上部不断添加浸出溶剂,自下部流出口收集渗漉液,从而使药材中的有效成分浸出的操作。渗漉法属于动态浸出过程,在浸出过程中能始终保持良好的浓度梯度,使扩散能较好地自动连续进行,浸出效率高,提取比较完全,且可省去浸出液与药渣的分离操作,渗漉法溶剂的用量较浸渍法少,其浸出效果优于浸渍法。渗漉法适用于有效成分含量较低,不耐热或易挥发的药材,有毒或贵重药材以及高浓度浸出制剂的制备;但新鲜、膨胀性较大的药材及无组织的药材不宜选用渗漉法。

1. 操作方法　根据操作方法分为单渗漉法、重渗漉法、加压渗漉法和逆流渗漉法。单渗漉法的操作工艺流程为:配料→粉碎→润湿→装筒→排气→浸渍→渗漉→渗漉液。

根据处方要求将所需药材配齐,准确称量,粉碎成粗粉或中粉;加溶剂润湿,使药粉充分膨胀后装入渗漉器;药粉装填完后在药粉上方放置适当的重物;打开出料口,自容器上方添加溶剂,待出口处流出液不再出现气泡时关闭出口;继续添加溶剂至高出药粉上方2~3cm;加盖静置浸渍24~48小时;打开出口进行渗漉,收集渗漉液,至规定溶剂用完或浸出液味淡为止。

2. 注意事项

(1)药材粒径:渗漉用药材应进行适当粉碎。药粉过细易于堵塞,增强其吸附性,不利于成分浸出;药粉过粗则不易压紧,溶剂流动太快,减少粉粒与溶剂的接触面,药用成分浸出不完全,不仅降低浸出效率,而且会耗用较多的溶剂。一般药材以粉碎成粗粉或中粉为宜,对于有效成分易于浸出的药材也可选用药材薄片或不大于0.5cm的小段。

(2)药粉的润湿:药粉在装入渗漉器前应先加规定量的溶剂(一般为药材量60%~100%)润湿,并密闭放置15分钟至数小时,使药粉充分吸收膨胀,避免药粉在渗漉器内膨胀形成堵塞影响渗漉效果。如果药粉本身存在粗细差别,需将粗细粉分别润湿,装渗漉器时先装粗粉,再填细粉,尽量做到疏密一致。

(3)装筒:装筒是渗漉法的关键步骤。在筒底先做一个假底,将充分润湿后的药粉分次投入渗漉器中,每次投入后用木锤层层均匀压平,以保证粉柱松紧度均匀,药粉装填完毕应在药面上加适当的重物,防止加入溶剂后药材粉末漂浮影响渗漉。渗漉器内药粉量不应超过渗漉器容积的2/3,以留下足够的空间存放溶剂,使渗漉操作得以连续进行。粉柱各部松紧的均匀性直接影响渗漉效果。装得过松,溶剂则很快通过药粉,造成有效成分浸出不完全,耗费溶剂多;装得过紧,溶剂流动不畅,容易堵塞使渗漉无法进行；当装粉松紧不均时，会使溶剂沿较松的一侧流下，有效成分不能正常浸出。

（4）排除空气：装筒完毕后，打开渗漉器下部出口，自上部缓缓加入溶剂，使溶剂逐渐进入粉柱，药粉之间的空气一部分被溶剂置换，多数气体被溶剂压迫自出口排出，待流出液中不含气泡时将出口关闭。如药粉之间空气未排尽就会产生气泡，气泡的密度比溶剂轻，会在浸渍或渗漉过程中上浮，将已装好并压紧的粉层冲散破坏，造成相对松散的空隙，而溶剂则易沿气泡形成的空隙流出，造成成分浸出不完全。

（5）溶剂添加：将流出液再倒入筒内，并继续添加溶剂至高出药面数厘米，加盖放置浸渍24~48小时后，适当开启渗漉器出口进行渗漉。在整个渗漉操作过程中，溶剂应始终保持高于药粉表面，以防止药粉层干涸开裂。若溶剂流完后再补充溶剂，则会出现溶剂从裂缝间隙流过而使浸出不完全，也容易产生气泡影响渗漉效果。如果采用连续渗漉装置，可以避免药粉层干涸现象的发生。

（6）渗漉速度：渗漉速度是控制浸出效能的关键之一。应根据药材性质选择渗漉速度，渗漉太快会使有效成分来不及浸出和扩散，浸出液浓度低；流速太慢则影响设备利用率和产量。除另有规定外，一般以1000g药材计算，每分钟流出1~3ml为慢速渗漉，每分钟流出3~5ml为快速渗漉；实际生产中也可以每小时流出量为渗漉器被利用容积的1/48~1/24来确定渗漉速度。

（7）漉液的收集与处理：因制剂的种类不同，漉液的收集和处理方法不同。制备流浸膏剂时，先收集相当于药材量85%的初漉液另器保存，续漉液在低温条件下浓缩为总量的15%，与初漉液合并，取上清液分装；制备浸膏剂时，应将全部渗漉液低温浓缩至稠膏状，加稀释剂或继续浓缩至规定标准；制备酊剂、酒剂时，无须另器保存初漉液，收集漉液量达欲制备量的3/4时即停止渗漉，压榨残渣，压出液与漉液合并，过滤，添加适量乙醇或蒸馏酒至规定浓度和体积后，静置、过滤即得。

3. 其他渗漉法

（1）重渗漉法：重渗漉是将浸出液反复用作新药粉的溶剂进行多次渗漉的浸出操作。通过多次渗漉，溶剂经过粉柱的长度是各次渗漉粉柱高度之总和，可使浸出液的含药浓度增大，从而达到提高浸出效率目的。该法溶剂用量少、利用率高，渗漉液中有效成分浓度高，不必加热浓缩，可避免有效成分受热分解或挥发损失，成品质量较好。但操作麻烦费时，占用容器多。操作示意图见图8-2。

（2）加压渗漉法：加压后溶剂及浸出液通过粉柱的流速加快，渗漉效率提高，使渗漉顺利进行。由于该法需要可密封加压的特殊渗漉容器，故实际生产中应用较少。

（3）逆流渗漉法：逆流渗漉是指溶剂自渗漉器下方流入，从上口流出与传统渗漉操作中溶剂流向相反的操作，又称反渗漉法。溶剂借助于毛细管虹吸和液体静压自下向上移动，对药材粉末的浸润渗透比一般渗漉法彻底，浸出效果好。操作示意图见图8-3。

4. 常用的渗漉设备 小量生产常使用玻璃制的渗漉筒，工业生产中渗漉设备多以不锈钢材质制备，形状以圆锥形、圆柱形、水缸形为主。圆锥形渗漉器适用于以水、低浓度乙醇为溶剂及纤维性强、膨胀性大的药材；圆柱形及水缸形渗漉器适用于膨胀性不大的药材。如果药粉量较多，或为提高溶剂利用率而选用了较大的渗漉器时，可在渗漉器中设若干假底，将药粉分为若干层以防止底部药粉被压紧。

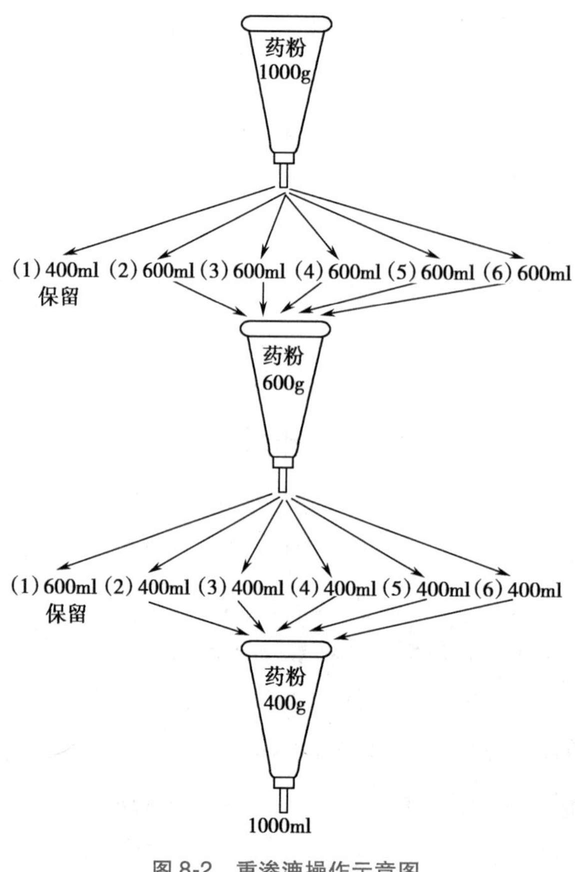

图 8-2　重渗漉操作示意图

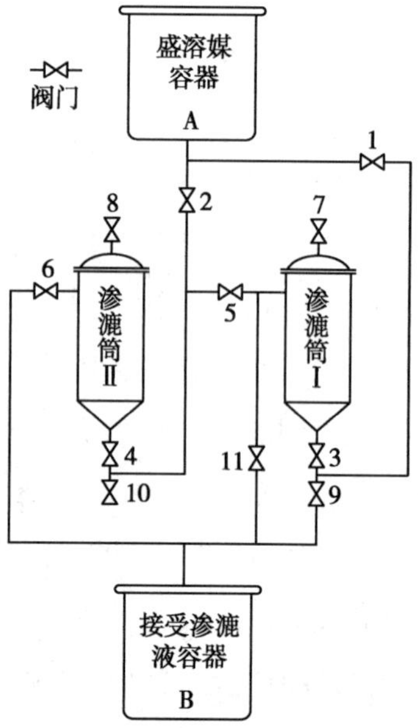

盛溶媒容器 A
阀门
渗漉筒Ⅱ
渗漉筒Ⅰ
接受渗漉液容器 B
1 2 3 4 5 6 7 8 9 10 11

图 8-3　双向逆流渗漉操作示意图

（四）回流法

回流法是指将药材与具有挥发性的有机溶剂共置蒸馏器中，通过加热将挥发性溶剂蒸发后冷凝，重复流回到蒸馏器重新浸提药材的操作方法。回流法适用于有效成分易溶于浸出溶剂且受热不易破坏，以及质地坚硬不易浸出的药材。常用的挥发性溶剂有乙醇、乙醚等。

1. 操作方法　回流法的操作工艺流程为：配料→粉碎→浸泡→回流 2~3 次→过滤→回收溶剂→浓缩液。根据处方要求将所需药材配齐，准确称量，适当粉碎，装入回流装置中，添加规定量溶剂浸泡一定时间，加热，回流至规定时间，过滤，另器保存；药渣再添加新溶剂，如此反复操作 2~3 次，合并回流液，蒸馏回收溶剂，所得浓缩液再按需要进一步处理。

2. 注意事项

（1）应减少溶剂大量挥发：生产过程中若冷凝不及时可导致溶剂挥发损失，甚至污染环境。可以采取控制加热介质温度和流量的方法保持微沸状态，降低溶剂蒸发速度；或增加冷凝面积，提高冷凝效率；回流结束后将浸出液转移至有盖容器中自然降温，或通过冷却装置强制冷却。

（2）防止溶剂暴沸：添加新溶剂进行再回流时应随时观察温度变化及回流沸腾情况，避免暴沸现象；出现暴沸或者剧烈沸腾引起“溢锅”现象时，考虑添加少量乙醚、硅酮或消泡剂等以破坏泡沫。

3. 常用的回流设备　小量生产常用玻璃制的蒸馏设备，大生产多采用不锈钢材质制备的多功能提取罐或回流罐，也有参照索氏提取器原理制备的大型连续循环回流冷浸装置，但目前普及率低。

（五）水蒸气蒸馏法

水蒸气蒸馏是指将含有挥发性成分的药材与水共同蒸馏，使挥发性成分随水蒸气共同馏出，经冷凝分离获得挥发性成分的浸提方法。此法适用于具有挥发性、能随水蒸气蒸馏而不被破坏，与水不发生反应，又难溶于水或不溶于水的有效成分的提取、分离，如挥发油的提取。

按照加热方式不同，水蒸气蒸馏法分为共水蒸馏法、通水蒸气蒸馏法和水上蒸馏法：①共水蒸馏法：药材加水浸泡一定时间后，直接加热，挥发性成分与水共同馏出后被收集，此法操作简单，但受热温度高，中药可能会发生焦化现象，也可能使挥发油发生分解反应；②通水蒸气蒸馏法：药材加水浸泡一定时间后，通入水蒸气作为热源，使挥发油随导入的蒸汽一起馏出，因药材没有与加热器直接接触，可避免焦化现象；③水上蒸馏法：在水浴上进行蒸馏的方式，因加热温和，药材与挥发性成分不受破坏。

（六）超临界流体萃取法

超临界流体萃取法是用超临界流体作溶剂对药材中所含成分进行萃取和分离的技术。与传统的提取分离法相比，超临界流体萃取法提取温度低、效率高、有效成分提取纯度高，而且操作简单节能、无有机溶剂残留、无环境污染，适合提取分离挥发性成分、热敏性成分及含量低的成分。

超临界流体是介于气体和液体之间的一种状态，其渗透力极强，溶解性类似液体，能使药物成分在低温条件下被浸出。可作为超临界流体的气体有二氧化碳、氧化二氮、三氟甲烷、氮气等。最常用作超临界流体的气体是二氧化碳，其性质稳定，不易燃、不易爆，无毒害，价廉易得。

（七）超声波提取

超声波提取是利用超声波的空化作用、机械作用、热效应等增大物质分子运动频率和速度，增加溶剂穿透力，从而提高药材有效成分浸出率的方法。与传统的煎煮法、浸渍法、渗漉法比较，具有省时、节能、提取效率高等优点。但目前尚未大规模应用，其作用机理及适用大生产的设备等问题有待于进一步研究。

知识链接

半仿生提取法

半仿生提取法是为经消化道给药的中药制剂设计的一种新的提取工艺。其特点是从生物药剂学角度，模拟口服药物经胃肠道转运吸收的环境，将浸出液的酸碱度加以生理模仿，先用一定 pH 的酸水提取，再用一定 pH 的碱水提取，使提取物更接近药物在体内达到平衡后的有效成分群。半仿生提取法在具体工艺选择上，既考虑活性混合成分又以单体成分作指标，这样不仅能充分发挥混合物的综合作用，体现中医治病综合成分作用的特点，又能利用单体成分控制中药制剂的质量，已经显示出较大的优势和广泛的应用前景。

四、浸出液的分离与精制

（一）常用的分离方法

分离纯化技术是将中药浸出液与药渣、沉淀物和固体杂质进行分离，进而采用适当方法最大限度地除去无效成分、保留有效成分和辅助成分的技术。

1. 沉降法　利用固体微粒与液体介质密度差异，依靠固体微粒自身重力自然下沉，再分离上层清液，使固体与液体分离的操作方法。此法简单易行，无须特殊设备，当固体微粒与液体相对密度相差悬殊，且浸出液不易变质时可以使用本法，但所需时间长，效率低，分离不完全，常与其他方法配合使用。

2. 过滤法　是指将中药浸出液通过多孔介质，将浸出液中固体粒子截留，而液体经介质孔道流出，达到固液分离目的操作，是去除浸出液中固体杂质的有效方法。

（1）过滤原理：一种是机械过筛作用，即浸出液中大于滤器孔隙的微粒全部被截留在过滤介质表面。滤材包括织物类如纱布、金属筛网；多孔介质如滤纸、垂熔玻璃、微孔薄膜；膜材料如金属膜、高分子膜等。另一种是滤器的深层阻留，微粒被截留在滤器的深层达到过滤目的，如砂滤棒等。

（2）影响过滤的因素：①过滤面积：过滤面积与滤速成正比，过滤面积越大，过滤速度越快。②滤材的性质：滤材的孔径大小、孔数多少、毛细管长度等都会影响过滤的速度；滤材的孔径越小、孔数越少、毛细管越长，过滤速度越慢。③滤器两侧的压力差：压力差越大，过滤速度越快，故常加压或减压可提高过滤的效率。④滤液的黏度：滤速与滤液黏度成反比，黏度越大，滤速越慢，生产上常采用趁热或保温过滤，加助滤剂等以降低黏度。⑤滤饼性质：药液流过不可压缩滤饼时阻力不变，过滤速度受影响较小；流过可压缩滤饼时阻力增大，过滤速度减慢。

（3）常用的过滤方法：根据过滤操作方法的不同分为常压过滤、减压过滤、加压过滤和薄膜过滤，特点及适用范围见表 8-1。

表 8-1　常见的过滤方法

方法	常压过滤	减压过滤	加压过滤	薄膜过滤
含义	利用滤液的液位差所产生的压力作为过滤动力进行的过滤	通过在过滤介质下方抽真空，增加过滤介质两侧压力差加快过滤速度的过滤	利用压缩空气或往复泵、离心泵等输送混悬液所形成的压力为推动力进行的过滤	利用对组分有选择性透过的薄膜作滤材，凭借各组分在膜中传质的选择性差异，使物质被透过或截留于膜的过滤
特点	过滤设备简单，过滤速度慢，生产能力低	过滤速度比常压过滤快，但滤渣容易吸附有效成分，且较难洗出，有效成分回收率不高	由于压力差大，过滤速度快，但滤渣洗涤困难，滤布易损坏	一般在接近室温的条件下进行，能耗低；被分离的物质大多数不发生相的变化；操作方便，不产生二次污染
适用范围	适用于一般药液的粗滤	适用于黏度小、滤饼不可压缩的滤液	适用于黏度大、颗粒细小及可压缩性物料的过滤	适用于多组分药液的分离、分级、提纯和富集
常用设备	常用滤纸或脱脂棉作介质	常用布氏漏斗、垂熔玻璃滤器	常用压滤器和板框式压滤机	微孔滤膜、超滤膜、反渗透膜、纳滤膜

3. 离心分离法　是指将待分离的浸出液置于离心机中，借助离心机的高速旋转，使药液中的固体和液体或两种互不混溶的液体，产生不同的离心力而达到分离的方法。该法分离效率高，适用于

分离细小微粒，黏度大的待滤液及用一般的过滤或沉淀方法不易奏效或难以进行分离的浸出液。离心机按转速不同分为常速离心机、高速离心机和超高速离心机，可根据待分离料液的性质不同进行选择。

（二）浸出液的精制

精制是采用适当的方法和设备除去药材浸出液中杂质的操作过程。生产中常用的精制方法有水提醇沉法、醇提水沉法、酸碱法、透析法、大孔吸附树脂法等。

1. 水提醇沉法（水醇法） 是指以水为溶剂浸出药材中药用成分，再用不同浓度的乙醇沉淀浸出液中杂质达到精制目的方法。其基本原理是利用多数药用成分具有既可以溶于水，也可以溶于适当浓度乙醇，而水提液中的一些大分子水溶性杂质如糊化淀粉、蛋白质、多糖、黏液质、无机盐等则难溶于乙醇的溶解特性，在水提液中加入适量乙醇，即可沉淀除去杂质。此法是目前应用较为广泛的精制方法，但存在成本高、药物成分损失等问题，因此不能作为中药浸出液的通用精制方法。

醇沉操作时药液应进行适当浓缩，以减少乙醇用量。实际生产中，一般将中药水提液浓缩至比重为1.1左右，药液放冷后，边搅拌边缓慢加入乙醇使达规定含醇量，密闭冷藏24~48小时，过滤，滤液回收乙醇，得到精制液。

2. 醇提水沉法（醇水法） 是指先以适当浓度的乙醇提取药材成分，再加适量的水，以除去水不溶性杂质的方法。基本原理及操作与水提醇沉法相同。其特点在于醇提可减少中药材水溶性杂质的溶出，加水处理又可去除树脂、油脂、色素等醇溶性杂质，适用于含糖类、黏液质、蛋白质等水溶性杂质较多的药材的提取。

3. 酸碱法 是利用药材中有效成分的溶解性与酸碱度有关的性质，可以加入适量酸或碱调节pH至一定范围，使有效成分溶解或析出，以达到分离的目的。此法适用于生物碱、苷类、有机酸、羟基蒽醌类等化合物的分离。

4. 大孔吸附树脂法 是指以大孔吸附树脂为吸附剂，利用其对不同成分的选择性吸附和筛选作用，分离、提纯某一种或某一类有机化合物的方法，具有吸附容量大、选择性好、成本低、收率较高、吸附速度快、再生容易等优点。大孔吸附树脂是一种吸附性和筛选性相结合的分离材料，可以从浸出液中以物理方式选择性吸附某些药用成分，而与不被吸附的杂质相分离，再用一定的溶剂将其从树脂上洗脱，从而得到精制。一般用适量水洗下蛋白质、鞣质、低聚糖、多糖等极性物质；再用低到高浓度的醇依次洗脱，一般70%乙醇洗脱皂苷；3%~5%碱液洗下黄酮、有机酸、酚类和氨基酸；10%酸洗下生物碱、氨基酸；丙酮洗下中性亲脂性成分。此法多应用于皂苷、黄酮、生物碱、内酯等化合物的提取分离。

5. 盐析法 是指在药物溶液中加入大量的无机盐，使某些高分子物质的溶解度降低沉淀析出以达到分离的方法。适用于有效成分为蛋白质类药物的分离纯化。常作盐析的无机盐有氯化钠、硫酸钠、硫酸镁、硫酸铵等。

6. 透析法 利用小分子物质在溶液中可通过半透膜，而大分子物质不能通过半透膜的性质，达到分离的方法。此法可用于除去中药浸出液中的鞣质、蛋白质、树脂等高分子杂质，也常用于某些具有生物活性的植物皂甙、多糖、多肽的纯化。

7. 澄清剂吸附法　是指借助于澄清剂的作用，使中药浸出液中的固体微粒产生沉淀，经过滤除去沉淀物而获得澄清药液的方法。本法能较好地保留浸出液中的有效成分，除去杂质，操作简单，澄清剂用量小，能耗低。在中药制剂的制备中，主要用于除去药液中粒度较大、有沉淀趋势的悬浮颗粒，以获得澄清的药液。常用的澄清剂有101果汁澄清剂、甲壳素、纸浆、活性炭、滑石粉等。

五、浸出液的浓缩与干燥

药材经过浸提并分离后常得到浓度较低的浸出液，既不能直接应用，也不利于制备其他剂型。因此需通过浓缩与干燥过程来获得小体积的浓缩液或固体产物。

（一）浸出液的浓缩

浓缩过程通常采用蒸发的手段来完成，分为自然蒸发和沸腾蒸发，浸出制剂生产过程大多采用沸腾蒸发。在浓缩过程中，为节约加热蒸汽的消耗量，会采用多效蒸发器。

1. 影响浓缩的因素

（1）蒸发的面积：蒸发面积越大，浓缩的速度越快；常压蒸发时应选用广口蒸发锅加快蒸发，还可采用沸腾、薄膜、喷雾等蒸发方法。

（2）传热温度差：提高加热介质温度，使溶剂保持在沸腾温度，有利于浓缩进行；有效成分耐热的被蒸发液体可适当提高温度，以加快蒸发的速度。

（3）浓缩液面蒸汽浓度与温度：液面蒸汽温度高，则蒸汽不易冷凝回流，在浓缩液面上通入热风，可以促进蒸发；液面蒸汽浓度越高，其蒸汽压越大，溶剂越不容易沸腾，蒸发过程要尽可能降低溶剂蒸汽的浓度；常采用电风扇、排风扇等通风设备，以排除蒸发液面外的蒸汽，加速蒸发。

（4）液体表面的压力：液层越厚，静压越大，所需促进对流的能量也越大，降低液体静压可以使蒸发加快。故常采用减压蒸发，既可加速蒸发，又可降低溶液沸点，又可避免药物受高热而破坏。

（5）液体本身的静压力：液层愈厚，静压愈大，下层液体的沸点就越高，蒸发所需的热量也越大，不利于蒸发的进行。通常加大蒸发面积，采用沸腾蒸发、薄膜蒸发。

（6）传热系数：提高传热系数值是提高蒸发器效率的主要手段。增大传热系数值的主要途径是减少各部分热阻。通常的办法是加强搅拌，定期去除沉积物，改进浓缩设备。

2. 常用的浓缩方法

（1）常压浓缩：常压浓缩也称常压蒸发，是液体在一个大气压条件下进行蒸发浓缩的方法。其特点为设备简单，操作方便，但浓缩温度高、速度慢、时间长，药物成分易被破坏。本法适用于有效成分耐热，且溶剂无毒、无害、无燃烧性、无经济价值的水性药材浸出液的浓缩。少量提取物进行常压浓缩时多采用瓷质蒸发皿，大量生产多采用为敞口式可倾倒的夹层蒸发锅。对以乙醇等有机溶剂为提取溶剂的浸出液进行常压浓缩时，应选用常压蒸馏装置，如多功能常压蒸发浓缩器，目的主要是回收溶剂、安全、环保、降低生产成本等。

（2）减压浓缩：也称减压蒸发，系将液体置于密闭容器内抽真空，降低器内压力，从而使浸出液沸点降低进行蒸发操作的浓缩方法。其特点是温度低（40~60℃），蒸发速度快、时间短，可减少或避免热敏性成分的分解，适用于不耐热的浸出液的浓缩和乙醇等有机溶剂的回收。常用的减压浓缩设备有减压蒸馏器和真空浓缩罐等。

(3)薄膜浓缩:通过一定的方式将待浓缩液形成薄膜状,或同时剧烈沸腾产生大量泡沫,增大液体汽化表面积,提高浓缩效率的方法。薄膜浓缩的方式有两种:一是使浸出液快速流过加热面形成液膜进行蒸发;另一种是使浸出液剧烈沸腾使之产生大量泡沫,以泡沫的内外表面为蒸发面进行蒸发。薄膜浓缩的特点是浓缩速度快,受热时间短,不受液体静压和过热的影响,有效成分不易破坏,在常压或减压状态下可连续操作,缩短生产周期,浓缩效率高,溶剂可回收,特别适用于热敏性浸出液的浓缩。常用的薄膜蒸发设备有升膜式蒸发器、降膜式蒸发器、旋转薄膜蒸发器和离心式薄膜蒸发器。

(4)多效浓缩:利用由两个或多个减压蒸发器串联而成的浓缩设备,将药液引入蒸发器,同时给第一蒸发器提供加热蒸汽,药液被加热后沸腾,所产生的二次蒸汽引入第二蒸发器作为加热蒸汽,第二蒸发器的药液同样被加热沸腾,所产生的二次蒸汽引入第三蒸发器,以此类推,最后一次引出的二次蒸汽进入冷凝器,蒸发器内药液得到蒸发浓缩。由于二次蒸汽反复利用,多效浓缩器属于节能型设备。

(二)浸出物的干燥

干燥系指利用热能或其他能量方式除去湿料中所含的水分或其他溶剂获得干燥物品的操作过程。干燥是药剂生产中不可缺少的单元操作,常用于原辅料除湿,新鲜药材除水,浸膏剂、颗粒剂、片剂、丸剂等剂型的制备。干燥的目的是除去溶剂,提高物品的稳定性,使成品或半成品具有一定规格标准,保证药品质量,同时为进一步加工运输、贮存和使用奠定基础。

中药浸出物的干燥是将药材的浓缩液采用一定的干燥方法得到膏状或粉末状物质的操作。其常用干燥方法有常压干燥、减压干燥、喷雾干燥、冷冻干燥等,各干燥方法的适用范围及特点见项目四物料的干燥。

点滴积累

1. 浸出制剂的制备包括药材的处理、浸出溶剂与浸出辅助剂的选择、浸出方法的选用、浸出液的分离与精制、浸出液的浓缩与干燥。
2. 浸出常用溶剂有水、乙醇等，常用的浸出辅助剂有酸、碱、表面活性剂、甘油等。
3. 常用的浸出方法有煎煮法、浸渍法、渗漉法、回流法、水蒸气蒸馏法等，要从药物的性质、溶剂性质、剂型要求与生产实际情况等方面综合考虑选择适当的浸出方法。
4. 常用的过滤方法有常压过滤、减压过滤、加压过滤及薄膜过滤；常用的浓缩方法有：常压蒸发、减压蒸发、薄膜蒸发；中药浸出物常用干燥方法有常压干燥、减压干燥、喷雾干燥、冷冻干燥等。

任务四 常用的浸出制剂

一、汤剂与合剂

(一)概念及特点

1. 汤剂的概念及特点 汤剂系指中药饮片或粗颗粒加水煎煮,去渣取汁得到的液体制剂,亦称为煎剂。汤剂是我国最早、最广泛的一种剂型。

汤剂适应中医辨证论治的需要，其处方及用量可以根据病情变化适当增减，灵活性大；制备方法简便；可充分发挥处方中多种药用成分的综合疗效；其属于液体制剂，吸收快，药效迅速；但多需临用前煎服，不利于危重患者应用；服用量通常较大，味苦；易发霉、发酵，不能久贮，使用不方便；常以水为溶剂，药用成分提取不完全，尤其是脂溶性和难溶性成分；有些成分会被药渣再吸附，且挥发性成分易于逸散，有些成分可能会分解，有些成分会沉淀损失。

2. 合剂的概念及特点 合剂系指饮片用水或其他溶剂，采用适宜的方法提取制成的口服液体制剂，单剂量灌装者也可称“口服液”。合剂是在汤剂基础上改进发展起来的，与汤剂一样可发挥制剂的综合疗效，易吸收，奏效迅速，并且能大量生产，可省去汤剂临时煎服的麻烦，贮存时间长，服用量小，使用方便。缺点是不能随症加减，因此不能完全代替汤剂，成品生产和贮存不当时易产生沉淀和霉变。

（二）制备方法

1. 汤剂的制备 汤剂主要用煎煮法制备，制备工艺流程为：煎煮前准备→药材的浸润→煎煮→去渣取汁→汤剂。

汤剂处方中大多药材可以混煎，但为保证疗效，在汤剂的制备过程中某些药材需要特殊处理。如质地坚硬的矿石类、贝壳类、角甲类药材，某些毒性药材（乌头、附子），有效成分久煎才有效的药材需要提前煎煮至规定程度，为先煎；含挥发性成分或不宜久煎的药材需在其他药材煎好前10分钟加入混煎，为后下；质地轻松的粉末药材，含淀粉、黏液质较多的药材及附绒毛的药材为防止药材沉于锅底引起焦化、糊化，或悬浮于液面引起“溢锅”现象，需要装入纱布袋共煎，为包煎；胶类或糖类药物用煎出液或热水溶化解后，与混煎液混合服用，为烊化；一些贵重药材为防止与其他药材混煎时被药渣吸附或沉淀损失，需单独煎煮，为另煎；某些贵重药材、挥发性极强或不溶解的药材制成细粉，置煎出液中混匀服用，为冲服；新鲜药材压榨取汁兑入混煎液中服用，为取汁兑服。

2. 合剂的制备 合剂多用煎煮法制备，也可以根据成分的性质，用其他方法提取，制备工艺流程一般为：备料→浸提→净化→浓缩→分装→灭菌→成品。

按处方称取炮制合格的饮片，按各品种项下规定的方法进行浸提，一般采用煎煮法提取两次，每次煎煮1~2小时，过滤合并煎液，滤液静置，沉降后过滤。若处方中含有挥发性成分的药材，可用“双提法”，先提取挥发性成分另器保存，再与余药共同煎煮；亦可根据药用成分的特性，选用不同浓度的乙醇或其他溶剂，用渗漉法、回流法等进行浸出。合剂和口服液大多用水提醇沉法净化处理，所得滤液浓缩至规定的相对密度，分装于灭菌瓶中密闭，灭菌。

合剂根据需要可加入适宜的附加剂如防腐剂、矫味剂等，防腐剂的用量必须在国家规定限度内；若加蔗糖，除另有规定外，含蔗糖量一般不高于20%（m/V）。如加入其他附加剂，其品种与用量应符合国家标准的有关规定，不影响成品的稳定性，并应避免对检验产生干扰。必要时可加入适量的乙醇。

合剂应密封，置阴凉处贮存。除另有规定外，合剂应澄清。在贮存期间不得有发霉、酸败、异物、变色、产生气体或其他变质现象，允许有少量摇之易散的沉淀。

（三）质量检查

1. 汤剂的质量检查 制备汤剂尽可能选用道地药材，同时要从煎器的选择、药材的浸泡、煎煮用水、煎煮火候、煎煮时间和次数及处方中特殊物料的处理等方面严格把关，以保证汤剂的临床疗效。

2. 合剂的质量检查 除另有规定外，合剂应进行以下相应检查。

【装量】单剂量灌装的合剂，按照下述方法检查，应符合规定。检查法：取供试品5支，将内容物分别倒入经标化的量入式量筒内，在室温下检视，每支装量与标示装量相比较，少于标示装量的不得多于1支，并不得少于标示装量的95%。多剂量灌装的合剂，按照最低装量检查法[《中国药典》（2015年版）通则0942]检查，应符合规定。

【微生物限度】除另有规定外，按照非无菌产品微生物限度检查：微生物计数法[《中国药典》（2015年版）通则1105]和控制菌检查法[《中国药典》（2015年版）通则1106]及非无菌药品微生物限度标准[《中国药典》（2015年版）通则1107]检查，应符合规定。

二、酒剂与酊剂

（一）概念及特点

1. 酒剂的概念和特点 酒剂系指饮片用蒸馏酒提取制成的澄清液体制剂。酒剂也称药酒，多供内服，少数外用，也有内外兼用者。内服酒剂可加入适量的糖或蜂蜜调味。

酒剂在我国已有数千年的历史了，酒性甘辛大热，能通血脉、御寒气、行药势、行血活络，因此酒剂通常具有风寒湿痹、祛风活血、温肾助阳、止痛散瘀的功效。酒剂吸收迅速、剂量较小，组方灵活、制备简单，因含醇量高，久贮不变质。但儿童、孕妇、高血压、心脏病患者不宜服用酒剂。

蒸馏酒的浓度

2. 酊剂的概念和特点 酊剂系指将原料药物用规定浓度的乙醇提取或溶解而制成的澄清液体制剂，也可用流浸膏稀释制成。供口服或外用。

酊剂以适宜浓度的乙醇为溶剂，对有效成分具有一定的选择性，浸出的药液杂质较少，有效成分的含量较高，剂量小，服用方便，且不易生霉。但由于乙醇本身有一定的药理作用，酊剂的应用也受到一定的限制。酊剂一般不加矫味剂和着色剂。除另有规定外，含有毒剧药品的中药酊剂，每100ml应相当于原饮片10g；其他药材每100ml相当于原饮片20g。其有效成分明确者，应根据其半成品的含量加以调整，使符合各酊剂项下的规定。

（二）制备方法

1. 酒剂的制备 酒剂多以浸渍法制备，少数采用渗漉法。所用蒸馏酒的浓度和用量、浸渍温度和时间、渗漉速度，均应符合各品种制法项下的要求。生产酒剂所用的饮片，一般应适当粉碎，生产内服酒剂应以谷类酒为原料。酒剂可用浸渍法、渗漉法或其他适宜方法制备。配制后的酒剂须静置澄清，过滤后分装于洁净的容器中。在贮存期间允许有少量摇之易散的沉淀。酒剂应检查乙醇含量和甲醇含量。除另有规定外，酒剂应密封，置阴凉处贮存。

2. 酊剂的制备 酊剂在生产与贮藏期间应符合下列有关规定。

酊剂可用溶解、稀释、浸渍或渗漉等法制备。除另有规定外,酊剂应澄清,久置允许有少量摇之易散的沉淀。酊剂应遮光,密封,置阴凉处贮存。

(三)质量检查

1. 酒剂的质量检查 除另有规定外,酒剂应进行以下相应检查。

【总固体】 含糖、蜂蜜的酒剂按照第一法检查,不含糖、蜂蜜的酒剂按照第二法检查,应符合规定。

第一法:精密量取供试品上清液50ml,置蒸发皿中,水浴上蒸至稠膏状,除另有规定外,加无水乙醇搅拌提取4次,每次10ml,过滤,合并滤液,置已干燥至恒重的蒸发皿中,蒸至近干,精密加入硅藻土1g(经105℃干燥3小时、移置干燥器中冷却30分钟),搅匀,在105℃干燥3小时,移置干燥器中,冷却30分钟,迅速精密称定重量,扣除加入的硅藻土量,遗留残渣应符合各品种项下的有关规定。

第二法:精密量取供试品上清液50ml,置已干燥至恒重的蒸发皿中,水浴上蒸干,在105℃干燥3小时,移置干燥器中,冷却30分钟,迅速精密称定重量,遗留残渣应符合各品种项下的有关规定。

【乙醇量】 按照乙醇量测定法[《中国药典》(2015年版)通则0711]测定,应符合各品种项下的规定。

【甲醇量】 按照甲醇量检查法[《中国药典》(2015年版)通则0871]检查,应符合规定。

【装量】 按照最低装量检查法[《中国药典》(2015年版)通则0942]检查,应符合规定。

【微生物限度】 按照非无菌产品微生物限度检查:微生物计数法[《中国药典》(2015年版)通则1105]和控制菌检查[《中国药典》(2015年版)通则1106]及非无菌药品微生物限度标准[《中国药典》(2015年版)通则1107]检查,除需氧菌总数每1ml不得过500cfu,霉菌和酵母菌总数每1ml不得过100cfu外,其他应符合规定。

2. 酊剂的质量检查 除另有规定外,酊剂应进行以下相应检查。

【乙醇量】 按照乙醇量测定法[《中国药典》(2015年版)通则0711]测定,应符合各品种项下的规定。

【甲醇量】 按照甲醇量检查法[《中国药典》(2015年版)通则0871]检查,应符合规定。

【装量】 按照最低装量检查法[《中国药典》(2015年版)通则0942]检查,应符合规定。

【微生物限度】 除另有规定外,按照非无菌产品微生物限度检查:微生物计数法[《中国药典》(2015年版)通则1105]和控制菌检查法[《中国药典》(2015年版)通则1106]及非无菌药品微生物限度标准[《中国药典》(2015年版)通则1107]检查,应符合规定。

三、流浸膏剂与浸膏剂

(一)概念及特点

流浸膏剂、浸膏剂系指饮片用适宜的溶剂提取,蒸去部分或全部溶剂,调整至规定浓度而成的液体制剂或固体制剂。除另有规定外,流浸膏剂一般每1ml相当于饮片1g;浸膏剂一般每1g相当于饮片或天然药物2~5g。浸膏剂可分为稠膏和干膏两种,稠膏一般含水量为15%~20%;干膏含水量约为5%。

流浸膏剂与浸膏剂除少数品种可直接供临床应用外，大多作为配制其他制剂的原料。如流浸膏剂一般多用于制备合剂、糖浆剂、酊剂等制剂；浸膏剂一般多用于制备散剂、颗粒剂、片剂、胶囊剂、丸剂等制剂。

流浸膏剂久置若产生沉淀时，在乙醇和有效成分含量符合各品种项下规定的情况下，可过滤除去沉淀。除另有规定外，应置遮光容器内密封，流浸膏剂应置阴凉处贮存。

（二）制备方法

1. 流浸膏剂的制备　流浸膏剂多用渗漉法制备，也可用浸膏剂稀释制成。其渗漉法制备的工艺流程为：备料→渗漉→浓缩→调整浓度→包装、贮存→质量检查。饮片须适当粉碎后，加规定的溶剂均匀湿润，密闭放置一定时间，再装入渗漉器内。饮片装入渗漉器时应均匀，松紧一致，加入溶剂时应尽量排除饮片间隙中的空气，溶剂应高出药面，浸渍适当时间后进行渗漉。渗漉速度应符合各品种项下的规定，收集85%饮片量的初漉液另器保存，续漉液经低温浓缩后与初漉液合并，调整至规定量，静置，取上清液分装。

2. 浸膏剂的制备　浸膏剂的生产一般采用渗漉法、煎煮法较多，也可采用浸渍法或回流法。工艺流程为：备料→渗漉或煎煮→浓缩→调整浓度→包装、贮存→质量检查。

（三）质量检查

除另有规定外，流浸膏剂、浸膏剂应进行以下相应检查。

【乙醇量】除另有规定外，含乙醇的流浸膏剂按照乙醇量测定法[《中国药典》（2015年版）通则0711]测定，应符合规定。

【甲醇量】除另有规定外，含甲醇的流浸膏剂按照甲醇量检查法[《中国药典》（2015年版）通则0871]检查，应符合各品种项下的规定。

【装量】按照最低装量检查法[《中国药典》（2015年版）通则0942]检查，应符合规定。

【微生物限度】按照非无菌产品微生物限度检查：微生物计数法[《中国药典》（2015年版）通则1105]和控制菌检查法[《中国药典》（2015年版）通则1106]及非无菌药品微生物限度标准[《中国药典》（2015年版）通则1107]检查，应符合规定。

课堂活动

试分析流浸膏剂和浸膏剂的异同点。

四、煎膏剂

（一）概念及特点

俗称“膏滋”，系指饮片用水煎煮，取煎煮液浓缩，加炼蜜或糖（或转化糖）制成的半流体制剂。煎膏剂加糖的称“糖膏”，加蜂蜜的称“蜜膏”。

煎膏剂经浓缩并含有较多的糖或蜂蜜等辅料，具有药物浓度高，体积小，服用方便，稳定性好等优点；煎膏剂的效用以滋补为主，兼有缓和的治疗作用，药性滋润，多用于慢性疾病或体质虚弱的患者的治疗，也适用于小儿用药。由于煎膏剂需经过较长时间的加热浓缩，故凡受热易变质及含挥发性有效成分的中药材不宜制成煎膏剂。煎膏剂应无焦臭、异味，无糖结晶析出。

（二）制备方法

煎膏剂的制备工艺流程为：备料→煎煮→浓缩→收膏→包装、贮存→质量检查。饮片按各品种项下规定的方法煎煮，过滤，滤液浓缩至规定的相对密度，即得清膏。清膏按规定量加入炼蜜或糖（或转化糖）收膏；若需加饮片细粉，待冷却后加入，搅拌混匀。除另有规定外，加炼蜜或糖（或转化糖）的量，一般不超过清膏量的 3 倍。

（三）质量检查

除另有规定外，煎膏剂应进行以下相应检查。

【相对密度】 除另有规定外，取供试品适量，精密称定，加水约 2 倍，精密称定，混匀，作为供试品溶液。按照相对密度测定法［《中国药典》（2015 年版）通则 0601］测定，应符合各品种项下的有关规定。凡加饮片细粉的煎膏剂，不检查相对密度。

【不溶物】 取供试品 5g，加热水 200ml，搅拌使溶化，放置 3 分钟后观察，不得有焦屑等异物。

加饮片细粉的煎膏剂，应在未加入细粉前检查，符合规定后方可加入细粉。加入药粉后不再检查不溶物。

【装量】 按照最低装量检查法［《中国药典》（2015 年版）通则 0942］检查，应符合规定。

【微生物限度】 按照非无菌产品微生物限度检查：微生物计数法［《中国药典》（2015 年版）通则 1105］和控制菌检查［《中国药典》（2015 年版）通则 1106］及非无菌药品微生物限度标准［《中国药典》（2015 年版）通则 1107］检查，应符合规定。

五、制备举例

1. 麻杏石甘汤

【处方】 麻黄 6g 杏仁 9g 石膏（先煎） 18g 炙甘草 5g

【制法】 先将石膏置煎器内，加水 250ml，煎 40 分钟，加入其余 3 味药物，煎 30 分钟，滤取药液，再加水 200ml，煎 20 分钟，滤取药液。将两次煎出液合并，即得。

【功能与主治】 宣泄郁热，清肺平喘。治热邪壅肺所致的身热无汗或有汗，咳逆气急等症。

2. 舒筋活络酒

【处方】

木瓜	45g	桑寄生	75g	玉 竹	240g	续 断	30g
川牛膝	90g	当 归	45g	川 芎	60g	红 花	45g
独活	30g	羌 活	30g	防 风	60g	白 术	90g
蚕沙	60g	红 曲	180g	甘 草	30g		

【制法】 以上 15 味，除红曲外，其余木瓜等 14 味粉碎成粗粉，然后加入红曲；另取红糖 555g，溶解于白酒 11 100g 中，用红糖酒作溶剂，浸渍 48 小时后，以每分钟 1～3ml 的速度缓缓渗漉，收集漉液，静置，过滤，即得。

【性状】 本品为棕红色的澄清液体；气香，味微甜，略苦。

【功能与主治】祛风除湿，活血通络，养阴生津。用于风湿阻络，血脉淤阻兼有阴虚所致的痹病，症见关节疼痛，屈伸不利，四肢麻木。

【用法与用量】口服，一次 20~30ml，一日 2 次。

3. 甘草流浸膏

【制法】取甘草浸膏 300~400g，加水适量，不断搅拌，并加热使溶化，过滤，在滤液中缓缓加入85%乙醇，随加随搅拌，直至溶液中含乙醇量达 65%左右，静置过夜，仔细取出上清液，遗留沉淀再加 65%的乙醇，充分搅拌，静置过夜，取出上清液，沉淀再用 65%乙醇提取一次，合并三次提取液，过滤，回收乙醇，测定甘草酸含量后，加水与乙醇适量，使甘草酸和乙醇量均符合规定，加浓氨试液适量调节 pH，静置，使澄清，取出上清液，过滤，即得。

【性状】本品为棕色或红褐色的液体；味甜、略苦、涩。

【功能与主治】缓和药，常与化痰止咳药配伍应用，能减轻对咽部黏膜的刺激，并有缓解胃肠平滑肌痉挛与去氧皮质酮样作用。用于支气管炎，咽喉炎，支气管哮喘，慢性肾上腺皮质功能减退症。

4. 养阴清肺膏

【处方】

地黄	100g	麦冬	60g	玄参	80g	川贝母	40g
白芍	40g	牡丹皮	40g	薄荷	25g	甘草	20g

【制法】以上八味，川贝母用 70%乙醇作溶剂，浸渍 18 小时后，以每分钟 1~3ml 的速度缓缓渗漉，待可溶性成分完全漉出，收集漉液，回收乙醇；牡丹皮与薄荷分别用水蒸气蒸馏，收集蒸馏液，分取挥发性成分另器保存；药渣与其余地黄等五味加水煎煮二次，每次 2 小时，合并煎液，静置，过滤，滤液与川贝母提取液合并，浓缩至适量，加炼蜜 500g，混匀，过滤，滤液浓缩至规定的相对密度，放冷，加入牡丹皮与薄荷的挥发性成分，混匀，即得。

【性状】本品为棕褐色稠厚的半流体；气香，味甜，有清凉感。

【功能与主治】养阴润燥，清肺利咽。用于阴虚肺燥，咽喉干痛，干咳少痰或痰中带血。

点滴积累

1. 汤剂主要用煎煮法制备，具有符合中医辨证论治、随症加减的特点；制备汤剂应选用道地药材，并注意煎器的选择、药材的浸泡、煎煮用水、煎煮火候、煎煮时间和次数及处方中特殊物料的处理方法等操作环节，以保证汤剂疗效。
2. 酒剂多以浸渍法制备，浸渍后不调整浓度，需作含醇量检查，有应用局限性。
3. 对于药材有效成分尚不清楚的酊剂，一般规定含有毒性药材的酊剂每 100ml 相当于原药材 10g，其他药材每 100ml 相当于原药材 20g。
4. 流浸膏剂与浸膏剂为药材经浸提后除去部分或全部溶剂，并调整浓度至规定标准而制成的两种剂型。蒸去部分溶剂者为流浸膏剂；蒸去全部溶剂者为浸膏剂。一般规定流浸膏剂每 1ml 相当于原药材 1g，浸膏剂每 1g 相当于原药材 2~5g。
5. 煎膏剂的制备工艺流程为备料→煎煮→浓缩→收膏→包装、贮存→质量检查，适用于滋补类药物。

任务五　浸出制剂的质量控制

浸出制剂的质量不仅关系到浸出制剂疗效的发挥，同时还影响到以浸出制剂为原料的其他制剂，如颗粒剂、胶囊剂、片剂、注射剂等的质量，所以浸出制剂必须严格控制其质量。由于中药材所含成分复杂，在制备和贮藏过程中，往往会产生各种物理和化学变化，控制浸出制剂的质量也是一个复杂的问题，目前可从以下几个方面进行质量控制。

一、控制药材质量

药材的来源、品种与规格是浸出制剂的质量控制基础，会影响浸出制剂的质量与药效，对药材的来源、品种、有效成分等要加以鉴别。凡制备药典收载的浸出制剂时，均应按照药典记载的品种及规格要求选用所需药材。除此之外，还可以依据地方标准收载的品种及规格要求选用药材。

1. 药材来源和品种的鉴定　中药品种繁多，其质量优劣直接关系到以其为原料的浸出药剂及中药制剂的质量。由于地区和民族用药习惯存在差异，药材常存在同名异物、同物异名、名称相似等品种混乱的问题，市场中普遍存在多品种混杂流通现象。药材种属不同，成分各异，其药效和所含成分也有很大差异。加之药材产地、土壤与生态环境、采集季节不同也会造成有效成分含量不同。如果药材品种未经鉴定，很难保证制剂的安全性和有效性。因此，生产前应对药材的来源和品种进行鉴定。

2. 有效成分或总浸出物的测定　药材的产地、采收季节、药用部位、炮制方法以及储存方法等的不同，会对药材的质量和有效成分的含量产生较大影响，进而影响制剂的质量。因此，为了准确计算投料量，加强全面质量管理，必要时要对有效成分已明确的药材进行化学成分的含量测定，对有效成分尚未明确的药材，可测定药材总浸出物作为参考指标。

二、规范制备方法

在药材品种确定后，制备方法则对成品的质量起着至关重要的作用，在根据临床治疗需要和药材性质确定剂型后，应对生产工艺条件进行研究，如溶剂的种类和用量、提取的时间、蒸发浓缩的温度、精制方法与条件等，优选出最佳生产工艺，确保浸出制剂的质量。《中国药典》(2015 年版)四部制剂通则部分对各剂型做了相关规定，并对个别制剂的具体制法做出了明确规定，凡制备药典收载的浸出制剂时，均应按照药典规定的方法制备，以求质量和疗效的稳定。

三、控制成品质量

(一) 含量控制

1. 药材比量法　指浸出制剂若干容量或重量相当于原药材多少重量的测定方法。在很多药材的成分还不明确，且无其他适宜方法测定时，在制剂生产中可作为参考指标具有一定的指导意义。

应当说明的是，须在药材质量规格符合规范要求，制备方法固定并严格遵守操作规程的情况下，该法才能在一定程度上反映药用成分含量的高低。

2. 化学测定法 采用化学手段测定有效成分含量的方法，本法适用于药材成分明确且能通过化学方法进行定量测定的药材及浸出制剂，如阿片酊、颠茄浸膏等。

3. 仪器分析测定法 随着科学技术的发展，现代分析技术已广泛用于浸出制剂的含量测定。如应用薄层色谱扫描法测定益母草膏中盐酸水苏碱的含量，高效液相色谱法测定甘草流浸膏中甘草酸的含量，气相色谱法测定十滴水中樟脑和桉油的含量。高效液相色谱仪是目前应用非常普遍的现代分离分析仪器，可对浸出制剂中含有的多种成分进行分离和定性定量分析。其他如微量升华法、荧光分析法等亦有应用。

4. 生物测定法 利用药材成分对动物机体或离体组织所发生的反应来确定浸出制剂含量（效价）标准的方法，适用于无适当化学测定法和仪器测定法的毒剧药材或制剂，如乌头属药材的含量（效价）测定。本法是以药物的生物效应为基础，以生物统计为工具，运用特定的实验设计，控制药物有效性的一种方法，从而达到控制药品质量的作用。其测定方法包括生物效价测定法和生物活性限值测定法。生物测定法要求选用标准品作为测定的对照依据，所用动物种类、品种和个体差异、实验方法和条件等因素都对测定结果有一定的影响。生物测定法较化学测定法复杂且结果差异大，常需多次试验才能得到结果。

（二）含醇量测定

许多浸出制剂是以不同浓度的乙醇制备的，而乙醇含量的高低会直接影响有效成分的溶解度。因此，浸出制剂的含醇量对这些制剂的质量有着明显的影响，含醇量的稳定可以使浸出制剂质量保持一定程度的稳定，故药典对这类浸出制剂例如酊剂、酒剂等规定含醇量的检查。

（三）鉴别与检查试验

为了有效地控制浸出制剂质量，对浸出制剂应作必要的鉴别和检查。药典正文中收录的制剂都规定了具体的鉴别方法，制剂通则对各种浸出制剂规定了相应的检查项目，如澄清度、相对密度、pH、甲醇量、总固体、装量等，应按照药典要求逐条进行检查。

（四）卫生学检查

卫生学检查也是控制浸出制剂质量的重要手段。《中国药典》在四部制剂通则以及品种项下要求无菌的制剂及标示无菌的制剂应符合无菌检查法规定；非无菌药品的微生物限度标准是基于药品的给药途径和对患者健康潜在的危害以及中药的特殊性而制订的。除另有规定外，微生物限度均应符合要求。

点滴积累

1. 浸出制剂质量控制要点有药材质量控制、规范制剂方法、控制成品质量。
2. 浸出制剂含量控制方法有：药材比量法、化学测定法、仪器分析测定法、生物测定法。

实训八　浸出制剂的制备

【实训目的】

1. 能熟练操作渗漉设备制备流浸膏剂，能对产品进行质量判断。

2. 能按操作规程操作渗漉器并进行清洁与维护。

3. 能对渗漉过程中出现异常现象进行分析，并能找出原因提出解决方法。

4. 能按清场规程进行清场工作。

【实训场地】

实验室、实训车间

【实训仪器与设备】

渗漉筒（500ml）、木锤、接收瓶（500ml）、台秤、脱脂棉、蒸馏瓶、水浴锅。

【实训材料】

60%乙醇、远志。

【实训步骤】

【处方】远志　50g

【制法】取远志粉碎成中粉，准确称量，照流浸膏剂与浸膏剂项下的渗漉法，用60%乙醇作溶剂，浸渍24小时后，以每分钟1～3ml的速度缓缓渗漉，收集初漉液850ml，另器保存，继续渗漉，待有效成分完全浸出，收集续漉液，在60℃以下浓缩至稠膏状，加入初滤液，混合后滴加浓氨试液适量使微显碱性，并有氨臭，用60%乙醇稀释使成1000ml，静置澄清，过滤，即得。

【质量检查】

1. 外观　本品为棕色液体。

2. 乙醇量　应为38～48%。

【注意事项】

1. 远志皂苷在60%乙醇溶液中溶解度较大，且该浓度醇溶液去杂质能力较强，故选择60%乙醇为渗漉溶剂。

2. 药材需粉碎至中粉以满足渗漉要求。

3. 选择慢速渗漉，能保证远志中的药用成分尽可能提取完全。

4. 远志皂苷在碱性条件下稳定性较好，故用浓氨溶液适量使微显碱性，使皂苷元成盐而溶解，防止皂苷元沉淀析出。

5. 成品浓度为1∶1。

6. 装粉质量影响渗漉质量，同时还应注意浓缩的温度及加热的方式。

【实训报告】

实训报告格式见附录一。

实验室的实训结果记录格式如下。

项目	
外观	
乙醇量	
结论	

目标检测

一、选择题

（一）单项选择题

1. 提取药材有效成分时，下列说法正确的是（　　）
   A. 粉碎度越大越好　B. 浓度差越大越好
   C. 提取时间越长越好　D. 溶媒 pH 越高越好
2. 浸提过程中加入酸、碱的作用是（　　）
   A. 促进浸润与渗透作用　B. 增加有效成分的溶解性
   C. 促使细胞壁破裂　D. 防腐
3. 药材浸提过程中推动渗透与扩散的动力是（　　）
   A. 温度　B. 时间　C. 浸提压力　D. 浓度差
4. 下列不属于常用的浸出方法为（　　）
   A. 煎煮法　B. 渗漉法　C. 浸渍法　D. 醇提水沉法
5. 下列不适于用作浸渍技术溶媒的是（　　）
   A. 乙醇　B. 白酒　C. 丙酮　D. 水
6. 下列关于单渗漉法的叙述，正确的是（　　）
   A. 药材先润湿后装渗漉器　B. 静置浸渍后排气
   C. 慢漉流速为 1~5ml/min　D. 快漉流速为 5~8ml/min
7. 下列操作不属于水蒸气蒸馏浸出法的是（　　）
   A. 通水蒸气蒸馏　B. 挥发油提取　C. 水上蒸馏　D. 多效蒸发
8. 下列属于含糖浸出制剂的是（　　）
   A. 浸膏剂　B. 流浸膏剂　C. 煎膏剂　D. 汤剂
9. 下列叙述中，属于浸出制剂作用特点的是（　　）
   A. 毒副作用大　B. 药效迅速　C. 药效单一　D. 具有综合疗效
10. 汤剂制备时，对于人参等贵重药材应（　　）
    A. 先煎　B. 后下　C. 包煎　D. 另煎
11. 含毒性药材的酊剂每 100ml 相当于原药材（　　）
    A. 10g　B. 20g　C. 50g　D. 100g
12. 用中药流浸膏剂作原料制备酊剂，应采用的制备方法是（　　）

A. 溶解法　　B. 回流法　　C. 稀释法　　D. 浸渍法

13. 酒剂中常用来矫味的附加剂是(　　)

A. 乙醇　　B. 蜂蜜或蔗糖　　C. 香精　　D. 化学调味品

14. 需使用减压浓缩法进行浓缩的浸出液为(　　)

A. 有效成分对热不敏感的浸出液　　B. 有效成分对热不稳定的浸出液

C. 煎煮法制备的浸出液　　D. 溶剂为水的浸出液

15. 中药制剂有效成分有明确的测定方法时,应采用的质量控制方法为(　　)

A. 药材比重法　　B. 化学测定法　　C. 生物测定法　　D. 定性测定法

(二)多项选择题

1. 影响浸提过程有效成分提取的因素有(　　)

A. 药材的粒度　　B. 浸出的时间与温度　　C. 溶剂的用量

D. 溶剂的性质　　E. 浸出压力

2. 下列浸出方法中,常以乙醇为溶剂的有(　　)

A. 冷浸渍法　　B. 热浸渍法　　C. 煎煮法

D. 渗漉法　　E. 回流法

3. 下列有关渗漉法叙述正确的有(　　)

A. 药粉越细,渗漉越完全

B. 装筒前药粉用溶剂充分润湿膨胀

C. 装渗漉器时药粉应较松,使溶剂容易扩散

D. 控制适当的渗漉速度

E. 药粉装完后,添加溶剂静置浸渍,并排出空气

4. 渗漉法的优点为(　　)

A. 为动态浸提　　B. 药材充填操作简单　　C. 浸提液不必另行过滤

D. 节省溶媒　　E. 适用于配制高浓度制剂

5. 影响过滤的因素有(　　)

A. 滤液温度高,有利于黏性液体过滤　　B. 滤器上下压力越大,过滤速度越快

C. 滤饼不容易变形,过滤速度快　　D. 锥形滤器的过滤速度快

E. 过滤面积大,有利于过滤

6. 影响浓缩的因素有(　　)

A. 蒸发的面积越大,蒸发速度越快

B. 传热温度差越小,蒸发速度越快

C. 浓缩液面蒸汽浓度越小,蒸发速度越快

D. 液体表面的压力大,有利于蒸发

E. 浓缩液的液层越薄,浓缩速度越快

7. 需作含醇量测定的有(　　)

A. 流浸膏剂　　B. 煎膏剂　　C. 酒剂

D. 酊剂　　E. 汤剂

8. 下列关于流浸膏剂的叙述,正确的有(　　)

A. 流浸膏剂,除另有规定外,多用渗漉法制备

B. 对成分不明确的药材,一般 1ml 流浸膏相当于原药材 1g

C. 渗漉法制备流浸膏剂时,应先收集药材量 85%的初漉液,另器保存

D. 流浸膏剂制备时,渗漉溶剂为水,且药用成分又耐热者,可不必收集初漉液

E. 流浸膏剂的成品应测定含醇量

9. 为了避免酒剂和酊剂在贮藏过程出现沉淀,可采取的措施有(　　)

A. 添加适宜的稳定剂　　B. 严格选用辅料　　C. 选择优质包装材料

D. 冷置后过滤　　E. 选择适宜的提取方法

10. 需要先煎的药物有(　　)

A. 质地坚硬的矿石类　　B. 某些毒性药材

C. 有效成分久煎才有效的药材　　D. 质地疏松的药材

E. 贵重药材

二、简答题

1. 浸提过程包括有哪几个阶段？影响提取的因素主要包括哪些？
2. 影响过滤的因素有哪些？
3. 简述渗漉法的工艺流程与注意事项。

三、实例分析

麻黄汤

【处方】麻黄　90g　　桂枝　60g　　杏仁　90g　　甘草　30g

【功能与主治】用于风寒感冒、恶寒发热无汗、咳嗽、气喘等症。

1. 请分析上述处方用什么方法制备制剂？
2. 处方中哪些药材需特殊处理？说明理由。

（邹玉繁）

模块四

口服固体制剂制备技术

项目九

散 剂

导学情景

情景描述

小张在踢球时不小心踢伤了小李的小腿，到附近的药店给小李买了一盒云南白药散。 仔细阅读说明书后，发现该药可以内服也可以外敷，小李一时犯难，于是亲自到药店进行了进一步咨询，医生查看病情后，对受伤部位进行了消毒处理，并告诉小李用温开水送服即可。

学前导语

云南白药散是一种灰黄色至浅棕黄色的粉末，按照剂型分类属于散剂，是我国一种传统的剂型。 散剂有内服散剂，也有外用散剂，云南白药散即可内服也可外用，需根据伤情使用。 本项目我们将学习散剂的相关理论知识以及制备的方法。

任务一 固体制剂概述

一、固体制剂的吸收过程

目前，在临床上片剂、胶囊剂、颗粒剂、散剂等口服固体制剂被大量采用，这些口服固体制剂的共同特点是：与液体药剂相比，物理、化学稳定性好，生产制备成本较低，服用与携带方便；在其制备过程中，具有一些共同的操作单元，且各剂型之间有着密切的联系。如药物进行粉碎、筛分、混合后直接分装，可制备成散剂；如将混合均匀后的物料进行制粒、干燥后分装，可得到颗粒剂；将制备的颗粒压缩成片状，可得到片剂；将混合的粉末或颗粒分装入胶囊壳中，可制备成胶囊剂等。

口服固体制剂共同的吸收特点是制剂到达给药部位后，须经过药物溶解过程之后，才能经胃肠道上皮细胞吸收进入血液循环中发挥其治疗作用。特别是一些难溶性的药物，药物的溶出过程将成为药物吸收的限速阶段。若溶出速度小、吸收慢，则血药浓度就难以达到治疗的有效浓度。对于固体制剂来说，提高溶出速度的最有效方法是增大药物的溶出表面积或提高药物的溶解度，而粉碎技术、药物的包合技术等则可以有效提高药物的溶解度或溶出表面积，故此常将这些技术应用于固体制剂的制备。

常见口服固体制剂在体内的吸收途径为：胶囊剂、片剂口服后在体内首先崩解成细颗粒，然后药物从颗粒中溶出，才被胃肠道黏膜吸收进入血液循环中；散剂、颗粒剂口服后无崩解过程，迅速分散后吸收，因此吸收和起效较快；对于前面项目介绍的混悬剂，由于药物的粒径比散剂、颗粒剂中的药物粒径小,因此混悬剂中的药物溶解与吸收更快;而溶液剂口服后,药物可直接被吸收进入血液循环中,故溶液剂的起效时间更短。口服制剂吸收的快慢一般顺序是:溶液剂>混悬剂>散剂>颗粒剂>胶囊剂>片剂>丸剂。

二、固体制剂的溶出

(一) 溶出速度

溶出速度是指单位时间内溶解溶质的量。溶出过程包括两个连续的阶段,首先是溶质分子从固体表面释放进入溶液中,然后在扩散或对流的作用下将溶解的分子从固—液界面转送到溶液中。若溶质和溶剂之间不存在化学反应,则溶出速度主要受扩散过程控制。

(二) 影响溶出速度的因素

对于大多数固体制剂来说,药物的溶出速度直接影响药物的吸收速度。药物的溶出速度可用 Noyes-Whitney 方程式来表示:

$$\frac{\mathrm{d}c}{\mathrm{d}t}=\frac{SD}{Vh}(C_{s}-C) \qquad \text{式(9-1)}$$

式中:$\mathrm{d}c/\mathrm{d}t$ 为溶出速率,S 为固体药物表面积,D 为扩散系数,V 为溶出介质体积,h 为扩散层厚度,C_s 为固体药物溶解度,C 为 t 时刻药物在总体溶液中的浓度。D 与介质温度成正比,与介质黏度成反比。

从上式可知,影响药物溶出速度的因素主要有:

1. 药物的粒径　相同重量的固体药物,减小粒径、增大表面积,则溶出速度快;对同样大小表面积的固体药物,孔隙率越高,其溶出速度越快;对于颗粒状或粉末状的固体药物,若在溶出介质中结块,可通过加入润湿剂的方法改善。

2. 药物的溶解度　药物的溶解度系指在一定温度(气体在一定压力)下,在一定量溶剂中溶解药物的最大量。故药物在溶出介质中的溶解度越大,溶出速度愈快。凡是影响药物溶解度的因素,均能影响药物的溶出速度,如温度、溶出介质的性质、晶型等。

3. 溶出介质的体积　溶出介质的体积小,溶液中药物浓度高,溶出速度慢;溶出介质体积大,溶液中药物浓度低,则溶出速度快。

知识链接

溶出介质体积对溶出速度的影响

从 Noyes-Whitney 方程式中可看出溶出速度与溶出介质的体积成反比,但为什么在影响溶出速度因素中解释说溶出速度与溶出介质体积成正比? 因为在 Noyes-Whitney 方程中的溶出速度是指单位时间内溶质的浓度变化,故溶出介质的体积大,溶质的浓度就小;而影响溶出速度因素中的溶出速度指单位时间内溶解溶质的量,故溶出介质体积大,浓度差大,溶质的扩散速度快,溶出的量自然大。

4. 扩散系数　溶质在溶出介质中的扩散系数愈大,溶出速度愈快。在温度一定的条件下,扩散系数大小受溶出介质的黏度和扩散分子大小的影响。

5. 扩散层的厚度　扩散层的厚度越大，溶出速度越慢。扩散层的厚度与搅拌程度有关。搅拌程度取决于搅拌或振摇的速度；搅拌器的形状、大小、位置；溶出介质的体积；容器的形状、大小及溶出介质的黏度等。

点滴积累

1. 与液体制剂相比，口服固体制剂的物理、化学稳定性好，生产制备成本较低，服用与携带方便；其生产制备过程中，具有一些相同的操作单元。
2. 口服固体制剂的吸收速度与剂型密切相关，一般散剂的吸收速度快于胶囊剂、片剂、丸剂。
3. 药物的溶出速度对药物的吸收速度影响较大，难溶性药物的溶出过程将成为药物吸收的限速阶段。
4. 影响药物溶出速度的因素有药物粒径、溶出介质的体积、扩散系数、扩散层厚度等，因此加速药物溶出速度的方法有减少药物的粒径、增大溶出介质的体积和扩散、加速搅拌等。

任务二　散剂概述

一、散剂的分类及质量要求

散剂系指原料药物或与适宜的辅料经粉碎、筛分及均匀混合制成的干燥粉末状制剂。

散剂为古老的剂型之一，虽然西药散剂临床应用已日趋减少，但中药散剂迄今仍为常用剂型之一。散剂的优点在于制法简便，剂量可随意增减；比表面积大，易分散、奏效快；内服可分布于胃肠道黏膜表面，避免局部刺激；外用于溃疡、外伤流血等疾病，可起到保护黏膜、吸收分泌物和促进凝血作用；便于服用，对于吞服片剂、胶囊等困难的小儿尤其适用。

散剂外观图

另外，药物粉碎后比表面积增大，其臭味、刺激性及化学活性也相应增加，且某些挥发性成分易散失，所以一些腐蚀性强、易吸湿变质的药物一般不宜制成散剂。

（一）散剂的分类

1. 按用途分类　可分为内服散剂和局部用散剂。内服散剂一般溶于或分散于水、稀释液或者其他液体中服用，也可直接用水送服用；局部用散剂主要用于皮肤、口腔、咽喉、眼、腔道等处。专供治疗、预防和润滑皮肤的散剂也可称为撒布剂或撒粉。

2. 按剂量分类　可分为分剂量散剂和不分剂量散剂。分剂量散剂系将散剂按一次服用量单独包装，由患者按医嘱分包服用；不分剂量散剂系以多次应用的总剂量形式发出，由患者按医嘱分取剂量使用。

3. 按组成分类　可分为单散剂和复方散剂。单散剂系由一种药物组成，而复方散剂系由两种或两种以上药物组成。

此外,按散剂成分的不同性质,尚可分为毒剧药散剂、浸膏散剂、泡腾散剂等。

（二）散剂的质量要求

供制散剂的成分均应粉碎成细粉。除另有规定外,内服散剂应为细粉,儿科用和局部用散剂应为最细粉。散剂应干燥、疏松、混合均匀、色泽一致。制备含有毒性药物或药物剂量小的散剂时,应采用配研法混匀并过筛。散剂中可含有或不含辅料,根据需要可加入矫味剂、芳香剂和着色剂等。

二、散剂的制备工艺流程

一般散剂制备的生产工艺流程:如图 9-1。

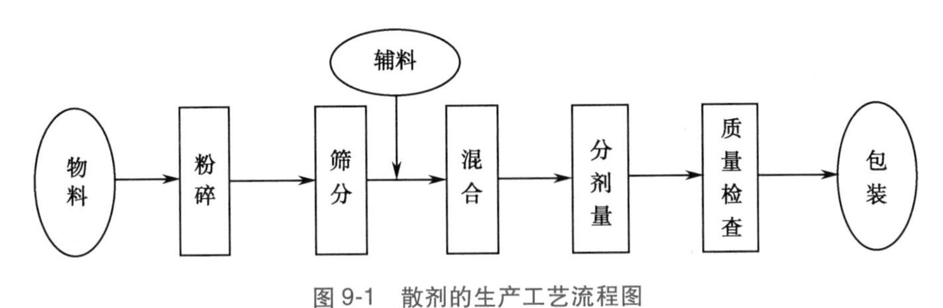

图 9-1 散剂的生产工艺流程图

三、散剂的制备

一般情况下,将固体物料进行粉碎前需要对物料进行前处理,所谓的物料前处理是指将物料处理到符合粉碎要求的程度;化学药品应将原、辅料充分干燥,以满足粉碎要求;中药材及其提取物则应根据处方中各个药材的性状进行适当的处理,使之干燥成净药材以供粉碎。

（一）粉碎、筛分、混合

1. 粉碎和筛分 制备散剂用的固体原辅料,一般均需进行粉碎与筛分处理。粉碎的目的是减小药物的粒径,增加药物的比表面积,促进药物溶解吸收,常用的粉碎方法是湿法粉碎。筛分的目的是分离出符合规定细度的粉末,提高不同药物粉末混合的均匀度,降低药物粉末对创面的机械刺激性。供制备散剂的成分均应粉碎成细粉,一般散剂应通过六号筛,儿科及外用散剂需通过七号筛,眼用散剂应通过九号筛。

2. 称量与混合 按处方量将处方中各成分准确称量,然后按制剂的要求选择适宜混合方法、设备进行混合操作。

散剂的均匀性是散剂安全有效的基础,主要通过混合来实现。影响混合质量的因素除了散剂中各组分的混合比例、堆密度以及混合器械的吸附性外,还与散剂组分的吸湿性、低共熔现象等理化特性有关。

(1)组分的比例:两种或两种以上基本等量且状态、粒度相近的药粉混合时,一般容易混合均匀;若组分比例量相差过大时,采用等量或近等量药物的混合方式则难以混合均匀,故常采用等量递加法(又称配研法)进行混合。

毒剧药，因使用剂量小，为取用的方便，常加入一定比例的稀释剂制成稀释散或倍散。稀释倍数由剂量而定，一般剂量0.1～0.01g可配成10倍散（即1份药物与9份稀释剂混合），0.01～0.001g可配成100倍散，0.001g以下可配成1000倍散。常用的稀释剂有乳糖、糖粉、淀粉、糊精、磷酸钙、白陶土等干燥惰性物质，采用等量递加法与毒剧药混合。有时为了便于观察混合均匀性，可加入少量色素。

等量递加混合法

课堂活动

硫酸阿托品一般使用剂量为0.001g，若选用乳糖为稀释剂制成倍散，试分析硫酸阿托品倍散稀释的倍数和乳糖的用量，采取什么措施能区分硫酸阿托品倍散与硫酸阿托品原料？

（2）组分的密度：性质相同、密度基本一致的两种或两种以上的药粉容易混匀。当密度差异较大时，应将密度小（质轻）者先放入混合容器中，再放入密度大（质重）者，利于组分混合均匀。但当组分的粒径小于30μm时，密度的大小将不会成为导致分离的因素。

（3）组分的吸附性与带电性：当药物粉末对混合器械具吸附性时，不仅影响混合的均匀性，也会造成药物的损失。解决方法一般是将量大或不易吸附的药粉或辅料先垫底，量少或易吸附者后加入。混合时，因摩擦而带电的粉末不易混合均匀；解决办法是加少量表面活性剂或润滑剂作抗静电剂，如阿司匹林粉中加0.25%～0.5%的硬脂酸镁具有抗静电作用。

（4）含液体或易吸湿性的组分：处方中含有液体组分时，可用处方中其他固体组分或吸收剂吸收液体组分至不显润湿为止。常用吸收剂有磷酸钙、白陶土、蔗糖、葡萄糖等。若含易吸湿性组分，则应针对吸湿原因加以解决：①如含结晶水的药物会因研磨放出结晶水而引起湿润，则可用等摩尔无水物代替；②若是含吸湿性很强的药物（如胃蛋白酶等），则可在低于其临界相对湿度条件下，迅速混合，并密封防潮包装；③若组分因混合引起吸湿，则不应混合，可分别包装，同时生产过程的相对湿度应控制在临界相对湿度（CRH）以下。

（5）含可形成低共熔混合物的组分：将两种或两种以上药物按一定比例混合时，在室温条件下，出现的润湿与液化现象，称为低共熔现象。对于可形成低共熔物的散剂，应根据共熔后对药理作用的影响及处方中所含其他固体成分的数量而采取相应措施：①共熔后，药理作用较单独应用增强者，则宜采用共熔法。如氯霉素与尿素、灰黄霉素与PEG-6000形成共熔混合物均比单独成分吸收快、药效高，故处方设计时，应通过试验酌情减小剂量。②共熔后，如药理作用无变化，且处方中固体成分较多时，可将共熔成分先共熔，再以其他组分吸收混合，使分散均匀。③处方中如含有挥发油或其他足以溶解共熔组分的液体时，可先将共熔组分溶解，然后再借喷雾法或一般混合法与其他固体成分混匀。④共熔后，药理作用减弱者，应分别用其他成分（或辅料）稀释，避免出现低共熔。

（二）分剂量操作

1. 分剂量车间的洁净度要求　分剂量车间的生产环境要符合工艺要求：温度18～26℃、相对湿度45%～65%，空气洁净度级别一般为D级。

2. 分剂量技术　分剂量是将均匀混合的散剂，按需要的剂量进行分装的过程。分剂量常用技术有目测法、重量法、容量法 3 种；机械化生产多采用容量法分剂量。

痱子粉的制备

（1）目测法：是将一定重量的散剂，根据目测分成所需的若干等份。此法操作简便但误差大，常用于药房小量调配。

（2）重量法：是用天平准确称取每个单剂量进行分装。此法的特点是分剂量准确但操作麻烦、效率低，常用于含有细料或毒剧药物的散剂分剂量。

（3）容量法：是将制得的散剂填入一定容积的容器中进行分剂量，容器的容积相当于散剂一个剂量的体积。这种方法的优点是分剂量快捷，可以实现连续操作，常用于大生产。其缺点是分剂量的准确性会受到物料的物理性质（如松密度、流动性等）、分剂量速度等的影响。

为了保证分剂量的准确性，应结合药物的堆密度、流动性、吸湿性等理化性进行试验考察。

3. 分剂量常用设备与操作过程　散剂定量包装机如图 9-2 所示，是根据容量法分剂量的原理设计而成，主要由贮粉器、抄粉匙、旋转盒及传送装置等四部分组成，借电力传动。操作时将药粉置于贮粉器内，通过搅拌器的搅拌使药粉均匀混合，由螺旋输送器将药粉输入旋转盘内。当轴转动时，带动链带，连在链带上的抄粉匙即抄满药粉，经过刮板刮平后，迅速沿顺时针方向倒于右方纸上。

同时，抄粉匙敲击横杆可使匙内散剂敲落干净。抄粉匙的工作过程如图 9-3 所示（其图中各数字所指仪器部件同图 9-2 中），另外在偏心轮的带动下，空气唧筒间歇地吹气或吸气。空气吸纸器通过通气管和安全瓶与唧筒相连，借唧筒的作用使空气吸纸器作左右往复运动。当吸纸器在左方时，将已放上药粉的纸张吸起，并向右移至传送带上，随即吹气，使装有药粉的纸张落于传送带而随之向前移动，完成定量分装的操作。

上述散剂分装机只是比较典型的一种，此外还有采用转动螺旋杆等代替抄粉匙来进行定量分装散剂的设备。

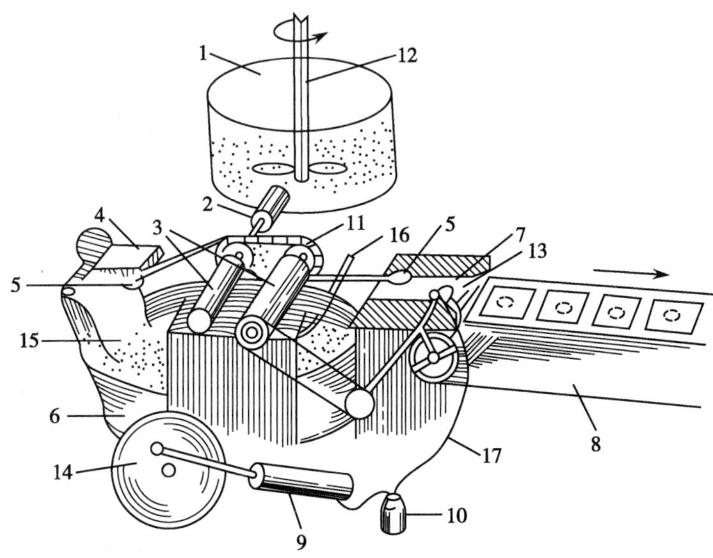

图 9-2　散剂定量包装机

1. 贮粉器；2. 螺旋输粉器；3. 轴承；4. 刮板；5. 抄粉匙；6. 旋转盒；7. 空气吸纸器；8. 传送带；9. 空气唧筒；10. 安全瓶；11. 链带；12. 搅拌器；13. 纸；14. 偏心轮；15. 搅粉铲；16. 横杆；17. 通气管

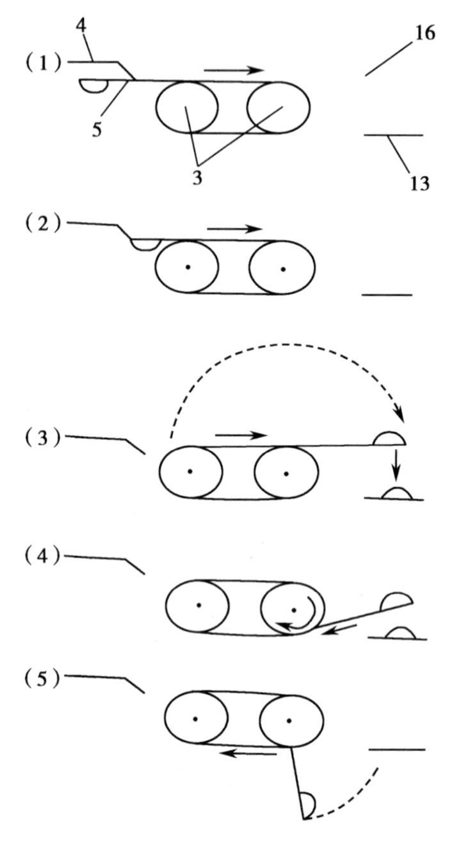

图 9-3　散剂定量包装机抄粉匙工作过程
3. 轴承;4. 刮板;5. 抄粉匙;13. 纸;16. 横杆

（三）包装

散剂的分散度大,其吸湿性和风化是影响散剂质量的重要因素。散剂的包装与储藏的重点在防湿,因为吸湿的散剂可出现潮解、结块、变色、霉变等一系列不稳定现象,严重者可影响用药安全。散剂的防潮是保证散剂质量的重要措施,故应选用适当的包装材料和贮藏条件来有效地延缓散剂吸湿。

散剂包装材料的透湿性将直接影响散剂在贮存期的物理、化学和生物稳定性,常用的包装材料有包药纸、纸袋、塑料袋、玻璃管、玻璃瓶,其中玻璃管或瓶的防潮性较好。

案例分析

案例

小李出差时，随身携带了半瓶多剂量包装的复方散剂，一路颠簸终于到达了目的地，晚上使用时，发现瓶内药粉出现颜色不均匀的情况。

分析

颜色不均匀意味着药物的含量已不均匀。 原因是复方散剂所含的组分密度不同，颠簸时密度大的组分下沉而发生分层。 因此，复方散剂用瓶装时，瓶内药物应填满、压紧，否则，在运输过程中往往由于组分密度不同而分层，以致破坏散剂的均匀性。

除另有规定外，散剂应密闭贮存，含挥发性及吸湿性药物的散剂，应密封贮存。同时还应考虑温度、湿度、微生物及光照对散剂质量的影响。

知识链接

散剂生产过程检查及控制

1. 配料应无异物，外观、性状、颜色符合要求，称量配料过程中要严格实行双人复核制，保证称量准确。

2. 原辅料经粉碎、过筛后的细度达到工艺要求。

3. 混合均匀。

4. 分装袋热封平整、不得泄漏、批号清晰。重量差异照《中国药典》(2015 年版)散剂项下规定的装量差异检查方法进行测定，符合要求。

5. 粉碎、过筛、混合操作室保持相对负压。

四、散剂的质量控制

1. 外观均匀度 取供试品适量，置光滑纸上，平铺约 5cm^2 时，将其表面压平，在明亮处观察，应色泽均匀，无花纹与色斑。

2. 粒度 除另有规定外，取供试品 10g，精密称定，置七号筛(化学药散剂)或六号筛(中药散剂)，筛上加盖，并在筛下配有密合的接收器，按《中国药典》(2015 年版)粒度和粒度分布测定法进行检查，精密称定通过筛网的粉末重量，应不低于 95%。

3. 水分或干燥失重 中药散剂需进行水分测定，水分测定方法因组分不同而不同。中药普通散剂水分含量按《中国药典》(2015 年版)规定的烘干法测定，含挥发油成分的散剂按甲苯法测定，除特殊规定外，含水量一般不得超过 9%；化学药散剂需进行干燥失重测定，除另有规定外，供试品在 105℃干燥至恒重，减少重量不得超过 2.0%。

4. 装量差异 单剂量、一日剂量包装的散剂，均应检查其装量差异，并不得超过《中国药典》(2015 年版)对散剂平均装量差异限度的规定，装量差异限度规定如表 9-1。

表 9-1 散剂装量差异限度

平均装量或标示装量	装量差异限度(中药、化学药)	装量差异限度(生物制品)
0.1g 及 0.1g 以下	±15%	±15%
0.1g 以上至 0.5g	±10%	±10%
0.5g 以上至 1.5g	±8%	±7.5%
1.5g 以上至 6.0g	±7%	±5%
6.0g 以上	±5%	±3%

检查法：除另有规定外，取散剂10袋（瓶），分别精密称定每袋（瓶）内容物的重量，求出内容物的装量与平均装量。每袋（瓶）内容物装量与平均装量相比较（凡有标示装量的散剂，则与标示装量相比较）应符合规定，超出装量差异限度的散剂不得多于2袋（瓶），并不得有1袋（瓶）超出装量差异限度的一倍。

凡规定检查含量均匀度的散剂，一般不再进行装量差异的检查；而多剂量装的散剂应照最低装量检查法检查装量，结果应符合规定。

此外，还应按《中国药典》（2015年版）附录对一般散剂进行微生物限度检查，对用于深部组织创伤的散剂作无菌检查。

五、制备举例

冰硼散

【处方】 冰片　50g　　　　硼砂（炒）　500g

朱砂　60g　　　　玄明粉　　500g

【制法】 取朱砂以水飞法粉碎成细粉，适度干燥后备用。另取硼砂粉碎成细粉，与研细的冰片、玄明粉混合均匀，然后将朱砂与上述混合粉末按等量递加法混合均匀，过120目筛，分装，即得。

【用途】 用于咽喉疼痛，牙龈肿痛，口舌生疮。清热解毒、消肿止痛。

【注意事项】 ①朱砂主含硫化汞，属矿物药，为暗红色粒状体固体，具光泽，易于观察混合的均匀性，质重而脆，获得极细粉可采用水飞法；②用等量递加法易于得到均匀的混合物；③本品需严格控制各味药的粒度，以保证在吹粉时，混合物均匀涂布在患处。一般而言，吹散剂的粒度应比一般散剂的粒度小。

点滴积累

1. 散剂是一种干燥粉末状剂型，其制备工艺流程为物料→粉碎→筛分→混合→分剂量→质检→包装。
2. 含特殊成分的散剂混合时，应注意的问题有：①处方组分比例量相差悬殊（含毒剧药）混合时，采用等量递加法混合；②组分密度差异较大时，先加密度小的，后加密度大的；③含吸附性组分混合时，先加量大或吸附性小的组分；④含带电组分时，可加入少量表面活性剂或润滑剂；⑤含液体组分时，可用处方中其他固体组分或吸收剂吸收；⑥含易吸湿组分时，应根据吸湿的具体原因进行处理；⑦含可形成低共熔混合物的组分时，应根据共熔后对药理作用的影响及处方中所含其他固体成分的数量而采取相应措施。
3. 分剂量的方法有目测法、重量法、容量法。目测法常用于药房小量调配，重量法常用于含有细料或毒剧药的散剂分剂量，容量法常用于大量生产。
4. 散剂的质量控制项目有外观、粒度、水分或干燥失重、装量差异、微生物限度等。

实训九　散剂的制备

【实训目的】

1. 通过实验，掌握散剂的制备方法和等量递加法的混合操作步骤。

2. 熟悉散剂的质量检查方法。

【实训场所】

实验室

【实训仪器与设备】

天平、乳钵、方盘、药匙、药筛、烧杯、量杯、玻棒、120 目标准筛。

【实训材料】

冰片、硼砂、朱砂、玄明粉、薄荷脑、薄荷油、樟脑、水杨酸、升华硫、氧化锌、硼酸、滑石粉、称量纸、包装材料（包药纸、塑料袋等）。

【实训步骤】

（一）痱子粉

【处方】

薄荷脑	0.2g	樟脑	0.2g	氧化锌	2.0g
硼酸	2.0g	水杨酸	0.6g	升华硫	0.8g
薄荷油	0.2ml	滑石粉	适量	共制成散剂	40.0g

【制备】①取樟脑、薄荷脑研磨液化后，加入薄荷油混匀后，加入适量滑石粉研匀至固态，备用；②取水杨酸与升华硫研磨混匀后，分次加入硼酸与氧化锌的混合物混合均匀，备用；③按等量递增法将①、②步骤中的混合物混合均匀，最后分次加入滑石粉研匀，过 120 目筛，即得。

【注意事项】

1. 处方组成较多，应按处方顺序称取药品，并做好标记。

2. 处方中的薄荷脑和樟脑为共熔组分，研磨时会出现液化现象。制备时可将薄荷脑和樟脑混合研磨至共熔液化，加入薄荷油后，再用滑石粉或处方中其他固体组分吸收。

3. 局部用散剂应为极细粉，一般以能通过八号至九号筛为宜。若敷于创面及黏膜的散剂应经灭菌处理。

（二）冰硼散

【处方】冰片　0.5g　　硼砂　5.0g　　朱砂　0.6g　　玄明粉　5.0g

【制备】①取朱砂水飞或粉碎成极细粉，备用；②取硼砂粉碎细粉，与研习的冰片、玄明粉混合均匀，备用；③将①、②按等量递加法混合均匀，过 120 目筛，即得。

【注意事项】

1. 朱砂主含硫化汞，属矿物药，为暗红色粒状体固体，具光泽，易于观察混合的均匀性，质重而脆，获得极细粉可采用水飞法。

2. 采用等量递加法易于得到均匀的混合物。

3. 本品需严格控制各味药的粒度，以保证在吹粉时，混合物均匀涂布在患处。一般而言，吹散剂的粒度应比一般散剂的粒度小。

（三）质量检查

1. 外观均匀度　取供试品适量，置光滑纸上，平铺约 5cm^2，将其表面压平，在亮处观察，应呈现均匀的色泽，无花纹与色斑。

2. 装置差异　按《中国药典》（2015 年版）中的规定进行检查，检查结果应符合规定。

【实训报告】

实训报告格式见附录一、实训结果记录如下：

品名	外观	粒度	装量差异
痱子粉			
冰硼散			

目标检测

一、选择题

（一）单项选择题

1. 下列不符合散剂一般制备规律的是（　　）

A. 各组分比例量差异大者，采用等量递加法

B. 剂量小的毒剧药，一般应先制成倍散

C. 含低共熔成分，若共熔后药理作用减弱，则应避免共熔

D. 各组分比例量差异大者，体积小的先放入容器，体积大的后放入容器

2. 密度不同的药物在制备散剂时，最好的混合方法是（　　）

A. 等量递加法　　B. 多次过筛法

C. 将密度小的加到密度大的上面　　D. 将密度大的加到密度小的上面

3. 下列剂型中，服用后起效最快的是（　　）

A. 颗粒剂　　B. 散剂　　C. 胶囊剂　　D. 片剂

4. 一般应制成倍散的是（　　）

A. 含毒性药品散剂　　B. 含液体成分散剂

C. 含共熔成分的散剂　　D. 眼用散剂

5. 下列关于粉碎的叙述错误的是（　　）

A. 干法粉碎是指药物经过适当的干燥处理，使药物中的水分含量降低至一定限度再行粉碎的方法

B. 湿法粉碎是指物料中加入适量的水或其他液体的粉碎方法

C. 药物的干燥温度一般不宜超过 105℃，含水量一般应少于 10%

D. 湿法粉碎常用的有“水飞法”和“加液研磨法”

6. 痱子粉属于(　　)

A. 散剂　　B. 颗粒剂　　C. 搽剂　　D. 粉剂

(二) 多项选择题

1. 散剂的质量检查项目主要有(　　)

A. 外观　　B. 粒度　　C. 干燥失重

D. 融变时限　　E. 脆碎度

2. 影响散剂混合效果的因素有(　　)

A. 各组分的比例　　B. 各组分的密度差异　　C. 含有色素组分

D. 含有液体组分　　E. 含有吸湿性组分

3. 下列所述混合操作应掌握的原则,正确的有(　　)

A. 组分比例相似者,可直接混合

B. 组分比例差异较大者,应采用等量递加法混合

C. 密度差异大的,混合时先加密度小的,再加密度大的

D. 色泽差异较大者,混合时应采用套色法

E. 含有液体或吸湿性成分,不会影响散剂的混合效果

4. 散剂混合时,产生润湿与液化现象的相关条件有(　　)

A. 药物的结构性质　　B. 共熔点的高低　　C. 药物组成比例

D. 药物的粉碎度　　E. 药物的密度

二、简答题

1. 何为散剂?散剂的质量控制项目有哪些?

2. 如何保证散剂混合的效果?

三、实例分析

制备某中药散剂时,混合容器由槽形混合机换成V型混合机后,工艺条件不变,但物料的混合效果反而下降,试分析原因。

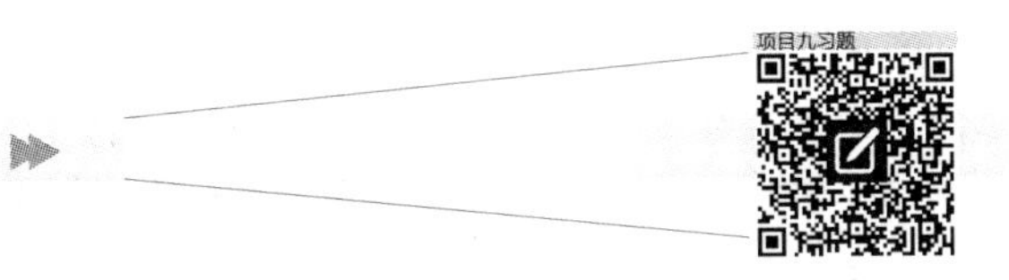

(王峥业)

项目十

颗粒剂

导学情景

情景描述

2016 年 9 月 30 日，小李到药店准备购买感冒灵治疗由于感冒引起的头痛、发热、鼻塞流涕、咽痛，但到药店后，他发现既有感冒灵颗粒剂，也有感冒灵胶囊剂，不知道如何选择。于是小李去咨询药店的工作人员，工作人员在询问了他的症状后，认为他的感冒症状严重，推荐他购买感冒灵颗粒。

学前导语

颗粒剂一般加水溶解后服用，药物可以更快速吸收，能较快控制疾病症状，是儿童药品中最常见的剂型之一。 本项目我们将带领同学们学习颗粒剂的基本知识、制备，制备出合格的颗粒剂。

任务一　颗粒剂基础

颗粒剂是指药物与适宜的辅料混合制成具有一定粒度的干燥颗粒状制剂。颗粒剂既可以直接吞服，也可以加水或酒溶解后冲服。根据颗粒剂的溶解性不同，可分为可溶颗粒剂、混悬颗粒剂和泡腾颗粒剂。此外，随着颗粒剂的发展，颗粒剂还有缓释颗粒剂、控释颗粒剂、肠溶颗粒剂等，此三种颗粒剂均需进行释放度检查。

颗粒除直接用来治疗疾病外，还可用来制备其他制剂，如作为硬胶囊剂的填充物、用来压片等。颗粒用来制备其他制剂可以起到改善物料的流动性、减少粉尘飞扬等作用。

一、颗粒剂的特点

颗粒剂外观图片

颗粒剂是目前应用较广泛的剂型之一，主要是由于颗粒剂具有如下优点：

1. 服用方便，可根据需要加入矫味剂、着色剂制成色、香、味俱佳的颗粒，使其更容易服用。

2. 药物溶解或混悬于水中后服用，有利于药物在体内的吸收，起效快。

3. 颗粒的飞扬性、附着性、吸湿性等比粉末要小，便于分剂量，更有利于实现机械化生产。

4. 性质稳定，易于贮存、运输、携带。

当然颗粒剂也存在一些缺点，如在贮存与运输过程中容易吸潮等，因此应注意包装材料的选择与贮存、运输条件上的控制。

二、颗粒剂的质量要求

颗粒剂的质量要求有：①粒径大小均匀，干燥，色泽一致，无吸潮、结块、潮解等现象；②含量均匀度应符合要求；③微生物限度应符合要求；④包衣颗粒剂必要时进行溶剂残留量检查，检查结果应符合规定等。

点滴积累

1. 颗粒剂是指药物与适宜的辅料混合制成具有一定粒度的干燥颗粒状制剂。
2. 颗粒剂根据颗粒的溶解性不同，可分为可溶颗粒剂、混悬颗粒剂和泡腾颗粒剂。
3. 颗粒剂具有服用方便、质量稳定、吸收快、便于分剂量等优点，但具有贮存与运输过程中容易吸潮等缺点。

任务二　颗粒剂的制备

一、制粒常用辅料

制粒常用辅料有填充剂、黏合剂与润湿剂、着色剂、矫味剂、稳定剂等，本项目任务主要介绍填充剂、黏合剂与润湿剂，其他的辅料种类见液体制剂。制粒辅料的选用应根据药物性质、制备工艺、辅料的价格等因素来确定。

（一）填充剂

填充剂的主要作用是用来增加制剂的重量和体积，有利于制剂成型；常用的种类有淀粉、糖粉、乳糖、微晶纤维素、无机盐类等。

1. 淀粉　常用的是玉米淀粉，为白色细微粉末，性质稳定、价格便宜、吸湿性小、外观色泽好。用淀粉作为填充剂制出的颗粒可压性差，压出的片剂过于松散，故在实际生产中常与可压性好的糖粉、糊精按一定比例混合使用。

2. 糖粉　为结晶性蔗糖磨成的白色粉末，味甜，黏合力强。用糖粉作为填充剂制出的颗粒具有较好的可压性，压出的片剂表面光滑美观，但缺点是吸湿性较强，长期贮存会使片剂的硬度增大，造成崩解度、溶出度超限，故除单独应用于口含片、可溶性片剂外，一般常与糊精、淀粉配合使用，也可用作干燥黏合剂。

3. 糊精　为淀粉不完全水解产物，为白色或淡黄色粉末，缓慢溶于冷水，易溶于热水，不溶于乙醇，可用作干燥黏合剂。当含水量5%时，具有较强的黏结性，制颗粒时使用不当会造成压出的片面出现麻点、水印或造成片剂崩解或溶出迟缓，常与糖粉、淀粉配合使用。

4. 乳糖　是由牛乳清中提取制得，为白色或类白色结晶性粉末、无臭、微甜。常用含有一分子水的结晶乳糖（即α-含水乳糖），无吸湿性。制出的颗粒可压性好，压成的药片光洁美观，性质稳定，可与大多数药物配伍。由喷雾干燥法制得的乳糖为非结晶性乳糖，其流动性、可压性良好，可供粉末直接压片使用。

5. 预胶化淀粉 是将淀粉部分或全部胶化的产物，是一种改良淀粉。本品为白色或类白色粉末，具有良好的流动性、可压性、自身润滑性和干黏合性，并有较好的崩解作用，亦可用于粉末直接压片。

6. 微晶纤维素 是纤维素部分水解而制得的聚合度较小的结晶性纤维素，具有良好的可压性，有较强的结合力，可用于粉末直接压片。

7. 甘露醇与山梨醇 此两种物质为同分异构体，为白色、无臭、具有甜味、溶解时吸热、有凉爽感，但价格较贵，一般用于咀嚼片、口腔用片的填充剂。

8. 无机盐类 是一些无机钙盐，如硫酸钙、磷酸氢钙及药用碳酸钙等，其中二水硫酸钙较为常用，其性质稳定，无臭无味，微溶于水，与多种药物均可配伍，制成的片剂外观光洁，硬度、崩解均好，对药物也无吸附作用。但应注意硫酸钙对某些主药（如四环素类药物）的吸收有干扰，故使用时应注意。

（二）润湿剂和黏合剂

1. 润湿剂 是指本身没有黏性，但能诱发待制粒物料黏性，以利于制粒的液体。常用润湿剂有纯化水和乙醇。

（1）纯化水：适于对水稳定的物料，但当处方中水溶性成分较多时可能发生结块、润湿不均匀、干燥后颗粒较硬等现象，此时最好选择一定浓度的乙醇代替。

（2）乙醇：适于遇水易于分解或遇水黏性太大的物料，常用浓度为30%~70%。

2. 黏合剂 是指本身具有黏性，能增加无黏性或黏性不足的物料黏性，从而有利于制粒的物质。常用的黏合剂有：

（1）淀粉浆：由于淀粉价廉易得，且淀粉浆的黏性较好，故淀粉浆是制粒中最常用的黏合剂，常用浓度为5%~10%（溶剂为水、质量浓度）。淀粉浆的制法主要有煮浆和冲浆两种方法。

（2）纤维素衍生物：常用作黏结剂的种类有：

煮浆法

1）羧甲基纤维素钠（CMC-Na）：为无味、白色或近白色颗粒状粉末、几乎不溶于乙醇，具有良好的水溶性，溶于水后形成透明的胶状溶液，常用于可压性较差的药物。常用浓度为2%~10%（溶剂为水、质量浓度）。CMC-Na含水量少于10%时，在高湿条件下可以吸收大量的水（>50%），这一性质在药品贮存过程中将改变药品的质量，如颗粒剂的硬度、片剂的硬度和崩解时间等。

2）羟丙基纤维素（HPC）：为无臭、无味、白色或淡黄色粉末，可溶于甲醇、乙醇、异丙醇和丙二醇中。既可作湿法制粒的黏合剂，也可作粉末直接压片的干黏合剂。

3）羟丙基甲基纤维素（HPMC）：为无臭、无味、白色或乳白色纤维状或颗粒状粉末，溶于冷水、不溶于热水和乙醇，常用浓度2%~10%（溶剂为水或乙醇、质量浓度）。制备HPMC水溶液时，最好先将HPMC加入到总体积20%~30%的热水（80~90℃）中，充分分散与水化，然后降温，再加入冷水至总体积。

4)甲基纤维素(MC):为无臭、无味、白色至黄白色颗粒或粉末,溶于冷水中,几乎不溶于热水和乙醇,常用浓度2%~10%(溶剂为水、质量浓度)。可用于水溶性及水不溶性物料的制粒。颗粒压缩成形性好,且不随时间变硬。

5)乙基纤维素(EC):为无臭、无味、白色或淡褐色粉末,不溶于水、溶于乙醇等有机溶剂,常用2%~10%(溶剂为乙醇、质量浓度)。本品的黏性较强,且胃肠液中不溶解,会对片剂的崩解及药物的释放产生阻滞作用,目前常用作缓、控释制剂的包衣材料。

(3)聚乙烯吡咯烷酮(PVP):为无臭、无味、白色粉末,既溶于水,又溶于乙醇,常用浓度2%~20%(溶剂为水或乙醇、质量浓度)。可用于水溶性物料(用PVP水溶液或醇溶液)或水不溶性物料(用PVP醇溶液)制粒,还可用作直接压片的干黏合剂。PVP具有较强吸湿性,PVP制得的片剂随贮存时间延长而变硬,故常用作泡腾片和咀嚼片的黏合剂。

(4)聚乙二醇(PEG):因分子量不同而有不同的规格,常用规格为PEG4000、PEG6000,白色或近白色蜡状粉末,PEG溶于水和乙醇,常用浓度为10%~50%(溶剂为水或乙醇、质量浓度),制得颗粒压缩成形性好,片剂不变硬,适用于水溶性或水不溶性物料制粒。

(5)其他黏合剂:2%~10%明胶溶液(溶剂为水、质量浓度)、50%~70%蔗糖溶液(溶剂为水或乙醇、质量浓度)等。

二、制粒技术

制粒技术是药物制剂生产过程中重要的技术之一,根据制粒时采用的润湿剂或黏合剂的不同,将制粒技术分为湿法制粒技术、干法制粒技术两大类。不同的制粒技术所制得颗粒的形状、大小等有所差异,应根据制粒目的、物料性质等来选择适当的制粒技术。

(一)湿法制粒技术

湿法制粒技术是指物料加入润湿剂或液态黏合剂进行制粒的方法,是目前国内医药企业应用最广泛的方法。根据制粒时采用的设备不同,湿法制粒技术有以下几种:

1. 挤压制粒技术 是先将处方中原辅料混合均匀后加入黏合剂制软材,然后将软材用强制挤压的方式通过具有一定大小的筛孔而制粒的方法。常用的制粒设备有螺旋挤压式、蓝式叶片挤压式、环模辊压式、摇摆挤压式等,如图10-1。

(1)挤压制粒的工艺流程:其工艺流程如图10-2。

在挤压制粒过程中,制软材是关键步骤,其关系到所制颗粒质量。制软材首先应根据物料的性质来选择适当的黏合剂或润湿剂,以能制成适宜软材最小用量为原则;其次选择适当的揉混强度、混合时间、黏合剂温度。制软材时的揉混强度越大、混合时间越长,物料的黏性越大,制成的颗粒越硬;黏合剂的温度高时,黏合剂用量可酌情较少,反之可适量增加。软材的质量往往靠经验来控制,即以“轻握成团,轻压即散”为准,可靠性与重现性较差,但这种制粒方法简单,使用历史悠久。

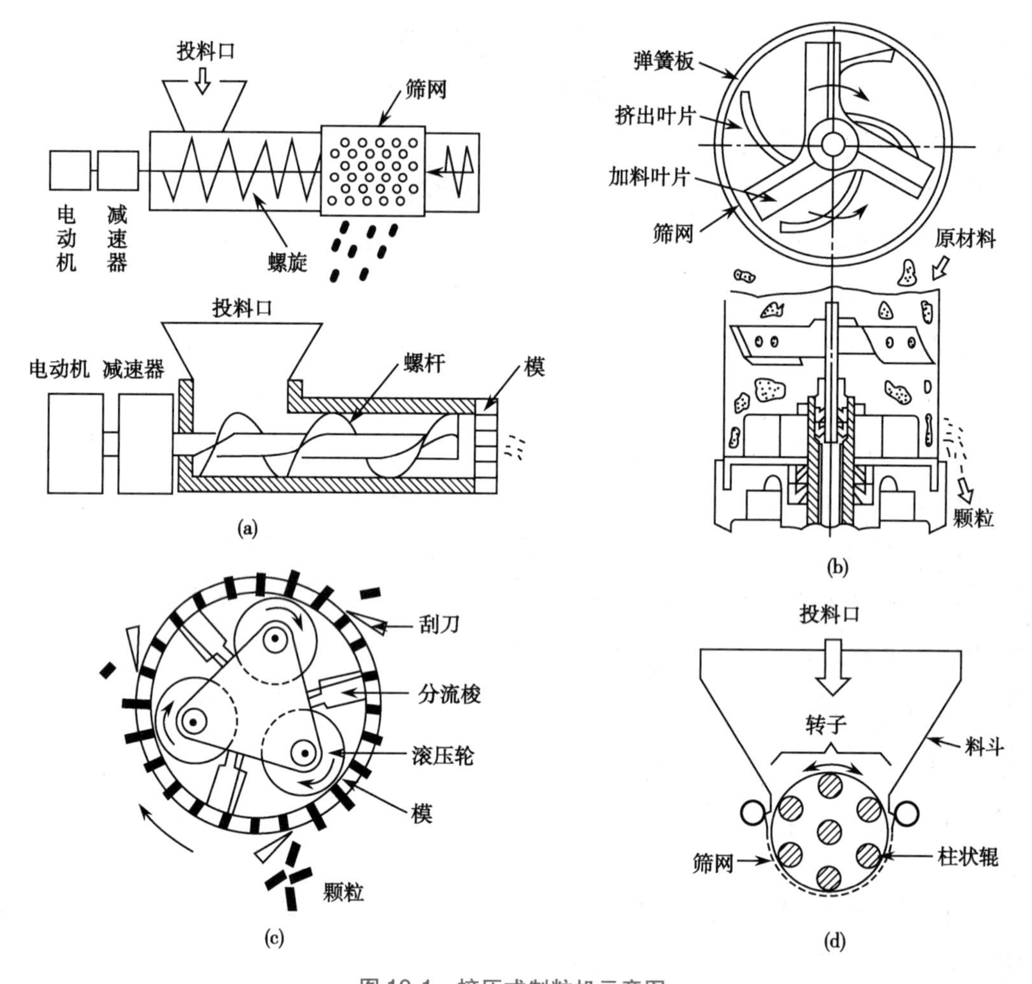

图 10-1　挤压式制粒机示意图

(a)螺旋挤压制粒机;(b)蓝式叶片挤压制粒机;(c)环模式辊压挤压制粒机;(d)摇摆式挤压制粒机

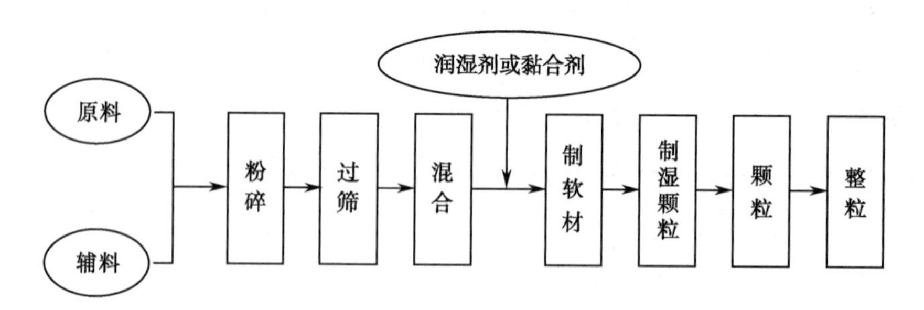

图 10-2　挤压制粒工艺流程图

挤压制粒法制备板蓝根颗粒剂

湿法制粒压片

(2)挤压制粒技术的特点:①颗粒的粒度可由筛网的孔径大小调节,颗粒粒径范围在0.3~30.0mm,粒度分布范围窄,颗粒形状为圆柱状、角注状;②颗粒的松软程度可用不同黏合剂及其加入量调节,以适应不同需要;③制粒过程步骤多、劳动强度大,不适合大批量和连续生产。

案例分析

案例

某制粒岗位采用挤压过筛制粒法制颗粒时，在颗粒中发现有铁丝。

分析

有铁丝掉入颗粒中主要是制粒过程中筛网打烂所致，其原因主要有软材的黏性太大、筛网安装过紧、操作人员未及时检查筛网等。 避免上述现象的措施有调整制粒工艺、筛网安装时松紧度适当、改用高速整粒机、增强操作人员的责任心等。

(3)挤压制粒技术在制粒过程中易出现的问题及原因有:①颗粒过粗、过细、粒度分布范围过大,主要原因是筛网选择不当等;②颗粒过硬,主要原因是黏合剂黏性过强或用量过多等;③色泽不均匀,主要原因是物料混合不匀或干燥时有色成分的迁移等;④颗粒流动性差,主要原因有黏合剂或润滑剂的选择不当、颗粒中细粉太多或颗粒含水量过高等;⑤筛网"疙瘩"现象,主要原因是黏合剂的黏性太强、用量过大等。

2. 高速混合制粒技术 是先将物料加入高速搅拌制粒机的容器内,搅拌混匀后加入黏合剂或润湿剂高速搅拌制粒方法。常用的设备为高速搅拌制粒机,分为卧式和立式两种,其结构如图10-3。

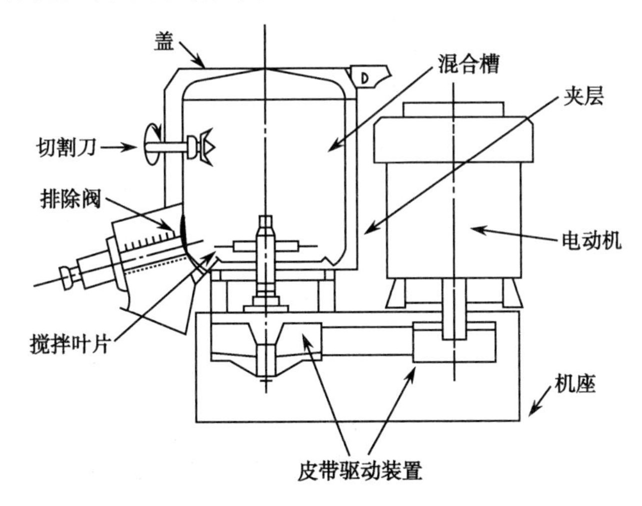

图10-3 高速搅拌制粒机的结构示意图

(1)高速混合制粒的工艺流程:其工艺流程如图10-4。

在高速混合制粒过程中,影响粒径大小与致密性的主要因素有:①黏合剂的种类、用量;②物料的粒度;③搅拌桨与剪切桨转速;④混合槽装载量;⑤搅拌桨的形状与角度、切割刀的位置等。

(2)高速混合制粒技术的特点:①在一个容器内进行混合、捏合、制粒过程;②与挤压制粒相比,具有省工序、操作简单、快速等优点;③可制出不同松紧度的颗粒;④不易控制颗粒成长过程。

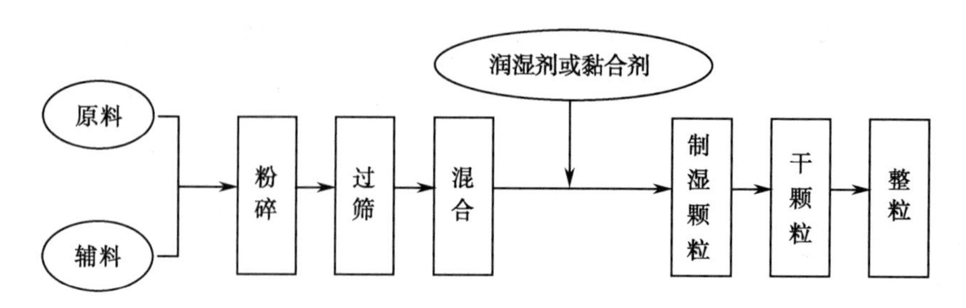

图 10-4　高速混合制粒工艺流程图

(3)高速混合制粒技术在制粒过程中易出现的问题及原因有:①黏壁,主要原因有黏合剂选择不当或用量太多、搅拌时间太长等;②颗粒中细粉太多,主要原因有黏合剂选择不当或用量太少、搅拌速度与剪切速度不当等;③制出颗粒中有团块,主要原因是搅拌速度与剪切速度不当、制粒时间过长、黏合剂喷洒不均匀(主要原因有喷入的距离、雾化程度、加液速度以及加液量不当)等。

3. 流化床制粒技术　利用气流作用,使容器内物料粉末保持悬浮状态时,润湿剂或液体黏合剂向流化床喷入使粉末聚结成颗粒的方法。常用的设备是流化床制粒机,其结构示意图如图 10-5。

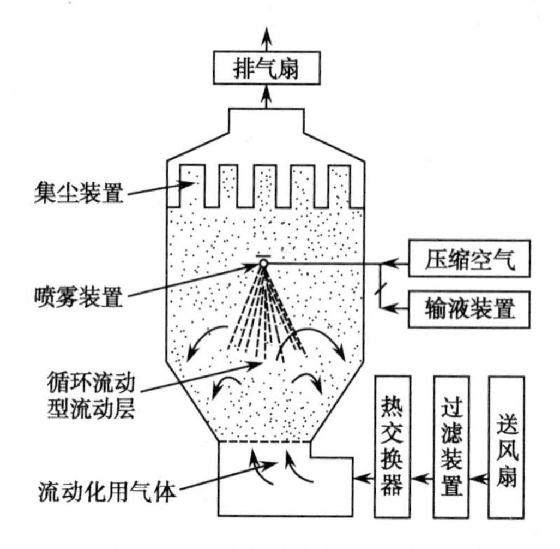

图 10-5　流化床制粒机示意图

(1)流化床制粒的工艺流程:其工艺流程见图 10-6。

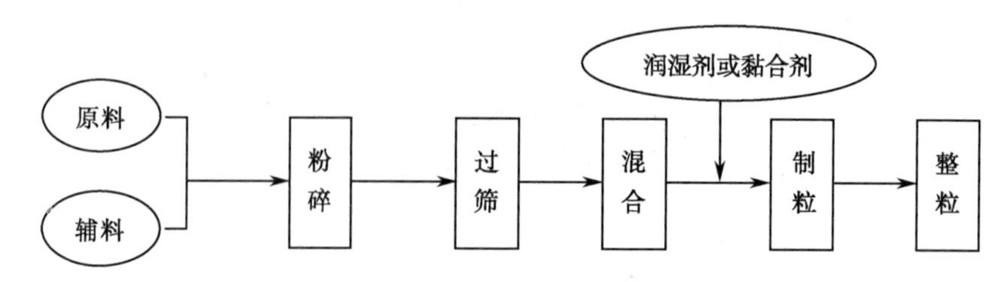

图 10-6　流化床制粒工艺流程图

控制干燥速度和喷雾速率是流化床制粒操作的关键。进风量与进风温度影响干燥速度,一般进风量大、进风温度高,干燥速度快,颗粒粒径小,易碎;但进风量太小、进风温度太低,物料过湿结块,使物料不能成流化状态,故应根据溶剂的种类(水或有机溶剂)和物料对热敏感程度选择适当的进风量与进风温度。喷雾速度太快，物料不能及时干燥，使物料不能成流化状态；喷雾速度过慢，颗粒粒径小，细粉多，而且雾滴粒径的大小也会影响颗粒的质量，故除选择适当喷雾速度外，还应使雾滴粒径大小适中。

（2）流化床制粒技术的特点：①在同一台设备内进行混合、制粒、干燥，甚至包衣等操作、简化工艺、节约时间、劳动强度低；②颗粒松散、密度小、强度小、粒度分布均匀、流动性与可压性好；③捕尘袋的清洗困难、控制不当易产生污染。

（3）流化床制粒技术在制粒过程中易出现的问题及原因有：①塌床，塌床的主要现象是在制粒过程中，处于流化状态的固体床在短时间（通过不超过 5 分钟）失去上升的动力，而沉降到容器壁或导流板上，最终处于静止状态，其根本原因是黏合剂的加入速度大于干燥速度，具体的原因有黏合剂的喷液速度过快、雾化压力降低、进风温度下降、进风湿度突然升高等；②风沟床，风沟床的典型现象是容器内出现气流短路，进风气流迅速从局部物料中穿过，而其他物料处于相对较慢运动或静止状态，通常原因是物料局部过湿等；③物料冲顶，物料冲顶是指制粒过程中，大部分物料被吹到捕尘袋上，使颗粒无法继续进行，产生原因主要有物料粒径过细、进风强度过大或反吹失零等；④湿颗粒干燥所需时间延长，一般湿颗粒的干燥时间在 5~10 分钟即可，但有时干燥 30 分钟颗粒仍偏湿，其原因有制粒过程中出现大的结块（主要原因是设备故障）、进风量设置过小、进风温度过低、风机故障、捕尘袋通透性变差等；⑤制粒过程中产生较多的细粉或粗颗粒，主要原因有物料过细或过粗、进风温度过高或过低、雾化压力太大或太小、黏合剂的黏度太小或太大、喷雾流量太小或太大；⑥物料黏结在槽底，主要原因有流化床负压不够、喷枪故障或大量物料聚集在喷嘴附近影响了黏合剂的雾化、进风温度过高（引起低熔点的物料熔融，而黏结在物料槽的导流板）等。

4. 喷雾干燥制粒技术 是将物料溶液或混悬液喷雾于干燥室内，在热气流的作用下使雾滴中的水分迅速蒸发以直接获得球状干燥细颗粒的方法。该法可在数秒中完成药液的浓缩与干燥，用于制粒的原料液含水量可达 70%~80% 以上，并能连续操作。如以干燥为目的称为喷雾干燥，以制粒为目的称为喷雾制粒。该法采用的设备为喷雾干燥制粒机，其基本结构如图 10-7。

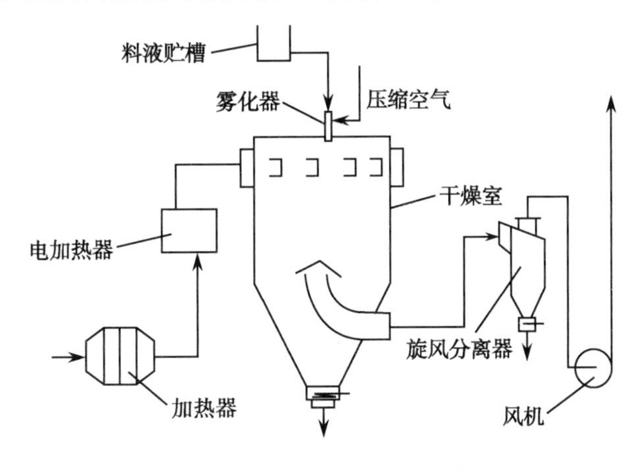

图 10-7 喷雾干燥制粒机示意图

（1）喷雾干燥制粒的工艺流程：其工艺流程如图 10-8。

根据物料的性质和不同的制粒目的选择雾化器，是合理应用喷雾干燥制粒法的关键。常用的雾化器有三种，即压力式雾化器、气流式雾化器、离心式雾化器，其中压力式雾化器是我国目前普遍采用的一种，它适于低黏性料液；气流式雾化器结构简单，适合于任何黏度或稍带固体的料液；离心式雾化器适合于高黏度或带固体颗粒的料液。

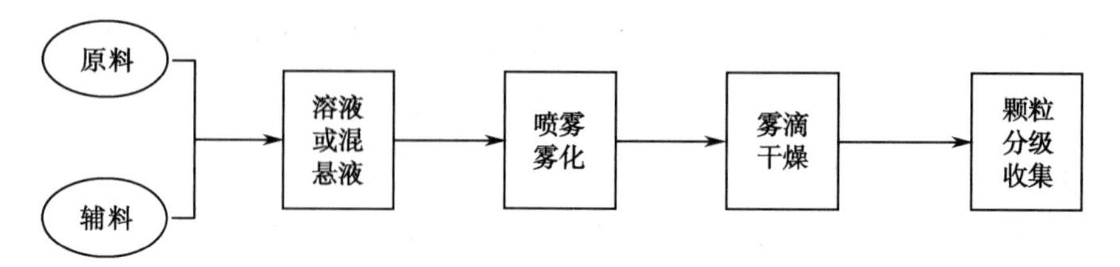

图 10-8　喷雾干燥制粒工艺流程图

（2）喷雾干燥制粒技术的特点：①由液体原料直接干燥得到粉状固体颗粒；②干燥速度快，物料的受热时间短，适合于热敏性物料的制粒；③所得颗粒多为中空球状粒子，具有良好的溶解性、分散性和流动性；④设备费用高、能量消耗大、操作费用高、黏性大的料液易黏壁。

（3）喷雾干燥制粒技术在制粒过程中易出现的问题及原因有：①黏壁，主要原因有药液浓度太高、干燥温度过高、药液的流量不稳定、设备安装不当（如气体通道与液体通道的轴心不重合、喷嘴轴线不在干燥腔的中心垂线上）等；②喷头堵塞，主要原因有药液为过滤或浓缩过浓、药液的黏度太大等；③结块，主要原因是干燥温度太低等。

5. 转动制粒技术　是指将物料混合均匀后，加入一定的润湿剂或黏合剂，在转动、摇动、搅拌作用下使药粉聚结成球形粒子的方法。经典的转动制粒设备为容器转动制粒机，即圆筒选择制粒机、倾斜转动锅，其结构示意图见图 10-9。

这种转动制粒机多用于药丸的生产，可制备 2~3mm 以上大小的药丸，但由于粒度分布较宽，在使用上受到一定的限制，操作过程多凭经验控制。

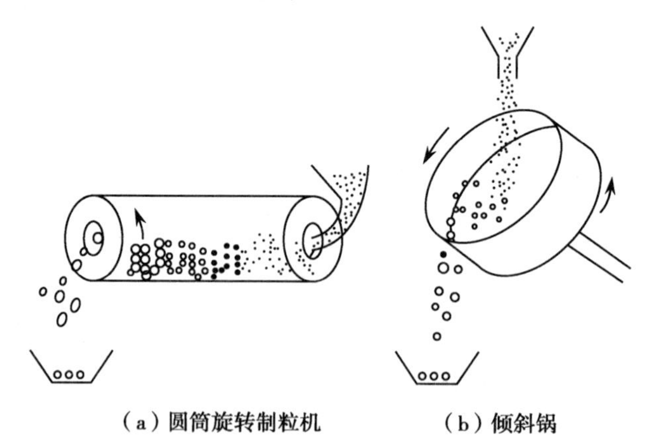

（a）圆筒旋转制粒机　　（b）倾斜锅

图 10-9　转动制粒机示意图

（1）转动制粒的工艺流程：其工艺流程如图 10-10。

转动制粒的关键是喷浆流量和供粉的速率，在生产过程中必须随时调节并保持合理的配比，使物料达到最佳润湿程度。因喷浆流量过快，则物料过湿，颗粒变大且易粘连、变形，干燥后颗粒过硬；喷浆流速过慢，物料不能充分润湿，造成颗粒大小不一、色泽不匀、易碎、细粉过多等。

（2）转动制粒技术的特点：颗粒圆整，但生产时间长、效率低。

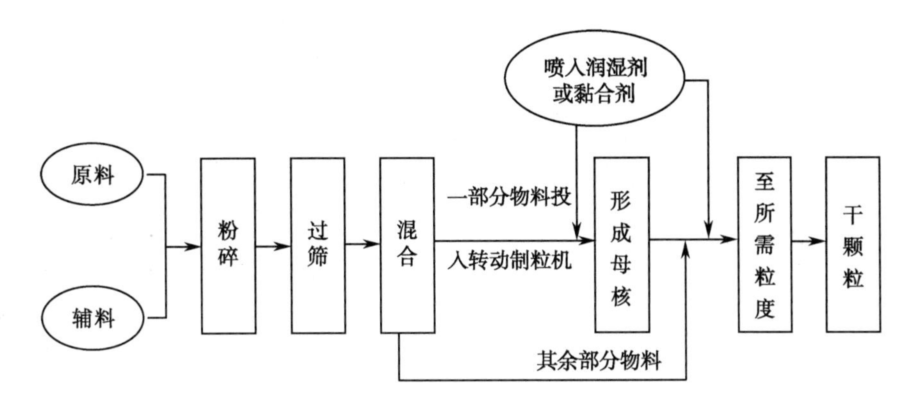

图 10-10 转动制粒工艺流程图

（二）干法制粒技术

干法制粒技术是将物料混合均匀，压缩成大片或板状后，粉碎成所需大小颗粒的方法，常用于热敏性物料、遇水易分解的药物以及易压缩成型的药物制粒。干法制粒的工艺流程如图 10-11。

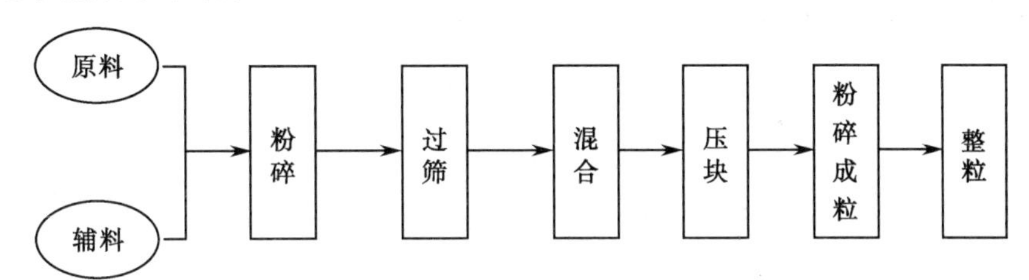

图 10-11 干法制粒工艺流程图

根据制粒时采用的设备不同，干法制粒技术可分为以下两种：

1. 重压法制粒技术 亦称为压片法制粒技术，系利用重型压片机将物料压制成直径 20~50mm 的胚片，然后破碎成一定大小颗粒的方法。该法的优点在于可使物料免受湿润及温度的影响、所得颗粒密度高；但具有产量小、生产效率低、工艺可控性差等缺点。

2. 滚压法制粒技术 系利用转速相同的两个滚动轮之间的缝隙，将物料粉末滚压成板状物，然后破碎成一定大小颗粒的方法。常用的设备为滚压制粒机，其制粒示意图如图 10-12。

滚压法制粒与重压法制粒相比，具有生产能力大、工艺可操作性强、润滑剂使用量较小等优点，使其成为一种较为常用的干法制粒技术。

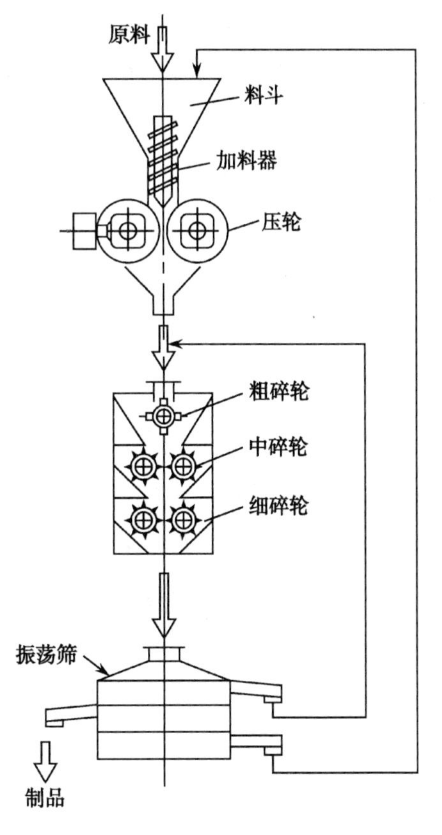

图 10-12 滚压制粒机示意图

课堂活动

欲在实验室制备含有红、黄、白三种颜色颗粒剂，试分析除主药外还可能需要哪些材料？ 需要哪些仪器？ 如何操作才能制出三种不同颜色的颗粒剂？

三、颗粒剂的制备

制颗粒岗位标准操作

（一）物料前处理

见项目四、项目五

（二）制粒操作

1. 制粒岗位洁净度要求　制粒岗位的洁净度要求一般为 D 级，室内相对室外呈正压，除有特殊要求外，温度控制在 18~26℃，相对湿度 45%~65%。

2. 制粒操作过程（以 HLSG-10 高速混合制粒机为例）

（1）生产前准备：①检查是否有清场合格证，并确定是否在有效期内；检查设备、容器、场地清洁是否符合要求（若有不符合要求的，需重新清场或清洁，并请 QA 填写清场合格证或检查后，才能进入下一步生产）。②检查电、水、气是否正常。③检查设备是否有“合格”“已清洁”标牌。④检查设备状况是否正常（如检查控制开关、出料开关按钮、出料塞的进退是否灵活；打开电源，检查各指示灯是否正常；安全连锁装置是否可靠；启动设备，检查搅拌桨、制粒刀运转有无刮器壁；开机观察空机运行过程中，看是否有异常声音等）。⑤按生产指令领取物料，并确保物料的品名、批号、规格、数量、质量符合要求。⑥按设备与用具的消毒规程对设备、用具进行消毒。⑦挂本次运行状态标志，进入生产操作。

（2）生产操作：①根据物料性质设定机器温度（打开电器箱，一般调至比常温高出 10℃左右，若物料搅拌后温度升高，则将温度调至比常温低 4℃左右）；②若物料在搅拌时需冷却，则设定温度后，在启动搅拌桨时把进水、出水阀打开；③打开物料缸盖，将称好的物料投入缸内，然后关闭缸盖；④把操作台下的三通旋钮旋至进气位置；⑤启动搅拌桨，调至合适的转速，混合 3 分钟左右；⑥以一定速度加入适量黏合剂后，启动制粒刀，调至合适的转速，制粒 5 分钟左右；⑦制粒完成后，将料车放在出料口，按出料按钮出料（出料时黄灯亮）；⑧出料时搅拌桨、制粒刀继续转动，待物料排尽后，再关闭制粒刀、搅拌桨；然后将制好的颗粒送入干燥岗位。

（3）清场：①将排气窗拆下，清洁干净；②将三通阀旋至进水位，向物料缸内进水，水位不能高过制粒刀；③缸内的水量符合要求后，将三通阀转换至进气位；④关闭物料缸盖，启动搅拌桨、制粒刀运转约 2 分钟，按出料按钮放出缸内的水；⑤将缸盖打开，用饮用水刷洗缸内壁，按出料按钮放尽水，如此反复洗涤 2~3 次，至无残留药粉；⑥用纯化水冲洗物料缸 2~3 次；⑦先用饮用水、再用纯化水冲洗出料口各 2 次；⑧用水擦拭设备表面，挂上已清洁标牌；⑨将所用容器和工具进行清洁；⑩对工作场地进行清洁。

（4）记录：及时规范地填写各生产记录、清场记录。

（三）颗粒的干燥（以 GFG40A 型沸腾干燥机为例）

1. 生产前准备　①检查是否有清场合格证，并确定是否在有效期内；检查设备、容器、场地清洁是否符合要求(若有不符合要求的,需重新清场或清洁,并请 QA 填写清场合格证或检查后,才能进入下一步生产)。②检查电、水、气是否正常。③检查设备是否有“合格”“已清洁”标牌。④检查设备状况是否正常(如检查气封圈是否完好;打开电源,检查各指示灯指示是否正常;开机观察空机运行过程中,看是否有异常声音)。⑤按生产指令领取物料,并确保物料的品名、批号、规格、数量、质量符合要求。⑥按设备与用具的消毒规程对设备与用具进行消毒。

2. 生产操作 ①将捕集袋套在袋架上,放入清洁的上气室内,松开定位手柄后摇动手柄使吊杆放下,然后用环螺母将袋架固定在吊杆上,摇动手柄升高至尽头,将袋口边缘四周翻出密封槽外侧,勒紧绳索,打结。②将物料放入沸腾器内。③将沸腾器推入下气室,就位后沸腾器应与密封槽基本同心(注:推入前先检查密封圈内空气是否排空,排空后方可推入)。④接通压缩空气、打开电源。⑤设定进风温度和出风温度。⑥选择“自动/手动”工作状态。⑦合上“气封”开关。⑧启动风机,然后启动电加热,加热约半分钟后,再启动搅拌。⑨检查物料干燥程度,可在取样口取样确定,以物料放在手上搓捏后能流动,不黏手为干燥。⑩干燥结束,先关电加热,然后关搅拌桨,当出风口温度与室温相近时,再关闭风机;关风机约 1 分钟后,再按“点动”按钮,使捕集袋内的物料掉入沸腾器内(按“点动”按钮前最好打开风门,这样捕集袋内的物料更容易掉出);最后关“气封”,当密封圈完全复原后,拉出沸腾器卸料,将干燥好的颗粒送到整粒岗位。

3. 清场 ①将捕集袋拆下,将其清洗干净,并烘干备用;②用吸尘器吸掉在下气室、机器表面、地面粉尘;③用水擦拭机器各部位进行清洁;④对工作场地进行清洁。

4. 记录 及时规范地填写各生产记录、清场记录。

(四)整粒与分级

将干燥好的颗粒进行整粒与分级操作,根据不同制剂工艺要求去除过粗或过细的颗粒,如颗粒剂要求不能通过一号筛和能通过五号筛的总和不得超过供试量的 15%。

(五)分剂量与包装

将各项质量检查符合要求的颗粒按剂量装入适宜的包装材料中进行包装。颗粒剂最常用的分装材料有复合条形膜,分装成袋。

知识链接

制粒过程中的质量控制

制粒过程中的质量控制点主要有:

1. 制粒操作室必须保持干燥,室内相对于室外呈正压。
2. 称量配料过程中要严格实行双人复核制,保证称量准确。
3. 称好的物料应放物料牌,防止发生混药、混批。
4. 控制黏合剂的用量、搅拌与制粒时间。
5. 注意搅拌桨、制粒刀开启与关闭顺序、转速调节。

四、颗粒剂的质量控制

颗粒剂的质量控制主要从以下几个方面进行：

1. 外观　颗粒剂应干燥，色泽一致，无吸潮、软化、结块、潮解等现象。

2. 主药含量　应符合制剂工艺要求。

3. 粒度　除另有规定外，不能通过一号筛（2000μm）与能通过五号筛（180μm）的总和不得超过供试量的15%。

4. 干燥失重或水分测定　化学药颗粒剂需进干燥失重测定，除另有规定外，按照干燥失重测定法测定，含糖颗粒剂宜在80℃真空干燥，减失重量不得超过2.0%；中药颗粒剂需进行的水分测定，除另有规定外，含水量一般不超过6.0%。

5. 溶化性　除另有规定外，可溶颗粒和泡腾颗粒按照下述方法检查，溶化性应符合规定。①可溶颗粒检查法：取颗粒10g，加热水200ml，搅拌5分钟，可溶颗粒剂应全部溶化或轻微浑浊，但不得有异物；②泡腾颗粒检查法：取单剂量泡腾颗粒剂3袋，分别置于盛有水温为15~25℃、体积为200ml水的烧杯中，应迅速产生气体而呈泡腾状，并在5分钟内3袋颗粒均应完全分散或溶解在水中。

混悬颗粒或已规定检查溶出度、释放度的颗粒，可不做溶化性检查。

6. 装量差异　单剂量分装的颗粒剂，其装量差异应符合表10-1规定，检查法参照《中国药典》（2015年版）的有关规定。

检查法：取10袋（瓶），除去包装，精密称定每袋（瓶）内容物的重量，求出每袋（瓶）内容物的装量与平均装量。每袋（瓶）装量与平均装量相比较（凡无含量测定的颗粒剂，每袋（瓶）装量应与标示装量比较），超出装量差异限度的颗粒剂不得多于2袋（瓶），并不得有1袋（瓶）超出装量差异限度1倍。

凡规定检查含量均匀度的颗粒剂，可不再进行装量差异的检查；而对于多剂量包装的颗粒剂，按照最低装量检查法进行装量检查，结果应符合规定。

表10-1　颗粒剂的装量差异要求

标示装量（g）	装量差异限度（%）	标示装量（g）	装量差异限度（%）
1.0g及1.0g以下	±10%	1.5g以上至6.0g	±7%
1.0g以上至1.5g	±8%	6.0g以上	±5%

另外，颗粒剂还应进行微生物限度检查，对于缓释、控释等颗粒剂还应进行释放度检查。

五、制备举例

复方维生素B颗粒剂

【处方】

盐酸硫胺	1.20g	核黄素	0.24g	盐酸吡多辛	0.36g
烟酰胺	1.20g	混旋泛酸钙	0.24	苯甲酸钠	4.00g
枸橼酸	2.00g	橙皮酊	20ml	糖粉	986g

【制法】①将称好的盐酸吡多辛、混旋泛酸钙、枸橼酸、橙皮酊溶于少量纯化水中作润湿剂，备

用;②将称好的核黄素与蔗糖粉混合,粉碎 3 次,过 80 目筛,备用;③将称好的盐酸硫胺、烟酰胺、苯甲酸钠混匀,再将此混合物与②混匀,加润湿剂制粒,60~65℃干燥,整粒,分级即得。

【用途】 本品用于营养不良、厌食、脚气病及因缺乏维生素 B 所致的各种疾病的辅助治疗。

【处方分析】 盐酸吡多辛、混旋泛酸钙、核黄素、盐酸硫胺、烟酰胺为主药,糖粉为填充剂,枸橼酸作稳定剂,橙皮酊为矫味剂,苯甲酸钠为防腐剂。

【注意事项】 ①处方中的核黄素带有黄色,须与辅料充分混匀;②核黄素对光敏感,操作时应尽量避免直射光线。

点滴积累

1. 颗粒剂常用辅料种类有填充剂、黏合剂、润湿剂、着色剂、矫味剂、稳定剂等，各种辅料的加入目的是有利于颗粒剂的成型和提高颗粒剂的质量。
2. 填充剂具有增加制剂重量和体积，有利于制剂成型的作用，常用种类有淀粉、糖粉、乳糖、微晶纤维素、甘露醇、山梨醇、无机盐等。
3. 润湿剂与黏合剂具有增加物料黏性的作用，常用种类有水、乙醇、淀粉浆、羧甲基纤维素钠溶液、羟丙基纤维素溶液、聚乙烯吡咯烷酮溶液等。
4. 制粒常用技术分为湿法制粒技术和干法制粒技术两大类，湿法制粒技术常用的有挤压过筛制粒技术、高速混合制粒技术、流化床制粒技术、喷雾干燥制粒技术、转动制粒技术等；干法制粒技术常用的有滚压法制粒技术、重压法制粒技术等。
5. 颗粒剂的制备过程包括物料前处理、筛分、混合、制粒、颗粒的干燥、整粒与分级、分剂量与包装。
6. 颗粒剂的质量控制项目有外观、主药含量、粒度、水分或干燥失重、溶化性、装量差异、微生物限度等。

实训十 颗粒剂的制备

【实训目的】

1. 会用挤压过筛制粒法制备颗粒剂。
2. 能按操作规程操作高速混合制粒机并进行清洁与维护。
3. 能对制粒过程中出现不合格颗粒进行判断,并能找出原因同时提出解决方法。
4. 能解决制粒设备出现的一般故障。
5. 能按清场规程进行清场工作。

【实训场地】

实验室、实训车间

【实训仪器与设备】

10 目筛、14 目筛、烧杯、水浴加热装置、HLSG-10 高速混合制粒机、GFG40A 型沸腾干燥机、多功能药用机、电子天平。

【实训材料】

干燥磷酸钙、干燥酒石酸、干燥碳酸氢钠、枸橼酸·H_2O、维生素C、淀粉、糖粉、50%乙醇。

【实训步骤】

（一）磷酸钠泡腾颗粒剂的制备

【处方】

干燥磷酸钙	20.0g	干燥酒石酸	25.2g
干燥碳酸氢钠	47.7g	枸橼酸·H_2O	16.2g

【制法】将枸橼酸结晶粉碎，然后与其他药粉混匀，将混合药粉置烧杯内，水浴加热，不断搅拌，此时枸橼酸失去结晶水，一部分药物熔融而发生中和反应，释放出CO_2，待药物润湿、软化、结成团块时取出，过14目筛制粒，在54℃以下干燥，用10目筛整粒，整粒后立即装入密封容器内即得。

【质量检查】

1. **外观** 颗粒剂应干燥，色泽一致，无吸潮、软化、结块、潮解等现象。

2. **粒度** 除另有规定外，不能通过一号筛（2000μm）与能通过五号筛（180μm）的总和不得超过供试量的15%。

3. **溶化性** 取颗粒10g于烧杯中，加入水温为15~25℃的水200ml，应迅速产生气体而呈泡腾状，5分钟内应完全分散或溶解在水中。

【注意事项】

1. 所用原辅料、烧杯必须干燥，否则碳酸氢钠与枸橼酸在有水情况下发生反应，所制备的磷酸钠泡腾颗粒失效。

2. 干燥的温度不能高于54℃，否则药效降低。

（二）空白颗粒的制备（用蓝淀粉代主药）

【处方】

蓝淀粉	100g	淀粉	500g
糖粉	290g	乙醇（50%）	适量

【制法】称取处方量蓝淀粉、淀粉、糖粉置于高速制粒机中，加入适量50%乙醇，用适当的转速和搅拌速度制湿颗粒，沸腾干燥器干燥，过筛整粒即得。（注：高速混合机、沸腾干燥器的操作见前述）

注：本处方也可以用挤压过筛制粒法制备，将上述处方中各药物量的取十分之一，将蓝淀粉、淀粉、糖粉混合均匀后，加入50%乙醇适量制软材，过14目筛制粒，60℃左右进行干燥，10目筛制粒即得。

【质量检查】

1. **外观** 见实训步骤处方一的外观检查。

2. **粒度** 见实训步骤处方一的外观检查。

3. **溶化性** 取颗粒10g于烧杯中，加热水200ml，搅拌5分钟，可溶颗粒剂应全部溶化或轻微浑浊，但不得有异物。

【注意事项】

1. 蓝淀粉的用量小，应采取等量递加法将其与辅料混合均匀。

2. 采用高速制粒机时，搅拌桨与制粒刀的速度要适当。

【实训报告】

实训报告格式见附录一。

1. 实验室的实训结果记录格式如下：

项目	磷酸钠泡腾颗粒剂	空白颗粒
外观		
粒度		
溶化性		
结论		

2. 实训中心的实训记录表见附录二、三、四、五、六、七、十二、十三。

【实训测试表】

在实验室制备颗粒时采用实训测试表一，在实训车间制备颗粒时采用测试表二。

实训测试表一

测试题目	测试答案（请在正确答案后“□”内打“√”）
磷酸钠泡腾颗粒剂的处方中哪两种物质是作为泡腾崩解剂的？	①磷酸钠与酒石酸 □ ②碳酸氢钠与酒石酸 □ ③磷酸钠与枸橼酸 □ ④碳酸氢钠与枸橼酸 □
手工挤压过筛制粒法制粒与整粒可选用什么规格的筛网？	①制粒 10 目、整粒 14 目 □ ②制粒 14 目、整粒 10 目 □ ③制粒 24 目、整粒 50 目 □ ④制粒 24 目、整粒 10 目 □
对空白颗粒剂制备过程中注意事项说法正确的有哪些？	①应采用等量递加法将蓝淀粉与处方中其他辅料混合均匀 □ ②制粒时，不可使用金属用具 □ ③颗粒干燥时的温度应尽量高，以提高生产效率 □ ④制粒与整粒时，均可选用尼龙筛网 □
对颗粒剂的质量检查说法正确的有哪些？	①外观应干燥、色泽一致 □ ②粒度检查时，选用的筛号为 1 号筛与 5 号筛 □ ③粒度检查时，要求不能通过 1 号筛 □、2 号筛 □、3 号筛 □与能通过 5 号筛 □、6 号筛 □、7 号筛 □的总和不得超过供试量的 5% □、10% □、15% □ ④溶化实验时，可溶颗粒应全部溶解，不得有异物和出现轻微混浊现象 □

实训测试表二

测试题目	测试答案（请在正确答案后“□”内打“√”）
哪些是制粒岗位生产前一定需做的准备工作？	①检查是否有清场合格证、设备是否有“合格”标牌与“已清洁”标牌 □ ②检查操作室的温度、湿度、压力、洁净度是否符合要求 □ ③按生产指令领取物料 □ ④检查容器、工具、工作台是否符合生产要求 □ ⑤生产前需请 QA 人员检查 □ ⑥检查电子天平的灵敏度、精确度是否符合要求 □

续表

测试题目	测试答案（请在正确答案后“□”内打“√”）
制粒过程中的质量控制点有哪些？	①颗粒大小 □ ②粒度均匀性 □ ③干燥失重 □ ④装量差异 □ ⑤软材的干湿度 □
制粒、干燥过程中操作正确的有哪些？	①混合时，高速混合机的搅拌桨的转速一般均会由低速直接调至中高速，以提高生产效率 □ ②制粒时，高速混合机的搅拌桨与制粒刀需同时开启 □ ③出料时，高速混合机的搅拌桨与制粒刀需同时关闭 □ ④使用沸腾干燥器时，开机操作的最佳顺序依次为开气封、开风机、开搅拌、开加热 □ ⑤使用沸腾干燥器时，关机操作的最佳顺序依次为关风机、关搅拌、关加热、关气封 □ ⑥点动时，风门一定要关紧 □
清场工作做法正确的有哪些？	①清洗高速制粒机时，进水量不能高过制粒刀 □ ②用水洗高速制粒机表面 □ ③用水冲洗墙壁、地面 □ ④沸腾干燥器的捕集袋应清洗干净，烘干备用 □ ⑤清料 □
制粒岗位需填写的生产记录有哪些？	①填写生产指令 □ ②填写生产记录表 □ ③填写清场记录表 □

目标检测

一、选择题

（一）单项选择题

1. 泡腾颗粒剂遇水产生大量气泡，是由于颗粒剂中酸与碱发生反应，所放出的气体是（　　）

A. 氯气　　B. 二氧化碳　　C. 氧气　　D. 氮气

2. 不属于湿法制粒的技术是（　　）

A. 挤压制粒　　B. 滚压法制粒　　C. 流化床制粒　　D. 喷雾干燥制粒

3. 流化床制粒机内能完成的工序顺序正确的是（　　）

A. 混合→制粒→干燥　　B. 过筛→混合→制粒→干燥

C. 制粒→混合→干燥　　D. 粉碎→混合→干燥→制粒

4. 不适于对湿热不稳定的药物制粒技术是（　　）

A. 过筛制粒　　B. 重压法制粒　　C. 喷雾干燥制粒　　D. 滚压法制粒

5. 制出的颗粒多为中空、球状的制粒技术是（　　）

A. 挤压制粒　　B. 滚压法制粒　　C. 高速混合制粒　　D. 喷雾干燥制粒

6. 颗粒剂的粒度检查结果要求不能通过一号筛与能通过五号筛总和不得超过供试量的（　　）

A. 15%　　B. 5%　　C. 7%　　D. 8%

7. 制粒前,需将原辅料配成溶液或混悬液的制粒技术是(　　)

A. 挤压制粒　　B. 滚压法制粒　　C. 流化床制粒　　D. 喷雾干燥制粒

(二)多项选择题

1. 颗粒剂的正确叙述有(　　)

A. 药物和适宜的辅料制成的干燥颗粒状制剂

B. 据溶解性不同,一般可分为可溶颗粒剂、混悬颗粒剂、泡腾颗粒剂

C. 服用携带比较方便

D. 可直接吞服,也可溶于溶剂中服用

E. 颗粒剂容易吸潮,故在外观检查时允许少量有结块颗粒存在

2. 在《中国药典》(2015 年版)规定颗粒剂质量检查项目有(　　)

A. 外观　　B. 粒度　　C. 干燥失重

D. 融变时限　　E. 溶化性

3. 湿法制粒技术包括(　　)

A. 挤压制粒　　B. 流化床制粒　　C. 喷雾干燥制粒

D. 高速混合制粒　　E. 滚压制粒

二、简答题

1. 试比较常用湿法制粒技术有何优缺点?

2. 颗粒剂有何特点?质量检查项目有哪些?

3. 制粒常用辅料有哪些?

三、实例分析

1. 分析下列处方中物料的作用,并设计用挤压制粒技术制颗粒过程。

【处方】尼美舒利　　20g　(　　　　)

淀粉　　28g　(　　　　)

糖粉　　12g　(　　　　)

10%淀粉浆　　适量　(　　　　)

制粒过程:

2. 上述处方中使用高速制粒机制粒时,加入黏合剂的量应该如何判断?

项目十习题

(邹玉繁)

项目十一

胶囊剂

导学情景

情景描述

2012 年 4 月 15 日央视《每周质量报告》播出节目《胶囊里的秘密》，曝光药用胶囊生产企业采用“使用生石灰处理皮革废料进行脱色漂白、清洗、熬制的工业明胶生产药用胶囊，出现胶囊重金属铬含量超标，其中超标最多的达 90 多倍”的毒胶囊事件。 由于皮革在工业加工鞣制时使用了含铬的鞣制剂，用皮革熬制的明胶制成的胶囊，重金属铬的含量一般都会超标。 铬属于有毒有害微量元素，容易进入人体细胞，对肝、肾等内脏器官和 DNA 造成损伤，在人体内蓄积具有致癌性并可能诱发基因突变。

学前导语

胶囊壳可用于填充粉末、颗粒等不同形式的内容物制备硬胶囊剂。 胶囊剂为我们日常生活常用的固体制剂之一，临床使用广泛。 为了制备出质量符合要求的胶囊剂，本项目我们将带大家学习胶囊剂的基本知识、生产操作以及质量要求。

任务一 胶囊剂基础

一、胶囊剂的含义、特点与分类

胶囊剂系指将药物或与适宜辅料充填于硬质或弹性软质囊材中制成的固体制剂。胶囊剂主要供内服,也可用于直肠、阴道等部位。

（一）胶囊剂的特点

1. 可掩盖药物的不良嗅味、提高药物稳定性 因药物包裹于胶囊中,对具苦味、臭味的药物有遮盖作用;对光敏感或遇湿热不稳定的药物有保护和稳定作用。

2. 药物的生物利用度较高 胶囊剂可不加黏合剂和压力,所以在胃肠液中分散较快、吸收较好、生物利用度较高。如口服吲哚美辛胶囊后血药浓度达高峰的时间较同等剂量的片剂早 1 小时。

3. 液态药物制成固体剂型 含油量高或液态的药物难以制成片剂、丸剂时,可制成软胶囊剂。

4. 可延缓药物的释放速度和定位释药 先将药物制成颗粒,然后用不同释放速率的高分子材料包衣(或制成微囊),按需要的比例混匀装入空胶囊中,可制成缓释、控释、长效、肠溶等多种类型的胶囊剂。例如将酮洛芬先制成小丸,包上一层缓慢扩散的半透膜后装入空胶囊,当水分扩散至小丸后，在渗透压作用下，酮洛芬溶解，进入小肠缓慢释放，稳定血药浓度达24小时。

5. 可使胶囊具有各种颜色或印字，利于识别且外表美观。

（二）胶囊剂的分类

胶囊剂按囊材的柔硬性不同，可分为硬胶囊剂和软胶囊剂。

1. 硬胶囊剂 系指将药物或加适宜的辅料制成均匀粉末、颗粒、小片、小丸、半固体或液体等形式，充填于空心硬质胶囊中制成的固体制剂。

2. 软胶囊剂 系指将一定量的液体原料药物直接包封，或将固体原料药物溶解或分散在适宜的辅料中制备成溶液、混悬液、乳状液或半固体，密封于软质囊材中的胶囊剂。软胶囊剂可用滴制法或压制法制备。用压制法制成的软胶囊中间往往有缝，故称有缝胶囊；用滴制法制成的软胶囊呈圆球形，则称无缝胶囊。

另外，按胶囊剂的溶解性不同，可分为普通胶囊、肠溶胶囊、缓释胶囊、控释胶囊等。

二、药物不宜制成胶囊剂的情况

胶囊剂的囊材成分主要是明胶，具有一定的脆性和水溶性。若填充的药物是水溶液或稀乙醇溶液，能使胶囊壁溶化；填充吸湿性很强的药物，可使胶囊壁干燥脆裂；填充风化性药物可使胶囊壁软化；醛类药物可使明胶变性；因此具有这些性质的药物一般不宜制成胶囊剂。但是若在制备过程中采取相应措施延缓或预防囊壁性质改变，具有这些性质的药物也可能制成胶囊剂，如加入少量惰性油与吸湿性药物混匀后，则吸湿性药物可制成胶囊剂。

另外，液体药物pH未在2.5~7.5范围的药物、易溶且刺激性强的药物一般也不宜制成胶囊剂，因为过酸液体使明胶水解，过碱液体能使明胶鞣质化；易溶且刺激性强的药物可因药物释放时造成局部浓度过高，而引起胃肠道不适。

三、胶囊剂的质量要求

胶囊剂的质量要求有：①胶囊剂外观应整洁、不得有黏结、变形、渗漏或囊壳破裂现象，并应无异臭；②胶囊剂的内容物不论是原料药物还是辅料，均不应造成囊壳的变质；③胶囊剂的崩解时限、装量差异、微生物限度等应符合《中国药典》（2015年版）规定。

点滴积累

1. 胶囊剂系指将药物或与适宜辅料充填于硬质或弹性软质囊材中制成的固体制剂。
2. 胶囊剂按囊材的不同，可分为硬胶囊剂和软胶囊剂；根据胶囊的溶解性不同，可分为普通胶囊、肠溶胶囊、缓释胶囊、控释胶囊等。
3. 胶囊剂具有外观美观、便于识别、可掩盖药物的不良嗅味、提高药物稳定性与生物利用度、将液态药物制成固体剂型、可延缓药物的释放速度和定位释药等特点。
4. 药物的水溶液或稀乙醇溶液、吸湿性很强的药物、易风化性的药物、醛类药物、易溶且刺激性强的药物，一般不宜制成胶囊剂。

任务二 硬胶囊剂

一、概述

硬胶囊剂由内容物与胶囊壳组成。胶囊壳是由明胶或其他适宜的药用材料制成的具有弹性的空心囊状物,由囊体和囊帽构成,两者能互相紧密套合。

制备胶囊壳的材料(以下简称囊材)主要是水溶性明胶,配以一定比例的甘油、水以及少量的着色剂、增塑剂(常用量<5%)、防腐剂(常用0.2%的尼泊金甲丙酯)、遮光剂(如二氧化钛等)以及便于加工成型与改进胶囊壳性质的辅助剂(如十二烷基硫酸钠、二甲基聚硅氧烷等)等辅料。充填的药物可以是粉状、颗粒状、片状等固体物料或液体物料。

知识链接

胶囊壳的新型囊材

由明胶制成的胶囊壳,其受湿度、温度影响较大,因此出现了胶囊壳的新型囊材,常见种类有:

1. 鱼明胶 来源于深海鱼类的皮,无臭无味。

2. 羟丙甲纤维素 为白色或乳白色纤维状或颗粒状粉末,来源于棉绒或木浆,溶于冷水,几乎不溶于无水乙醇等有机溶剂。

3. 普鲁兰多糖 是无色、无味、无臭的高分子物质,其由淀粉或糖类发酵制成,易溶于水,不溶于有机溶剂。

我国药用明胶的空胶囊共分8个型号,其号数越大,容积越小;比较常用的是0~5号,其容积大小见表11-1。小容积胶囊为儿童用药或填充贵重药物。由于药物填充多用容积分剂量,而药物的密度、晶型、细度及剂量的不同,所占的容积也各不相同,因此,在制备胶囊时应按药物剂量及所占容积来选择合适的空胶囊。

表11-1 常用空胶囊的号数与容积

空胶囊的规格(号)	0	1	2	3	4	5
容积(ml)	0.75	0.55	0.40	0.30	0.25	0.15

二、硬胶囊剂的制备工艺流程

胶囊剂的生产工艺流程见图11-1,其中胶囊填充是关键步骤。

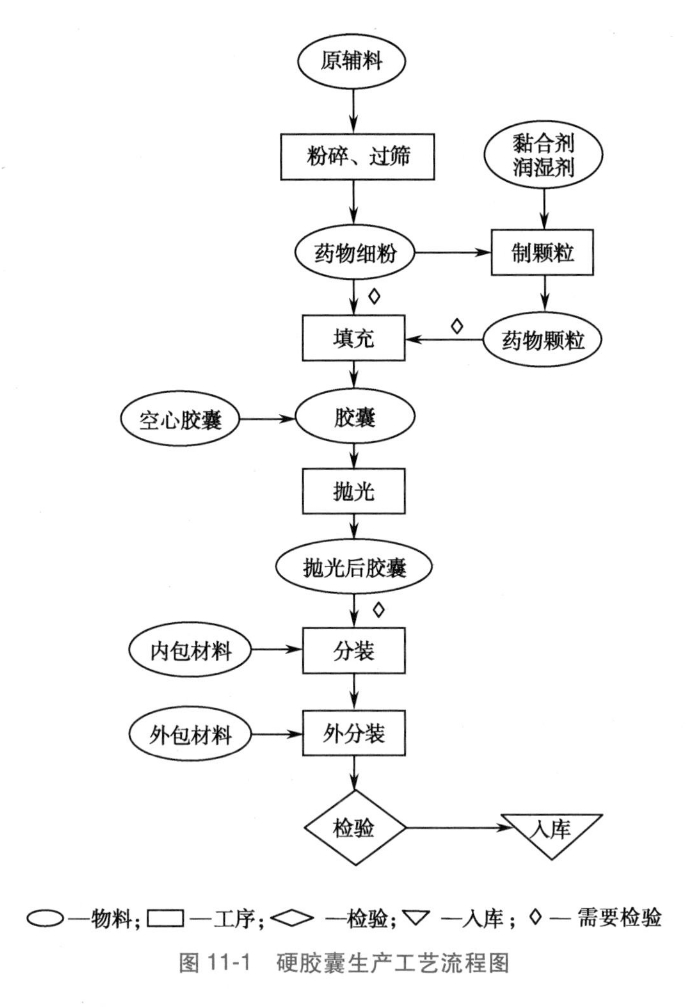

图 11-1 硬胶囊生产工艺流程图

三、硬胶囊剂的制备

硬胶囊剂的制备一般包括空胶囊的选用、内容物的制备、填充、封口及打光、分装等步骤。

(一) 空胶囊的选用

一般多凭经验或试装后选用适当大小的空胶囊，也可以从图 11-2 中找到所需空胶囊的号数。将图中药物的堆密度(ρ)值与质量(m)用虚线连接，与图中实线相交处对应的空胶囊号码，即为应选用的号码。例如某固体药料 0.7g，ρ 为 1.8g/ml，在图上堆密度与重量间作虚线，交点对应处即为欲找的 2 号空胶囊。又如硫酸奎宁 0.33g，堆密度 0.44g/ml，从图上可知，应选用 0 号空胶囊。

(二) 硬胶囊的内容物

药物粉碎至适当粒度能满足硬胶囊剂的填充要求时，可直接填充；但更多的情况是添加适量的辅料制备成不同形式后填充，以满足生产或治疗的要求。硬胶囊剂内容物常见的填充形式有粉末、颗粒、小丸、小片、液体或半固体。胶囊剂的常用辅料有稀释剂，如淀粉、微晶纤维素、蔗糖、乳糖、氧化镁等；润滑剂如硬脂酸镁、硬脂酸、滑石粉、二氧化硅等。

1. 内容物为粉末 当主药剂量小于所选用胶囊充填量的 1/2 时，常需加入淀粉、PVP 等稀释剂。当主药为粉末或针状结晶、引湿性药物时，因流动性差给填充操作带来困难，常加入微粉硅胶或滑石粉等润滑剂改善其流动性。

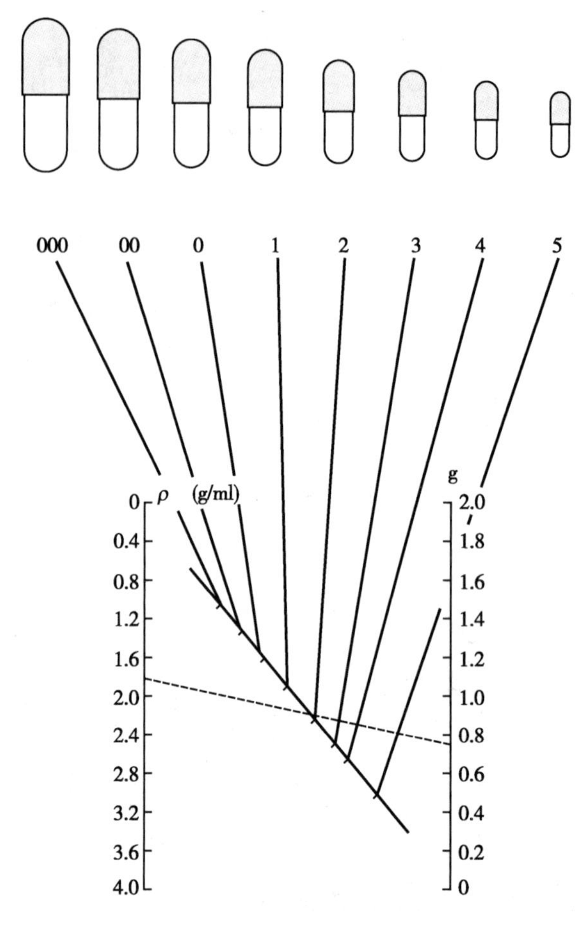

图 11-2　空胶囊号数与近似容积关系图

2. 内容物为颗粒或小丸　许多胶囊剂是将药物制成颗粒或小丸后再充填入胶囊壳内。颗粒或小丸可以根据需要制成普通、速释、缓释、控释或肠溶等不同的溶解性能后单独或混合填入胶囊壳内，必要时可加入适量空白颗粒、小丸混合后填充。以浸膏为原料的中药颗粒剂，引湿性强，富含黏液质及多糖类物质，可加入无水乳糖、微晶纤维素、预胶化淀粉等辅料以改善引湿性。

3. 内容物为液体或半固体　溶液、混悬液、乳状液等也可采用特制灌囊机填充于空心胶囊中，必要时密封。往硬胶囊内充填液体药物，需要解决液体从囊帽与囊体接合处的泄漏问题，一般采用增加充填物黏度的方法，可加入增稠剂如硅酸衍生物等使液体变为非流动性软材，然后灌装入胶囊中。

（三）硬胶囊剂内容物的填充

1. 填充车间的洁净度要求　胶囊填充操作室的洁净度要求一般为 D 级，室内相对室外呈正压，温度 18～26℃、相对湿度 45%～65%。

2. 常用的填充设备

（1）手工填充：小量制备胶囊时可采用手工填充。先将药粉置于干净纸上或玻璃板上用药刀铺成均一粉层，并轻轻压紧，其厚度约为囊体高度的 1/4～1/3，然后带指套持囊体，口向下插入粉层使药粉嵌入囊体内，如此反复多次，直到装满整个囊体。手工填充药物的主要缺点是药尘飞扬严重、装量差异大、返工率高、生产效率低。现在胶囊剂生产中常使用胶囊填充机进行填充。

（2）半自动胶囊充填机：本机能分别自动完成胶囊的送进就位、分离、充填、锁囊等动作，可减轻劳动强度，提高效率，能达到制药工业的卫生要求。

知识链接

硬胶囊药物填充机的填充类型

灌装药物部分目前有四种类型：药物自由灌入；填充管内的捣棒将药物压成一定量，再装入胶囊；有柱塞上下往复动作压进药物；在充填定量管内，由活塞下降并引起落体运动的滑动，将药物形成圆柱形芯子，再灌进下模套的胶囊体内。

（3）全自动胶囊填充机：全自动胶囊填充机如图 11-3 所示，特点是全自动密闭式操作，可防止污染；装量准确，当物料斗里的料量低于极限值时可自动停机；机内有检测装置及自动排除废胶囊装置，可剔除不合格产品；国产或进口的 0~5 号机制标准胶囊均适用。

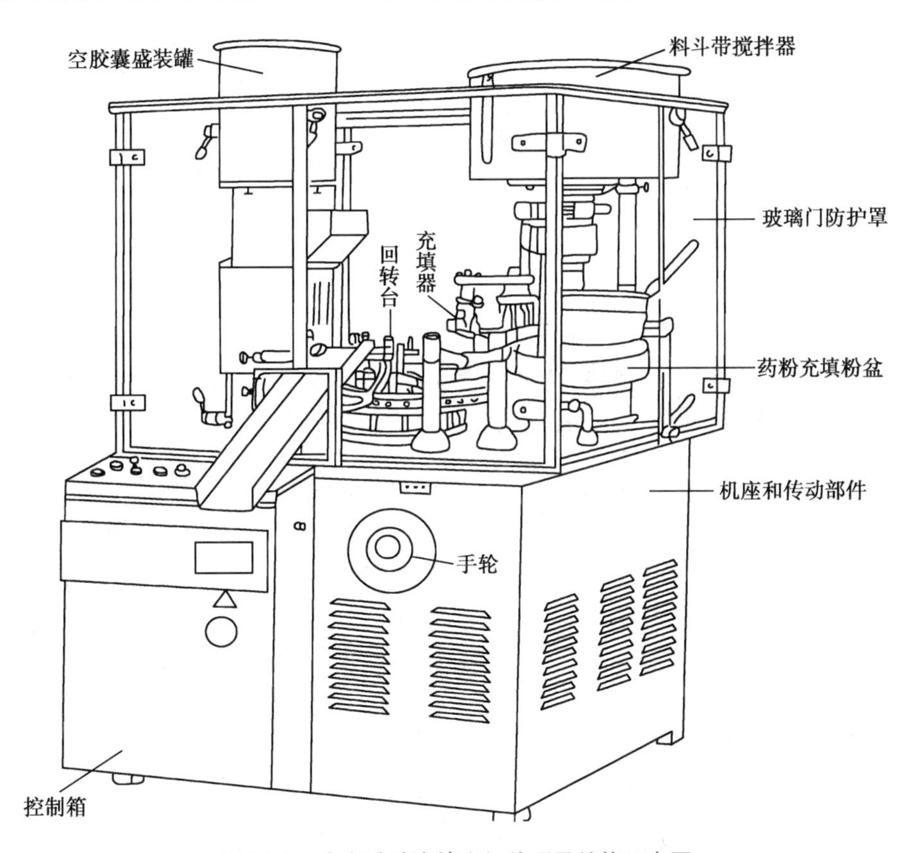

图 11-3　全自动胶囊填充机外观及结构示意图

全自动胶囊填充机填充胶囊的工作周期如图 11-4 所示：①胶囊的供给、整理与分离：由进料斗送入的胶囊，在整理排列定位后被送进模块（模块由上、下两部分组成）内，同时利用真空将囊帽和囊体分离。②在囊体中充填药料：装有囊体的下模块向外移动，接受药粉、颗粒、小丸、小片或液体的充填。③剔废：损坏或不能分离的胶囊通过一个可上下往复运动的顶杆架在此工位剔除。如囊体和囊帽已分离，顶杆插

全自动硬胶囊填充机的工作周期

入囊帽中；若囊体和囊帽未分离，顶杆把它们从模块中顶出，并由吸气管送到回收容器中。④囊体、囊帽重新套合：装有囊体的下模块向内移动，上、下模块排列成直线，顶杆顶住囊体上移，使囊体、囊帽套合并扣紧。⑤套合好的胶囊排出机外：相应的推杆把套合好的胶囊顶出，经滑槽送至成品桶。⑥模块的清洁：用压缩空气喷头，清理模块里残余的药粉，这些药粉由吸气管收集。

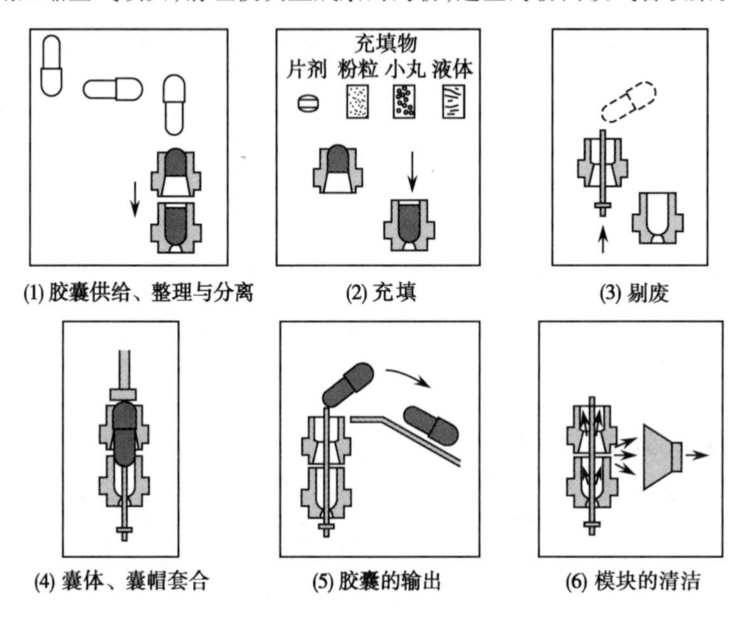

图 11-4　硬胶囊填充机工作周期

3. 填充的操作过程

（1）生产前准备：①检查操作间是否有清场合格标志，并在有效期内，检查工具、容器等是否清洁干燥，否则按清场标准程序进行清场，经检查合格后，填写清场合格证，方可进行下一步操作。②检查设备是否有“合格”“已清洁”标牌，并对设备状况进行检查。检查下列部件：胶囊填充机（旋转台和罩内部）的下料管、水平叉、导引块、上下模块；空胶囊加料器，颗粒料斗，给料装置；废胶囊剔除盒，颗粒回收，模孔清洁盒；重量自动检测器；空胶囊回收桶；吸尘器桶。确认设备正常，方可使用。③按《胶囊填充设备消毒标准操作规程》对设备、模具及所需容器、工具进行消毒。④根据生产指令填写领料单，并向中间站领取所需囊号的空心胶囊和药物粉末或颗粒，并核对品名、批号、规格、数量、质量无误后，进行下一步操作。⑤调节电子天平，核对模具是否与生产指令相符，并仔细检查模具是否完好。⑥确认操作岗位的温度和相对湿度符合工艺要求，戴好手套，严格按生产指令和胶囊填充机安全操作程序操作。⑦挂“运行”状态标志，进入操作程序。

（2）胶囊填充的操作

1）机器的装配及调试过程：①胶囊机安装：安装胶囊料斗、下料管、水平叉、导引块、上下模块、胶囊剔除盒及模孔盒，检查安装是否良好；②自动检重系统：用手转动机器至少两圈，调节压缩空气气压及胶囊开启真空度，将胶囊输送管连接在自动检重系统上，再将该系统与主机连接，并按生产要求采用自动或手动输入，检测所需的重量限度；③连接空压机并接通，调试机器，注意设备是否有故障和不正常声音，如有故障应排除后进行下一步操作；④启动机器空机运转，确认无异常后，将空心胶囊加入囊斗中，药物粉末或颗粒加入料斗，试填充。填充过程中调节装量，确保装量差异、外观、套合锁口符合要求。确认符合要求并经 QA 人员确认合格，方可进入生产。

2）胶囊填充过程：试填充合格后，进入正式生产操作。填充过程经常检查胶囊的外观、锁口以及装量差异是否符合要求，及时对充填装置进行调整，以保证填充出来的胶囊装量合格。

胶囊的填充过程包括：①装空胶囊：用清洁的专用塑料铲将空胶囊加入胶囊料斗中。使用点动，使空胶囊充满下料管并进入模块中，运行几圈，检查胶囊的开启和闭合动作是否良好。②试填充：用清洁的专用勺将颗粒或细粉加到料斗中，设定转速后启动机器转动 1~2 圈。按批生产指令的要求，调整胶囊的重量，取大约 50 粒样品送到中间控制室，由质检员或工段长进行装量测试，认可后方可进行正式生产。若批生产指令上指明填充速度，则要调整转速至规定的范围。③开始生产：在生产过程中，要避免料斗缺料，并定期检查机器的运转情况。④填充完毕，关机，胶囊盛装于双层洁净物料袋，装入洁净周转桶并贴签，加盖封好后交至中间站。及时准确填写生产记录，并进行物料平衡。填写请验单，送化验室检验。

硬胶囊的填充

3）中间控制：①在充填胶囊的过程中一般要求 15 分钟定一次重量，2 小时做一次装量差异，并填写好记录；由质检员按半成品检验方法抽样检查装量差异、崩解度或溶出度，并填写好记录；②根据“胶囊填充过程的质量控制”要求取样测试，如在生产中有异常情况则应立即由班长报告生产部技术人员，采取必要措施避免影响质量；③运行过程中随时检查设备性能是否正常，一般故障自己排除；如不能排除则通知维修人员维修，正常后方可使用。

课堂活动

某硬胶囊剂填充后发现装量差异超标，试分析原因有哪些？

（3）清场

1）回收剩余物料，标明状态，交中间站，剩余空心胶囊退库，并填写清场记录。

2）按《胶囊填充设备清洁标准操作规程》《场地清洁标准操作规程》对设备、场地、用具、容器进行清洁消毒，按定置管理要求摆放，经 QA 人员检查合格后发清场合格证。

3）连续生产同一品种中暂停时，要将设备和场地清理干净。

4）换品种或停产两天以上，充填岗位要彻底清场、消毒，并认真填写记录。

5）按胶囊充填机的清洁和维修保养程序进行清洁与维护，保养好设备和仪器。

知识链接

硬胶囊填充过程中的质量控制

硬胶囊填充过程中的质量控制点有：

1. 胶囊填充操作室的洁净度一般为 D 级，室内相对室外呈正压，温度 18～26℃、相对湿度 45%～65%。

2. 认真检查和核对物料，外观性状、水分、含量、均匀度等应符合质量要求，空心胶囊和模具应准确无误。

3. 填充过程应经常测定胶囊装量，及时进行调整，使装量差异符合规定。

4. 胶囊套合应到位，锁口整齐，松紧合适，防止有叉口或凹顶的现象，生产中应随时观察，及时调整。

5. 抛光应控制速度，及时更换摩擦布，保证胶囊洁净。

（四）胶囊剂的封口与打光

根据囊体与囊帽的套合方式不同，空胶囊壳可分为平口和锁口两种。对于锁口型胶囊壳，囊体与囊帽套合后结合紧密，药物不易泄漏；而对于平口型胶囊壳，囊体与囊帽套合后，为了防止泄漏需进行封口操作。封口材料常采用明胶液（含明胶 20%、水 40%、乙醇 40%）；操作时使封口腰轮部分浸在 50℃胶液内，腰轮旋转带上定量胶液使囊体和囊帽相接处封上胶液，融合在一起，然后干燥；也可直接用酒精或明胶液于接缝处浸润封口；亦可用超声波等方式封口。

已填装好的硬胶囊应及时除粉打光，胶囊剂的抛光常使用胶囊抛光机。它借助于无级变速电机的驱动，能洁净附着于胶囊上的粉尘，提高药品表面的光洁度。

四、硬胶囊剂的质量控制

（一）外观

胶囊剂应整洁，不得有黏结、变形、渗漏或囊壳破裂等现象，并应无异臭。

（二）装量差异

除另有规定外，取供试品 20 粒（中药取 10 粒），分别精密称定重量，倾出内容物（不得损失囊壳），硬胶囊壳用小刷或其他适宜的用具拭净；再分别精密称定囊壳重量，求出每粒内容物的装量与平均装量。每粒装量与平均装量相比较（有标示装量的胶囊剂，每粒装量应与标示装量比较），超出装量差异限度的胶囊不得多于 2 粒，并不得有 1 粒超出限度的 1 倍，硬胶囊剂的装量差异见表 11-2。

表 11-2　硬胶囊剂的装量差异限度

平均装量（g）	装量差异限度（%）	平均装量（g）	装量差异限度（%）
<0.3	±10	≥0.3	±7.5（中药±10）

（三）崩解时限

崩解时限是指胶囊剂等口服固体制剂在规定的条件及介质下崩解溶散或成碎粒，除不溶性包衣材料或破碎的胶囊壳外，全部通过直径 2.0mm 筛网的时间。

硬胶囊剂的崩解时限，应符合《中国药典》（2015 年版）的规定。除另有规定外，取供试品 6 粒，按药典规定检查。硬胶囊剂应在 30 分钟内全部崩解；如有 1 粒不能完全崩解，应另取 6 粒复试，均应符合规定。

凡规定检查溶出度或释放度的硬胶囊剂，一般不再进行崩解时限检查。

（四）溶出度

溶出度是指药物从胶囊剂、片剂等固体制剂在规定条件下溶出的速度和程度。固体制剂溶出度的测定方法有篮法、桨法、小杯法三种。除另有规定外，取供试品 6 粒，具体检查及结果判断见《中国药典》（2015 年版）。

（五）微生物限度

以动物、植物、矿物质来源的非单体成分制成的胶囊剂，生物制品胶囊剂，按照非无菌产品微生物限度检查，应符合规定。规定检查杂菌的生物制品胶囊剂，可不进行微生物限度检查。

五、肠溶胶囊剂的制备

肠溶胶囊剂早期的制备方法是将胶囊与甲醛蒸气在密闭容器中发生反应，使明胶中去除游离氨基但保留有羧基。因明胶中含有游离氨基时可在酸性条件溶解，而含有游离羧基时则可在碱性条件溶解，故明胶甲醛化后在胃液中不溶而能在肠液的碱性条件下溶解并释放出药物。但此种工艺影响因素较多，胶囊肠溶性不稳定，现在较少使用。目前制备肠溶胶囊的方法主要有以下两种：

1. 在胶囊壳上包衣 即直接在胶囊壳上涂上肠溶材料，如 CAP、虫胶等；或者采用流化床包衣，先用 PVP 溶液作底衣层，然后用 CAP、蜂蜡进行外层包衣。国内已有厂家生产可在肠道中不同部位溶解的肠溶空胶囊，如普通肠溶空胶囊和结肠肠溶空胶囊。将药物填充在空心肠溶空胶囊壳内即可得到肠溶胶囊。

2. 将胶囊内容物包衣 将内容物包上肠溶衣后再装于空胶囊中。此法制备的胶囊剂在胃中胶囊壳会溶解，但内容物在胃中不溶，只能在肠道中溶解释放出来。

六、制备举例

感冒胶囊

【处方】	对乙酰氨基酚	2500g	咖啡因	30g
	马来酸氯苯那敏	30g	维生素 C	500g
	10%淀粉	适量	食用色素	适量
	EudL100	适量		
	共制成硬胶囊剂 10000 粒			

【制法】①上述各药物分别粉碎,过80目筛备用。②有色淀粉浆的配制:取适量淀粉浆分为A、B、C三份,A用食用胭脂红制成红糊,B用食用柠檬黄制成黄糊,C不加色素为白糊。③将对乙酰氨基酚分为三份,一份与咖啡因混匀后加入红糊制粒;一份与维生素C混匀后加入黄糊制粒;一份与马来酸氯苯那敏混匀后加入白糊制粒。65~70℃干燥至含水3%以下,16目筛整粒。④将白色颗粒用EudL100的乙醇溶液包衣,低温干燥。⑤将上述三种颗粒混合均匀后,充填入空硬胶囊内。

【用途】本品用于治疗感冒引起的鼻塞、头痛、流涕、咽喉痛、发热等。

【处方分析】对乙酰氨基酚、咖啡因、马来酸氯苯那敏、维生素C为主药,10%淀粉浆为黏合剂,食用色素为着色剂,EudL100为包衣材料。

【注意事项】①本品为复方制剂,为防止充填不均匀,采用分别制粒的方法;②颗粒着色是便于观察混合的均匀性,兼顾美观,其中白色颗粒为缓释颗粒。

点滴积累

1. 硬胶囊壳主要由成型材料、着色剂、增塑剂、防腐剂、遮光剂等组成,明胶是最常用的成型材料。
2. 空胶囊共分8个型号,常用的是0~5号,其号数越大,容积越小;其号数常通过试装、计算进行选择,亦可通过图解法选用。 不管采用何种方法,所选用空胶囊的体积与填充物料的体积应尽可能接近。
3. 硬胶囊剂内容物的主要填充形式有粉末、颗粒、小丸、小片液体或半固体等。
4. 硬胶囊剂的主要制备过程为:内容物的制备→填充→封口与抛光→分装→包装→质检。
5. 硬胶囊剂的质量控制项目有外观、装量差异、崩解时限、溶出度、微生物限度等。

任务三　软胶囊剂

一、概述

软胶囊剂也称为胶丸,系将一定量的液体药物直接包封,或将固体药物溶解或分散在适宜的辅料中制备成溶液、混悬液、乳浊液或半固体,用滴制法或压制法密封于软质囊材中的胶囊剂。

软胶囊的囊壳主要由明胶、增塑剂、水三者所构成,常用的增塑剂有甘油、山梨醇或两者的混合物,其他辅料如防腐剂(可用尼泊金类,用量为明胶量的0.2%~0.3%)、遮光剂、色素等可根据需要进行添加。囊壳的弹性与干明胶、增塑剂和水所占的比例有关,通常干明胶、增塑剂、水三者的重量比为1∶(0.4~0.6)∶1,若增塑剂用量过低(或过高),则囊壁会过硬(或过软)。增塑剂的用量可根据产品主要销售地的气温和相对湿度进行适当调节,比如我国南方的气温和相对湿度一般较高,因此增塑剂用量应少一些,而在北方增塑剂用量应多一些。

知识链接

胶液水分对软胶囊剂质量的影响

胶液水分大，软胶囊成形机涂布出来的胶皮不平整缺乏弹性，会出现胶皮从剥胶皮部件至导入模具前的一段发生松弛下坠，压出的胶丸外观质量差并对喷体温度非赏敏感，胶丸较软并且易漏油和粘连。且水分大也会造成干燥时间延长，干燥完成后的胶丸外壳变薄。

胶液水分小，则胶液流动性差、偏稠，不利于放入储胶罐后静置除气泡，涂布出来的胶皮表面不够平滑，缺乏柔软性，压丸过程经常出现因拉入模具的两边胶皮张力不平衡使丸形不稳定，夹缝粗糙，模具亦要加大压力才能使胶丸脱落，缩短模具使用寿命，明胶耗用偏大，故胶液水分建议控制在37%~40%较为合适。

软胶囊可填充对明胶无溶解作用或不影响明胶性质的各种油类、药物溶液、混悬液以及半固体物药物，植物油一般作为药物的溶剂或混悬液的分散介质。常用的药物分散介质有植物油、PEG400、乙二醇、甘油等。如制成混悬液填充于囊壳内，可加入蜂蜡、1%~15%PEG4000或PEG6000等助悬。此外，亦可添加抗氧剂、表面活性剂以提高其稳定性与生物利用度。必须注意的是：液体药物如含水量在5%以上或为水溶性、挥发性、小分子有机物如乙醇、酮、酸、酯等，能使囊材软化或溶解，醛类药物可使明胶变性，以上种类的药物均不宜制成软胶囊。制备中药软胶囊时，应注意除去提取物中的鞣质，因鞣质可与蛋白质结合为鞣性蛋白质，使软胶囊的崩解度受到影响。液态药物pH以4.5~7.5为宜，否则易使明胶水解或变性，导致泄漏或影响崩解和溶出。

二、软胶囊剂的制备技术及常用设备

1. 软胶囊剂的制备技术 要制备出合格的软胶囊，首先必须对软胶囊的处方工艺、生产设备、制备方法和生产条件全面了解，通过处方筛选、设备和工艺验证以及生产环境的验证确定一个完整的生产工艺流程。常用的制备方法有压制法和滴制法，压制法制备的软胶囊中间有压缝，可根据模具的形状来确定软胶囊的外形，常见的有橄榄形、椭圆形、球形、鱼形等；滴制法制备的软胶囊呈球形且无缝。软胶囊剂的生产工艺流程如图11-5。

(1)压制法(有缝胶丸)：压制法系将明胶、甘油、水等混合溶解为明胶液，并制成胶皮，再将药物置于两块胶皮之间，用钢模压制而成。压制法可分为平板模式和滚模式两种，生产中普遍使用滚模式。

压制法制备软胶囊

滚模式压制软胶囊的常用设备是滚模式轧囊机，能完成胶皮的制备、内容物定量供给和胶囊封装成丸。该设备主要由机身、机头、供料系统、胶皮轮、滚模、下丸器、明胶盒、润滑系统、楔型喷体、胶囊输送带等组成，其结构如图11-6，工作原理如图11-7。生产时将明胶液送至左右两个明胶盒保温，经明胶盒底部的缝隙流出分别涂布在下方两个旋转的胶皮鼓轮上经冷却形成胶皮，在胶皮上涂布润滑液(常为液状石蜡)后，两边的胶皮由胶皮导杆和送料轴送入两柱形滚模的夹缝中，药液由贮液槽经导管定量注入楔形注入器(喷体)，借助供料泵的压力将胶皮和喷出的药液压入滚模的凹槽中，在两滚模的凹槽中形成两个半囊，两滚模旋转产生的压力将两个半囊压制成一个完整的软胶囊，并从胶皮上分离。成型的软胶囊在输送带上被送至定型干燥滚筒用洁净冷风干燥。

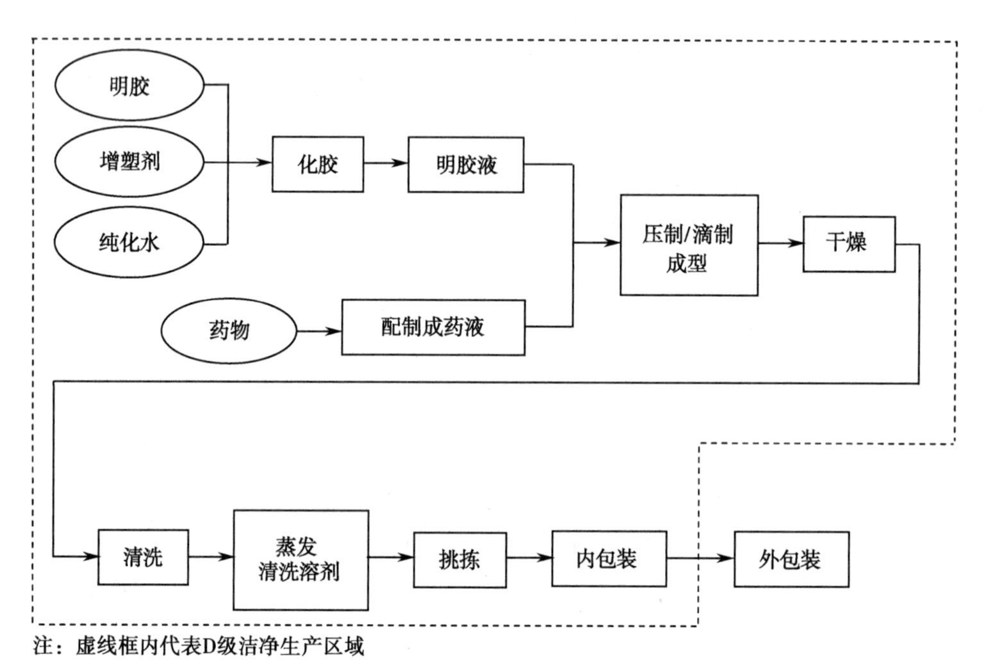

图 11-5 软胶囊剂生产工艺流程图

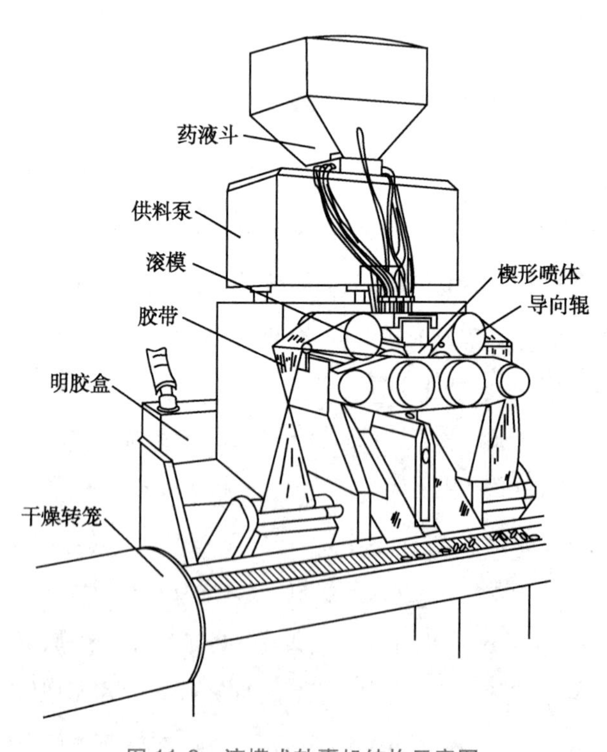

图 11-6 滚模式轧囊机结构示意图

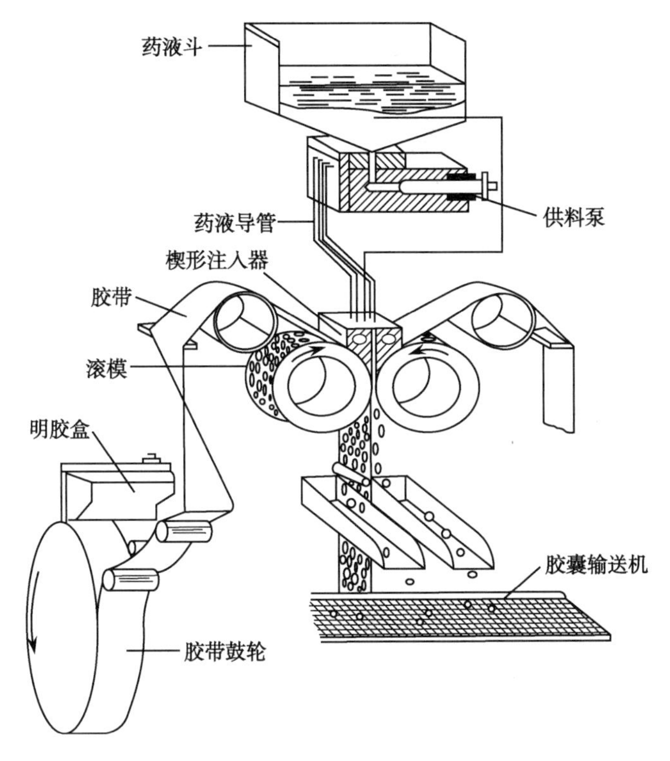

图 11-7　滚模式轧囊机工作原理图

滴制法制备软胶囊

(2)滴制法(无缝胶丸):滴制法是由具有双层喷头的软胶囊机完成,其工作原理如图 11-8。配制好的明胶液和药液分别盛装于明胶液槽和药液槽内,经柱塞泵吸入并计量后,明胶液从外层、药液从内层喷头喷出,两相在严格同心条件下以有序同步喷出,使明胶液将药液包裹于中心。一定量的明胶液将定量的药液包裹后滴入与胶液不相溶的冷却液(常为液状石蜡)中,由于表面张力作用形成球形,经冷却后凝固成球形的软胶囊。

(3)干燥:在压制或滴制成型后,软胶囊胶皮内含有 40%～50%的水分,必须进行干燥使胶皮的含水量下降至 10%左右而定型。因胶皮遇热易熔化,干燥过程应在常温或低于常温的条件下进行,即在低温低湿的条件下干燥,除湿的功能将直接影响软胶囊的质量。软胶囊剂的干燥条件是一般为温度 20～24℃、相对湿度 20%左右。压制成型的软胶囊可采用滚筒干燥,滴制成型的软胶囊可直接放置在托盘上干燥。为保障干燥的效果,干燥间通常采用平行层流的送回风方式。

(4)清洗:为除去软胶囊表面的润滑液,在干燥后需用 95%乙醇或石油醚进行清洗,清洗后在托盘上静置使清洗剂挥干。

2. 软胶囊剂的常用设备　制备软胶囊常用的设备有明胶液配制设备、药液配制设备、软胶囊压(滴)制设备、软胶囊干燥系统和超声波洗丸机等。

3. 软胶囊压制模具型号的选定　软胶囊压制模具型号选定是否合理,对软胶囊成型后的形状及质量有直接的影响,为制得大小适宜的软胶囊,可按式(11-1)来计算:

$$模具型号=\frac{填充物的重量}{60}\times 填充物相对密度 \qquad 式(11\text{-}1)$$

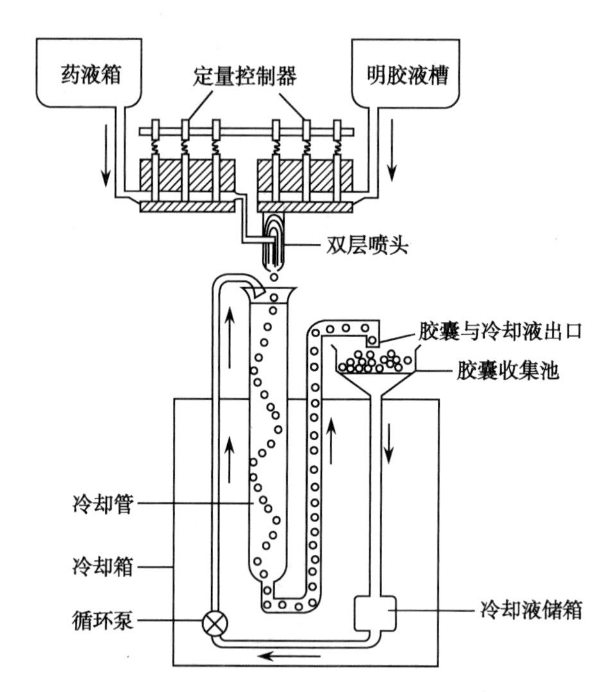

图 11-8　滴制法制备软胶囊工作原理图

三、软胶囊剂的制备

软胶囊压制岗位标准操作

（一）软胶囊剂生产岗位的洁净度要求

软胶囊剂生产岗位的洁净度要求应符合《药品生产质量管理规范》口服固体药品项下要求，其暴露工序的洁净度一般为 D 级。有些国家要求软胶囊囊壳不得添加防腐剂，为保障生产过程不受污染，应严格控制生产岗位的洁净度和原辅料的微生物指标。

（二）化胶操作

1. 化胶常用设备　化胶工序常用的设备有水浴式化胶罐和保温贮胶罐。

2. 化胶操作过程（以 HJG-700A 水浴式化胶罐操作过程为例）

（1）生产前检查

1）文件检查：①检查是否有上一批生产记录及与本批生产无关文件等；②检查是否有清场合格证，证上所填内容应齐全、有 QA 签字且在有效期内；③接收生产指令，仔细阅读“批生产指令”的要求和内容，工艺员发“软胶囊（压制）溶胶工序生产记录”、物料标志、“运行”等状态标志牌。

2）设备检查：①检查化胶罐及其附属设备（真空泵、冷热水循环泵、搅拌机、仪器、仪表、工具），密封件（化胶罐盖）有无泄漏，开关是否灵敏正常。设备紧固件应无松动，零部件齐全完好，润滑点已加油润滑且无泄漏。②检查热水泵，开循环水泵前检查煮水锅水量是否符合要求（水位线应在视镜 4/5 处），若水量不足，应打开进水阀补足水量。③检查化胶罐的水套压力，不得超过 0.2MPa。④检查生产用具、化胶罐、保温贮胶罐是否清洁、完好。⑤检查电子秤、流量计的计量范围是否符合生产要求，是否有计量检查合格证且在有效期内。

3）清场检查：检查操作间是否有上一批生产遗留的物料、生产用具、状态标志等。

（2）生产时化胶罐挂“运行”标志，操作间挂“生产中”标志，并填写所生产物料品名、批号、规格、生产日期等。

(3)由班组申请QA检查,检查合格后领取QA签发的“准产证”。

(4)依据胶液中各成分的比例及胶液的生产量,用流量计计量进入化胶罐内的纯化水量。关闭排气阀和上盖,开启搅拌机、真空泵,将称量好的甘油、明胶等依次通过真空用吸料管吸入化胶罐内。如需加防腐剂可同步加入。吸料完毕,关闭真空泵。

(5)待明胶在罐内完全吸水膨胀,搅拌至均匀。开启热水循环泵,将热水不断循环至化胶罐夹层,对罐体进行加热。

(6)当罐内胶液温度达到65~70℃时,开启负压真空泵对化胶罐内的胶液脱泡。抽真空操作时,应先将缓冲罐的冷水阀打开,让其循环后再开启真空阀进行抽真空。

(7)通过视镜窗不断观察罐内的化胶情况,脱泡至最少量为止。关闭真空泵,打开排气阀。

(8)根据生产品种的不同,加入不同颜色的色素,继续搅拌15分钟至胶液均匀后关闭搅拌。如不加色素则可进入下一步操作。

(9)打开化胶罐底部的出料口,胶液通过60目双层尼龙滤袋过滤后送至贮胶罐,55~60℃保温备用。

(10)贮胶罐外挂物料标志,填写品名、批号、规格、生产日期、填写人。经QA检查合格后,签发“中间产品递交许可证”,递交至下一工序。

(11)生产中应认真填写溶胶工序生产记录。将本批生产的“清场合格证”“中间产品递交许可证”“准产证”贴在批生产记录的规定位置上。

(三)软胶囊内容物的配制

1. 常用设备 配制工序常用的设备有配料罐和胶体磨。

2. 配制操作过程

(1)生产前检查

1)文件检查:①检查是否有上一批生产记录及与本批生产无关文件等;②检查是否有清场合格证,证上所填内容应齐全、有QA签字且在有效期内;③接收生产指令,仔细阅读“批生产指令”的要求和内容,工艺员发“软胶囊内容物配制工序生产记录”、物料标志、“运行”等状态标志牌。

2)设备检查:①检查配料罐及其附属设备(真空泵、搅拌机、仪器、仪表、工具),密封件(罐盖)有无泄漏,开关是否灵敏正常。设备紧固件应无松动,零部件齐全完好,润滑点已加油润滑且无泄漏;②检查生产用具、配料罐、中转罐是否清洁、完好;③检查电子秤、流量计的计量范围是否符合生产要求,是否有计量检查合格证且在有效期内。

3)清场检查:检查操作间是否有上一批生产遗留的物料、生产用具、状态标志等。

(2)生产时配料罐挂“运行”标志,操作间挂“生产中”标志,并填写所生产物料品名、批号、规格、生产日期等。

(3)由班组申请QA检查,检查合格后领取QA签发的“准产证”。

(4)按生产指令称取并复核本批所用的原料和辅料,经QA核对并签名。

(5)将原料和辅料倒入配料罐中,关闭顶盖,启动搅拌桨进行搅拌。

(6)每隔半小时开启放料开关放出少许物料,开启顶盖,倒入罐内。

（7）按生产指令要求搅拌物料至规定的时间，通知 QC 抽检。

（8）经检验合格后，将物料移至中转罐保存。

（9）中转罐外挂物料标志，填写品名、批号、规格、生产日期、填写人。经 QA 检查合格后，签发"中间产品递交许可证"，递交至下一工序。

（10）生产中应认真填写配料工序生产记录。将本批生产的"清场合格证""中间产品递交许可证""准产证"贴在批生产记录的规定位置上。

案例分析

案例

某企业在化胶工序完成后，胶液放出至胶液储罐恒温静置 6 小时后，涂布出来的胶皮仍有很多气泡，不能正常压丸。

分析

出现上述现象的可能原因及解决方法：

1. 化胶锅底阀门漏，抽真空时吸入空气；解决方法是检查阀门的密封性能。

2. 溶胶时间短，未能充分使明胶分散溶化，纯化水加入量与明胶量比例不合理；解决方法是保证溶胶时段的温度和时间，调整明胶和纯化水的比例（常采取 1:1 或 1:1.1）。

3. 抽真空过程温度偏低（抽真空开始后，胶液温度会迅速下降）或真空度不够；解决方法是抽真空过程要保证有足够的真空度和温度（>60℃）。

4. 胶液煮好后放入储罐时流速过大，胶液冲击罐体或胶液面而产生滚动引入空气；解决方法是放胶操作时应采取由慢到快，使胶液靠罐壁均匀流落，避免胶液滚动而带入空气。

5. 胶液储罐静置除气泡的温度设定过低，遇上胶液黏度高而且水分小的胶液更难以使气泡上升消除；解决方法是胶液在静置除气泡期间温度应设定在约 60℃。 如胶液黏度偏高或水分偏小的胶液温度适当再调高。

（四）软胶囊剂的成型操作（以压制法为例）

1. 生产前检查

（1）文件检查：①检查是否有上一批生产记录及与本批生产无关文件等；②检查是否有清场合格证，证上所填写内容应齐全、有 QA 签字且在有效期内；③接收生产指令，仔细阅读"批生产指令"的要求和内容，工艺员发"软胶囊压制工序生产记录"、物料标志、"运行"等状态标志牌。

（2）设备检查：①检查所准备的模具和喷体是否符合生产指令要求；②检查生产用具、制丸设备（药液斗、胶管、输送带、滚模、明胶盒、胶皮鼓轮等）是否清洁，配件安装和运行是否正常；③检查明胶盒的温度是否符合生产要求，压缩空气是否正常；④检查电子秤、电子天平的计量范围是否符合生产要求，是否有计量检查合格证且在有效期内。

（3）清场检查：检查操作间是否有上一批生产遗留的物料、生产用具、状态标志等。

（4）生产环境的工艺条件检查：检查操作间的温度、相对湿度是否符合工艺规程要求，并记录。

2. 生产时软胶囊压制设备要挂“运行”标志，操作间挂“生产中”标志，并填写所生产物料品名、批号、规格、生产日期等。

3. 对配料工序送来的药液，核对“中间产品递交许可证”，药液罐上的产品名称、规格，有无 QA 签字，复秤重量；对化胶工序送来的胶液，核对“中间产品递交许可证”，保温贮胶罐上的胶液名称、规格，有无 QA 签字。

4. 由班组申请 QA 检查，检查合格后领取 QA 签发的“准产证”。

5. 用加料勺或药液泵将药液加入药液斗，盖上盖子。注意不要加得过满。

6. 将贮胶罐的保温温度调至 60~70℃，打开胶罐的放料口放出少量胶液，以保证胶液流出顺畅。将贮胶罐的出料口用塑料管与主机明胶盒连接，胶罐进气口连接压缩空气，调节压缩空气压力为 0.05MPa（或根据明胶液的黏稠度作适当调整）。主机明胶盒温度设定为 50~60℃，与其连接的塑料管（应提前 20 分钟开始加热）外包加热套用以保温。

7. 按《滚模式轧囊机操作 SOP》进行压制软胶囊操作。

（1）根据工艺要求设定喷体的加热温度。

（2）调整滚模压力以刚好压出软胶囊为宜，谨防压力过大损坏模具。

（3）调节装量使内容物重量符合工艺要求。取样检测软胶囊的夹缝质量、外观、内容物重及胶皮厚度，并及时做出调整，直至符合工艺要求为止。

（4）正常开机后每小时取样一次，检查夹缝质量、外观、内容物重，每班检测胶皮厚度，在批生产记录上记录检查结果，如有偏离控制范围的情况应及时调整。若在压制过程中，出现故障或意外停机后再开，须重新调节装量，并对软胶囊的质量进行检查，符合要求后继续进行生产操作。

（5）开启滚筒开关，边压制软胶囊边进行定型干燥。

（6）每班每隔 4 小时，将滚筒中的软胶囊取出放至干燥间，挂上已填好的物料标志。生产过程中，定时将产生的胶网用容器盛装，放于指定地点等待进一步处理。

（7）称取软胶囊湿丸的平均丸重后可将中间产品移交下一工序。称重移交时，干燥操作工应在场同时进行复核。

案例分析

案例

某批胶丸夹缝出现了漏油现象，试分析可能的原因有哪些？

分析

出现上述胶丸夹缝出现漏油有 2 种情况，第一种是胶丸刚压出脱落就出现漏油；第二种是胶丸经干燥一段时间后出现夹缝漏油。

出现第一种情况的原因及解决方法为：①模具磨损或未对准，使胶丸夹缝粘合面小而开口漏油，解决方法是检查模具的两边丸腔是否对准。②喷体温度低，未达到夹缝粘合要求，解决方法是慢慢调高喷体温度至胶丸夹缝粘合牢固平滑为准。③胶液水分大、黏度低或冻力差，鼓轮冷却胶皮的温度偏高或风压弱，解决方法是将鼓轮冷却水（风）温度调低，如用风冷形式的机型可将风速调大一试；胶液水分一般控制在37%~40%范围内，控制适当的黏度与冻力。

出现第二种情况的原因及解决办法为：①模具磨损或未对准，胶液水分大、黏度低或冻力差，胶皮有气泡而未发现（特别是使用不溶性色素配方的胶皮），夹缝刚好有气泡，喷体温度稍偏低，至使刚压出来的胶丸未漏油，胶丸经一段时间干燥后外壳收缩，内部压力增大而胀破夹缝漏油；解决方法是确保胶液质量和注意操作过程。②动态干燥期间室温偏高、相对湿度大，解决方法是室温应控制在18~25℃，相对湿度应控制在20%~40%。

8. 生产操作的同时，及时填写批生产记录。全批生产结束后，收集产生的废丸，称重并记录数量，用胶袋盛装后放于指定地点，作废弃物处理。将本批生产的"清场合格证""中间产品递交许可证""准产证"贴在批生产记录的规定位置上。

知识链接

压制软胶囊过程中的质量控制

压制软胶囊过程中的质量控制点有：

1. 外观　软胶囊外观应左右对称，夹缝细小、光滑，无漏液现象。

2. 内容物重及装量差异　生产企业应建立高于国家标准的内控标准。

3. 左右胶皮厚度　应控制左右胶皮的厚度近乎相等，否则会影响软胶囊外观的对称性（软胶囊形状变形）。

（五）软胶囊剂的干燥与清洗

1. 生产前检查

（1）文件检查：①检查是否有上一批生产记录及与本批生产无关文件等；②检查是否有清场合格证，证上所填内容应齐全、有QA签字且在有效期内；③接收生产指令，仔细阅读"批生产指令"的要求和内容，工艺员发"干燥工序生产记录"、物料标志、"运行"等状态标志牌。

（2）设备检查：①检查干燥滚筒、干燥车、托盘是否清洁、完好；②检查电子天平的计量范围是否符合生产要求，是否有计量检查合格证且在有效期内。

（3）清场检查：检查操作间是否有上一批生产遗留的物料、生产用具、状态标志等。

（4）生产环境的工艺条件检查：检查操作间的温度、相对湿度是否符合工艺规程要求，并记录。

2. 由班组申请QA检查，检查合格后领取QA签发的"准产证"。

3. 从压制/滴制工序接收移交的待干燥软胶囊，复核品名、规格。

4. 将待干燥软胶囊置干燥滚筒（可一节或多节串联组成）干燥定型。

5. 取出干燥滚筒中的软胶囊，分置于干燥托盘（内部为筛网）上均匀摊平（每筛不宜放入过多，以2~3层胶丸为宜）。将干燥托盘放上干燥车并置于干燥隧道中，干燥车外挂"运行"标志。

6. 干燥时每隔3小时翻动一次，使干燥均匀和防止出现粘连，干燥期间每2小时记录一次干燥条件。

7. 待软胶囊达到工艺要求的干燥时间后，装桶送至清洗前暂存间（如不需要清洗可直接送至下一工序）。桶外挂物料标志，注明品名、批号、规格、生产日期、班次、净重、数量。

8. 清洗：①将待清洗的软胶囊送至防爆清洗间，用超声波洗丸机或其他清洗设备用95%乙醇对软胶囊进行清洗；②将清洗后的软胶囊置于干燥托盘上（每筛不宜放入过多，以2~3层胶丸为宜）摊平，再将干燥托盘分别放上干燥车，干燥车外挂“运行”标志；③将干燥车推入隧道干燥，挥去乙醇。

9. 将干燥好的软胶囊装入内放洁净塑料袋的容器中，扎紧塑料袋并盖好，防止吸潮。容器外挂物料标志，注明品名、批号、规格、生产日期、班次、净重、数量。

10. 生产过程中及时填写生产记录。将本批生产的“清场合格证”“中间产品递交许可证”“准产证”贴在批生产记录的规定位置上。

（六）包装与贮存

软胶囊剂易受温度、湿度的影响。在温度较高、相对湿度大于60%的环境中，软胶囊易变软、粘连甚至溶化；而过分干燥的环境会使胶囊壳失去水分而脆裂。因此，选择合适的包装及贮存条件对软胶囊剂非常重要。

一般软胶囊剂可采用密封性较好的玻璃瓶、塑料瓶或铝塑复合泡罩等包装。进行内包装的生产环境应符合药品生产要求。

软胶囊剂应密封、置于阴凉处贮存，其存放环境温度不宜过高。

四、软胶囊剂的质量控制

按照《中国药典》（2015年版）对软胶囊剂质量检查有关规定，软胶囊剂需进行以下方面的质量检查：

1. 外观 软胶囊应完整光洁，不得有粘结、变形、渗漏或囊壳破裂等现象，并应无异臭。

2. 装量差异 不合格会导致胶丸内主药含量不一，对治疗可能产生不利影响。装量差异应符合表11-3的规定。

表11-3 软胶囊剂装量差异限度

平均装量（g）	装量差异限度（%）	平均装量（g）	装量差异限度（%）
<0.3	±10	≥0.3	±7.5（中药±10）

测定方法：除另有规定外，取供试品20粒，分别精密称定重量后，倾出内容物（不得损失囊壳），用乙醚等易挥发性溶剂洗净，置通风处使溶剂挥尽，再分别精密称定囊壳重量，求出每粒内容物的装量与平均装量。每粒装量与平均装量比较（有标示装量的胶囊剂，每粒装量应与标示装量比较），超出装量差异限度的不得多于2粒，并不得有1粒超出限度1倍。

凡规定检查含量均匀度的软胶囊剂，一般不再进行装量差异的检查。

3. 崩解时限 检查方法见硬胶囊剂崩解时限的检查，其检查结果应符合药典要求：①普通软胶囊应在 1 小时内全部崩解；②肠溶软胶囊剂在人工胃液中 2 小时不得有裂缝或崩解现象，在人工肠液中 1 小时内应全部崩解。若检查结果有 1 粒不能完全崩解，则应另取 6 粒复试，复试结果均应符合规定。

凡规定检查溶出度或释放度的软胶囊剂，一般不再进行崩解时限检查。

4. 微生物限度　应符合《中国药典》(2015 年版)要求。

课堂活动

制备的某中药软胶囊剂出现的主要问题为胶囊壳内壁出现一层膜状物质，崩解时间延长，溶出速率下降甚至完全不溶，试分析原因有哪些?

五、制备举例

硝苯地平软胶囊(压制法)

【处方】

1. 内容物　硝苯地平　0.5kg　　PEG400　15kg　　乙二醇　4kg

2. 明胶溶液　明胶　　　　10kg　　甘油　　4kg

　　钛白粉和色素　适量　　纯化水　14kg

　　共制 100 000 粒

【制法】

(1)内容物配制：按处方量称取硝苯地平、PEG400、乙二醇和纯化水置于配料罐混合，用胶体磨研磨得透明黄色药液，放置于物料桶备用；请验，根据检验结果计算内容物的重量。

(2)明胶液配制：按处方量称取明胶、甘油、纯化水、钛白粉和色素，按化胶工艺操作规程制备明胶溶液。

(3)选取合适的模具，按软胶囊(压制法)生产操作规程，用滚模式轧囊机制备软胶囊。制备过程应注意检查内容物的重量、软胶囊的对称性和夹缝的质量。

(4)将软胶囊进行滚筒干燥，干燥后进行清洗并挥干清洗溶剂。

(5)将形状不好的硝苯地平软胶囊挑出，请验，检验合格后送包装工序进行包装。

【用途】本品适用于预防和治疗冠心病、心绞痛，特别是变异型心绞痛和冠状动脉痉挛所致心绞痛。

【注意事项】硝苯地平遇光不稳定，在配制和压制操作时应避光，配制间和压制间的照明可换成红光照明灯进行生产。

点滴积累

1. 软胶囊剂也称胶丸，根据制备方法不同分为有缝胶丸和无缝胶丸。
2. 软胶囊剂的囊壳主要由明胶、增塑剂、水三者所构成，通常干明胶∶增塑剂∶水三者的重量比为 1∶(0.4~0.6)∶1。

3. 软胶囊剂的一般生产工艺流程为：内容物配制及化胶→成型（压制或滴制）→干燥→清洗→蒸发清洗溶剂→挑拣→包装。

4. 软胶囊剂的制备方法有压制法和滴制法。压制法可分为平板模法和滚模法，生产中普遍使用滚模法，制备出的胶丸为有缝胶丸；滴制法制备的胶丸为无缝胶丸。

5. 软胶囊剂的质量控制项目有外观、装量差异、崩解时限、微生物限度等。

实训十一　感冒胶囊的制备

【实训目的】

1. 能按操作规程操作全自动胶囊填充机制备硬胶囊。
2. 能进行全自动胶囊填充机的清洁与维护。
3. 能对填充过程中出现的不合格胶囊进行判断，能找出原因并提出解决方法。
4. 能解决填充过程中设备出现的一般故障。
5. 能按清场规程进行清场工作。

【实训场地】

实训车间

【实训仪器与设备】

全自动胶囊填充机、电子天平、崩解度测定仪。

【实训材料】

对乙酰氨基酚、咖啡因、10%淀粉浆、食用色素、维生素C、EudL100、马来酸氯苯那敏。

【实训步骤】

实验的处方组成、制备过程、注意事项见正文制备举例，胶囊填充的操作见正文硬胶囊的制备。

【实训报告】

实训报告格式见附录一、记录表格由学生自己根据附录中的固体或液体制剂的记录表样式自行设计。

【实训测试表】

测试题目	测试答案（请在正确答案后“□”内打“√”）
哪些是胶囊生产前一定需要做的准备工作?	①检查是否有清场合格证、设备是否有“合格”标牌与“已清洁”标牌 □ ②检查冲模质量是否符合要求 □ ③按生产指令领取物料 □ ④检查容器、工具、工作台是否符合生产要求 □ ⑤生产前需请QA人员检查 □ ⑥用75%乙醇消毒加料器 □ ⑦检查电子天平的灵敏度、精确度是否符合要求 □

续表

测试题目	测试答案（请在正确答案后“□”内打“√”）
胶囊填充过程中的质量控制点有哪些？	①含量、均匀度、溶出度(指定品种)□ ②装量差异 □ ③硬度、崩解时限 □ ④平均囊重 □ ⑤囊重差异 □
胶囊填充过程中操作正确的有哪些？	①填充过程中随时进行外观检查 □ ②填充过程中定时进行平均囊重检查 □ ③填充过程中定时进行囊重差异检查 □ ④启动主机时确认变频调速频率处于零 □ ⑤安装或更换部件时应关闭总电源 □ ⑥每批生产完毕或更换品种,必须对胶囊填充机进行清洁 □ ⑦真空系统的过滤器要定期清洗 □
清场工作做法正确的有哪些？	①用水冲洗胶囊填充机 □ ②清料 □ ③用水冲洗墙壁、地面 □ ④清场结束后悬挂相应的标示牌 □ ⑤拆卸之前,先用吸尘器吸机台内粉粒 □
胶囊填充过程中可能发生的质量问题有哪些？	①锁口过紧 □ ②叉口或凹顶 □ ③装量差异超限 □ ④含水量过高 □

目标检测

一、选择题

（一）单项选择题

1. 关于胶囊剂叙述错误的是(　　)

   A. 胶丸较片剂的生物利用度差

   B. 胶囊剂可以内服,也可以外用

   C. 药物装入胶囊可以提高药物的稳定性

   D. 可以弥补其他固体剂型的不足

2. 制备胶囊壳时,明胶中加入甘油是为了(　　)

   A. 防止腐败

   B. 减少明胶对药物的吸附

   C. 延缓明胶溶解

   D. 使胶囊壳保持一定的水分,防止其脆裂

3. 下列关于囊材的正确叙述是(　　)

   A. 硬、软囊壳的材料都是明胶、甘油、水以及其他的药用材料,其比例、制备方法均相同

B. 硬、软囊壳的材料都是明胶、甘油、水以及其他的药用材料,其比例、制备方法均不相同

C. 硬、软囊壳的材料都是明胶、甘油、水以及其他的药用材料,其比例相同,制备方法不同

D. 硬、软囊壳的材料都是明胶、甘油、水以及其他的药用材料,其比例不同,制备方法相同

4. 制备空胶囊时,加入甘油的作用是(　　)

A. 成型材料　　B. 增塑剂

C. 胶冻剂　　D. 溶剂

5. 制备空胶囊时,加入明胶的作用是(　　)

A. 成型材料　　B. 增塑剂

C. 增稠剂　　D. 保湿剂

(二) 多项选择题

1. 根据囊壳的柔硬性不同,通常将胶囊分为(　　)

A. 硬胶囊　　B. 软胶囊　　C. 肠溶胶囊

D. 缓控释胶囊　　E. 滴制胶囊

2. 胶囊剂具有的特点有(　　)

A. 能掩盖药物不良臭味、提高稳定性

B. 可弥补其他固体剂型的不足

C. 可将药物溶液密封于软胶囊中,提高生物利用度

D. 可延缓药物的释放和定位释药

E. 融变时限短

3. 一般不宜制成胶囊剂的药物有(　　)

A. 药物的水溶液　　B. 药物的油溶液

C. 药物的稀乙醇溶液　　D. 易风化性的药物

E. 刺激性强的药物

4. 空胶囊可能含有的成分为(　　)

A. 明胶　　B. 增塑剂　　C. 增稠剂

D. 防腐剂　　E. 崩解剂

5. 胶囊剂的质量要求有(　　)

A. 外观　　B. 微生物限度　　C. 装量差异

D. 崩解时限与溶出度　　E. 平均囊重

二、简答题

1. 简述软胶囊剂生产的工艺流程。

2. 简述全自动胶囊填充机填充胶囊的工作周期。

三、实例分析

分析吲哚美辛胶囊处方中物料的作用,并简述其制备过程。

【处方】吲哚美辛粉　　250g　　(　　)

淀粉　　适量(约 2050g)　　(　　)

共制 10 000 粒

制备过程：

项目十一习题

(李　寨)

项目十二

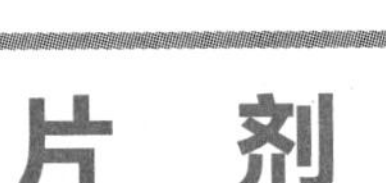

片　剂

导学情景

情景描述

学生小王到药店去购买退烧药，但到药店后，发现于退烧药“对乙酰氨基酚”有很多种名称，如对乙酰氨基酚片、对乙酰氨基酚分散片、对乙酰氨基酚缓释片，发现三者价格相差较大。满脸疑惑的小王去咨询药店的工作人员，工作人员解答后，她才知道原因。你知道上述三种药品价格不同的原因吗？制备方法有哪些不同，作用是不是一样？

学前导语

片剂是目前最常用剂型之一，制片剂时由于使用辅料不同、制备工艺不同对片剂释放药物速度、体内作用时间、有效成分吸收程度、毒副作用等产生不同影响，生产成本也不同。故上述三种药品价格也不相同。本项目我们将带领同学们学习片剂的基本知识、制备方法和工艺，根据治疗需求制备出合格的片剂。

任务一　片剂基础知识

一、片剂的含义与特点

片剂(tablets)是指药物与适宜辅料均匀混合后经制粒或不经制粒压制而成的圆形片状或异型片状制剂。常见的异型片有三角形、菱形、椭圆形等。

片剂的外观图片

片剂始创于19世纪40年代，到19世纪末随着压片机械的出现和不断改进，片剂的生产和应用得到了迅速的发展。近十几年来，片剂生产技术与机械设备方面也有较大的发展，如沸腾制粒、全粉末直接压片、半薄膜包衣、新辅料、新工艺以及生产联动化等。目前片剂已成为品种多、产量大、用途广，使用和贮运方便，质量稳定的剂型之一。片剂在中国以及其他许多国家的药典所收载的制剂中，均占1/3以上，可见其应用的广泛性。

片剂成为使用广泛的剂型之一，是因其主要具有如下优点：

1. 剂量准确，使用方便。每片含量均匀、差异小，在药片上还可压上凹纹，便于分取较少剂量。
2. 质量稳定，受外界空气、水分影响较小，必要时还可包衣保护。
3. 为固体制剂，体积小，携带、运输和服用方便。
4. 生产机械化、自动化程度高、产量大、成本较低。

5. 能适应治疗与预防用药的多种要求，可通过各种制剂技术制成各种类型的片剂，如包衣片、分散片、缓释片、控释片、多层片等，达到速效、长效、控释、肠溶等目的。

但片剂也有如下缺点：

1. 婴、幼儿和昏迷病人不宜吞服。

2. 含挥发性成分的片剂，久贮含量会有所下降。

3. 因片剂要加入辅料并且经压缩成型，故当辅料选用不当、压力不当或贮存不当，常出现崩解度、溶出度和生物利用度等方面问题。

二、片剂的分类

目前一般都是采用压片机压制而成的片剂。压制片按给药途径不同，主要分为以下几种类型：

1. 口服片剂 指口服通过胃肠道吸收而发挥作用，应用最广泛的一类片剂。常用的有以下几种：

（1）普通片：药物与适宜辅料均匀混合后压制成的普通片剂。重量一般为 0.1~0.5g。

（2）包衣片：在普通片（常称作素片或片芯）的外面包上一层衣膜的片剂。根据包衣材料的不同，又分为糖衣片和薄膜衣片。

（3）咀嚼片：指在口中嚼碎后咽下的片剂。这类片剂较适合儿童和治疗胃部疾患，小儿用咀嚼片常加入蔗糖、香料等矫味剂以调整口味，如酵母片等。

泡腾片的崩解

（4）泡腾片：指含有泡腾崩解剂的片剂。泡腾片遇水可产生大量 CO_2 气体使片剂迅速崩解，如维生素 C 泡腾片。

（5）多层片或包心片：由两层或多层组成的片剂，各层可含不同的药物或各层的药物相同而辅料不同。多层片是将组分不同的颗粒分上、下两层或多层压成一个药片；包心片是将一种药物压成片芯，再将另一种药物压包在片芯之外，形成片中有片的结构。制成此类片剂的目的在于：①避免复方制剂中不同成分之间的配伍变化；②制成缓释片剂，如由速释和缓释两种颗粒压成的双层复方氨茶碱片。

分散片的崩解

（6）分散片：指遇水能迅速崩解（3 分钟内）并均匀分散的片剂。可口服或加水分散后饮用，也可咀嚼或含服。如阿司匹林分散片。

（7）缓释片：指能延缓药物在体内作用时间的一类片剂，如布洛芬缓释片。

（8）控释片：系指药物在体内中能恒速释放的片剂，如硝苯地平控释片。

2. 口腔用片

（1）口含片：又称含片，指含在口腔或颊腔内缓缓溶解而主要发挥局部治疗作用的片剂。主要用于口腔及咽喉疾患，如西瓜霜含片。

（2）舌下片：指置于舌下使用的片剂，药物由舌下黏膜直接吸收入血而发挥全身治疗作用的片剂。如硝酸甘油制成舌下片可防止胃肠液及酶对药物稳定性的不良影响，也可避免药物的肝脏首过效应。

（3）口腔崩解片：指不需用水或只需用少量水，无需咀嚼，片剂置于舌面，遇唾液迅速崩解后，借吞咽动力，进入消化道的片剂。主要用于吞咽困难的患者如食道癌患者、儿童等；卧床不起、缺水条件下的患者；或者需增大接触面积的药物等。

(4)口腔黏附片：指以生物黏附材料为药物载体，通过生物黏附作用长时间黏附于口腔黏膜而发挥疗效的片剂。口腔黏附片具有起效快、可避免药物被胃酸、胃酶破坏及肝脏的首过效应，给药方便、可随时终止给药，目前已广泛用于心血管药物、止痛剂、镇静剂、激素、糖尿病药物等。

3. 其他给药途径的片剂

(1)溶液片：亦称为可溶片，指临用前加适量水溶解成一定浓度溶液后而使用的片剂。所用药物和辅料均为可溶性成分，一般供漱口、消毒、洗涤伤口等用，如复方硼砂漱口片；也可以用于滴眼用，如白内停。

(2)阴道片：指供塞入阴道内产生局部作用的片剂，起消炎、杀菌、杀精子等作用。为加快药片在阴道内的崩解常制成泡腾片应用，如甲硝唑泡腾片。

(3)注射用片：指临用前用注射用水溶解后供注射用的无菌片剂，供皮下或肌内注射。因溶液不能保证完全无菌，现已少用。

(4)植入片：指用特殊注射器或手术埋植于皮下产生持久药效(数月或数年)的无菌片剂，适用于需要长期使用的药物。如避孕药制成植入片已获得较好效果。

三、片剂的质量要求

根据《中国药典》(2015年版)的相关规定，片剂的质量应符合以下要求：

1. 含量准确、重量差异小。
2. 硬度适中、外观光洁、色泽均匀。
3. 崩解度和溶出度符合药典要求。
4. 含小剂量药物或作用剧烈药物的片剂，应符合含量均匀度要求。
5. 符合微生物限度要求，另外植入片、注射用片应无菌，口含片、舌下片、咀嚼片应具有良好的口感等。

四、片剂的辅料

片剂是由药物和辅料两部分组成。辅料是片剂中除主药外一切物质的总称，为非治疗性物质，根据所起的作用不同，片剂的辅料有如下种类：

(一)填充剂

见颗粒剂。

(二)润湿剂与黏合剂

见颗粒剂。

(三)崩解剂

崩解剂是指能促使片剂在胃肠道迅速崩解成小粒子的辅料。除了缓(控)释片以及某些特殊作用(如口含片等)的片剂以外，一般的片剂中都应加入崩解剂。

1. 崩解剂的加入方法　崩解剂加入的方法有：①内加法：是在制粒前加入崩解剂，片剂崩解将发生在颗粒的内部，有利于颗粒崩解成粉末；②外加法：是将崩解剂加入整粒后的干颗粒中，片剂崩解发生在颗粒之间，崩解迅速；③内外加入法：系将崩解剂分成两份，占崩解剂总量的50%～75%按内加法加入，剩余的25%～50%按外加法加入，此法集中了前两种方法的优点，可使片剂崩解既发生在颗粒的内部又发生在颗粒之间，从而达到良好的崩解效果。

表面活性剂作为辅助崩解剂，加入方法有：①溶于黏合剂中；②与崩解剂混匀后加入干颗粒中；③制成醇溶液喷入干颗粒中。

2. 常用的崩解剂

崩解剂常用加入方法的作用特点

（1）干淀粉：是一种最为经典的崩解剂，较适用于水不溶性或微溶性药物的片剂，但对易溶性药物的崩解作用较差。在生产中，一般采用内外加法来达到预期的崩解效果。

（2）羧甲基淀粉钠（CMS-Na）：具有良好的吸水性和膨胀作用，吸水后体积可膨胀原来的300倍，是一种性能优良的崩解剂。由于其流动性和可压性好，增加片剂的硬度不会影响其崩解性，既可用于湿法制粒法压片，又适用于粉末直接压片。

（3）低取代羟丙基纤维素（L-HPC）：在水中不溶，吸水膨胀率为500%～700%，崩解后颗粒细小，一般用量在2%～5%，是国内近年来应用最多的一种良好的快速崩解剂。L-HPC兼有黏结、崩解作用，对不易成型的药物可改善片剂的成型和增加片剂硬度；对崩解度差的片剂可加速其崩解和增加崩解后药物分散的细度，从而提高药物溶出度和生物利用度。

（4）交联聚乙烯吡咯烷酮（交联PVP）：是流动性良好的白色粉末，有极强的吸湿性，在水中可迅速溶胀形成无黏性的胶体溶液，崩解效果好，一般用量为片剂的1%～4%。

（5）交联羧甲基纤维素钠（CCNa）：具有较好的崩解作用，与CMS-Na合用，崩解效果更好，但与干淀粉合用作用降低。

（6）泡腾崩解剂：是由枸橼酸或酒石酸与碳酸氢钠或碳酸钠组成，遇水能产生CO_2气体使片剂在几分钟内迅速崩解，用于泡腾片的崩解剂。

（7）表面活性剂：能增加疏水性片剂的润湿性，使水分渗透到片芯速度加快，加速片剂的崩解和溶出，常用的表面活性剂有聚山梨酯80、十二烷基硫酸钠等。

知识链接

崩解剂的作用机理

崩解剂能迅速将片剂崩解成小粒子，是因为崩解剂主要具有如下作用机理：①毛细管作用：一些崩解剂和填充剂，特别是粉末直接压片用辅料，多为圆球形亲水性聚集体，在加压下形成了无数空隙和毛细管，具有强烈的吸水性，使水分迅速进入片剂中，将整个片剂润湿崩解，如干淀粉等；②膨胀作用：崩解剂一般为亲水性物质，压制成片后，遇水易被润湿并通过自身膨胀使片剂崩解，这种膨胀作用还包括润湿热所致的片剂中残存空气的膨胀，如交联羧甲基纤维素钠、羧甲基淀粉钠等；③产气作用：在泡腾制剂中加入的泡腾崩解剂，遇水能产生气体，借助气体的膨胀使片剂崩解。

（四）润滑剂

润滑剂在片剂的制备过程中起助流、抗黏和润滑作用。助流作用是指降低颗粒或粉末间的摩擦力，增加物料流动性；抗黏作用是指防止黏冲，并使片剂表面光洁；润滑作用是指能降低颗粒间以及颗粒与冲头和模孔壁间的摩擦力。

理想的润滑剂应具有上述3种作用，目前能达到理想条件还很少，故通常将具有上述任何一种作用的辅料都称为润滑剂。常用的润滑剂有：

1. 硬脂酸镁 为疏水性的润滑剂，有良好的附着性，易与颗粒混匀，压片后表面光滑美观，常用量为0.3%~1%。用量过大，易造成片剂崩解迟缓。

2. 微粉硅胶 亲水性强，具有很好的流动性和可压性，用量在1%以上可加速片剂崩解成细粉，作润滑剂常用量为0.1%~0.5%。但因价格贵，一般用作粉末直接压片的助流剂。

3. 滑石粉 不溶于水，但有亲水性，故对片剂崩解影响小，常用量一般为0.1%~3%。压片过程中易因机械振动而与颗粒分离，造成片重差异，常与硬脂酸镁合用。

4. 氢化植物油 润滑性能良好，应用时将其溶于轻质液状石蜡或己烷中，喷于干颗粒表面混匀。凡不宜用碱性润滑剂的药物均可用本品代替。

5. 聚乙二醇类 水溶性润滑性，目前主要使用聚乙二醇4000和聚乙二醇6000。

6. 十二烷基硫酸镁或十二烷基硫酸钠 为水溶性表面活性剂，具有良好的润滑作用，能增强片剂的机械强度，促进片剂的崩解和药物的溶出。

（五）矫味剂、着色剂

见液体制剂。

点滴积累

1. 片剂（tablets）是指药物与适宜辅料均匀混合后经制粒或不经制粒压制而成的圆形片状或异型片状制剂。
2. 片剂具有剂量准确，使用方便，质量稳定，携带、运输和服用方便，成本较低，能适应治疗与预防用药的多种要求等优点；具有婴、幼儿和昏迷病人不宜吞服等缺点。
3. 片剂根据给药途径不同，分为口服片剂、口腔用片、阴道片、植入片等，可避免肝脏首过效应的片剂类型有舌下片、口腔黏附片、植入片等。
4. 片剂常用辅料的类型有填充剂、润湿剂、黏合剂、崩解剂、润滑剂等，应根据物料性质和制备工艺来选择适当的辅料。
5. 崩解剂常用的加入方法有内加法、外加法、内外加法等，常用种类有干淀粉、羧甲基纤维素钠、低取代羟丙基纤维素、交联聚乙烯比咯烷酮、交联羧甲基纤维素钠、泡腾崩解剂、表面活性剂等。
6. 润滑剂具有助流、抗黏和润滑作用，常用种类有硬脂酸镁、微粉硅胶、滑石粉、氢化植物油、聚乙二醇类、十二烷基硫酸钠等。

任务二　片剂的制备

一、片剂的制备技术及设备

片剂的制备技术根据制备工艺不同分为直接压片法和制粒压片法，而直接压片法又分为粉末直接压片法和结晶压片法；制粒压片法又分为湿法制粒压片法、干法制粒压片法，其中湿法制粒压片应用最广泛。

（一）制粒压片法

1. 制粒压片目的

（1）改善物料的流动性、可压性。因物料流动性差时，不易均匀的填充于模孔中，易引起片重差异超限。

（2）增大物料的堆密度。因物料中含有很多的空气，在压片时部分空气不能及时逸出，易产生松片、裂片现象。

（3）减少各成分的分层，使片剂中药物的含量准确。由于片剂中各成分的密度不同，易因机器振动而分层，致使主药含量不匀。

（4）避免粉末飞扬及粉末黏附于冲头表面造成黏冲和挂模等现象。因细粉的飞扬性易造成损失和交叉污染，而黏性的粉末易黏附于冲头表面而产生黏冲、挂模等现象。

2. 制粒技术及设备　见颗粒剂。

3. 制粒压片的工艺流程及设备

（1）湿法制粒压片的工艺流程：如图 12-1。

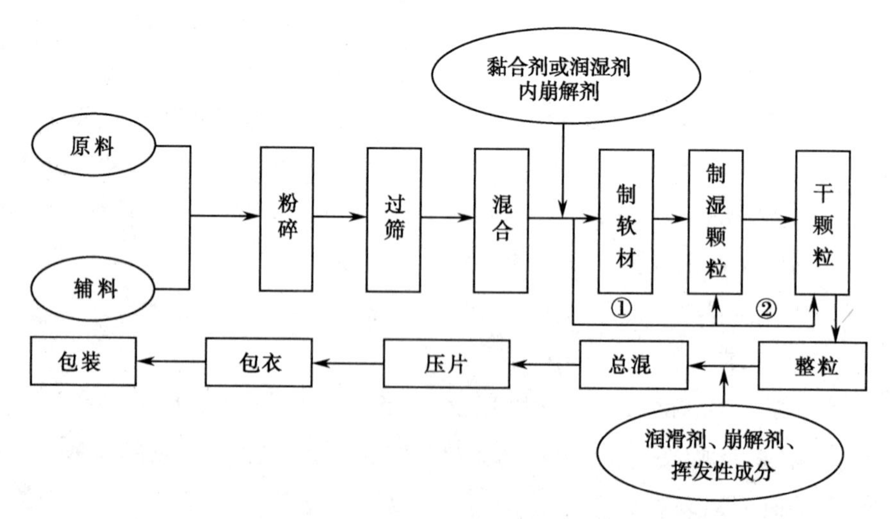

图 12-1　湿法制粒压片法的工艺流程图
①快速混合制粒；②沸腾干燥制粒

（2）干法制粒压片法的工艺流程：如图 12-2。

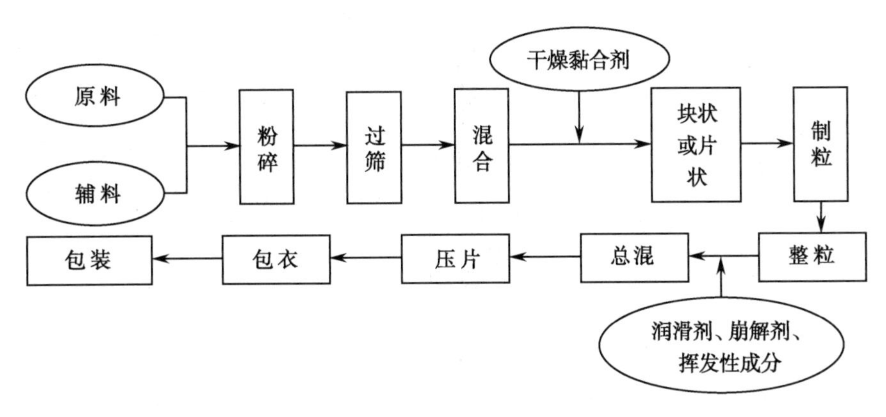

图 12-2 干法制粒法压片的工艺流程图

（二）直接压片法

1. 粉末直接压片法 粉末直接压片法是指药物粉末和辅料混合均匀，直接进行压片的方法。本法的优点是省去了制粒、干燥等工序，简化工序简便、节能、省时、适合于对湿热不稳定药物。

目前国外已有高达40%的片剂采用了粉末直接压片法，但国内的发展相对滞后，主要是受辅料和压片机的制约。

粉末直接压片法工艺流程如图 12-3。

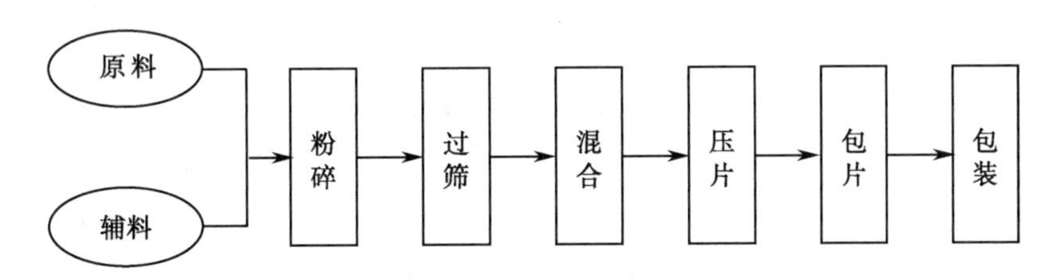

图 12-3 粉末直接压片法的工艺流程图

2. 结晶压片法 某些结晶性药物具有较好的流动性和可压性，只需适当粉碎、筛分等处理，再加入适量崩解剂、润滑剂混合均匀后即可直接压片，如氯化钠、氯化钾、硫酸亚铁、阿司匹林等均可直接压片。

（三）压片机

常用压片机按结构主要有单冲压片机和旋转式压机；按压缩次数分为一次压制压片机和二次或三次压制压片机等。

1. 单冲压片机

(1)单冲压片机的结构：主要由加料器、调节装置、压缩部件三部分组成，如图 12-4。

1)加料器：由加料斗和饲粉器构成。

2)调节装置：①压力调节器是调节上冲下降的深度，上冲下降越多，上下冲间距离越近，压力越大，反之，则受压小；②推片调节是调节下冲抬起的高度，使其恰好与模圈的上缘相平，使压出的片剂顺利顶出模孔；③片重调节器连是调节下冲下降时的深度，以调节模孔的容积，从而使片重符合要求。

3)压缩部件：由上冲、下冲、模圈构成；是片剂成型部分，并决定了片剂的大小、形状。

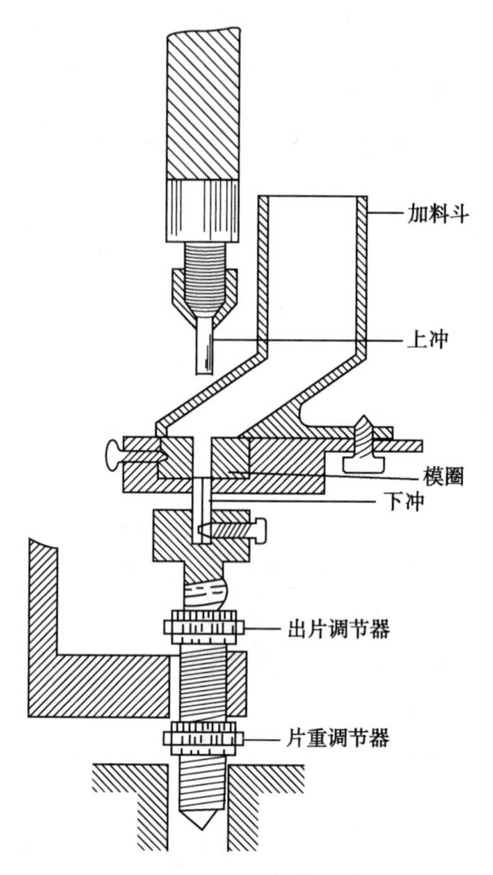

图 12-4　单冲压片机的主要结构示意图

知识链接

压片机的冲和模

冲和模是压片机的重要工作部件，需用优质钢材制成，有足够的机械强度和耐磨性能。通过一副冲模由上冲、下冲、中模三个部件组成，上下冲的结构相似，冲头直径一致等，只是下冲的冲头更长；冲头直径应与中模的模孔配合，要求冲头可在模孔中自由滑动，但与模孔径差不大于 0.06mm，各冲头长度差不大于 0.1mm。

冲模的结构形式有圆形、异形（如三角形、椭圆形、长胶囊形、卵形、球形等）。冲头的端面具有不同的弧度，如平面形、浅凹形、深凹形、圆柱形等，为了便于识别和服用，在冲头的端面上还可刻上药品名称、剂量、分剂量线等标志。

选择何种类型的冲模，应根据制备工艺而定。如平面形用于压制扁平的片剂，浅凹形用于压制双凸面片剂等。

（2）单冲压片机的压片过程：由填料、压片和出片三个步骤，见图 12-5：①填料：上冲抬起，饲粉器移动到模孔之上，下冲下降到适宜深度，饲粉器在模孔上面移动，颗粒填满模孔；②压片：饲粉器由模孔上移开，使模孔中的颗粒与模孔的上缘相平，上冲下降并将颗粒压缩成片，此时下冲不移动；

③出片：上冲抬起，下冲随之上升至与模孔上缘相平，将药片由模孔中顶出，饲粉器再次移到模孔之上，将模孔上药片推开并落入接收器，并进行行第二次填料，如此反复进行。

单冲压片机是单侧加压，故易出现裂片、松片、片重差异大、震动大、噪声大等缺点，现在已经很少使用。

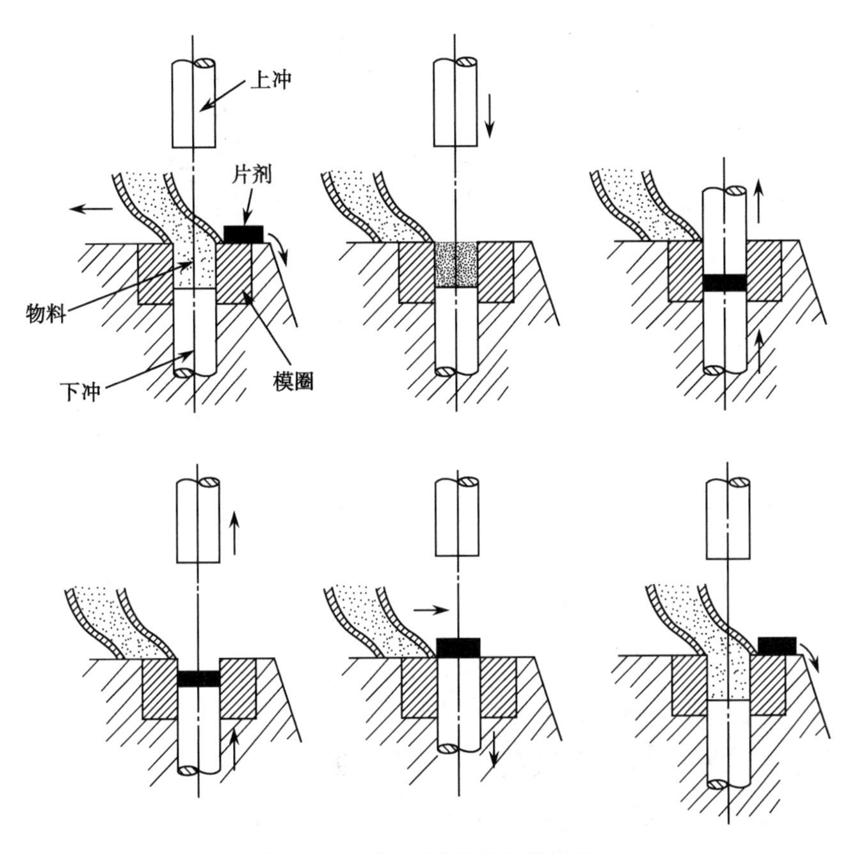

图 12-5 单冲压片机的压片过程

2. 旋转压片机

(1)旋转压片机的结构：其结构示意图见图 12-6。主要工作部分有机台、压轮、片重调节器、压力调节器、加料斗、饲粉器、吸尘装置、保护装置等。机台可以绕轴顺时针方向旋转，分为三层，机台上层装有上冲、中层装有模圈。上冲与下冲随机台转动并沿固定的轨道有规律地上下运动；在上冲和下冲转动并经过上、下加压轮时，被加压轮推动使上冲向下、下冲向上运动并对模孔中的物料加压；机台中层上装有固定不动的刮粉器，饲粉器的出口对准刮粉器；片重调节器装于下冲轨道上，用以调节下冲经过刮粉器时下降的深度，以调节模孔的容积；压力调节器可以调节下压轮的高度，下压轮的位置高，则压缩时下冲抬得高，上下冲间的距离近，压力大，反之则压力小。

(2)旋转压片机的压片过程：多冲旋转压片机的压片过程与单冲压片机相同，分为填料、压片和出片三个步骤，如图 12-6。①填料：下冲转到饲粉器下面时，颗粒填入模孔，当下冲继续运行到片重调节器时略有上升，经刮粉器将多余的颗粒刮去；②压片：当上冲和下冲运行至上、下压轮上面时，两冲间的距离最近，将颗粒压缩成片；③出片：上冲和下冲抬起，下冲将模孔的片剂顶出模孔，药片经刮粉器推开落入接收器中，如此反复进行。

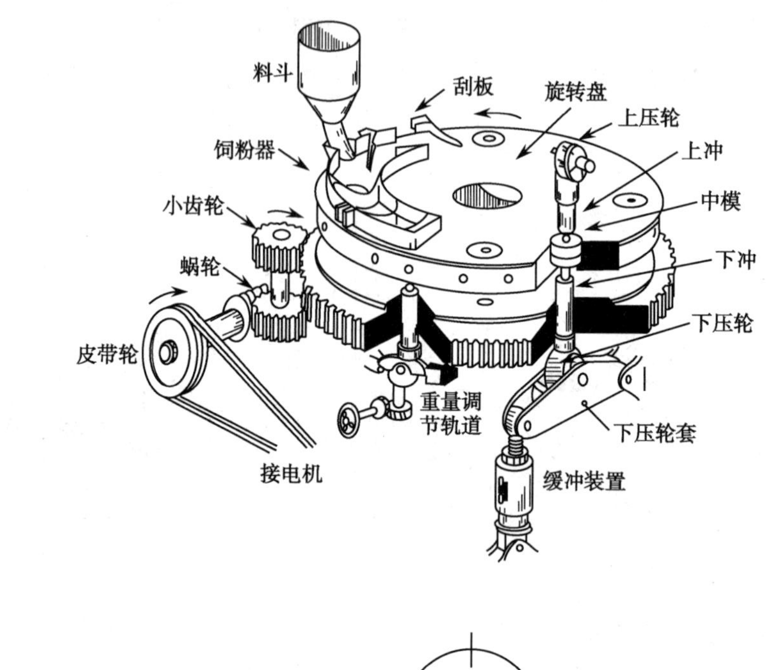

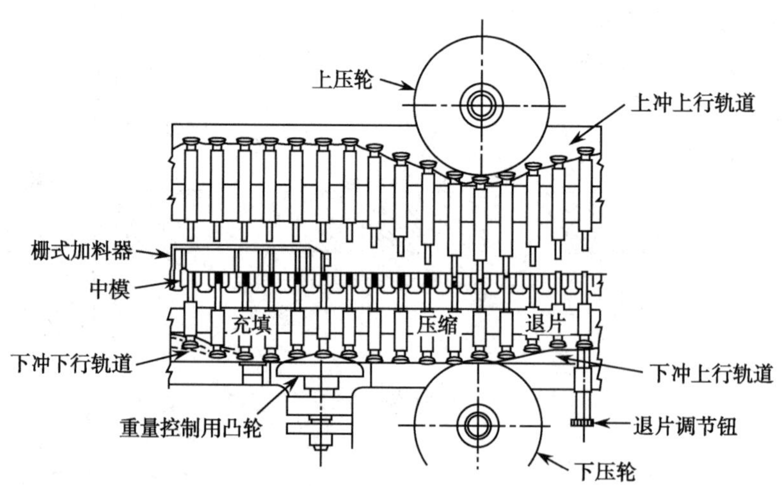

图 12-6　旋转压片机的结构与工作原理示意图

（3）旋转压片机的类型：旋转压片机有多种型号，按冲模数目分为 5 冲、8 冲、19 冲、33 冲、55 冲等；按流程分为单流程和双流程两种。单流程型是指转盘旋转一周每副冲仅压制出一个药片；双流程型是转盘旋转一周每副冲压制出两个药片。

旋转式压片机的饲粉方式合理，由上、下冲同时加压，压力分布均匀，具有片重差异小、生产效率高、机械震动小、噪声小等优点，在国内药厂普遍使用。

3. 二次或多次压片机　二次压片机对物料进行两次压缩，物料经过初压轮（第一压轮）适宜的压力压缩后，到达第二压轮时进行第二次压缩成片。由于经过两次压制，整个受压时间延长，片剂内部密度分布比较均匀，更易于成型。此外，根据不同特殊要求，尚有多层压片机和压缩包衣机等供制备缓释片和包衣片。

二、片剂的制备

压片岗位标准操作

(一)物料的粉碎、过筛、混合

见固体制剂的基本操作。

(二)制粒操作

见颗粒剂的制粒操作。

(三)压片前物料混合——总混

1. 加入润滑剂与崩解剂　一般将润滑剂过100目以上筛,外加崩解剂预先干燥过筛,然后加入到整粒的干颗粒中,置V型混合筒内进行"总混"。

2. 加入挥发油及挥发性药物　处方中含挥发油或挥发性药物,一般在颗粒干燥后加入,以免挥发损失。挥发油可加在润滑剂与颗粒混合后筛出的部分细粒中,或直接用80目筛从干颗粒筛出适量的细粉吸收挥发油后,再与全部干颗粒总混。若挥发性的药物为固体(薄荷脑,樟脑等)时可用适量乙醇溶解,或与其他成分混合研磨共熔后喷入干颗粒中混合均匀;密闭数小时,使挥发性药物在颗粒中渗透均匀。

3. 加入主药剂量小或对湿热不稳定的药物　有些情况下,先制成不含药物的空白干颗粒或将稳定性的药物与辅料制颗粒,然后将剂量小或对湿热不稳定的主药加入到整粒后的上述干颗粒中混匀。

知识链接

压片所用干颗粒的质量要求

压片所用干颗粒的质量要求有:①主药含量:主药含量应符合有关规定。②干颗粒的含水量:干颗粒的含水量一般为3%左右,过多会引起黏冲,过少引起松片或裂片。测定颗粒水分常用干燥失重法,精确测定微量水分含量需采用费休法或甲苯法,具体检查方法参照《中国药典》。生产过程中测定含水量可使用水分快速测定仪。在实训中颗粒干燥程度一般凭经验掌握,即用手紧握干颗粒,在手放松后颗粒应不黏结成团,手掌也不应有细粉黏附。③干颗粒的松紧度:干颗粒的松紧度与压片时片重差异和片剂外观均有关系,颗粒松紧度不同其堆密度不同,造成片重差异超限;另外太松易发生顶裂,太紧会出现麻面;干颗粒的松紧度以手用力一捻能碎成细粉者为宜。④干颗粒的含细粉量:干颗粒的含细粉量会影响片剂外观和片重差异,一般含细粉量应控制在20%~40%,太多会造成松片和裂片,太少片剂表面粗糙、重量差异超限。

(四)压片操作

1. 压片操作室洁净度要求　压片操作室的洁净度要求一般为D级。室内相对室外呈正压,温度18~26℃、相对湿度45%~65%。

2. 片重的计算　片重的计算方法有以下两种:

(1)按主药含量计算片重:药物制成干颗粒需经过一系列操作,主辅料必将有一损失,故压片前应对干颗粒中主药的实际含量进行测定，然后根据12-1式计算片重。

$$片重=\frac{每片主药含量}{测得颗粒中主药的百分含量} \quad 式(12-1)$$

例：某片剂每片含主药量0.2g，测得颗粒中主药百分含量为50%，片重范围应为多少？

解：片重=0.2/50%=0.4g

因片重为0.4g>0.30g，片剂的重量差异限度为±5%，本品的片重范围应为0.38～0.42g。

（2）按干颗粒总重计算片重：在大生产时，根据生产中主辅料的损耗，适当增加了投量，片重按12-2式计算。

$$片重=\frac{干燥粒重+压片前加入的辅料量}{预定压片总数} \quad 式(12-2)$$

对于成分复杂，没有含量测定方法的中草药片剂也按此式计算。

3. 压片操作过程（以ZP8旋转压片机操作过程为例）

（1）开机前准备工作：①检查是否有清场合格证，并确定是否在有效期内；检查设备、容器、场地清洁是否符合要求（若有不符合要求的，需重新清场或清洁，并请QA填写清场合格证或检查后，才能进入下一步生产）；②检查电、水、气是否正常；③检查设备是否有“合格”“已清洁”标牌；④检查冲模质量是否有缺边、裂缝、变形及卷边情况，并检查模具是否清洁干燥；⑤检查电子天平灵敏度是否符合生产指令要求；⑥按生产指令领取物料，并确保物料的品名、批号、规格、数量、质量符合要求；⑦按设备与用具的消毒规程对设备、用具进行消毒；⑧挂本次运行状态标志，进入生产操作。

（2）压片操作

1）冲模安装：①中模的安装：将转台上中模紧定螺钉逐个旋出转台外沿，使中模装入时与紧定螺钉的头部不相碰为宜。中模平稳放置转台上，将打棒穿入上冲孔，向下锤击中模将其轻轻打入，使中模平面不高出转台平面后，然后将紧定螺钉固紧。②上冲的安装：拆下上冲外罩、上平行盖板和嵌轨，将上冲杆插入模圈内，用左手大拇指和食指旋转冲杆，检查头部进入中模情况，上下滑动灵活，无卡阻现象，左手捻冲杆颈右手转动手轮，至冲杆颈部接触平行轨后放开左手，按此法安装其余上冲杆，装完最后一个上冲后，将嵌轨、上平行盖板、上冲外罩装上。③下冲的安装：打开机器正面、侧面的不锈钢面罩，将下冲平行轨盖板移出，用手指保护下冲头，小心将下冲送入盖板孔，将下冲送至下冲孔内后，摇动手轮将下冲送至平行轨上，按此法安装其余下冲，安装完最后一支下冲后将盖板盖好并锁紧确保与平行轨相平，摇动手柄确保顺畅旋转1～2周，合上手柄，盖好不锈钢面罩。

注：①一般冲头和冲模的安装顺序为：中模→上冲→下冲，拆冲头和冲模的顺序为：下冲→上冲→中模；主要是确保在拆装过程中上、下冲头不接触；②安装异形冲头和冲模时应将上冲套在中模孔中一起放入中模转盘再固定中模。

知识链接

异形冲模的安装

1. 安装上冲与中模 异形冲模安装时，因为上、下冲及中模孔的形状有方位要求，故先用专门的导向键将各上冲在上转盘的方向确定后，然后将中模套入上冲，再以上冲确定中模方位，直到中模在中转盘的孔中正确落位并紧固后，才将上冲锁住。

2. 安装下冲 下冲安装时，也需将下冲深入到中模孔中，以中模确定下冲安装位置。

3. 确认安装合格 待冲模装完后，也应先用手动盘车，使转盘顺畅旋转几周后，才能正式开机。

2)安装加料部件:①安装月形栅式回流加料器:将月形栅式回流加料器置于中模转盘上用螺钉匀称锁紧;②安装加料斗:将加料斗从机器上部放入并将螺丝钉固定,将颗粒流旋钮调至中间位置并关闭加料闸板。

3)用手转动手轮,使转台转动1~2圈,确认无异常后,合上手轮柄,关闭玻璃门,将适量颗粒送入料斗,手动试压,试压过程中调节充填调节按钮、片厚调节,检查片重及片重差异、崩解时限、硬度,检查结果符合要求后,并经QA人员确认合格。

4)开机正常压片,压片过程每隔15~30分钟测一次片重,确保片重差异在规定范围内,并随时观察片剂外观,并做好记录。

5)料斗内所剩颗粒较少时,应降低车速,及时调整充填装置,以保证压出合格的片剂;料斗内接近无颗粒时,把变频电位器调至零位,然后关闭主机。

6)压片完毕,关闭主电机电源、总电源、真空泵开关。

7)将片子装入洁净中转桶,加盖封好后,交中间站;并称量贴签,填写请验单,由化验室检测。

案例分析

案例

某压片机在压片过程中出现冲头爆裂缺角，金属屑可能嵌入了药片中。

分析

冲头爆裂缺角的原因主要有冲头本身有裂痕而未经仔细检查或冲头热处理不当，经不起加压；压片过程中的压力过大；压片为结晶性药物等。 为避免上述现象，应加强冲头质量的检查、压片时选择适当的压力、改进冲头热处理方法、注意片剂外观检查等，若发现冲爆裂缺角，应立即查找碎片并分析原因而加以克服。

(3)清场

1)将生产所剩物料收集,标明状态,交中间站,并填写好记录。

2)清洁并保养设备:①每批生产结束时,用真空管吸出机台内粉粒;②将上、下冲拆下,再用真空管吸一遍机台粉粒；③依次用纯化水擦拭冲模、机台等每一个部位；④冲模擦净后，待干燥后，浸泡在液状石蜡中或涂上防晒油置于保管箱内保存；⑤用75%乙醇擦拭加料斗和月形栅式回流加料器；⑥每班对各润滑油杯和油嘴加润滑油和润滑脂、蜗轮箱加机械油，油量以浸入蜗杆一个齿为好，每半年更换一次机械油；⑦每班检查冲杆、导轨润滑情况，若润滑度不够，每次加少量机械油润滑，以防污染；⑧每周检查机件（蜗轮、蜗杆、轴承、压轮等）灵活性、上下导轨磨损，发现问题及时与维修人员联系，进行维修后，方可生产。

3）对场地、用具、容器进行清洁消毒，经QA检查合格，发清场合格证。

4. 压片过程中可能出现的问题及防止措施

（1）裂片：片剂发生裂开的现象叫做裂片，如果裂开的位置发生在药片的上部或中部，称为"顶裂"。产生的主要原因有选择黏合剂不当，细粉过多，压力过大和冲头与模圈不符等，故应及早发现，及时处理解决。

（2）松片：片剂硬度不够，受振动即散碎的现象称为松片。主要原因是黏合力差，压力不足等，一般需调整压力或添加黏合剂等方法来解决。

（3）黏冲：片剂的表面被冲头黏去一薄层或一小部分，造成片面粗糙不平或有凹痕的现象称为黏冲；若片剂的边缘粗糙或有缺痕，则可相应称为黏壁。造成黏冲或黏壁的主要原因有：颗粒不够干燥，物料较易吸湿，润滑剂选用不当或用量不足，冲头表面锈蚀、粗糙不光滑或刻字等，应根据实际情况查找原因予以解决。

（4）片重差异超限：系指片重差异超过药典规定的要求。其原因主要有颗粒大小不匀、下冲升降不灵活、加料斗装量时多时少等，需及时处理解决。

（5）崩解迟缓：一般的口服片剂都应在胃肠道内迅速崩解。若片剂超过了规定的崩解时限称为崩解超限或崩解迟缓。产生的主要原因有崩解剂用量不足、润滑剂用量过多、黏性太强、压力过大和片剂的硬度过大等，需针对原因处理。

（6）溶出超限：片剂在规定的时间内未能溶解出规定量的药物，称为溶出超限。影响药物溶出度的主要原因有：片剂不崩解、药物的溶解度差、崩解剂用量不足、润滑剂用量过多、黏合剂的黏性太强、压力过大和片剂的硬度过大等，应根据情况予以解决。

（7）片剂中的药物含量不均匀：所有造成片重差异过大的因素，皆可造成片剂中药物含量不均匀。对于小剂量的药物来说，除了混合不均匀以外，可溶性成分在颗粒之间的迁移是其均匀度不合格的一个重要原因，在干燥的过程应尽可能防止可溶性成分的迁移。

ER-12-6

片剂的不良外观图片

（8）变色和色斑：系指片剂表面的颜色变化或出现色泽不一的斑点，导致外观不合格。产生原因有颗粒过硬、混料不匀、接触金属离子、润滑油污染压片机等，需针对原因逐个处理解决。

（9）迭片：系指两个片剂迭在一起的现象。其原因主要有出片调节器调节不当、上冲黏片、加料斗故障等，应立即停止生产检修，针对原因分别处理。

（10）卷边：系指冲头与模圈碰撞，使冲头卷边，造成片剂表面出现半圆形的刻痕，需立即停车，更换冲头和重新调节机器。

知识链接

压片过程中的生产工艺管理与质量控制

1. 生产工艺管理要点

(1) 压片岗位操作室要求室内压大于室外压力、温度 18~26℃、相对湿度 45%~65%，洁净度一般达 D 级。

(2) 压片过程中应定时测片重、经常检查片剂外观。

(3) 生产过程中的物料应有标示。

(4) 按设备的清洁要求进行清洁。

2. 质量控制点 压片过程中的质量控制点有：①外观：应完整光洁、色泽均匀。②片重差异：一般生产企业工序应建立高于国家标准的内控标准，应符合生产企业的规定。③硬度和脆碎度：根据各生产单位的内控标准进行检查。④崩解度测定：一般采用升降式崩解仪，除另有规定外，一般压制片应在 15 分钟内全部崩解；药材原料粉末片应在 30 分钟内全部崩解；浸膏（半浸膏）片、糖衣片、薄膜衣片应在 1 小时内全部崩解；肠溶衣片应在人工胃液中 2 小时不得有裂缝、崩解和软化等现象，在人工肠液中 1 小时内全部崩解；泡腾片应在 5 分钟内全部崩解。⑤溶出度测定：应根据《中国药典》(2015 年版) 规定进行测定，应符合规定。⑥含量及均匀度：按规定方法检查，应符合规定。

(五) 包衣操作

片剂的包衣是指在片芯表面包上适宜材料的衣层。根据包衣材料不同分为糖衣片与薄膜衣片。糖衣片以蔗糖为主要包衣材料；薄膜衣以高分子成膜材料为主要包衣材料。

知识链接

包衣用的片芯与包衣的要求

1. 包衣用的片芯要求 ①要有适宜的弧度，使包衣材料能覆盖边缘部位；②有适宜的硬度，其硬度能承受包衣程中的振动、碰撞和摩擦；③崩解度符合药典有关规定。

2. 包衣要求 ①衣层应均匀牢固，层层干燥，衣料与药物不起任何作用；②贮存期间，仍能保持光亮美观，色泽一致，不影响片剂的崩解及药物释放等性质。

1. 片剂包衣的目的

(1) 改善片剂外观和便于识别。

(2) 掩盖药物的不良臭味。

(3) 增加药物的稳定性：衣层可防潮、避光、隔绝空气、防止挥发。

(4) 防止药物配伍变化：可将有配伍禁忌的药物分别制粒包衣后再压片，也可将一种药物压制成片芯，片芯外包隔离层后再与另一种药物颗粒压制成包心片。

(5)改变药物的释放部位:可将对胃有刺激或易受胃酸、胃酶破坏的药或肠道驱虫药等制成肠溶衣片,如肠溶阿司匹林片,胰酶片等。

(6)控制药物的释放速度:可采用不同的包衣材料,调整包衣膜的厚度和通透性,可使药物达到缓释、控释作用。

2. 包糖衣常用材料 糖衣有一定的防潮、隔绝空气,可掩盖药物的不良气味,改善外观,易于吞服等作用。包糖衣的工艺费时,包衣质量在一定程度上依赖于操作者的经验和技艺,包衣后增重多达100%。包糖衣常用材料:

(1)隔离层材料:常用的有10%~15%明胶浆、30%~35%阿拉伯胶浆、10%玉米朊乙醇溶液、15%~20%虫胶乙醇溶液、10%醋酸纤维素酞酸酯(CAP)乙醇溶液等。

(2)粉衣层材料:最为常用的是滑石粉,常用65%(*m/m*)或85%(*m/V*)糖浆作黏合剂。滑石粉中加入10%~20%的碳酸钙、碳酸镁或淀粉等混合使用时可作为油类吸收剂和糖衣层的崩解剂。

(3)糖衣层材料:常用65%(*m/m*)或85%(*m/V*)糖浆。

(4)有色糖衣层材料:常用着色糖浆(在糖浆中添加食用色素,色泽由浅到深),亦可用浓色糖浆,按不同比例与单糖浆混合配制。

(5)打光剂:常用虫蜡细粉,即米心蜡(川蜡),也可以在虫蜡中加入2%硅油混匀冷却后磨成的细粉(过80目筛),常用量是每万片用量约5~10g。

知识链接

包糖衣各操作工序目的

包糖衣各工序的目的是:①包隔离层的目的是将药物与外界隔绝,并可防止糖浆中水分渗入片芯、药物吸潮变质或糖衣被酸性药物破坏,同时还可增加片剂硬度;②包粉衣层的目的是清除片剂的棱角,使片面平整;③糖衣层的目的是增加衣层牢固性和甜味,使片荆光洁圆整,细腻美观;④包有色糖衣层的目的是使片剂美观和便于识别;⑤打光的目的是增加片剂的光泽美观和表面疏水防潮性能。

3. 包糖衣生产工艺流程 见图12-7。

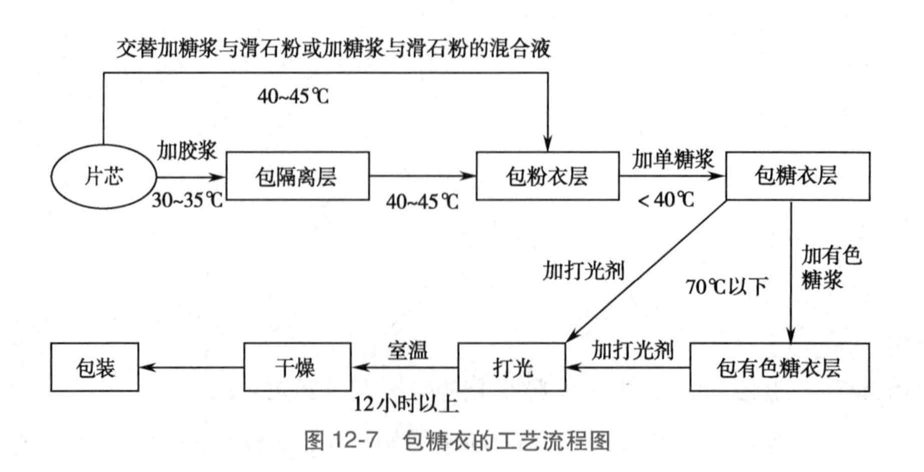

图12-7 包糖衣的工艺流程图

知识链接

隔离层的层数对糖衣片质量的影响

为了使片芯具有隔水作用，就需要包上隔离层。 隔离层的层数太多会使糖衣片崩解和溶解迟缓；若层数不够，包其余衣层时的水分可能进入片芯，使片芯的稳定性下降。 因此，为使隔离层既产生隔水作用，且片剂在体内又能迅速崩解，隔离层必须有恰当的层数，一般为 2~6 层。 确定隔离层的层数时应根据片芯的吸湿性、片芯对水分的敏感性、片芯形状等因素综合而定。

4. 包薄膜衣常用材料 与包糖衣相比,具有操作简单、生产周期短、效率高、片重增加小(仅增加 2%~4%)、对药片崩解影响小等优点。薄膜包衣材料通常由高分子包衣材料、溶剂和添加剂三部分组成。

(1)高分子包衣材料:按溶解性能分为胃溶型、肠溶型、胃肠不溶型。

1)胃溶型包衣材料:是指在胃中能溶解的材料,常用的有:

①羟丙基甲基纤维素(HPMC):是最常用的薄膜衣材料之一,可溶于水及一些有机溶剂中,它具有成膜性能好、形成膜有适宜的强度、不易破碎、性质稳定等优点。

②羟丙基纤维素(HPC):其溶解性能类似 HPMC,但干燥过程中易发生粘连,故常与其他成膜材料混合使用。

③聚丙烯酸树脂Ⅳ号:是目前最为常用的胃溶型薄膜衣材料之一,可溶于乙醇、丙酮、二氯甲烷,不溶于水,它具有成膜性能好、形成膜的机械性能好、包衣性质稳定、在胃液中快速崩解、防潮性能优良等优点。

④聚维酮(PVP):易溶于水、乙醇、氯仿、异丙醇等,不溶于丙酮、乙醚,形成衣膜坚硬光亮、但成膜后有吸湿软化现象。

2)肠溶型包衣材料:是指在胃中不溶,但在肠液中溶解的高分子材料,常用的有:

①醋酸纤维素酞酸酯(CAP):可溶于丙酮及丙酮与水、丙酮与乙醇的混合溶剂中,成膜性能好,但具有吸湿性。

②羟丙基纤维素酞酸酯(HPMCP):为 HPMC 与邻苯二甲酸作用生成的单酯。本品性质稳定,不溶于酸液,易溶于混合有机溶剂中,其肠溶性能很好,为优良的肠溶性材料。

③聚丙烯酸树脂Ⅰ、Ⅱ、Ⅲ号:Ⅰ号为水分散体,形成的包衣片表面光滑具有一定硬度,但与水接触易使片面变粗糙;Ⅱ号、Ⅲ号均不溶于水和酸,可溶于乙醇、丙酮、异丙酮或等量的异丙醇和丙酮的混合溶剂中,实际生产中常用两者的混合液包衣,具有成膜性好、衣膜透湿性低,但衣膜具有一定脆性。

3)胃肠不溶型:指在胃液中及肠液中均不溶的材料。其通常用于缓释型包衣材料,通过控制药物扩散和溶出,以达到延缓药物的释放的目的。常用的有:

①乙基纤维素(EC):不溶于水和胃肠液,能溶于多数的有机溶剂,常与水溶性包衣材料如 PEG、HPMC 等合用,改变 EC 与水溶性包衣材料的比例,可调节改变药物扩散和释放,可用于缓释、控释制剂。

②酸纤维素(CA):不溶于水,易溶于有机溶剂,成膜性好。形成膜具有半透性,是制备渗透泵片

或控释片剂最常用的包衣材料，也可以加入助渗剂或致孔剂如PEG、十二烷基硫酸钠等水溶性物质形成微孔膜，适用于水溶性药物的控释片。

(2)溶剂：应能溶解或分散高分子包衣材料及增塑剂，并使包衣材料均匀分布在片剂表面。

常用的溶剂有水和有机溶剂。有机溶剂包衣时包衣材料用量较少、形成包衣片表面光滑、均匀，但易燃并有一定毒性，故严格控制有机溶剂的残留量；水作包衣用溶剂克服了有机溶剂的缺点，适于不溶性高分子材料，通常是将不溶性高分子材料制成水分散体进行包衣。

ER-12-7
水性包衣材料的成膜机制

(3)添加剂：常用的有增塑剂、着色剂、掩蔽剂、遮光剂、增光剂、释放速度调节剂、固体物料等。①增塑剂：指能增加衣膜柔韧性的材料，常用的水溶性增塑剂有甘油、丙二醇、PEG等，水不溶性增塑剂有邻苯二甲酸酯、蓖麻油等；②释放速度调节剂：又称致孔剂或释放速度促进剂，在薄膜衣材料中加入如蔗糖、氯化钠、PEG等水溶性物质时，遇水后，这些水溶性物质迅速溶解，使薄膜衣膜成为微孔薄膜，从而调节药物的释放速度；③固体粉料：用于增加薄膜衣层的牢固性，在包衣过程中加入适当的固体粉末如滑石粉、硬脂酸镁等可以防止高分子包衣材料黏性过大引起的包衣颗粒或片剂的粘连；④着色剂和遮光剂：着色剂的加入主要是为了改善产品外观、便于识别，同时也有一定的遮光作用，可加适量二氧化钛等遮光剂来进一步提高片芯内药物对光的稳定性。但着色剂与遮光剂加入有时会对衣膜性能引起一些不良影响，如降低膜的拉伸强度、膜的柔韧性降低等。

5. 包薄膜衣工艺流程　见图12-8。

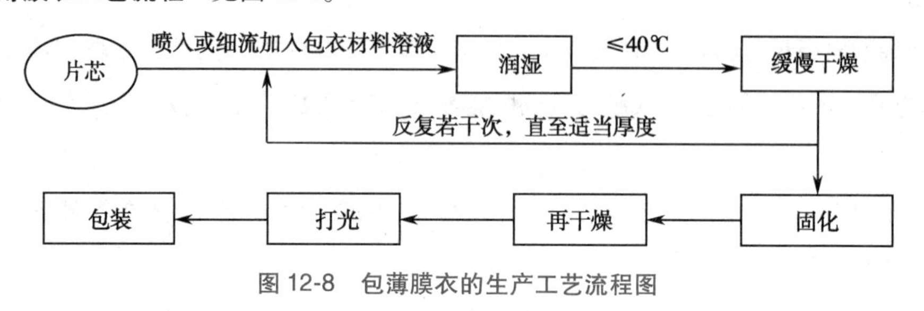

图12-8　包薄膜衣的生产工艺流程图

知识链接

薄膜包衣的固化操作

绝大多数包衣材料，包在片芯上后，需要进过一段时间，薄膜才能定型并逐渐变坚硬，此过程称为固化。

包衣产品的固化可在室温下或升温条件进行若干小时，借以排除底料和包衣中残余的溶剂。通常需要在室温中贮存约6~8小时，然后再在50℃干燥11~12小时。最好采用逐渐干燥的方法，以避免包衣起泡或产生花斑。

6. 常用包衣技术及设备　常用包衣技术有滚转包衣法、流化包衣法和压制包衣法等。

(1)滚转包衣法：是目前生产中最常用的方法，其主要设备为包衣锅，亦称为锅包衣法，常用的包衣设备有以下三种：

1)普通包衣机：主要构造包括包衣锅、动力部分、加热及鼓风设备、吸尘装置等四部分，见图12-9。包衣锅适当的倾斜角度、转速可使药片既能随锅的转动方向滚动，又能沿轴的方向运动，使药片与包衣材料充分混匀，提高包衣效果，一般包衣锅的倾斜角度为30°~50°、转速为20~40r/min。普通包衣机的缺点是干燥速度慢、气路不密封、有机溶剂污染环境等。

2)埋管包衣机：是为了克服普通包衣机的气路不密封，有机溶剂污染环境等不利因素进行改良的包衣机。其改良方式是在普通包衣锅内底部装有可输送包衣材料溶液、压缩空气和热空气的埋管，埋管喷头插入物料层内，见图12-10。这种包衣方法使包衣液的喷雾在物料层内进行，不仅可防止喷液飞扬，还能加快物料运动和干燥速度。

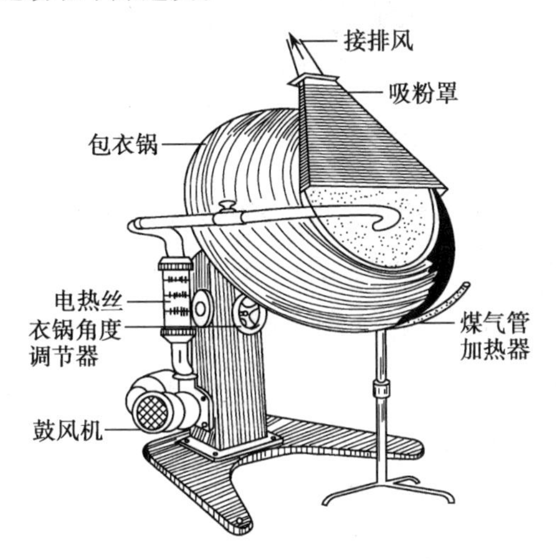

图12-9　普通包衣机的示意图

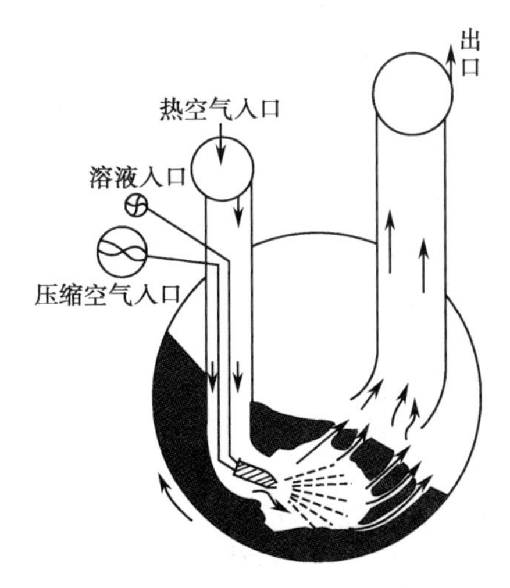

图12-10　埋管包衣机的示意图

3)高效包衣机：是为了改善普通包衣机的干燥能力差而开发的新型包衣机，见图12-11。其包衣过程处于密闭状态，具有卫生、安全、干燥速度快、包衣效果好等优点。

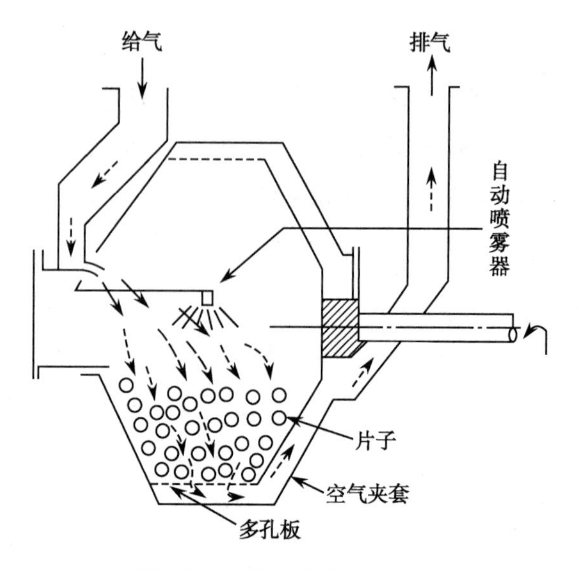

图 12-11　高效包衣机示意图

（2）流化包衣法：其原理与前面介绍的流化喷雾制粒相似，即将片芯置于流化床中，通入气流，借急速上升的空气气流使片剂悬浮于包衣室的空间上下翻动处于流化状态时，喷入雾化的包衣材料溶液或混悬液，使片芯上黏附一层包衣材料，继续通热空气干燥，如包衣若干层，至达到规定要求。与滚转包衣法相比，此法具有干燥能力强、包衣速度快、时间短、自动化程度高等优点。

常用的流化包衣机如图 12-12 所示，有流化型、喷流型、流化转动型三种类型，其中流化型包衣机为基本类型，构造以及操作与流化制粒设备基本相同。

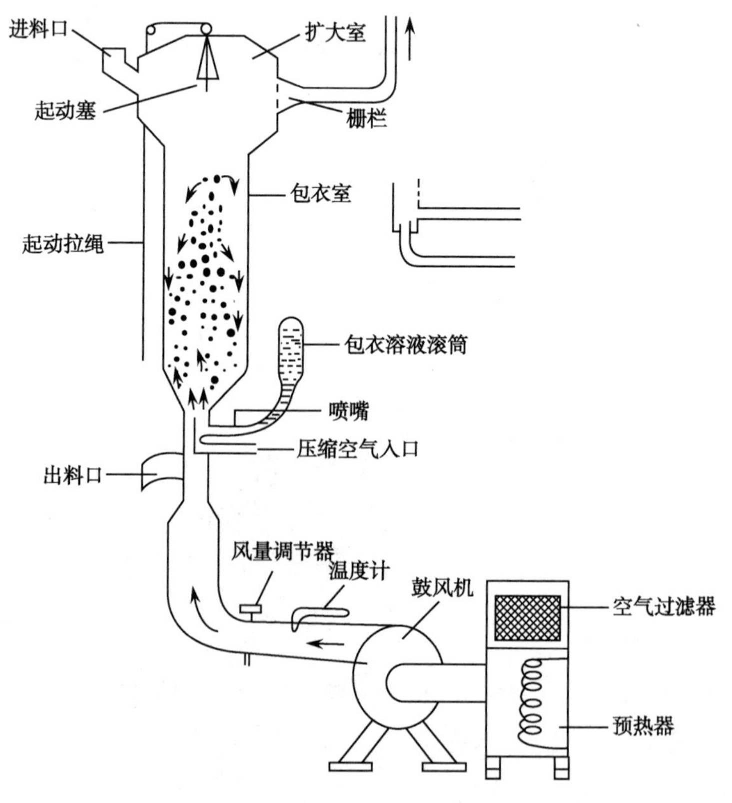

图 12-12　流化包衣机示意图

（3）压制包衣法：一般是将两台压片机以特制的转动器连接配套使用，一台压片机专门用于压制片芯，然后由传动器将压成的片芯输运至包衣转台上的第二台压片机的模孔中（此模孔已填入适量包衣材料作为底层），然后片芯上加入其余的包衣材料填满模孔，加压制成包衣片。本法优点是生产流程短、自动化程度高、可避免了水分与高温对药物的不良影响，但压片机械精度要求高。

7. 包衣操作室洁净度要求　包衣室的洁净度要求一般为 D 级，室内相对室外呈正压、温度 18～26℃、相对湿度 45%～65%。

8. 包衣操作过程（以 BG-D 高效包衣机的包衣过程为例）

片剂包薄膜衣岗位标准操作

（1）生产前准备：①检查是否有清场合格证，并确定是否在有效期内；检查设备、容器、场地清洁是否符合要求（若有不符合要求的，需重新清场或清洁，并请 QA 填写清场合格证或检查后，才能进入下一步生产）；②检查设备有无“合格”“已清洁”标牌；③检查设备有无故障；检查各机器的各零部件是否齐全，检查各部件螺丝是否紧固，检查安全装置是否安全、灵敏；④检查磅秤、天平的零点及灵敏度；⑤根据生产指令领取经检验合格的素片、包衣材料，核对素片、包衣材料的品名、批号、数量；⑥待房间温度、湿度符合要求后戴好手套，在设备上挂本次运行状态标志，进入操作。

（2）生产操作

1）包衣材料准备：①膜衣液配制：将溶剂加入配制桶内，搅拌、超声波使高分子材料溶解，混匀；难溶的高分子材料应先用溶剂浸泡过夜，以使彻底溶解、混匀；②糖衣材料的准备：将各层包衣所需材料按工艺要求进行处理（注：糖衣材料的准备通常由专门的人员进行准备，包衣操作人员按工艺所需量领取即可）；③操作完毕，按清场、器具清洁要求进行清洁、清场工作，并填写相关生产记录。

2）安装蠕动泵管：①先将白色旋钮松开，取出活动夹钳，再把天然橡胶管（亦称食品管）或硅胶管塞入滚轮下，边旋转滚轮盘，边塞入胶管，使滚轮压缩管子，调至适当的松紧程度（松紧程度可通过移动泵座的前后位置来调整，调好后用扳手紧固六角螺母）；②将泵座两侧的活动夹钳放下，使管子在夹钳中，拧紧白色旋钮，一只手将橡胶管稍处于拉伸状态，另一只手拧白色旋钮，以防止橡胶管在工作过程中移动（注意橡胶管不能拉的过紧，否则泵工作时会把橡胶管拉断，还要注意管子安装要平整，不能扭曲）；③将橡胶管的一端（短端）套在吸浆不锈钢管上，将硅橡胶管的另一端（长端）穿入包衣主机旋转臂长孔内，与喷浆管连接。

3）将筛净粉尘的片芯加入包衣滚筒内，开启包衣滚筒，低速转动。

4）开启排风，然后开启加热预热片芯。

5）安装调整喷嘴（包薄膜衣）：①将喷浆管安装在旋转长臂上，调整喷嘴位置使其位于片芯流动时片床的上 1/3 处，喷雾方向尽量平行于进风风向，并垂直于流动片床，喷枪与片床距离大约为 20～25cm；②将旋转臂边连同喷雾管移出滚筒外面进行试喷；③打开喷雾空气管道上的球阀，压力调至 0.3～0.4MPa。开启喷浆、蠕动泵，调整蠕动泵转速及喷枪顶端的调整螺钉，使喷雾达到理想要求，然后关闭喷浆及蠕动泵。

6）安装滴管（包糖衣）：将滴管安装在旋转长臂上，调整滴管位置使其位于片芯流动时片床的上 1/3 处（即片床流速最大处），使滴管嘴垂直于片床，滴管与片床距离大约为 20～30cm。

7)“出风温度”升至工艺要求值时,降低“进风温度”,待“出风温度”稳定至规定值时才能开始包衣。

8)包衣:①按“喷浆”键,开启蠕动泵,开始包衣,将转速缓慢升至工艺要求值;②包薄膜衣过程中可根据需要调整蠕动泵的转速和出风温度;③包糖衣过程中可根据需要调整糖浆、粉浆、滑石粉的加入量和干燥空气的温度以及加液、干燥等各阶段的时间;④开机过程中随时注意设备运行声音、情况,出现故障及时解决,无法解决及时通知维修人员维修。

9)包衣结束:①将输液管从包衣液容器中取出,关闭“喷浆”;②降低转速,待药片完全干燥后依次关闭热风,排风和匀浆;③打开进料口门,将旋转臂转出,装上卸料斗,按“点动”键,滚筒转动,药片从卸料斗卸出;④将药片装入晾片筛,称重并贴标签,然后送晾片间干燥,填请验单,由化验室检测。

(3)清场:①将生产所剩物料收集,标明状态,交中间站,并填写好记录。②清洗输液管:将管中残液弃去,先用合适溶剂清洗数遍,至溶剂无色,再用适量新鲜溶剂冲洗,最后将清洗干净的输液管浸入75%乙醇中消毒后,取出晾干。③清洗喷枪:装上清洁输液管后,将喷枪转入滚筒内,开机,用适宜的溶剂冲洗喷枪。此时可对滚筒起到初步润湿、冲洗作用。待喷枪上所滴下清洗液清澈透明,喷枪清洗结束。泵入75%乙醇对喷枪消毒,按喷浆键,待消毒完毕后,移走乙醇溶液,用压缩空气吹干喷枪(注:若是包糖衣,滴管的清洗可直接开机用热水冲洗至清澈透明,消毒,吹干)。④清洗滚筒:打开进料口,开机转动滚筒,用适宜的溶剂冲洗滚筒,并用洗净的毛巾擦洗滚筒至洁净,对喷枪旋转臂需一同进行清洗,清洗后关滚筒转动。⑤当滚筒内壁清洗干净后,打开主机两边侧门,拆下排风口,用适宜的溶剂清洗滚筒外壁;外壁清洗干净后,再次清洗内壁。⑥拆下排风管清洗干净,待晾干后装回原位,然后装上侧门。⑦擦洗进料口门内侧、卸料斗。⑧用湿布擦拭干净设备外表面。⑨每周清洗一次进风口。⑩对场地、用具、容器进行清洁消毒,经QA人员检查合格后,发清场合格证,填写清场记录。

(4)记录:及时规范地填写各生产操作记录。

知识链接

包衣过程中的生产工艺管理与质量控制

1. 生产工艺管理点

(1)包衣岗位操作室要求室内压大于室外压力、温度18~26℃、相对湿度45%~65%,洁净度一般达D级。

(2)使用有机溶剂的包衣室和配制室应做到防火防爆。

(3)生产过程中的物料应有标示。

(4)配制包衣用溶液时,选用容器的大小要适宜,并应注意包衣溶液的浓度、颜色应符合规定。

(5)按设备的清洁要求进行清洁。

2. 质量控制点 包衣过程中的质量控制点有外观、增重、脆碎度、被覆强度检查、含水量检查、崩解度。①外观：药片表面应光亮，色泽均匀，颜色一致。表面不得有缺陷（碎片、黏连剥落、起皱、起泡等），药片不得有严重畸形。②增重：薄膜衣片增重 3%～4%，粉衣片增重 50%，糖衣片增重 80%。③脆碎度：按《中国药典》（2015 年版）规定的方法检查，药片不得有破碎。④被覆强度检查：将包衣片 50 片置 250W 红外线灯下 15cm 处，加热片面应无变化。⑤含水量检查：水分一般不得大于 3～5%。⑥崩解时限：按《中国药典》（2015 年版）方法检查，检查结果应符合规定。

9. 包衣过程中可能存在的问题及解决办法

（1）包薄膜衣片：见表 12-1。

表 12-1 包薄膜衣过程中可能存在问题及解决办法

常见问题	原因	解决办法
起泡	固化条件不当，干燥速度过快	掌握成膜条件，控制干燥温度和速度
皱皮	选择衣料不当，干燥条件不当	更换衣料，改善成膜温度
剥落	选择衣料不当，两次包衣间的加料间隔过短	更换衣料，调节间隔时间，调节干燥温度和适当降低包衣液的浓度
花斑	增塑剂，色素等选择不当。干燥时，溶剂可溶性成分带到衣膜表面	改变包衣处方、调节空气温度和流量，减慢干燥速度
肠溶衣片不能安全通过胃部	选择衣料不当，衣层太薄、衣层机械强度不够	选择衣料，重新调整包衣处方
肠溶衣片肠内不溶解（排片）	选择衣料不当，衣层太厚、贮存变质	选择适当衣料、减少衣层厚度、控制贮存条件防止变质

（2）包糖衣片：见表 12-2。

表 12-2 包糖衣过程中可能存在问题及解决办法

常见问题	原因	解决办法
糖浆不粘锅	锅壁上蜡未除尽	洗净锅壁，或再涂一层热糖浆，撒一层滑石粉
色泽不均	片面粗糙，有色糖浆用量过少且未搅匀；温度太高，干燥过快，糖浆在片面上析出过快，衣层未干就加蜡打光	针对原因予以解决，如可用浅色糖浆，增加所包层数，“勤加少上”控制温度，情况严重时，可洗去衣层，重新包衣
片面不平	撒粉太多，温度过高衣层未干就包第二层	改进操作方法，做到低温干燥，勤加料，多搅拌
龟裂或爆裂	糖浆与滑石粉用量不当，芯片太松温度太高，干燥过快，析出粗糖晶使片面留有裂缝	控制糖浆和滑石粉用量，注意干燥时的温度与速度，更换片芯

续表

常见问题	原因	解决办法
露边与麻面	衣料用量不当，温度过高或吹风过早	注意糖浆和粉料的用量，糖浆以均匀润湿片芯为度，粉料以能在片面均匀黏附一层为宜，片面不见水分和产生光亮时，再吹风
黏锅	加糖浆过多，黏性大，搅拌不匀	糖浆的含量应恒定，一次用量不宜过多，锅温不宜过低
膨胀磨片或剥落	片芯或糖衣层未充分干燥，崩解剂用量过多	注意干燥，控制胶浆或糖浆的用量

（六）片剂的包装与贮存

片剂的包装形式有单剂量包装和多剂量包装。单剂量包装是将每个药片隔开包装，每个药片均处于密封状态，具有外观美观、使用方便、防止交叉污染等特点，常用的形式有泡罩式包装和窄条式包装。多剂量包装是将几十个、几百个药片装在一个容器中，常用的包装容器由玻璃瓶、塑料瓶、软性薄膜袋等。

片剂的贮存条件药典规定，除有另有规定外，一般应将包装好的片剂放在阴凉20℃以下，通风、干燥处贮存，对光敏感的片剂，应避光保存。受潮易分解的片剂，应在包装容器内放入1小袋干燥剂，如干燥硅胶。

三、片剂的质量控制

按照《中国药典》（2015年版）对片剂质量检查有关规定，片剂需要进行如下方面的质量检查：

1. 外观　片剂的外观应完整光洁，边缘整齐，片形一致，色泽均匀，字迹清洗；包衣片中畸形不得超过0.3%，并在规定的有效期内保持不变。

2. 重量差异　重量差异大，意味着每片的主药含量不一，因此必须把各种片剂的重量差异控制在规定的限度内。《中国药典》（2015年版）规定的片剂重量差异限度见表12-3。

表12-3　片剂的重量差异限度

平均片重量（g）	重量差异限度（%）
<0.3	±7.5
≥0.3	±5

检查法：取20片药片，精密称定总重量，求得平均片重后，再分别精密称定各片的重量，每片重量与平均片重相比较，超过重量差异限度的药片不得多于2片，并不得有1片超出限度1倍。

糖衣片、薄膜衣片在包衣前检查片芯的重量差异并符合规定，包衣后不再检查重量差异。

凡规定检查含量均匀度的片剂，不必检查片重差异。

3. 硬度与脆碎度　片剂的硬度，不仅影响片剂的崩解和主药的溶出，还会对片剂的生产、运输和贮存带来影响。实际生产中常用的经验方法来检查，即将片剂置于中指与食指之间，以拇指轻压，根据片剂的抗压能力，判断它的硬度。

测定片剂硬度和脆碎度的仪器有以下几种：

(1)孟山都硬度计：孟山都硬度计是通过一个螺栓对一弹簧加压，由弹簧推动压板对片剂加压，由弹簧长度变化反应压力的大小，片剂破碎时的压力即为硬度。《中国药典》(2015年版)对片剂的硬度大小没有明确规定，企业可以根据药品的品种与规格来制定企业的内控标准。

(2)脆碎度仪：脆碎度仪主要部分为一透明塑料制成的转鼓，若片重小于或等于0.65g取若干片，使总重约为6.5g；若片重大于0.65g取10片，用吹风机吹去表面粉末，精称重量后，放入转鼓内，转鼓以25r/min速度转动，转动100次(一般4分钟)后，取出除去粉末精称重量，减失的重量不得超过1%，且不能检出断裂、龟裂及粉碎的药片。如减失的重量超过1%，复检两次，三次的平均减失重量不得超过1%。

(3)片剂四用仪：片剂四用仪具有测定片剂的硬度、脆碎度、崩解度和溶出度四种作用。

4. 崩解时限 《中国药典》(2015年版)规定了崩解度的检查仪器、测定方法和标准。片剂崩解时限的检查方法一般采用吊篮法，即取药片6片，分别置于6个底部镶有筛网(孔经2mm)的玻璃管(吊篮)中，吊篮浸入装有1000ml温度为(37±1)℃的水中，测定时，吊篮上下往复运动，速度为30~32次/分钟，各片均应在下表规定的时间内溶散、崩解成颗粒或细粉，并全部通过筛网，如有1片崩解不完全，应另取6片复试均应符合规定，具体要求见表12-4。

表12-4 《中国药典》(2015年版)对片剂崩解时限要求

片剂	普通片	分散片	泡腾片	浸膏片	糖衣片	口含片	舌下片	胃溶薄膜衣片	肠溶衣片
崩解时限(min)	15	3	5	60	60	30	5	30	人工胃液中2小时不得有裂缝、崩解或软化现象，洗涤后人工肠液中，加挡板1小时内全部崩解或溶散并通过筛网

凡规定检查溶出度、释放度的片剂，以及某些特殊的片剂(如咀嚼片、缓释片、控释片等)，可不进行崩解时限检查，一般口服片剂均需做此项检查。

5. 溶出度 溶出度一般用于检查难溶性药物的片剂，因为难溶性药物的片剂崩解时限合格，并不一定能保证药物快速溶解而完全溶解出来，影响药物的疗效。溶出度的具体测定方法及判断标准详见《中国药典》(2015年版)，应同时测定6片，按标示含量计算，均应不低于规定限度。

6. 含量均匀度 含量均匀度是指小剂量药物在每片中含量偏离标示量的程度。一般片剂的含量测定只是平均含量，易掩盖小剂量片剂由于混合不匀而造成的含量差异。一般每片标示量小于10mg或主药含量小于每片重量5%者均应要求检查含量均匀度。含量均匀度的检查方法和判断标准详见《中国药典》(2015年版)。

凡检查含量均匀度的制剂，不需检查重量差异。

7. 发泡量 良好的发泡量是阴道泡腾片充分发挥药效的前提，因此阴道泡腾片需做发泡量检查。

检查法：除另有规定外，取25ml具塞刻度试管（内径1.5cm，口径较小的内径可为2.0cm）10支，按表12-5规定加水一定量，置37℃±1℃水浴中5分钟，各管中分别投入供试品1片，20分钟内观察最大发泡量的体积，平均发泡体积不得少于6ml，且少于4ml的不得超过2片。

表12-5　阴道泡腾片加水量

平均片重	加水量
≤1.5g	2.0ml
>1.5g	4.0ml

8. 分散均匀性　分散片要求加水后应迅速崩解并均匀分散，故分散片应做分散均匀性检查

检查法：采用崩解时限检查装置，不锈钢丝网的筛孔内径为710μm，水温为15～25℃；取供试品6粒，应在3分钟内全部崩解并通过筛网。

9. 微生物限度　在《中国药典》（2015年版）中规定化学药物的片剂，不得检出大肠杆菌；需氧菌总数不得超过1000cfu/g，霉菌、酵母菌总数不得超过100cfu/g，具体检查方法和结果判断方法详见《中国药典》（2015年版）。

四、制备举例

（一）复方阿司匹林片

【处方】

乙酰水杨酸	268g	对乙酰氨基酚	136g
咖啡因	3.4g	轻质液状石蜡	0.25g
淀粉	266g	滑石粉	15g
16%淀粉浆	适量	共制10 000片	

【制法】称取对乙酰氨基酚、咖啡因分别磨成细粉过100目筛后，与1/3量的淀粉混匀，加入淀粉浆制软材（10～15分钟），过14目或16目筛制粒，湿粒在70℃干燥，干颗粒过12目筛整粒，整粒后颗粒加入乙酰水杨酸混合均匀，加剩余的淀粉（预先在100～105℃干燥）和吸附了液状石蜡的滑石粉混匀，再过12目尼龙筛，颗粒经含量测定合格后，压片，即得。

【用途】本品用于镇痛或退烧。

【处方分析】对乙酰氨基酚、乙酰水杨酸、咖啡因为主药，淀粉浆为黏合剂，液状石蜡和滑石粉为润滑剂。

【注意事项】①乙酰水杨酸遇水易水解成水杨酸和醋酸，必要时可加入乙酰水杨酸量的1%酒石酸，来增加乙酰水杨酸的稳定性。②处方中的乙酰水杨酸、对乙酰氨基酚及咖啡因三种成分在润湿混合后，常使熔点下降，压缩后有熔融再结晶现象，故采用分别制粒的方法，即先将对乙酰氨基酚、咖啡因用湿法制粒，乙酰水杨酸在整粒后加入。这样也可以避免乙酰水杨酸受热以及与水接触。③硬脂酸镁能促进乙酰水杨酸的水解，故采用滑石粉和少量液状石蜡作润滑剂。加入滑石粉量的10%的液状石蜡，可使滑石粉更易吸附在颗粒表面上，压片时震动不易脱落。④乙酰水杨酸的可压性极差，制粒时应采用较高浓度的淀粉浆（15%～16%）作黏合剂。⑤乙酰水杨酸具有一定的疏水

性，必要时可加入适宜的表面活性剂，如吐温 80 等以加快片剂的崩解和溶出。

课堂活动

1. 上述处方中，若成分共熔后对制剂有效性有何影响？
2. 上述处方还可以采用何种方法制备？

（二）硝酸甘油片

【处方】 乳糖 888g 糖粉 380g

17%淀粉浆 适量 硬脂酸镁 10g

硝酸甘油 6.0g 共制 10 000 片

【制法】 取处方量的乳糖、糖粉，加入适量的淀粉浆制成空白颗粒，然后将硝酸甘油制成 10%的乙醇溶液拌于空白颗粒的细粉中（30 目以下），过 10 目筛 2 次，于 40℃以下干燥 50~60 分钟再与其余空白颗粒、硬脂酸镁混匀，压片，即得。

【用途】 本品用于治疗心绞痛。

【处方分析】 硝酸甘油为主药，淀粉浆为黏合剂，乳糖、糖粉为填充剂，硬脂酸镁为润滑剂。

【注意事项】 ①本品为急救药，片剂不宜过硬，以免影响其舌下溶解速度；②本品为小剂量药物的片剂，为防止混合不均匀，故采用主药溶于乙醇再加入空白颗粒中的方法；③制备过程，应注意防止振动、受热和操作者吸入，以免造成爆炸以及操作者的剧烈头痛。

点滴积累

1. 片剂的制备技术有制粒压片法、直接压片法；制粒压片法分为湿法制粒压片和干法制粒压片；直接压片法分为粉末直接压片和结晶直接压片。
2. 压片机常用类型为旋转式压片机，其压片过程为填料、压片、出片三个步骤。
3. 片剂的制备过程包括物料前处理、制粒、总混、压片、包衣、分装、包装等。
4. 片重的计算法有按主药含量计算片重、按干颗粒总重量计算片重。
5. 压片过程中容易出现的问题有松片、裂片、黏冲、片重差异超限、崩解超限、溶出超限等。
6. 包衣的目的有改善片剂外观和便于识别、掩盖药物的不良臭味、增加药物的稳定性、防止药物配伍变化、改变药物的释放部位、控制药物的释放速度等。
7. 包衣常用的材料有糖衣和薄膜衣；与包糖衣相比，薄膜衣具有操作简单、生产周期短、效率高、片重增加小（仅增加 2%~4%）、对药片崩解影响小等优点。
8. 包衣常用技术有滚转包衣法、流化包衣法和压制包衣法；流化包衣法比滚转包衣法干燥能力强、包衣速度快、自动化程度高，而压制包衣法具有生产流程短、自动化程度高、可避免水分与高温对药物的不良影响等优点。
9. 片剂的质量控制常见项目有外观、重量差异、硬度、脆碎度、崩解时限、溶出度、含量均匀度、发泡量、分散均匀性、微生物限度等。

实训十二　空白片的制备

【实训目的】

1. 进一步熟悉挤压过筛制粒操作。

2. 能正确使用单冲压片机。

3. 能分析片剂处方中各辅料的作用。

4. 能对普通片进行质量检查。

【实训场地】

实验室

【实训仪器与设备】

单冲压片机、烘箱、不锈钢盆、托盘、药筛、快速水分测定仪、崩解仪、脆碎度仪、天平等。

【实训材料】

蓝淀粉、淀粉、糖粉、糊精、硬脂酸镁、50%乙醇等。

【实训步骤】

【处方】	蓝淀粉(代主药)	10g	糖粉	33g
	淀粉	50g	糊精	12. 5g
	50%乙醇	22m	硬脂酸镁	1g
	共制成1000片			

【制备】

1. 制颗粒

(1)备料:按处方量称取物料,物料要求能通过80目筛。称量时,应注意核对品名、规格、数量,并做好记录。

(2)混合:将蓝淀粉与糖粉、糊精与淀粉分别采用等量递加混匀,然后将两者的混合均匀,最后过60目药筛2~3次。

(3)制软材:在迅速搅拌状态下喷入适量50%乙醇溶液制备软材,软材以“手握成团、轻压即散”为度。

(4)制湿颗粒:将制好的软材用14目筛手工挤压过筛制粒。

(5)干燥:将制好的湿颗粒放入烘箱内、采用60℃进行干燥,在干燥过程中每小时将上下托盘互换位置,将颗粒翻动一次,以保证均匀干燥,干燥约2小时后,取样用快速水分测定仪测定含水量,当颗粒含水量<3%便可结束干燥。

(6)整粒:干燥后的颗粒采用10目筛挤压整粒,整粒后加入硬脂酸镁进行搅拌总混。

(7)将以上制得颗粒称重,计算片重。

2. 压片

(1)单冲压片机的安装:依次安装下冲、中模和上冲;安装加料斗。

(2)转动手轮,观察设备运行情况,若无异常现象,方可进行下一步操作。

(3)空机运转,观察设备运行情况,如无异常现象,进行下一步操作。

(4)将颗粒加入加料斗进行试压片,试压时先将片重调节器调试至片重符合要求,再调节压力调节按钮至硬度符合要求。

(5)试压后,进行正式压片。

(6)压片期间做好各种数据的记录。

(7)压片结束,停机。

3. 质量检查

(1)外观检查:取样品100片平铺白底板上,置于75W白炽灯的光源下60cm处,在距离片剂30cm处用肉眼观察30s进行检查。根据实验结果,判断是否合格。

(2)重量差异检查:选外观合格的片剂20片,按《中国药典》(2015年版)规定的方法进行检查。根据实验结果,判断是否合格。

(3)崩解时限检查:从上述重量差异检查合格的片剂中取出6片,按《中国药典》(2015年版)规定的方法进行检查。根据实验结果,判断是否合格。

(4)脆碎度检查:从上述重量差异检查合格的片剂中取样(若片重小于或等于0.65g取若干片,使总重约为6.5g;若片重大于0.65g取10片),按《中国药典》(2015年版)规定的方法进行检查。根据实验结果,判断是否合格。

【注意事项】

1. 蓝淀粉与辅料一定要混合均匀,以免压出的片剂出现色斑、花斑等现象。

2. 乙醇的使用量在不同的季节、不同地区会有所变化。

3. 压片过程应经常检查片剂重量、硬度等,发现异常应立即停机进行调整。

【实训报告】

实训报告格式见附录一、记录表见附录二、三、四、五、六、七、十四、十五、十六。

【实训测试表】

测试题目	测试答案(请在正确答案后"□"内打"√")
制空白颗粒过程说法正确的有哪些?	①采用等量递加法将蓝淀粉与辅料混合均匀 □ ②湿粒干燥可采用80℃以上的温度进行干燥 □ ③制粒采用10目筛、整粒采用14目筛 □ ④制粒采用14目筛、整粒采用10目筛 □ ⑤硬脂酸镁的加入是在整粒后 □
压片过程中的质量检查项目有哪些?	①外观 □ ②脆碎度 □ ③崩解度 □ ④片重差异 □

续表

测试题目	测试答案（请在正确答案后“□”内打“√”）
关于片剂各质量检查项目取样数正确的有哪些？	①外观检查取样数 40 片 □、20 片 □、100 片 □ ②崩解度检查取样数 3 片 □、6 片 □、20 片 □ ③片重差异检查取样数 3 片 □、6 片 □、20 片 □ ④溶出度检查取样数 3 片 □、6 片 □、20 片 □
关于单冲压片机说法正确的有哪些？	①单侧加压 □ ②压力调节器调节下冲上升的高度 □ ③压力调节器调节上冲下降的深度 □ ④片重调节器调节下冲下降深度 □ ⑤出片调节器调节下冲上升的高度 □
对上述处方中各辅料的作用分析正确的有哪些？	①糖粉作填充剂 □ ②淀粉作填充剂 □ ③50%乙醇作黏合剂 □ ④硬脂酸镁作润滑剂 □ ⑤硬脂酸镁作崩解剂 □

实训十三　维生素 C 片的制备

【实训目的】

1. 能按操作规程操作 ZP8 冲旋转式压片机。
2. 能进行压片机的清洁与维护。
3. 能对压片过程中出现不合格片进行判断，并能找出原因及提出解决方法。
4. 能解决压片过程设备出现的一般故障。
5. 能按清场规程进行清场工作。

【实训场地】

实训车间或实训车间

【实训仪器与设备】

ZP8 冲旋转式压片机、V 型混合机或槽型混合机、硬度测定仪、崩解度测定仪、脆碎度仪、天平、不锈钢盆等。

【实训材料】

维生素 C 颗粒、硬脂酸镁等。

【实训步骤】

【处方】维生素 C　1000g　淀粉　400g

糊精　600g　酒石酸　20g

淀粉浆　适量　硬脂酸镁　20g

共制成 20 000 片

【制备】

1. 制颗粒　取处方量的维生素 C、淀粉、糊精放入高速搅拌制粒机中混合均匀，加入适量 10% 淀粉浆制粒，将制好的湿颗粒采用沸腾干燥机干燥，整粒。

注：高速搅拌制粒机、沸腾干燥机的操作见项目十颗粒剂的制备。

2. 总混　取整粒后的颗粒，加入硬脂酸镁放入 V 型混合机或槽型混合机进行总混。

3. 压片　见项目十二片剂制备中的压片操作。

4. 质量检查　见实训十二。

【注意事项】

1. 压片经常检查设备运转情况，发现异常及时处理。

2. 维生素 C 易氧化、操作时应尽量避免与金属接触，采用尼龙筛网。

3. 压片过程中每 15~30 分钟测一次片重。

4. 压片过程中注意物料量，保证加料斗的物料维持在一半以上。

5. 加料斗内接近无料应及时降低车速或停车。

【实训报告】

实训报告格式见附录一、记录表见附录二、三、四、五、六、七、十四、十五、十六。

【实训测试表】

测试题目	测试答案（请在正确答案后“□”内打“√”）
哪些是压片生产前一定需要做的准备工作？	①检查是否有清场合格证、设备是否有“合格”标牌与“已清洁”标牌 □ ②检查冲模质量是否符合要求 □ ③按生产指令领取物料 □ ④检查容器、工具、工作台是否符合生产要求 □ ⑤生产前需请 QA 人员检查 □ ⑥用 75% 乙醇消毒月形栅式回流加料器 □ ⑦检查电子天平的灵敏度、精确度是否符合要求 □ ⑧检查操作室的温度、湿度、压力、洁净度是否符合要求 □
压片过程中的质量控制点有哪些？	①外观 □ ②硬度 □ ③崩解度 □ ④溶出度 □ ⑤片重差异 □
压片过程中操作正确的有哪些？	①压片过程中一般每隔 5 分钟 □、25 分钟 □、55 分钟□，测一次片重 ②正式压片前，用点动进行硬度、片重调节 □ ③当压出的片剂硬度太大，片厚调节按钮应向减小方向调节 □ ④增大压片机的转速，对片剂的硬度无影响 □ ⑤充填调节向增大方向调，片剂的重量增大 □ ⑥压片过程中，加料斗内的物料保持在一半以上 □ ⑦压片结束，需关闭主机电源、总电源、真空泵 □ ⑧压片结束，进行物料平衡、收得率计算 □

续表

测试题目	测试答案（请在正确答案后"□"内打"√"）
清场工作做法正确的有哪些？	①用水冲洗压片机 □ ②用水洗冲模 □ ③用水冲洗墙壁、地面 □ ④冲模洁净后，用煤油浸泡 □ ⑤拆冲之前，先用吸尘器吸机台内粉粒 □ ⑥清料 □
压片岗位需填写的生产记录有哪些？	①填写生产指令 □ ②填写压片生产前的检查记录表 □ ③填写压片生产记录表 □ ④填写清场记录表 □

实训十四　空白片的包衣

【实训目的】

1. 能按操作规程操作高效包衣机。
2. 能进行高效包衣机的清洁与维护。
3. 能对包衣过程中出现不合格片进行判断，并能找出原因及提出解决方法。
4. 能解决包衣过程设备出现的一般故障。
5. 能按清场规程进行清场工作。

【实训场地】

实训车间

【实训仪器与设备】

高效包衣机、蠕动泵、硬度仪、崩解仪、天平、不锈钢盆等。

【实训材料】

空白片、HPMC、PEG4000、柠檬黄。

【实训步骤】

【处方】

1. 胃溶型薄膜衣液

HPMC	30g	PEG4000	10g
柠檬黄	1g	纯化水	加至1000ml

2. 空白片处方

淀粉	1000g	糊精	500g
10%淀粉浆	适量	共制成6000片	

【制备】

1. 包衣液的配制　取HPMC、PEG4000置于容器内，加入适量纯化水，密闭浸泡过夜，包衣前加入柠檬黄搅拌均匀,加纯化水至1000ml。

2. 包衣操作 见项目十二片剂制备中的包衣操作。

3. 质量检查

(1)外观检查:取样品100片平铺白底板上,置于75W白炽灯的光源下60cm处,在距离片剂30cm处用肉眼观察30s进行检查。根据实验结果,判断是否合格。

(2)增重:取20片薄膜衣药片,精密称定总重量,求平均片重与片芯平均片重比较。根据实验结果,判断是否合格。

(3)被覆强度检查:取包衣片50片置250W红外线灯下15cm处,加热4小时进行检查。根据实验结果,判断是否合格。

(4)崩解度:见实训十二的质量检查。

【注意事项】

1. 包衣过程中随时注意设备运行情况,出现故障及时处理。

2. 包衣时,应选择适当的进风温度、出风温度、锅体转速、压缩空气的压力,以保证包衣片的质量。

3. 包衣过程中,随时取样进行质量检查、控制包衣片增重。

【实训报告】

实训报告格式见附录一、记录表见附录二、三、四、五、六、七、十七。

【实训测试表】

测试题目	测试答案(请在正确答案后“□”内打“√”)
哪些是包衣生产前一定需要做的准备工作?	①检查是否有清场合格证、设备是否有“合格”标牌与“已清洁”标牌 □ ②检查容器、工具、工作台是否符合生产要求 □ ③按生产指令领取物料 □ ④生产前需请QA人员检查 □ ⑤检查操作室的温度、湿度、压力、洁净度是否符合要求 □ ⑥检查电子天平的灵敏度、精确度是否符合要求 □
包衣过程中的质量控制点有哪些?	①外观 □ ②片重差异 □ ③崩解度 □ ④增重 □
包衣过程中操作正确的有哪些?	①先安装蠕动泵管,再安装喷嘴 □ ②先安装喷嘴,再安装蠕动泵管 □ ③待出风温度稳定后,才按喷浆键 □ ④包衣结束,进行物料平衡、收得率计算 □
清场工作做法正确的有哪些?	①用湿布擦拭设备外壁 □ ②输液管清洗干净后需浸入75%乙醇消毒 □ ③输液管清洗前,先清洗喷枪 □ ④滚筒可用水冲洗 □ ⑤清料 □

续表

测试题目	测试答案（请在正确答案后“□”内打“√”）
包衣岗位需填写的生产记录有哪些？	①填写生产指令 □ ②填写包衣液配制记录表 □ ③填写包衣生产记录表 □ ④填写清场记录表 □

目标检测

一、选择题

（一）单项选择题

1. 某片剂平均片重为 0.5 克，其《中国药典》规定的重量差异限度为（　　）
   A. ±1%　　B. ±2.5%　　C. ±5%　　D. ±7.5%
2. 为增加片剂的体积和重量，应加入的附加剂是（　　）
   A. 稀释剂　　B. 崩解剂　　C. 吸收剂　　D. 润滑剂
3. 片剂不具有的优点是（　　）
   A. 剂量准确　　B. 成本低　　C. 溶出度高　　D. 服用方便
4. 片剂辅料中润滑剂不具备的作用是（　　）
   A. 增加颗粒的流动性　　B. 促进片剂在胃中湿润
   C. 防止颗粒黏冲　　D. 减少对冲头的磨损
5. 《中国药典》（2015 年版）规定糖衣片的崩解时限为（　　）
   A. 15 分钟　　B. 30 分钟　　C. 45 分钟　　D. 60 分钟
6. 已检查含量均匀度的片剂，不必再检查（　　）
   A. 硬度　　B. 溶解度　　C. 崩解度　　D. 片重差异限度
7. 进行片重差异检查时，所取片数为（　　）
   A. 10 片　　B. 20 片　　C. 15 片　　D. 30 片
8. 下列可做片剂的泡腾崩解剂为（　　）
   A. 枸橼酸与碳酸钠　　B. 淀粉　　C. 羧甲基淀粉钠　　D. 预胶化淀粉
9. 关于肠溶衣片的叙述，错误的是（　　）
   A. 胃内不稳定的药物可包肠溶衣　　B. 强烈刺激胃的药物可包肠溶衣
   C. 在胃中崩解，而在肠中不崩解　　D. 驱虫药通常制成肠溶液衣片
10. 可作为肠溶衣的高分子材料是（　　）
    A. 丙烯酸树脂Ⅰ号　　B. 丙烯酸树脂Ⅳ号
    C. 羟丙基甲基纤维素（HPMC）　　D. 羟丙基纤维素（HPC）

（二）多项选择题

1. 需检查崩解度的片剂有（　　）

A. 咀嚼片　B. 肠溶衣片　C. 糖衣片
D. 缓释片　E. 口含片

2. 对湿热很不稳定的药物可采取的压片方法有(　　)
A. 挤压制粒压片　B. 空白颗粒压片　C. 滚压制粒压片
D. 粉末直接压片　E. 高速制粒压片

3. 一定可以避免肝脏首过效应的片剂类型有(　　)
A. 舌下片　B. 分散片　C. 咀嚼片
D. 植入片　E. 肠溶衣片

4. 片剂包衣的目的有(　　)
A. 避免药物的首过效应　B. 增加药物的稳定性　C. 控制药物释放速度
D. 掩盖药物的不良气味　E. 改善片剂的外观

5. 片剂的质量检查项目可能有(　　)
A. 片重差异　B. 脆碎度　C. 崩解度
D. 外观　E. 释放度

6. 引起片重差异超限的原因有(　　)
A. 颗粒的流动性不好　B. 加料斗内物料的重量波动太大
C. 颗粒中细粉过多　D. 冲头与模孔吻合性不好
E. 制粒时,所用黏合剂的黏性太大

7. 压片时出现松片现象,下列做法正确的有(　　)
A. 选黏性较强的黏合剂　B. 颗粒含水量控制适中
C. 减少压片机压力　D. 调慢压片机压片时的车速
E. 加快压片机压片时的速度

二、简答题

1. 压片机的冲模应如何保存?
2. 冲模安装时,需要注意哪些问题?
3. 简述糖衣片和薄膜衣片的包衣过程。
4. 片剂为什么要进行包衣?

三、实例分析

1. 分析下列硝酸甘油片处方中物料的作用,并简述其制备过程。

【处方】			
	硝酸甘油	0.6g	(　　　　)
	17%淀粉浆	适量	(　　　　)
	乳糖	88.8g	(　　　　)
	硬脂酸镁	1.0g	(　　　　)
	糖粉	38.0g	(　　　　)

共制 1000 片

制备过程:

2. 压制出的维生素 C 片硬度太小,试分析引起硬度太小的原因有哪些?并采取相应的措施。

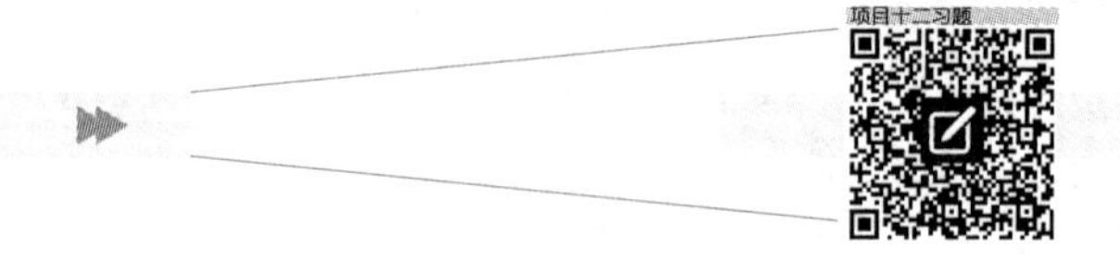

(张健泓)

项目十三

丸　剂

导学情景

情景描述

六月的一天，李奶奶和李爷爷像往常一样，送了孙女去幼儿园后，一起去菜场买菜，一路上两个人商量着中午吃什么菜。 突然，李爷爷感觉到心前区一阵闷痛，左半边身子发麻，全身发冷，有强烈的憋气。 李奶奶见状，赶紧从李爷爷上衣口袋里取出速效救心丸，倒出数粒放到李爷爷的舌下，同时拨打了 120。 5 分钟后，李爷爷症状缓解，10 分钟后救护车赶到，将李爷爷送往医院。

学前导语

速效救心丸是一种中药丸剂，临床用于心绞痛发作。 丸剂是中药传统剂型，在经历了传承与创新后，丸剂呈现出品种多样化、制备工业化与作用速效等特点。 同时符合 GMP 要求的生产环境也使丸剂的质量得到了进一步的提高。

任务一　中药丸剂

一、概述

（一）定义与特点

丸剂系指原料药物与适宜的辅料制成的球形或类球形固体制剂。按照主药成分不同可分为中药丸剂和化学药丸剂两种，以中药丸剂为主，临床主要供内服。中药丸剂是指饮片细粉或提取物加适宜的黏合剂或其他辅料制成的球形或类球形制剂，包括蜜丸、水丸、水蜜丸、浓缩丸、糊丸、蜡丸与滴丸等。化学药丸剂是指化学药物加适宜的黏合剂或其他辅料制成的球形或类球形制剂，包括滴丸、糖丸。

知识链接

丸剂的发展

丸剂是中药传统剂型之一，最早的记载出现于我国医方《五十二病方》。 随着中药提取技术和制药机械工业的发展，丸剂由传统的制备工艺发展成为机械化的生产规模，并不断有中药新品种出现，尤其是中药浓缩丸、滴丸、微丸等新型丸剂，由于释药快，吸收好，服用剂量小，逐渐被人们接受与重视。

丸剂是中药传统剂型中较为重要的剂型，在中成药中占比例最大。经典医方《五十二病方》中对丸剂的名称、处方、规格、剂量及服用方法均有记载。宋代《太平惠民和剂局方》记载丸剂方剂284个；《伤寒杂病论》《金匮要略》中有以蜂蜜、糖、淀粉糊、药汁作为丸剂黏合剂的记载；金元时期出现丸剂包衣。自20世纪80年代以来，随着制药技术的发展，丸剂的制备由最初的手工制作发展成为自动化生产。丸剂具有如下优点：

1. 药效作用持久、缓和　蜜丸、糊丸、蜡丸服用后在胃肠道中缓慢崩解或溶散，逐渐释放药物，药物吸收迟缓，作用持久。临床上治疗慢性疾病或久病体弱、病后调和气血者多制成丸剂服用。

2. 可减少或避免某些药物的毒性和刺激性　通过选用适宜的辅料，使某些毒性、刺激性药物在胃肠道中释药缓慢，平缓药物的吸收，降低毒性或刺激性。

3. 适用于液体及挥发性药物　丸剂制备时不仅能容纳固体药物、半固体药物，还可以容纳液体药物，芳香挥发性药物可通过泛在丸剂中层来改善其挥发性。

4. 补充其他剂型不足　将普通的中药丸剂改制成微丸后包缓释衣，经压成片剂或装入胶囊后成为控、缓释制剂。

但是中药丸剂多以药材粉末入药，服用量较大，小儿服用困难；丸剂生产过程较长，增加了药物染菌的机会，微生物超标问题尚未完全解决；中药材质量受中药材产地、采收时节、炮制加工等因素的影响较大，对中药丸剂的内在质量控制还有待深入研究。

课堂活动

观察收集的各类丸剂样品的外观形态，将样品进行归类；剖开丸粒并结合图片展示，让学生通过观察与讨论，初步总结出各类丸剂所用赋形剂、制备工艺及丸剂包衣的目的与种类。

（二）中药丸剂的分类

丸剂按照赋形剂种类分蜜丸、水蜜丸、水丸、糊丸、蜡丸、浓缩丸。按照制法分为泛制丸、塑制丸、滴制丸。

（三）丸剂的质量要求

根据《中国药典》（2015年版）丸剂的相关规定，丸剂在生产和贮藏期间应符合下列有关规定：

1. 外观应圆整，大小、色泽应均匀，无粘连现象。
2. 丸剂水分应符合规定。
3. 重（装）差异与含量均匀度应符合规定。
4. 溶散时限或崩解时限符合规定。
5. 根据药物的性质、使用与贮藏的要求，供口服的丸剂可包糖衣或薄膜衣。
6. 微生物限度应符合规定。

二、常用辅料

中药丸剂的主要成分为中药材粉末，制备过程中需添加适宜的辅料来使之成型，常用辅料种类有润湿剂、黏合剂、吸收剂或稀释剂。

1. 润湿剂 药材粉末本身具有黏性，只需加润湿剂诱发其黏性，便可以制备成丸。常用的润湿剂有水、酒、醋、水蜜、药汁等。

2. 黏合剂 一些含纤维、油脂较多的药材细粉，需加适当的黏合剂才能成型。常用的黏合剂有蜂蜜、米糊或面糊、药材清（浸）膏、糖浆等。

（1）蜂蜜：蜂蜜是蜜丸的重要组成部分。具有补中益气、缓急止痛、止渴润肠、解毒、矫味、矫臭等作用。其主要成分是葡萄糖和果糖，另含有少量蔗糖、有机酸、维生素、无机盐等成分。制备蜜丸应选择半透明、带光泽、乳白色的黏稠糖浆状液体或稠如凝脂状的半流体，味纯甜、有香气的蜂蜜。

（2）米糊或面糊：以黄米、糯米、小麦及神曲等细粉制成的糊。用量为药材细粉的40%。制糊的方法有：①蒸糊法：将糊粉加适量水混合均匀后制成块状后放于蒸笼中蒸熟使用；②煮糊法：将糊粉加适量水混合均匀制成块状后放于沸水中煮熟，呈半透明状后使用；③冲糊法：将糊粉加少量温水调匀成浆，在不断搅拌的过程中冲入沸水至成半透明状后使用。使用米糊或面糊制得的丸剂一般较坚硬，溶散速度较慢，适用于毒剧药和刺激性药物。

（3）药材浸膏：用浸提方法获得的清（浸）膏大多具有较强的黏性，可兼作黏合剂使用，与处方中其他药材细粉混合后制丸。

（4）糖浆：常用蔗糖糖浆。通过炼糖使糖热融成均匀的糖浆，并使蔗糖在加热、特别是在有酸的情况下加热，水解转化为葡萄糖和果糖（葡萄糖和果糖的混合物称为转化糖），以避免丸剂在贮存过程中析出糖的晶体，出现“返砂”现象。糖浆适用于黏性弱、易氧化药物的制丸。

（5）蜂蜡：将蜂蜡加热熔化，待冷却至适宜温度后按比例加入药粉，混合均匀后制丸。如果蜂蜡中含有杂质，可以将蜡放在水中加热至80~90℃时，由于蜡和水的比重不同，搅拌后静置10分钟后，杂质下沉，取出上浮蜂蜡，弃去杂质和水即可。制备蜡丸时应保温60℃，防止药粉与蜡分层。

3. 吸收剂或稀释剂 中药丸剂中常将处方中出粉率高的药材制成细粉，作为浸出物、挥发油的吸收剂或稀释剂，这样可避免或减少其他辅料的用量。

另外，为促进丸剂在体内的崩解和释放，常加入适量的崩解剂，如羧甲基淀粉钠、低取代羟丙基甲基纤维素等。

以水（或根据制法用黄酒、醋、稀药汁、糖液、含5%以下炼蜜的水溶液等）为黏合剂制成的丸剂称为水丸；以炼蜜为黏合剂的丸剂称为蜜丸，其中每丸质量在0.5g（含0.5g）以上的称大蜜丸，每丸重在0.5g以下的称小蜜丸；以炼蜜和水为黏合剂（炼蜜加3倍量的水经煮沸过滤）的丸剂称为水蜜丸；以米糊或面糊为黏合剂的丸剂称为糊丸；以蜂蜡为黏合剂制成的丸剂称为蜡丸。饮片或部分饮片提取浓缩后，与适宜的辅料或其余饮片细粉，以水、炼蜜或炼蜜和水为黏合剂的丸剂称为浓缩丸，根据所用黏合剂的不同，分为浓缩水丸，浓缩蜜丸和浓缩水蜜丸；以适宜大小的糖粒或基丸为核心，用糖粉和其他辅料的混合物作为撒粉材料，选用适宜的黏合剂或润湿剂制丸，并将原料药物以适宜的方法分次包裹在糖丸中而制成的丸剂称为糖丸。直径小于2.5mm的各类丸剂均称为微丸。

三、制备

丸剂的常用制备方法有泛制法、塑制法、滴制法，但常用的为泛制法、塑制法。泛制法多用于水丸的制备，塑制法多用于蜜丸、水蜜丸、浓缩丸、糊丸、蜡丸的制备。

（一）泛制法

泛制法是指在具备母核的基础上，在转动的适宜容器或机械中，将药材细粉与赋形剂交替加入，不断翻滚，使粉粒逐渐增大的一种制丸方法。工艺流程为：原辅料准备→起模→成型→盖面→干燥→选丸→质量检查→包装。手工制丸可采用泛丸匾，大量生产可以采用泛丸设备，如泛丸机或包衣锅。

ER-13-1

手工泛丸操作

1. 原辅料的准备 处方中适宜的药材经净选、炮制合格后粉碎。用于起模的药粉黏性应适中，通常过六号筛。用于加大成型的药粉，除另有规定外，应过六号筛或七号筛。用于盖面的药粉应为最细粉。药材粉末粒度直接影响丸剂的质量。药粉粒度过细，泛制过程中易使丸体紧致，影响溶散时限；药粉粒度过粗则易导致丸粒表面粗糙，有花斑或纤维毛，导致丸粒外观质量不合格。含纤维较多的药材（如大腹皮、丝瓜络、灯心草等），不易粉碎时，可先将其加水煎煮，用提取的煎汁作润湿剂，以供泛丸应用。

2. 起模 是指将药粉制成0.5~1mm小球的操作，是泛丸成型的基础，也是制备水丸的关键。利用水的润湿作用诱导出药粉的黏性，使药粉相互之间黏结成细小的颗粒，通过不断滚动使之成为细小圆粒，称为母核。母核的形状直接影响着成品的圆整度，母核的大小和数目，也影响加大过程中筛选的次数和丸粒的规格及药物含量的均匀性。起模应选用处方中黏性适中的药物细粉，黏性太大的药粉在加入液体时，由于分布不均匀，先被湿润部分产生的黏性较强，易相互黏合成团；无黏性的药粉亦不宜于起模。药粉形成母核后，加药粉的量要适当，如果加入药粉过多，不但母核不会增大形成丸粒，过多的干粉反而会产生更多的母核，不仅不能提高丸模增大的速度，甚至可能导致起模失败。

起模可以采用手工或机械操作，通常采用的方法有三种：①药粉加水起模：将部分起模用粉置泛丸匾或泛丸设备中，药粉随机器或泛丸匾的转动，用喷雾器喷水于药粉上，使其均匀湿润，部分药粉成为细粒状，撒布少许干粉，使药粉黏附于细粒表面，再喷水湿润，如此反复操作至获得适宜的母核；②喷水加粉起模法：将起模用的水在泛丸设备器壁或泛丸匾的一侧均匀湿润，撒入少量药粉，然后用干燥的毛刷沿转动相反方向刷下，使它成为细小的颗粒，再喷入水，加入药粉，如此反复操作至获得适宜的母核；③湿粉制粒起模：将起模用的药粉加水润湿，制成“手握成团，触之即散”的软材状，用8~10目筛制成颗粒，将颗粒再放入泛丸设备内加少量干粉，充分搅匀，使颗粒在锅内旋转，撞去棱角成为圆形，即得母核。此法成模率高。

起模后需要对母核进行筛选，以控制母核的大小和数量，母核数量不足需重新起模补足。

知识链接

确定母核的大小与数量的方法

根据生产指令计算丸剂重量。待起模药粉使用完毕，将丸模取出，过5目和7目筛，取筛选后丸模进行成型操作。小的丸模可继续增大，然后再筛选、分档、增大，如此反复直至全部都成合格丸粒。将合格的丸模用数丸板数一定量的丸模数，数三份，求得平均重量，再以丸模总重量除以平均重量，得出丸模总数，与预计丸粒数误差应不超过1%，不足的丸模，重新起模补足；过多的丸模粉碎后与纯化水混合成浆后作为赋形剂在加大成型时使用，或者作为余料处理。起模药粉量的计算如下：

$$X=0.625\times D/C$$

式中，X为一般起模用粉量（g）；C为成品水丸100粒干重（g）；D为药粉总量（g）。按照每100粒干重6g计算，药粉总量为6kg，起模用粉量为625g，成丸数约为10万粒。

3. 成型 是指将已经筛选均匀的母核，逐渐加大至接近成品的操作。母核加水湿润后，加入药粉使之均匀黏附于表面，再加水加粉，如此反复操作，直至制成所需大小的丸粒。在成型初期，要控制喷水量和撒粉量，两者用量要相适应。否则，极易形成新的丸模，导致丸粒不均匀。为防止加水后丸模粘连，应用手勤搅勤翻，以使黏在一起的丸粒分开。随着丸粒的增大，相应的加水量、加粉量可增大。成型过程中，随时剔除畸形丸。如有小丸出现，筛出，单独加大后，再放置包衣锅中。

4. 盖面 是指将已经增大、筛选均匀的丸粒用余粉或其他物料等加至丸粒表面，使其色泽一致、光亮的操作过程，是泛丸成型的最后一个环节。盖面后一般还需让丸粒充分滚动、撞击，使其光、圆、紧密，习称“收盘”。手工操作药匾需转动几百次，机械泛丸也需10~15分钟。

常用的盖面方法有：①干粉盖面：先将丸粒润湿，然后用盖面的药粉（药粉应过120目筛）一次或分次撒布于丸粒上，滚动至丸粒表面光圆、紧密即可。丸粒干燥后，丸面色泽较其他盖面浅，接近于干粉本色。②清水盖面：将清水喷于丸粒上，充分润湿，滚动一定时间，立即干燥，否则容易导致成品丸粒色泽不一。③清浆盖面：“清浆”是指用药粉或废丸粒加水制成的药液，在盖面时将水改为清浆即为清浆盖面，丸粒表面充分润湿后迅速取出，否则会出现“花面”。

课堂活动

课堂演示泛丸动作。以决明子代替丸模进行手工泛丸，突出演示“团”“翻”“旋”“撞（摔）”等传统制丸动作并说明该动作在泛丸过程中的作用。请同学思考：在面对现代中药制备技术中即将失传的现状，我们该如何继承与发扬传统中药制备手工技艺？

5. 干燥 泛制丸含水量大，易发霉，应及时干燥。水丸干燥温度一般应在80℃以下，含挥发性成分或淀粉较多的丸剂（包括糊丸）应在60℃以下干燥；不宜加热干燥的应采用其他适宜的方法干燥。在干燥的过程应采用逐渐升温的方式，以使水分有充分的时间从丸心扩散到丸面。应勤翻动丸粒，确保干燥均匀，避免形成阴阳面。如升温过快容易发生药丸结实、干燥不匀的现象，导致丸粒不易崩解。目前制药企业大生产时常采用隧道式微波干燥，其特点是干燥温度低、速度快，内外干湿度均匀,药物中有效成分的损失小,节约能源。

案例分析

案例

采用粉末直接起模法制备水丸，泛制的丸粒大小不均匀，导致反复过筛和反复加大，耗费大量人力和工时，成品率下降。

分析

粉末直接起模适用于粉末疏松、含淀粉较多、黏性中等的物料，黏性较强或经润湿剂诱导后黏性较弱的物料不适用于该方法。 在起模时黏合剂加入太少而粉加入太多，会使黏合剂不能将粉吸入丸模，多余的粉在下次加入黏合剂时形成浆附着在大丸上，使大丸更大，因此起模阶段粉末加入量宜少不宜多，一般加到饱和吸率的 80%～90%。 使用泛丸匾时丸粒的离心运动和使用泛丸设备转动时都会出现丸粒大小分离的情况，造成黏合剂分散不均匀，丸粒的增长就会出现差异，要避免这种情况发生，一方面要翻动到位，另一方面就需要在出现丸粒大小分离时，有针对性地加大对小丸粒的加湿加粉操作。

6. 选丸　为保证丸粒圆整,大小均匀,剂量准确,丸粒干燥后,可用检丸器筛选分离。

泛制法制备丸剂的工业生产中除提取、外包装、入库在一般生产区外,其余岗位均在 D 级洁净区。

（二）塑制法

中药丸剂制备岗位标准操作

蜜丸的制备

塑制法是指药材细粉加适宜的黏合剂,混合均匀,制成软硬适宜、可塑性较大的丸块,再经制丸条、分粒、搓圆而成丸的一种方法。工艺流程为:原辅料准备→制丸块→制丸条→分粒→搓圆→干燥→整丸→质量检查→包装。

1. 丸块的制备

(1)原辅料准备:用于塑丸的药粉一般需过六号筛。处方中若有毒剧药及贵重药材时,应单独粉碎后再用等量递增法与其他药物细粉混合均匀。为了便于操作,防止药物与工具粘连,同时使丸药表面光滑,多使用润滑剂,但用量不宜过多。手工制丸常用蜂蜡与麻油的融合物,油蜡配比为10∶2～10∶3,配比量随季节不同可做适当调整。也可以使用植物油,如麻油、大豆油或菜籽油等。机械制丸多用95%乙醇做润滑剂,易挥发,无残留。蜂蜜需经炼制后使用。

炼蜜是指蜂蜜加热熬炼至一定程度的操作。其主要目的是为了去除杂质、降低水分含量、增加黏性、杀死微生物及破坏酶类。蜂蜜由于蜜源不同,其外观形态和各种成分的含量也不相同。炼蜜前应选取无浮沫、死蜂等杂质的优质蜂蜜。若蜂蜜中含有这类杂质，须将蜂蜜置锅内，加少量清水（蜜水总量不超过锅的1/3，以防加热时外溢）加热煮沸，用四号筛或五号筛过滤，除去浮沫、死蜂等杂质，再继续加热。按照炼制温度、含水量、相对密度的不同分为嫩蜜、中蜜和老蜜三种规格，炼制程度与使用量视物料的黏性而定。①嫩蜜：将蜂蜜加热至105~115℃，使含水量为17%~20%，相对密度1.34左右，色泽无明显变化，稍有黏性。适用于含较多油脂、黏液质、胶质类等黏性较强的药材。②中蜜：将蜂蜜加热至116~118℃，使含水量为10%~16%，相对密度1.37左右，出现淡黄色有光泽的均匀细气泡，用手指捻之多有黏性，但两手指分开时无长白丝出现。适用于黏性适中的药材。③老蜜：将蜂蜜加热至119~122℃，使含水量仅为10%以下，相对密度1.40左右，出现有较大的红棕色具光泽的较大气泡，黏性强，两手指捻之很黏，当手指分开出现白丝，滴入冷水中成边缘清楚的珠状（滴水成珠）。多用于黏性差的矿物或纤维较重的药材。

（2）和药：将已混合均匀的药材细粉加入适量的炼蜜，反复搅拌混合，制成软硬适宜，具有一定可塑性丸块的操作，是塑制法制丸的关键工序。丸块的软硬程度直接影响丸粒成型和在贮存中是否变形。和药后一般将丸块放置数分钟至半小时，使药粉充分润湿。优良的丸块应混合均匀、色泽一致，滋润柔软，具可塑性，软硬适度，以不影响丸粒的成型和在储存中不变形为度。丸块放置过程中要保持丸块湿度，防止干裂。

影响丸块质量的因素有：①炼蜜程度：应根据处方中药材的性质、粉末的粗细、含水量的高低、当时的气温及湿度，决定炼制蜂蜜的程度。蜜过嫩则黏合不好，丸粒搓不光滑并且易塌变形；蜜过老则丸块发硬，难以搓圆并且影响丸粒表面的光泽度。②下蜜温度：一般用热蜜和药。若处方中含有较多黏性强且遇热易熔化的树脂、胶质、糖、油脂类的药材，下蜜温度应以60~80℃为宜；若处方中含有冰片、麝香等芳香挥发性药物，下蜜温度则以60℃左右为宜；若处方中含有大量的叶、茎、全草或矿物性药材，粉末黏性很小，则须用老蜜且趁热80℃左右下蜜。③用蜜量：药粉与炼蜜的比例也是影响丸块质量的重要因素，一般粉蜜量比例为1∶1~1∶1.5。含糖类、胶质等黏性强的药粉用蜜量宜少；含纤维较多、质地轻松、黏性极差的药粉，用蜜量宜多，可达1∶2以上。夏季用蜜量应稍少，冬季用蜜量宜稍多。手工和药用蜜量稍多，机械和药用蜜量稍少。

2. 制丸条　制丸时，先将丸块称重，按所需制成丸粒的数目与每丸的重量更换丸条管出口或调节出口调节器，使挤出的丸条粗细符合要求。制丸条应连续、粗细一致，表面光滑。手工制备常使用搓丸板，工业生产常用炼药制丸机，见图13-1。

3. 制丸粒　将制成的丸条放入搓丸板底板的槽沟上或塑丸机的制丸刀轮进行制丸，经搓丸板的滑动轨板搓压或制丸机刀轮牙齿板的反复对搓与抖动，将丸条切割并搓成圆形丸粒。

4. 干燥　水分检查合格的丸粒直接分装。水分高于15.0%的丸粒需在80℃以下干燥，含挥发性或遇热不稳定的药物成分、含淀粉较多的丸剂在60℃以下干燥。大蜜丸一般不需要干燥。

5. 内包装　包装材料中纸盒、铝塑泡罩等适用于普通蜜丸的包装；蜡壳适用于含芳香性药物或含贵重药材的丸剂包装，直接接触药品的包装材料应符合药用标准。

在塑制法制备丸剂的工业生产中除外包装、入库在一般生产区外，其余岗位均在D级洁净区。

制备蜜丸常发生的问题：①表面粗糙：药材中含纤维、矿物类药物过多；药粉过粗、用蜜量少且混合不均匀;润滑剂用量不足。②丸粒变硬:用蜜量不足;蜂蜜炼制过老;药材中含有胶类成分在和药时发生烊化而冷后凝固。③皱皮:炼蜜较嫩,水分蒸发后蜜丸萎缩;包装不严导致蜜丸吸水后失水;润滑剂使用不当。④空心:蜜丸掰开后中心有空隙,常见饴糖状物质。主要原因为和药时揉搓力度不够使丸块不均匀。

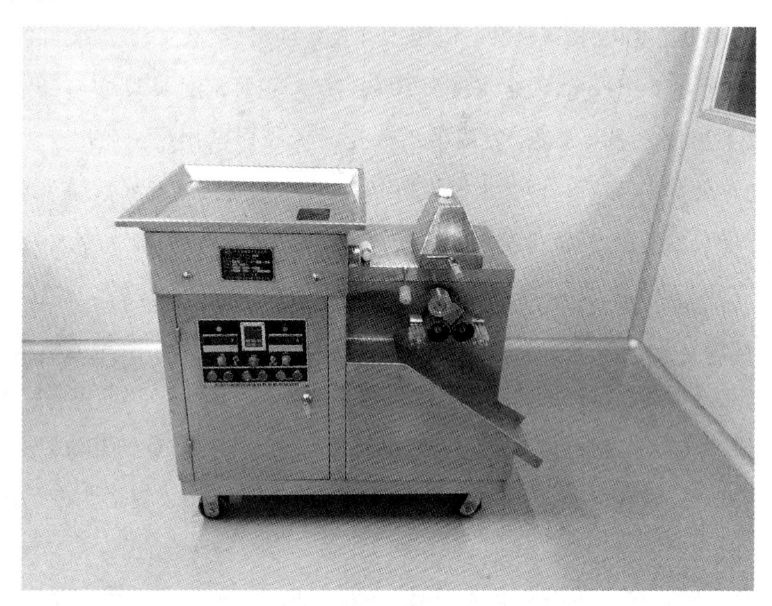

图 13-1　炼药制丸机

(三)丸剂的包衣

在丸剂的表面上包裹一层物质,使之与外界隔绝的操作称为包衣。包衣后的丸剂称为包衣丸剂。

1. 丸剂包衣的目的

(1)将处方中一部分药物作为包衣材料包于丸剂的表面,在服用后首先发挥药效。

(2)包肠溶衣后,可使丸剂不受胃液破坏,在肠道内溶散吸收而起作用。

(3)掩盖某些药物成分的恶臭或异味。

(4)防止药物氧化、变质或挥发,防止吸潮及虫蛀。

(5)使丸面平滑、美观。

2. 丸剂包衣的类型

(1)药物衣:包衣材料是丸剂处方组成部分,有明显的药理作用,既可首先发挥药效,又可以起到保护丸粒、增加美观的作用;①朱砂衣:有镇静安神的作用,如朱砂安神丸、天王补心丸等;②黄柏衣:有清热燥湿的作用,如四妙丸等;③雄黄衣:有解毒、杀虫的作用,如化虫丸等;④青黛衣:青黛有清热解毒、凉血的作用,如千金止带丸、当归芦荟丸等;⑤百草霜衣:有清热作用,如六神丸、牛黄消炎丸等。另外还有红曲衣(消食健脾),赭石衣(降气、止逆、平肝止血)等药物衣。

(2)保护衣:选取处方以外,不具明显药理作用,性质稳定的物质作为包衣材料,使主药与外界隔绝,起保护作用。①糖衣:以蔗糖糖浆为包衣材料,如安神补心丸等;②薄膜衣:以药用高分子为包衣材料,如香附丸、补肾固齿丸等。

(3)肠溶衣:选用适宜的肠溶材料将丸剂包衣后使之在胃液中不溶散而在肠液中溶散,主要材料有虫胶、邻苯二甲酸醋酸纤维素(CAP)等。

3. 丸剂包衣的方法

(1)包衣材料的准备:①为使包衣面光滑,需将所用包衣材料粉碎成极细粉,过200目筛;②待包衣的丸粒应充分干燥,并具有一定的硬度,以免包衣时因碰撞而碎裂变形,或在包衣干燥时,衣层发生皱缩或脱壳。蜜丸无须干燥,利用其表面的黏性,撒布包衣药粉经滚转后即能形成包衣层。其他丸粒包衣时需使用适宜的黏合剂,如10%~20%的阿拉伯胶浆或桃胶浆、10%~20%的糯米粉糊、单糖浆及胶糖混合浆等。

(2)包衣方法:①药物衣(以包朱砂衣为例):如果是蜜丸,朱砂的用量一般为干丸重量的5%~17%。将丸粒置于适宜的容器中,用力使容器往复运动,逐步加入朱砂极细粉,使其均匀撒布于丸剂表面,利用蜜丸表面的黏性将朱砂极细粉黏附而成衣。如果是水丸,朱砂的用量一般为干丸重量的10%。将干燥的丸置包衣锅中,加适量黏合剂进行转动、撞击等操作,当丸粒表面均匀润湿后,缓缓撒入朱砂极细粉;如此反复操作5~6次,将规定量的朱砂全部包于丸粒表面为止。取出药丸低温干燥(一般风干即可)。水蜜丸、浓缩丸及糊丸的药物包衣同水丸。②糖衣、薄膜衣、肠溶衣的包衣同片剂包衣法。

(四) 丸剂的包装与贮存

丸剂应密封贮存,防止受潮、发霉、虫蛀、变质。丸剂种类不同,其包装稍有差异,一般均应密封包装贮藏。

四、质量控制

按照《中国药典》(2015年版)对丸剂的质量检查的有关规定,丸剂需要进行如下方面的质量检查:

1. 外观　丸剂应大小均匀、表面光洁平整,颜色应均匀、无色斑,色泽及光泽应正常,无粘连现象。应无明显渗出性色斑。大蜜丸和小蜜丸应细腻滋润,软硬适中。蜡丸表面应光滑无裂纹,丸内不得有蜡点和颗粒。

2. 水分　除另有规定外,大蜜丸、小蜜丸、浓缩蜜丸中所含水分不得超过15.0%;水蜜丸、浓缩水蜜丸不得超过12.0%;水丸、糊丸和浓缩水丸不得超过9.0%;蜡丸不检查水分。

3. 重量差异　按照《中国药典》(2015年版)四部通则(0100)中规定的方法检查,应符合规定。

检查法:以10丸为1份(丸重1.5g以上的以1丸为1份),取供试品10份,分别称定重量,再与每份标示重量(每丸标示量×称取丸数)相比较(无标示重量的丸剂,与平均重量比较),应符合表13-1的规定。超出重量差异限度的不得多于2份,并不得有1份超出限度1倍。

表13-1　丸剂重量差异限度

标示重量(或平均重量)	重量差异限度	标示重量(或平均重量)	重量差异限度
0.05g及0.05g以下	±12%	1.5g以上至3g	±8%
0.05g以上至0.1g	±11%	3g以上至6g	±7%
0.1g以上至0.3g	±10%	6g以上至9g	±6%
0.3g以上至1.5g	±9%	9g以上	±5%

包糖衣的丸剂应检查丸芯的重量差异并符合规定后，方可包糖衣，包糖衣后不再检查重量差异。其他包衣丸剂应在包衣后检查重量差异并符合规定；凡进行装量差异检查的单剂量包装丸剂，不再检查重量差异。

4. 装量差异　单剂量分装的丸剂，装量差异限度应符合表13-2规定。

检查法：取供试品10袋（瓶），分别称定每袋（瓶）内容物的重量，每袋（瓶）装量与标示装量相比较，超出装量差异限度的不得多于2袋（瓶），并不得有1袋（瓶）超出装量差异限度1倍。

多剂量分装的丸剂，按照《中国药典》（2015年版）四部制剂（通则0100）装量检查法检查，应符合规定。以丸数标示的多剂量包装丸剂，不检查装量。

表13-2　单剂量丸剂装量差异限度

标示总量	装量差异限度	标示总量	装量差异限度
0.5g或0.5g以下	±12%	3g以上至6g	±6%
0.5g以上至1g	±11%	6g以上至9g	±5%
1g以上至2g	±10%	9g以上	±4%
2g以上至3g	±8%		

5. 溶散时限　除另有规定外，取供试品6丸，选择适当孔径筛网的吊篮（丸剂直径在2.5mm以下的用孔径约0.42mm的筛网，在2.5~3.5mm之间的用孔径1.0mm的筛网，在3.5mm以上的用孔径约2.0mm的筛网），按照崩解时限检查法（《中国药典》（2015年版）通则0921）片剂项下的方法加挡板进行检查。除另有规定外，小蜜丸、水蜜丸和水丸应在1小时内全部溶散；浓缩丸和糊丸应在2小时内全部溶散。操作过程中如供试品黏附挡板妨碍检查时，应另取供试品6丸，不加挡板进行检查。蜡丸按照崩解时限检查法[《中国药典》（2015年版）通则0921]片剂项下的肠溶衣片检查法检查，应符合规定。除另有规定外，大蜜丸及研碎后或用开水、黄酒等分散后服用的丸剂不检查溶散时限。

6. 微生物限度　按照非无菌产品微生物限度检查：微生物计数法[《中国药典》（2015年版）通则1105]和控制菌检查法[《中国药典》（2015年版）通则1106]及非无菌药品微生物限度标准[《中国药典》（2015年版）通则1107]检查，应符合规定。

五、制备举例

大山楂丸

【处方】 山楂　8kg　六神曲（麸炒）　1.2kg　麦芽（炒）　1.2kg
蔗糖　4.8kg　蜂蜜　4.8kg　共制约　2400丸

【制法】 取山楂、六神曲（麸炒）及麦芽（炒），粉碎成细粉，过100目筛，混匀；蜂蜜炼制温度为116~118℃；另取蔗糖加水2160ml溶解，煮沸后过滤得单糖浆；将炼蜜与单糖浆混合均匀，趁热（80~90℃）加入混合好的药粉中，反复搅拌捏合，直至药粉全部润湿，成为软硬适度、色泽一致的丸块；搓丸条，制丸粒，每丸重9g，即得。

【用途】本品用于开胃消食。

【处方分析】处方中山楂、六神曲和麦芽为主药，蜂蜜与蔗糖既是黏合剂又是矫味剂。

【注意事项】①如使用未经炼制的蔗糖，蜜丸在贮存期间表面常有糖结晶析出，称“翻砂”现象，蔗糖经炼制后可避免此现象的发生；②和药时，应根据丸块的软硬程度来确定蜂蜜与蔗糖的投入量，不能一次性全部投入，以防丸块过软；③和药（制丸块）时，药粉与炼蜜应充分混合均匀，制成软硬适度、可塑性佳的丸块，以保证搓条、制丸的顺利进行；④为了便于制丸操作，避免丸块、丸条与工具粘连，并使制得的丸粒表面光滑。操作过程中可使用麻油1000g加蜂蜡200~300g熔融后，搅拌至冷制成的润滑剂。

点滴积累

1. 丸剂系指药物与适宜的辅料以适当方法制成的球状或类球状固体制剂；丸剂按照赋形剂种类可分为水丸、蜜丸、水蜜丸、浓缩丸、糊丸与蜡丸等。
2. 丸剂的优点包括作用持久，能减少或避免某些药物的毒性和刺激性等；丸剂的缺点为制剂服用量较大，微生物检测易超标。
3. 丸剂的常用制备方法有泛制法、塑制法。 泛制法制丸的工艺流程为：原辅料准备→起模→成型→盖面→干燥→选丸→质量检查→包装，起模是关键工序；塑制法制丸的工艺流程为：原辅料准备→和药→制丸条→分粒→搓圆→干燥→整丸→质量检查→包装，和药是关键工序。
4. 丸剂包衣种类包括药物衣、保护衣及肠溶衣。 包衣可以使某些药物包在丸剂表面而首先发挥药效；还可以掩盖药物的不良臭味、增加药物的稳定性；肠溶衣可以使药物定位肠道释放。
5. 丸剂质量检验项目包括外观、水分、重量差异、装量差异、溶散时限与微生物限度等。

任务二　滴丸剂

一、概述

（一）定义与特点

滴丸剂系指原料药物与适宜的基质加热熔融混匀，滴入不相混溶、互不作用的冷凝介质中制成的球形或类球形制剂，包括中药滴丸与化学药滴丸，主要供舌下含服、内服或外用。

知识链接

滴丸剂的发展史

滴丸剂制备始于1933年丹麦一家药厂用滴制法制备维生素A、D滴丸，而我国则始于1958年用滴制法制备酒石酸锑钾滴丸，并在《中国药典》(1977年版)收载了滴丸剂这种剂型，使我国药典成为国际上第一个收载滴丸剂的药典。 我国中药滴丸的研制始于20世纪70年代末，采用滴制法制备苏冰滴丸，而复方丹参滴丸已投入国际市场。

滴丸剂在我国是一个发展较快的剂型。滴丸剂因增加了药物的分散度、溶出度和溶解度而具有速效和高效两个显著特点，适用于临床上发病较急的病症。它主要具有如下特点：

1. 药物的生物利用度较高　滴丸多为舌下含服，药物通过舌下黏膜直接吸收进入血液循环，避免了吞服时引起的肝脏首过效应，减少了药物在胃内的降解损失，使药物高浓度到达靶器官，迅速起效。

2. 可增加药物稳定性　滴丸的制备条件易于控制，药物受热时间短，由于基质对药物的包埋作用，使易水解、易氧化分解和易挥发药物稳定性增强。

3. 可发挥速效或缓释作用　用固体分散技术制备的滴丸由于药物呈高度分散状态，可起到速效作用；而选择脂溶性好的基质制备滴丸由于药物在体内缓慢释放，则可起到缓释作用。滴丸中加入缓释剂，可明显延长药物的释放速度，达到长效的目的。

4. 可用于局部用药　滴丸可克服化学药滴剂的易流失、易被稀释，以及中药散剂妨碍引流、不易清洗、易被脓液冲出等缺点，从而可广泛用于耳、鼻、眼、牙科的局部用药。

5. 滴制设备简单、操作简便　滴丸生产工序少、自动化程度高。

另外，对胃肠道有较大刺激的药物通过制备缓释滴丸可以克服这个局限；难溶性药物或不溶性药物制备滴丸后可提高生物利用度。但滴丸剂也存在缺点，如滴丸载药量低、服用粒数多、可供选用的滴丸基质和冷凝液品种较少等。通常中药粗提物体积大活性低，选择滴丸剂会使服用剂量很大，只有中药提取物具有较高的活性和纯度才适用于制备滴丸剂。

知识链接

微丸简介

微丸是指直径小于 2.5mm 的各类球形或类球形的丸剂。微丸具有外形美观、流动性好、释药稳定、生物利用度高、含药量大、服用剂量小等特点。

微丸根据释药速度不同可分为速释微丸、缓释微丸和控释微丸。其中缓释、控释微丸是国际上迅速发展的一种新剂型，是由于其体积小，吸收不受胃排空或食物的影响，易通过幽门进入十二指肠，同时又具有吸收率高、服用剂量小、可以和液体一起服用等优点。

微丸的制备方法很多，早期采用搓丸法和泛丸法；但随着物理机械学的发展，出现了离心制粒法、沸腾制粒法、喷雾制粒法、包衣锅滚制法、挤出滚圆法、液中制粒法等新方法。

（二）滴丸剂的质量要求

根据《中国药典》（2015 年版）的有关规定，滴丸剂在生产和贮藏期间应符合下列有关规定：

1. 外观应圆整，大小、色泽应均匀，无粘连现象。

2. 重量差异小，丸重差异检查应符合规定。

3. 溶散时限、微生物限度检查应符合规定。

(三)滴丸剂的基质与冷凝液

1. 滴丸剂的基质 作为滴丸基质应具备以下条件:①性质稳定,不与主药发生反应,不影响主药的疗效与质量检测;②对人体无害;③熔点较低或在 60~100℃时能熔化成液体,而遇骤冷又能凝结成固体,在室温下保持固体状态,同时在与主药混合后仍能保持以上物理状态。

根据溶解性不同,滴丸的基质可分为水溶性及非水溶性两大类:①水溶性基质:如聚乙二醇类(如 PEG6000、PEG4000 等)、聚氧乙烯单硬脂酸酯、硬脂酸钠、甘油明胶等;②脂溶性基质:如硬脂酸、单硬脂酸甘油酯、虫蜡、十八醇(硬脂醇)、十六醇(鲸蜡醇)、氢化植物油等。

2. 滴丸的冷凝液 用于冷却滴出的液滴,使之冷凝成固体丸粒的液体称为冷凝液。在实际应用中,常根据基质的性质选择冷凝液。作为滴丸冷凝液应具备以下条件:①安全无害,不与基质、药物起化学反应,也不与基质、药物相混溶;②具有适宜的相对密度,要求略高或略低于液滴的密度,能使滴丸(液滴)在冷凝液中缓缓下沉或上浮而充分凝固;③具有适当的黏度。此外冷凝液还要有适宜的表面张力,使液滴在冷凝过程中能顺利形成滴丸。

冷凝液可分为两类:①水溶性冷凝液:如水、不同浓度的乙醇等,适用于非水溶性基质的滴丸;②脂溶性冷凝液:如液状石蜡、二甲基硅油、植物油等,适用于水溶性基质的滴丸。

知识链接

基质的溶解性对滴丸剂起效快慢的影响

基质的溶解性对滴丸剂起效快慢会产生一定影响,用脂溶性好的基质制成滴丸,在体内缓慢释放药物;用水溶性好的基质制成的滴丸,可经口腔黏膜迅速吸收,减少在消化道与肝脏中的灭活作用,同时减少某些药物对胃肠道的刺激,使滴丸药物起效迅速。故通过滴丸基质的调节可以使药物根据疾病治疗的需要发挥速效或缓释的效果,如在治疗急症如心绞痛发作的药物,可选择水溶好的基质制备滴丸,使其在口腔内迅速溶解,经黏膜吸收后迅速进入血液发挥疗效;而需要持续药效的如治疗高血压类药物,则可用脂溶性基质制备滴丸,起到缓释效果,平稳控制血压。

二、制备

滴丸剂采用滴制法进行制备,其生产工艺流程见图 13-2。

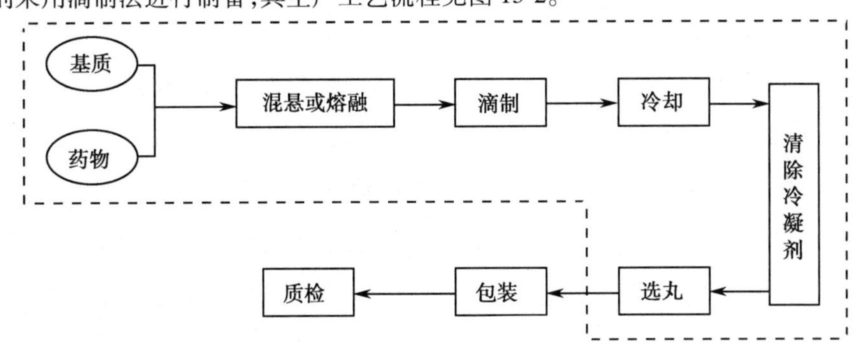

图 13-2 滴丸剂生产工艺流程图
注:虚线框内代表 D 级生产区域

滴丸剂的制备设备常用滴丸机，主要组成为：①物料保温系统：将药液与基质放入贮液罐内，通过加热搅拌制成滴丸的混合药液，并将其输送到滴头。其组成为保温层、加热层、搅拌机、油浴加热、药液输出开关、压缩空气输送机构等组成。②动态滴制收集系统：滴制时药液由滴头滴入到冷却液中，液滴在表面张力作用下充分的收缩成丸，使滴丸成型圆滑。其组成为滴头、滴管径调节器、压力调节器、冷却柱等。③循环制冷系统：为了保证滴丸的成型，避免滴液的热量引起冷却液温度波动，需要控制冷却柱温度或梯度温度。其组成为制冷机、冷却液循环动力系统等。④控制系统：采用计算机控制技术，实现了整机的自动化生产。

滴丸岗位标准操作

基质的熔化可在滴丸机中或熔料锅中进行，冷凝方式有静态冷凝与动态冷凝两种，滴出方式有下沉和上浮两种，见图 13-3。

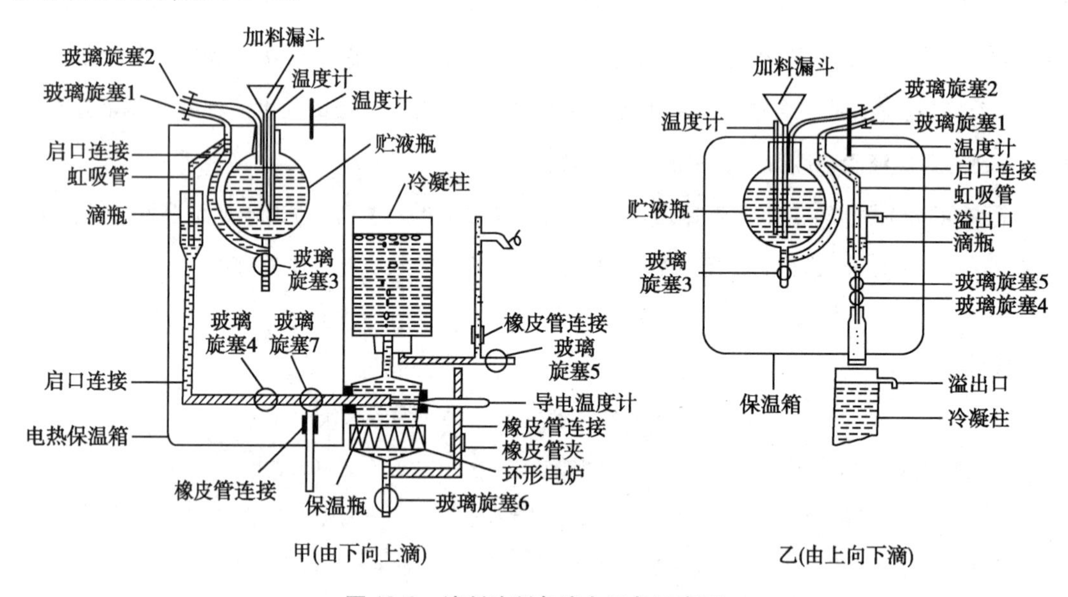

图 13-3　滴制法制备滴丸设备示意图

1. 药液配制　将选择好的基质加热熔化，将药材提取物溶解、混悬或乳化在已熔融的基质中，混匀制成药液。药液保持恒定的温度（80~90℃），便于滴制。中药滴丸需根据处方中药材性质选择适宜方法进行提取、精制后获得浸膏或浸膏粉，使提取物有更高的活性和纯度。

2. 滴制成丸　滴制前选择适当的冷凝液并调节好冷凝温度，滴制时要调节好药液的温度、滴头的速度，将药液滴入冷凝液中，凝固形成的丸粒徐徐沉于底部，或浮于冷凝液的表面。

丸剂滴制时，一般在保温温度确定后再确定丸重，通过选择滴管口径调节丸重。在滴制过程中，丸重往往会偏离设定的重量，影响滴丸丸重的因素有：①保温温度不恒定：温度上升表面张力下降，丸重减小，反之亦然；②滴液滴速不恒定：液滴从滴管滴下时只有大约 60% 的理论丸重分离出来，滴管口残液约占理论丸重的 40%，滴速加快会使滴管口残液量减少，丸重增加，反之则减少；③滴管口与冷却剂液面的距离：两者之间距离过大时，液滴会因重力作用被跌散而产生细粒，因此两者距离不宜超过 5cm；④料液的变化导致滴管口静压改变：料液的减少使液压下降，导致丸重减少，滴速减慢，滴管口的压力可以通过在液面上形成真空或加压来改善静压差。为了加大滴丸的重量，可采用滴出口浸在冷却液中滴制。因液滴在冷却液中滴下可克服浮力作用，故丸重比相同口径的滴管在液面上的滴制方式制得的滴丸重。

课堂活动

收集不同型号注射针头与水龙头在没有拧紧情况下的 20 滴水滴，比较每滴水的多少与滴头大小的关系。

滴丸在滴制过程中因表面张力的收缩作用使滴丸呈球体，收缩不充分会造成球体不圆，甚至有尖锐突起的现象，一般称为“拖尾”。影响滴丸圆整度的因素有：①液滴在冷却液中移动速度：液滴与冷却液的密度相差大、冷却液的黏滞度小都能增加移动速度。移动速度愈快，受的力愈大，其形愈扁。为使冷凝充分，冷凝液柱长一般长度为 40～140cm。②液滴的大小：液滴小，液滴收缩成球体的力大，因而小丸的圆整度比大丸好。③冷凝液性质：适当增加冷凝液和液滴的亲和力，使液滴中空气尽早排出，保护凝固时丸的圆整度。④冷凝液温度：最好是梯度冷却，有利于滴丸充分冷却成型。

3. 洗涤干燥 从冷凝液中捞出丸粒，拣去废丸，先用纱布擦去冷凝液，然后用适宜的溶剂搓洗除去冷凝液，用冷风吹干后，在室温下晾 4 小时即可。

4. 包衣或包装 根据原料药物的性质与使用、贮藏的要求，供口服的滴丸可包糖衣或薄膜衣。必要时，薄膜衣包衣滴丸应检查残留溶剂。制成的滴丸经质量检查合格后进行包装，包装时要注意温度的影响，包装要严密。一般采用玻璃瓶或瓷瓶包装，也可用铝塑复合材料包装，贮存于阴凉处。

滴丸制备的工业生产中除外包装、入库在一般生产区外，其余岗位均在 D 级洁净区。

知识链接

药物在滴丸基质中的分散状态的判断

滴丸属于固体分散体，其中药物的分散状态有分子状态、亚稳定态、无定型态、胶体状态、微晶状态等。 固体分散体在贮存过程中的老化，以及药物的溶解度、溶出速度和生物利用度等均与药物分散状态密切相关。 因此，判断药物在基质中的分散状态，对保证滴丸的稳定性和疗效正常发挥意义重大。

目前虽尚无规定检查滴丸中药物在基质中的分散状态，但是有粗略判断这些状态的方法，如差示热分析法、差示扫描量热法、X 射线衍射法和红外光谱法等。 必要时可以几种方法联用，以便从不同角度来评价固体分散物的分散状态和分散程度。

三、质量控制

按照《中国药典》(2015 年版)对滴丸剂的质量检查的有关规定，滴丸剂需要进行如下方面的质量检查：

1. 外观 滴丸应圆整，大小、色泽应均匀，无粘连现象。表面的冷凝液应除去。

2. 重量差异 按照《中国药典》(2015 年版)四部通则(0100)中规定的方法检查，应符合规定。检查法：取供试品 20 丸，精密称定总重量，求得平均丸重后，再分别精密称定每丸的重量。每丸重量与标示丸重相比较(无标示丸重的,与平均丸重比较),按表13-3中的规定,超出重量差异限度的不得多于2丸,并不得有1丸超出限度1倍。

包糖衣的滴丸应在包衣前检查丸芯的重量差异,符合表13-3中规定后,方可包衣,包衣后不再检查重量差异。

表13-3　滴丸剂的重量差异限度

平均重量	重量差异限度	平均重量	重量差异限度
0.03g以下或0.03g	±15%	0.3g以上	±7.5%
0.03g以上至0.3g	±10%		

3. 溶散时限　按照崩解时限检查法(《中国药典》(2015年版)通则0921)片剂项下的方法加挡板进行检查。滴丸剂不加挡板检查,应在30分钟内全部溶散,包衣滴丸应在1小时内全部溶散。

4. 微生物限度　按照非无菌产品微生物限度检查:微生物计数法[《中国药典》(2015年版)通则1105]和控制菌检查法[《中国药典》(2015年版)通则1106]及非无菌药品微生物限度标准[《中国药典》(2015年版)通则1107]检查,应符合规定。

四、制备举例

联苯双酯滴丸

【处方】联苯双酯　1份　　PEG6000　9份

【制法】称取以上物料在油浴中加热至150℃熔化成溶液。滴制温度约85℃,滴速约30丸/分钟,冷凝液为二甲硅油。

【用途】本品用于慢性迁延型肝炎伴ALT升高者,也可用于化学毒物、药物引起的ALT升高。

【注意事项】①药物与基质加热熔化温度需在150℃。因联苯双酯对热稳定,与PEG6000以1∶9比例混合时,在150℃可以形成固态溶液。②保温温度为85℃,因联苯双酯与基质的混合液在85℃保温、滴制、骤冷,可形成简单低共熔混合物,使联苯双酯有95%的粒径为5μm以下微晶分布,从而提高生物利用度。

点滴积累

1. 滴丸剂系指原料药物与适宜的基质加热熔融混匀,滴入不相混溶、互不作用的冷凝介质中制成的球形或类球形制剂,主要供口服或外用。
2. 滴丸剂具有生物利用度较高、增加药物稳定性、发挥速效或缓释作用、制备设备简单、操作简便、生产工序少、自动化程度高等优点,但缺点有滴丸含药量低、服用粒数多、可供选用的滴丸基质和冷凝剂品种较少等。
3. 滴丸剂常用基质、冷凝剂均有水溶性和脂溶性两大类,应根据制剂工艺要求来选择适宜的基质、冷凝剂。
4. 滴丸剂的制备方法为滴制法,其制备过程为药物与基质熔化、滴制、冷却、干燥、选丸等。
5. 滴丸剂的质量检查项目有外观、重量差异、溶散时限、微生物限度等。

实训十五　二妙丸的制备

【实训目的】

1. 进一步熟悉泛丸法制备水丸的操作。

2. 能正确进行配料、物料前处理、清场等操作。

3. 能正确操作、清洁和保养泛丸设备。

4. 能对制备的产品进行质量检查。

【实训场地】

实训车间

【实训仪器与设备】

20B 型万能粉碎机、BT-400 圆盘分筛机、三维运动混合机、BY-400 包衣锅、热风循环烘箱等。

【实训材料】

苍术粉末、黄柏粉末、纯化水。

【实训步骤】

【处方】苍术(炒)　3kg　　黄柏(炒)　3kg　　共制成 10 万粒

【制法】

1. 原辅料准备

(1)备料:按处方量称取物料,物料要求能通过 100 目筛。称量时,应注意核对品名、规格、数量,并做好记录。

(2)混合:将苍术、黄柏两种药粉置于混合筒中,对物料进行混合操作,检查物料混合均匀度,检查颜色是否均一。

2. 制丸

(1)起模:用 120 目筛筛出细粉约 700g 供起模用,将起模药粉适量撒布于包衣锅内,待起模药粉使用完毕,将丸模取出,过 5 目和 7 目筛,取筛选后丸模进行成型操作。

(2)成型:交替加水加粉,直至丸粒逐渐加大成型,至符合要求为止。在水丸成型初期,要控制洒水量和撒粉量,勤搅勤翻,防止形成新的丸模,导致丸粒不均匀。随着丸粒的增大,相应的加水量、加粉量可增大。

(3)盖面:将成型的丸粒置包衣锅中转动,逐渐喷入水,少量多次,使丸粒充分润湿,滚动适当时间,至丸粒表面光洁,取出,置物料桶中,于容器外贴上标签,标签上注明物料品名、规格、批号、数量、日期和操作者姓名,及时转干燥工序。

(4)干燥:将丸粒装上烘车,平铺,厚度不超过 2cm。设定干燥温度 60℃,逐渐升温至 80℃,每隔一段时间翻动一次,至干燥操作结束。填写请验单请验,合格后摘待检牌挂合格牌。

(5)选丸:挑拣出丸形均匀、无粘连、无破碎的丸粒,将大丸、粘连丸、小丸及碎丸剔除。

3. 质量检查

（1）外观检查:丸剂应大小均匀、表面光洁平整,颜色应均匀、无色斑、色泽及光泽应正常,无粘连现象。

（2）水分:取供试品按照水分测定法测定,含水量不得过9.0%。

（3）重量差异:取外观合格的丸剂以10丸为1份,取供试品10份,按《中国药典》(2015年版)方法进行检查,重量差异为±11%,应符合规定。

（4）溶散时限:从上述重量差异检查合格的丸剂中取出6丸,按《中国药典》(2015年版)进行检查,1小时内应全部溶散。

（5）微生物限度:按照微生物限度检查法检查,每1g中细菌数不得过30 000cfu,霉菌数和酵母菌数不得过100cfu,大肠埃希菌不得检出,大肠菌群应<100个,应符合规定。

【注意事项】

1. 物料要混合均匀,避免丸面色泽不均现象。

2. 起模不易过快,否则易产生丸粒粘连及新丸模出现,使母核数量增加,导致丸剂成型速度缓慢,延长制丸时间。

3. 制丸过程要随时捡出不规则丸,若出现丸粒粘连现象要及时用刷子捻开,不能捻开的要及时剔除,防止消耗过多药粉。

4. 制备的丸剂要及时烘干,防止粘连及霉变。

【实训报告】

实训报告格式见附录一、记录表见附录二、三、四、五、六、七、十四、十五、十六。

【实训测试表】

测试题目	测试答案（请在正确答案后“□”内打“√”）
泛制法制备丸剂的关键环节为什么?	①起模 □ ②成型 □ ③盖面 □ ④打光 □ ⑤包装 □
起模应注意哪些问题?	①起模粉应一次加足量 □ ②第一次喷水应保证起模粉全部润湿 □ ③控制母核的数量 □ ④起模后多余细粉应弃去 □
成型过程中的注意事项有哪些?	①丸剂增大后,不得改变加粉与加水速度 □ ②随时剔除不规则丸 □ ③对较小的丸应稍多加粉与加水促使其增大 □ ④用于成型的药粉应比起模药分更细些 □

续表

测试题目	测试答案（请在正确答案后“□”内打“√”）
水丸干燥过程应注意哪些问题?	①逐渐升温 □ ②待温度升至规定温度后,放入丸剂 □ ③烘箱托盘放置顺序为先下后上 □ ④干燥过程应尽量避免触碰丸剂,防止碎裂 □ ⑤烘箱托盘取出的顺序为先下后上 □ ⑥水丸干燥的温度一般控制在 60~80℃ □
水丸的质检项目包括哪些?	①溶散时限为 30 分钟 □ ②重量差异限度为±10% □ ③外观应光滑整洁 □ ④崩解时限为 15 分钟 □

实训十六　六味地黄丸的制备

【实训目的】

1. 进一步熟悉塑制法制备蜜丸的操作。
2. 能正确进行配料、物料前处理、清场等操作。
3. 能正确操作、清洁和保养塑丸设备。
4. 能对制备的产品进行质量检查。

【实训场地】

实训车间

【实训仪器与设备】

万能粉碎机、电动筛粉机、三维运动混合机、槽形混合机、YUJ-17BL 炼药制丸机、热风循环烘箱等。

【实训材料】

熟地黄、山茱萸、牡丹皮、山药、茯苓、泽泻。

【实训步骤】

【处方】熟地黄　1.6kg　山茱萸(制)　0.8kg　牡丹皮　1.6kg

山药　1.6kg　茯苓　1.6kg　泽泻　1.6kg

共制成 13 000 粒

【制法】

1. 原辅料准备和制丸

(1)备料:按处方量称取物料,将山茱萸、牡丹皮、山药、茯苓、泽泻等除去非药用部分、杂质等;山药、茯苓及泽泻高温灭菌;牡丹皮粉碎成粗颗粒,按固液 11∶1 的比例加水使其润湿,调节 pH 为 6,在 40℃条件下浸泡 2 小时后,用水蒸气蒸馏法提取挥发油;山茱萸用 20%黄酒拌匀后置适宜容器后,密闭,隔水加热至酒被吸收,药材色泽黑润,取出,干燥;取熟地黄、茯苓、泽泻和山茱萸与提取丹皮酚后的牡丹皮药渣加水煎煮 2 次,每次 2 小时,合并煎液,过滤,滤液浓缩至相对密度 1.21~1.25

（热测）的稠膏；将山药和剩余的山茱萸混匀后粉碎，过100目筛。

（2）和药：将所制备的稠膏、药粉与丹皮酚放入槽型混合机内混合至药粉全部润湿，成为软硬适度、滋润柔软，色泽里外一致，能随意塑形、不黏手、不黏附容器四壁的丸块。

（3）制丸条与制丸：将炼药制丸机送条轮、输条机、刀轮等部件均匀地涂少许润滑剂（同大山楂丸），待开机运行平稳后，加入丸块，制成丸条，由导轮送至刀轮处进行切、搓制成丸粒。

（4）干燥：将丸粒送至干燥设备中，减压干燥以减少丹皮酚挥发，干燥温度控制在50~60℃之间。干燥后取出，即得六味地黄丸。

2. 质量检查

（1）外观：丸剂应大小均匀、表面光洁平整，颜色应均匀、无色斑、色泽及光泽应正常，无粘连现象。应无明显渗出性色斑。

（2）水分：取供试品按照水分测定法测定，含水量不得过9.0%

（3）重量差异：取外观合格的丸剂以10丸为1份，取供试品10份，按《中国药典》（2015年版）进行检查，重量差异限度为±9%，应符合规定。

（4）溶散时限：从上述重量差异检查合格的片剂中取出6丸，按《中国药典》（2015年版）进行检查，2小时内应全部溶散。

（5）微生物限度：按照微生物限度检查法检查，每1g中细菌数不得过30 000cfu，霉菌数和酵母菌数不得过100cfu，大肠埃希菌不得检出，大肠菌群应<100个，应符合规定。

【注意事项】

1. 物料要混合均匀，避免丸面色泽不均现象。

2. 控制好混合时间，使丸块的干湿度适宜，可塑性强。

3. 制丸条与搓丸的速度要协调一致，使制丸能顺利进行。

4. 制丸过程中应经常检查丸剂外观，出现粘连、圆整性不好等外观缺陷时应及时调整。

【实训报告】

实训报告格式见附录一、记录表见附录二、三、四、五、六、七、十四、十五、十六。

【实训测试表】

测试题目	测试答案（请在正确答案后“□”内打“√”）
制蜜丸使用的黏合剂是什么？	①浸膏 □ ②炼蜜 □ ③米糊或面糊 □ ④水蜜混合液 □ ⑤蜂蜡 □
制备蜜丸的一般药粉应过多少目筛？	①60目 □ ②80目 □ ③100目 □ ④200目 □

续表

测试题目	测试答案（请在正确答案后“□”内打“√”）
制丸块是塑制法制备蜜丸的关键工序，优良的丸块应具备的状态是什么？	①可塑性好，可以随意塑形 □ ②表面润泽，不开裂 □ ③软硬适宜 □ ④握之成团，按之即散 □ ⑤丸块用手搓捏较为黏手 □
需要干燥的丸剂有哪些？	①大蜜丸 □ ②水蜜丸 □ ③浓缩丸 □ ④浓缩水丸 □ ⑤蜡丸 □
丸剂溶散时限叙述正确的有哪些？	①蜜丸 60 分钟 □ ②水丸 60 分钟 □ ③水蜜丸 30 分钟 □ ④蜡丸 120 分钟 □ ⑤浓缩丸 60 分钟 □

实训十七　滴丸剂的制备

【实训目的】

1. 了解滴丸剂制备的基本原理。
2. 学会滴制法制备滴丸剂的基本操作。
3. 能对滴丸剂质量进行检查。
4. 能正确、及时记录实验现象及数据。

【实训场地】

实验室、实训车间

【实训仪器与设备】

量筒、吸管、药棉、水浴锅、小烧杯、大烧杯、冷却柱、过滤装置、电子天平、DWJ-2000 型滴丸实验机。

【实训材料】

氯霉素、聚乙二醇 6000、液状石蜡。

【实训步骤】

（一）氯霉素耳用滴丸

【处方】氯霉素　10g　　聚乙二醇 6000　20g

【制法】

1. 将聚乙二醇 6000 放入小烧杯后置水浴上加热熔融，加入全量氯霉素，搅拌至全溶，使药液温度保持在 80℃。

2. 用液状石蜡作冷凝液装入冷却柱，用吸管吸取药液滴入冷却柱中成丸（实训图 13-1）。

3. 待完全冷凝后取出滴丸，摊于纸上，吸去滴丸表面的液状石蜡，自然干燥即得。

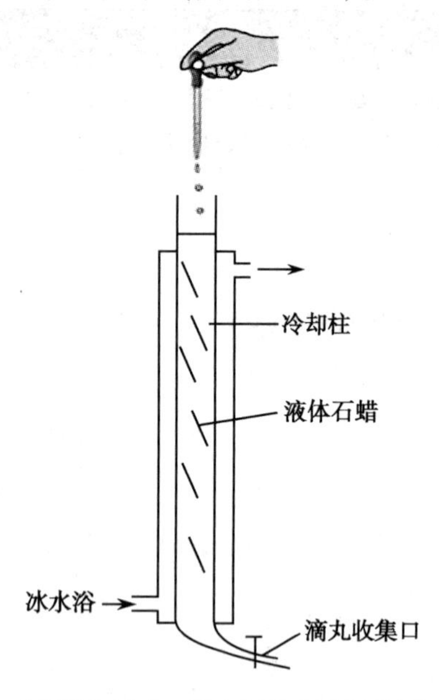

实训图 13-1　滴丸制备实验操作图

【质量检查】

1. 外观　丸形、大小、色泽一致、有无粘连现象。

2. 丸重　取外观合格的滴丸 20 粒，按《中国药典》（2015 年版）进行检查。根据实验结果，判断是否合格。

3. 溶散时限　按照崩解时限检查法进行检查，应符合规定。

【注意事项】

1. 滴制时熔融液的温度应不低于 80℃，否则在滴口处易凝固，不易滴下。

2. 滴管与冷凝液液面的距离应≤5cm，否则会影响丸重和丸形。

（二）空白滴丸的制备

【处方】PEG6000　100g

【制法】

1. 基质熔化　取 PEG6000 在大烧杯中水溶加热熔化。

2. 滴制　见滴丸剂的成型操作。

【质量检查】见实训步骤（一）氯霉素耳用滴丸。

【注意事项】

1. 设定油浴温度与药盘温度时，要梯度进行。

2. 滴制过程中保持恒温。

3. 滴制液液压保持恒定。

4. 冷凝液的冷却应梯度冷却。

注：空白滴丸的制备也可以采用实训步骤（一）氯霉素耳用滴丸的方法制备，制备操作过程与实训步骤（一）氯霉素耳用滴丸相同。

【实训报告】

实训报告格式见附录一。

1. 实验室的实训结果记录格式如下：

项目	氯霉素滴丸	空白滴丸
外观		
丸重		
溶散时限		
结论		

2. 实训中心实训的记录表格由学生自己根据附录中的固体或液体制剂的记录表样式自行设计。

【实训测试表】

在实验室制备滴丸采用实训测试表一，在实训车间制备滴丸采用实训测试表二。

实训测试表一

测试题目	测试答案（请在正确答案后“□”内打“√”）
氯霉素滴丸制备时，温度的选择正确的有哪些？	①药液保温温度不高于 60℃ □、70℃ □、80℃ □、90℃ □ ②冷却剂的冷却温度可采用 0℃ □、1℃ □、2℃ □、5℃ □
滴管口与冷凝液液面之间距离正确的有哪些？	①不超过 4cm □ ②不超过 5cm □ ③不超过 6cm □ ④不超过 7cm □
对滴丸剂的质量检查说法正确的有哪些？	①丸重差异检查的取样数为 10 粒 □、15 粒 □、20 粒 □ ②溶散时限检查的取样数 3 粒 □、6 粒 □、10 粒 □ ③普通滴丸的溶散时限检查，结果符合要求的是 15 分钟内 □、20 分钟内 □、30 分钟内 □、45 分钟内 □ ④包衣滴丸的溶散时限检查，结果符合要求的是 30 分钟内 □、45 分钟内 □、60 分钟内 □、70 分钟内 □

实训测试表二

测试题目	测试答案（请在正确答案后“□”内打“√”）
哪些是滴丸成型岗位生产前需要做的准备工作？	①检查是否有清场合格证、设备是否有“合格”标牌与“已清洁”标牌 □ ②检查操作室的温度、湿度、压力、洁净度是否符合要求 □ ③按生产指令领取物料 □ ④检查仪器仪表是否符合生产要求 □ ⑤生产前需请 QA 人员检查 □
滴丸成型过程中的质量控制点有哪些？	①丸粒大小 □ ②丸重差异 □ ③溶散时限 □ ④ 装量差异 □
滴丸成型过程中操作正确的有哪些？	①设定油浴温度需要梯度进行 □ ②冷凝液冷凝时，最好采用梯度冷却 □ ③搅拌器的转速调至最大值 □ ④当药液太稠时，需开“气压”来调节滴速 □ ⑤当药液太稀时，需开“真空”来调节滴速 □ ⑥药液滴完，冷凝液的循环即可停止 □
清场工作做法正确的有哪些？	①清洗前需开闭总电源，防止清洗过程出现事故 □ ②贮液池需用热水进行清洗 □ ③用水冲洗墙壁、地面 □ ④冷凝液每一天都要进行过滤清洁 □ ⑤清料 □
滴丸成型岗位需填写的生产记录有哪些？	①填写生产指令 □ ②填写生产记录表 □ ③填写清场记录表 □

目标检测

一、选择题

（一）单项选择题

1. 泛丸法制备水丸的工艺流程为（　　）

A. 原料的准备→起模→成型→盖面→干燥→选丸→质检→包装

B. 原料的准备→起模→盖面→成型→干燥→选丸→质检→包装

C. 原料的准备→起模→成型→盖面→选丸→干燥→质检→包装

D. 原料的准备→起模→成型→选丸→盖面→干燥→质检→包装

2. 泛制法制丸最关键的环节是（　　）

A. 起模　　B. 成型　　C. 盖面　　D. 选丸

3. 关于蜂蜜炼制目的叙述中错误的是（　　）

A. 除去杂质　　B. 增加黏性　　C. 破坏维生素类　　D. 杀灭微生物

4. 塑制法制备蜜丸最关键的工序是（　　）

A. 物料的准备　　B. 制丸块　　C. 制丸条　　D. 制丸粒

5. 含有毒性及刺激性强的药物宜制成（　　）

A. 水丸　　B. 蜜丸　　C. 水蜜丸　　D. 蜡丸

6.《中国药典》（2015 年版）规定水丸的溶散时限为（　　）

A. 15 分钟　　B. 30 分钟　　C. 45 分钟　　D. 60 分钟

7. 制备滴丸剂时，滴管口与冷凝液面之间的距离一般不超过（　　）

A. 5cm　　B. 6cm　　C. 7cm　　D. 8cm

8. 关于影响滴丸圆整度的因素，说法正确的有（　　）

A. 液滴在冷凝剂中的移动速度越快，得到的滴丸越圆整

B. 液滴在冷凝剂中的移动速度越慢，得到的滴丸越圆整

C. 滴出的液滴越大，得到的滴丸越圆整

D. 冷凝剂的温度越低，得到的滴丸越圆整

9. 滴丸与胶丸的相同点是（　　）

A. 均为滴制法制备　　B. 均为丸剂

C. 均为球形　　D. 均采用 PEG（聚乙二醇）做基质

10. 滴丸在生产上的优点，叙述错误的是（　　）

A. 生产工序少　　B. 生产过程中无粉尘飞扬

C. 自动化程度低，劳动强度大　　D. 设备简单、操作方便

11. 滴丸剂常用的水溶性基质是（　　）

A. 硬脂酸钠　　B. 硬脂酸　　C. 单硬脂酸甘油酯　　D. 氢化植物油

12. 关于滴丸制备过程中说法正确的是（　　）

A. 冷凝剂的冷却温度最好采用梯度冷却　　B. 药液太稀开启气压来调节滴速

C. 药液态稠开启真空调节滴速　　D. 滴出的液滴越大越好

（二）多项选择题

1. 制丸块是塑制法制备蜜丸的关键工序,优良的丸块应(　　)

A. 可塑性好,可以随意塑形　　B. 表面润泽,不开裂　　C. 用手搓捏较为黏手

D. 软硬适宜　　E. 握之成团,按之即散

2. 可以用作制备丸剂的辅料有(　　)

A. 水　　B. 酒　　C. 蜂蜜

D. 水蜜　　E. 面糊

3. 水丸制备时,药丸盖面的方法有(　　)

A. 干粉盖面　　B. 清水盖面　　C. 糖浆盖面

D. 清浆盖面　　E. 虫蜡盖面

4. 丸剂的包衣类型有(　　)

A. 药物衣　　B. 糖衣　　C. 薄膜衣

D. 肠溶衣　　E. 树脂衣

5. 丸剂包衣的目的有(　　)

A. 避免药物的首过效应　　B. 增加药物的稳定性　　C. 可以在肠道定位释放

D. 掩盖药物的不良气味　　E. 改善丸剂的外观

6. 滴丸剂的优点有(　　)

A. 可起效迅速　　B. 可掩盖药物的不良气味

C. 每丸的含药量较大　　D. 可增加药物的稳定性

E. 可供选择的基质种类较多

7. 滴丸剂的基质应具备的条件有(　　)

A. 不与主药发生作用

B. 不影响主药的疗效

C. 对人体无害

D. 熔点较低,在一定温度(60~100℃)下能熔化成液体,而遇骤冷又能凝固成固体

E. 不与冷凝剂发生反应

8. 选用脂溶性的基质制备滴丸时,可以选用的冷凝剂为(　　)

A. 水　　B. 植物油

C. 液状石蜡与植物油的混合物　　D. 液状石蜡

E. 乙醇

二、简答题

1. 简述塑制法制备丸剂的工艺流程。

2. 简述泛制法制备丸剂时起模的注意事项。
3. 滴丸剂有哪些特点？试述滴丸的制备过程。
4. 滴丸剂的基质与冷凝剂的选择有何要求？

（潘卫东）

模块五

半固体制剂制备技术

项目十四

外用膏剂

项目十四PPT

导学情景

情景描述

22岁的大学生小蔓脸上突然冒出许多痘痘，心里非常着急，到医药皮肤科就诊，经医生诊断为寻常性痤疮，医生为其开具了维A酸乳膏进行治疗。

学前导语

维A酸具有抑制毛囊皮脂腺导管角化异常，减少皮脂分泌的药理作用，其外用膏剂主要用于治疗寻常痤疮、特别是黑头粉刺皮损，老年性、日光性或药物性皮肤萎缩，鱼鳞病及各种角化异常及色素过度沉着性皮肤病、银屑病。外用膏剂在我国具有悠久的历史，是一种古老的剂型，随着科学的发展，许多新的基质、新型吸收促进剂、新型药物载体不断涌现，生产的机械化和自动化程度不断提高，推动了外用膏剂的进一步发展。本项目我们将带领同学们学习外用膏剂的基本知识和基本操作，制备出合格的外用膏剂。

任务一 软膏剂

一、概述

软膏剂系指药物与油脂性基质或水溶性基质制成的均匀半固体外用制剂。软膏剂按药物在基质中的分散状态不同，可分为溶液型软膏剂与混悬型软膏剂；溶液型软膏剂是指药物溶解或共熔于基质组分中制成的软膏剂；混悬型软膏剂是指药物细粉均匀分散于基质中制成的软膏剂。

软膏剂对皮肤、黏膜或创面起保护、润滑和局部治疗作用，如消炎、杀菌、防腐、收敛等作用；某些药物透皮吸收后，亦能产生全身治疗作用，如硝酸甘油软膏用于预防心绞痛。

软膏剂在生产与贮藏期间均应符合下列规定：①根据剂型的特点、药物的性质、制剂的疗效和产品的稳定性选用适宜的基质；②基质应均匀、细腻，涂于皮肤或黏膜上应无刺激性，混悬型软膏中不溶性固体药物及糊剂的固体成分，均应预先用适宜的方法磨成细粉，确保粒度符合规定；③根据需要可加入保湿剂、防腐剂、增稠剂、抗氧化剂和皮肤渗透促进剂等附加剂；④基质应具有适当的黏稠性，易涂布于皮肤或黏膜上，不融化，黏稠度随季节变化应很小；⑤软膏剂应无酸败、异臭、变色、变硬，不得有油水分离及胀气现象；⑥除另有规定外，应遮光密闭贮存。

二、软膏剂的基质

软膏剂主要由药物和基质组成，基质的性质和质量直接影响软膏剂的质量。软膏剂的理想基质要求是：①润滑无刺激，稠度适宜，易于涂布；②性质稳定，与主药不发生配伍变化；③具有吸水性，能吸收伤口分泌物；④不妨碍皮肤的正常功能，具有良好释药性能；⑤易洗除，不污染衣服。目前尚无能同时具备上述要求的基质，在实际应用时，应对基质的性质进行具体分析，并根据软膏剂的特点和要求采用添加附加剂或混合使用等方法来保证制剂的质量，以适应治疗要求。常用的基质主要有：油脂性基质、亲水或水溶性基质。

（一）油脂性基质

该类基质涂于皮肤能形成封闭性油膜，促进皮肤水合作用，对表皮增厚、角化、皲裂有软化保护作用，但释药性差，疏水性强，不易用水洗除，主要用于遇水不稳定的药物制备软膏剂。一般不单独用于制备软膏剂，为克服其疏水性常加入表面活性剂以增加吸水量，或制成乳剂型基质来应用。

1. 油脂类 系从动物或植物中得到的高级脂肪酸甘油酯及其混合物。动物油脂（如豚脂、牛脂、羊脂、马脂等）易酸败，现已少用。植物油脂由于分子结构中存在不饱和键，易氧化，需添加抗氧剂。常用芝麻油、棉籽油、大豆油、花生油、橄榄油等。常用熔点较高的蜡类合用以制成稠度适宜的基质，如单软膏即是蜂蜡与花生油（33∶67）熔合而成的。

氢化植物油系植物油在催化作用下加氢而成的饱和或近饱和的脂肪酸甘油酯，比植物油稳定，稠度大。

2. 烃类 系指从石油中得到的各种烃的混合物，其中大部分属于饱和烃，不易酸败，性质稳定。

（1）凡士林：又称软石蜡，是由多种分子量烃类组成的半固体状物，熔程为38～60℃，有黄、白两种，后者漂白而成，化学性质稳定，无刺激性，特别适用于遇水不稳定的药物。凡士林仅能吸收约5%的水，故不适用于有多量渗出液的患处。凡士林中加入适量羊毛脂、胆固醇或某些高级醇类可提高其吸水性能。

（2）液状石蜡：为液体饱和烃混合物，主要用于调节软膏的稠度，还可作为加液研磨的液体，与药物粉末一起研磨，以利于药物与基质混合。

（3）固体石蜡：为固体饱和烃混合物，熔程为50～65℃，主要用于调节软膏的稠度。

3. 类脂类 系高级脂肪酸与高级脂肪醇化合而成的酯及其混合物，有类似脂肪的物理性质，但化学性质较脂肪稳定，且具一定的表面活性作用而有一定的吸水性能，多与油脂类基质合用，也可用于乳膏剂基质中增加稳定性。

（1）羊毛脂：一般是指无水羊毛脂。为淡黄色黏稠微具异臭的半固体，是羊毛上的脂肪性物质的混合物，主要成分是胆固醇类的棕榈酸酯及游离的胆固醇类，熔程36～42℃，具有良好的吸水性，为取用方便常吸收30%的水分以改善黏稠度，称为含水羊毛脂，羊毛脂可吸收2倍的水而形成乳剂型基质，由于本品黏性太大而很少单用做基质，常与凡士林合用，以改善凡士林的吸水性与渗透性。

（2）蜂蜡：主要成分为棕榈酸蜂蜡醇酯，含有少量游离高级脂肪醇和游离酸，熔程为62～67℃，属较弱的W/O型乳化剂，常用于O/W型乳剂型基质中起稳定作用。

(3)鲸蜡:主要成分为棕榈酸鲸蜡醇酯,含有少量游离高级脂肪醇,熔程为42~50℃,属较弱的W/O型乳化剂,常用于O/W型乳剂型基质中起稳定作用。

4. 合成(半合成)油脂性基质　系由各种油脂或原料加工合成,不仅组成和原料油脂类似,而且在稳定性、皮肤刺激性和皮肤吸收性等方面都有明显的改善。常用的有角鲨烷、硅酮、脂肪酸、脂肪醇、脂肪酸酯等。

(1)角鲨烷:由鲨鱼肝中取得的角鲨烯加氢反应制得。为无色、无臭的油状液体,具有良好的皮肤渗透性、润滑性和安全性。

(2)二甲基硅油:亦称硅油或硅酮,是一系列不同分子量的聚二甲硅氧烷的总称。本品为一种无色或淡黄色的透明油状液体,无臭,无味,黏度随分子量的增加而增大。对大多数化合物稳定,但在强酸强碱中降解。在非极性溶剂中易溶,随黏度增大,溶解度逐渐下降。硅油优良的疏水性和较小的表面张力而使之具有很好的润滑作用且易于涂布。对皮肤无刺激性,故能与羊毛脂、硬脂醇、鲸蜡醇、硬脂酸甘油酯、聚山梨酯类、山梨坦类等混合。故常用于乳膏中作润滑剂,最大用量可达10%~30%,也常与其他油脂性原料合用制成防护性软膏。

(3)脂肪酸、脂肪醇及其酯:脂肪酸主要和氢氧化钾或三乙醇胺等合并作用,生成肥皂作为乳化剂,常用的有棕榈酸、硬脂酸、异硬脂酸等。脂肪醇主要为C_{12}~C_{18}的高级脂肪醇,常用的有鲸蜡醇、硬脂醇等。脂肪酸酯多为高级脂肪酸与低分子量的一元醇酯化而成,可与油脂互溶,黏度低,延展性好,对皮肤渗透性好。

(二)水溶性基质

水溶性基质通常释药较快,无刺激性,易洗除,可吸收组织分泌液,适用于湿润或糜烂的创面。但对皮肤的润滑、软化作用较差,且其中的水分易蒸发而使软膏变硬,易霉败,常需添加防腐剂和保湿剂。常用的有聚乙二醇、纤维素衍生物等。

聚乙二醇常用适当比例的PEG4000与PEG400混合得到稠度适宜的软膏基质。PEG易溶于水,能与渗出液混合,易洗除,化学性质稳定,不易霉败。但因吸水性强,常使皮肤有刺激感。一些含羟基、羧基的药物(如苯酚、水杨酸、苯甲酸、鞣酸等)可与PEG络合,导致基质过度软化;PEG还会降低酚类、季铵盐类、羟苯酯类的抑菌活性。目前PEG基质已逐渐被水性凝胶基质代替。

课堂活动

1. 你用过哪些软膏剂？ 它们属于何种类型基质的软膏剂?
2. 试说出各类基质软膏剂作用特点。

三、软膏剂的附加剂

软膏剂中根据需要常可加入适宜的附加剂来改善其性能、增加稳定性或改善药物的透皮吸收,常用的附加剂有抗氧化剂、抑菌剂、保湿剂、增稠剂和皮肤渗透促进剂等附加剂。

1. 抗氧剂　在软膏剂的贮藏过程中,微量的氧就会使某些活性成分氧化而变质。因此,常加入一些抗氧剂来保护软膏剂的化学稳定性。常用的抗氧剂分为三种:①第一种是抗氧剂,它能与自由基反应,抑制氧化反应,如维生素 E、没食子酸烷酯、丁羟基茴香醚(BHA)和丁羟基甲苯(BHT)等。②第二种是由还原剂组成,其还原势能小于活性成分,更易被氧化从而能起到保护作用。它们通常和自由基反应,如抗坏血酸、异抗坏血酸和亚硫酸盐等。③第三种是抗氧剂的辅助剂,它们通常是螯合剂,本身抗氧效果较小,但可通过优先与金属离子反应(因重金属在氧化中起催化作用),从而加强抗氧剂的作用。这类辅助抗氧剂有枸橼酸、酒石酸、EDTA 和巯基二丙酸等。

2. 抑菌剂 软膏剂中的基质中通常有水性、油性物质,甚至蛋白质,这些基质易受细菌和真菌的侵袭,微生物的滋生不仅可以污染制剂,而且有潜在毒性。所以应保证制剂及应用器械中不含有致病菌,例如假单胞菌、沙门菌、大肠杆菌、金黄色葡萄球菌。对于破损及炎症皮肤,局部外用制剂不含微生物尤为重要。加入的杀菌剂浓度一定要使微生物致死而不是简单地起抑制作用。对抑菌剂的要求是:①与处方中组成物没有配伍禁忌;②抑菌剂对热应稳定性;③在较长的贮藏时间及使用环境中稳定;④对皮肤组织无刺激性、无毒性、无过敏性。常用的抑菌剂见表 14-1。

表 14-1 软膏剂中常用的抑菌剂

种类	举例	种类	举例
醇	苯甲醇、三氯叔丁醇	酚	苯酚、氯甲酚
酸	苯甲酸、山梨酸、硼酸	酯	尼泊金甲(丙、丁)酯
醛、醚	桂皮醛、香茅醛、茴香醚	季铵盐	苯扎氯铵、杜灭芬
有机汞类	硫柳汞、醋酸苯汞	其他	氯己定碘、葡萄糖酸氯己定

3. 保湿剂 一般是一类具有强吸湿性的物质,其与水强力结合而达到阻止水分蒸发的效果,常用的有甘油、丙二醇、山梨醇等。

4. 增稠剂 是为了提高软膏产品黏度或稠度,改善稳定性和改变流变形态的一类物质。常用的有月桂醇、肉豆蔻醇、鲸蜡醇、硬脂醇、山梨醇、月桂酸、亚油酸、亚麻酸、肉豆蔻酸、硬脂酸、纤维素及其衍生物、海藻酸及其(铵、钙、钾)盐、果胶、透明质酸钠、黄耆胶、PVP(聚乙烯吡咯烷酮)等。

5. 皮肤渗透促进剂 在外用软膏剂中加入皮肤渗透促进剂可明显增加药物的释放、渗透和吸收。常用的有表面活性剂,月桂氮酮,二甲基亚砜类,丙二醇、甘油、聚乙二醇等多元醇,油酸、亚油酸、月桂酸,角质保湿剂如尿素、水杨酸等,萜烯类的挥发油如薄荷油、桉叶油等。另外,氨基酸及一些水溶性蛋白质也能通过增加角质层脂质的流动性促进药物的透皮吸收。

四、软膏剂的制备

软膏剂分为溶液型软膏和混悬型软膏,其制备按照形成的软膏类型、制备量及设备条件不同,采用的方法也不同。溶液型或混悬型软膏常采用研磨法或熔融法。一般软膏剂的生产流程如图 14-1 所示。

(一)制备方法及常用设备

制备软膏的基本要求是必须使药物在基质中分布均匀、细腻,以保证药物剂量与药效,这与制备方法的选择,特别是药物加入方法的正确与否关系密切。因此,软膏剂的制备,应按照形成的软膏类型、制备量及设备条件不同,采用不同的技术。

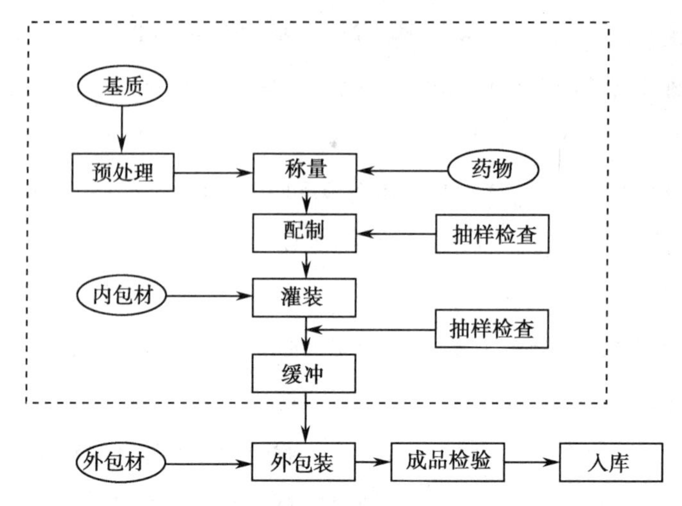

图 14-1　软膏剂的生产工艺流程图
虚框内表示 D 级净化

1. 研磨法　由半固体和液体组分组成的软膏基质可用此法。一般在常温下将药物与基质等量递加混合均匀。此法适用于对热不稳定且不溶于基质的药物。大量生产时常用三滚筒研磨机。

2. 熔融法　由熔点较高的组分组成的基质在常温下不能均匀混合，须用该法制备。在熔融操作时，常用蒸汽夹层锅或电加热锅进行，一般先将熔点较高的物质熔化，再加熔点低的物质，最后加入液体成分和药物，以避免低熔点物质受热分解。在熔融和冷凝过程中，均应不断加以搅拌，使成品均匀光滑，若不够细腻，需要通过胶体磨或研磨机进一步研匀，使软膏细腻均匀。

工业化生产中，制膏机是配制软膏剂的关键设备。所有物料都在制膏机内搅拌均匀、加温和乳化。要求制膏机操作方便，搅拌器性能好，便于清洗。好的制膏机能制出细腻、光亮的软膏。

简单的制膏机用不锈钢罐、搪瓷罐，装有锚式或框式搅拌器。为了清洗方便，罐盖用可移动的轻便不锈钢平盖。目前已很少使用。

软膏剂配制的设备主要有三滚筒软膏机、胶体磨、真空均质乳化机等（图 14-2，图 14-3）。

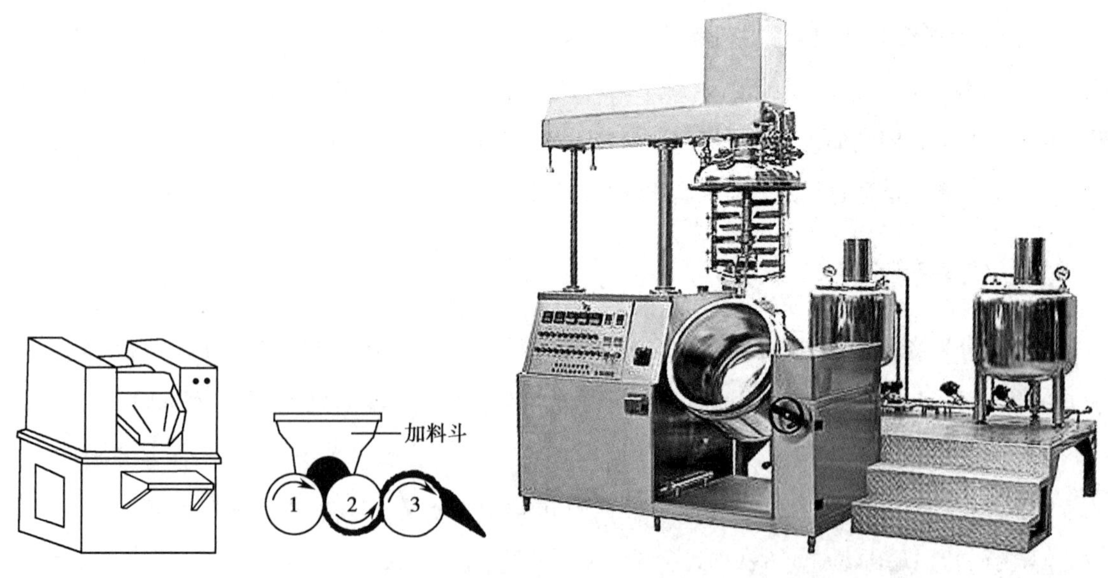

图 14-2　三滚筒软膏机

图 14-3　升降真空乳化机

（二）药物加入方法

为了减少软膏剂对病患处的机械性刺激，更好地发挥药效，制备时药物常按如下方法处理：

1. 药物不溶于基质时，必须将其粉碎成能通过六号筛的粉末。若用研和法配制，可先取少量基质或基质中的液体成分如液状石蜡、植物油、甘油等与药粉研成糊状，再按等量递加法与剩余的基质混匀。用热熔法时，药粉加入后，应一直搅拌至冷凝，使药物分布均匀。

2. 药物可溶于基质时，可在加热时溶入，但挥发性药物应于基质冷至45℃时加入。

3. 某些处方中含量较少的药物如生物碱盐类、抗生素类等，可用少量适宜的溶剂溶解后，再加至基质中混匀。如生物碱类，先用适量纯化水溶解，再用羊毛脂或其他吸水性基质吸收水溶液后再与基质混匀。遇水不稳定的药物如抗生素，可与液状石蜡研匀后，再与凡士林混匀。

4. 具有特殊性质的药物如半固体黏稠性药物（如鱼石脂或煤焦油），可直接与基质混合，必要时先与少量羊毛脂或聚山梨酯类混合再与凡士林等油性基质混合。若药物有共熔性组分（如樟脑、薄荷脑）时，可先共熔再与基质混合。

5. 中药浸出物为液体（如煎剂，流浸膏）时，可先浓缩至稠膏状再加入基质中。固体浸膏可加少量水或低浓度醇溶液等研成糊状，再与基质混合。

（三）常见问题及处理方法

1. 主药含量低 某些药物在高温下会分解，配制时需要根据主药的理化性质控制加入时的温度，以防止由于温度过高引起药物的分解。

2. 主药含量不均匀 在投料时需要考虑主药的性质，根据主药的溶解性能将主药与油相或水相混合，或先将主药溶于少量有机溶剂后与少量基质混匀，再加至大量基质中。

3. 不溶性的固体物料，应先磨成细粉，过100～120目筛，再与基质混合，以免成品中药物粒度过大。

4. 若配制的膏不够细腻，需要通过胶体磨或研磨机进一步研匀，使膏变得细腻均匀。

知识链接

软膏生产的工艺管理与注意事项

1. 生产工艺管理要点

（1）一般软膏剂的暴露工序及其直接接触药品的包装材料最终处理的暴露工序区域，应参照“无菌药品”附录中D级洁净区的要求设置与管理，用于深部组织创伤等无菌软膏剂制备的暴露工序操作室洁净度要求不低于C级，室内相对室外呈正压，除有特殊要求外，温度控制在18～26℃，相对湿度45%～65%。

（2）与药品直接接触的设备表面光滑、平整、易清洗、耐腐蚀，不与所加工的药品发生化学反应或吸附所加工的药品。

（3）使用前检查各管路、连接是否无泄漏，确定夹套内有足够量水时才能开启加热。

（4）基质开始熔化后才能开启搅拌，一般情况下基质熔化后应用7号钢丝筛网趁热滤过后再进行混合。

（5）生产过程中所有物料应有明显的标示，防止发生混药、混批。

2. 生产操作过程中注意事项

（1）用熔融法制备软膏剂时，基质须按熔点高低加热熔融混合，温度不宜过高，以免变质。药物加入熔融基质后，应同一方向不断搅拌至冷却，使药物分布均匀。必要时基质可以滤过，以去除杂质。并随气温不同，可加蜂蜡、石蜡、液状石蜡或植物油等，以调节其稠度，但应保持药物的原有含量。熔点较高的基质与熔点较低的基质制成混合基质时，可将高熔点基质先熔融，后加低熔点基质使熔融。

（2）制备用于大面积烧伤及严重损伤的皮肤的软膏剂时，应进行无菌处理。

（3）制备乳膏剂时两相混合的搅拌速度不宜过快或过慢，以免乳化不完全或因混入大量空气，使成品失去细腻感。

（4）软膏剂所有内包装材料不应与药物或其他基质发生理化反应。

五、质量检查

《中国药典》(2015 年版)四部通则规定软膏剂应检查粒度、装量、微生物限度等,用于烧伤或严重创伤的软膏剂还应进行无菌检查。此外,质量评价还应包括外观性状、主药含量、物理性质、刺激性、稳定性以及软膏中药物的释放、穿透及吸收。

1. 外观性状　要求色泽均匀一致,质地细腻;软膏剂、乳膏剂应无酸败、异臭、变色、变硬,乳膏剂不得有油水分离及胀气现象。

2. 主药含量测定　采用适宜的溶剂将药物溶解提取,再进行含量测定,测定方法必须考虑和排除基质对提取物含量测定的干扰和影响,测定方法的回收率要符合要求。

3. 物理性质的评价

(1)熔点或滴点:油脂性基质可应用熔点(或滴点)检查控制质量。滴点系指样品在标准条件下受热熔化后从管口落下第一滴时的温度。通常软膏剂的熔点以接近凡士林熔点为宜。熔点测定应取数次测定的平均值进行评定。由于此法误差较大,生产上多采用滴点为 45~55℃的标准。

(2)黏度和流变性测定:对于牛顿流体(如液状石蜡、二甲硅油等)测定黏度即可。大多数软膏剂属于非牛顿流体,除黏度外,还有屈服值、触变指数等流变性。流变性是软膏剂的基本的物理性质,考察半固体制剂的流变性性质,对剂型设计、处方组成及制备、质量控制等有重要意义。

(3)酸碱度:软膏剂的酸碱度以近中性为宜。可取样品加适当的溶剂振摇后,测定所得溶液的 pH。

4. 刺激性　软膏剂涂于皮肤或黏膜时,不得引起疼痛、红肿或产生斑疹等不良反应。皮肤用软膏剂刺激性试验,一般将供试品涂在已剃毛的家兔背部皮肤上至少 4 小时,在去除药物后 30~60 分钟、24 小时、48 小时和 72 小时肉眼观察并记录涂敷部位有无红斑、水肿等情况,评价皮肤刺激强度。

5. 稳定性　软膏剂的加速试验在温度 30℃±2℃、相对湿度 65%±5%的条件进行 6 个月。定时取样检查形状、均一性、含量、粒度、有关物质。

6. 粒度 除另有规定外,混悬型软膏剂取适量供试品,涂成薄层,薄层面积相当于盖玻片面积,并涂3片,按照粒度和粒度分布法检查,均不得检出大于180μm的粒子。

7. 装量 按照最低装量检查法检查,应符合规定。

8. 无菌 用于烧伤或严重创伤的软膏剂按照无菌检查法检查,应符合规定。

9. 微生物限度 除另有规定外,按照微生物限度检查法检查,应符合规定。

10. 药物释放度及吸收的测定方法

(1)释放度检查法:释放度检查方法很多,表玻片法、渗析池法、圆盘法等。虽然这些方法不能完全反映制剂中药物吸收的情况,但作为药厂控制内部质量标准有一定的实用意义。

(2)体外试验法:有离体皮肤法、凝胶扩散法、半透膜扩散法和微生物法等,其中以离体皮肤法较接近应用的实际情况。

(3)体内试验法:将软膏涂于人体或动物的皮肤上,经一定时间后进行测定,测定方法可采用体液与组织器官中药物含量的分析法、生理反应法、放射性示踪原子法等。

点滴积累

1. 软膏剂系指药物与油脂性基质或水溶性基质制成的均匀半固体外用制剂。
2. 软膏剂常用的基质主要有油脂性基质、亲水或水溶性基质。
3. 软膏剂的制备中，溶液型或混悬型软膏的制备常用研磨法和熔融法。

任务二 乳膏剂

一、概述

药物溶解或分散于乳剂型基质中形成的均匀半固体制剂称为乳膏剂,根据基质不同,分为水包油型乳膏剂和油包水型乳膏剂。

乳膏剂不阻碍皮肤表面分泌物的分泌和水分蒸发,对皮肤的正常功能影响较小。特别是水包油型乳膏基质中药物的释放和透皮吸收较快,基质易涂布于皮肤,无油腻感,易于清洗,不污染衣物,在皮肤科临床和美容方面的应用越来越广泛。

乳膏剂在生产与贮藏期间均应符合下列规定:①乳膏剂选用基质应根据剂型特点、原料药物的性质、制剂的疗效和产品的稳定性,基质也可由不同类型基质混合组成。乳膏剂常用的乳化剂可分为水包油型和油包水型。水包油型乳化剂有钠皂、三乙醇胺皂类、脂肪醇硫酸(酯)钠类和聚山梨酯类;油包水型乳化剂有钙皂、羊毛脂、单甘油酯、脂肪醇等。②乳膏剂基质应均匀、细腻,涂于皮肤或黏膜上应无刺激性。③乳膏剂根据需要可加入保湿剂、抑菌剂、增稠剂、稀释剂、抗氧剂及透皮促进剂。除另有规定外,加入抑菌剂的乳膏剂在制剂确定处方时,该处方的抑菌效力应符合抑菌效力检查法[《中国药典》(2015年版)通则1121]的规定。④乳膏剂应具有适当的黏稠度,应易涂布于皮肤或黏膜上,不融化,黏稠度随季节变化应很小。⑤乳膏剂应无酸败、异臭、变色、变硬等变质现象,不得有油水分离及胀气现象。⑥除另有规定外，乳膏剂应避光密封置25℃以下贮存，不得冷冻。⑦乳膏剂所用内包装材料，不应与原料药物或基质发生物理化学反应，无菌产品的内包装材料应无菌。乳膏剂用于烧伤治疗如为非无菌制剂的，应在标签上标明“非无菌制剂”；产品说明书中应注明“本品为非无菌制剂”，同时在适应证下应明确“用于程度较轻的烧伤（Ⅰ°或浅Ⅱ°）”；注意事项下规定“应遵医嘱使用”。

二、乳膏剂的基质

乳剂型基质是将固体或半固体的油相加热熔化后与水相混合，在乳化剂的作用下形成乳化，最后在室温下成为半固体的基质。形成基质的类型及原理与乳剂相似。常用的油相多数为固体主要有：硬脂酸，石蜡、蜂蜡、高级醇（如十八醇）等，有时为调节稠度加入液状石蜡、凡士林或植物油等。

乳剂型基质有水包油（O/W）型与油包水（W/O）型两类。乳化剂的作用对形成乳剂基质的类型起主要作用。O/W型基质能与大量水混和，含水量较高。乳剂型基质不阻止皮肤表面分泌物的分泌和水分蒸发，对皮肤的正常功能影响较小。一般乳剂型基质特别是O/W型基质软膏中药物的释放和透皮吸收较快。由于基质中水分的存在，使其增强了润滑性，易于涂布。但是，O/W型基质外相含多量水，在贮存过程中可能霉变，常须加入防腐剂。同时水分也易蒸发失散而使软膏变硬，故常需加入甘油、丙二醇、山梨醇等作保湿剂，一般用量为5%～20%。遇水不稳定的药物不宜用乳剂型基质制备软膏。还值得注意的是O/W型基质制成的软膏在使用于分泌物较多的皮肤病，如湿疹时，其吸收的分泌物可重新透入皮肤（反向吸收）而使炎症恶化，故需正确选择适应证。

乳剂型基质常用的乳化剂：

1. 皂类 有一价皂、二价皂、三价皂等。

（1）一价皂：常为一价金属离子钠、钾、铵的氢氧化物、硼酸盐或三乙醇胺、三异丙胺等的有机碱与脂肪酸（如硬脂酸或油酸）作用生成的新生皂，*HLB*值一般在15～18，降低水相表面张力强于降低油相的表面张力，则易成O/W型的乳剂型基质，但若处方中含过多的油相时能转相为W/O型的乳剂型基质。一价皂的乳化能力随脂肪酸中碳原子数12到18而递增。但在18以上这种性能又降低，故碳原子数为18的硬脂酸为最常用的脂肪酸，其用量常为基质总量的10%～25%，主要作为油相成分，并与碱反应形成新生皂。未皂化的部分存在于油相中，被乳化而分散成乳粒，由于其凝固作用而增加基质的稠度。

新生皂反应的碱性物质的选择，对乳剂型基质的影响较大。新生钠皂为乳化剂制成的乳剂型基质较硬。钾皂有软肥皂之称，以钾皂为乳化剂制成的基质较软。新生有机铵皂为乳化剂制成的基质较为细腻、光亮美观。因此后者常与前两者合用或单用做乳化剂。新生皂作乳化剂形成的基质应避免用于酸、碱类药物制备软膏，特别是忌与含钙、镁离子类药物配方。

（2）多价皂：系由二、三价的金属（钙、镁、锌、铝）氢氧化物与脂肪酸作用形成的多价皂。由于此类多价皂在水中解离度小，亲水基的亲水性小于一价皂，而亲油基为双链或三链碳氢化物，亲油性强于亲水端，其*HLB*值<6形成W/O型乳剂型基质。新生多价皂较易形成，且油相的比例大，黏滞度较水相高，因此，形成的乳剂型基质（W/O型）较一价皂为乳化剂形成的O/W型乳剂型基质稳定。

案例分析

案例

实验过程中，一种乳膏剂基质如下：油相为12g 硬脂酸，3.5g 单硬脂酸甘油酯，6g 液体石蜡，1g 凡士林，5g 羊毛脂；水相为 1g 三乙醇胺，9g 甘油和 90ml 蒸馏水；两相加热到 80℃后混合并快速搅拌，保持加热 5 分钟后冷却搅拌至室温，得到的乳膏剂效果好，当加入主药时，基质分层破裂后经过振摇也不能恢复到原来的分散状态，可能是由于什么原因?

分析

大多数情况下，破裂是因为乳化剂发生物理化学变化，失去乳化作用。 根据上述现象，可能是由于加入的主药与硬脂酸三乙醇胺皂发生反应，导致硬脂酸三乙醇胺皂分解，在没有乳化剂的作用下，油水两相分层并破裂。

2. 脂肪醇硫酸(酯)钠类 常用的有十二烷基硫酸(酯)钠是阴离子型表面活性剂,常与其他 W/O 型乳化剂合用调整适当 *HLB* 值,以达到油相所需范围,常用的辅助 W/O 型乳化剂有十六醇或十八醇、硬脂酸甘油酯、脂肪酸山梨坦类等。本品的常用量为 0.5%~2%。本品与阳离子型表面活性剂作用形成沉淀并失效,加入 1.5%~2%氯化钠可使之丧失乳化作用,其乳化作用的适宜 pH 应为 6~7,不应小于 4 或大于 8。

3. 高级脂肪酸及多元醇酯类

(1)十六醇及十八醇:十六醇,即鲸蜡醇,熔点 45~50℃,十八醇即硬脂醇,熔点 56~60℃,均不溶于水,但有一定的吸水能力,吸水后可形成 W/O 型乳剂型基质的油相,可增加乳剂的稳定性和稠度。新生皂为乳化剂的乳剂基质中,用十六醇和十八醇取代部分硬脂酸形成的基质则较细腻光亮。

(2)硬脂酸甘油酯:即单、双硬脂酸甘油酯的混合物,不溶于水,溶于热乙醇及乳剂型基质的油相中,本品分子的甘油基上有羟基存在,有一定的亲水性,但十八碳链的亲油性强于羟基的亲水性,是一种较弱的 W/O 型乳化剂,与较强的 O/W 型乳化剂合用时,则制得的乳剂型基质稳定,且产品细腻润滑,用量为 15%左右。

(3)脂肪酸山梨坦与聚山梨酯类:均为非离子型表面活性剂,脂肪酸山梨坦,即司盘类 *HLB* 值在 4.3~8.6 之间,为 W/O 型乳化剂。聚山梨酯,即吐温类 *HLB* 值在 10.5~16.7 之间,为 O/W 型乳化剂。各种非离子型乳化剂均可单独制成乳剂型基质,但为调节 *HLB* 值而常与其他乳化剂合用,非离子型表面活性剂无毒性,中性,对热稳定,对黏膜与皮肤比离子型乳化剂刺激性小,并能与酸性盐、电解质配伍,但与碱类、重金属盐、酚类及鞣质均有配伍变化。聚山梨酯类能严重抑制一些消毒剂、防腐剂的效能,如与羟苯酯类、季铵盐类、苯甲酸等络合而使之部分失活,但可适当增加防腐剂用量予以克服。非离子型表面活性剂为乳化剂的基质中可用的防腐剂有:山梨酸,洗必泰碘,氯甲酚等,用量约 0.2%。

4. 聚氧乙烯醚的衍生物类

(1)平平加 O(peregol O):即以十八(烯)醇聚乙二醇-800 醚为主要成分的混合物,为非离子型表面活性剂，其 *HLB* 值为 15.9，属 O/W 型乳化剂。性质稳定，耐酸、碱、热、硬水、金属盐；用量一般为油相重量的 5%～10%（一般搅拌）或 2%～5%（高速搅拌），不宜与某些羟基酸或羧酸类药物配伍。单用本品不能制成乳剂型基质，为提高其乳化效率，增加基质稳定性，可用不同辅助乳化剂，按不同配比制成乳剂型基质。

（2）乳化剂 OP：即以聚氧乙烯（20）月桂醚为主的烷基聚氧乙烯醚的混合物。亦为非离子 O/W 型乳化剂，*HLB* 值为 14.5，可溶于水，1%水溶液的 pH 为 5.7，对皮肤无刺激性。本品耐酸、碱、还原剂及氧化剂，性质稳定，用量一般为油相重量的 5%～10%。常与其他乳化剂合用。本品不宜与酚羟基类化合物，如苯酚、间苯二酚、麝香草酚、水杨酸等配伍，以免形成络合物，破坏乳剂型基质。

课堂活动

1. 你用过哪些乳膏剂？
2. 试说出乳膏剂基质特点。

三、乳膏剂的附加剂

与软膏剂类似，乳膏剂制备过程中根据需要常可加入适宜的附加剂来改善其性能、增加稳定性或改善药物的透皮吸收，常用的附加剂有抗氧化剂、抑菌剂、保湿剂、增稠剂和皮肤渗透促进剂等附加剂。

四、乳膏剂的制备

乳膏剂的制备常采用乳化法，药物常在形成乳剂型基质过程中或在形成乳剂型基质后加入药物。在形成乳剂型基质后加入的药物常为不溶性微细粉末，也属于混悬型软膏。

制备水包油型水杨酸乳膏剂的示范操作

乳化法的操作过程是将处方中的油脂性和油溶性组分一起加热至 80℃左右成油溶液（油相），另将水溶性组分溶于水后一起加热至 80℃成水溶液（水相），使其温度略高于油相温度，然后将水相逐渐加入油相中，边加边搅至冷凝，水、油均不溶解的组分最后加入，搅匀，即得。

工业生产时由于油相温度不易控制均匀冷却，或两相混合时搅拌不匀而使形成的基质不够细腻，因此常在温度降至 30℃时再通过胶体磨等研磨使其更细腻均匀。有条件时还可使用旋转型热交换器的连续式乳膏机。

五、质量控制

《中国药典》（2015 年版）四部通则规定乳膏剂应检查粒度、装量、微生物限度等，用于烧伤或严重创伤的乳膏还应进行无菌检查。此外，质量评价还应包括外观性状、主药含量、物理性质、刺激性、稳定性以及乳膏中药物的释放、穿透及吸收。

1. 外观性状　要求色泽均匀一致，质地细腻；乳膏剂应无酸败、异臭、变色、变硬，不得有油水分离及胀气现象。

2. 主药含量测定 采用适宜的溶剂将药物溶解提取，再进行含量测定，测定方法必须考虑和排除基质对提取物含量测定的干扰和影响，测定方法的回收率要符合要求。

3. 物理性质的评价

(1)熔点或滴点：乳膏剂使用的油脂性基质可应用熔点(或滴点)检查控制质量。熔点测定应取数次测定的平均值进行评定。

(2)黏度和流变性测定：大多数乳膏剂属于非牛顿流体，除黏度外，还有屈服值、触变指数等流变性。流变性是乳膏剂基质的基本的物理性质，考察半固体制剂的流变性性质，对剂型设计、处方组成及制备、质量控制等有重要意义。

(3)酸碱度：O/W 型乳膏剂的 pH 应不大于 8.3，W/O 型乳膏剂的 pH 应不大于 8.5。

4. 刺激性 乳膏剂涂于皮肤或黏膜时，不得引起疼痛、红肿或产生斑疹等不良反应。皮肤用乳膏剂的刺激性试验，一般将供试品涂在已剃毛的家兔背部皮肤上至少 4 小时，在去除药物后 30～60 分钟、24 小时、48 小时和 72 小时肉眼观察并记录涂敷部位有无红斑、水肿等情况，评价皮肤刺激强度。

5. 稳定性 乳膏剂的加速试验在温度(30±2)℃、相对湿度 65%±5%的条件进行 6 个月。定时取样检查形状、均一性、含量、粒度、有关物质。乳膏剂还须检查分层现象，应符合规定。乳膏剂还应进行耐热、耐寒试验，将供试品分别置于 55℃恒温 6 小时及-15℃放置 24 小时，应无油水分离。一般 W/O 型乳膏剂的耐热性差，油水易分层；O/W 型乳膏剂的耐寒性差，易变粗。

6. 粒度 《中国药典》(2015 年版)在软膏剂项下规定了粒度检查，该检查项只适用于“混悬型软膏剂”，乳膏剂的粒度检查方法还没有统一标准。

7. 装量 按照最低装量检查法检查，应符合规定。

8. 无菌 用于烧伤或严重创伤的乳膏剂按照无菌检查法检查，应符合规定。

9. 微生物限度 除另有规定外，按照微生物限度检查法检查，应符合规定。

10. 药物释放度及吸收的测定方法

(1)释放度检查法：释放度检查方法很多，表玻片法、渗析池法、圆盘法等。虽然这些方法不能完全反映制剂中药物吸收的情况，但作为药厂控制内部质量标准有一定的实用意义。

(2)体外试验法：有离体皮肤法、凝胶扩散法、半透膜扩散法和微生物法等，其中以离体皮肤法较接近应用的实际情况。

(3)体内试验法：将乳膏涂于人体或动物的皮肤上，经一定时间后进行测定，测定方法可采用体液与组织器官中药物含量的分析法、生理反应法、放射性示踪原子法等。

六、制备举例

含有机铵皂的乳剂型基质

【处方】 硬脂酸 100g 蓖麻油 100g 液状石蜡 100g 三乙醇胺 8g

甘油 40g 蒸馏水 452g

【制法】将硬脂酸，蓖麻油，液状石蜡置蒸发皿中，在水浴上加热（75~80℃）使熔化。另取三乙醇胺、甘油与水混匀，加热至同温度，缓缓加入油相中，边加边搅直至乳化完全，放冷即得。

【注解】三乙醇胺与部分硬脂酸形成有机铵皂起乳化作用，其 pH 为 8，*HLB* 值为 12。可在乳剂型基质中加入 0.1%羟苯乙酯作防腐剂。必要时加入适量单硬脂酸甘油酯，以增加油相的吸水能力，达到稳定 O/W 型乳剂型基质的目的。

含多价钙皂的乳剂型基质

【处方】

硬脂酸	12.5g	单硬脂酸甘油酯	17.0g	蜂蜡	5.0g
地蜡	75.0g	液状石蜡	410.0ml	白凡士林	67.0g
双硬脂酸铝	10.0g	氢氧化钙	1.0g	羟苯乙酯	1.0g
蒸馏水	401.5ml				

【制法】取硬脂酸、单硬脂酸甘油酯、蜂蜡、地蜡在水浴上加热熔化，再加入液状石蜡、白凡士林、双硬脂酸铝，加热至 85℃，另将氢氧化钙、羟苯乙酯溶于蒸馏水中，加热至 85℃，逐渐加入油相中，边加边搅，直至冷凝。

【注解】处方中氢氧化钙与部分硬脂酸作用形成的钙皂及双硬脂酸铝（铝皂）均为 W/O 型乳化剂，水相中氢氧化钙为过饱和态，应取上清液加至油相中。

含十二烷基硫酸钠的乳剂型基质

【处方】

硬脂醇	220g	十二烷基硫酸钠	15g	白凡士林	250g
羟苯甲酯	0.25g	羟苯丙酯	0.15g	丙二醇	120g
蒸馏水加至	1000g				

【制法】取硬脂醇与白凡士林在水浴上熔化，加热至 75℃，加入预先溶在水中并加热至 75℃的其他成分，搅拌至冷凝。

【注解】处方中的十二烷基硫酸钠用做主要乳化剂，而硬脂醇与白凡士林同为油相，前者还起辅助乳化及稳定作用，后者防止基质水分蒸发并留下油膜，有利于角质层水合而产生润滑作用，丙二醇为保湿剂，羟苯甲、丙酯为防腐剂。

含硬脂酸甘油酯的乳剂型基质

【处方】

硬脂酸甘油酯	35g	硬脂酸	120g	液状石蜡	60g
白凡士林	10g	羊毛脂	50g	三乙醇胺	4ml
羟苯乙酯	1g	蒸馏水加至	1000g		

【制法】将油相成分（即硬脂酸甘油酯，硬脂酸，液状石蜡，凡士林，羊毛脂）与水相成分（三乙醇胺、羟苯乙酯溶于蒸馏水中）分别加热至 80℃，将熔融的油相加入水相中，搅拌，制成 O/W 型乳剂基质。

含聚山梨酯类的乳剂型基质

【处方】

硬脂酸	60g	聚山梨酯 80	44g	油酸山梨坦	16g
硬脂醇	60g	液状石蜡	90g	白凡士林	60g
甘油	100g	山梨酸	2g	蒸馏水加至	1000g

【制法】将油相成分（硬脂酸、油酸山梨坦、硬脂醇、液状石蜡及凡士林）与水相成分（聚山梨酯80、甘油、山梨酸及水）分别加热至80℃，将油相加入水相中，边加边搅拌至冷凝成乳剂型基质。

【注解】处方中聚山梨酯80为主要乳化剂，油酸山梨坦（Span80）为反型乳化剂（W/O型），以调节适宜的*HLB*值而形成稳定的O/W乳剂型基质。硬脂醇为增稠剂制得的乳剂型基质光亮细腻，也可用单硬脂酸甘油酯代替得到同样效果。

含油酸山梨坦为主要乳化剂的乳剂型基质

【处方】

单硬脂酸甘油酯	120g	蜂蜡	50g	石蜡	50g
白凡士林	50g	液状石蜡	250g	油酸山梨坦	20g
聚山梨酯80	10g	羟苯乙酯	1g	蒸馏水加至	1000g

【制法】将油相成分（单硬脂酸甘油酯、蜂蜡、石蜡、白凡士林、液状石蜡、油酸山梨坦）与水相成分（聚山梨酯80，羟苯乙酯、蒸馏水）分别加热至80℃，将水相加入到油相中，边加边搅拌至冷凝即得。

【注解】处方中油酸山梨坦与硬脂酸甘油酯同为主要乳化剂，形成W/O型乳剂型基质，聚山梨酯80用以调节适宜的*HLB*值，起稳定作用。单硬脂酸甘油酯、蜂蜡、石蜡均为固体，有增稠作用，单硬脂酸甘油酯用量大，制得的乳膏光亮细腻且本身为W/O型乳化剂。蜂蜡中含有蜂蜡醇也能起较弱的乳化作用。

含乳化剂平平加O的乳剂型基质

【处方】

平平加O	25~40g	十六醇	50~120g	凡士林	125g
液状石蜡	125g	甘油	50g	羟苯乙酯	1g
蒸馏水加至1000g					

【制法】将油相成分（十六醇，液状石蜡及凡士林）与水相成分（平平加O，甘油，羟苯乙酯及蒸馏水）分别加热至80℃，将油相加入水相中，边加边搅拌至冷，即得。

【注解】其他平平加类乳化剂经适当配合也可制成优良的乳剂型基质，如平平加A-20及乳化剂SE-10（聚氧乙烯10山梨醇）和柔软剂SG（硬脂酸聚氧乙烯酯）等配合制得较好的乳剂型基质。

含乳化剂OP的乳剂型基质

【处方】

硬脂酸	114g	蓖麻油	100g	液状石蜡	114g	三乙醇胺	8ml
乳化剂OP	3ml	羟苯乙酯	1g	甘油	160ml		
蒸馏水	500ml						

【制法】将油相（硬脂酸，蓖麻油，液状石蜡）与水相（甘油、乳化剂OP、三乙醇胺及蒸馏水）分别加热至80℃。将油、水两相逐渐混合。搅拌至冷凝，即得O/W型乳剂型基质。

【注解】处方中少量硬脂酸与三乙醇胺反应生成的有机铵皂及乳化剂OP均为O/W型乳化剂，为调节*HLB*值还可加入适量反相乳化剂，如油酸山梨坦或以单硬脂酸甘油酯取代部分硬脂酸，可制得更稳定而细腻光亮的O/W型乳剂型基质。

点滴积累

1. 乳膏剂系指药物与乳剂型基质制成的均匀半固体制剂，包括水包油型和油包水型。
2. 乳膏剂的基质为乳剂型基质，制备方法为乳化法。

任务三　凝胶剂

一、概述

凝胶剂系指药物与能形成凝胶的辅料制成的具有凝胶特性的稠厚液体或半固体制剂。除另有规定外，凝胶剂限局部用于皮肤及体腔，如鼻腔、阴道和直肠。

乳状液型凝胶剂也可称为乳胶剂。由高分子基质如西黄蓍胶制成的凝胶剂也可称为胶浆剂。小分子无机原料药物如氢氧化铝凝胶剂是由分散的药物小粒子以网状结构存在于液体中，属于两相分散系统，也称为混悬型凝胶剂。混悬型凝胶剂可有触变性，静止时形成半固体而搅拌或振摇时成为液体。

凝胶剂基质属单相分散系统，有水性和油性之分，水性凝胶基质一般由水、甘油或丙二醇与纤维素衍生物、卡波姆和海藻酸盐、西黄蓍胶、明胶、淀粉等构成；油性凝胶基质由液状石蜡与聚乙烯或脂肪油与胶体硅或铝皂、锌皂等构成。

凝胶剂在生产与贮藏期间应符合下列有关规定：①混悬型凝胶剂中胶粒应分散均匀，不应下沉、结块。②凝胶剂应均匀、细腻，在常温时保持胶状，不干涸或液化。③凝胶剂根据需要可加入保湿剂、抑菌剂、抗氧剂、乳化剂、增稠剂和透皮促进剂等。除另有规定外，在制剂确定处方时，该处方的抑菌效力应符合抑菌效力检查法[《中国药典》(2015 年版)制剂通则 1121]的规定。④凝胶剂一般应检查 pH。⑤除另有规定外，凝胶剂应避光、密闭贮存，并应防冻。⑥凝胶剂用于烧伤治疗如为非无菌制剂的，应在标签上标明“非无菌制剂”；产品说明书中应注明“本品为非无菌制剂”，同时在适应证下应明确“用于程度较轻的烧伤（Ⅰ°或浅Ⅱ°）”；注意事项下规定“应遵医嘱使用”。

二、水性凝胶基质

水性凝胶基质大多在水中溶胀成水性凝胶而不溶解。本类基质一般易涂展和洗除，无油腻感，能吸收组织渗出液不妨碍皮肤正常功能。还由于黏滞度较小而利于药物，特别是水溶性药物的释放。

本类基质缺点是润滑作用较差，易失水和霉变，常需添加保湿剂和防腐剂，且量较其他基质大。

1. 卡波姆　系丙烯酸与丙烯基蔗糖交联的高分子聚合物，按黏度不同常分为 934、940、941 等规格，本品是一种引湿性很强的白色松散粉末。由于分子中存在大量的羧酸基团，与聚丙烯酸有非常类似的理化性质，可以在水中迅速溶胀，但不溶解。其分子结构中的羧酸基团使其水分散液呈酸性。当用碱中和时，随大分子逐渐溶解，黏度也逐渐上升，在低浓度时形成澄明溶液，在浓度较大时形成半透明状的凝胶。在 pH6～11 有最大的黏度和稠度，中和使用的碱以及卡波姆的浓度不同，其溶液的黏度变化也有所区别。本品制成的基质无油腻感，涂用润滑舒适，特别适宜于治疗脂溢性皮肤病。与聚丙烯酸相似，盐类电解质可使卡波姆凝胶的黏性下降，碱土金属离子以及阳离子聚合物等均可与之结合成不溶性盐，强酸也可使卡波姆失去黏性，在配伍时必须避免。

2. 纤维素衍生物 纤维素经衍生化后成为在水中可溶胀或溶解的胶性物。调节适宜的稠度可形成水溶性软膏基质。此类基质有一定的黏度，随着分子量，取代度和介质的不同而具不同的稠度。因此，取用量也应根据上述不同规格和具体条件来进行调整。常用的品种有甲基纤维素（MC）和羧甲基纤维素钠（CMC-Na），两者常用的浓度为 2%～6%。前者缓缓溶于冷水，不溶于热水，但湿润、放置冷却后可溶解，后者在任何温度下均可溶解。1%的水溶液 pH 均在 6～8。MC 在 pH2～12 时均稳定，而 CMC-Na 在低于 pH5 或高于 pH10 时黏度显著降低。本类基质涂布于皮肤时有较强黏附性，较易失水，干燥而有不适感，常需加入约 10%～15%的甘油调节。制成的基质中均需加入防腐剂，常用 0.2%～0.5%的羟苯乙酯。在 CMC-Na 基质中不宜加硝（醋）酸苯汞或其他重金属盐作防腐剂。也不宜与阳离子型药物配伍，否则会与 CMC-Na 形成不溶性沉淀物，从而影响防腐效果或药效，对基质稠度也会有影响。

三、水凝胶剂的制备

水凝胶剂制备时，药物溶于水者常先溶于部分水或甘油中，必要时加热，其余处方成分按基质配制方法制成水凝胶基质，再与药物溶液混匀加水至足量搅匀即得。药物不溶于水者，可先用少量水或甘油研细，分散，再混于基质中搅匀即得。

四、质量控制

《中国药典》（2015 年版）四部通则相关规定，凝胶剂应检查以下项目。

1. 粒度 除另有规定外，混悬型凝胶剂按照下述方法检查，应符合规定。取适量供试品，置于载玻片上，涂成薄层，薄层面积相当于盖玻片面积，并涂 3 片，按照粒度和粒度分布测定法［《中国药典》（2015 年版）通则 0982 第一法］测定，均不得检出大于 180μm 的粒子。

2. 装量 按照最低装量检查法［《中国药典》（2015 年版）通则 0942］检查，应符合规定。

3. 无菌 除另有规定外，用于烧伤（除程度较轻的烧伤（Ⅰ°或浅Ⅱ°外））或严重创伤的凝胶剂按照无菌检查法检查，应符合规定。

4. 微生物限度 除另有规定外，按照非无菌产品微生物限度检查：微生物计数法［《中国药典》（2015 年版）通则 1105］和控制菌检查法［《中国药典》（2015 年版）通则 1106］及非无菌药品微生物限度标准［《中国药典》（2015 年版）通则 1107］检查，应符合规定。

五、制备举例

以卡波姆为基质水凝胶

【处方】 卡波姆 940 10g 乙醇 50g 甘油 50g 聚山梨酯 80 2g

羟苯乙酯　1g　　氢氧化钠　4g　　蒸馏水加至 1000g

【制法】将卡波姆与聚山梨酯 80 及 300ml 蒸馏水混合,氢氧化钠溶于 100ml 水后加入上液搅匀,再将羟苯乙酯溶于乙醇后逐渐加入搅匀,即得透明凝胶。

【注解】氢氧化钠为 pH 调节剂,使形成凝胶;甘油为保湿剂;羟苯乙酯为防腐剂。

以纤维素衍生物为基质水凝胶

【处方】羧甲纤维素钠　50g　　甘油　150g　　三氯叔丁醇　5g

蒸馏水加至 1000g

【制备】取羧甲纤维素钠与甘油研匀,加入热蒸馏水中,放置使溶胀形成凝胶,然后加三氯叔丁醇水溶液,并加水至 1000g,搅匀,即得。

双氯芬酸钠凝胶剂

【处方】双氯芬酸钠　5.0g　　卡波姆 940　5.0g　　丙二醇　50g

三乙醇胺　7.5g　　乙醇　150ml　　羟苯乙酯　0.5g

蒸馏水加至 500g

【制备】将卡波姆 940 加入适量蒸馏水中,放置过夜,使其充分溶胀,于搅拌下加入三乙醇胺,制成凝胶基质。另将双氯芬酸钠、羟苯乙酯溶于丙二醇和乙醇中,于搅拌下加入凝胶基质中,再加蒸馏水至足量,搅匀,即得。

点滴积累

1. 凝胶剂系指药物与适宜的辅料制成均匀或混悬的透明或半透明的半固体制剂。
2. 凝胶剂有单相凝胶和双相凝胶之分。
3. 局部应用的由有机化合物形成的凝胶剂系指单相凝胶，又分为水性凝胶和油性凝胶。
4. 水性凝胶基质缺点是润滑作用较差，易失水和霉变，常需添加保湿剂和防腐剂，且量较其他基质大。

任务四　眼膏剂

一、概述

眼膏剂系指由药物与适宜基质均匀混合,制成无菌溶液型或混悬型膏状的眼用半固体制剂。

眼膏剂较一般滴眼剂在用药部位滞留时间长,疗效持久,可减少给药次数,并能减轻眼睑对眼球的摩擦,但使用后一定程度上会造成视物模糊,所以多以睡觉前使用为主。

眼膏剂在生产与储存期间应符合下列有关规定:①眼膏剂的基质应过滤并灭菌,不溶性药物应预先制成极细粉;眼膏剂、眼用乳膏剂、眼用凝胶剂应均匀、细腻、无刺激性,并易涂布于眼部,便于药物分散和吸收;②包装容器应不易破裂,并清洗干净、灭菌,每个包装的装量应不超过 5g;③供手术、伤口、角膜损伤用的眼膏剂不得添加抑菌剂或抗氧剂,且应包装于无菌容器内供一次性使用;④眼膏剂还应符合相应剂型制剂通则项下的有关规定，如眼用凝胶剂还应符合凝胶剂的规定；⑤眼膏剂的含量均匀度等应符合要求；⑥眼膏剂应遮光密封储存，在启用后最多可使用4周。

二、眼膏剂的基质

眼膏剂常用的基质，一般用凡士林8份，液状石蜡、羊毛脂各1份混合而成。根据气候季节可适当增减液状石蜡的用量。基质中羊毛脂有表面活性作用，具有较强的吸水性和黏附性，使眼膏与泪液容易混合，并易附着于眼黏膜上，使基质中药物容易穿透眼膜。

眼膏基质应加热熔融后用适当滤材保温过滤，并在150℃干热灭菌1~2小时，备用。也可将各组分分别灭菌供配制用。

三、眼膏剂的制备

眼膏剂的制备与一般软膏剂制法基本相同，但配料、灌装的暴露工序必须按照无菌药品的生产操作环境即C级的洁净环境中进行。所用基质、药物、器械与包装材料等均应严格灭菌处理：配制容器、乳化罐等用具需经热水、洗涤剂、纯化水反复清洗，最后用75%乙醇喷雾擦拭；包装用软膏管出厂时均已灭菌密封，使用时除去外包装后，对内包装袋可采用紫外线照射灭菌处理。

眼膏剂配制时，凡主药易溶于水而且性质稳定的，可先配成少量水溶液，用适量灭菌基质或羊毛脂研磨吸收后，再逐渐递加其余基质，研匀即可；若为不溶性药物应粉碎成极细粉，用少量的液状石蜡研匀，再逐渐递加其余基质，混合分散均匀，最后灌装于灭菌容器中，密封。

四、质量控制

1. 粒度　混悬型眼膏剂需进行粒度检查，即取供试品10个，将内容物全部挤于合适的容器中，搅拌均匀，取适量（相当于主药10μg）置于载玻片上，涂成薄层，薄层面积相当于盖玻片面积，共涂3片，每个涂片中大于50μm的粒子不得超过2个，且不得检出大于90μm的粒子。

2. 金属性异物　即取供试品10个，分别将全部内容物置于底部平整光滑、无可见异物和气泡、直径为6cm的平底培养皿中，加盖。在10个供试品中，含金属性异物超过8粒者不得过1个，且其总数不得过50粒；如不符合上述规定，应另取20个复试；初试、复试结果合并计算，30个中每个内含金属性异物超过8粒者，不得过3个，且其总数不得过150粒。

3. 装量　除另有规定外，每个容器的装量应不超过5g。

4. 无菌　按照《中国药典》（2015年版）无菌检查法检查，应符合规定。

另外，眼膏剂还应依据《中国药典》（2015年版）进行装量差异、局部刺激性检查，均应符合规定。

五、制备举例

红霉素眼膏

【处方】红霉素　50万IU　　　液状石蜡　适量

眼膏基质　共制100g

【制法】取红霉素加适量灭菌液状石蜡研成细腻糊状物，然后加少量灭菌眼膏基质研匀，再分次递加眼膏基质使成全量，研匀，无菌分装即得。

【注意事项】红霉素不耐热，温度超过60℃就容易分解，所以应待眼膏基质冷却后加入。

点滴积累

1. 眼膏剂系指由药物与适宜基质均匀混合，制成无菌溶液型或混悬型膏状的眼用半固体制剂。
2. 眼膏剂常用的基质，一般用凡士林8份，液状石蜡、羊毛脂各1份混合而成。
3. 眼膏剂的制备与一般软膏剂制法基本相同，但配料、灌装的暴露工序必须按照无菌药品的生产操作环境即C级的洁净环境中进行。
4. 依据《中国药典》（2015年版）的有关规定，眼膏剂的质量控制主要从粒度、金属性异物、装量和无菌等几个方面进行。

任务五 硬膏剂

硬膏剂系指药材提取物、药材和（或）化学药物与适宜的基质和基材制成的供皮肤贴敷，可产生局部或全身性作用的一类外用制剂。

硬膏剂根据基质不同，可分为膏药、橡胶膏剂、凝胶膏剂（巴布膏剂）和贴剂，其中橡胶膏剂和凝胶膏剂合称为贴膏剂。膏药以铅肥皂为黏性基质，橡胶膏剂以橡胶等为黏性基质，凝胶膏剂以亲水性高分子化合物为黏性基质，贴剂以压敏胶等材料为黏性基质。不同基质的硬膏剂在作用特点、制备工艺有所不同，但本节仅介绍贴膏剂。

一、凝胶膏剂

（一）概述

凝胶膏剂原称为巴布膏剂（简称巴布剂），系指提取物、饮片和（或）化学药物与适宜的亲水性基质混匀后，涂布于背衬材料上制成的贴膏剂。常用基质有聚丙烯酸钠、羧甲纤维素钠、明胶、甘油和微粉硅胶等。

与橡胶膏剂相比，凝胶膏剂具有以下特点：①与皮肤的生物相容性好，亲水性高分子基质具有透气性、耐汗性、无致敏性以及无刺激性；②载药量大，尤其适合中药浸膏；③释药性能好，与皮肤的亲和性强，能提高角质层的水化作用，有利于药物透皮吸收；④应用透皮吸收控释技术，使血药浓度平稳，药效持久；⑤使用方便，不污染衣物，易洗除，可反复黏贴；⑥生产过程中不使用汽油及其他有机溶剂，避免了对环境的污染。

（二）组成

凝胶膏剂的结构包括以下三个部分：①背衬层，主要作为膏体的载体，常用无纺布、人造棉布等；②膏体层，即基质和主要部分，在贴敷中产生一定的黏附性使之与皮肤紧密接触，以达到治疗目的；

③防黏层,起保护膏体的作用,常用防黏纸、塑料薄膜、硬质纱布等。

基质的配方是凝胶膏剂研究的核心内容。基质原料的选择是凝胶膏剂基质配方的重要环节,对凝胶膏基质的成型有很大影响。基质的选择应具备以下条件:①对主药的稳定性无影响,无不良反应;②有适当的弹性和黏性;③对皮肤无刺激和过敏性;④不在皮肤上残存,能保持巴布膏剂的形状;⑤不因汗水作用而软化,在一定时间内具有稳定性和保湿性。

凝胶膏剂的基质主要由黏着剂、保湿剂、填充剂和透皮吸收促进剂组成,还可以加入软化剂、表面活性剂、防腐剂、抗氧剂等其他成分。

(三)制备

凝胶膏基地制备工艺流程见图 14-4。

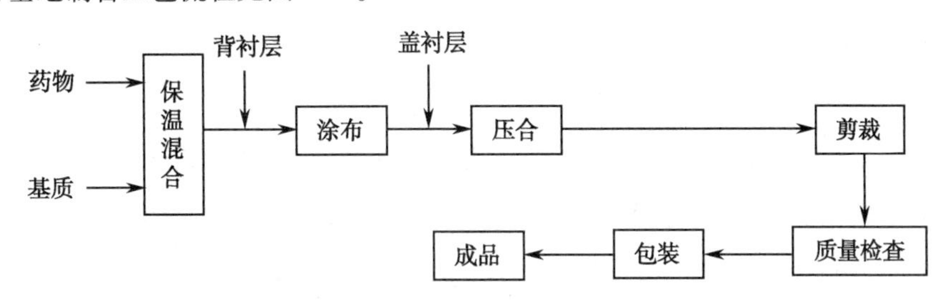

图 14-4 凝胶膏剂的制备工艺流程图

凝胶膏剂的制备工艺主要包括基质原料和药物的前处理、基质成型和制剂成型三部分。基质原料类型及其配比、基质与药物的比例、配制程序等均影响凝胶膏剂的成型。基质的性能是决定凝胶膏剂质量优劣的重要因素。

(四)质量检查

《中国药典》(2015 年版)四部通则规定,凝胶膏剂应检查以下项目:

1. 外观检查 膏料应涂布均匀,膏面应光洁,色泽一致,无脱膏、失黏现象;背衬面应平整、洁净、无漏膏现象。

2. 含膏量 取供试品 1 片,按规定方法检查,应符合各品种项下的有关规定。

3. 赋形性 取供试品 1 片,置于 37℃、相对湿度为 64% 的恒温恒湿箱中 30 分钟,取出,用夹子将供试品固定在一平整钢板上,钢板与水平面的倾斜角为 60°,放置 24 小时,膏面应无流淌现象。

4. 黏附性 除另有规定外,按规定方法检查,应符合各品种项下的有关规定。

5. 微生物限度 除另有规定外,按照微生物限度检查法检查,应符合规定。

二、橡胶膏剂

(一)概述

橡胶膏剂系指药材提取物和(或)化学药物与橡胶等基质混匀后涂布于背衬材料上制成的贴膏剂。常用的背衬材料有棉布、无纺布、纸等;橡胶膏剂表面需覆一盖衬材料,用以避免相互粘连及防止挥发性药物挥散,常用的盖衬材料有防黏纸、塑料薄膜、铝箔-聚乙烯复合膜、硬质纱布等。橡胶膏剂化学性质稳定，可直接贴在皮肤上使用，不需预热软化。由于其膏料层较薄，因此药效维持时间较短。橡胶膏剂一般起保护、封闭和治疗作用，不含药橡胶膏剂（胶布）可在皮肤上起固定敷料、保护创面的作用；含有药物的橡胶膏剂常用于治疗疮、疖及跌打损伤、风湿痹痛等疾病。

（二）组成

橡胶膏剂的结构包括以下三部分：①背衬层，一般采用漂白细布，也可用无纺布等；②膏料层，由基质和药物组成，为橡胶膏的主要成分；③膏面覆盖层，常用硬质纱布、塑料薄膜、防黏纸等。

橡胶膏剂常用的基质组成包括：①橡胶或热可塑性橡胶（主要成分）；②增黏剂，如松香及松香衍生物；③填充剂，如氧化锌；④软化剂，如凡士林、羊毛脂、液状石蜡等；⑤增塑剂，如苯二甲酸二丁酯、苯二甲酸二辛酯等；⑥透皮促进剂；⑦溶剂：如汽油、正己烷等。

（三）制备

1. 溶剂法　将生橡胶洗净，低温加热后干燥或晾干，切成大小适宜的条块，在炼胶机中压成网状，消除静电 18~24 小时后，浸入适当的溶剂中，浸泡至充分溶胀或成凝胶状，再移入打胶机中搅匀，依次加入增黏剂、软化剂、填充剂等制成均匀的混合物，再加入药物或药材提取物，不断搅拌下制成均匀膏浆，过七号筛，即得膏料，将膏料涂于细白布上，回收溶剂，盖衬，切割，包装，即得。溶剂法制备橡胶膏剂的工艺流程如图 14-5。

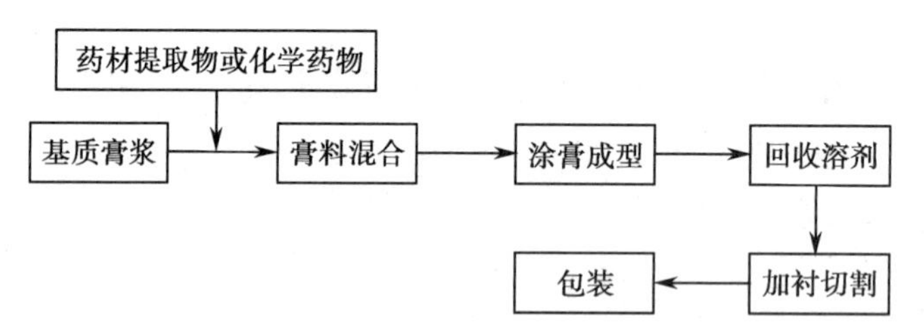

图 14-5　溶剂法制备橡胶膏剂的工艺流程图

制备时应注意：①药材提取物应按各品种项下规定的方法进行提取，固体药物应预先粉碎成细粉或溶于适宜的溶剂中；②基质膏浆的制备：取生橡胶压成薄片状或条状，投入溶剂中浸渍溶胀后，移至打胶机中搅拌，再分次加入凡士林、羊毛脂、氧化锌、液状石蜡及松香等，搅拌制成均匀膏浆。

2. 热压法　制网状胶片的方法与溶剂法相同，胶片制好后加入油脂性药品浸泡，待充分溶胀后再加入其他药物和增黏剂、软化剂、填充剂等、炼压均匀、涂膏，切割，盖衬，包装，即得。本品不需使用溶剂，但成品光滑性差。

（四）质量检查

《中国药典》（2015 年版）四部通则规定，橡胶膏剂应检查以下项目：

1. 外观　膏料应涂布均匀，膏面应光洁，色泽一致，无脱膏、失黏现象；背衬面应平整、洁净、无漏膏现象。涂布中若使用有机溶剂的，必要时应检查残留溶剂。

2. 含膏量　取供试品 2 片（每片面积大于 $35cm^2$ 的应切取 $35cm^2$），测定其减失重量（即膏重），按标示面积换算成 $100cm^2$ 的含膏量，应符合各品种项下的有关规定。

3. 耐热试验　除另有规定外，取供试品 2 片，除去盖衬，在 60℃ 加热 2 小时，放冷后，膏背面应无渗油现象；膏面应有光泽，用手指触试应仍有黏性。

4. 微生物限度 除另有规定外，按照微生物限度检查法检查，橡胶膏剂每 $10cm^2$ 不得检出金黄色葡萄球菌和铜绿假单胞菌。

三、制备举例

骨友灵巴布膏

【处方】

红花	180g	威灵仙	180g	防风	180g
延胡索	310g	续断	180g	鸡血藤	180g
蝉蜕	130g	何首乌	30g	川乌	180g
樟脑	30g	薄荷脑	37.5g	冰片	30g
水杨酸甲酯	15g	颠茄流浸膏	60g	马来酸氯苯那敏	5g
陈醋	350ml	明胶	91g	甘油	1365g

制成1000片

【制备】以上十五味药，除樟脑、冰片、薄荷脑、水杨酸甲酯、颠茄流浸膏、马来酸氯苯那敏外，其余红花等九味药加75%乙醇回流提取2次，每次4小时，过滤，合并滤液，回收乙醇并减压浓缩至相对密度为1.30~1.40（60~80℃）的清膏；取颠茄流浸膏，加陈醋混匀，浓缩至相对密度为1.30~1.40（60~80℃）的清膏。取上述清膏及樟脑、薄荷脑、冰片、水杨酸甲酯、马来酸氯苯那敏依次加入由明胶甘油制成的基质中，搅拌均匀后，涂布，盖衬，切片，即得。

点滴积累

1. 硬膏剂系指药材提取物、药材和（或）化学药物与适宜的基质和基材制成的供皮肤贴敷，可产生局部或全身性作用的一类外用制剂。包括橡胶膏剂、凝胶膏剂（巴布膏剂）。
2. 凝胶膏剂原称为巴布膏剂（简称巴布剂），系指提取物、饮片和（或）化学药物与适宜的亲水性基质混匀后，涂布于背衬材料上制成的贴膏剂。
3. 凝胶膏剂的结构包括以下三个部分：①背衬层，主要作为膏体的载体，常用无纺布、人造棉布等；②膏体层，即基质和主要部分，在贴敷中产生一定的黏附性使之与皮肤紧密接触，以达到治疗目的；③防黏层，起保护膏体的作用，常用防黏纸、塑料薄膜、硬质纱布等。
4. 橡胶膏剂系指药材提取物和（或）化学药物与橡胶等基质混匀后涂布于背衬材料上制成的贴膏剂。
5. 橡胶膏剂的结构包括以下三部分：①背衬层，一般采用漂白细布，也可用无纺布等；②膏料层，由基质和药物组成，为橡胶膏的主要成分；③膏面覆盖层，常用硬质纱布、塑料薄膜、防黏纸等。
6. 橡胶膏剂的制备方法有溶剂法和热压法。

实训十八　软膏剂、乳膏剂的制备

【实训目的】

1. 掌握不同类型基质软膏的制备方法、操作要点及注意事项。

2. 掌握软膏剂、乳膏剂中药物加入的方法。

3. 能对软膏剂、乳膏剂的质量进行初步判断，并能找出质量不符合要求的原因，同时提出解决方法。

【实训场地】

实验室

【实训仪器与设备】

研钵、天平、载玻片、盖玻片、显微镜、电热套、烧杯等。

【实训材料】

水杨酸、液状石蜡、凡士林、羧甲基纤维素钠、甘油、苯甲酸钠、硬脂酸甘油酯、硬脂酸、十二烷基硫酸钠、羟苯乙酯、纯化水等。

【实训步骤】

1. 水杨酸油脂型基质软膏的制备

【处方】水杨酸　1g　液状石蜡　适量　凡士林　加至 20g

【制法】取水杨酸置于研钵中，加入适量液状石蜡研成糊状，分次加入凡士林混合研匀即得。

【注意事项】

（1）处方中的凡士林基质可根据室温用液状石蜡或石蜡调节稠度。

（2）水杨酸需先粉碎成细粉（按药典标准），配制过程中避免接触金属器皿。

2. 水杨酸水溶性基质软膏的制备

【处方】水杨酸　1.0g　CMC-Na　1.2g　甘油　2.0g
苯甲酸钠　0.1g　纯化水　16.8ml

【制法】取 CMC-Na 置研钵中，加入甘油研匀，然后边研边加入溶有苯甲酸钠的水溶液，待溶胀后研匀，即得水溶性基质。用此基质同上法制备水杨酸软膏 20g。

【注意事项】

（1）用 CMC-Na 等高分子物质制备溶液时，可先将其撒在水面上，放置数小时，切忌搅拌，使慢慢吸水充分膨胀后，再加热搅拌即可溶解。否则因搅动而成团，使水分子难以进入团块内部而导致很难溶解制得溶液。若先用甘油研磨而分散开后，再加水时则不结成团块，会很快溶解。

（2）该制品为粉红色，可加入少量 EDTA-2Na 以掩蔽金属离子，改善制剂的外观。

3. 水杨酸 O/W 型基质乳膏的制备

【处方】水杨酸　1.0g　凡士林　2.4g　十八醇　1.6g
单甘酯　0.4g　十二烷基硫酸钠　0.2g　甘油　1.4g

羟苯乙酯　0.04g　　　纯化水加至 20g

【制法】取凡士林、十八醇和单甘酯置于烧杯中，水浴加热至 70～80℃，使其熔化，将十二烷基硫酸钠、甘油、羟苯乙酯和计算量的纯化水置另一烧杯中加热至 70～80℃使其溶解，在同温下将水相以细流加到油相中，边加边搅拌至冷凝，即得 O/W 型乳剂型基质。取水杨酸置于研钵中，分次加入制得的 O/W 型乳剂型基质研匀，制成 20g。

【注意事项】

(1)采用乳化法制备乳剂型基质时，油相和水相混合前应保持温度约 80℃，然后将水相缓缓加至油相中，边加边不断快速沿同一方向搅拌，使制得的基质细腻。若不沿一个方向搅拌，往往难以制得合格的乳剂基质。

(2)水相温度可略高于油相温度。

(3)设计乳剂基质处方时，有时加少量辅助乳化剂，可增加乳剂的稳定性，处方中单甘酯即为辅助乳化剂。

(4)决定乳剂基质的类型主要是乳化剂的种类和性质，但还应考虑处方中油、水两相的比例。例如乳化剂是 O/W 型，但处方中水相的量比油相的量少时，往往难以得到稳定的 O/W 型乳剂型基质，制剂甚至可能会转相生成 W/O 型乳剂型基质，且极不稳定。

4. 水杨酸 W/O 型基质乳膏的制备

【处方】水杨酸　1.0g　　单甘酯　2.0g　　石蜡　2.0g
黄凡士林　1.0g　　液状石蜡　10.0g　　司盘-80　0.1g
乳化剂 OP　0.1g　　羟苯乙酯　0.02g　　纯化水　5ml

【制法】取计算量的纯化水于蒸发皿中，水浴加热(80℃)；再取石蜡、单甘酯、凡士林、液状石蜡、司盘-80、乳化剂 OP 和羟苯乙酯于另一蒸发皿中，水浴加热熔化并保持 80℃，以细流将油相加入水相中，边加边搅拌至冷凝，即得 W/O 型乳剂型基质，用此基质同上法制备水杨酸软膏 20g。

【注意事项】乳化剂 OP(烷基芳基聚乙二醇醚)，系非离子型表面活性剂，*HLB* 值 14.5，为 O/W 型乳化剂，易溶于水，浓度为 10g/L 的水溶液 pH 为 5～7，遇酸、碱、重金属、盐类和硬水均较稳定，但遇大量铁、镁、铝、铜等离子时，表面活性降低。

【实训报告】

实训报告格式见附录一、实训结果记录表如下：

项目	油脂性基质软膏	水溶性基质软膏	O/W 型乳膏	W/O 型乳膏
外观				
质感(是否均匀细腻、有油腻感等)				
结论				

【实训测试表】

测试题目	测试答案（请在正确答案后“□”内打“√”）
软膏剂的制备技术有哪些?	①熔融法 □ ②乳化法 □ ③研磨法 □ ④搓捏法 □
乳膏剂的制备技术有哪些?	①熔融法 □ ②乳化法 □ ③研磨法 □
配膏过程中的质量控制点有哪些?	①外观 □ ②粒度 □ ③均匀度 □
配膏过程中操作正确的是哪些?	①药物不溶于基质或基质的任何组分中时,必须将药物粉碎至细粉 □ ②一般油溶性药物溶于油相或少量有机溶剂,水溶性药物溶于水或水相,再吸收混合或乳化混合 □ ③半固体黏稠性药物,可直接与基质混合 □ ④固体浸膏可加少量水或稀醇等研成糊状,再与基质混合 □ ⑤基质熔化的顺序是先液体,再半固体,后固体 □
制备本品过程中避免接触金属器皿的原因是什么?	①金属器皿的价格昂贵 □ ②水杨酸会腐蚀金属器皿 □ ③水杨酸与金属离子接触会变色 □

实训十九　软膏剂、乳膏剂的体外释放实验

【实训目的】

1. 学会琼脂扩散法测定软膏、乳膏中药物的释放。

2. 比较不同基质对药物释放的影响。

【实训场地】

实验室

【实训仪器与设备】

天平、乳钵、玻璃棒、药筛、试管、纱布、软膏刀、温度计等。

【实训材料】

林格溶液、琼脂、纯化水、软膏剂制备实验所得的 4 种软膏等。

【实训步骤】

外用膏剂无论是发挥局部疗效还是全身疗效,首要前提是外用膏剂中的药物以适当的速度释放

到皮肤表面，软膏剂、乳膏中药物的释放主要依赖药物本身的性质，但基质在一定程度上也影响药物的释放。软膏剂、乳膏剂中药物的释放有多种体外测定的方法。如琼脂扩散法、半透膜扩散法及微生物法三种。比较常用的方法是琼脂扩散法。

琼脂扩散法是用琼脂凝胶（有时也用明胶）为扩散介质，将软膏剂或乳膏剂涂在含有指示剂的凝胶表面，放置一定时间，测定药物与指示剂产生的色层高度来比较药物自基质中释的速度，扩散距离与时间的关系用 LocKie 等经验公式表示：

$$y^2 = kt$$

式中，y 为扩散距离（mm）、t 为扩散时间（h）、k 为扩散系数（mm^2/h）。以不同时间呈色区的扩散距离的平方 y^2 对扩散时间 t 作图，应得一条通过原点的直线，此直线的斜率即为 k，k 值能反映软膏剂释药能力的大小。

1. 含指示剂的琼脂凝胶的制备　取 100ml 林格溶液，加入 2g 琼脂，置水浴上加热使溶解，趁热用纱布过滤，冷至 60℃，加 $FeCl_3$ 试液 3ml，混匀，立即沿内壁小心倒入内径一致的 8 支小试管（10ml）中，防止产生气泡，每管上端留 10mm 空隙，直立静置，在室温冷却成凝胶。

2. 释药试验　将实训十八中得到的 4 种水杨酸软膏、乳膏用软膏刀分别装满试管（与管口齐平），注意软膏应与琼脂表面紧密接触，不留空隙。装填完后直立放置，按实训报告表中所列时间观察并记录呈色区高度。

【注意事项】

（1）含指示剂的琼脂溶液应新鲜配制，切勿剧烈搅拌，溶液中的少量气泡可在 60℃ 水浴中静置驱除。

（2）含指示剂的琼脂溶液倾入试管时，温度不宜过高并应保持试管垂直，以免冷却后体积收缩，在试管内形成凹面或斜面，改变药物的扩散面积。所用试管口径以 1.5~2.0cm 为宜。

（3）由于琼脂凝胶与实际皮肤组织有很大差异，本次实验测得的释药速度并不能完全反映药物经皮吸收的实际情况，另外，水杨酸作为强极性药物，在不同基质软膏中的释药速度差异也不代表其他类型药物的释药情况。

（4）灌装产品时，装量应基本一致，在与琼脂凝胶接触面以及膏层内均不得留有空隙或气泡。

【实训报告】

实训报告格式见附录一、实训结果记录表如下：

（1）数据测定：填写琼脂扩散法测得的呈色区高度（y）数据。

时间（h）	呈色区高度 y（mm）			
	油脂性基质	O/W 型乳剂型基质	W/O 型乳剂型基质	水溶性基质
1				
2				
3				

续表

时间（h）	呈色区高度 y（mm）			
	油脂性基质	O/W 型乳剂型基质	W/O 型乳剂型基质	水溶性基质
6				
9				
24				
k				

（2）根据4种基质的水杨酸软膏的释药测定结果，以 y^2 为纵坐标，t 为横坐标作图，求出 k 值（斜率），并比较不同 k 值，比较扩散速度的快慢。

【实训测试表】

测试题目	测试答案（请在正确答案后“□”内打“√”）
林格溶液由哪些物质组成？	①氯化钾 □ ②氯化钙 □ ③氯化钠 □ ④纯化水 □ ⑤注射用水 □
琼脂扩散法在本实验中选用的显色剂是什么？	①氯化钾 □ ②氯化钙 □ ③氯化钠 □ ④三氯化铁 □
琼脂扩散法中最好选用试管口的直径是多少？	①1.5~2.0cm 为宜 □ ②1.0~1.5cm 为宜 □ ③2.5~3.0cm 为宜 □
释药速率最快的基质类型是什么？	①油脂性基质 □ ②水溶性基质 □ ③O/W 型乳剂型基质 □ ④W/O 型乳剂型基质 □

目标检测

一、选择题

（一）单项选择题

1. 下列有关软膏剂的叙述错误的是（　　）

   A. 软膏具有保护、润滑、局部治疗及全身治疗作用

   B. 软膏剂是将药物加入适宜基质中制成的一种半固体外用制剂

   C. 软膏剂按分散系统可分为溶液型、混悬型

   D. 软膏剂必须对皮肤无刺激性且无菌

2. 配制遇水不稳定的药物软膏应选择的软膏基质是（　　）

A. 油脂性　　B. O/W 型乳剂　　C. W/O 型乳剂　　D. 水溶性

3. 软膏中常加入硅酮,因为它是良好的(　　)

A. 防腐剂　　B. 溶剂　　C. 润滑剂　　D. 保湿剂

4. 软膏剂常用的制备方法是(　　)

A. 聚合法　　B. 溶剂法　　C. 研磨法　　D. 冷压法

5. 乳剂型软膏中常加入羟丙酯类作为(　　)

A. 增稠剂　　B. 乳化剂

C. 防腐剂　　D. 皮肤渗透促进剂

6. 软膏剂与眼膏剂的最大区别是(　　)

A. 基质类型不同　　B. 无菌要求不同　　C. 制备方法不同　　D. 外观不同

7. 甘油常用作乳剂型软膏基质的(　　)

A. 保湿剂　　B. 防腐剂

C. 助悬剂　　D. 皮肤渗透促进剂

8. 下列不是《中国药典》(2015 年版)中规定的软膏剂质量检查项目的为(　　)

A. 粒度　　B. 均匀度　　C. 装量　　D. 微生物限度

9. 下列不是水性凝胶基质的是(　　)

A. PEG　　B. 明胶　　C. 海藻酸钠　　D. 卡波姆

10. 下列不是水性凝胶剂的特点是(　　)

A. 美观、易涂展　　B. 不油腻、易洗除、不污染衣物

C. 主要供外用　　D. 能保持水分,不易霉变

(二) 多项选择题

1. 关于软膏剂的叙述错误的是(　　)

A. 凡士林基质的软膏适用于有多量渗出液的患处

B. 乳剂型软膏透皮吸收一般比油脂性基质软膏好

C. O/W 型乳剂基质对皮肤正常功能影响小,可用于分泌物多的皮肤病

D. 多量渗出液患处的治疗宜选择亲水性基质

E. 用于大面积烧伤的软膏剂,应绝对灭菌

2. 软膏基质分为(　　)

A. 油脂性基质　　B. 水溶性基质　　C. 乳剂型基质

D. 固体基质　　E. 气体基质

3. 乳膏基质的基本组成可能有(　　)

A. 水相　　B. 固相　　C. 乳化剂

D. 油相　　E. 保湿剂

4. 软膏剂制备的方法有(　　)

A. 研磨法　　B. 溶解法　　C. 乳化法

D. 熔融法　　　　　　　　　　E. 聚合法

5. 关于软膏剂制备的正确的叙述有(　　)

A. 用熔融法时,不溶性药物直接加到熔融基质中,搅拌至冷却后再研磨

B. 研磨法适用于油脂性基质的软膏剂制备

C. 半固体药物必须用少量液体软化后再与基质混合

D. 挥发性或易升华药物,一般应在基质温度降至60℃左右再与之混合

E. 含共熔组分时应设法使其先共熔后再与基质混合

6. 软膏剂的质量要求不正确的叙述有(　　)

A. 软膏中药物必须能和基质互溶

B. 无刺激性

C. 软膏剂的稠度越大质量越好

D. 应色泽一致,质地均匀,无粗糙感,无污物

E. 应无酸败、异臭、变色、变硬

7. 下列有关水性凝胶基质错误的为(　　)

A. 水性凝胶基质一般释药较快

B. 易清洗,润滑作用好,且无须加保湿剂

C. 吸水性强,不可用于糜烂创面

D. 易长霉,故需添加防腐剂

E. 能吸收组织渗出液

二、简答题

1. 常用软膏基质有几类？各有什么特点？

2. 配制及灌装软膏剂的操作室洁净度的要求是什么？

3. 水性凝胶剂有什么特点？

三、实例分析

1. 软膏基质处方

【处方】			
【处方】	硬脂酸	170g	(　　　)
	羊毛脂	20g	(　　　)
	液状石蜡	100ml	(　　　)
	三乙醇胺	20ml	(　　　)
	甘油	50ml	(　　　)
	羟苯乙酯	1g	(　　　)
	纯化水	加至1000g	(　　　)

试分析上述处方属何种类型乳膏基质？处方中各组分起什么作用？

2. 根据处方回答问题

【处方】	醋酸地塞米松	0.5g	(　　　　)
	单硬脂酸甘油酯	70.0g	(　　　　)
	硬脂酸	112.5g	(　　　　)
	甘油	85.0g	(　　　　)
	白凡士林	85.0g	(　　　　)
	十二醇硫酸酯钠	10.0g	(　　　　)
	羟苯乙酯	1.0g	(　　　　)
	纯化水	加至1000.0g	(　　　　)

(1)分析上述处方中各成分的作用,并简述其制备过程。

(2)分析软膏剂配制时常见的问题及处理方法。

(李 辉)

模块六

其他制剂制备技术

项目十五

栓　剂

导学情景

情景描述

张仲景年少时随同乡张伯祖学医。一天，一位唇焦口燥、高热不退、精神萎靡的病人来到诊室，老师张伯祖诊断后认为是“热邪伤津，体虚便秘”所致，但是病人体质极虚，受不了强烈的泻药。张仲景见老师束手无策，便上前道：“学生有一法子！”。张仲景取一勺蜂蜜，放进一只铜碗，用微火煎熬，并不断地用竹筷搅动，渐渐地把蜂蜜熬成黏稠的团块，冷却后，再捏成一头稍尖的细条形状，然后将尖头朝前轻轻地塞入病人的肛门。一会儿，病人拉了一大堆腥臭的粪便，病情转危为安。由于热邪随粪便排净，病人没几天便康复了。

学前导语

张仲景在著述《伤寒杂病论》时，将该治法收入书中，取名为“蜜煎导方”，用来治疗伤寒病津液亏耗过甚、大便硬结难解的病症，备受后世推崇。本项目将带领同学们学习栓剂的基本知识以及制备方法等，以期制备出合格的栓剂。

任务一　栓剂基础知识

一、栓剂的含义与分类

栓剂系指将药物与适宜基质制成供腔道给药的制剂。其形状与大小因使用腔道不同而异。

知识链接

栓剂的发展史

栓剂为古老剂型之一，我国古代称之为塞药或坐药，即纳入腔道之意。中外均有悠久历史，在公元前1550年的埃及《伊伯氏纸草本》中即有记载；我国《史记·仓公列传》有类似栓剂的早期记载；后汉张仲景的《伤寒论》中载有蜜煎导方，就是用于通便的肛门栓；晋葛洪的《肘后备急方》中有用半夏和水为丸纳入鼻中的鼻用栓剂和用巴豆鹅脂制成的耳用栓剂等；其他如《千金方》《证治准绳》等亦载有类似栓剂的制备与应用。近几十年来由于新基质的不断出现、使用机械大量生产、应用新型的单个密封包装技术，以及中药栓剂不断涌现等，使这种剂型应用越来越广泛，国内外栓剂生产的品种和数量也显著增加。

栓剂按给药部位不同分为直肠、阴道、尿道、口腔、鼻腔等给药的栓剂，如肛门栓、阴道栓、尿道栓等，其中最常用的是肛门栓和阴道栓，临床应用已有近百年的历史。为适应机体应用部位，栓剂的形状及重量各不相同，一般均有明确规定。

1. 肛门栓 肛门栓有圆锥形、圆柱形、鱼雷形等形状，见图 15-1(1)。每颗重量约 2g，儿童用约 1g，长 3~4cm。其中以鱼雷形较好，因塞入肛门后，易压入直肠内。

2. 阴道栓 阴道栓有球形、卵形、鸭嘴形等形状，见图 15-1(2)。每颗重量约 3~5g，直径 1.5~2.5cm，其中鸭嘴形较好，因相同重量的栓形，鸭嘴形的表面积最大。近年阴道栓应用减少，渐为阴道用片剂或胶囊剂所代用。

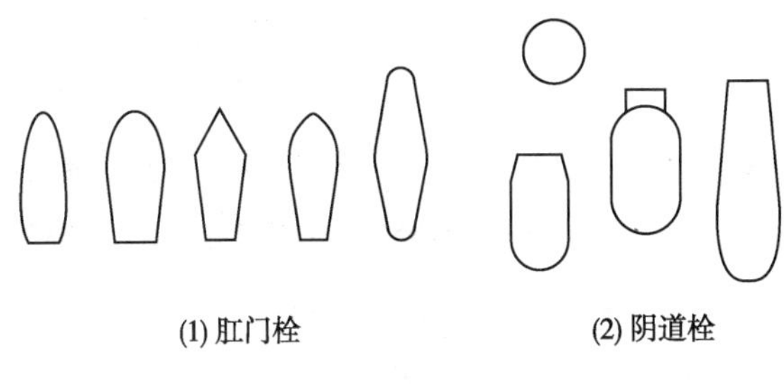

(1) 肛门栓　　(2) 阴道栓

图 15-1 栓剂的外形图

新型栓剂

二、栓剂的作用特点

栓剂常温下为固体，塞入腔道后，受体温影响融化、软化或溶解于分泌液，逐渐释放出药物，产生局部或全身作用。一般情况下，对胃肠道有刺激性，在胃中不稳定或有明显肝首过作用的药物，可以考虑制成直肠给药的栓剂。

(一) 局部作用

局部作用的栓剂主要起止痛、止痒、抗菌消炎等作用，常用药物为消炎药、局部麻醉药、杀菌剂等。例如用于便秘的甘油栓、用于治疗念珠菌性阴道炎的达克宁栓和克霉唑栓等。起局部作用的栓剂要求释药缓慢而持久。

(二) 全身作用

用于全身作用的栓剂主要通过直肠给药，药物由腔道吸收至血液循环起全身治疗作用。以全身作用为目的的栓剂有解热镇痛药、抗生素类药、肾上腺皮质激素类药、抗恶性肿瘤治疗剂等，例如治疗感冒发热的阿司匹林栓和消炎镇痛的吲哚美辛栓等。起全身作用的栓剂要求引入腔道后迅速释药。

栓剂与口服制剂相比具有如下优点：①用法简便；②剂量一定，一枚栓剂为一次剂量；③应用较广的肛门栓经直肠吸收，药物直接进入中下腔静脉系统吸收，避免了肝脏的首过作用；④不受胃肠道 pH、酶或细菌的分解破坏，可以较高浓度到达作用部位；⑤适用于不能或者不愿口服给药的患者。但栓剂也有缺点，如吸收不稳定、使用不如口服剂型方便等。

知识链接

栓剂直肠给药的吸收途径及影响药物吸收的因素

1. 药物直肠吸收有三条途径：①通过门肝系统：塞入距肛门口 6cm 处，药物经直肠上静脉进入门静脉，经肝脏代谢后，再进入血循环；②不通过门肝系统：塞入距肛门口 2cm 处，有 50%～75% 药物经直肠中、下静脉和肛管静脉进入下腔静脉，绕过肝脏直接进入血循环；③药物经直肠黏膜进入淋巴系统，淋巴系统对直肠药物的吸收几乎与血液处于相同的地位。

2. 影响药物直肠吸收的主要因素：①吸收途径及部位：不同吸收途径，药物从直肠部位吸收的速率和程度亦不同；②生理因素：结肠内容物少，药物有较大的机会接触直肠和结肠的吸收表面，所以可在应用栓剂前先灌肠排便以获得较好的吸收效果，其他情况如腹泻、结肠梗塞以及组织脱水等均能影响药物从直肠部位吸收的速率和程度；③pH 及直肠液缓冲能力：直肠的缓冲能力较弱，直肠的 pH 主要有溶解的药物决定；弱酸、弱碱比强酸、强碱、强电离药物更易吸收，分子型药物易透过肠黏膜，而离子型药物则不易透过；④药物的理化性质：溶解度、粒度、解离度等都可影响药物从直肠部位的吸收；⑤基质对药物作用的影响：基质不同，释放药物的速度也不同，从而影响药物的吸收。

三、栓剂的质量要求

栓剂在生产和储藏期间应符合《中国药典》(2015 年版)的有关规定,栓剂的一般质量要求如下:

1. 栓剂中的药物与基质应混合均匀,栓剂外形应完整光滑。

2. 塞入腔道后应无刺激性,应能融化、软化或溶化,并与分泌液混合,逐渐释放出药物,产生局部或全身作用。

3. 应有适宜的硬度,以免在包装或贮存时变形。

4. 除另有规定外,栓剂应在 30℃ 以下密闭贮存,防止因受热、受潮而变形、发霉、变质。

四、栓剂常用基质及附加剂

(一) 栓剂基质的要求

栓剂的处方组成中除药物外,还包含基质和附加剂。其中供制栓剂用的固体药物,应预先用适宜方法制成细粉,并全部通过六号筛。优良的基质则应具备下列要求:

1. 室温时有适宜的硬度与韧性,塞入腔道时不变形或碎裂。基质的熔点与凝固点相差小,在体温时易软化、熔化或溶解。

2. 与药物混合后不起反应,亦不妨碍主药的作用与含量测定。

3. 对黏膜无刺激性、无毒性、无过敏性。产生局部作用的栓剂,基质释药应缓慢而持久;起全身作用的栓剂引入腔道后能迅速释药。

4. 基质本身稳定,在贮存过程中不发生理化性质变化,不易霉变等。

5. 具有润湿或乳化的能力,能容纳较多的水。

6. 适应于冷压法和热熔法制备栓剂,且易于脱模。

7. 油脂性基质还应要求酸价应在 0.2 以下,皂化价应在 200~245 之间,碘价低于 7。

(二) 栓剂常用基质

常用的栓剂基质可分为油脂性基质和水溶性基质两大类。

1. 油脂性基质

(1)可可豆脂:是梧桐科植物可可树种仁中得到的一种固体脂肪,主要组成为脂肪酸甘油酯,包含有硬脂酸酯、棕榈酸酯和油酸酯等。可可豆脂为白色或淡黄色、脆性蜡状固体,有 α、β、β′、γ 四种晶型,其中以 β 型最为稳定,熔点为 34℃。使用中为了避免晶型转变,应缓缓升温加热至熔化 2/3 时停止加热,让余热使其全部熔化。每 100g 可可豆脂可吸收 20~30g 水,若加入 5%~10%的吐温可增加吸水量,且还有助于药物混悬于基质中。

(2)半合成或合成脂肪酸甘油酯:系由游离脂肪酸经部分氢化后,与甘油酯化而得到的三酯、二酯、一酯的混合物,称为半合成脂肪酸酯。这类基质具有保湿性和适宜的熔点,成形性良好,化学性质稳定,不易酸败,目前为取代天然油脂的较理想的栓剂基质。国内已生产的有半合成椰油酯、半合成山苍子油酯、半合成棕榈油酯、硬脂酸丙二醇酯等。

2. 水溶性基质

(1)甘油明胶:通常将明胶、甘油、水按 70 : 20 : 10 的比例在水浴上加热融合,蒸去大部分水后放冷凝固而成。多用作阴道栓剂基质,起局部作用。其优点是有弹性、不易折断,塞入腔道后能软化并缓慢地溶于分泌液中,药效缓和而持久。该基质溶解度与明胶、甘油、水三者的比例量有关,甘油和水含量越高越易溶解,甘油还能防止栓剂干燥。

(2)聚乙二醇类(PEG):系乙二醇的高分子聚合物总称,将不同聚合度的 PEG 以一定比例加热融合,可得适当硬度的栓剂基质。该基质无生理作用,遇体温不熔化,但能缓缓溶于体液中而释放药物。因吸湿性较强,受潮容易变形,所以 PEG 基质栓应储存于干燥处。

(3)聚氧乙烯(40)单硬脂酸酯类:商品代号为 S-40,系聚乙二醇的单硬脂酸酯和二硬脂酸酯的混合物,并含有游离乙二醇。本品呈白色或微黄色,为无臭或稍有脂肪臭味的蜡状固体,熔点为 39℃~45℃;可溶于水、乙醇、丙酮等,不溶于液状石蜡。

(三) 栓剂中的附加剂

栓剂的处方中,根据不同目的需加入一些附加剂。

1. 硬化剂 若制得的栓剂在贮藏或使用时过软,可加入适量的硬化剂,如白蜡、鲸蜡醇、硬脂酸、巴西棕榈蜡等调节。

2. 增稠剂 当药物与基质混合时,因机械搅拌情况不良或生理上需要时,栓剂制品中可酌加增稠剂,常用的增稠剂有:氢化蓖麻油、单硬脂酸甘油酯、硬脂酸铝等。

3. 乳化剂 当栓剂处方中含有与基质不能相混合的液相时,特别是在此相含量较高时(大于 5%),可加入适量的乳化剂。

4. 吸收促进剂 起全身治疗作用的栓剂,可加入吸收促进剂以增加直肠黏膜对药物的吸收。常用的吸收促进剂有表面活性剂、氮酮(Azone)等,此外氨基酸乙胺衍生物、乙酰醋酸酯类、β-二羧酸酯、芳香族酸性化合物,以及脂肪族酸性化合物也可作为吸收促进剂。

5. 着色剂　可选用脂溶性着色剂,也可选用水溶性着色剂,但加入水溶性着色剂时,必须注意加水后对 pH 和乳化剂乳化效率的影响,还应注意控制脂肪的水解和栓剂中的色移现象。

6. 抗氧剂　含易氧化药物的栓剂应加入抗氧剂,如叔丁基羟基茴香醚(BHA)、叔丁基对甲酚(BHT)、没食子酸酯类等,以延缓主药的氧化速度。

7. 防腐剂　当栓剂中含有植物浸膏或水性溶液时,应加入防腐剂,如对羟基苯甲酸酯类。

点滴积累

1. 栓剂系指将药物与适宜基质制成供腔道给药的制剂,其中最常用的是肛门栓和阴道栓。
2. 栓剂常温下为固体,塞入腔道后,受体温影响融化、软化或溶解于分泌液,逐渐释放出药物,产生局部或全身作用。
3. 栓剂基质可分为油脂性基质和水溶性基质两大类。常用的油脂性基质有可可豆脂、半合成或合成脂肪酸甘油酯;常用的水溶性基质有甘油明胶、聚乙二醇类、聚氧乙烯(40)单硬脂酸酯类。

任务二　栓剂的制备

一、栓剂的制备技术

栓剂常用的制备技术有冷压法与热熔法。

(一)冷压法

主要用于油脂性基质栓剂。制备时先将基质磨碎或挫成粉末,再与主药混合均匀,装于制栓机的圆筒内,通过模型挤压成型。冷压法避免了加热对主药或基质稳定性的影响,不溶性药物也不会在基质中沉降,但生产效率不高,成品中往往夹带空气而不易控制栓重。

(二)热熔法

应用最广泛。将计算量的基质在水浴上加热熔化,然后将药物粉末加入熔融的基质中混合均匀,然后倾入涂有润滑剂的模孔中至稍溢出模口为度。待冷却并完全凝固后,用刀切去溢出部分,开启模具,将栓剂推出,包装即得。为避免过热,一般在基质熔达 2/3 时即停止加热并适当搅拌。熔融的混合物在注模时应迅速,并一次注完,以免发生液层凝固。小量制备采用手工灌模法,大量生产可采用全自动栓剂灌封机组。

热熔法制备栓剂过程中药物的处理与混合应注意的问题有:①油溶性药物可直接溶于已熔化的基质中;②中药材水提浓缩液或不溶于油脂而溶于水的药物可直接与熔化的水溶性基质混合,或先加少量水溶解,再以适量羊毛脂吸收后与基质混合;③难溶性固体药物,一般应先粉碎成细粉(过六号筛)混悬于基质中;④能使基质熔点降低或使栓剂过软的药物在制备时,可酌加熔点较高的物质如蜂蜡等予以调整。

模孔内涂的润滑剂通常有两类:①脂肪性基质的栓剂,常用软肥皂、甘油各一份与95%乙醇五份混合所得;②水溶性或亲水性基质的栓剂,则用油性润滑剂,如液状石蜡或植物油等。有的基质不粘模,如可可豆脂或聚乙二醇类,可不用润滑剂。

二、栓剂制备中基质用量的确定

通常情况下栓剂模型的容量是固定的,但它会因基质或药物密度的不同而容纳的重量不同。一般栓模容纳重量(如1g或2g)是指以可可豆脂为代表的基质重量。加入的药物会占有一定体积,特别是不溶于基质的药物。为保持栓剂原有体积,就要考虑引入置换价的概念。

药物的重量与同体积基质重量的比值称为该药物对基质的置换价。某药物对某基质的置换价(DV)可用公式15-1求得:

$$DV=\frac{W}{G-(M-W)} \quad \text{式(15-1)}$$

式中,G为纯基质平均栓重;M为含药栓的平均重量;W为每个栓剂的平均含药重量。取基质做空白栓,并另取基质与药物定量混合做成药栓,可称得纯基质平均栓重(G)和含药栓的平均重量(M),将数据代入上式,可求得该药物对基质的置换价。

用测定的置换价可用公式15-2很方便的计算出制备这种药栓需要基质的重量X:

$$X=\left(G-\frac{Y}{DV}\right)\times n \quad \text{式(15-2)}$$

式中,Y为每枚栓剂中药物的剂量;n为拟制备栓剂的枚数。

三、栓剂的制备工艺流程及制备设备

(一)栓剂制备的工艺流程

用热熔法制备栓剂的工艺流程(图15-2)如下:

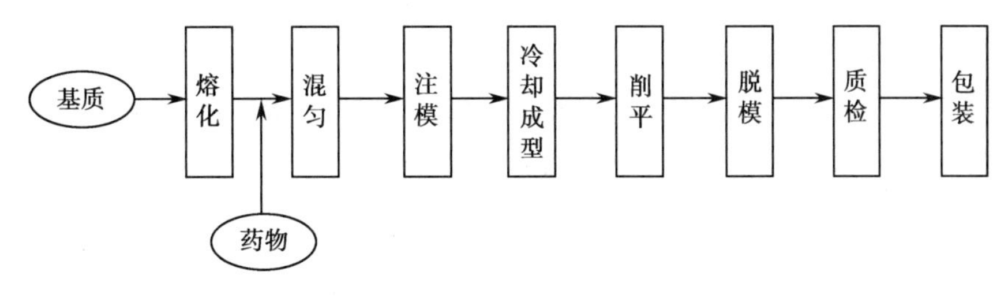

图15-2 热熔法制备栓剂的工艺流程图

(二)栓剂制备的常用设备

栓剂的小量制备或实验室制备常采取手工灌模的方法,其栓模见图15-3(1)和15-3(2)。

栓剂大量生产可采用全自动栓剂灌封机组,操作简便且自动化程度高。该机组主要由高速制带与灌注机、冷冻机、封口机组成,能自动完成栓剂的制壳、灌注、冷却成型、封口、打批号、打撕口线、切底边、齐上边、计数剪切和成品包装的全部工序。使用自动栓剂灌封机的制壳工序所用材料为塑料或铝箔,制壳材料既是栓剂的内包装材料,又是栓剂的模具。

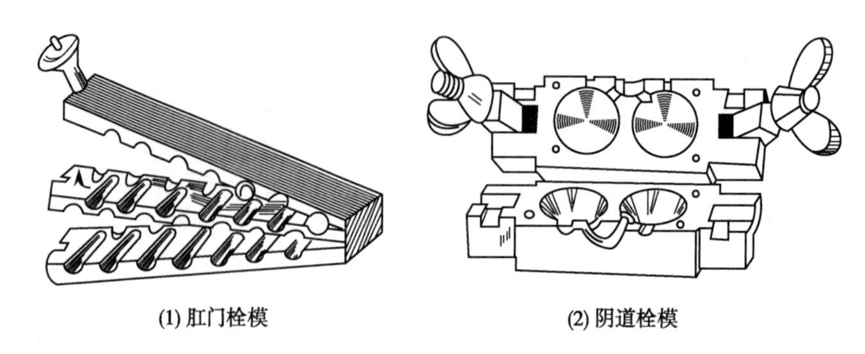

(1) 肛门栓模　　(2) 阴道栓模

图 15-3　实验室用栓模

知识链接

栓剂成型过程中的生产工艺管理与质量控制

1. 生产工艺管理要点

（1）配料时控制好温度和转速，最高转速以不将药物溅出为宜，至目测色泽均匀一致后调整栓液至一定温度，恒温搅拌备用。

（2）制栓时按要求设置好制带预热温度、制带焊接温度、制带吹泡温度、制带刻线温度、恒温罐温度、灌注温度、封口预热温度、封口温度、冷却温度。

2. 质量控制点

（1）外观：应光滑、无裂缝、不起霜或变色。

（2）栓重：在制栓起始，及时检查，控制栓重，待重差达到要求后，每隔 20 分钟对栓重检查一次。

四、栓剂的质量控制

栓剂外形应完整光滑、无变形，按照《中国药典》(2015 年版）对栓剂的质量要求，除另有规定外，栓剂需进行如下方面的质量检查：

1. 重量差异　检查法：取栓剂 10 粒，精密称定总重量，求得平均粒重后，再分别精密称定各粒的重量。取每粒重量与平均粒重相比较，按表 15-1 规定，超出重量差异限度的不得多于 1 粒，并不得超出限度 1 倍。

凡规定检查含量均匀度的栓剂，一般不再进行重量差异检查。

表 15-1　栓剂的重量差异限度

平均重量	重量差异限度
1.0g 及 1.0g 以下	±10%
1.0g 以上至 3.0g	±7.5%
3.0g 以上	±5%

2. 融变时限　此项是检查栓剂在体温（37±0.5）℃条件下融化、软化或溶散的情况。取栓剂 3 粒，按照《中国药典》(2015 年版）四部通则 0922 融变时限检查法检查，应符合规定。

判定标准:除另有规定外,脂肪性基质的栓剂3粒均应在30分钟内全部融化、软化或触压时无硬心;水溶性基质的栓剂3粒均应在60分钟内全部溶解。如有1粒不符合规定,应另取3粒复试,均应符合规定。

3. 微生物限度 按照《中国药典》(2015年版)四部通则1105微生物限度检查法检查,应符合规定。

五、制备举例

甘油栓

制备甘油栓的示范操作

【处方】 甘油 24g 碳酸钠 0.6g
硬脂酸 2.4g 蒸馏水 3ml

【制法】 取碳酸钠与蒸馏水共置蒸发皿内,搅拌溶解,加入甘油混匀后置水浴上加热。将硬脂酸细粉分次加入蒸发皿内,边加边搅拌,待泡沫停止、溶液澄明,即可注入已用液状石蜡处理过的栓模中(共制10枚),放冷成型,削去溢出部分,脱模即得。

【用途】 本品能增加肠的蠕动而呈现通便作用,为润滑性泻药。

【处方分析】 硬脂酸在碱性条件下(碳酸钠溶液)发生水解(即皂化反应),生成产物为硬脂酸钠,由于肥皂的刺激性和甘油较高的渗透压而能增加肠的蠕动呈现缓泻作用。甘油为主药,硬脂酸钠作为亲水性基质,水为溶剂。

【注意事项】 ①制备甘油栓时,水浴要保持沸腾,且蒸发皿底部应接触水面,使硬脂酸细粉(少量分次加入)与碳酸钠充分反应,直至泡沫停止、溶液澄明、皂化反应完全,才能停止加热。产生的二氧化碳必须除尽,否则所制得的栓剂内含有气泡,有损美观。其化学反应如下:$2C_{17}H_{35}COOH+Na_2CO_3 \rightarrow 2C_{17}H_{35}COONa+CO_2\uparrow+H_2O$。②碱量比理论量超过10%~15%,皂化快,成品软而透明。③水分含量不宜过多,否则成品浑浊,也有主张不加水的。④栓模预热至80℃左右,这样可使冷却较慢,成品硬度更为适宜。

点滴积累

1. 栓剂常用的制备技术有冷压法与热熔法。冷压法主要用于油脂性基质栓剂的制备,而热熔法应用较为广泛。
2. 药物的重量与同体积基质重量的比值称为该药物对基质的置换价。用测定的置换价可计算出制备某种栓剂所需要基质量。
3. 栓剂的小量制备或实验室制备常采取手工灌模的方法,栓剂大量生产可采用全自动栓剂灌封机组。
4. 栓剂外形应完整光滑、无变形,除另有规定外,依据药典一般需进行重量差异、融变时限和微生物限度的检查。

实训二十　栓剂的制备

【实训目的】

1. 熟悉常用的栓剂基质及特点。

2. 掌握用热熔法制备栓剂的操作方法及注意事项。

3. 掌握栓剂的质量检查项目。

【实训场地】

实验室

【实训仪器与设备】

栓模（肛门栓模、阴道栓模）、蒸发皿、研钵、水浴、电炉、分析天平、融变时限检查仪、天平、刀片、烧杯、包装纸等。

【实训材料】

甘油、硬脂酸钠、纯化水等。

【实训步骤】

甘油栓

【处方】甘油　　8ml　　硬脂酸钠　　1.8g

　　　　纯化水　1ml　　共制成5枚

【制备】取甘油于烧杯中置水浴上加热，药液温度保持在90~100℃。加入硬脂酸钠细粉，边加边搅拌，待泡沫停止，溶液澄明，再加水，搅拌均匀后，即可注入已用液状石蜡处理过并预热的栓模中，放冷，削平，即得。

【注意事项】①硬脂酸钠一定要完全溶解，溶解过程中产生的气泡一定要尽可能排除，否则会影响栓剂的质量；②注意水的加入量不可过多，否则出现浑浊；③注模前应预热栓模至80℃左右，注模后冷却应缓慢，如冷却过快，会影响产品的硬度、弹性、透明度。

【实验报告】

实训报告格式见附录一、实训结果记录表如下：

项目	甘油栓
外观	
融变时限	
结论	

【实验测试表】

测试题目	测试答案（请在正确答案后“□”内打“√”）
栓剂的水溶性基质有哪些?	①甘油明胶 □ ②可可豆油 □ ③聚乙二醇类 □ ④半合成脂肪酸酯 □ ⑤聚氧乙烯(40)硬脂酸酯 □
热熔法制备栓剂过程中,药物的处理与混合应注意的问题有哪些?	①油溶性药物可直接溶于已熔化的基质中 □ ②溶于水的药物可直接与熔化的水溶性基质混合;或先加少量水溶解,再以适量羊毛脂吸收后与基质混合 □ ③难溶性固体药物,一般应先粉碎成细粉(过六号筛)混悬于基质中 □ ④能使基质熔点降低或使栓剂过软的药物在制备时,可酌加熔点较高的物质予以调整 □
脂肪性基质栓剂可用哪些方法制备?	①热熔法 □ ②研合法 □ ③冷压法 □
制备甘油栓时应注意的问题有哪些?	①硬脂酸细粉应少量分次加入,直至泡沫停止、溶液澄明、皂化反应完全,才能停止加热 □ ②皂化反应产生的二氧化碳必须除尽,否则所制得的栓剂内含有气泡 □ ③栓模使用前需预热,并涂润滑剂以便冷却后脱模 □ ④本品水分含量不宜过多,水分过多会使成品发生混浊 □
栓剂的质量检查项目有哪些?	①外观 □ ②融变时限 □ ③重量差异 □ ④微生物限度 □ ⑤稠度 □

目标检测

一、选择题

(一) 单项选择题

1. 下列关于栓剂的描述错误的是(　　)

A. 栓剂系指将药物与适宜基质制成供腔道给药的制剂

B. 栓剂常温下为固体,塞入腔道后在体温下能迅速融化、软化或溶解于分泌液

C. 栓剂的形状因使用腔道不同而异

D. 目前常用的栓剂有直肠栓和尿道栓

2. 下列关于栓剂的描述不正确的是(　　)

A. 最常用的是肛门栓和阴道栓

B. 直肠吸收比口服吸收的干扰因素多

C. 栓剂给药不如口服方便

D. 甘油栓为局部作用的栓剂

3. 下列不是对栓剂基质要求的是(　　)

A. 在体温下保持一定的硬度

B. 不影响主药的作用

C. 不影响主药的含量测量

D. 局部作用的栓剂，基质释药应缓慢而持久

4. 下列属于栓剂水溶性基质的是(　　)

A. 可可豆脂　B. 甘油明胶

C. 半合成脂肪酸甘油酯　D. 硬脂酸丙二醇酯

5. 下列属于栓剂油脂性基质的是(　　)

A. S-40　B. 甘油明胶

C. 半合成棕榈油酯　D. 聚乙二醇类

6. 甘油明胶作为水溶性基质正确的是(　　)

A. 常作为肛门栓的基质　B. 药物的溶出与基质的比例无关

C. 体温下熔化　D. 甘油与水的含量越高越易溶解

7. 以聚乙二醇为基质的栓剂制备时选用的润滑剂为(　　)

A. 液状石蜡　B. 甘油　C. 水　D. 肥皂

8. 制备油脂性基质的栓剂时，可选用的润滑剂为(　　)

A. 液状石蜡　B. 植物油　C. 软肥皂、甘油、乙醇　D. 肥皂

9. 栓剂制备中，栓模孔内涂软肥皂润滑剂适用的基质是(　　)

A. 聚乙二醇类　B. S-40　C. 半合成棕榈油酯　D. 甘油明胶

10. 栓剂制备中，固体药物一般应粉碎成细粉，并全部通过(　　)

A. 3 号筛　B. 4 号筛　C. 5 号筛　D. 6 号筛

11. 下列有关置换价的正确表述是(　　)

A. 药物重量与基质重量的比值

B. 药物体积与基质体积的比值

C. 药物重量与同体积基质重量的比值

D. 药物重量与基质体积的比值

12. 某鞣酸栓每粒含鞣酸 0.2g，用可可豆脂制备的空白栓重 2g，已知鞣酸的置换价为 1.6，则每粒鞣酸栓所需可可豆脂为(　　)

A. 1.715g　B. 1.800g　C. 1.875g　D. 1.687g

13. 不作为栓剂质量检查项目的是(　　)

A. 融变时限　B. 重量差异　C. 稠度　D. 微生物限度

14. 栓剂做融变时限检查，水溶性基质栓剂全部溶解的时间应在(　　)

A. 30 分钟内　B. 40 分钟内　C. 50 分钟内　D. 60 分钟内

15. 油脂性基质栓剂融变时限检查，3 粒全部融化、软化，或触无硬心的时间均应在(　　)

A. 20 分钟内　B. 30 分钟内　C. 40 分钟内　D. 50 分钟内

(二) 多项选择题

1. 栓剂中药物直肠吸收的主要途径有( )

A. 直肠下静脉和肛门静脉→肝脏→大循环

B. 直肠上静脉→门静脉→肝脏→大循环

C. 直肠淋巴系统

D. 直肠上静脉→髂内静脉→大循环

E. 直肠中下静脉和肛管静脉→下腔静脉→大循环

2. 以下关于栓剂特点的描述正确的有( )

A. 常温下为固体,纳入腔道迅速熔融或溶解

B. 可产生局部和全身治疗作用

C. 不受胃肠道 pH 或酶的破坏

D. 药物直肠给药可不受肝脏首过效应的影响

E. 适用于不能或者不愿口服给药的患者

3. 栓剂的一般质量要求为( )

A. 脂溶性栓剂的熔点最好是 70℃

B. 药物与基质应混合均匀,栓剂外形应完整光滑

C. 栓剂应绝对无菌

D. 应有适宜硬度,以免包装、贮藏或使用时变形

E. 塞入腔道后应无刺激性,应能融化、软化或溶化,并与分泌液混合,逐渐释放出药物,产生局部或全身作用

4. 栓剂的基质可分为( )

A. 油脂性基质 B. 水溶性基质 C. O/W 基质

D. 亲油性基质 E. W/O 基质

5. 常用的油脂性栓剂基质有( )

A. 可可豆脂 B. 椰油酯 C. 山苍子油酯

D. 甘油明胶 E. 聚乙二醇

6. 下列属于栓剂水溶性基质的有( )

A. 甘油明胶 B. PEG4000 C. 山苍子油酯

D. 可可豆脂 E. S-40

7. 栓剂的制备方法有( )

A. 乳化法 B. 研合法 C. 冷压法

D. 热熔法 E. 注入法

8. 用热熔法制备栓剂的过程包括( )

A. 熔化基质 B. 加入药物 C. 注模

D. 冷却成型 E. 削平、脱模

二、简答题

1. 栓剂基质可分为哪几类？每类常用的基质有哪些？
2. 栓剂常用制备方法有哪些？简述热熔法制备栓剂的工艺流程。

三、实例分析

醋酸氯己定栓

【处方】	醋酸氯己定	0.1g	(　　　　)
	吐温 80	0.4g	(　　　　)
	冰片	0.005g	(　　　　)
	乙醇	0.5ml	(　　　　)
	甘油	12g	(　　　　)
	明胶	5.4g	(　　　　)
	蒸馏水	加至 40g	(　　　　)

分析醋酸氯己定栓处方中各成分的作用,并简述其制备过程。

（杨媛媛）

项目十六

膜剂与涂膜剂

导学情景

情景描述

口腔溃疡是发生在口腔黏膜表面的浅表性溃疡，可因上火、微量元素缺乏、精神紧张等原因引起。虽然是口腔小的创面，但让患者疼痛难忍，影响日常的进食。使用治疗口腔溃疡的膜剂（如复方氯己定地塞米松膜），既可以达到治疗的目的，又能暂时保护创面，避免溃疡部位受到唾液、食物的刺激，达到迅速缓解疼痛、避免影响日常生活的作用。

学前导语

膜剂具有重量轻、体积小、使用方便等特点，随着制剂技术的发展和成膜材料的不断开发，临床使用越来越广泛。本项目我们将带大家学习膜剂、涂膜剂的相关知识。

任务一　膜剂

一、概述

膜剂系指原料药物与适宜的成膜材料经加工制成的膜状制剂。膜剂适用于口服、口腔、舌下、眼结膜囊、阴道、鼻腔、体内植入、皮肤和黏膜创伤、烧伤或炎症表面等多种途径和方法给药。膜剂研究始于20世纪60年代,《中国药典》(1990年版)开始已有收载。随着制剂技术的发展以及成膜材料的研究开发,膜剂成为近年来国内外研究和应用进展较快的剂型;加之其体积小、重量轻,携带极为方便,受到临床患者的欢迎。

（一）膜剂的特点

膜剂的形状、大小和厚度可根据用药部位的特点和含药量而定,一般膜剂的厚度为0.1~0.2μm,面积为1cm^2 的可供口服或黏膜使用,0.5cm^2 的膜剂可供眼部使用。膜剂的主要优点包括:

1. 药物含量准确、稳定性好、起效快。

2. 重量轻、体积小、使用及携带方便,适用于多种给药途径。

3. 采用不同的成膜材料,可制成具有不同释药速度的膜剂;多层复合膜剂可以解决药物间的配伍禁忌以及药物间相互干扰影响分析等问题。

4. 制备工艺较简单,成膜材料用量小,可以节约辅料和包装材料。

5. 生产过程中无粉尘飞扬,有利于劳动保护。

膜剂最主要的缺点是载药量少，只适用于小剂量的药物，因此在药物选择上具有一定的局限性。

（二）膜剂的分类

通常可按结构特点或给药途径对膜剂进行分类。

1. 按结构特点分类 膜剂可分为单层膜剂、多层膜剂以及夹心膜剂。多层膜剂可以避免药物的配伍禁忌，夹心膜剂可以制成缓释或控释膜剂。

2. 按给药途径分类 膜剂可分为内服膜剂、口腔用膜剂（包括口含、舌下给药及口腔局部贴敷）、眼用膜剂、皮肤用膜剂以及腔道黏膜用膜剂等。

（三）膜剂的处方组成

膜剂一般由主药、成膜材料和附加剂三部分组成。附加剂主要包括改善成膜性的增塑剂（如甘油、三醋酸甘油酯、丙二醇、山梨醇、苯二甲酸酯等）、着色剂（如色素等）、遮光剂（如二氧化钛等）、矫味剂（如蔗糖、甜叶菊糖苷等）以及表面活性剂（如聚山梨酯 80、十二烷基硫酸钠、豆磷脂等），必要时可添加淀粉、$CaCO_3$、SiO_2、糊精等填充剂。

（四）膜剂的质量要求

《中国药典》（2015 年版）对膜剂的质量有明确的规定，主要包括：

1. 成膜材料及其辅料应无毒、无刺激性、性质稳定、与原料药物兼容性良好。

2. 原料药物如为水溶性，应与成膜材料制成具有一定黏度的溶液；如为不溶性原料药物，应粉碎成极细粉，并与成膜材料等混合均匀。

3. 膜剂外观应完整光洁、厚度一致、色泽均匀、无明显气泡。多剂量的膜剂，分格压痕应均匀清晰，并能按压痕撕开。

4. 膜剂所用的包装材料应无毒性、能够防止污染、方便使用，并不能与原料药物或成膜材料发生理化作用。

5. 除另有规定外，膜剂应密封贮存，防止受潮、发霉和变质。

6. 膜剂的重量差异及卫生学检查应符合规定。

二、膜剂的成膜材料

（一）成膜材料的要求

成膜材料性能和质量对膜剂的成型工艺、成品的质量及药效的发挥有重要的影响。理想的成膜材料应具备以下条件：①无毒、无刺激性、无生理活性，无不良臭味，不致敏，长期使用无致畸、致癌作用，外用不妨碍组织愈合；②性质稳定，不影响主药的作用，不干扰对药物的含量测定；③成膜和脱膜性能较好，制成的膜剂具有足够的强度和韧性；④用于口服、腔道、眼用膜剂的成膜材料应具有良好的水溶性，能逐渐降解、吸收或排泄，用于皮肤、黏膜等的外用膜剂应能迅速、完全地释放药物；⑤来源丰富、价格便宜。

（二）成膜材料

1. 天然高分子成膜材料 天然高分子成膜材料有明胶、玉米朊、淀粉、糊精、琼脂、阿拉伯胶、纤维素、海藻酸等，其中多数可生物降解或溶解，但成膜与脱膜性能较差，故常与其他成膜材料合用。

2. 合成高分子成膜材料

(1)聚乙烯醇(PVA):是由醋酸乙烯在醇溶剂中进行聚合反应生成聚醋酸乙烯,再经醇解而得,为白色或淡黄色粉末或颗粒。其性质和规格主要取决于聚合度和醇解度,聚合度越大,水溶性降低,水溶液的黏度相应增大,成膜性能越好。目前国内常用两种规格有 PVA05-88 和 PVA17-88,其平均聚合度分别为 500~600 和 1700~1800,醇解度均为 88%,分子量分别为 22 000~26 200 和 74 800~79 200。这两种 PVA 均能溶于水,但 PVA05-88 聚合度小、水溶性大、柔韧性差;PVA17-88 聚合度大、水溶性小、柔韧性好。常将两者以适当比例(如 1∶3)混合使用。PVA 是目前较理想的成膜材料,它对眼黏膜及皮肤无毒性、无刺激性,是一种安全的成膜材料;口服后在消化道吸收很少,80%的 PVA 在 48 小时内经直肠排出体外。

(2)乙烯-醋酸乙烯共聚物(EVA):是乙烯和醋酸乙烯在过氧化物或偶氮异丁腈引发下共聚而成的水不溶性高分子聚合物,可用于制备非溶蚀型膜剂或制备眼、阴道等控释膜剂的外膜,为无色粉末或颗粒。其性能与分子量和醋酸乙烯含量关系很大,随醋酸乙烯含量增加,溶解性、柔韧性、弹性和透明性也越好。EVA 无毒、无刺激,对人体组织有良好的适应性;不溶于水,溶于有机溶剂,熔点较低,成膜性能良好,成膜后较 PVA 有更好的柔韧性。

其他还有聚乙烯吡咯烷酮、羟丙基甲基纤维素、羟丙基纤维素、丙烯酸类共聚物、聚乙烯醇缩醛等。

三、膜剂的制备

(一) 匀浆制膜技术

又称涂膜技术,为目前国内制备膜剂常用的技术。先将成膜材料溶解于适当溶剂中,再将药物及附加剂溶解或分散在上述成膜材料溶液中制成均匀的药浆。药浆静置除去气泡,经涂膜、干燥、脱膜、剪切包装、质量检查等工序,最后制得所需膜剂。

药浆配制时应注意的问题有:①水溶性药物可与增塑剂、着色剂及表面活性剂一起溶于成膜材料的溶液中;②难溶性或不溶性药物,则应粉碎成极细粉,并与甘油或聚山梨酯-80 研匀后再与成膜材料浆液混匀;③增塑剂用量应适当,防止药膜过脆或过软。

小量制备时,可将配制好的药浆倾倒于洁净玻璃板上涂成厚度均匀的薄层。配制好的药浆应保温呈流动状态,涂有脱模剂的玻璃板应进行预热处理,干燥温度应适当,否则药浆不易制成厚度均匀的薄膜。大量生产时可采用涂膜机(图 16-1),将药浆加入流液嘴中,将药浆均匀涂布于不锈钢循环带上后进入热空气干燥器干燥后,按剂量裁剪成适宜大小的小片进行包装。

匀浆制膜技术生产工艺流程见图 16-2。

(二) 热塑制膜技术

此技术是将药物细粉和成膜材料(如 EVA)颗粒相混合,用橡皮滚筒混碾,热压成膜,随即冷却、脱膜即得;或将成膜材料如聚乳酸、聚乙醇酸等加热熔融,在热融状态下加入药物细粉并混合均匀,在冷却过程中成膜。

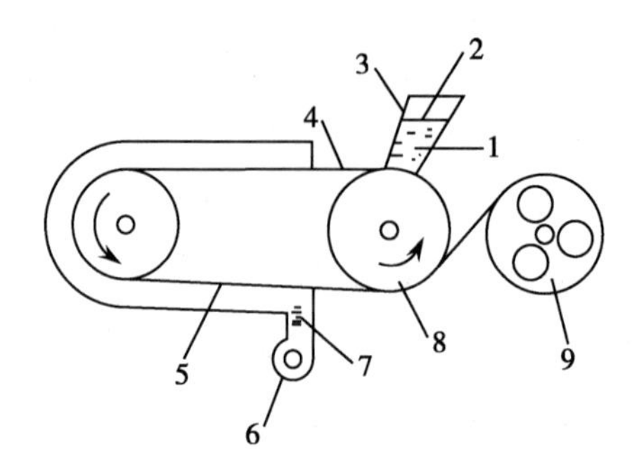

图 16-1　匀浆涂膜机示意图

1. 流液嘴;2. 浆液;3. 控制板;4. 循环带;5. 干燥器;6. 鼓风机;7. 加热器;8. 转鼓;9. 转膜盘

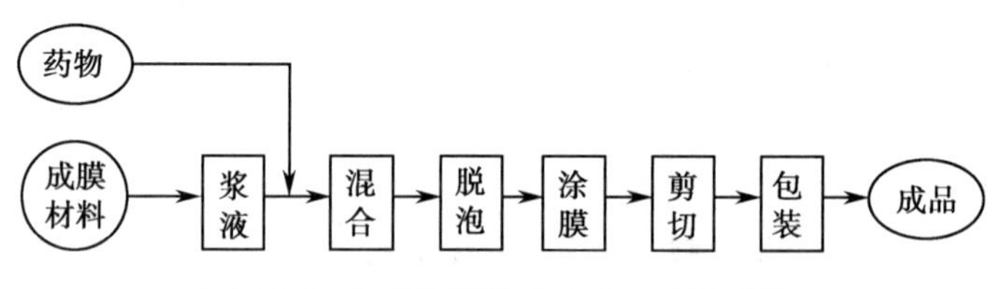

图 16-2　匀浆制膜技术生产工艺流程图

(三) 复合制膜技术

此技术是以不溶性的热塑性成膜材料(如 EVA)为外膜,分别制成具有凹穴的底外膜带和上外膜带,另用水溶性成膜材料(如 PVA 或海藻酸钠)用匀浆制膜技术制成含药的内膜带,剪切后置于底外膜带凹穴中;也可用易挥发性溶剂制成含药匀浆,定量注入到底外膜带凹穴中,经干燥后盖上上外膜带,热封即得。这种技术需一定的机械设备,一般用于缓释膜剂的制备。

知识链接

膜剂成膜过程中的工艺管理与质量控制

1. 生产工艺管理要点

(1) 增塑剂用量应适当，防止膜过脆或过软;

(2) 涂膜前应先涂脱模剂，以利于脱模;

(3) 浆液应脱泡并及时涂膜;

(4) 干燥温度应适当，可采取低温通风干燥或晾干。

2. 质量控制点

(1) 厚度检查: 取一张膜用千分尺测量四边，取平均值应符合规定，四边中不得有一边低于或高于规定限度;

(2) 重量检查: 取一张膜精密称定，应符合规定;

(3) 溶解时间检查: 取 2. 5cm 宽 5cm 长的膜一条，用一夹子 (夹口宽于 2. 5cm) 夹住一并浸入水中，膜溶解断离的时间不得超过规定值。

注: 以上 (1)、(2) 项检查，10 张膜剂的总不合格数不得超过一张。

四、膜剂的质量控制

1. 外观　外观应完整光洁，色泽均匀，厚度一致，无明显气泡；多剂量的膜剂分格压痕应均匀清晰，并能按压痕撕开。

2. 重量差异　除另有规定外，取供试品 20 片，精密称定总重量，求得平均重量，再分别精密称定各片的重量。每片重量与平均重量相比较，按表 16-1 中的规定，超出重量差异限度的不得多于 2 片，并不得有 1 片超出限度的 1 倍。

表 16-1　膜剂的重量差异限度

平均重量	重量差异限度
0.02g 及 0.02g 以下	±15%
0.02g 以上至 0.20g	±10%
0.20g 以上	±7.5%

凡进行含量均匀度检查的膜剂，一般不再进行重量差异检查。

3. 微生物限度　除另有规定外，按照非无菌产品微生物限度[《中国药典》(2015 年版)微生物计数法、控制菌检查法及非无菌药品微生物限度标准]检查，应符合规定。

五、制备举例

硝酸甘油膜

【处方】

硝酸甘油乙醇溶液(10%)	100ml	PVA17-88	78g
聚山梨酯 80	5g	甘油	5g
二氧化钛	3g	纯化水	400ml

硝酸甘油膜剂的制备

【制法】取 PVA、聚山梨酯 80、甘油、纯化水在水浴上加热混匀，二氧化钛研碎后过 80 目筛，加至浆液中搅拌均匀。在搅拌下逐渐加入硝酸甘油乙醇溶液，放置过夜以消除气泡。次日用涂膜机在 80℃下制成厚 0.05mm、宽 10mm 的膜剂，用铝箔包装，即得。

【用途】本品舌下给药，用于心绞痛等症。

【处方分析】硝酸甘油为主药，乙醇溶液(10%)为硝酸甘油的溶剂，PVA17-88 为成膜材料，聚山梨酯 80 为表面活性剂，甘油为增塑剂，二氧化钛为遮光剂，水为溶剂。

【注意事项】①PVA 应充分吸水膨胀后才加热溶解，以免溶解不完全；②涂膜时，浆液中的气泡应尽可能除尽，以免成品中出现气泡。

课堂活动

讨论膜剂制备过程中如何防止气泡产生？

点滴积累

1. 膜剂系指原料药物与适宜的成膜材料经加工制成的膜状制剂。
2. 膜剂具有含量准确、稳定性好、起效快、便于携带（重量轻且体积小）、制备工艺简单等优点，但其载药量少，只适用于小剂量的药物。
3. 膜剂的制备技术有匀浆制膜技术、热塑制膜技术和复合制膜技术，其中匀浆制膜技术较常用。
4. 膜剂的质量控制项目有外观、重量差异、微生物限度等。

任务二　涂膜剂

一、概述

（一）涂膜剂的含义

涂膜剂系指原料药物溶解或分散于含成膜材料的溶剂中，涂搽患处后形成薄膜的外用液体制剂。用时涂于患处，有机溶剂迅速挥发，形成薄膜保护患处，并缓慢释放药物起治疗作用。

涂膜剂制备工艺简单，制备中不需要特殊的机械设备，不用裱褙材料，使用方便，对某些皮肤病有较好的防治作用，一般用于慢性无渗出液的皮损、过敏性皮炎、牛皮癣和神经性皮炎等。如治疗神经性皮炎的0.5%氢化可的松涂膜剂、治疗软组织损伤的疏痛安涂膜剂。

（二）涂膜剂的组成

涂膜剂由药物、成膜材料和挥发性有机溶剂三部分组成。常用成膜材料有聚乙烯醇缩甲乙醛、聚乙烯醇缩甲丁醛、火棉胶、聚乙烯醇等；挥发性溶剂有乙醇、丙酮、乙酸乙酯、乙醚等，或将上述成分以不同比例混合后使用。涂膜剂中一般需加入增塑剂，常用的有邻苯二甲酸二丁酯、甘油、丙二醇、山梨醇等。

（三）涂膜剂的质量要求

《中国药典》（2015年版）对涂膜剂的质量有明确的规定，主要包括：

1. 涂膜剂所加附加剂对皮肤或黏膜应无刺激性。
2. 涂膜剂应稳定，根据需要可加入抑菌剂或抗氧剂。抑菌剂的抑菌效力应符合要求。
3. 除另有规定外，涂膜剂应避光、密闭贮存，一般在启用后最多可使用4周。
4. 涂膜剂用于烧伤治疗如为非无菌制剂的，应在标签上标明“非无菌制剂”；产品说明书中应注明“本品为非无菌制剂”，同时在适应证下应明确“用于程度较轻的烧伤（Ⅰ°或浅Ⅱ°）”；注意事项下规定“应遵医嘱使用”。

二、涂膜剂的制备

涂膜剂一般用溶解法制备，具体操作时应视药物的情况。如能溶解于溶剂中，则直接加入溶解；

如为中药,则应先制成乙醇提取液或提取物的乙醇-丙酮溶液,再加入到成膜材料中;当没有合适的溶剂溶解时,可将其粉碎成细粉,均匀分散于成膜材料的浆液中。

三、涂膜剂的质量控制

按照《中国药典》(2015 年版)对涂膜剂的质量检查有关规定,涂膜剂应无毒、无局部刺激性。

1. 装量　除另有规定外,按照最低装量检查法[(《中国药典》(2015 年版)通则 0942]检查,应符合规定。

2. 无菌　除另有规定外,用于烧伤(除程度较轻的烧伤(Ⅰ°或浅Ⅱ°外))或严重创伤的涂膜剂,按照无菌检查法[《中国药典》(2015 年版)通则 1101]检查,应符合规定。

3. 微生物限度　除另有规定外,按照非无菌产品微生物限度[《中国药典》(2015 年版)微生物计数法、控制菌检查法及非无菌药品微生物限度标准]检查,应符合规定。

四、制备举例

癣净涂膜剂

【处方】

水杨酸	40g	苯甲酸	40g	硼酸	4g
鞣酸	30g	苯酚	2g	薄荷脑	1g
月桂氮酮	1ml	甘油	10ml	聚乙烯醇-124	4g
纯化水	40ml	95%乙醇	加至 100ml		

【制法】 取聚乙烯醇-124 加入纯化水和甘油中充分溶胀后,在水浴上加热使完全溶解;另加水杨酸、苯甲酸、硼酸、鞣酸、苯酚及薄荷脑依次溶于适量 95%乙醇中,加入月桂氮酮,再添加乙醇使成 50ml,搅匀后缓缓加至聚乙烯醇-124 溶液中,边加边搅拌,混合均匀后迅速分装,密闭,即得。

【用途】 本品用于治疗手、足、股癣。

【处方分析】 水杨酸、苯甲酸、硼酸、鞣酸、苯酚及薄荷脑为主药,月桂氮酮为透皮吸收促进剂,甘油为增塑剂,聚乙烯醇-124 为成膜材料,95%乙醇、水为溶剂。

【注意事项】 金属离子能使处方中所含鞣酸、水杨酸、苯酚等变色,故制备及使用时应避免与金属器具接触。

点滴积累

1. 涂膜剂系指原料药物溶解或分散于含成膜材料的溶剂中,涂搽患处后形成薄膜的外用液体制剂。
2. 涂膜剂由药物、成膜材料和挥发性有机溶剂三部分组成。
3. 涂膜剂一般用溶解法制备,处方中不溶性药物应粉碎成细粉后分散于成膜材料中。
4. 涂膜剂的质量控制项目有装量、微生物限度或无菌检查等。

实训二十一　膜剂的制备

【实训目的】

1. 掌握膜剂的制备过程。

2. 熟悉常用成膜材料的特点。

【实训场地】

实验室

【实训仪器与设备】

天平、烧杯、量杯、玻棒、玻璃板、恒温水浴箱、烘箱、尼龙筛、剪刀、硫酸纸或塑料袋等。

【实训材料】

硝酸钾、PVA17-88、聚山梨酯-80、甘油、纯化水。

【实训步骤】

硝酸钾牙用膜

【处方】硝酸钾　1.0g　聚乙烯醇17-88　3.5g
　　聚山梨酯-80　0.2g　甘油　0.5g
　　乙醇　适量　纯化水　加至50ml

【制法】取聚乙烯醇17-88，加5~7倍量的纯化水常温浸泡膨胀后，水浴加热溶解后加入吐温-80、甘油、乙醇混匀；另取硝酸钾溶于适量水，加入制备好的成膜材料浆液中，搅拌均匀，放置过夜，除去气泡，在涂有液状石蜡的玻璃板上涂膜（面积$5\times10cm^2$）。80℃干燥30分钟，脱膜，即得膜剂。

【注意事项】①PVA应充分吸水膨胀后才加热溶解，以免溶解不完全；②涂膜时，浆液中的气泡应尽可能除尽，以免成品中出现气泡。

【实训报告】

实训报告格式见附录一、实训结果记录表如下：

项目	硝酸钾牙用膜
外观	
结论	

【实训测试表】

测试题目	测试答案（请在正确答案后“□”内打“√”）
膜剂制备附加剂主要有哪些？	①增塑剂 □ ②着色剂 □ ③填充剂 □ ④矫味剂 □ ⑤表面活性剂 □

续表

测试题目	测试答案（请在正确答案后"□"内打"√"）
膜剂的制备技术主要有哪些？	①匀浆制膜技术 □ ②热塑制膜技术 □ ③复合制膜技术 □ ④热熔技术 □ ⑤冷压技术 □
膜剂制备过程中的质量控制点有哪些？	①外观 □ ②重量差异限度 □ ③熔点范围测定 □ ④熔化时限 □ ⑤微生物限度检查 □
匀浆制膜技术制备膜剂过程中应注意的问题有哪些？	①水溶性药物可与增塑剂、着色剂及表面活性剂性一起溶于成膜材料的溶液中 □ ②若为难溶性或不溶性，则应粉碎成极细粉，并与甘油或聚山梨酯-80 研匀后再与成膜材料浆液混匀 □ ③浆液脱泡后应及时涂膜，玻璃板或不锈钢板擦净涂脱膜剂，以利脱膜 □ ④增塑剂用量应适当，防止药膜过脆或过软 □ ⑤干燥温度应适当，可用低温通风干燥或晾干 □
膜剂在应用上有何特点？	①含量准确、稳定性好、起效快 □ ②重量轻、体积小、使用方便，用于多种给药途径 □ ③采用不同的成膜材料可制成具有不同释药速度的膜剂 □ ④制备工艺较简单，成膜材料用量小，可以节约辅料和包装材料 □ ⑤制备过程中无粉尘飞扬，有利于劳动保护 □

目标检测

一、选择题

（一）单项选择题

1. 膜剂中除了药物、成膜材料之外，常加入甘油或山梨醇作为（　　）

A. 着色剂　　B. 遮光剂　　C. 增塑剂　　D. 填充剂

2. 聚乙烯醇的缩写是（　　）

A. PVP　　B. PEG　　C. PVC　　D. PVA

3. 对膜剂叙述正确的是（　　）

A. 只能外用　　B. 多采用匀浆制膜技术制备

C. 最常用的成膜材料是聚乙二醇　　D. 为释药速度单一的制剂

4. 膜剂的制备多采用（　　）

A. 滩涂技术　　B. 热熔技术　　C. 溶剂技术　　D. 涂膜技术

5. 下列有关成膜材料 PVA 的叙述中，错误的是（　　）

A. 具有良好的成膜性和脱膜性　　B. PVA 来源于天然高分子化合物

C. 其性质主要取决于分子量和醇解度　　D. PVA05-88 水溶性大于 PVA17-88

（二）多项选择题

1. 膜剂理想的成膜材料应(　　)

A. 无刺激性、无致畸、无致癌　　B. 在体内能被代谢或排泄

C. 不影响主药的释放　　D. 成膜性、脱膜性较好

E. 来源广、价格低

2. 下列属于膜剂的附加剂有(　　)

A. 成膜材料　　B. 增塑剂　　C. 着色剂

D. 遮光剂　　E. 矫味剂

3. 膜剂的优点包括(　　)

A. 含量准确　　B. 可以控制药物的释放

C. 使用方便　　D. 制备简单

E. 载药量高,适用于大剂量的药物

4. 下列属于人工合成高分子成膜材料的有(　　)

A. 海藻酸　　B. 琼脂　　C. PVA

D. 阿拉伯胶　　E. EVA

5. 涂膜剂的组成一定包括(　　)

A. 药物　　B. 润湿剂　　C. 挥发性有机溶剂

D. 黏合剂　　E. 成膜材料

二、简答题

1. 膜剂的制备方法有哪些？写出匀浆制膜法的工艺流程。

2. 膜剂常用成膜材料有哪些？

三、实例分析

分析硝酸钾牙用膜剂处方中各成分的作用,并简述其制备过程。

【处方】 硝酸钾　1.0g　(　　　)

2%CMC-Na　40ml　(　　　)

吐温 80　0.2g　(　　　)

甘油　0.5g　(　　　)

糖精钠　0.1g　(　　　)

纯化水　10ml　(　　　)

项目十六习题

（李　寨）

项目十七

气雾剂、粉雾剂和喷雾剂

导学情景

情景描述

2016年夏秋交替的时候，某日清晨气温骤降，寒意袭人，张某起床后出现鼻塞、打喷嚏、流涕、眼痒等过敏症状，随后出现明显的气喘，家人立即取来支气管扩张剂，张某吸入后病情立即缓解。请同学们想一想，哮喘病人急性发作时应采用哪一种剂型急救?

学前导语

哮喘病人急性发作时可采用舒张支气管药物的气雾剂。吸入用气雾剂能使药物直接到达作用部位，分布均匀，奏效快，药物稳定性好，能提高生物利用度，是哮喘等呼吸系统疾病急性发作时的首选。本项目我们将带领同学们学习气雾剂及喷雾剂、粉雾剂。

任务一　气雾剂

一、气雾剂概述

(一) 气雾剂的含义和特点

气雾剂系指含药溶液、乳状液或混悬液与适宜的抛射剂共同装封于具有特制阀门系统的耐压容器中，使用时借助抛射剂的压力将内容物呈雾状物喷出，用于肺部吸入或直接喷至腔道黏膜、皮肤及空间消毒的制剂。

气雾剂的主要特点：①具有速效和定位作用，气雾剂可直接到达作用部位或吸收部位，药物分布均匀，起效快，可减少剂量，降低不良反应；②密闭于容器内，能保证药物不易被微生物污染，提高药物的稳定性；③避免肝脏首过效应和胃肠道的破坏作用，生物利用度高；④可以用定量阀门控制剂量，剂量准确。但需要耐压容器、阀门系统和特殊生产设备，成本高；而且由于抛射剂有高度挥发性而具有制冷效应，多次用于受伤皮肤可引起不适和刺激。

(二) 气雾剂的分类

1. 按分散系统分类　分为溶液型、混悬型、乳剂型气雾剂。

(1) 溶液型气雾剂：固体或液体药物溶解在抛射剂中，形成均匀溶液，喷出后抛射剂挥发，药物以固体或液体微粒状态到达作用部位。

(2) 混悬型气雾剂：固体药物以微粒状态分散在抛射剂中，形成混悬液，喷出后抛射剂挥发，药物以固体微粒状态到达作用部位。此类气雾剂又称为粉末气雾剂。

(3)乳剂型气雾剂:液体药物或药物溶液与抛射剂(不溶于水的液体)形成W/O或O/W型乳剂。O/W型在喷射时随着内相抛射剂的汽化而以泡沫形式喷出,W/O型在喷射时随着外相抛射剂的汽化而形成液流。

2. 按处方组成分类 分为二相气雾剂和三相气雾剂。

(1)二相气雾剂:即溶液型气雾剂,由气-液两相组成,气相是抛射剂产生的蒸汽,液相是药物与抛射剂所形成的均相溶液。

(2)三相气雾剂:指混悬型气雾剂和乳剂型气雾剂。混悬型气雾剂由气-液-固三相构成,气相是抛射剂产生的蒸汽,液相是抛射剂,固相是不溶性药物;乳剂型气雾剂由气-液-液三相组成,气相是抛射剂产生的蒸汽,而药液与抛射剂形成双液相,即O/W型或W/O型。

3. 按给药途径分类 分为吸入气雾剂、非吸入气雾剂和外用气雾剂。

(1)吸入气雾剂:指含药溶液或混悬液与适宜的抛射剂共同装封于具有特制定量阀门系统的耐压密封容器中,使用时借助抛射剂的压力将内容物呈雾状物喷出,吸入肺部的制剂。

(2)非吸入气雾剂:指含药溶液或混悬液与适宜的抛射剂共同装封于具有特制定量阀门系统的耐压容器中,使用时借助抛射剂的压力将内容物直接喷至腔道黏膜的制剂。

(3)外用气雾剂:指药物与适宜的抛射剂装在具有非定量阀门系统的耐压密封容器中,使用时借助抛射剂的压力将内容物呈雾状喷出,用于皮肤和黏膜及空间消毒的制剂。

4. 按给药剂量分类 分为定量气雾剂和非定量气雾剂。

知识链接

吸入气雾剂的肺部吸收

吸入气雾剂的吸收主要靠肺部，可以达到速效的效果，不亚于静脉注射，例如异丙肾上腺素气雾剂吸入后仅1~2分钟即起平喘作用，肺部吸收迅速的原因主要是由于肺部吸收面积巨大。 肺由气管、支气管和细支气管、肺泡管和肺泡组成。 肺泡的数目估计达3亿~4亿，总面积可达70~100m^2，为体表面积的25倍。 因此，药物到达肺泡即可迅速吸收显效。 此外，气管、支气管和细支气管等也有一定的吸收能力。 气雾剂到达肺部，不仅立即起局部作用，并且可以迅速吸收而起全身作用。 一般起全身作用雾滴粒径在1~0.5μm比较适宜。

(三)气雾剂的组成

气雾剂是由抛射剂、药物与附加剂、耐压容器和阀门系统组成。抛射剂、药物与附加剂一同装封于耐压容器中,抛射剂汽化产生压力,若打开阀门,则药物、抛射剂一起喷出而形成雾滴。离开喷嘴后抛射剂和药物的雾滴进一步汽化,雾滴变得更细。雾滴的大小决定于抛射剂的类型、用量、阀门和揿钮的类型以及药液的黏度等。

1. 抛射剂 抛射剂是喷射药物的动力,有时兼作药物溶剂或稀释剂。抛射剂多为液化气体,需装入耐压容器中，由阀门系统控制。阀门开启时，借抛射剂的压力将容器内的药液以雾状喷出到达用药部位。抛射剂的喷射能力的大小直接受其种类和用量影响，可根据气雾剂用药目的和要求加以合理的选择。抛射剂在常压下沸点低于 40.6℃，常温下的蒸气压应大于大气压；应无毒、无致敏性和刺激性；应不与药物等发生反应；不易燃、不易爆炸；无色、无臭、无味；价廉易得。

抛射剂的种类主要有氟氯烷烃、碳氢化合物及压缩气体。

(1)氟氯烷烃类：又称氟利昂(freon)，其特点是沸点低，常温下蒸气压略高于大气压，易控制，性质稳定，不易燃烧，液化后密度大，无味，基本无臭，毒性较小。不溶于水，可做脂溶性药物的溶剂。常用氟利昂有三氯一氟甲烷(F_{11})、二氯二氟甲烷(F_{12})和二氯四氟乙烷(F_{114})，使用时可选用一种或根据产品需要选用混合抛射剂，以克服单一抛射剂的某些不足。由于氟氯烷烃对大气中臭氧层的破坏，国际卫生组织已经要求停用。国家药品监督管理局规定，从 2007 年 7 月 1 日起，生产外用气雾剂停止使用氟氯烷烃类物质作为药用辅料；从 2010 年 1 月 1 日起，生产吸入式气雾剂停止使用氟氯烷烃类物质作为药用辅料。

(2)氢氟烷烃(HFA)类：此类的性状、沸点与氟氯烷烃类似，是目前氟氯烷烃的较理想替代用品，主要的有 HFA-134a(四氟乙烷)和 HFA-227ea(七氟丙烷)。但由于此类抛射剂化学稳定性较差，极性比氟氯烷烃小，故传统的氟氯烷烃制剂技术并不能简单地移植给 HFA 剂型，而应根据药物与辅料在 HFA 中的溶解度，重新设计。

(3)碳氢化合物：主要品种有丙烷、正丁烷、异丁烷，国内不常用。此类抛射剂虽然稳定、毒性不大、密度低，但易燃、易爆，不宜单独使用，常与其他抛射剂合用。

(4)压缩气体类：主要有二氧化碳、氮气和一氧化氮等，其化学性质稳定，不与药物发生反应，不燃烧。但液化后的沸点较低，如二氧化碳 -78.3℃、氮 -195.6℃；常温时蒸气压过高，如二氧化碳 5767kPa(表压，21.1℃)、一氧化氮 4961kPa(表压，21.1℃)；对容器要求较严，若在常温下充入非液化压缩气体，则压力容易迅速降低，达不到持久喷射的效果，因而在吸入气雾剂中不常用，主要用于喷雾剂。

气雾剂喷射能力应符合医疗上用药的要求，其强弱决定于抛射剂的用量及其自身蒸气压。一般抛射剂的用量大，蒸气压高，喷射能力强，反之则弱。吸入气雾剂因要求喷出物干、雾滴细，故要求喷射能力强；皮肤用气雾剂、乳剂型气雾剂则要求喷射能力稍弱。一般多采用混合抛射剂，并通过调整用量和蒸气压来达到调整喷射能力的目的。

2. 药物与附加剂 根据药物的理化性质和临床治疗要求决定配制何种类型的气雾剂，进而决定潜溶剂等附加剂的使用。

(1)药物：供制备气雾剂用的药物有液体、半固体或固体粉末。但药物制成供吸入用气雾剂，应测定其血药浓度，定出有效剂量，安全指数小的药物必须做毒性试验，确保安全。

(2)附加剂：为制备质量稳定的气雾剂，根据需要可加入适宜的附加剂，视具体情况而定。

溶液型气雾剂中抛射剂可作溶剂，必要时可加适量乙醇、丙二醇或聚乙二醇(用于增加药物溶解度的混合溶剂)，使药物与抛射剂混合成均相溶液。常用乙醇等作潜溶剂。

混悬型气雾剂中可加入固体润湿剂如滑石粉、胶体二氧化硅等，使药物微粉易分散混悬于抛射剂中，或加入适量的 *HLB* 值低的表面活性剂及高级醇类作稳定剂，如三油酸山梨坦、司盘 85、月桂醇类等，使药物不聚集和重结晶，在喷雾时不会阻塞阀门。

乳剂型气雾剂，若药物不溶于水或在水中不稳定时，可用甘油、丙二醇类代替水，除加附加剂外，还应加适当的乳化剂，如聚山梨酯、三乙醇胺硬脂酸酯或司盘类。

此外，根据药物的性质可加入适量的抗氧剂，如维生素 C、焦亚硫酸钠等增加药物的稳定性。

3. 耐压容器　气雾剂的容器必须不能与药物和抛射剂发生作用、耐压（有一定的耐压安全系数）、轻便、价廉等。耐压容器有金属容器和玻璃容器。玻璃容器化学性质稳定，但耐压和耐撞击性差，需在玻璃瓶的外面裹以塑料层，以缓冲外界的冲击；金属容器包括铝、不锈钢等容器，耐压性强，但对药液不稳定，需要内涂聚乙烯或环氧树脂等，目前多用铝制容器。

4. 阀门系统　气雾剂的阀门系统除一般阀门外，还有供吸入用的定量阀门、供腔道或皮肤等外用的泡沫阀门系统。阀门系统应坚固、耐用和结构稳定，因其直接影响到制剂的质量。阀门材料必须对内容物为惰性，其加工应精密。目前使用最多的定量型的吸入气雾剂阀门系统的结构与组成如图 17-1 所示。

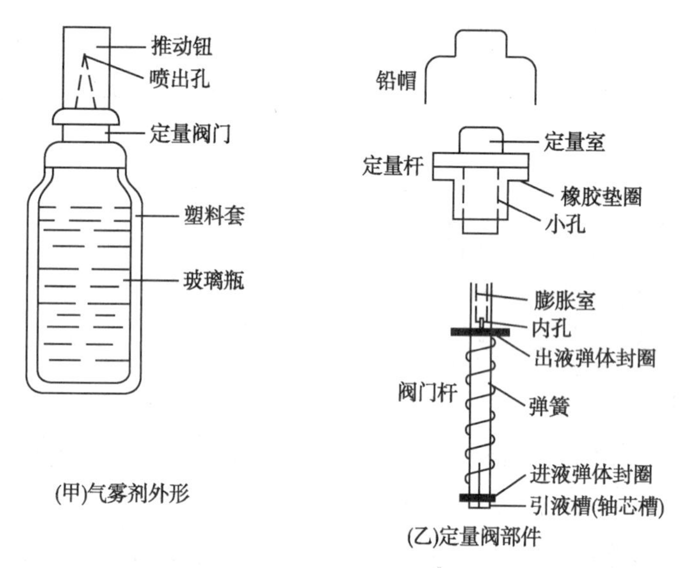

图 17-1　气雾剂的定量阀门系统装置外形及部件图

（1）封帽：封帽通常为铝制品，将阀门固封在容器上，必要时涂上环氧树脂等薄膜。

（2）阀门杆（轴芯）：阀门杆常由尼龙或不锈钢制成。顶端与推动钮相接，其上端有内孔和膨胀室，其下端还有一段细槽或缺口以供药液进入定量室。内孔（出药孔）是阀门沟通容器内外的极细小孔，其大小关系到气雾剂喷射雾滴的粗细。内孔位于阀门杆之旁，平常被橡胶封圈封在定量室之外，使容器内外不沟通；当揿下推动钮时，内孔进入定量室与药液相通，药液即通过它进入膨胀室，从喷嘴喷出。膨胀室在阀门杆内，位于内孔之上，药液进入此室时，部分抛射剂因汽化而骤然膨胀，使药液雾化、喷出，进一步形成细雾滴。

（3）橡胶封圈：橡胶封圈有弹性，通常由丁腈橡胶制成，分进液和出液两种。进液封圈紧套于阀门杆下端，在弹簧之下，它的作用是托住弹簧，同时随着阀门杆的上下移动而使进液槽打开或关闭，且封闭定量室下端，使杯室内药液不致倒流。出液橡胶封圈紧套于阀门杆上端，位于内孔之下、弹簧之上，它的作用是随着阀门杆的上下移动而使内孔打开或关闭，同时封闭定量室的上端，使杯室内药液不致溢出。弹簧套于阀门杆，位于定量杯内，提供推动钮上升的弹力，由不锈钢制成。

(4)弹簧：由不锈钢制成，套于阀杆，位于定量室内，为推动钮提供上升的动力。

(5)定量杯（室）：定量杯（室）为塑料或金属制成，其容量一般为0.05~0.2ml。上下封圈控制药液不外溢，使喷出准确的剂量。

(6)浸入管：浸入管为塑料制成（如图17-2所示），其作用是将容器内的药液向上输送到阀门系统的通道，向上的动力是容器的内压。国产药用吸入气雾剂不用浸入管，故使用时需将容器倒置（如图17-3所示），使药液通过阀门杆的引液槽进入阀门系统的定量室。喷射时，按下揿钮，阀门杆在揿钮的压力下顶入，弹簧受压，内孔进入出液橡胶封圈以内，定量室内的药液由内孔进入膨胀室，部分汽化后自喷嘴喷出。同时引流槽全部进入瓶内，封圈封闭了药液入定量室。

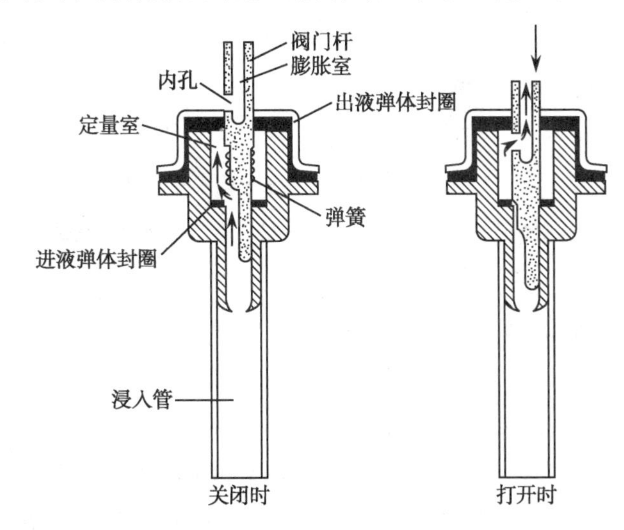

图17-2　气雾剂有浸入管的定量阀门启闭示意图

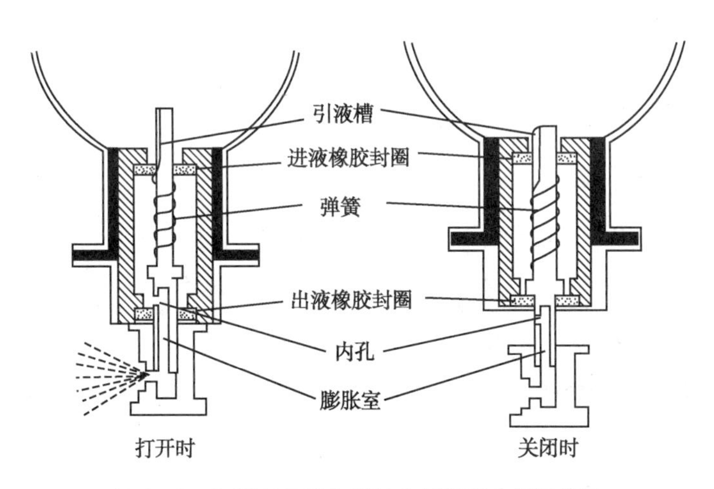

图17-3　气雾剂无浸入管的定量阀门启闭示意图

（四）气雾剂的质量要求

1. 气雾剂的容器耐压，各组成部件不得与药物或附加剂发生理化作用，其尺寸精度与溶胀性必须符合要求。

2. 二相气雾剂应澄清,三相气雾剂应将微粉化(或乳化)药物和附加剂充分混合制成稳定的混悬液或乳状液,粒径应符合要求。

3. 吸入气雾剂中所有附加剂均应对呼吸道黏膜和纤毛无刺激性、无毒性。非吸入气雾剂及外用气雾剂中所有附加剂均应对皮肤或黏膜无刺激性。

4. 气雾剂应置凉暗处贮存,并避免暴晒、受热、敲打、撞击。

案例分析

案例

患儿男，6岁，因哮喘复发，医师开具“布地奈德粉吸入剂200μg，bid”。2周后复诊，家长自述一直认真按医嘱用药，但患儿喘憋症状未有好转。经检查发现，患儿吸药时不能做到快而深地吸气，影响了治疗效果。反复指导数次，患儿仍不能掌握吸药技术，故医师处方换用定量气雾剂加储雾罐给药，2周后再次复诊，患儿病情明显得到控制。

分析

目前治疗哮喘药物的吸入装置主要有干粉吸入剂和定量气雾剂2种，吸入技术正确与否直接影响治疗效果。在使用前者时患者须快而深地吸气，通常4岁以上患儿经教育可掌握方法。气雾剂加储雾罐方式无须特殊技巧，对小儿尤其适用。

差错预防要点：①加强儿童吸入装置使用指导：使用吸入装置时需更多教育和反复练习，有时须辅以相应的图片或文字说明，最好能让其现场演示操作方法，且复诊时一定要检查使用方法是否正确，以保证治疗效果；②根据实际情况选择合适的吸入装置：干粉吸入剂在使用时须快速而深地吸气，气雾剂在应用中须手揿气雾装置与深吸气配合，若不能配合则难以吸入预定剂量，应辅助储雾罐吸入。4岁以下患儿首选气雾剂加储雾罐方式，不能正确掌握吸入装置使用方法的大龄儿童亦须选择此种方式。

二、气雾剂的制备

(一) 气雾剂生产工艺流程

气雾剂的生产环境、用具和整个操作过程,应注意避免微生物的污染。其制备过程可分为容器阀门系统的处理与装配,药物的配制、分装和填充抛射剂,质量检查等。

一般气雾剂的制备要求通常不低于D级。灌装室必须安装高效过滤器,并对尘埃粒子、微生物、换气次数、温度、湿度进行监控。定量型吸入气雾剂的生产工艺流程如图17-4所示。

(二) 气雾剂的制备过程

1. 容器、阀门系统的处理与装配　吸入气雾剂产品通常采用铝听作为包装容器。铝听内表面的性质对药品稳定性有较大影响,因此,铝听的清洁质量很重要。所有铝听在使用前都必须用干燥、洁净的压缩空气吹扫。同时,经吹扫过的铝听内表面应不再受到二次污染,如水、油等,所以用来清洁铝听的压缩空气的质量应经过验证。

(1)玻璃搪塑:先将玻璃瓶洗净烘干,预热至120~130℃,趁热浸入塑料黏浆中,使瓶颈以下黏

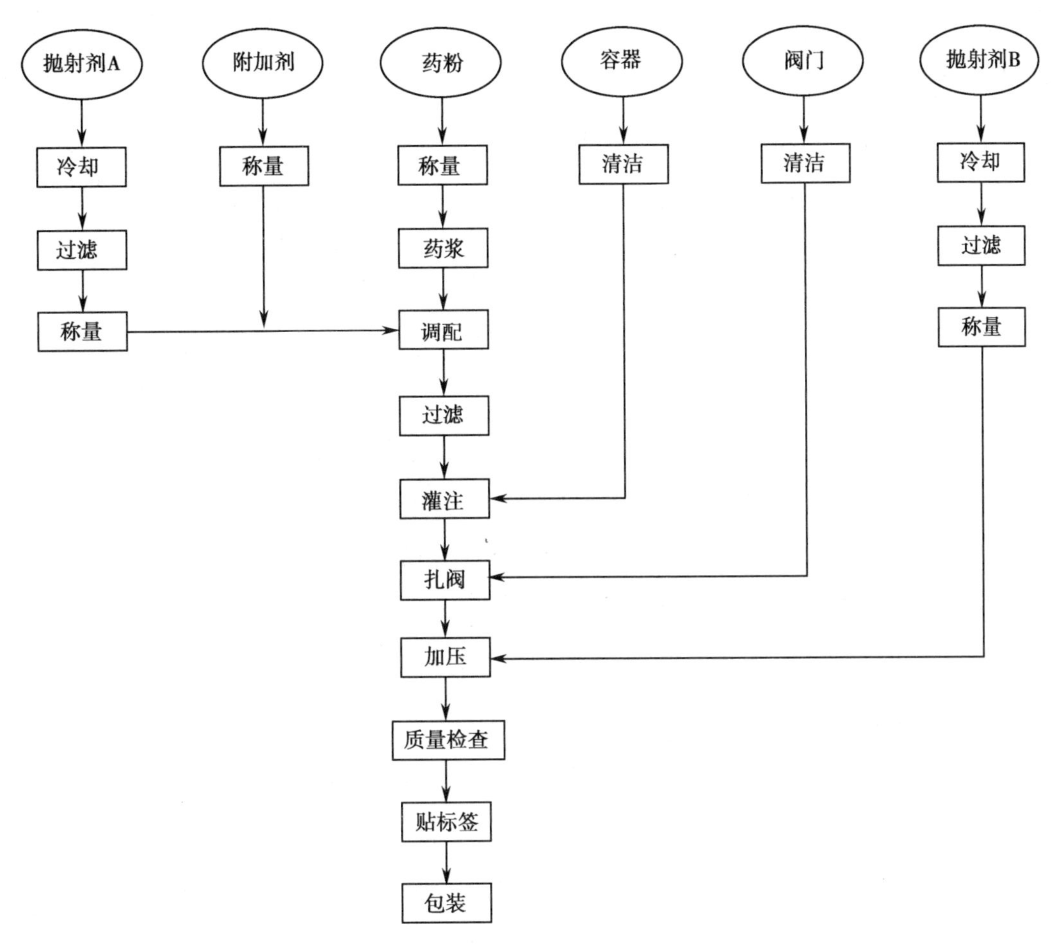

图 17-4　定量型吸入气雾剂的工艺流程图

附一层塑料浆液，倒置，在 150～170℃烘干 15 分钟，备用。对塑料涂层的要求是能均匀地紧密包裹玻璃瓶，避免爆瓶时玻璃片飞溅；外表平整、美观。

（2）阀门系统的处理与装配：将阀门的各种零件分别处理，橡胶制品可在 75%乙醇中浸泡 24 小时，以除去色泽并消毒、干燥备用；塑料、尼龙零件洗净再浸泡在 95%乙醇中备用；不锈钢弹簧在 1%～3%NaOH 碱液中煮沸 10～30 分钟，用水洗涤数次，然后用纯化水洗 2～3 次，直到无油腻为止，浸泡在 95%乙醇中备用。最后将上述已处理好的零件，按照阀门结构装配。

2. 药物的配制与分装　按处方组成及要求的气雾剂类型进行配制。溶液型气雾剂应制成澄清药液，调配过程中，要保证配制罐内的温度在受控范围内。对于易挥发性物质应防止药物挥发，以免造成整批生产中的药液浓度发生变化。混悬型气雾剂应将药物微粉化，确认颗粒粒度符合要求，并保持干燥状态，严防药物微粉吸附水蒸气。乳剂型气雾剂应制成稳定的乳剂。混悬型或乳剂型药物的均匀程度受到搅拌方式、搅拌速度和温度等因素影响，应严格执行工艺规程。

将上述配制好的合格药物分散系统，定量分装在已准备好的容器内，安装阀门，轧紧封帽。

3. 抛射剂的填充　抛射剂的填充方式有压灌法和冷灌法两种。

（1）压灌法：是先将配好的药液（一般为药物的乙醇溶液或水溶液）在室温下灌入容器内，再将阀门装上并轧紧，然后通过压装机灌入定量抛射剂（最好先将容器内空气抽去）。压灌法所需设备简单，不需低温操作，抛射剂损耗较少，目前我国多用此法生产。但生产速度较慢，且使用过程中压力的变化幅度较大。

（2）冷灌法：是将药液借冷灌装置中热交换器冷却至-20℃左右，抛射剂冷却至沸点以下至少5℃。先将冷却的药液灌入容器中，随后加入已冷却的抛射剂（也可两者同时灌入）。立即将阀门装上并轧紧，操作必须迅速，以减少抛射剂损失。冷灌法速度快，对阀门无影响，成品压力较稳定。但需制冷设备和低温操作，抛射剂损失较多。含水品种不宜使用此法。

知识链接

气雾剂的车间设计要求

由于气雾剂的生产过程中需充入抛射剂，而大多数抛射剂易燃易爆，例如丙烷、正丁烷等，此外，选用的溶剂，如乙醇也极易燃易爆，所以在车间设计上，即车间墙壁、插座、开关和灯具等均需按照防爆要求进行设计并安装。

（三）气雾剂的生产设备

在工业生产中，通常采用气雾剂自动灌装机。该机器由输送带、旋转工作台、理盖机、电磁阀组、电器控制五大部分组成，输送带将空铝听送入旋转工作台、将已灌装好的铝听从旋转工作台取出。在旋转工作台上，铝听通过旋转盘的等分转动，依次进入灌液、装盖、封口、灌气等工位，完成自动灌液、装盖、封口、灌气等工序。机器的工作过程如下：空铝听送入旋转工作台→定量灌注药物混悬液→自动加装瓶盖→外抓型盖的封口→定量压入抛射剂→已灌装好的铝听送入储存盘。

知识链接

气雾剂灌装过程中的工艺管理与质量控制

1. 生产工艺管理要点

（1）一般气雾剂的灌装室洁净度要求不低于D级，墙壁、插座、开关和灯具均需按照防爆要求设计并安装。

（2）与药品直接接触的设备表面光滑、平整、易清洗、耐腐蚀，不与所加工的药品发生化学反应或吸附所加工的药品。

（3）使用前检查各管路、连接是否无泄漏。

（4）生产过程中所有物料应有明显的标示，防止发生混药、混批。

（5）在制备过程中应严格检查原料药、抛射剂、窗口、用具的含水量，防止水分混入。

2. 质量控制点

（1）喷次：应符合制剂工艺规定，与抛射剂的充入量相关。

（2）装量：应符合制剂工艺要求。

（3）泄漏率：体现阀门系统密封性的重要指标，与装量直接相关。

三、气雾剂的质量检查

气雾剂的质量评定,首先是对气雾剂的内在质量进行检测评定以确定其是否符合药典要求,如二相气雾剂应为澄清、均匀的溶液;三相气雾剂药物粒度大小应控制在10μm以下,其中大多数应为5μm左右。其次是对气雾剂的包装材料、喷射情况等进行检查,主要检查项目如下:

1. **每瓶总揿次**　定量气雾剂按照下述方法检查,取供试品4瓶,分别除去帽盖,充分振摇,在通风橱内,分别揿压阀门连续喷射于已加入适量吸收液的容器内(每次喷射间隔5秒并缓慢振摇),直至喷尽为止,分别计算喷射次数,每瓶总揿次均不得少于其标示总揿次。

2. **每揿主药含量**　对定量气雾剂,该项目为关键检测项目之一。取供试品1瓶,充分振摇,除去盖帽,试喷5次,依法揿压喷射10次或20次(注意每次喷射间隔5秒并缓缓振摇),按各品种含量测定项下的方法测定含量,所得结果除以10或20,即为平均每揿主药含量。每揿主药含量应为每揿主药含量标示量的80%~120%。

3. **喷出总量**　非定量气雾剂取供试品4瓶检查,每瓶喷出量均不得少于标示装量的85%。

4. **喷射速率**　非定量气雾剂取供试品4瓶检查,计算每瓶的平均喷射速率(g/s),均应符合各品种项下的规定。

5. **雾滴(粒)分布**　吸入气雾剂应检查雾滴(粒)大小分布。按照《中国药典》(2015年版)四部0951吸入制剂微细粒子空气动力学特性测定法检查,除另有规定外,雾滴(粒)药物量应不少于每揿主药含量标示量的15%。

6. **无菌检查**　用于烧伤、创伤或溃疡的气雾剂按无菌检查法检查,应符合规定。

7. **微生物限度检查**　部分气雾剂产品直接进入呼吸道,应进行微生物检查。按照《中国药典》(2015年版)四部3300微生物检查法检查,应符合规定。

四、制备举例

硫酸沙丁胺醇气雾剂

【处方】 硫酸沙丁胺醇　24.4g　　卵磷脂　4.8g

无水乙醇　1.2kg　　四氟乙烷　16.5kg

制成1000支

【制法】 将硫酸沙丁胺醇粉碎至7μm以下,取处方量2/3的无水乙醇,加入卵磷脂,搅拌20分钟,将再加入粉碎后的硫酸沙丁胺醇搅拌30分钟,补充余量无水乙醇,继续搅拌20分钟,灌装压阀,充抛射剂四氟乙烷,即得。

【用途】 本品用于支气管哮喘、喘息型支气管炎及肺气肿等。

【处方分析】 硫酸沙丁胺醇为主药,卵磷脂为表面活性剂,四氟乙烷为抛射剂,无水乙醇为溶剂。

点滴积累

1. 气雾剂指药液与适宜的抛射剂共同装封于耐压容器中，借助抛射剂的压力将内容物喷出，用于肺部吸入或直接喷至腔道黏膜、皮肤及空间消毒的制剂。
2. 气雾剂具有速效和定位作用、生物利用度高、剂量准确；按给药途径分为吸入气雾剂、非吸入气雾剂和外用气雾剂。
3. 气雾剂由抛射剂、药物与附加剂、耐压容器和阀门系统组成。
4. 填充抛射剂的方法有压灌法和冷灌法。
5. 气雾剂的质量检查项目包括每瓶总揿次、每揿主药含量、喷出总量、喷出速率、雾滴分布、无菌检查及微生物检查等。

任务二　喷雾剂

一、概述

（一）喷雾剂的含义及特点

喷雾剂系指含药溶液、乳状液或混悬液填充于特制的装置中，使用时借助手动泵的压力、高压气体、超声振动或其他方法将内容物呈雾状物释放，用于肺部吸入或直接喷至腔道黏膜、皮肤及空间消毒的制剂。

喷雾剂的特点：①生产处方和工艺简单，成本低；②无须抛射剂作动力，无大气污染；③产生的雾粒直径较大，一般以局部应用为主；④随着使用次数的增加，内容物的减少，容器压力也随之降低，致使喷出的雾滴（粒）大小及喷射量不能维持恒定。因此药效强、安全指数小的药物不宜制成喷雾剂。

（二）喷雾剂的分类

按雾化原理不同分为喷射喷雾剂和超声喷雾剂。按分散系统可分为溶液型喷雾剂、乳剂型喷雾剂和混悬型喷雾剂。按用药途径可分为吸入喷雾剂及外用喷雾剂。按给药定量与否，喷雾剂还可分为定量喷雾剂和非定量喷雾剂。

（三）喷雾剂的质量要求

喷雾剂在生产和贮存期间应符合以下规定：

1. 吸入喷雾剂中所有附加剂均应为生理可接受物质，且对呼吸道黏膜和纤毛无刺激性、无毒性。非吸入喷雾剂及外用喷雾剂中所有附加剂均应对皮肤或黏膜无刺激性。

2. 喷雾剂装置中各组成部件均应采用无毒、无刺激性、性质稳定、与药物不起作用的材料制备。

3. 溶液型喷雾剂药液应澄清；乳状液型喷雾剂液滴在液体介质中应分散均匀；混悬型喷雾剂应将药物细粉和附加剂充分混匀，制成稳定的混悬剂。粒径应符合要求。

4. 喷雾剂应置凉暗处贮藏，防止吸潮。

5. 单剂量吸入喷雾剂应标明每剂药物含量；液体使用前置于吸入装置中吸入，而非口服；有效期；贮藏条件。

6. 多剂量喷雾剂应标明每瓶的装量;主药含量;总喷次;每喷主药含量;贮藏条件。

二、喷雾剂的制备

气雾剂的动力是抛射剂汽化,而喷雾剂是利用手动泵喷雾给药。喷雾剂的制备比较简单,配制方法与溶液剂基本相同,然后灌装到适当的容器中,最后装上手动泵即可。

三、喷雾剂的质量检查

根据《中国药典》(2015年版)规定,喷雾剂应进行以下相应检查:每瓶总喷次、每喷喷量、每喷主药含量、雾滴(粒)分布、装量差异、装量、无菌、微生物限度等应符合规定。

四、制备举例

利巴韦林喷雾剂

【处方】 利巴韦林　0.5g　　氯化钠　0.83g

卡波普　0.3g　　5%苯扎溴铵　0.2ml

氢氧化钠溶液　适量　　加水至100ml

【制法】 将卡波普加适量蒸馏水,用搅拌机高速搅拌至完全溶解,加入利巴韦林、苯扎溴铵、氯化钠继续搅拌至完全溶解,滴入氢氧化钠溶液适量,以调节pH至5.5~6.5,加水至100ml,灌装于喷雾瓶中。

【用途】 本品为抗病毒药,用于流行性感冒。

【处方分析】 处方中的利巴韦林为主药,卡波普为增稠剂,氯化钠为等渗调节剂,苯扎溴铵为防腐剂,氢氧化钠为pH调节剂,水为溶剂。

点滴积累

1. 喷雾剂系指将药液填充于特制的装置中,借助手动泵压力等方法将内容物呈雾状物释放,用于肺部吸入或直接喷至腔道黏膜、皮肤及空间消毒的制剂。
2. 喷雾剂的生产处方和工艺简单;无须抛射剂做动力;产生的雾粒直径较大。
3. 喷雾剂的质量检查项目包括每瓶总喷次、每喷喷量、每喷主药含量和雾滴(粒)分布等。

任务三　粉雾剂

一、概述

(一)粉雾剂的含义和特点

粉雾剂按用途可分为吸入粉雾剂、非吸入粉雾剂和外用粉雾剂。

吸入粉雾剂系指微粉化药物或与载体以胶囊、泡囊或多剂量贮库形式,采用特制的干粉吸入装置，由患者主动吸入雾化药物至肺部的制剂。

非吸入粉雾剂系药物或与载体以胶囊或泡囊形式，采用特制的干粉给药装置，将雾化药物喷至腔道黏膜的制剂。如鼻用粉雾剂中药物粉末粒径大多数应在30~150μm之间。

外用粉雾剂系指药物或与适宜的附加剂灌装于特制的干粉给药器具中，使用时借助外力将药物喷至皮肤或黏膜的制剂。

粉雾剂的主要特点：①无抛射剂，可避免对环境的污染；②药物呈干粉状，稳定性高，尤其适合多肽、蛋白质类药物；③不含防腐剂及酒精等溶剂，对病变黏膜无刺激性；④药物以胶囊或泡囊形式给药，剂量准确。

知识链接

粉雾剂的发展

粉雾剂是一个新剂型，其研究开发须综合药剂学、医学、粉体工程学、力学、机械等多方面的知识，自1971年英国的Bell研制的第一个干粉吸入装置（Spinhaler）问世以来，粉末吸入装置已由第一代的胶囊型，发展至第三代的贮库型，药物也由单方制剂向复方制剂发展，并有将药物制成脂质体后吸入给药的研究报导，粉雾剂的应用范围也已由传统的肺局部疾病治疗（布地奈德粉雾剂、色甘酸钠粉雾剂等）拓展至多肽蛋白类、抗生素、生物药物和心血管药物（降钙素、胰岛素等）。目前，对粉雾剂处方的雾化性能以及雾化机制的研究是该领域的热点，同时，由于吸入药物在体内的实际情况不易控制，研制出使用方便、重现性好、能够避免患者之间个体差异的高效吸入装置也是一个重要的研究方向。

（二）粉雾剂的组成

粉雾剂由粉末吸入装置和供吸入的干粉组成。

1. 吸入装置　干粉吸入装置按剂量可分为单剂量和多剂量；按药物的储存方式可分为胶囊型、泡囊型和贮库型；按装置的动力来源可分为被动型和主动型。以常见的胶囊型粉末雾化器为例（图17-5）：装置结构主要由雾化器的主体、扇叶推进器和口吸器3部分组成。使用时，将组成的3部分拆开，把药物胶囊装入吸纳器，推动弹簧夹，使致孔针刺破胶囊，然后靠吸气使叶轮转动，药物飞扬成雾状被吸入。

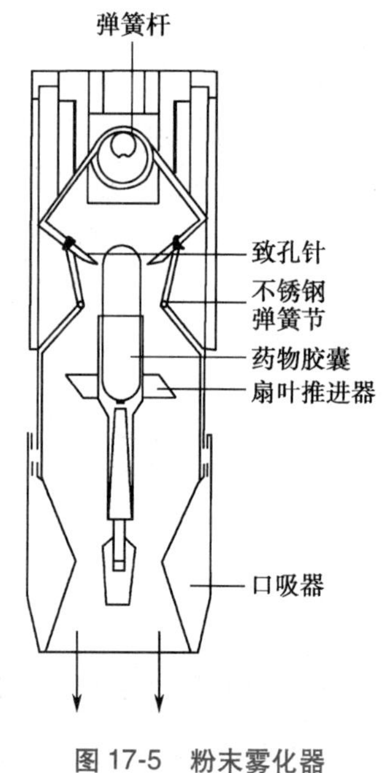

图17-5　粉末雾化器

2. 干粉　干粉主要包括主药、载体和附加剂。载体在粉雾剂中可以起到稀释剂的作用，载体应是无毒、惰性、能被人体所接受的可溶性物质，如乳糖、阿拉伯胶、甘露醇等。除了加入一定量的载体外，有时为了改善粉末的流动性，还需加入一定量的润滑剂、助流剂等附加剂。

（三）粉雾剂的质量要求

1. 粉雾剂给药装置使用的各组成部件均应采用无毒、无刺激性、性质稳定、与药物不起作用的材料制备。

2. 吸入粉雾剂中所有附加剂均应是生理可接受物质，且对呼吸道黏膜和纤毛无刺激性、无毒性。非吸入粉雾剂及外用粉雾剂中所有附加剂均应对皮肤及黏膜无刺激性，粒径应符合要求。

3. 除另有规定外，外用粉雾剂应符合散剂项下有关的各项规定。

4. 粉雾剂应置凉暗处保存，防止吸潮。

5. 胶囊型、泡囊型吸入粉雾剂应标明每粒胶囊或泡囊中药物含量；胶囊应置于吸入装置中吸入，而非吞服；有效期；贮藏条件。

6. 多剂量贮库型吸入粉雾剂应标明每瓶总吸次；每吸主药含量。

二、粉雾剂的制备

与气雾剂借助抛射剂汽化作为动力给药形式不同，粉雾剂是由患者主动吸入或借助特制给药装置。其基本工艺流程如下：药物原料→微粉化→与载体等添加剂混合→装入胶囊、泡囊或装置中→抽样质检→包装→成品。

药物的微粉化是整个过程比较关键的一步，药物的粒径很大程度上会影响药物疗效，应通过微粉化工艺使药物粒径达到规定的范围，流能磨是一种常用的干燥粉碎法，最小可获得 2~3μm 的微粉；喷雾干燥可以获得粒径更小的药粉。另外，应控制一个最佳的混合时间，以达到较好的混合效果。环境的湿度和物料的表面电性等都对混合过程有较大影响。润滑剂如硬脂酸镁的加入会使混合后粉末的均匀性下降。

三、粉雾剂的质量检查

根据《中国药典》（2015 年版）规定，粉雾剂应进行以下相应检查：

1. 含量均匀度　除另有规定外，胶囊型或泡囊型粉雾剂，按照《中国药典》（2015 年版）通则 0941 含量均匀度检查法检查，应符合规定。

2. 装量差异　除另有规定外，胶囊型及泡囊型粉雾剂装量差异，应符合规定。取供试品 20 粒，分别精密称定重量后，倾出内容物（不得损失囊壳），用小刷或其他适宜用具拭净残留内容物，分别精密称定囊壳重量，求出每粒内容物的装量与平均装量。每粒的装量与平均装量相比较，超出装量差异限度的不得多于 2 粒，并不得有 1 粒超出限度 1 倍（表 17-1）。凡规定检查含量均匀度的粉雾剂，可不进行装量差异的检查。

表 17-1　粉雾剂装量差异限度

平均装量（g）	装量差异限度（%）
<0.3	±10
≥0.3	±7.5

3. 排空率　胶囊型及泡囊型粉雾剂按照下述方法检查，排空率应符合规定。检查法除另有规定外，取本品 10 粒，分别精密称定，逐粒置于吸入装置内，用每分钟 60L±5L 的气流抽吸 4 次，每次 15 秒，称定重量，用小刷或适宜用具拭净残留内容物，再分别称定囊壳重量，求出每粒的排空率，排空率应不低于 90%。

4. 每瓶总吸次　多剂量贮库型吸入粉雾剂按照下述方法检查，每瓶总吸次应符合规定。检查法除另有规定外，取供试品 1 瓶，旋转装置底部，释出一个剂量药物，以每分钟 60L±5L 的气流速度抽吸，重复上述操作，测定标示吸次最后 1 吸的药物含量，检查 4 瓶最后一吸的药物量，每瓶总吸次均不得低于标示总吸次。

5. 每吸主药含量　多剂量贮库型吸入粉雾剂按照下述方法检查，每吸主药含量应符合规定。检查法除另有规定外，取供试品 6 瓶，分别除去帽盖，弃去最初 5 吸，采用吸入粉雾剂释药均匀度测定装置，装置内置 20ml 适宜的接受液。吸入器采用合适的橡胶接口与装置相接，以保证连接处的密封。吸入器每旋转一次（相当于 1 吸），用每分钟 60L±5L 的抽气速度抽吸 5 秒，重复操作 10 次或 20 次，用空白接受液将整个装置内壁的药物洗脱下来，合并，定量至一定体积后，测定，所得结果除以 10 或 20，即为每吸主药含量。每吸主药含量应为每吸主药含量标示量的 65%～135%，即符合规定。如有 1 瓶或 2 瓶超出此范围，但不超出标示量的 50%～150%，可复试，另取 12 瓶测定，若 18 瓶中超出 65%～135%但不超出 50%～150%的，不超过 2 瓶，也符合规定。

6. 雾滴（粒）分布　除另有规定外，吸入粉雾剂应检查雾滴（粒）大小分布。按照《中国药典》（2015 年版）四部 0951 吸入制剂微细粒子空气动力学特性测定法检查，雾滴（粒）药物量应不少于每吸主药含量标示量的 10%，其中吸入粉雾剂中药物粒度大小应控制在 10μm 以下，其中大多数应在 5μm 以下。

7. 微生物限度　按照《中国药典》（2015 年版）通则 3300 微生物检查法检查，应符合规定。

课堂活动

结合所学内容，比较气雾剂、喷雾剂、粉雾剂的区别。

四、制备举例

色甘酸钠粉雾剂

【处方】色甘酸钠　20g　　　　乳糖　20g

【制法】将色甘酸钠粉碎成极细的粉末，与处方量乳糖充分混合均匀，分装到硬明胶胶囊中，即得。

【用途】本品为抗变态反应药，可用于预防各种类型哮喘的发作。

【处方分析】本品为胶囊型粉雾剂，用时需装入相应的装置中，供患者吸入使用。色甘酸钠在胃肠道吸收少，而肺部吸收较好，10～20 分钟血药浓度即可达峰。处方中的乳糖为载体。

点滴积累

1. 粉雾剂无抛射剂，药物呈干粉状，以胶囊或泡囊形式给药，稳定性高，尤其适合多肽、蛋白质类药物。 粉雾剂按用途可分为吸入粉雾剂、非吸入粉雾剂和外用粉雾剂。
2. 药物的微粉化是粉雾剂制备过程中关键的一步。
3. 粉雾剂的质量检查项目包括含量均匀度、装量差异、每瓶总吸次、每吸主药含量、雾滴分布和微生物检查等。

目标检测

一、选择题

（一）单项选择题

1. 下列关于气雾剂的叙述中错误的是(　　)

A. 气雾剂喷射的药物均为气态

B. 药物溶于抛射剂中的气雾剂为二相气雾剂

C. 气雾剂具有速效和定位作用

D. 吸入气雾剂的吸收速度快

2. 下述不是医药用气雾剂的抛射剂要求的是(　　)

A. 常压下沸点低于 40.6℃

B. 常温下蒸气压小于大气压

C. 不易燃、无毒、无致敏性和刺激性

D. 无色、无臭、无味、性质稳定、来源广、价格便宜

3. 目前国内最理想的抛射剂是(　　)

A. 压缩气体　　B. 惰性气体　　C. 烷烃　　D. 氢氟烷烃类

4. 盐酸异丙肾上腺素气雾剂属于(　　)

A. 空间消毒气雾剂　　B. 皮肤用气雾剂　　C. 三相气雾剂　　D. 吸入气雾剂

5. 气雾剂抛射药物的动力是(　　)

A. 推动钮　　B. 内孔　　C. 抛射剂　　D. 定量阀门

6. 某药物借助于潜溶剂与抛射剂混溶制得的气雾剂,按组成分类属于(　　)

A. 二相型　　B. 三相型　　C. O/W 型　　D. W/O 型

7. 为制得二相型气雾剂,常加入的潜溶剂为(　　)

A. 滑石粉　　B. 油酸　　C. 丙二醇　　D. 胶体二氧化硅

8. 吸入气雾剂药物粒径大小应控制在(　　)以下

A. 1μm　　B. 20μm　　C. 30μm　　D. 10μm

9. 不属于吸入气雾剂压缩气体类的抛射剂有(　　)

A. 氟利昂　　B. 二氧化碳　　C. 氮气　　D. 一氧化氮

10. 下列不是气雾剂优点的是(　　)

A. 使用方便　B. 奏效迅速　C. 剂量准确　D. 成本较低

11. 气雾剂的质量控制不包括(　　)

A. 喷射速率　B. 喷出总量　C. 雾滴(粒)分布　D. 排空率

12. 关于二相气雾剂说法正确的是(　　)

A. 通过乳化作用而制成气雾剂

B. 药物的水溶液与抛射剂互不混溶,而抛射剂由于密度大沉在容器底部

C. 药物溶解在抛射剂中或药物借助于潜溶剂能与抛射剂混溶的气雾剂

D. 药物的固体细粉混悬在抛射剂中形成的气雾剂

(二) 多项选择题

1. 下列不含抛射剂的剂型有(　　)

A. 喷雾剂　B. 吸入气雾剂　C. 粉雾剂

D. 非吸入气雾剂　E. 外用气雾剂

2. 气雾剂的组成包括(　　)

A. 耐压容器　B. 阀门系统　C. 抛射剂

D. 附加剂　E. 防腐剂

3. 抛射剂在气雾剂中的作用可能为(　　)

A. 动力作用　B. 压力来源　C. 体积大小

D. 药物溶剂　E. 增溶作用

4. 气雾剂按医疗可分为(　　)

A. 皮肤和黏膜用　B. 注射用　C. 空间消毒用

D. 口服用　E. 直肠用

5. 气雾剂充填抛射剂的方法有(　　)

A. 热灌法　B. 压灌法　C. 水灌法

D. 压入法　E. 冷罐法

二、简答题

1. 简述气雾剂常用的抛射剂。

2. 简述气雾剂制备的一般工艺流程。

3. 简述粉雾剂的特点。

三、实例分析

大蒜油气雾剂制备

【处方】 大蒜油　10g　(　　　)

聚山梨酯 80　30g　(　　　)

油酸山梨坦　35g　(　　　)

十二烷基硫酸钠	20g	(　　　　)
甘油	250ml	(　　　　)
二氯二氟甲烷	962.5g	(　　　　)
纯化水	加至1400ml	

【制法】 将油、水两相混合制成乳剂，分装成175瓶，每瓶压入5.5gF_{12}，密封而得。

【分析】

1. 分析处方中各成分的作用。

2. 本品为何种类型气雾剂？并说明本品的临床应用。

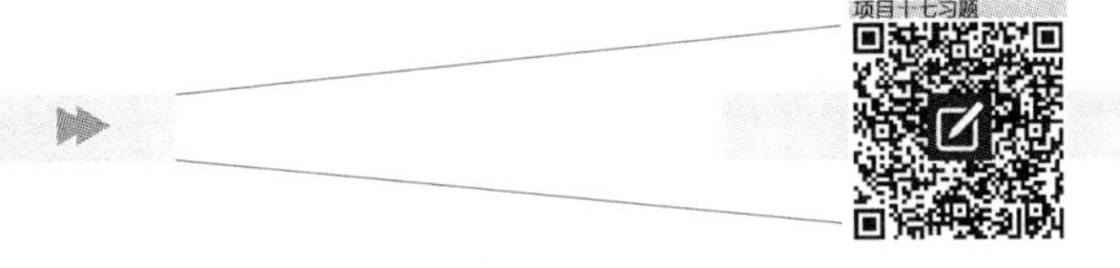

（杨媛媛）

模块七

药物制剂生产新技术与新剂型

项目十八

药物制剂的新技术

导学情景

情景描述

一位患者去药店购买速效救心丸，店员向其介绍两个厂家的产品，A 厂家较贵，B 厂家相对便宜，患者问两者的区别，店员解释说："A 厂家的速效救心丸运用固体分散技术等高科技制造工艺，使药物释放速度加快，速效效果更加明显，所以价格较高。"

学前导语

进入 21 世纪后，随着各项新技术的应用，包括各种新辅料、新材料的不断出现，药物制剂新技术也不断地涌现出来，使得药物制剂得到了飞速的发展，更好地解决了药物的有效利用问题及最大程度地减低了患者的用药痛苦，本项目我们将带领同学们学习各类新技术的基本知识及在药物制剂中的应用。

药物制剂的新技术涉及范围广,内容多,本项目仅对目前在制剂中应用较成熟、能够改变药物的物理性质或释放性能的新技术进行叙述,主要包括固体分散技术、包合技术、微型包囊技术和纳米结晶技术。

任务一　固体分散技术

一、概述

固体分散技术是将难溶性药物高度分散在另一种固体载体材料中,形成固体分散体的新技术。其特点是药物呈高度分散状态,可提高难溶药物的溶出速率和溶解度,以提高药物的吸收和生物利用度。

知识链接

固体分散体的发展历史

固体分散体的概念最早由 Sekiguchi 和 Obi 提出，时至今日已近 60 年，在此期间，固体分散体已经发展了三代，第一代是以尿素等结晶性物质为材料，第二代则是以 PEG、PVP 等为材料，第三代则以表面活性剂为材料，近年上市的固体分散体则以 HPMC 或 HPMCAS 为载体的居多。

根据 Noyes-Whitney 方程,溶出速率随分散度的增加而提高,因此,以往多采用机械粉碎法、微粉化等技术,使药物微粒变小,比表面积增加,以加速其溶出。采用固体分散技术是获得高度分散药物的一种简单、方便和有效的途径,在固体分散体中药物通常是以分子、胶粒、微晶或无定形等呈高度分散状态,可大大改善药物的溶出和吸收,从而提高其生物利用度。若采用的载体材料为水溶性的,则可使难溶性药物具有高效、速效的作用;如灰黄霉素-琥珀酸低共熔物,其溶解速率较纯灰黄霉素提高 30 倍;吲哚美辛-PEG6000 固体分散体制成的口服制剂,剂量小于市售的普通片的一半,而药效却相同,而对大鼠胃的刺激性显著降低。若采用的载体材料是难溶性或肠溶性的,则可使药物具有缓释或肠溶性的作用;如硝苯地平-邻苯二甲酸羟丙甲纤维素固体分散体缓释颗粒剂,提高了原药的生物利用度,同时具有缓释作用。

(一) 常用载体材料

固体分散体的溶出速率很大程度上取决于所用载体的特性。载体材料应具备下列条件:无毒、无致癌性、不与药物发生化学变化、不影响主药的化学稳定性、不影响药物的疗效和含量测定、能使药物得到最佳分散状态、价廉易得。

目前常用的载体材料可分为三类:水溶性、难溶性和肠溶性。几种载体材料可联合应用,以达到要求的速释与缓释效果。

1. 水溶性载体材料

(1)聚乙二醇类(PEG):具有良好的水溶性(1∶2~1∶3),能溶于多种有机溶剂中,可使某些药物以分子状态分散,可阻止药物聚集。最常用的是 PEG4000 与 PEG6000,具有熔点低(50~63℃),毒性较小,化学性质稳定,不干扰药物的含量测定,能与多种药物配伍,能够显著增加药物的溶出速率,提高药物的生物利用度等特点。当药物为油类时,宜选用 PEG1200 或 PEG6000 与 PEG20000 的混合物。本类载体适用于熔融技术、溶剂蒸发技术制备固体分散体。

(2)聚维酮类(PVP):为无定形高分子聚合物,无毒,易溶于水和多种有机溶剂中,对许多药物具有较强抑晶作用。但成品对湿度敏感,故贮藏过程中易吸湿而析出药物结晶。由于熔点较高(150℃变色),宜采用溶剂蒸发技术制备固体分散体,不宜用熔融技术制备固体分散体。

(3)表面活性剂类:多数为含聚氧乙烯基的表面活性剂。常用的泊洛沙姆 188,为乙烯氧化物和丙烯氧化物的嵌段聚合物,其特点是溶于水,载药量大,能与许多药物形成固体溶液,是较理想的速效载体材料。使用泊洛沙姆 188 为载体材料时,可采用熔融技术或溶剂蒸发技术进行制备。

(4)有机酸类:该类载体材料的相对分子量较小,易溶于水而不溶于有机溶剂。常用的有枸橼酸、酒石酸、琥珀酸、胆酸和脱氧胆酸等,所形成的固体分散体的类型多为低共熔物。本类载体材料不适用于对酸敏感的药物。

(5)糖类与醇类:常用的糖类载体材料有右旋糖酐、半乳糖和蔗糖等,多与 PEG 类载体材料联合作用,其优点为溶解迅速,可克服 PEG 溶解时因形成富含药物的表面层阻碍基质进一步被溶解的缺点。常用的醇类载体材料有甘露醇、山梨醇和木糖醇等,适用于剂量小、熔点高的药物。

2. 难溶性载体材料

(1)纤维素类:常用乙基纤维素(EC),其特点是溶于有机溶剂,含有羟基能与药物形成氢键,有较大的黏性，作为载体材料其载药量大、稳定性好、不易老化，是一种非常理想的难溶性载体材料，加入少量的 HPC、PVP、PEG 等水溶性聚合物或表面活性剂如十二烷基硫酸钠等，可调节释药速度。以 EC 为载体材料制备缓释固体分散体，常采用溶剂蒸发技术。

（2）聚丙烯酸树脂类：含季铵基的聚丙烯酸树脂 Eudragit，难溶性的种类常用有 Eudragit RL、Eudragit RS 等。本类难溶性载体材料的特点是不被人体吸收、无害，可在胃液中溶胀，在肠液中不溶。采用聚丙烯酸树脂类载体材料制备固体分散体时，多采用溶剂蒸发技术。本类载体材料被广泛用于制备具有缓释性的固体分散体。有时为了调节释放速率，可适当加入水溶性载体材料如 PEG 或 PVP 等。

（3）其他类：常用的有胆固醇、β-谷甾醇、棕榈酸甘油酯、胆固醇硬脂酸酯、蜂蜡、巴西棕榈蜡、氢化蓖麻油等脂质材料，可用于制成缓释固体分散体。由于这类载体材料熔点较低，在制备固体分散体时常采用熔融技术。

3. 肠溶性载体材料

（1）纤维素类：常用的有邻苯二甲酸醋酸纤维素（CAP）、邻苯二甲酸羟丙甲纤维素（HPMCP），均能溶于肠液中，可用于制备胃中不稳定的药物在肠管释放和吸收，生物利用度高的固体分散体。

（2）聚丙烯酸树脂类：常用的 Eudragit L100 及 Eudragit S100，分别相当于国产Ⅱ号及Ⅲ号聚丙烯酸树脂。前者在 pH 6 以上介质中溶解，后者在 pH 7 以上介质中溶解，有时两者联合使用，可制成较理想的缓释或肠溶固体分散体。

（二）固体分散体的类型

根据药物在载体中分散的状态不同，固体分散体可分为四种类型：

1. 低共熔混合物　当药物与载体的比例符合低共熔物的比例时，药物与载体可以完全熔化而组成固体熔融物，经骤冷固化，药物与载体同时生成晶核，由于高度分散，两种分子在扩散过程中互相阻拦，晶核不易长大，共同析出微晶，药物以微晶状态分散于载体中。当该分散体与水（体液）接触时，载体便溶解，药物以微晶状态分散在介质中，然后进一步溶解。

2. 固态溶液　是固体药物在载体中（或载体在药物中）以分子状态分散而成的分散体系，为均相体系，也称固态溶液。按药物与载体材料的互溶情况，分为完全互溶与部分互溶的固态溶液；按照药物与载体材料的晶体结构情况，分为置换型与填充型的固态溶液。

3. 共沉淀物　也称共蒸发物，是由固体药物与载体两者以恰当比例而形成的非结晶性无定形物。常用的载体为多羟基化合物，如枸橼酸、蔗糖、PVP 等。

4. 玻璃溶液和玻璃混悬液　药物溶解于熔融的透明状无定形载体中，骤然冷却，得到质脆透明的固体溶液，也称玻璃溶液。这种固体分散体在加热时可逐步软化，无明确的熔点，熔融后黏度加大。

固体分散体的类型，可因载体材料的性质不同而不同。如联苯双酯与载体材料尿素、PVP 和 PEG 可分别形成低共熔混合物、共沉淀物和固态溶液。需要注意的是，某些药物的固体分散体，不单属于某一类型，而往往是多种类型的混合物。

（三）固体分散体速释与缓释原理

1. 固体分散体速释原理

（1）增加药物分散程度：在固体分散体中，药物以分子、胶粒、亚稳定态、无定形或微晶状态分散在载体中，使药物粒子表面积增加，有利于药物溶出与吸收，提高生物利用度及疗效。

（2）载体对药物溶出的促进作用：①载体可提高药物的润湿性：在固体分散体中，药物颗粒的周围被可溶性的载体所包围，使疏水性或亲水性弱的难溶性药物表面具有良好的可湿性，遇胃肠液后载体很快溶解，药物微粒被润湿，因此溶出与吸收速率均相应加快；②载体保证了药物的高度分散性：当药物分散在固体载体中，载体分子包围了高度分散的药物，使药物分子不易形成聚合体，保证了药物的高度分散性，从而加快药物的溶出与吸收；③载体对药物有抑晶性：载体能抑制药物晶核的形成及成长，使药物形成稳定性低的非结晶性无定形态分散于载体中。

2. 固体分散体缓释原理　以水不溶性聚合物、肠溶性材料和脂质材料为载体制备的固体分散体，具有使药物缓释的作用，可延长药物作用时间。其作用机制为：具有疏水、肠溶、黏性或特殊网状骨架结构等特性的载体材料，可降低药物与溶出介质的接触机会，增加药物扩散的难度，或延缓药物溶出的时间，从而使之表现出缓释作用。

案例分析

案例

硝苯地平是二氢吡啶类钙离子拮抗剂，该药物溶解度差，口服生物利用度低，但制成硝苯地平-聚乙烯吡咯烷酮固体分散体后，却大大提高该药物的体外溶出速率。

分析

硝苯地平-聚乙烯吡咯烷酮固体分散体以聚乙烯吡咯烷酮（PVP）为载体材料，采用溶剂蒸发技术来制备。经检测表明，固体分散体中的硝苯地平以无定形态分散在载体材料中。溶出度实验结果表明，固体分散体中药物的溶出速率均明显加快，且随载体材料比例的增加而增加。

二、常用固体分散技术

药物固体分散体的常用制备技术有多种。不同药物采用何种固体分散技术，主要取决于药物的性质和载体材料的结构、性质、熔点及溶解性能等。

（一）熔融技术

熔融法是将药物与载体材料的混匀，用水浴或油浴加热并不断搅拌至完全熔融，也可将载体材料熔融后，再加入药物溶液，然后将融入物在剧烈搅拌下，迅速冷却成固体或将熔融物倾倒在不锈钢板上成膜，在板的另一面吹冷空气或用冰水，使骤冷成固体。为了防止某些药物立即析晶，宜迅速冷却固化，然后将产品置于干燥器中，室温干燥。经一到数日即可使变脆而容易粉碎。放置的温度视不同瓶中而定。本法的关键是必须迅速冷却，以达到较高的过饱和状态，使多个胶态晶核迅速形成，而不至于形成粗晶。采用熔融技术制备固体分散体的制剂，最适合的剂型是直接制成滴丸，如复方丹参滴丸。

由于熔融法存在一定的局限性，使得溶剂法成为更为普遍的制备固体分散体的技术。近年来，熔融法得以改进，以热熔挤出技术（HME）重新兴起。将药物与载体材料置于双螺旋挤压机内，药物和载体的混合物同时熔融、混匀，然后挤出成型为片状、颗粒状、小丸、薄片或粉末。这些中间体可进一步加工成传统的片剂。该技术的优点是不需要有机溶剂，同时可用两种以上的载体材料，药物-载体混合物的受热时间仅约为1分钟，因此药物不易破坏，制得的固体分散体稳定，该技术特别适合于工业化生产。

案例分析

案例

诺氟沙星固体分散体可采用熔融技术制备。按处方精密称取诺氟沙星与载体材料，先将载体材料置于70℃水浴上加热至熔融，在不断搅拌下加入过80目筛的诺氟沙星直至形成均一透明溶液，倾倒在预先冷却的不锈钢板上，摊成薄片，迅速置冷冻室冷却，24小时后放入硅胶干燥器中干燥，待脆化后，取出粉碎过80目筛即得。诺氟沙星在载体中部分呈分子状态分散，部分以微晶状态分散。载体材料可以选择单一载体材料如PEG4000、PEG6000、PEG10000，亦可选择联合载体材料如PEG4000-PEG6000。诺氟沙星与PEG类固体分散体的溶出速率随PEG分子量增大而加快，用联合载体制备固体分散体的溶出速率高于单一载体。

分析

诺氟沙星是第三代氟喹诺酮类抗菌药，具有抗菌谱广，杀菌力强，作用迅速，组织分布广，价廉等特点，但该药难溶于水，生物利用度低（30%），故增加该药的体外溶出速率对于提高生物利用度具有重要意义，利用固体分散技术可使诺氟沙星在水溶性高分子载体中形成高度分散状态，从而提高生物利用度。

（二）溶剂（蒸发）技术

将药物与载体材料共同溶解于有机溶剂中，蒸去有机溶剂后使药物与载体材料同时析出，即可得到药物与载体材料混合而成的共沉淀物，经干燥即得。常用的有机溶剂有氯仿、无水乙醇、95%乙醇、丙酮类。本法适用于对热不稳定或挥发性药物。可选用能溶于水或多种有机溶剂、熔点高、对热不稳定的载体材料，如PVP类、半乳糖、甘露糖、胆酸类等。但此法使用有机溶剂的用量较大，成本高，且有时有机溶剂难以完全除尽。残留的有机溶剂除对人体有危害外，还易引起药物重结晶而降低药物的分散度。

案例分析

案例

将盐酸尼卡地平与 PEG6000、Ⅱ号丙烯酸树脂和吐温 80 以适当比例溶于无水乙醇中，搅拌至澄明使完全溶解，并充分混匀。置 70℃的水浴上用旋转蒸发仪挥发除去大部分溶剂，剩下的黏稠状物转入真空干燥箱干燥 24 小时，脆化后取出粉碎，过 80 目筛，即得盐酸尼卡地平固体分散体。

分析

盐酸尼卡地平是二氢吡啶类钙离子拮抗剂，常用于治疗心绞痛和高血压。但普通片剂体内吸收迅速，达峰时间短，且本品生物半衰期短，在胃液中溶解度、溶出速度都远大于肠液。采用肠溶性高分子材料为载体，不仅提高药物的生物利用度，还具有缓释长效、定位释放作用。

（三）溶剂-熔融技术

将药物先溶于适当溶剂中，将此溶液直接加入已熔融的载体材料中均匀混合后，按熔融法冷却处理。药物溶液在固体分散体中所占的量一般不超过 10%（质量分数），否则难以形成脆而易碎的固体。本法可适用于液态药物，如鱼肝油。维生素 A、维生素 D、维生素 E 等，但只适用于剂量小于 50mg 的药物。凡适用于熔融法的载体材料均可采用。制备过程中一般不除去溶剂，受热时间短，产品稳定，质量好。但注意选用毒性小，易与载体材料混合的溶剂。将药物溶液与熔融载体材料混合时，必须搅拌均匀，以防止固相析出。

案例分析

案例

非诺贝特固体分散体可采用溶剂蒸发-熔融技术相结合的手段来制备。所用载体材料为 PEG4000 和十二烷基硫酸钠。将载体材料均匀混合，于 80℃熔融，将已溶解在无水乙醇中的非诺贝特溶液倾入熔融物中，迅速搅拌均匀，水浴加热至乙醇挥干，冰浴中速冷固化，室温放置 2 小时，于 35℃干燥 4 小时，粉碎过 80 目筛，置硅胶干燥器中即得。药物在载体中以分子状态分散。将非诺贝特固体分散体制成片剂，与市售适泰宁胶囊、力平脂胶囊进行溶出度试验对比，结果表明非诺贝特固体分散片溶出速率显著加快。

分析

非诺贝特为一种强效降脂药物，在临床应用中具有不可代替的地位。非诺贝特化学结构属于苯氧芳酸类，具有极强的疏水性，水中几乎不溶，经口给药后胃肠道中溶出度较低，生物利用度较差，利用固体分散技术，使药物在水溶性高分子载体中形成高度分散状态，可以有效地增加难溶性药物的溶解度和溶出速率，从而提高药物的生物利用度。

（四）溶剂-喷雾（冷冻）干燥技术

将药物与载体材料共溶于溶剂中，然后喷雾或冷冻干燥，除尽溶剂即得。溶剂 - 喷雾干燥技术可连续生产，溶剂常用 $C_1 \sim C_4$ 的低级醇或其混合物。而溶剂冷冻干燥技术适用于易分解或氧化、对热不稳定的药物，如酮洛芬、红霉素、双香豆素等。此法污染少，产品含水量可低于0.5%。常用的载体材料为PVP类、PEG类、β-环糊精、甘露醇、乳糖、水解明胶、纤维素类、聚丙烯酸树脂类等。如布洛芬或酮洛芬与50%~70%PVP的乙醇溶液通过溶剂-喷雾干燥法，可得稳定的无定形固体分散体。又如双氯分散钠、EC与壳聚糖（重量比10∶2.5∶0.02）通过喷雾干燥法制备固体分散体，药物可缓慢释放，累积释放曲线符合Higuchi扩散方程。

另外，喷雾干燥技术（或冷冻干燥技术）制备固体分散体，通常是将药物与载体材料共溶于溶剂中，然后喷雾（或冷冻）干燥除尽溶剂，即得到理想的固体分散体。冷冻干燥法适用于对热比较敏感的药物，分散度好。

案例分析

案例

将丹参酮ⅡA溶于正丁醇与乙醇的混合溶液中，将PEG4000、PVP40等溶于水中，然后混合两种溶液，超声至完全溶解，进行喷雾冷冻干燥，即得丹参酮ⅡA固体分散体。

分析

丹参酮ⅡA是中药丹参提取出来的活性成分，它是丹参原植物中含量最高的脂溶性成分。虽然已有研究将普通丹参酮ⅡA与PVPK30利用直接混合法制备了固体分散物，但是溶出依旧偏低。将喷雾冷冻干燥技术应用到脂溶性药物丹参酮ⅡA中，可提高药物在水中的溶出度。

三、固体分散体的质量评价

药物与载体材料制成的固体分散体，其物相鉴定是质量评价的主要项目，常采用溶解度及溶出速率测定方法来判断固体分散体的质量。将药物制成固体分散体后，溶解度和溶出速率会有改变。如药物亮菌甲素溶解度试验结果表明，亮菌甲素与PVP（1∶5）形成的共沉淀物中药物溶解度为（249.97±13.53）mg/L，物理混合物中药物溶解度为（32.3±1.85）mg/L，纯原药的溶解度为（37.9±4.17）mg/L，说明共沉淀物的药物溶解度大大增加（$P<0.001$）。

新技术在固体分散体制备中的应用

此外，还可采用光谱法来确定固体分散体的形成状态和质量评价。如红外光谱法，当药物与载体生成固体分散体、并发生相互作用或形成复合物时，药物或载体的特征光谱将发生变化，如某些吸收峰消失、产生新吸收峰、峰强度降低或发生位移等。

四、固体分散体在药物制剂中的应用

1. 增加难溶性药物的溶解度和溶出速率，提高药物的生物利用度　通过选择适当的载体，应用固体分散技术将药物制成固体分散体，增大了药物的溶解度，从而提高此类药物的生物利用度。固体分散体能增加药物溶解速率主要是通过增加药物的分散度、形成高能态物质、载体的抑制药物结晶生成和降低药物粒子的表面能作用来完成。

案例分析

案例

青蒿素是20世纪70年代从传统中草药青蒿或黄花蒿中提取得到的，主治恶性疟疾、间日疟，对氯喹抗药性的疟原虫也具有杀灭作用。该药物难溶于水及其他水性介质，其片剂因难溶性，生物利用度低，且体内代谢快，而影响药效发挥。

分析

通过选择Ⅲ号丙烯酸树脂为载体材料，采用溶剂蒸发技术制备，所制备的青蒿素-丙烯酸树脂固体分散体能显著提高药物的溶出度，与原料药相比，溶出量为原料药的5倍以上，同时延长了药物的释放时间，提高了药物的生物利用度。

2. 延缓或控制药物释放　以水不溶性聚合物、肠溶性材料和脂质材料为载体制备的固体分散体，可减慢药物释放速率，延长药物作用时间，达到缓释作用。其释药速率主要取决于载体材料的种类和用量，药物的溶解性能对制备缓释固体分散体无显著影响，即水溶性药物和难溶性药物均可制备缓释固体分散体。故通过选择适宜的载体、恰当的药物与载体的比例，即可获得理想释药速率的固体分散体。

采用邻苯二甲酸羟丙基纤维素（HPMCP）等肠溶性材料为载体，制备缓释固体分散体。这种固体分散体具有很好的生物利用度，而且药物释放时间延长。其缓释作用主要依赖给药后延缓吸收来实现，而吸收延缓取决于药物通过胃肠转运的时间，可减少胃排空因素的影响，提高缓释效果。

ER-18-2
上市固体分散体

3. 利用载体的包蔽作用，可增加药物的稳定性、掩盖药物的不良气味和刺激性。

4. 液体药物固体化。

点滴积累

1. 固体分散技术是将难溶性药物高度分散在另一种固体载体材料中，形成固体分散体的新技术。
2. 固体分散体根据药物在载体中分散的状态不同可分为低共熔混合物、固态溶液、共沉淀物、玻璃溶液和玻璃混悬液几种类型。
3. 常用固体分散技术包括熔融技术、溶剂蒸发（共沉淀）技术、溶剂蒸发-熔融技术、溶剂-喷雾干燥技术等。
4. 固体分散体在药物制剂中的应用包括增加难溶性药物的溶解度和溶出速率，提高药物的生物利用度；延缓或控制药物释放；增加药物的稳定性等。

任务二　包合技术

一、概述

包合技术系指一种化合物分子被全部或部分包嵌于另一种化合物分子的空穴结构内，形成包合物的技术。这种包合物是由主分子和客分子两种组分组成，主分子是指具有包合作用的外层化合物分子，客分子是指被包合到主分子空穴结构中的小分子物质。主分子具有较大的空穴结构，足以将客分子（药物）包嵌在内，所以包合物（图 18-1）又称为分子囊。

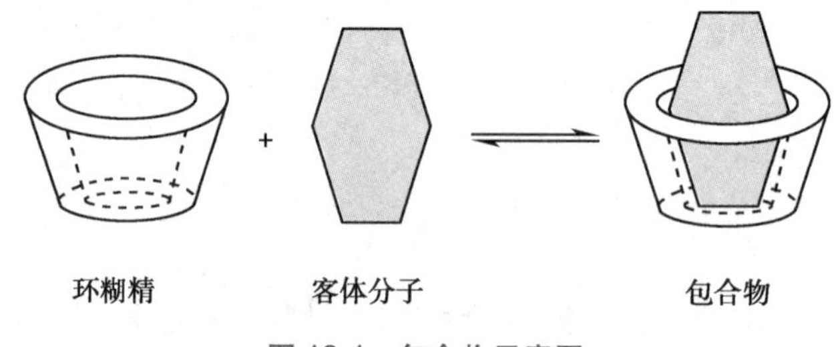

图 18-1　包合物示意图

包合物能否形成主要取决于主-客分子的空间结构和两者的极性，而包合物稳定性主要取决于主分子和客分子间的范德华力。包合过程是物理过程而不是化学反应过程，包合物形成的基本原理是客分子在主分子空穴结构中的填充作用。

目前常用的包合材料是环糊精（cyclodextrin，CD）及其衍生物。CD 能与多种客分子形成包合物，如有机分子、生物小分子、配合物、聚合物等，当客分子大小适于空穴尺寸，只要极性小于水，就有可能进入 CD 空穴形成包合物。CD 所形成的包合物通常是单分子包合物，大多数 CD 与药物可以达到摩尔比 1∶1 包合，若 CD 用量偏少，药物包合不完全；若 CD 用量偏多，包合物的含药量低。

知识链接

环糊精的研究进展

1. 1891 年由 Villes 首先发现。
2. 20 世纪初期分离成功α -环糊精、β -环糊精。
3. 20 世纪 50 年代确定了环糊精的化学结构。
4. 1968 年美国 CPC 公司开始小批量生产β -环糊精。
5. 1972 年日本帝人公司发现利用细菌可大量生产β -环糊精。
6. 我国 1984 年工业生产试验通过鉴定。

环糊精系淀粉在酶的作用下形成的产物，有 6~10 个 *D*-葡萄糖分子以 1,4-糖苷键连结的环状低聚糖化合物，为水溶性、非还原性的白色结晶性粉末。常见的有 α、β、γ 三种，分别由 6、7、8 个葡萄糖分子构成，环糊精的立体结构为环状中空圆筒形，能与某些药物分子形成包合物。环糊精包嵌的物质的状态与环糊精的种类、被包嵌物质的分子大小、结构状态及基团性质等有关。最常用的是β-环糊精(β-CD)(图18-2)，因为它在水中的溶解度最小，易从水中析出结晶，安全性高，较符合实际应用要求，故使用最广泛。

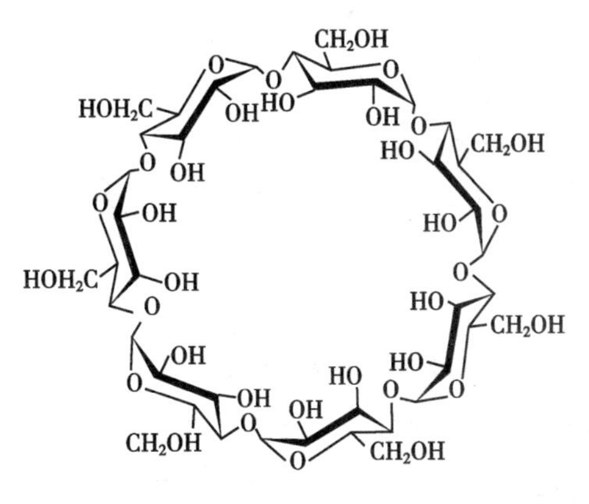

图 18-2　β-CD 结构示意图

由于普通的β-环糊精溶解度较低，增溶能力有限，为改善其溶解度，人们对β-环糊精进行了结构修饰，制成β-环糊精衍生物，如将甲基、乙基、羟丙基、葡萄糖基等基团引入β-CD分子中(取代羟基上的H)。引入这些基团，破坏了β-CD分子内的氢键，改变了其理化性质。目前，主要应用的CD衍生物分为亲水性、疏水性和离子型三类。离子型环糊精主要包括羧甲基-β-环糊精(CME-β-CD)、硫代-β-环糊精(S-β-CD)等，其溶解度随pH得变化而变化。疏水性衍生物主要包括二乙基-β-环糊精(DE-β-CD)、三乙基-β-环糊精(TE-β-CD)、烷基取代β-环糊精(C_2~C_{18}-β-CD)、它们一般为水不溶性，溶于有机溶剂，有表面张力。亲水性衍生物主要包括甲基-β-环糊精、羟乙基-β-环糊精等。它们在水中有较大的溶解度，除甲基取代环糊精有较大的表面张力外，其余种类生物相容性较佳。目前制药行业最为常用的是羟丙基-β-环糊精和磺丁基-β-环糊精，不但毒性小，而且水中溶解度大。因为环糊精和受包裹分子理论上可形成1∶1的包合物，所以在水中溶解度越大的环糊精增溶能力越强。

二、β-环糊精包合物的制备技术

1. 饱和水溶液包合技术　此技术亦可称为重结晶法或共沉淀法。是将β-CD配成饱和水溶液，加入计算好配比的客分子药物(难溶性药物可用少量丙酮或异丙醇等有机溶剂溶解)混合30分钟以上，使药物与β-CD形成包合物；如果水中溶解度大的药物，其包合物有一部分溶解于溶液中，此时可加入某种有机溶剂，以促使包合物析出，将析出的包合物过滤，根据药物性质，选择适当溶剂洗净、干燥即得。

对于难溶性固体药物，可将药物先单独溶于适当的溶剂中再逐步滴加到不断搅拌的β-CD溶液中，因在滴加药物时，可能会产生难溶性药物的细小沉淀，故需要更长时间和更快速度的搅拌。

案例分析

案例

称取吲哚美辛1.25g，加25ml乙醇，微温使溶解，滴入500ml、75℃的β-CYD饱和水溶液中，搅拌分钟，停止加热再继续搅拌5小时，得白色沉淀，室温静置12小时，过滤，将沉淀物在60℃干燥，过80目筛，经P_2O_5真空干燥，即得包合率在98%以上的包合物。

分析

吲哚美辛是常用的解热镇痛及非甾体抗炎镇痛药，但其口服后水溶性极低，且胃肠道反应较大，制备成吲哚美辛-β-CYD 包合物后，可明显提高吲哚美辛的溶解度、溶出速度。

2. 研磨包合技术　取β-CD 加入 2~5 倍量的水混合，研匀，加入药物（难溶性药物应先溶于有机溶剂中），充分研磨成糊状物，低温干燥后，再用适宜的有机溶剂洗净，干燥即得。揉捏法也属于研磨法的一种，此法的优点是所需的水量更少，操作也更为简单。β-CD 先加上少量的水揉捏，然后将计算好配比的药物直接加入继续揉捏，不需要其他溶剂，即可形成包合物。

案例分析

案例

维 A 与β-CYD 按 1∶5 摩尔比称量，将β-CYD 于 50℃水浴中用适量纯化水研成糊状，维 A 酸用适量乙醚溶解加入上述糊状液中，充分研磨，挥去乙醚后糊状物成半固体物，将此物置于遮光的干燥器中进行减压干燥数日，即得包合物。

分析

维 A 酸是体内维生素 A 的代谢中间产物，主要影响骨的生长和促进上皮细胞增生、分化、角质溶解等代谢作用。用于治疗寻常痤疮、银屑病、鱼鳞病、扁平苔癣、毛发红糠疹、毛囊角化病、鳞状细胞癌及黑色素瘤等疾病。但维 A 酸易受氧化，制成包合物可提高稳定性。

3. 冷冻干燥包合技术　将β-CD 制成饱和水溶液，加入客分子药物，对于那些水中不溶的药物，可加少量适当溶剂（如乙醇、丙酮等）溶解后，搅拌混合 30 分钟以上，使客分子药物被包合，然后置于冷冻干燥机中冷冻干燥。此技术适用于制成的包合物易溶于水，且包合物中药物在干燥过程中易分解、变色。所得成品疏松，溶解度好，可制成注射用粉末。

案例分析

案例

将盐酸异丙嗪与β-CYD 按 1∶1 摩尔比称量，β-CYD 用 60℃以上的热水溶解，加入盐酸异丙嗪搅拌 0.5 小时，冰箱冷冻过夜再冷冻干燥，用氯仿洗去未包入的盐酸异丙嗪，最后除去残留氯仿，得白色包合物粉末，内含盐酸异丙嗪 28.1%±2.1%，包合率为 95.64%。经影响因素试验（如光照、高温、高湿度），稳定性均比原药盐酸异丙嗪提高；经加速试验（37℃、相对湿度 75%），2 个月时原药外观、含量、降解药物均不合格，而包合物 3 个月以上述指标均合格，说明稳定性提高。

分析

盐酸异丙嗪为广泛应用的抗组胺药，但由于其易氧化，其制剂的保存较困难，经制备成盐酸异丙嗪β-CYD 包合物后，可以明显提高盐酸异丙嗪的稳定性。

4. 喷雾干燥包合技术　将β-CD 制成饱和水溶液，加入客分子药物，对于那些水中不溶的药物，可加少量适当溶剂（如乙醇、丙酮等）溶解后，搅拌混合 30 分钟以上，使药物被包合，然后加入到喷雾干燥机中进行喷雾干燥。此法适用于难溶性、疏水性药物，如用喷雾干燥法制得的地西泮与β-CD 包合物，增加了地西泮的溶解度，提高了其生物利用度。

知识链接

影响包合工艺的因素

1. 投料比的选择　以不同比例的主、客分子投料进行包合，再分析不同包合物的含量和产率，计算应选择投料比。

2. 包合方法的选择　根据设备条件进行试验，饱和水溶液法较常用，研磨法应注意投料比，超声法省时收率高。

3. 包合温度，分散力大小，搅拌速率及时间，干燥方法均应选择合适条件。

包和条件各因素可用正交设计，以挥发油收得率、利用率及含油率为考察指标，对提取工艺进行综合评价，通过直观分析，方差分析优选最佳工艺。

三、β-环糊精包合物的质量评价

1. 包合率测定　包合物的药物包合率和收得率等是评价包合工艺的指标，可采用正交试验的方法，以包合率、收得率作为考察指标，筛选最佳工艺。包合率越高，包合效果越好，包合率作为包合工艺筛选的主要指标；在投入一定的情况下，收得率越高，包合效果越好，故作为包合工艺筛选的次要指标。

2. 溶解性能测定　包括溶解度测定和溶出速率测定。溶出速率作为反映或模拟体内吸收情况的试验方法，在评定包合物质量上有着重要意义。《中国药典》（2015 年版）二部附录收载了第一法（篮法）、第二法（桨法）、第三法（小杯法）三种测定溶出度的方法。溶出速率测定既可以直接测定包合物粉末，也可以将包合物制成一定的剂型进行测定。

3. 包合物的稳定性测定　根据药物的性质，可采用加速试验法、经典恒温法、留样观察法等测定包合物的稳定性。

4. 生物利用度测定

四、β-环糊精包合物在药物制剂中的应用

1. 提高药物的溶出度　难溶性药物可与β-CD制成可溶性包合物，能提高药物在水性介质中的溶出性质，还可在水溶性良好的β-CD分子外表面修饰更多的亲水基团，如羟丙基、硫酸基等，进一步提升β-CD的增溶能力。

如HP-β-CD与卡马西平的包合物，制成片剂，溶出度结果显示包合物中卡马西平的表观溶解度提高了95倍，包合物经直接压片后，片剂的溶出速率在10分钟内达到了97%，而市售制剂在30分钟内仅溶出60%。

2. 提高药物的稳定性　β-CD具有疏水性的空隙，能将客分子（药物）嵌入，对药物起保护作用。由于药物的化学活泼基团被包藏于β-CD之中，故外界条件如温度、pH、空气（氧）等不易与药物接触，从而使药物不容易发生氧化、水解等反应，使药物保持一定的稳定性。

如维生素D_3-β-CD包合物对热、光及氧均有较好的稳定性，在60℃下加温10小时进行加速试验，维生素D3的含量保持100%，而未包合的维生素D_3，其含量下降29.8%；β-CD对水合氯醛亦有较好的稳定作用，并且其稳定性随β-CD浓度的提高而增强。

3. 液体药物的粉末化　液体药物如维生素A、维生素E等与β-CD制成包合物后，可进一步制成散剂、冲剂、片剂等固体剂型。

4. 防止挥发性成分挥散　低熔点或低沸点的酯类、碘、冰片等药物，制成β-CD包合物后，不仅可粉末化且能防止挥发，增加药物稳定性。易挥发或易分解的药物制成CD包合物后，也可进一步制成栓剂。

5. 遮盖药物的不良臭味　有一些刺激性和不良气味的药物，其分子在与CD结合后，被隔离在筒状腔中，当使用包合物制剂给药时，就可避免这些药物分子与人体的黏膜或腔道表面直接接触，以降低药物的刺激性或掩盖不良气味。如大蒜油制成包合物，亦能掩盖大蒜素的臭味。

6. 调节释药速度　从药物转运系统的设计观点来看，若将包合物包封于半透膜内，则包合物内药物的释放速度是可以控制的。利用稳定常数的差别来设计内外层具有不同溶解度的双层包合物，可使药物释放缓慢。如在β-CD的表面修饰疏水性基团，如乙基和酰基等，可制备疏水性的β-CD衍生物载体，用来控制水溶性药物的释放。

7. 提高药物的生物利用度　β-CD之所以能促进药物的吸收，主要是发挥了优良载体和透膜促进剂的作用。一方面，作为载体，β-CD提高了难溶性药物的分散度和表观溶解度，使给药部位的体液中具有较高的药物浓度；另一方面，β-CD与生物膜相互作用后，可促使生物膜释放出胆固醇、磷脂等，使膜的稳定性下降，流动性增加，提高了跨膜效率。另外，在β-CD分子的保护下，药物分子可免收生物环境的腐蚀破坏，而且有些水难溶性药物本身具有良好的透膜性，最终大大促进了药物的吸收，提高了生物利用度。诺氟沙星难溶于水，口服生物利用度低，制成诺氟沙星-β-CD包合物胶囊，该胶囊起效快，相对生物利用度提高到141.6%。

8. 降低药物的刺激性与毒副作用　β-CD包合物能增加药物的溶解度，促进药物吸收，从而减少一些毒副作用较大药物的给药剂量，最终降低药物制剂的毒副作用。如吲哚美辛与β-CD形成包

合物后，进一步制成胶囊剂，口服后不会引起溃疡等副作用。

9. 靶向给药 β-CD在胃肠道内几乎不会被水解，仅在结肠菌群的作用下发酵降解成葡萄糖或麦芽糖。利用这种生物属性，可将β-CD与药物结合制成前药，达到结肠靶向释药的目的。如吡喹酮与β-CD的包合物结肠靶向片使吡喹酮在结肠部位获得了很好的溶出效果。

点滴积累

1. 包合技术系指一种化合物分子被全部或部分包嵌于另一种化合物分子的空穴结构内，形成包合物的技术。
2. 常用的β-CD包合物的制备技术包括饱和水溶液包合技术、研磨包合技术、冷冻干燥包合技术、喷雾干燥包合技术。
3. β-CD包合物的质量评价包括包合率测定、溶解性能测定、包合物的稳定性测定以及生物利用度测定。
4. β-CD包合物在药物制剂中的应用包括增加药物溶解度、提高药物稳定性、液体药物粉末化、防止挥发性成分挥散、掩盖药物的不良臭味等。

任务三 微型包囊技术

一、概述

(一)微型包囊技术的含义与特点

微型包囊技术是利用天然或合成的高分子材料（简称囊材）将固体或液体药物（简称囊心物）包裹制成微型胶囊的技术，简称微囊化。当药物被囊材包裹在囊膜内形成药库型微小球状囊体，称为微囊；当药物溶解或分散在高分子囊材中，形成骨架型微小球状实体，称为微球。通常微囊与微球的外观呈粒状或圆球形，一般直径在1~250μm之间。有的文献未加以严格区分，将其统称为微粒。用微囊制成的制剂则称为微囊化制剂。显微镜下微囊形态见图18-3。

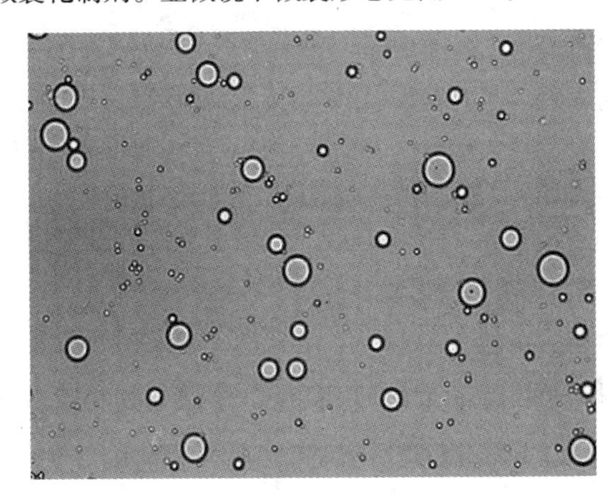

图18-3 显微镜下的微囊形态

药物微囊化的特点：

1. 掩盖药物的不良气味及口味 如大蒜素、鱼肝油、氯贝丁酯、生物碱类等药物具有不良气味、异味、苦味，微囊化后可以改善。

2. 提高药物的稳定性 如易氧化的维生素C、肾上腺素、β-胡萝卜素；易吸湿水解的阿司匹林；易挥发的薄荷油、水杨酸甲酯、冰片等药物，经过微囊化后可显著提高稳定性。

3. 防止药物在胃内失活或减少对胃的刺激性 如尿激酶、红霉素、胰岛素等易在胃内失活，阿司匹林、吲哚美辛等刺激胃易引起胃溃疡，可用微囊化降低不良反应。

4. 使液态药物固态化 如脂肪油类、挥发油类、脂溶性维生素类药物，微囊化后可得干燥、自由流动的固体粉末，便于工业生产、应用与贮存，且可提高稳定性。

5. 减少复方制剂中药物的配伍变化 如阿司匹林与氯苯那敏（扑尔敏）配伍后可加速阿司匹林的水解，分别包囊后得以改善。

6. 可制备缓释或控释制剂 可采用惰性基质、可生物降解材料、亲水性凝胶等，制成微囊、微球使药物达到控释或缓释效果。

7. 使药物浓集于靶区，提高疗效，降低毒副作用 如治疗指数低的药物或细胞毒素药物（抗癌药）制成微囊、微球，可将药物浓集于肝或肺等靶区，提高疗效，降低毒副作用。

8. 可将活细胞或生物活性物质包囊 如胰岛、血红蛋白等包囊，提高了其在体内的生物活性，而具有很好的生物相容性和稳定性。

值得注意的是，以往花费巨大的财力、人力筛选新药，成百上千的极有前途的药物落选，仅因为其口服剂型活性低，或注射剂的衰期短。如果采用微囊化这一新技术，改变了药物的给药途径和性质，可能使许多的按过去标准认为不合格而落选药物被重新开发，制成满意的新药。这对新药的开发具有特殊的意义。

知识链接

微囊化技术的发展阶段

微囊化技术的发展可以分为以下几个阶段：20世纪80年代以前主要应用于掩盖药物不良气味或口味，粒径为5μm~2mm；20世纪80年代发展了粒径0.01~10μm的第二代产品，这类产品通过非胃肠道或胃肠道给药时，被器官或组织吸收能显著延长药效、降低毒性、提高活性和生物利用度；第三代产品主要是纳米级胶体粒子的靶向制剂，即具有特异的吸收和作用部位的制剂。

（二）常用微型包囊材料

用于包囊所需的材料称为囊材。对囊材的一般要求是：①性质稳定；②有适宜的释放速率；③无毒、无刺激性；④能与药物配伍，不影响药物的药理作用及含量测定；⑤有一定的强度及可塑性，能完全包封囊心物；⑥具有符合要求的黏度、穿透性、亲水性、溶解性、降解性等特性。

常用的囊材可分为三大类。

1. 天然高分子囊材　因其稳定、无毒、成膜性能好，是最常用的载体材料。

（1）明胶：是氨基酸与肽交联形成的直链聚合物，聚合度不同的明胶具有不同的分子量，其平均分子量在 15 000~25 000 之间。因制备时水解方法的不同，明胶分酸法明胶（A 型）和碱法明胶（B 型）。A 型明胶的等电点为 7~9，25℃时，溶液（10g/L）的 pH 为 3.8~6.0；B 型明胶稳定而不易长菌，等电点为 4.7~5.0，25℃时，溶液（10g/L）的 pH 为 5.0~7.4。两者在成囊性和溶液黏度等方面无明显差别，通常可根据药物对酸碱性的要求选用 A 型或 B 型。

（2）阿拉伯胶：亦称金合欢胶，含有较多的阿拉伯酸钙盐，水解后生成阿拉伯糖、半乳糖、鼠李糖、糖醛酸等。胶体带有负电荷。不溶于醇，在室温下可溶解于 2 倍量的水中，溶液呈酸性。一般常与明胶等量配合使用，亦可与白蛋白配合做复合材料。

（3）海藻酸盐：系多糖类化合物，可与聚赖氨酸合用作复合材料。海藻酸钠可溶于不同温度的水中，不溶于乙醇、乙醚及其他有机溶剂，而海藻酸钙则不溶于水，故海藻酸钠可用 $CaCl_2$ 固化成囊。热力灭菌法或环氧乙烷灭菌法会使海藻酸盐降低黏度或发生断键，而膜过滤除菌法对其无影响。

（4）壳聚糖：一种天然聚阳离子多糖，可溶于酸或酸性水溶液，无毒、无抗原性，具有优良的生物降解性和成膜性，在体内可溶胀成水凝胶。

（5）蛋白质：常用作囊材的蛋白质包括人血清白蛋白、牛血清白蛋白和玉米蛋白等，可生物降解，无明显的抗原性，常采用热固化或化学交联固化（甲醛和戊二醛）成囊。

2. 半合成高分子囊材　多系纤维素衍生物，其特点是毒性小、黏度大、成盐后溶解度增大。

（1）羧甲基纤维素（CMC）盐：属阴离子型高分子电解质。羧甲基纤维素钠（CMC-Na）常与明胶配合作复合囊材，也可以制成铝盐单独作囊材。CMC-Na 遇水溶胀，体积可增大 10 倍，在酸性溶液中不溶，水溶液黏度大，有抗盐能力和一定的热稳定性，不会发酵。

（2）醋酸纤维素肽酸酯（CAP）：可溶于 pH>6 的水溶液，分子中含游离羧基，其相对含量决定其水溶液的 pH 及能溶解 CAP 的溶液最低 pH。可单独使用，也可与明胶配合使用。

（3）乙基纤维素（EC）：化学稳定性高，适用于多种药物的微囊化，不溶于水、甘油和丙二醇，可溶于乙醇，遇强酸易水解，故对强酸性药物不适宜。

（4）甲基纤维素（MC）：可与明胶、CMC-Na、聚维酮（PVP）等配合作复合囊材。

（5）羟丙甲纤维素（HPMC）：能溶于冷水成为黏性溶液，不溶于热水，长期贮存稳定。

（6）羟丙基甲基纤维素邻苯二甲酸酯（HPMCP）：为白色至类白色无臭无味的颗粒。易溶于丙酮-甲醇、丙酮-乙醇、甲醇-二氯甲烷和碱性水溶液，不溶于水、酸溶液和乙烷。化学和物理性质稳定。具成膜性，无毒副作用。

3. 合成高分子囊材　根据其能否生物降解，分为生物降解和生物不降解两类。近年来，生物可降解的材料得到了广泛的应用，如聚碳酯、聚氨基酸、聚乳酸（PLA）、丙交酯-乙交酯共聚物（PLGA）、聚乳酸-聚乙二醇嵌段共聚物（PLA-PEG）等，其特点是无毒、成膜性好、化学稳定性高，可用于注射。生物不降解且不受 pH 影响的囊材有聚酰胺、硅橡胶等。生物不降解但在一定 pH 条件下可溶解的囊材有聚丙烯酸树脂、聚乙烯醇等。

（1）聚酯类：主要是羟基酸或其内酯的聚合物，是目前应用最广、研究最深的可体内生物降解的合成高分子材料。常用的羟基酸是乳酸和羟基乙酸直接缩合得到的聚酯用 PLA 表示。聚合比例不同，分子量不同，可获得不同的降解速率。

（2）聚乙二醇（PEG6000）：为乳白色结晶性片状物，相对分子质量为 6000~7500。能溶于水成澄明的溶液。

（3）聚酰胺：为结晶性固体，密度小强度高，具柔韧性和延展性。溶于苯酚、甲酚、甲酸等，不溶于醇类、酯类、酮类和炔类。不耐高温。碱水状态下迅速被破坏，遇光易变质。

二、常用微型包囊技术

鱼肝油微囊的制备

目前微型包囊技术可归纳为物理化学法、物理机械法和化学法三大类。可根据药物、包囊材料和微囊的粒径、释放和靶向要求，选择不同的制备方法。

（一）物理化学法

物理化学法又称相分离凝聚法，此法是在囊心物（药物和附加剂）与囊材（包囊材料）的混合物（乳状或混悬状）中，加入另一种物质（无机盐或采用其他手段），用以降低囊材的溶解度，使囊材从溶液中凝聚出来而沉积在囊心物的表面，形成囊膜，后经过硬化，完成微囊化的过程。此法的成囊过程如图 18-4 所示。此法可分为单凝聚法和复凝聚法。

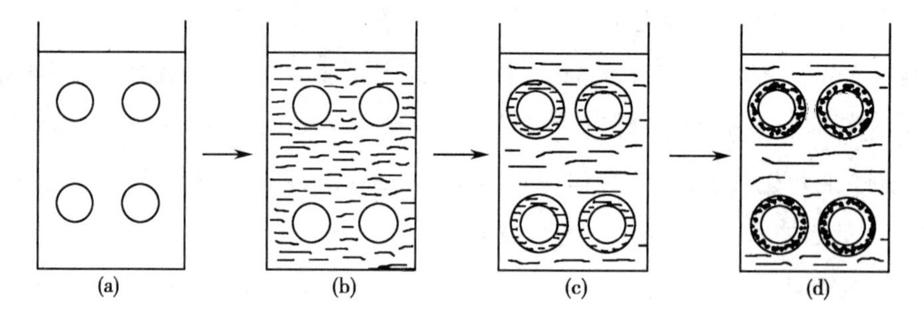

图 18-4　相分离凝聚法微囊化示意图

（a）囊心物分散在液体介质中；（b）加囊材；（c）囊材的沉积；（d）囊材的固化

1. 单凝聚法　将一种凝聚剂（硫酸钠、硫酸铵等强亲水性电解质溶液或乙醇、丙醇强亲水性非电解质溶液）加入到某种水溶性囊材（如明胶）的溶液中（其中已乳化或混悬了的囊心物），由于大量的水分子与凝聚剂结合，使体系中囊材的溶解度降低而凝聚出来，最后形成微囊。高分子物质的凝聚是可逆的，在某些条件下（如高分子物质的浓度、温度及电解质的浓度等）出现凝聚，但一旦这些条件改变或消失时，已凝聚成的囊膜也会很快消失，即所谓解聚现象。在制备过程中可以利用这种可逆性，使凝聚与解聚过程反复多次进行，直至包制的囊形达到满意状态为止。最后利用高分子物质的某些理化性质使凝聚的囊膜硬化，以免形成的微囊变形、黏结或粘连，制得可用的微囊。

以明胶为囊材单凝聚法制备微囊的工艺流程图见图 18-5。

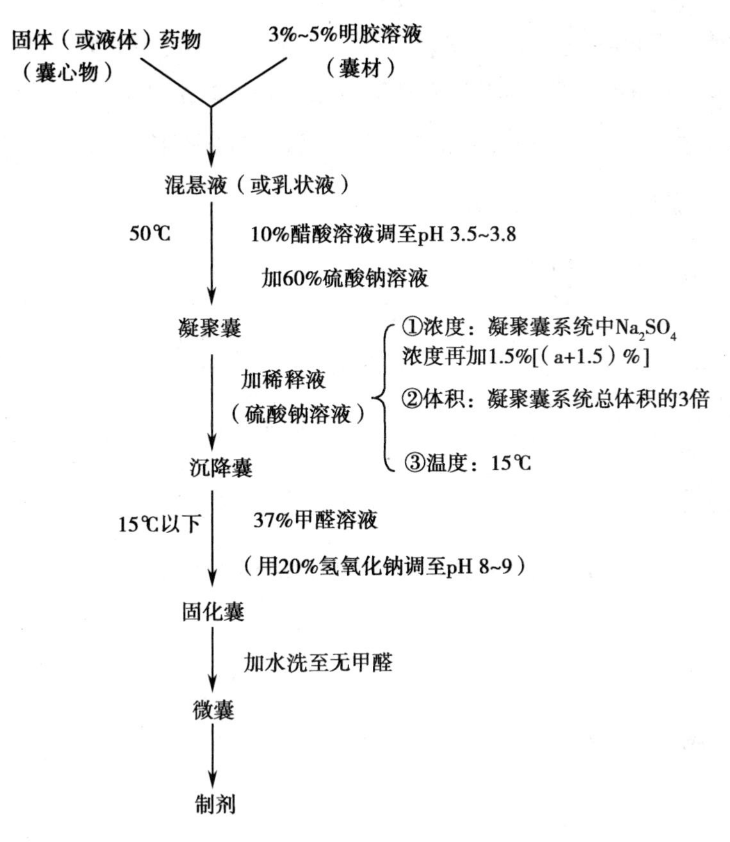

图 18-5　以明胶为囊材单凝聚法制备微囊的工艺流程图

知识链接

单凝聚法制备微囊的影响因素

1. 凝聚剂的种类和 pH　用电解质作凝聚剂时，阴离子对胶凝起主要作用，强弱次序为枸橼酸>酒石酸>硫酸>醋酸>氯化物>硝酸>溴化物>碘化物，阳离子电荷数愈高的胶凝作用愈强。

2. 药物吸附明胶的量　当用单凝聚法制备活性炭、卡巴醌、磺胺嘧啶（SD）等几种药物的明胶微囊时，分别用乙醇、硫酸钠等作凝聚剂。药物多带正电荷而具有一定 ζ 电势，加入明胶后因药物吸附带正电荷的明胶使其 ζ 电势值增大。发现明胶 ζ 电势的增加值较大者（9~90mV），均能制得明胶微囊；而 ζ 电势的增加值较小者（0~8mV），往往就无法包裹成囊，只有当药物为活性炭时才能包裹成囊。研究发现，ζ 电势的增加量反映了被吸附的明胶量，即前面的举例可说明药物吸附明胶的量达到一定程度才能包裹成囊。

3. 增塑剂的影响　为了使制得的明胶微囊具有良好的可塑性，不粘连、分散性好，常须加入增塑剂，可减少微囊聚集、降低囊壁厚度，且加入增塑剂的量同释药半衰期 $t_{1/2}$ 间呈负相关。

2. 复凝聚法　利用两种聚合物在不同 pH 时，电荷的变化（生成相反的电荷）引起相分离-凝聚，称作复凝聚法。如用阿拉伯胶（带负电荷）和明胶（pH 在等电点以上带负电荷，在等电点以下带正电荷）按 1：1 的比例作囊材，药物先与阿拉伯胶相混合，制成混悬液或乳剂，负电荷胶体为连续相，药物（囊心物）为分散相，在 50~55℃温度下与等量明胶溶液混合（此时明胶带负电荷或基本上带负电荷)，然后用稀酸调节 pH 4.5 以下使明胶全部带正电荷与带负电荷的阿拉伯胶凝聚，使药物被包裹。可与明胶作复合囊材的天然植物胶还有桃胶、果胶、杏胶、海藻酸等，合成纤维素有 CMC 等。

以明胶-阿拉伯胶为囊材复凝聚法制备微囊的工艺流程图见图 18-6。

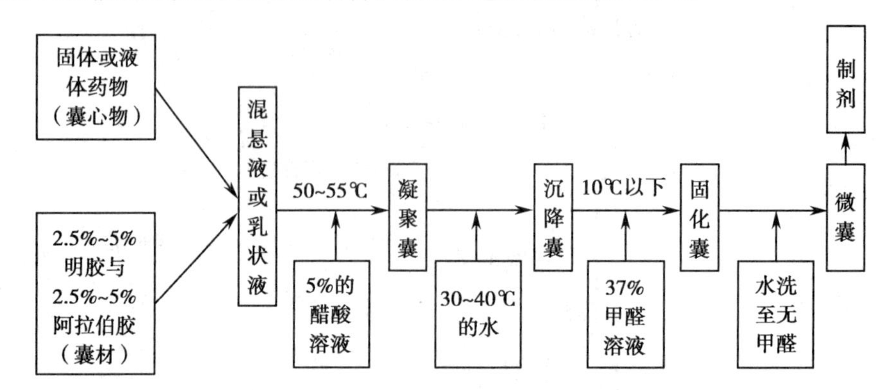

图 18-6　以明胶-阿拉伯胶为囊材复凝聚法制备微囊的工艺流程图

课堂活动

单凝聚法与复凝聚法制备微囊的关键各是什么？

（二）物理机械法

将固态或液态药物在气相中进行微囊化，根据使用的机械设备不同和成囊方式不同可分为以下几种方法：

1. 喷雾干燥法　将囊心物分散于囊材的溶液中，将此混合物喷入惰性的热气流使液滴收缩成球形，溶剂迅速蒸发，囊材收缩成壳将囊心物包裹而成微囊。此法制成的微囊，近圆形结构，直径为 500~600μm。成品质地疏松，为自由流动的干粉。此法所用设备和工艺参见项目四物料干燥中的喷雾干燥，所不同的是应控制好下列影响因素，包括混合液的黏度、均匀性、药物及囊材的浓度、喷雾的速率、喷雾方法及干燥速率等。干燥速率由混合液浓度与进出口的温度决定，囊心物比例不能太大，否则不能被囊材全部包裹。

案例分析

案例

将格列吡嗪细粉均匀混悬于乙基纤维素乙醇溶液中，并加入硬脂酸镁等附加剂，将上述混悬液喷雾干燥。工作条件：进口温度 130~160℃，出口温度 70~90℃，加料速度 20ml/min。

分析

格列吡嗪为第二代口服磺酰脲类降血糖药，用于治疗非胰岛依赖型糖尿病，其特点是口服吸收快，剂量小，毒副作用低，是临床上广泛应用的降血糖药。用喷雾干燥法制备格列吡嗪缓释微囊可快速一次成囊，延缓药物释放，达到缓释效果。

2. 喷雾凝结法　是将囊心物分散于熔融的囊材中，然后将此混合物喷雾于冷气流中，使囊膜凝固而成微囊。凡蜡类、脂肪酸和脂肪醇等，在室温为固体，但在较高温度能熔融的囊材，均可采用喷雾凝结法。

3. 空气悬浮法　亦称流化床包衣法，系利用垂直强气流使囊心物悬浮在气流中，将囊材溶液通过喷嘴喷射于囊心物表面，热气流将溶剂挥干，囊心物表面便形成囊材薄膜而成微囊。设备装置基本上与片剂流化床包衣装置相同。本法所得的微囊粒径一般在35~5000μm，囊材可以是多聚糖、明胶、树脂、蜡、纤维素衍生物及合成聚合物。在悬浮成囊的过程中，药物虽已微粉化，但在流化床包衣过程中可能会黏结，因此，可加入第三种成分如滑石粉或硬脂酸镁，先与微粉化药物黏结成一个单位，然后再通过流化床包衣，可克服微粉化药物的黏结。

近年来，快速崩解膜、肠溶衣、缓释膜等几乎所有能控制药物释放的膜，都可由水溶液处方用流化床包衣法制备。

另外，还有锅包衣法、多孔离心法、静电沉积法等。

（三）化学法

利用在溶液中单体或高分子通过聚合反应或缩合反应，产生囊膜制成微囊，这种微囊化的方法称为化学法。本法的特点是不加凝聚剂，常先制成W/O型乳浊液，再利用化学反应交联固化。

1. 界面缩聚法　系在分散相（水相）与连续相（有机相）的界面上发生单体的缩聚反应，所形成的聚合物囊材将囊心物包成微囊的方法。

2. 辐射化学法　系用聚乙烯醇（或明胶）为囊材，以γ射线照射，使囊材在乳浊液状态发生交联，经处理得到聚乙烯醇（或明胶）的球形微囊。此法工艺简单，成型容易，不经粉碎就得到粉末状的微囊，其粒径在50μm以下。由于囊材是水溶性的，交联后能被水溶胀，因此，凡是水溶性的固体药物均可采用。但由于辐射条件所限，不易推广使用。

知识链接

新技术在微囊制备中的应用

1. 微流体技术　微流体技术是利用微流体装置制备大小均一微囊的有效方法，其粒径可由微流体装置的孔径来调节，该法的优点是微囊大小均一可控，缺点是很难实现批量化生产，适用于将价格昂贵的原药微囊化。

2. 配位法　配位法制备微囊的原理是：以Fe^{2+}和Cu^{2+}等金属离子为中心离子，使其与含孤对电子的配体通过配位键合得到配位化合物，当配体为分子较大的有机物时，可得到配位聚合物，其沉积于芯材颗粒表面即可形成微囊，但只有当配位化合物在水中溶解度极小时，才能采用该方法制备微囊。

三、微囊的质量评价

1. 微囊的囊形与大小　微囊形态应为圆球形或椭圆形的封闭囊状物，也有不规则形。其大小在 1~500μm，且大小应比较均匀，分散性能好。

2. 载药量与包封率　测定一定重量粉末状微囊内的药量。载药量可由下式求得：

微囊的载药量=(微囊内的药量/微囊的总重量)×100%

包封率可由下式计算：

包封率=[微囊内的药量/(微囊内药量+介质中的药量)]×100%

按照《中国药典》(2015 年版)四部通则 9014 微粒制剂指导原则，包封率不得低于 80%，突释效应在开始 0.5 小时内的释放量要求低于 40%。

3. 微囊中药物的释放度测定　微囊片剂、微囊胶囊剂等通常应用片剂溶出速率测定的设备，如各种智能溶出试验仪。

四、微囊在药物制剂中的应用

微囊化技术自 20 世纪 60 年代初开始用于药物制剂以来，特别是近 20 年来得到迅猛发展，逐渐成为一种制药工业中的新技术，越来越受到各方面的重视。目前，医药工业根据临床需要常采用各种药物制成的微囊作为原料，再加工成适宜的剂型，如散剂、胶囊剂、咀嚼片、埋藏片、口含片及其他口服用压制片、注射剂、液体混悬剂、洗剂、冷霜、软膏剂、涂剂、栓剂、薄膜剂及医用敷料等。

用微囊作原料比用粉末作原料制备各种药物制剂具有许多优点。如用微囊粉末配制的散剂，流动性好，含量均匀，因此，分剂量比较准确。用微囊填充空胶囊制备胶囊剂时，填充快，装量准确；易吸潮的药品，可改善其吸湿性，粉末不易结块。用微囊可直接压片，具有良好的可压性，颗粒流动性好，填料准确，因此，片重差异较小，压片时粉末的飞扬亦可减少，有利于改善劳动保护条件和环境卫生。其他如遮盖药物不良气味、增加药物稳定性，特别是近年来采用许多新辅料、新设备研究开发出许多缓释制剂、控释制剂、长效制剂等新产品，广泛应用于医疗领域。

(一) 长效或缓释作用

药物用高分子物质包囊膜后，因为囊膜一般具有半透性，而且在消化道中一般不被消化液溶解，因此，口服微囊后，在消化道中以类似药物的小仓库形式存在。药物释放时，首先体液渗入微囊，溶解囊心物成药物溶液，由于存在着囊膜内外的浓度差，药物溶液逐渐向外扩散，这种扩散作用一直进行到囊膜内外浓度达到平衡为止，所以药物从囊膜中释放出来主要是依据扩散原理来完成的。药物的释放速率与囊膜的厚度和理化性能以及药物的理化性质等有关，因此，各种微囊中药物的释放速率均不相同。

1. 长效注射剂　近年来，利用生物技术开发的多肽、蛋白质类生物大分子药物不断涌现。由于此类药物在体内极易降解，半衰期很短，常制成注射冻干剂，而且必须频繁给药。从 20 世纪 80 年代起，从非注射途径给药物和长效注射剂的研究成为各国研究开发的热点，以提高该类药物使用的顺应性及治疗质量。控释黄体激素释放激素(LHRH)微球注射剂是研究最深入、最成功的新制剂。

2. 控释胶囊剂　为使诺氟沙星达到缓慢释放的目的，将诺氟沙星制成微囊，其释药速率基本达到零级过程。

3. 外用长效制剂　含有药物的微囊通过局部给药达到长效作用。如宫腔吸收的长效避孕微囊,将天然雌性激素黄体酮包藏在一种多孔骨架材料中,能稳定地缓慢释放药物,再用高分子聚合物包裹成微囊,凭囊膜的厚度控制药物的释放时间。

（二）液态或气态药物“固态”化

许多液态的药物如中草药中提取的挥发油或其他挥发性物质,过去大多制成胶囊剂或糖衣片,即用空白颗粒吸附挥发油后压成片剂,再包糖衣。不仅工艺操作复杂,且生产过程中挥发油的损失很大,如制成微囊,将液态药物变成“固态”,就可以直接压片,简化了生产工艺。如采用单凝聚法制备莪术油明胶微球,再压制成片,既可以达到肝动脉栓塞要求,还简化了工艺,提高了治疗效果。

（三）定位释放

是利用高分子聚合物作为包囊材料,使制成的微囊中药物在指定的部位释放。以提高药效及充分发挥药物的治疗效果。这些高分子聚合物是利用其溶解性能因 pH 的变化而改变的特点,使其在所需要的部位溶解,释放其中包裹着的药物。常用高分子聚合物有胃溶性高分子聚合物聚乙烯基吡啶类;有肠溶性高分子聚合物苯乙烯顺丁烯二酸酐共聚物等。

（四）提高药物的稳定性

经微囊化处理的药物,均具有一个显著的特点,即药物外层覆盖一层高分子膜,减少了药物与外界接触的机会,对在空气中易氧化变质、易挥发性药物能起到保护层的作用,也能将有配伍禁忌的药物彼此隔离开。因而,提高了药物的稳定性,延长了药物的贮藏期。

1. 遇空气易氧化变质的药物　如维生素 A、维生素 C、维生素 E 等包微囊是比较理想的方法,可提高其化学稳定性。

(1)维生素 A 微囊:将易氧化的维生素 A 棕榈酸盐,用凝聚法以明胶为囊材,包制维生素 A 微囊,经加速试验证明化学稳定性显著提高。于 40℃及相对湿度 75%的环境下,经微囊化的维生素 A 虽然表面积比原来增大 8.5 倍,但降解速率却从每天 3%降至 0.5%。

(2)维生素 C 微囊:维生素 C 遇湿极易氧化,将维生素 C 细粉分散在乙基纤维素的异丙醇溶液中,经喷雾干燥法制得乙基纤维素包囊的维生素 C 微囊,此制品在贮存期内质量较稳定,而不易变色。

2. 易挥发性药物　挥发油易挥散,其制剂制备过程中损失甚大,不能保证质量。国内研究了从中草药中提取牡荆油制备微囊,以明胶-阿拉伯胶复合凝聚法包制微囊,淀粉作稀释剂,甲醛固化制得微囊,再加入其他辅料压片。经含油量测定及油的体外释放试验效果较为满意。

挥发性液体包制成微囊后,呈干燥自由流动性粉末,使挥发性液体药物稳定性提高,延长贮存期。如薄荷油等,经复凝聚法包微囊,温度为 60℃,贮存 400 天,含量仍在 93%以上。

3. 具有配伍禁忌的药物　如阿司匹林与马来酸氯苯那敏(马来酸扑尔敏)配伍应用时,阿司匹林水解产生水杨酸。如将阿司匹林与马来酸氯苯那敏分别包微囊,阿司匹林的分解产物水杨酸仅 0.3%,说明包微囊可提高配伍情况下药物的稳定性。

（五）减少药物间的配伍变化

微囊化药物可与其他组分相隔离,当药物是由几种容易相互起作用的成分组成时,把其中某种成分微囊化后使其成分互相隔离,避免在保存期间不必要的相互作用。阿司匹林与氯苯那敏配伍,氯苯那敏能加速阿司匹林的水解，分别将其制成微囊后，再按处方剂量组成复方制剂，就可避免药物之间的影响。

（六）掩盖药物的臭、味

一些具有苦味或不愉快气味的药物，特别在配制儿童制剂时，如制成微囊后，再配制成其他口服制剂，则可掩盖其不快的气味。

点滴积累

1. 微型包囊技术是利用天然或合成的高分子材料将固体或液体药物包裹制成微型胶囊的技术，简称微囊化。
2. 复凝聚法是经典的微囊化方法，它操作简单，容易掌握，适合于难溶性药物的微囊化。
3. 微囊的质量评价包括微囊的囊形与大小、载药量与包封率、微囊中药物的释放度。
4. 微囊在药物制剂中的应用包括能达到长效或缓释的作用、液态或气态药物"固态"化、定位释放、提高药物稳定性等。

任务四　纳米结晶技术

一、概述

纳米结晶（Nanocrystal）顾名思义是纳米级别的药物晶体，纳米结晶技术是通过高强度的机械能将药物粉碎到20μm以下，然后分散在特定基质中使其长期稳定存在的一门技术。纳米结晶不同于纳米粒，其药物并非包载在高分子材料中，也不同于固体分散体，其内部有药物晶体存在。它的机理就是通过降低分子粒径而大幅增加比表面积以达到提高溶出速率的效果，不但如此，当药物被粉碎到纳米级别，其晶体结构或部分晶体结构会遭到破坏，溶解度增加，这也是纳米结晶技术能提高生物利用度的原因。

知识链接

纳米结晶技术的发展

纳米结晶技术已是一项广泛应用的新技术，它最早由爱尔兰Elan公司开发，2011年Alkermes通过9.5亿美元的部门收购，将该技术平台收入囊中。截至目前，已有十余个使用纳米结晶技术的药物获得FDA批准上市，卖到100多个国家或地区，年销售总额超过30亿美元。

二、纳米结晶的制备方法

纳米结晶的制备方法主要有自组装技术、破碎技术、超临界流体技术及联用技术等。

纳米结晶提高生物利用度的原理

1. 自组装技术　自组装技术即 bottom up 技术，也可以称为控制沉淀技术，该技术首先将难溶性药物溶解于其有机良溶剂中，且该有机良溶剂要与药物的不良溶剂（一般为水）相互混溶，然后在外力（磁力搅拌、高速剪切等）作用下，将药物的有机相快速注入到含有表面活性剂或聚合物稳定剂的水相中，通过控制水浴温度、剪切速度以及剪切时间等工艺参数，即可制备纳米结晶。通过改变制剂的处方并调节工艺的关键参数，还可以制备出不同晶型的纳米结晶。根据药物的结晶形态，可以将该技术分为制备结晶态药物的 Hydrosol 技术和制备无定形态药物的 Nanomorph 技术。

虽然自组装技术制备纳米结晶可行，但是到目前为止，该技术尚无任何产品问世。因为该技术存在着明显的缺点：制剂物理稳定性差，易发生奥氏熟化；有机溶剂残留不仅会降低该胶体分散系的物理稳定性，且给药后容易引发不良反应；制备的无定型态药物在储存过程中易于向稳定的结晶态转变，影响其生物利用度。

2. 破碎技术

（1）研磨技术：使用研磨法制备纳米结晶是一项非常成熟的技术。基本上，所有的研磨设备至少由研磨室和研磨杆组成，研磨室内装有药物、稳定剂、分散介质和研磨介质，研磨杆的高速运动使药物粒子之间、药物粒子与研磨介质之间以及药物粒子与研磨室内壁之间产生猛烈碰撞，从而将药物粒子粉碎至纳米级别。研磨介质的粒径越小，与药物的接触点就越多，研磨分散作用就越强烈，但适量较大的研磨介质也会增加其研磨效率。该法制备过程简单，并且可以使用空气压缩机或液氮维持制备过程低温，适用于热敏性的药物。但该法所需时间较长、生产效率较低，且所制得的纳米结晶径分布较宽，在研磨过程中还会出现研磨介质的溶蚀、脱落，使纳米结晶中含有一定量的研磨介质而造成污染，可能会对人体产生不良影响，不能应用于静脉注射给药。

（2）均质技术：①微射流技术：微射流均质机是一种利用湿法粉碎原理对物料进行纳米化处理的设备，微射流技术就是使药物流体通过“Y”型或“Z”型的密闭腔内，在腔体内、流体之间、流体与腔体之间相互碰撞，导致纳米结晶粒径的降低，其处理后的悬浮颗粒直径可达纳米范围。部分药物工作者使用微射流技术研究纳米结晶。但该技术存在所需均质次数多，消耗时间长的缺点。②高压均质技术：是将粗混悬液迅速通过均质阀与均质阀体之间的狭小缝隙（此缝隙一般为 5~20μm）。根据伯努利方程，封闭系统中每个横截面液体的总流量是恒定的，当混悬液通过此狭缝时，由于面积突然减小，导致流入狭缝的液体动态压急剧升高，静态压急剧降低，当静态压小于等于室温下液体的蒸汽压时，液体在狭缝内沸腾，形成大量气泡。这些气泡离开狭缝后受到环境大气压的作用剧烈向内破裂，产生的内爆力将药物微粒粉碎至纳米级。另外，混悬液在狭缝内高速运动时粒子之间的相互碰撞也可使药物破碎成纳米粒子。药物本身的硬度、高压均质的压力以及均质次数决定了最终产品的粒径。

单独采用一种技术很难制备出粒度均匀且稳定性好的纳米结晶，因此，多种技术联合使用，可以增加制剂的安全性与有效性。基本上，多种技术联合应用均以高压均质技术为主技术，其他技术为辅技术。辅技术对药物进行预处理，增加药物晶格缺陷，这样，高压均质技术就能够更加快速、有效的降低药物的粒径，增加制剂的物理稳定性。如沉淀-均质联用、喷雾干燥-均质联用、冷冻干燥-均质联用等。

3. 超临界流体技术　超临界流体技术是近年来新兴的纳米药物制备技术，根据药物在超临界流体中的溶解性，可将纳米结晶制备方法分为溶剂法和反溶剂法两大类。

（1）溶剂法：溶剂法就是利用超临界流体对药物的优良溶剂性能，首先将药物溶解于一定温度和压力的超临界流体中，然后使超临界流体迅速通过特制的喷嘴减压膨胀，由于溶解度降低，药物达到过饱和态，从而析出形成纳米结晶。但是由于绝大多数药物在超临界二氧化碳中的溶解度较低，所以溶剂法很少使用，而这类药物往往采用反溶剂法制备纳米结晶。

（2）反溶剂法：反溶剂法是先将药物溶解于有机溶剂中，然后再将药物溶液通过喷嘴与超临界流体混匀，药物遇到其不良溶剂沉淀析出，形成纳米结晶。

与传统的纳米药物制备技术相比，超临界流体技术高效节能、绿色环保、具有其他方法不可替代的优势。

课堂活动

讨论溶剂法和反溶剂法的区别？

三、纳米结晶技术在药物制剂中的应用

1. 提高载药量　纳米结晶技术具有载药量大的优点，因此，如将其注射给药，所需体积更小，患者顺应性更好。

2. 提高吸收速率和生物利用度　将药物制备成纳米结晶后可以增加药物的包合溶解度、提高药物的溶出速率，使药物在体内能够快速、完全的释放，从而提高吸收速率和生物利用度。此外，纳米结晶对胃肠道和黏膜组织还具有黏附性，可以延长药物在体内的滞留时间，进一步提高生物利用度。

3. 靶向给药　可以通过对纳米结晶表面进行修饰，从而实现其靶向性。如用吐温 80 对阿伐他汀纳米结晶进行表面修饰，所得的新的纳米结晶与载脂蛋白 E 更易结合，脑靶向性更好，该制剂在治疗弓形虫病方面疗效明显。

4. 降低药物的毒副作用　纳米结晶所使用的表面活性剂稳定剂和聚合物稳定剂的含量要远远小于普通溶液，因此，其毒副作用明显降低。

点滴积累

1. 纳米结晶技术是通过高强度的机械能将药物粉碎到 20μm 以下，然后分散在特定基质中使其长期稳定存在的一门技术。
2. 纳米结晶的制备方法主要有自组装技术、破碎技术、超临界流体技术及联用技术等。
3. 纳米结晶技术在药物制剂中的应用包括提高载药量、提高吸收速率和生物利用度、靶向给药、降低药物的毒副作用等。

实训二十二　微型胶囊的制备

【实训目的】

1. 学会用复凝聚法制备微型胶囊的方法。

2. 熟悉微囊形成的条件及影响成囊的因素。

【实训场地】

实验室

【实训仪器与设备】

乳钵、烧杯、量杯(10ml、100ml)、电动搅拌机(或搅棒)、水浴锅、酒精灯、温度计、抽滤瓶、布氏漏斗、水泵、显微镜、玻片、20目筛、pH试纸、滤纸、冰块。

【实训材料】

鱼肝油、明胶、阿拉伯胶、甲醛溶液、10%醋酸溶液(新配制)、10%氢氧化钠溶液、纯化水。

【实训步骤】

鱼肝油微囊的制备

【处方】	鱼肝油	1.5ml	阿拉伯胶	1.5g
	明胶	1.5g	37%甲醛溶液	2ml
	10%醋酸溶液	适量	10%氢氧化钠溶液	适量

【制法】

1. 明胶溶液的配制　取明胶1.5g加纯化水适量,在60℃水浴中溶解,过滤,加纯化水至50ml,用10%NaOH溶液调节pH为8.0备用。

2. 鱼肝油乳剂的制备　取阿拉伯胶1.5g置于干燥乳钵中研细,加鱼肝油1.5ml,加纯化水2.5ml,急速研磨成初乳,转移至量杯中,加纯化水至50ml,搅拌均匀。同时在显微镜下检查成乳情况,记录结果(绘图),并测试乳剂的pH。

3. 混合　取乳剂放入烧杯中,加等量3%明胶溶液(pH 8.0)搅拌均匀,将混合液置于水浴中,温度保持45~50℃左右,取此混合液在显微镜下观察(绘图),同时测定混合液pH。

4. 调pH成囊　上述混合液在不断搅拌下,用10%醋酸溶液调节混合液pH为3.8~4.1,同时在显微镜下观察,看是否成为微囊,并绘图记录观察结果。与未调pH前比较有何不同。

5. 固化　在不断搅拌下,加入二倍量纯化水稀释,待温度降至32~35℃时,将微囊液置于冰浴中,不断搅拌,急速降温至5℃左右,加入37%甲醛溶液4ml,搅拌20分钟,用10%氢氧化钠溶液调pH至8.0,搅拌1小时,同时在显微镜下观察绘图表示结果。

6. 过滤、干燥　从水浴中取出微囊液,静置待微囊下沉,抽滤,用纯化水洗涤至无甲醛味,加入6%左右的淀粉用20目筛制粒,于50℃以下干燥,称重即得。

【注意事项】

1. 此法制备微囊使用的阿拉伯胶带负电荷;而A型明胶在等电点以上带负电荷,在等电点以下带正电荷，故明胶溶液要先用10%NaOH溶液调pH至8.0。

2. 成囊时，pH调节不要过高或过低，一般调pH至3.8~4.1，这时明胶全部转为正电荷，与带负电荷的阿拉伯胶相互凝聚成囊。搅拌速度要适宜，速度过快由于产生离心作用，使刚刚形成的囊膜破坏；速度过慢，则微囊互相粘连。

3. 加入甲醛的作用是使囊膜变性。因此，甲醛用量的多少能影响变性程度。最后混合物用10%NaOH溶液调节pH 8.0，搅拌1小时，以增强甲醛与明胶的交联作用，使凝胶的网状结构孔隙缩小。

【实训报告】

实训报告格式见附录一、实训结果记录表如下：

<table>
<tr><th>步骤</th><th>记录现象</th><th>绘图</th><th>不同点</th></tr>
<tr><td>1</td><td></td><td rowspan="2"></td><td rowspan="2"></td></tr>
<tr><td>2</td><td></td></tr>
<tr><td>3</td><td></td><td></td><td></td></tr>
<tr><td>4</td><td></td><td></td><td></td></tr>
<tr><td>5</td><td></td><td></td><td></td></tr>
<tr><td>6</td><td></td><td colspan="2"></td></tr>
</table>

【实训测试表】

测试题目	测试答案（请在正确答案后“□”内打“√”）
微囊的制备方法主要有哪些？	①物理化学法 □ ②物理机械法 □ ③化学法 □ ④热熔法 □ ⑤冷压法 □
鱼肝油微囊是采用什么方法制备的？	①物理化学法 □ ②物理机械法 □ ③溶剂-非溶剂法 □ ④单凝聚法 □ ⑤复凝聚法 □
影响微囊成型的因素有哪些？	①凝聚剂的种类 □ ②药物的性质 □ ③增塑剂的种类 □ ④增塑剂的用量 □ ⑤干燥温度 □
影响微囊粒径大小的因素有哪些？	①药物的粒径 □ ②药物的性质 □ ③搅拌速度 □ ④囊材相的黏度 □

续表

测试题目	测试答案（请在正确答案后“□”内打“√”）
药物制成微囊后可以起到哪些作用?	①可掩盖药物的不良气味 □ ②可提高药物的稳定性 □ ③可使液体药物固态化 □ ④可提高药物疗效 □

目标检测

一、选择题

(一) 单项选择题

1. 在固体分散技术中可用作肠溶性载体材料的是(　　)

A. 糖类与醇类　　B. 聚维酮

C. 聚丙烯酸树脂类　　D. 表面活性剂类

2. 将大蒜素制成微囊是为了(　　)

A. 提高药物的稳定性

B. 掩盖药物的不良臭味

C. 防止药物在胃内失活或减少对胃的刺激性

D. 控制药物释放速率

3. 关于复凝聚法制备微囊叙述错误的是(　　)

A. 可选择明胶-阿拉伯胶为囊材

B. 适合于水溶性药物的微囊化

C. pH 和浓度均是成囊的主要因素

D. 如果囊材中有明胶,制备中加入甲醛为固化剂

4. 目前包合物常用的包合材料是(　　)

A. 环糊精及其衍生物　　B. 胆固醇　　C. 纤维素类　　D. 聚维酮

5. 制备微囊时最常用的囊材是(　　)

A. 半合成高分子囊材　　B. 合成高分子囊材

C. 天然高分子囊材　　D. 聚脂类

6. 复凝集法制备微囊时,常与阿拉伯胶等量配合使用的是(　　)

A. 聚乙二醇　　B. 明胶　　C. 大豆磷脂　　D. 胆固醇

7. 固体分散体载体材料分类中不包括(　　)

A. 天然高分子材料　　B. 水溶性材料　　C. 难溶性材料　　D. 肠溶性材料

8. 在包合物中包合材料充当(　　)

A. 客分子　　B. 主分子

C. 既是客分子也是主分子　　D. 小分子

9. 在包合材料中最常用的是(　　)

A. α-CD　　B. β-CD　　C. γ-CD　　D. δ-CD

10. 形成包合物的稳定性主要取决于主分子和客分子之间的(　　)

A. 结构状态　　B. 分子大小　　C. 范德华力　　D. 极性大小

11. 大多数环糊精与药物可以达到摩尔比(　　)包合

A. 1∶1　　B. 1∶2　　C. 1∶3　　D. 1∶4

12. 包合物能否形成主要取决于主-客分子的(　　)

A. 大小　　B. 填充作用　　C. 空间结构　　D. 范德华力

（二）多项选择题

1. 固体分散体中,增加药物溶解速率主要是通过(　　)

A. 增加药物的分散度　　B. 降低药物与溶出介质的接触机会

C. 提高药物的润湿性　　D. 载体抑制药物结晶生成

E. 保证了药物的高度分散性

2. 制备聚乙二醇固体分散体时,常用的是(　　)

A. PEG400　　B. PEG600　　C. PEG2000

D. PEG4000　　E. PEG6000

3. 固体分散体的类型有(　　)

A. 低共熔混合物　　B. 固态溶液　　C. 共沉淀物

D. 玻璃溶液和玻璃混悬液　　E. 乳剂

4. 药物微囊化的目的是(　　)

A. 增加药物的溶解度　　B. 提高药物的稳定性

C. 液态药物的固态化　　D. 遮盖药物的不良臭味及口味

E. 减少复方制剂中的配伍禁忌

二、简答题

1. 固体分散体技术有哪几种？各自的优缺点是什么？

2. 简述包合物又称为分子囊的理由。

3. 目前微型包囊技术可归纳为哪三大类？请简述相分离凝聚法的原理。

三、实例分析

【处方】			
	液状石蜡	2g	(　　　)
	明胶	2g	(　　　)
	10%醋酸溶液	适量	(　　　)
	60%硫酸钠溶液	适量	(　　　)
	37%甲醛溶液	3ml	(　　　)
	纯化水	适量	(　　　)

1. 分析下列液状石蜡微囊处方中各成分的作用,并简述其制备过程。
2. 制备出的液状石蜡微囊黏结成团,试分析引起的原因,并采取相应的措施。
3. 制备过程:

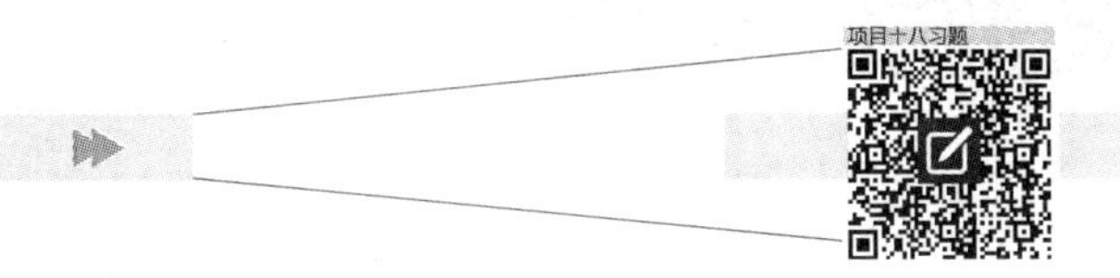

(戴晓侠)

项目十九

药物制剂的新剂型

导学情景

情景描述

王先生被诊断2型糖尿病5年，最近调整治疗方案，医师处方格列吡嗪控释片（5mg/片），每日1片。仔细的王先生担心每日吃一片，疗效不好，并且发现药物整片出现在次日的大便中，担心药物没被吸收，疗效可能会打折扣。带着疑问找到了医生，经过医生的解释，才放心了。

学前导语

格列吡嗪控释片属于药物新剂型，具有传统剂型无法比拟的优点，正发挥越来越重要的作用，本项目会带你了解新剂型的种类，学习包括缓释制剂、控释制剂、经皮吸收制剂和靶向制剂等新剂型的概念、特点等知识。

任务一　缓释制剂与控释制剂

一、缓释、控释制剂的含义与特点

缓释制剂(sustained release preparation)系指用药后能在较长时间内持续释放药物以达到长效作用的制剂。《中国药典》定义缓释制剂系指在规定的释放介质中，按要求缓慢地非恒速释放药物，与相应的普通制剂比较，给药频率比普通制剂减少一半或给药频率比普通制剂有所减少，且能显著增加患者顺应性的制剂。如布洛芬缓释胶囊、茶碱缓释片等，通过延缓药物的释放速率，降低药物进入机体的吸收速率，从而起到更佳治疗效果的制剂。缓释制剂中药物的释放速率受外界环境因素的影响，如胃肠道pH和胃肠蠕动的影响。

控释制剂(controlled release preparation)系指在预定的时间内以零级或接近零级释放速度释放药物的制剂。《中国药典》定义控释制剂系指在规定的释放介质中，按要求缓慢地恒速释放药物，与相应的普通制剂比较，给药频率比普通制剂减少一半或给药频率比普通制剂有所减少，血药浓度比缓释制剂更加平稳，且能显著增加患者顺应性的制剂。如维拉帕米渗透泵片、氯化钾渗透泵片等，通过延缓药物的释放速率，降低药物进入机体的吸收速率，从而起到更好治疗效果的制剂。药物从制剂中恒速释放到作用部位，释放速率不受环境因素影响。

普通制剂和缓释制剂的区别

缓释、控释制剂的研究近年来有了很大的发展，目前已广泛应用于临床，主要是由于其具有以下特点：

1. 对于半衰期短的需要频繁给药的药物，可以减少服药次数。如普通制剂可从每日用药 3～4 次减少至 1～2 次，这样可以大大提高患者服药的依从性，使用方便。特别适用于需要长期服药的慢性疾病患者，如心血管疾病、心绞痛、高血压、哮喘等。

2. 使血药浓度平稳，避免或减小峰谷现象，有利于降低药物的毒副作用。特别是对于治疗指数较窄的药物，以保证其安全性和有效性。

3. 可减少用药的总剂量，因此可以用最小剂量达到最大治疗效果。

但缓释制剂也有其不足之处：①在临床应用中对剂量调节的灵活性降低，如果遇到某种特殊情况（如出现较大副作用），往往不能立即停止治疗；②缓释制剂往往是基于健康人群的平均动力学参数而设计，当药物在疾病状态的体内动力学特性有所改变时，不能灵活调节给药方案；③制备缓释、控释制剂所涉及的制备和工艺费用较常规制剂昂贵。

图 19-1 显示服用普通制剂的血药浓度变化，普通制剂不论口服或注射，常需一日几次给药，不仅使用不便，而且血药浓度起伏很大，有“峰谷”现象。血药浓度高时（峰），可产生副作用甚至中毒；低时（谷）可能在有效治疗浓度以下，以致不能发挥药效。而缓释和控释制剂可以克服“峰谷”现象，提供平衡持久的有效血药浓度（图 19-2）。这对于需长期用药的患者，临床意义尤为显著。

课堂活动

某药有常释制剂和缓释制剂，你知道两者在服用时和起效过程有什么不同吗？

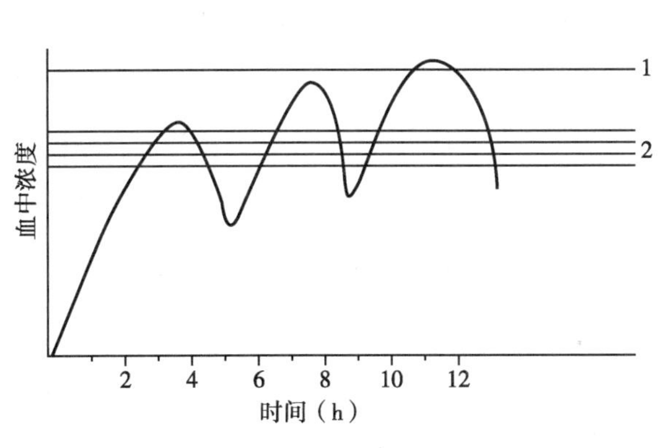

图 19-1　普通制剂每 4 小时服药后血药浓度变化示意图

1. 最低中毒浓度；2. 最低有效浓度

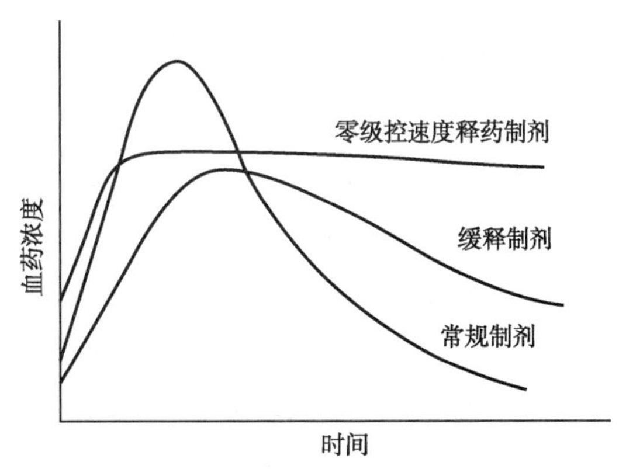

图 19-2　缓释、控释制剂与普通制剂血药浓度曲线比较示意图

二、缓释、控释制剂的设计

速释制剂

缓释、控释制剂是在普通制剂基础上发展的一类药物新剂型，并非所有药物均适合制备缓释、控释制剂，通常要考虑药物的临床应用要求、药物的理化性质及药物动力学特性。

（一）药物的选择

一般半衰期短（$t_{1/2}$为 2~8 小时）的药物适于制成缓释、控释制剂，如硝酸异山梨酯（$t_{1/2}$为 5 小时）等抗心绞痛药；普萘洛尔（$t_{1/2}$为 3.1~4.5 小时）等抗心律失常药；硝苯地平等降压药；另外抗组胺药、支气管扩张药、抗哮喘药、解热镇痛药、抗精神失常药、抗溃疡药等药物均适于制成缓释、控释制剂。

半衰期小于 1 小时或大于 12 小时的药物，一般不宜制成缓释、控释制剂。个别情况例外，如硝酸甘油半衰期很短，也可制成每片 2.6mg 的缓释片，而地西泮半衰期长达 32 小时，《美国药典》也收载有其缓释制剂产品。如一次剂量很大（如大于 0.5g）、药效很剧烈的药物、溶解吸收很差的药物、吸收不规则或受生理因素影响显著、剂量需要精密调节的药物，也不宜制成缓释或控释制剂。另外，抗生素类药物，由于其抗菌效果依赖于峰浓度，故一般不宜制成缓释、控释制剂。

（二）设计要求

1. 生物利用度 缓释、控释制剂的相对生物利用度一般应为普通制剂 80%~120%的范围内。若药物吸收部位主要在胃与小肠，宜设计每 12 小时给药一次，若药物在结肠也有一定的吸收，则可考虑每 24 小时给药一次。为了保证缓释、控释制剂的生物利用度，除了根据药物在胃肠道中的吸收速度、控制适宜的制剂释放速度外，主要在处方设计时选用合适的缓释、控释材料延缓药物的释放，以达到较好的生物利用度。

2. 峰浓度与谷浓度之比 缓释、控释制剂稳态时峰浓度与谷浓度之比应小于普通制剂，也可用波动百分数表示。根据此项要求，一般半衰期短、治疗指数窄的药物，可设计每 12 小时给药一次，而半衰期长或治疗指数宽的药物则可 24 小时给药一次。若设计恒速释药剂型，如渗透泵制剂，其“峰谷”浓度比应显著低于普通制剂，此类制剂血药浓度平稳。

3. 剂量计算 缓释、控释制剂的剂量设计通常有两种方法，一种方法是经验法，即根据普通制剂的用法和剂量，确定缓释、控释制剂的剂量，如某药制成普通制剂时，每日 2 次，每次 20mg，若制成缓释、控释制剂，可以每日 1 次，每次 40mg。另一种是采用药物动力学方法进行计算，利用药物动力学参数，根据需要的血药浓度和给药间隔设计缓释、控释制剂的剂量。但涉及因素很多，如人种等因素，计算结果仅供参考，此处不做详细介绍。

（三）缓释、控释材料的选择

制备缓释、控释制剂，需要采用适宜的材料，使制剂中药物的释放速度和释放量达到设计要求，确保药物以一定速度输送到作用部位并在组织中或体液中维持一定浓度，获得预期疗效，减小药物的毒副作用。缓释、控释制剂中主要起缓释、控释作用的辅料多为高分子聚合物，有骨架材料、包衣材料和致孔剂等。对于液体制剂的缓释、控释材料可使用增稠剂。增稠剂是一类水溶性高分子材料，溶于水后，其溶液黏度随浓度而增大，根据药物被动扩散吸收规律，增加黏度可以减慢扩散速度，延缓药物吸收。

控释或缓释，就材料而言，有许多相同之处，但它们与药物的结合或混合的方式或制备工艺不同，可表现出不同的释药特性。应根据不同给药途径，不同释药要求，选择适宜的材料和适应的处方与工艺。

知识链接

缓释、控释制剂的释药原理

1. 溶出原理　根据 Noyes-Whitney 溶出速度公式，通过减小药物的溶出度，增大药物的粒径，降低药物的溶出速度，可使药物缓慢释放，达到长效作用。

2. 扩散原理　通过将药物包衣，制成微囊，制成不溶性骨架片等方法使药物首先溶解成溶液后再从制剂中扩散出来进入体液，其释药受扩散速率的控制。

3. 溶蚀与扩散、溶出结合原理　对于某些骨架型制剂，药物从骨架中扩散出来的同时骨架本身也处于溶蚀的过程，从而使药物扩散的路径长短改变。其释药为溶蚀与扩散、溶出结合。

4. 渗透压原理　依据半渗透膜性质，水可渗透进入膜内，而药物不能渗出，用激光在半透膜上开一细孔，由于膜内外存在很大的渗透压差，药物溶液由细孔持续流出，直至片芯药物溶尽。

三、缓释、控释制剂的分类

缓释、控释制剂根据其释药原理不同和制备技术不同可分为包衣型制剂、骨架型制剂和渗透泵型制剂三类。

1. 包衣型缓控释制剂　包衣型缓控释制剂系指用一种或多种包衣材料对药物颗粒、小丸和片剂的表面进行包衣，使药物以恒定的或接近恒定的速率通过包衣膜释放出来，达到缓释或控释目的。灵活应用包衣方法，可使药物达到既速效又长效，保持平稳血药浓度的作用，如将准备压片的颗粒分成若干份，分别包上不同厚度或不同释药性能的衣料，然后制成片剂。服药后片剂崩解，未包衣料的颗粒中的药物迅速释放达到有效血药浓度，包有不同厚度或不同释药性能衣料的颗粒则按药物在体内代谢消除的需求而释放药物，使血药浓度维持在某一理想水平。

根据衣料的性质和用途不同大致可分为以下几类：

(1)蜡质包衣材料：常用的有鲸蜡、硬脂酸、氢化植物油和巴西棕榈蜡等。主要用于各种含药颗粒或小丸包以不同厚度的衣层，以获得不同释药速率。再将这些颗粒或小丸压成片剂。

(2)微孔包衣材料：常用的微孔包衣材料有乙基纤维素、醋酸纤维素等多种不溶性聚合物，在这些膜材中加入可溶性物质如微粉化糖粉，或其他可溶性高分子材料如聚乙二醇作为膜的致孔剂，用以调节释药速率。

(3)胃溶性包衣材料：常用的有羟丙基纤维素，羟丙甲纤维素和甲基丙烯酸二甲氨基乙酯-中性甲基丙烯酸酯共聚物等。如羟丙甲纤维素遇水能迅速水化形成高黏型的凝胶层，阻滞药物的释放。

(4)肠溶性包衣材料：不溶于胃液而溶于肠液的薄膜包衣材料，可制成肠溶性膜包衣缓控释制剂。常用的有醋酸纤维素酞酸酯(CAP)、羟丙甲纤维素酞酸酯(HPMCP)、醋酸羟丙甲纤维素琥珀酸酯(HPMCAS)等材料。

2. 骨架型缓控释制剂　骨架型缓控释制剂主要研究的是骨架片。骨架片是指药物与一种或多种惰性固体骨架材料混合，通过压制法制成的片剂。由于所用骨架材料不同可将缓控释骨架片分为亲水凝胶骨架片、溶蚀性骨架片和不溶性骨架片三大类(图 19-3)。

(1)亲水凝胶骨架片：以亲水性高分子聚合物为骨架材料，加入乳糖等稀释剂制成，是目前口服缓控释制剂的主要类型之一。亲水凝胶骨架片的释药过程是骨架溶蚀和药物扩散的综合作用过程，但水溶性药物的释放速度主要取决于药物通过凝胶层的扩散速度，而水中溶解度小的药物释放速度主要由凝胶层的溶蚀速度所决定。

亲水凝胶骨架材料可分四类：①天然凝胶：如海藻酸钠、琼脂、明胶和西黄蓍胶等；②纤维素衍生物类：如甲基纤维素(MC)、羧甲基纤维素钠(CMC-Na)羟乙基纤维素(HEC)和羟丙甲纤维素(HPMC)等；③非纤维素多糖类：如半乳糖、壳多糖、甘露聚糖和脱乙酰壳多糖等；④高分子聚合物：乙烯聚合物、丙烯酸聚合物、聚乙烯醇(PVA)和聚维酮(PVP)等。

(2)溶蚀性骨架片：亦即生物溶蚀骨架片，是指药物与蜡质、脂肪酸及其酯等物质混合制成的缓控释片。药物是通过骨架中的孔道扩散或借骨架材料的逐渐溶蚀而释放出来。由于骨架的释药面积在不断变化，故药物难以维持零级释放，常呈一级速率释药。其释药过程是通过溶蚀-扩散-溶出的过程来完成。

常用的骨架材料有：蜂蜡、氢化植物油、硬脂醇、硬脂酸、单硬脂酸甘油酯、硬脂酸丁酯、巴西棕榈蜡等。为了增加这类骨架片中药物的释放效果，可加入表面活性剂或润湿剂，如硬脂酸钠、三乙醇胺等。通常将巴西棕榈蜡与硬脂醇或硬脂酸结合使用。

(3)不溶性骨架片：是指药物与不溶于水或水溶性极小的高分子聚合物、无毒塑料等骨架材料混合压制成的片剂。本类骨架片适于水溶性药物。当药片进入胃肠道，消化液会渗入骨架孔隙中，将药物溶解并通过骨架中错综复杂的孔道缓慢扩散和释放出来。在整个释放药物的过程中，骨架几乎没有变化，随大便排出体外。

常用的不溶性骨架材料有：乙基纤维素(MC)、聚乙烯、聚氯乙烯、聚甲基丙烯酸酯、乙烯-醋酸乙烯共聚物(EVA)等。

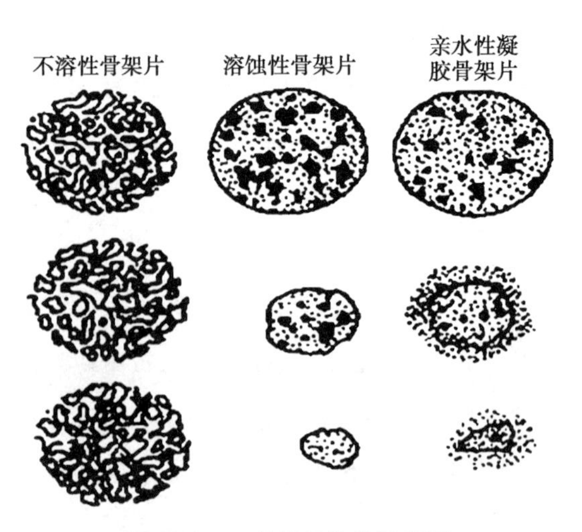

图 19-3　三种骨架片的示意图

3. 渗透泵型控释制剂　渗透泵型控释制剂系利用渗透压原理制成的一类制剂。口服渗透泵片以其独特的释药方式和稳定的释药速率引起人们的普遍关注，是目前口服控释制剂中最为理想的一类制剂，按其结构特点，可将分为单室渗透泵片和双室渗透泵片两类。

（1）单室渗透泵片：单室渗透泵片由片芯、包衣膜和释药小孔组成。片芯包含药物和促渗透剂；包衣膜由水不溶性聚合物如 CA、EC、EVA 等组成，在胃肠液中形成半渗透膜；释药小孔是用激光在包衣膜上开一个或数个小孔（图 19-4）。渗透泵片经口服后，胃肠道消化液中的水分通过半透膜进入片芯，形成药物的饱和溶液或混悬液，加之高渗透辅料溶解，使膜内外存在较大的渗透压差，将药液以恒定速率从释药孔挤出，并持续释放，其流出量与渗透进入膜内的水量相等，直到片芯药物溶尽为止。

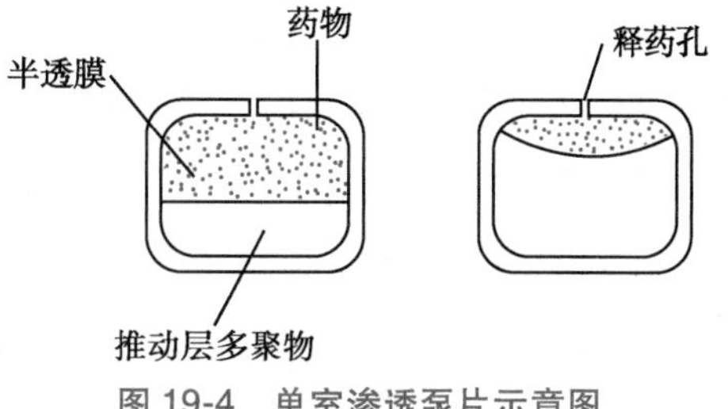

图 19-4　单室渗透泵片示意图

（2）双室渗透泵片：双室渗透泵片的片芯为双层，分别为药室和膨胀室，也可以是有两个药室。含有药物和可溶性辅料的一层称为药室；另一层含推动剂（膨胀剂），为遇水可膨胀的促渗透聚合物，称为渗透室；两室以一柔性聚合物膜隔开，片外再包半透膜，在靠近药室的片面上用激光打一小孔（图 19-5）。在胃肠道内，药室内的药物遇水后形成混悬液或溶液，渗透室内的推动剂吸水后会溶解膨胀产生压力，推动隔膜将药室中的药液顶出释药孔。此技术既适合于水溶性大的药物，也适合于难溶性药物。对有配伍禁忌的药物可采用制备双室渗透泵片的技术将两种药物分别存放在两个药室中，如图 19-5（右侧）所示，这样既可避免药物之间的配伍变化，又可达到满意的释药效果。

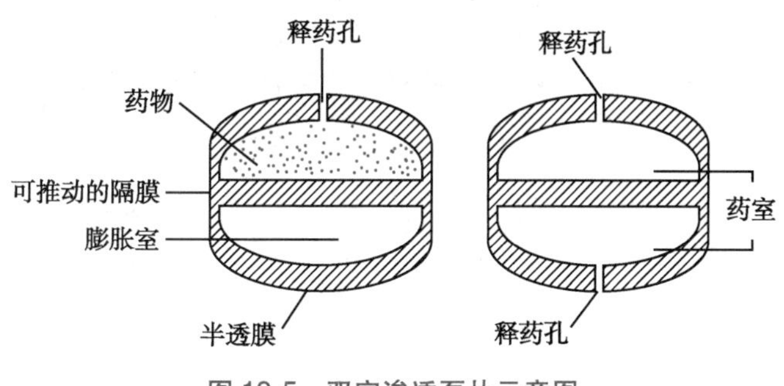

图 19-5　双室渗透泵片示意图

四、缓释、控释制剂常见种类

（一）缓释制剂常见种类

1. 亲水性凝胶骨架片　制备工艺与普通片剂的相同，主要区别是所用辅料不同。这类骨架片的主要辅料为骨架材料羟丙甲纤维素（HPMC），HPMC 遇水后形成凝胶，用湿法制粒压片。

在制备亲水凝胶骨架片时，对于一些水溶性较大的药物，除了应用亲水性骨架材料外，为了降低释放速率，可加入少量不溶性骨架材料，如乙基纤维素、聚丙烯酸树脂类材料。

采用亲水凝胶骨架材料制备缓、控释片剂的产品有硝苯地平缓释片、茶碱缓释片、酒石酸美托洛尔缓释片等。

2. 溶蚀性骨架片　这类骨架片由水不溶但可溶蚀的蜡质材料制成。这类骨架片是通过孔道扩散与骨架溶蚀控制药物释放，部分药物被水不能穿透的蜡质膜包裹，释放速率会受到很大影响，通常可加入表面活性剂或润湿剂来调节药物的释放速率。常用的制备技术为熔融技术、溶剂蒸发技术等。

3. 不溶性骨架片　此类骨架片使用不溶性的骨架材料制成。例如乙基纤维素用乙醇溶解，然后按湿法制粒、压片。此类骨架片有时释放不完全，大剂量的药物不宜制成此类骨架片，这类骨架片现已很少应用。

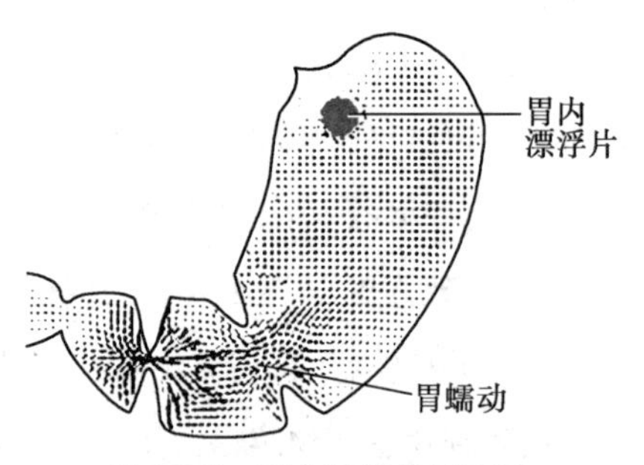

图 19-6　胃内漂浮片示意图

4. 胃内滞留片　系指一类能滞留于胃液中，延长药物在消化道内的释放时间，改善药物吸收，有利于提高药物生物利用度的片剂。它一般可在胃内滞留达 5~6 小时（图 19-6）。此类片剂由药物和一种或多种亲水胶体及其他辅料制成，又称胃内漂浮片。为提高滞留能力，有时加入疏水性而相对密度小的酯类、脂肪醇类、脂肪酸类或蜡类等。另外，加入乳糖、甘露糖等可加快释药速率，加入聚丙烯酸酯Ⅱ、Ⅲ等可减缓释药速度。有时还加入十二烷基硫酸钠等表面活性剂增加制剂的亲水性。

课堂活动

怎样使片剂在消化道中延长滞留时间？　片剂在消化道中漂浮的原因是什么？

5. 生物黏附片　生物黏附片系采用生物黏附性的聚合物作为辅料制备片剂，这种片剂能黏附于口腔、鼻腔、眼眶、阴道及胃肠道等特定区段的生物黏膜处，缓慢释放药物并由黏膜吸收以达到局部治疗或全身治疗目的。在口腔、鼻腔等局部给药起全身作用，可使药物直接进入大循环而避免首过效应。常由生物黏附性聚合物与药物混合组成片芯，再用此聚合物围成外周，最后再加覆盖层即得。生物黏附性高分子聚合物有卡波普（carbopol）、羟丙基纤维素、羧甲基纤维素钠等。

如普萘洛尔生物黏附片，将 HPC 与卡波普 940 以 1：2 磨碎混合。取不同量的普萘洛尔加入以上混合聚合物中制成含主药 10mg、15mg 及 20mg 三种黏附片。

（二）控释制剂常见种类

控释制剂常见的种类为膜控释型制剂。膜控释型制剂是指采用一定的工艺技术在片剂或丸剂等制剂外包裹上均一的包衣膜，以达到控释目的，主要适用于水溶性药物。

1. 微孔膜包衣片　首先将水溶性药物按照一般片剂工艺要求制备成片芯（要求片芯有一定硬度和较快的溶出速率以使药物的释放速率完全由微孔包衣膜来控制），包衣液包在普通片剂上即成微孔膜包衣片。包衣液的组成可能有衣膜材料（常为胃肠道中不溶解的聚合物，如醋酸纤维素、乙基纤维素、乙烯-醋酸乙烯共聚物、聚丙烯酸树脂等）、致孔剂（如 PEG 类、PVP、PVA、十二烷基硫酸钠、糖和盐等水溶性的物质）、水不溶性的粉末（如滑石粉、二氧化硅等），还可含有起速释作用同时可兼作致孔剂的药物。当微孔膜包衣片与胃肠消化液接触时，膜上的致孔剂遇水就会部分溶解或脱落，在膜上形成无数微孔或弯曲孔道，使衣膜具有通透性。胃肠消化液通过这些微孔渗入膜内，逐渐溶解片芯内的药物，使膜内外产生一定的渗透压差，药物分子便通过这些微孔向膜外扩散释放，只要膜内药物维持饱和浓度且膜内外处于漏槽状态，即可获得恒速或接近恒速的药物释放速率。包衣膜在胃肠道内不被破坏，最后排出体外。

如磷酸丙吡胺缓释片，先按常规制成每片含丙吡胺100mg的片芯（直径11mm，硬度4~6kg，20分钟内药物溶出80%）。然后用低黏度乙基纤维素、醋酸纤维素及聚甲基丙烯酸酯为包衣材料，PEG类为致孔剂，蓖麻油、邻苯二甲酸二乙酯为增塑剂，以丙酮为溶剂配制包衣液进行包衣，控制形成的微孔膜厚度，调节释药速率。

2. 膜控释小丸　膜控释小丸由丸芯与控释薄膜衣两部分组成。将药物与稀释剂、黏合剂等辅料（与片剂的辅料大致相同），按照制丸工艺要求制成丸芯，然后用亲水薄膜衣、不溶性薄膜衣、微孔膜衣或肠溶衣给小丸分别包上不同衣膜，还可以将这些小丸按照不同释放速率制成不同颜色，装入同一胶囊中。由于包衣膜材料不同，释药速率也不相同，因此可达到接近恒速的释放效果。

如阿司匹林控释小丸：①制备丸芯：以40目左右的蔗糖粒子为芯核，用含适量乙醇的糖浆为黏合剂，在滚动下撒入100目的药物细粉，制成药物与糖芯重量比为1∶1的药芯小丸，干燥即得丸芯；②包微孔衣膜：以乙基纤维素为膜材，加入致孔剂PEG6000、增塑剂邻苯二甲酸二乙酯，以丙酮/乙醇为溶剂，将丸芯包衣膜。得直径为1mm左右的小丸。

知识链接

膜控释小片

膜控释小片是将药物与辅料按常规方法制粒，压制成小片，其直径约为2~3mm，包控释衣膜后，装入硬胶囊使用。如茶碱微孔膜控释小片，用5%CMC作黏合剂，将无水茶碱粉末制成颗粒，干燥后加入0.5%硬脂酸镁，压成直径3mm的小片，每片含茶碱15mg，片重为20mg；以乙基纤维素作包衣材料，加入致孔剂PEG1540或聚山梨酯20，包衣材料与致孔剂的比例是2∶1，用异丙醇和丙酮作混合溶剂；采用流化床包衣技术对小片进行包衣。最后将20片包衣小片装入同一硬胶囊内即得。同一胶囊内的小片可包上不同缓释作用的衣膜或不同厚度的衣膜。可获得恒定的释药速率，是一种较理想的口服控释剂型。

3. 肠溶膜控释片　此类控释片是在药物片芯外包肠溶衣膜，再包上含药的糖衣层而制得。如普萘洛尔长效控释片，将60%药物以羟丙甲纤维素为骨架材料制成片芯，其余40%药物掺在外层糖衣中，在片芯与糖衣之间隔以肠溶衣；片芯基本以恒度缓慢释药，可维持药效12小时以上。

4. 渗透泵片　渗透泵片是由药物、半透膜材料、渗透压活性物质和推动剂等组成。常用的半透膜材料有醋酸纤维素、乙基纤维素等；渗透压活性物质（渗透压促进剂）主要起调节药室内渗透压的作用，常用乳糖、果糖、葡萄糖、甘露糖的不同混合物；推动剂亦称为促渗透聚合物或助渗剂、膨胀剂，能吸水膨胀，产生推动力，将药物层的药物推出释药小孔，常用聚羟甲基丙烯酸烷基酯和PVP等。除上述组成外，渗透泵片中还可加入助悬剂、黏合剂、润滑剂、润湿剂等。

制备过程包括片芯制备、包控释衣膜和激光打孔。前两个步骤与相应的普通制剂的制备操作相同，激光打孔是采用特殊的激光打孔机器在片面上打出小释药孔，其大小与药物的释放速率有着直接的关系。

常见的缓控释制剂

五、制备举例

1. 盐酸二甲双胍缓释片

【处方】

盐酸二甲双胍	500g	羧甲基纤维素钠	51g
HPMC(K100M)	344g	HPMC(E5M)	9.5g
微晶纤维素	100g	硬脂酸镁	10g
95%乙醇	适量	共制1000片	

【制法】将盐酸二甲双胍与羧甲基纤维素钠混合均匀，加95%乙醇适量制成软材，制粒，干燥；再加入HPMC(K100M)、HPMC(E5M)和微晶纤维素混合均匀、整粒，加硬脂酸镁混匀，压片即得。

【用途】本品适用于单纯饮食控制不满意的2型糖尿病患者，也用于肥胖症控制体重。

【处方分析】盐酸二甲双胍为主药，羧甲基纤维素钠、HPMC(K100M)、HPMC(E5M)为骨架材料，微晶纤维素为干燥黏合剂兼有助流作用，95%乙醇为润湿剂，硬脂酸镁为润滑剂。

2. 硝酸甘油缓释片

【处方】

硝酸甘油	2.6g(10%乙醇溶液29.5ml)		
硬脂酸	60g	十六醇	66g
聚维酮(PVP)	31g	微晶纤维素	58.8g
微粉硅胶	5.4g	乳糖	49.8g
滑石粉	24.9g	硬脂酸镁	1.5g
共制1000片			

【制法】①将PVP溶于硝酸甘油乙醇溶液中，加微粉硅胶混匀，加硬脂酸与十六醇，水浴加热到60℃，使熔融。将微晶纤维素、乳糖、滑石粉的均匀混合物加入上述熔化的系统中，搅拌1小时。②将上述黏稠的混合物摊于盘中，室温放置20分钟，待成团块时，用16目筛制粒。30℃干燥，整粒，加入硬脂酸镁，压片。

【用途】主要用于冠心病心绞痛的治疗及预防。

【处方分析】硝酸甘油为主药，乙醇为溶剂，硬脂酸、十六醇、聚维酮(PVP)为骨架材料，微晶纤维素为干燥黏合剂兼有助流作用，乳糖为填充剂，微粉硅胶、滑石粉、硬脂酸镁为润滑剂。

3. 维拉帕米渗透泵片

【处方】

① 片芯处方

盐酸维拉帕米(40目)	2850g	甘露醇(40目)	2850g
聚环氧乙烷(40目、分子量500万	60g	聚维酮(PVP)	120g
乙醇	1930ml	硬脂酸(40目)	115g

② 包衣液处方（用于每片含 120mg 的片芯）

醋酸纤维素（乙酰基值 39.8%）	47.25g	羟丙基纤维素	22.5g
醋酸纤维素（乙酰基值 32%）	15.75g	聚乙二醇 3350	4.5g
二氯甲烷	1755ml	甲醇	735ml

【制法】①片芯制备：将片芯处方中前三种组分置于混合器中，混合 5 分钟；将 PVP 溶于乙醇，缓缓加至上述混合组分中，搅拌 20 分钟，过 10 目筛制粒，于 50℃干燥 18 小时，经 10 目筛整粒后，加入硬脂酸混匀，压片。制成每片含主药 120mg，硬度为 9.7kg 的片芯。②包衣：用空气悬浮包衣技术包衣，进液速率为 20ml/min，包至每个片芯上的衣层增重为 15.6mg。将包衣片置于相对湿度 50%、温度 50℃的环境中，存放 45~50 小时，再在 50℃干燥箱中干燥 20~25 小时。③打孔：在包衣片上下两面对称处各打一释药小孔，孔径为 254μm。

【用途】用于治疗心律失常和心绞痛。

【注意事项】①渗透泵片的释药速率与包衣膜的厚度相关，在表面积相同的条件下，释药速率随膜的厚度增加而减小；②孔径大小影响释药速率，孔径过大则药物通过小孔的扩散不可忽略，过小则药物不易释出。

点滴积累

1. 缓释制剂系指用药后能在较长时间内持续释放药物以达到长效作用的制剂；控释制剂系指在预定的时间内以零级或接近零级释放速度释放药物的制剂。
2. 缓释、控释制剂具有药物治疗作用持久、毒副作用低、用药次数减少、最小剂量达到最大治疗效果等特点。
3. 一般半衰期短（$t_{1/2}$为 2~8 小时）的药物适于制成缓释、控释制剂，半衰期小于 1 小时或大于 12 小时的药物，一般不宜制成缓释、控释制剂。
4. 常见的缓释制剂包括亲水性凝胶骨架片、溶蚀性骨架片、不溶性骨架片、胃内滞留片与生物黏附片；常见的控释制剂包括微孔膜包衣片、膜控释小丸、肠溶膜控释片与渗透泵片。

任务二　经皮给药制剂

一、概述

（一）经皮给药制剂的含义与特点

经皮给药制剂（经皮吸收制剂）又称经皮给药系统（简称 TDDS，TTS），系指经皮肤敷贴方式用药，药物由皮肤吸收进入全身血液循环并达到有效血药浓度、实现治疗或预防疾病作用的一类制剂，又称为贴剂或贴片。自 1974 年美国第一个 TDDS 东莨菪碱贴剂和 1981 年抗心绞痛药硝酸甘油的透皮制剂用于临床以来，目前，已有许多产品上市并取得很大成功。包括硝酸甘油、雌二醇、芬太尼、烟碱、可乐定、睾酮、硝酸异山梨醇酯、左炔诺孕酮、尼群地平和噻吗洛尔等。《中国药典》（2015 年版）收载了雌二醇缓释贴片、吲哚美辛贴片等制剂。

该类制剂是慢性疾病需长期治疗的简单、方便和有效的给药方式，与常用普通剂型如口服片剂、胶囊剂或注射剂等比较具有以下特点：

1. 避免了口服给药可能发生的肝脏首过效应及胃肠灭活，药物可长时间持续扩散进入血液循环，提高了治疗效果。例如硝酸甘油口服给药有90%的药物被肝脏破坏，而舌下给药则维持时间很短，但硝酸甘油的TDDS则可至少维持24小时有效浓度。

2. 维持恒定的血药浓度或生理效应，增强了治疗效果，减少了胃肠给药的副作用。普通剂型每天因多次给药，易产生血药浓度"峰谷"波动现象，而TDDS利用相对固定的皮肤部位给药，在给药期间吸收速度和吸收总量不会出现明显变化。

3. 延长作用时间，减少用药次数，改善患者用药顺应性。一般口服缓释或控释制剂，维持有效作用的时间不超过24小时。TDDS每次给药可维持1天或数天，如东莨菪碱TDDS、雌二醇TDDS，1次给药可维持3天，而可乐定TDDS，1次给药可维持1周。

4. 患者可以自主用药，减少个体间差异和个体内差异，使用方便。

TDDS作为一种全身用药的新剂型具有许多优点，但TDDS也有其局限性，如起效较慢，且多数药物不能达到有效治疗浓度；TDDS的剂量较小，一般认为每日超过5mg的药物就已经不容易制备成理想的TDDS；对皮肤有刺激性和过敏性的药物也不宜设计成TDDS。另外TDDS生产工艺和条件也较复杂。

（二）经皮给药制剂的分类与组成

1. 经皮吸收制剂分类　经皮吸收制剂可大致分为以下两大类：

（1）膜控释型：是药物或经皮吸收促进剂被控释膜或其他材料包裹成贮库，由控释膜或控释材料的性质来控制药物的释放速度。常见品种硝酸甘油贴剂、东莨菪碱贴剂、雌二醇贴剂、可乐定贴剂均为膜控释型的TDDS。

（2）骨架扩散型：是药物均匀分散、溶解在疏水或亲水的聚合物骨架中，由骨架材料控制的药物释放。如硝酸甘油亦可做成聚合物骨架型TDDS。

2. 经皮给药制剂的基本组成　经皮给药制剂的基本组成分为背衬层、药物贮库、控释膜、黏附层和保护层，见图19-7。

（1）背衬层：主要对药物、胶液、溶剂、湿气和光线等起阻隔作用，同时用于支持药库或压敏胶等作用。常用的背衬材料为复合铝箔膜。

（2）药物贮库：起贮存药物作用，主要由药物、高分子基质材料、透皮吸收促进剂等组成。高分子基质材料常用醋酸纤维素、聚乙烯、聚氯乙烯、聚丙烯等。

（3）控释膜层：主要控制药物的释放速度，有时也可作为药库。控释膜主要由乙烯-醋酸乙烯共聚物或聚硅氧烷等膜材料、致孔剂组成。

（4）黏附层：主要起黏贴作用，有时也可起药库、控释等作用。常用的黏附层材料为压敏胶。压敏胶（PSA）是指那些在轻微压力下即可实现黏贴作用同时又易剥离的一类胶黏材料，对皮肤无刺激和无过敏性，常用的压敏胶有聚异丁烯类压敏胶、丙烯酸类压敏胶、硅橡胶类压敏胶三类。

（5）保护层：主要对TDDS黏附层的保护，常用的材料有聚乙烯、聚氯乙烯、聚丙烯等高聚物的膜材，有时也会用表面经石蜡或甲基硅油处理过的光滑厚纸。

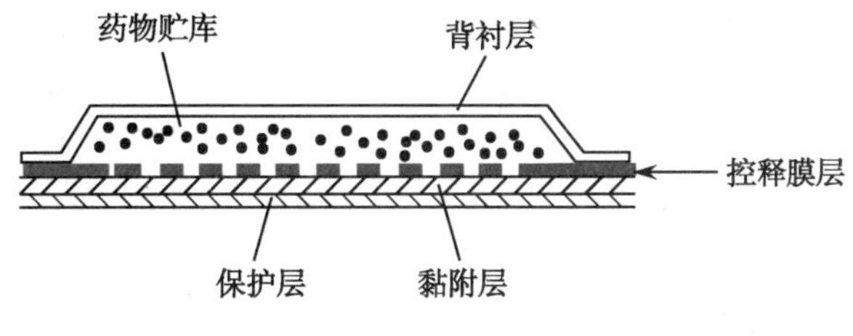

图 19-7　膜控释型 TDDS 示意图

二、药物经皮吸收的机制

（一）药物在皮肤内的转移

药物透过皮肤吸收进入体循环主要经过两种途径：

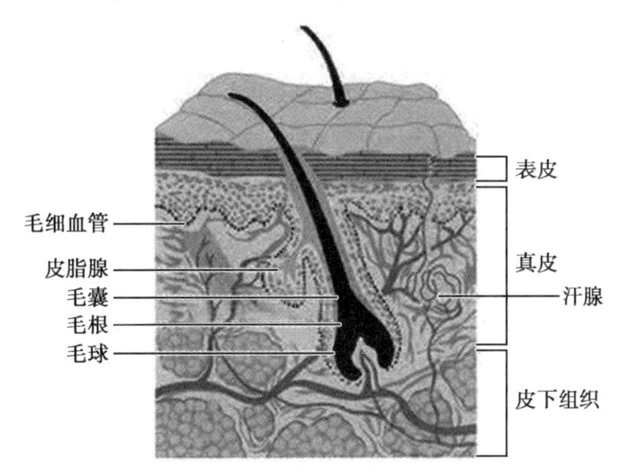

图 19-8　皮肤的结构

1. 透过角质层和表皮进入真皮，扩散进入毛细血管，转移至体循环。这是药物经皮吸收的主要途径。药物的经皮吸收主要是通过皮肤表面的药物浓度与皮肤深层中的药物浓度之差以被动扩散的方式进行转运，因此在整个渗透过程中含有类脂质双分子的角质层起主要的屏障作用。故药物的脂溶性越高越易透过皮肤。

2. 通过毛囊、皮脂腺和汗腺等附属器官吸收。对于容易透过皮肤角质层的药物，皮肤附属器官对其的吸收可以被忽略；但对于离子型及水溶性大分子药物来说，由于在角质层中的透过速率很慢，甚至难以通过含有类脂质的角质层吸收，因此，附属器官是它们的主要吸收途径，见图 19-8。采用经皮离子导入技术，可使皮肤附属器成为离子型药物透过皮肤吸收的主要通道。

（二）促进药物经皮吸收的方法

促进药物经皮吸收最常用的方法是使用各种经皮吸收促进剂或渗透促进剂。经皮吸收促进剂是指那些能够渗透进入皮肤降低药物通过皮肤阻力、降低皮肤的屏障性能，加速药物穿透皮肤的物质。常用的种类如下：

1. 表面活性剂　可渗入皮肤并可能与皮肤成分相互作用，改变皮肤的透过性。在表面活性剂中，非离子型表面活性剂主要增加角质层类脂流动性，对皮肤刺激性小，但促渗透作用较差。离子型表面活性剂与皮肤相互作用较强，如应用较多的是十二烷基硫酸钠（SDS），但在连续应用后，会产生皮肤的刺激性，出现红肿、干燥或粗糙化。

2. 氮酮类化合物　氮酮（月桂氮酮也称 Azone），是一种新型、高效、安全的优良促渗剂，具有用量少、对皮肤毒性及刺激性低的特点。氮酮的作用机制是与皮肤角质层间质的脂质发生作用，增加脂质流动性，减小了药物的扩散阻力。氮酮对亲水性药物的渗透促进作用强于对亲脂性药物，但起效缓慢，滞后时间可长达 2~10 小时，但作用时间可长达数日。氮酮与其他促进剂合用效果更好，如与丙二醇、油酸等均可配伍使用。

3. 醇类化合物　包括乙醇、丁醇、丙二醇、甘油及聚乙二醇等，也常作为促进剂使用，能溶胀和提取角质层中的类脂，增加药物的溶解度，从而提高极性药物和非极性药物的经皮透过性。但单独使用效果不佳，如与其他促进剂合用，可起到协同作用。

此外，还有超声波法、离子导入法、电致孔法、超声波导入法等新技术和新方法用来促进药物的经皮吸收。

三、经皮给药制剂的制备工艺流程

经皮给药制剂的制备工艺流程：见图 19-9。

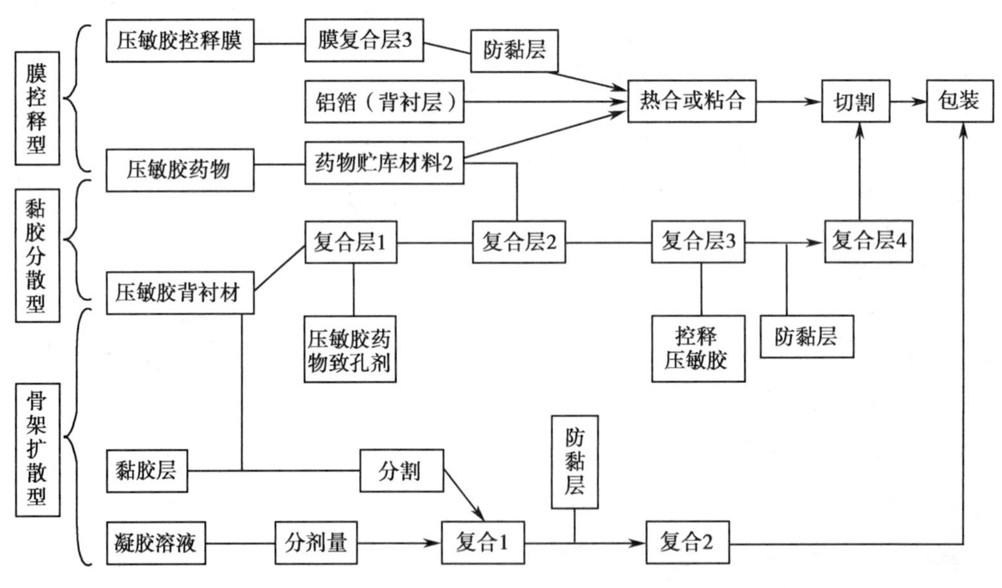

图 19-9　经皮给药制剂的制备工艺流程

知识链接

经皮给药制剂的质量评价

1. 含量均匀度　《中国药典》（2015 年版）二部规定，透皮贴剂应进行含量均匀度检查，凡进行含量均匀度检查的制剂，一般不再检查重量差异。具体方法见《中国药典》（2015 年版）四部通则 0941 含量均匀度检查法。

2. 释放度　释放度常用于控制生产的重现性和TDDS的质量。透皮贴剂的释放度测定方法及其装置应参考《中国药典》(2015年版)。

3. 黏附力　贴剂为敷贴于皮肤表面的制剂，其与皮肤黏附力的大小直接影响制剂的安全性和有效性，因此应进行控制。通常贴剂的压敏胶与皮肤作用的黏附力可用三个指标来衡量，即初黏力、持黏力及剥离强度。

(1)初黏力：表示压敏胶与皮肤轻轻地快速接触时表现出对皮肤的粘接能力，即通常所谓的手感黏性。

(2)持黏力：表示压敏胶的内聚力大小，即压敏胶抵抗持久性剪切外力所引起蠕变破坏的能力。

(3)剥离强度：表示压敏胶粘接力的大小。

以上三种力的测定方法参见《中国药典》(2015年版)二部附录XJ贴剂黏附力测定法。

点滴积累

1. 经皮给药制剂系指经皮肤敷贴方式用药，药物由皮肤吸收进入全身血液循环并达到有效血药浓度、实现治疗或预防疾病作用的一类制剂，又称为贴剂或贴片。
2. 经皮给药制剂具有避免口服给药可能发生的肝脏首过效应及胃肠灭活，维持恒定的血药浓度或生理效应，提高治疗效果等优点。
3. 经皮给药制剂一般由背衬层、药物贮库、控释膜、黏附层和保护层五部分组成。

任务三　靶向制剂

一、概述

(一)靶向制剂的含义与特点

靶向制剂又称靶向给药系统(targeting drug system，TDS)，是指载体将药物通过局部给药或全身血液循环，选择性地浓集定位于靶组织、靶器官、靶细胞或细胞内结构的给药系统。

靶向制剂不仅要求药物选择性地到达特定部位的靶组织、靶器官、靶细胞甚至细胞内的结构，而且要求药物有一定浓度和滞留一段时间，以便发挥药效，而载体应无遗留的毒副作用。成功的靶向制剂应具备定位浓集、控制释药以及无毒可生物降解三个要素。

(二)靶向制剂的分类

按给药途径不同分类
- 注射用靶向制剂
- 非注射用靶向制剂

按药物分布的程度分类
- 一级TDS是将药物输送到达特定的靶组织或靶器官(如肝脏)
- 二级TDS是将药物输送到达特定组织器官的特定部位(如肝脏癌变部位)
- 三级TDS是将药物输送到达病变部位的细胞内(如肝癌细胞)
- 四级TDS是将药物输送到达病变部位的细胞内的特定细胞器中(如细胞核)

按靶向给药的原理不同分类{被动靶向制剂；主动靶向制剂；物理化学靶向制剂}

1. 被动靶向制剂　被动靶向制剂即自然靶向制剂，是利用机体中不同生理器官（组织、细胞）对不同大小的载药微粒具有不同的阻流性的特点，采用脂质、类脂质、蛋白质、生物材料等作为载体材料，将药物包裹或嵌入其中制成各种载药微粒，可被不同器官（组织、细胞）截留或摄取，达到被动靶向目的的一类制剂。被动靶向的载药微粒经静脉注射后，由于粒径大小不同，而选择性地聚集于肝、脾、肺或淋巴等部位。通常粒径在2.5~10μm时，大部分聚集于巨噬细胞；大于7μm的微粒通常被肺的最小毛细血管床以机械过滤方式截留，被单核白细胞摄取进入肺组织或肺气泡；小于7μm时一般被肝、脾中的巨噬细胞摄取，200~400nm的纳米粒集中于肝后迅速被肝清除；小于10nm的纳米粒则缓慢聚集于骨髓。除粒径外，微粒表面性质对分布也起着重要作用。

2. 主动靶向制剂　主动靶向制剂是用修饰的药物载体作为“导弹”，将药物定向地运送到靶区浓集发挥药效。如载药微粒经表面修饰后，不被巨噬细胞所识别，或因连接有特定的配体可与靶细胞的受体结合，或连接单克隆抗体成为免疫微粒等，避免了巨噬细胞的摄取，防止在肝内浓集，从而改变微粒在体内的自然分布而到达特定的靶部位；也可将药物修饰成前体药物，活性部位呈现药理惰性状态，在特定靶区被激活发挥作用。

3. 物理化学靶向制剂　物理化学靶向制剂是采用某些物理化学方法将药物传送到特定部位发挥药效。如应用磁性材料与药物制成磁导向制剂，在足够强的体外磁场引导下，定位于特定靶区；或使用对温度敏感的载体制成热敏感制剂，在热疗的局部作用下，使热敏感制剂在靶区释药；也可利用对pH敏感的载体制备pH敏感制剂，使药物在特定的pH靶区内释药。用栓塞制剂阻断靶区的血供和营养，起到栓塞和靶向化疗的双重作用，也属于物理化学靶向制剂。

知识链接

靶向制剂研究进展

靶向制剂概念是Ehrlich P在1906年提出的，直到20世纪90年代，随着分子生物学、细胞生物学、药物动力学和材料科学的深入发展和应用，才给靶向制剂的发展开辟了新天地。自20世纪70年代末80年代初，人们开始比较全面地研究靶向制剂，包括它们的制备、性质、体内分布、靶向性评价以及药效与毒理。1995年，多柔比星脂质体注射剂获美国FDA批准；枸橼酸柔红霉素脂质体在欧美多个国家上市；1999年，阿糖胞苷脂质体上市。而我国第一个脂质体上市品种是抗癌中药“康莱特”靶向静脉乳剂，是将抗癌新药与免疫多糖制成脂质体，使其具有杀伤癌细胞与提高机体免疫力双重作用。

目前，靶向制剂在靶向传输机制上的研究取得很大进展，在理论研究和工艺技术研究方面已趋成熟，在对机体特殊部位的多种器官、组织、细胞的靶向给药载体制剂的研究中也有了很大突破。如目前正在研究的针对肝病（肝炎、肝癌）的肝靶向给药系统、经鼻腔给药实现脑靶向的给药系统、经口服给药实现结肠靶向的给药系统；另外，还有淋巴靶向给药系统、肺靶向给药系统、骨髓靶向给药系统的研究。

二、被动靶向制剂常用载体

被动靶向制剂系利用药物载体，即可将药物导向特定部位的生物惰性物质，使药物被生理过程自然吞噬而实现靶向作用的制剂。被动靶向制剂常见的载体有脂质体、乳剂、微球和纳米粒等。

（一）脂质体

脂质体系指将药物包封于类脂质双分子层的材料内形成的微型泡囊，亦称类脂小球或液晶微囊。

脂质体具有被动靶向性，通过静脉给药进入机体后，可被巨噬细胞作为外界异物而吞噬摄取，70%～80%浓集于肝、脾和骨髓等单核-巨噬细胞较丰富的器官中，是治疗肝炎、肝寄生虫、肝肿瘤和防止肿瘤扩散转移等疾病的理想药物载体，利用脂质体包封药物治疗类似上述疾病可显著提高药物治疗指数、降低毒性、提高疗效。另外，利用脂质体包封药物还能显著增强细胞摄取，延缓和克服耐药性。如抗肝利什曼原虫药锑酸葡胺被脂质体包封后，肝中药物浓度提高 200～700 倍；再如两性霉素 B 对多数哺乳动物的毒性较大，制成脂质体后，可使其毒性大大降低而不影响抗真菌活性。

1. 脂质体的组成和结构　脂质体的组成、结构与表面活性剂构成的胶束不同，脂质体由双分子层所组成，胶束则由单分子层组成。

脂质体主要由磷脂和附加剂组成。磷脂是构成脂质体的主要成分，其为两亲性物质，含有两条较长的烃基疏水链和一个磷酸基、一个季铵盐基作为亲水基团，在水中能自发地形成脂质双分子层；附加剂常用的是胆固醇，其分子结构中含有亲水基团和亲油性较强的疏水基团，主要作用是可改变磷脂膜的相变温度，从而影响膜的通透性和流动性。

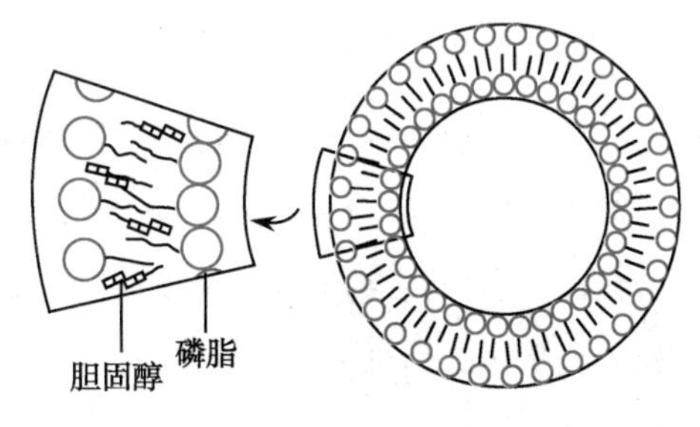

图 19-10　磷脂与胆固醇排列成单室脂质体示意图

用磷脂与胆固醇作脂质体膜材时，必须用有机溶剂将其配成溶液，然后挥发除去有机溶剂，在蒸发器壁上形成均匀的薄膜，此薄膜是由磷脂分子与胆固醇分子相互间隔定向排列的双分子层所组成，见图 19-10。

课堂活动

看图 19-10，请比较一下脂质体的结构与表面活性剂形成的胶束结构有何异同点。

2. 脂质体的分类　脂质体可因其结构不同分为单室脂质体和多室脂质体：①单室脂质体，由一层脂质双分子层构成，粒径约 0.1～1μm，凡经超声波分散的脂质体混悬液，绝大部分为单室脂质体；②多室脂质体，由多层或多层脂质双分子层构成，粒径约 1～5μm。

根据需要可制备成大小不同和具有不同表面性质的脂质体，因而可适用于多种给药途径，如静脉、肌内和皮下注射，口服或经眼部、肺部、鼻腔和皮肤给药等。

（二）乳剂

乳剂的靶向性特点在于它对淋巴的亲和性。油状药物或亲脂性药物制成 O/W 型乳剂及 O/W/

O 型复乳静脉注射后，油滴经巨噬细胞吞噬后在肝、脾、肾中高度浓集，油滴中溶解的药物也在这些脏器中高浓度蓄积。水溶性药物制成 W/O 型乳剂及 W/O/W 型复乳经肌内或皮下注射后易浓集于淋巴系统。

W/O 型和 O/W 型乳剂虽然都有淋巴定向性，但两者的程度不同。如丝裂霉素 C 乳剂在大鼠肌内注射后，W/O 型乳剂在淋巴液中的药物浓度明显高于血浆，且淋巴液/血浆浓度比随时间延长而增大；O/W 型乳剂则与水溶液差别较少，药物浓度比在 2∶1 左右波动。

根据粒径大小及制备方法不同可分为普通乳、复乳、纳米乳和亚纳米乳。因普通乳和复乳在前边章节已经介绍过，在此就不再详述。下面重点介绍纳米乳和亚纳米乳。

1. 纳米乳　亦称微乳，是粒径为 10～100nm 的乳滴分散在另一种液体中形成的胶体分散系统，其乳滴多为球形，大小比较均匀，透明或半透明，经热压灭菌或离心也不能使之分层。

纳米乳不易受血清蛋白的影响，在循环系统中可长时间停留，在注射 24 小时后，油相 25% 以上仍然在血液中。

关于纳米乳的本质及形成的机制，科学界看法尚不统一。目前多数人认为纳米乳是介于普通乳和胶束溶液之间的一种稳定的胶体分散系统，又称胶束乳。

2. 亚纳米乳　亦称亚微乳，粒径在 100～1000nm 之间，外观不透明，呈浑浊或乳状，稳定性也不如纳米乳，虽可热压灭菌，但加热时间太长或数次加热，也会分层。

亚纳米乳粒径较纳米乳大，但比普通乳剂的粒径（1～100μm）小，故亚纳米乳的稳定性也介于纳米乳与普通乳之间。纳米乳可自动形成，或轻度振荡即可形成；亚纳米乳的制备须提供较强的机械分散力，如高压乳匀机。

纳米乳与亚纳米乳都可以作为药物的载体，主要用作静脉输送营养乳剂与靶向性给药乳剂。纳米乳由于需要乳化剂的量比较大，如何降低乳化剂的用量，从而降低纳米乳的毒性，是目前探讨较多的问题之一。

难点释疑

乳剂的粒径大小对靶向性的影响

静注的乳剂乳滴在 0.1～0.5μm 时，为肝、脾、肺和骨髓的单核-巨噬细胞系统所清除，2～12μm 时，可被毛细血管摄取，其中 7～12μm 粒径的乳滴可被肺机械性滤取。此外，乳化剂的种类、用量和乳剂的类型对靶向性也有影响。

（三）微球

微球系药物与高分子材料制成的基质骨架的球形或类球形实体。药物溶解或分散于实体中，其大小因使用目的而异，一般为 1～500μm。

药物制成微球后主要特点是缓释长效和靶向作用。靶向微球的材料多数是生物降解材料，如蛋白类（明胶、白蛋白等）、糖类（琼脂糖、淀粉、葡聚糖、壳聚糖等）、合成聚酯类（如聚乳酸、丙交酯乙交酯共聚物等)。

微球中药物的释放机制与微囊基本相同,即药物扩散、材料的溶解和材料的降解三种。

(四) 纳米粒

纳米粒包括纳米囊和纳米球,属于胶体分散系统,粒径在 10~100nm 范围内,可作为理想的静脉注射给药载体,且有良好的组织透过性和被动靶向性。纳米粒小于普通细胞,有些可以进入细胞内,不易阻塞血管,静脉注射后,被单核-巨噬细胞系统摄取,靶向于肝、脾和骨髓。通常药物制成纳米粒后,具有缓释、靶向、保护药物、提高疗效和降低毒副作用的特点。如口服胰岛素聚氰基丙烯酸烷酯纳米球,粒径 210~290nm,可增加胰岛素在胃肠道吸收。将环孢素制成聚氰基丙烯酸异丁酯纳米囊,由于其淋巴定向性,比普通环孢素明显降低了肾毒性,提高了药物疗效。

纳米粒所采用的聚合物材料和给药途径不同,在体内的分布与消除也不同。

三、主动靶向制剂

主动靶向制剂包括经过修饰的药物载体和前体药物两大类。修饰的药物载体有修饰脂质体、修饰微乳、免疫纳米球等;前体药物包括抗癌药前体药物、脑部位和结肠部位的前体药物等。

(一) 修饰的药物载体

药物载体经化学修饰后可将疏水表面由亲水表面代替,就可以减少或避免单核-巨噬细胞系统的吞噬作用,有利于进入缺少单核-巨噬细胞系统的组织,起到靶向作用。利用抗体修饰后,可将药物制成定向于细胞表面抗原的免疫靶向制剂。

1. 修饰的脂质体

(1)长循环脂质体:脂质体表面经适当修饰后,可避免单核-巨噬细胞系统吞噬,延长在体内的循环时间,称为长循环脂质体。如脂质体用聚乙二醇(PEG)修饰,其表面被柔顺而亲水的 PEG 链部分覆盖,亲水性增强,巨噬细胞对其识别能力降低和吞噬的可能性很小,从而延长其在循环系统的滞留时间,因而有利于肝、脾以外的组织或器官的靶向作用。

(2)免疫脂质体:在脂质体表面接上某种抗体,使其具有对靶细胞分子水平上的识别能力,可提高脂质体的专一靶向性。如化学药物与单抗体的偶联,经研究,将单抗体与紫杉醇结合形成偶联物,在胚胎瘤小鼠模型中,紫杉醇单抗偶联物能明显抑制肿瘤生长和延长小鼠的生命。

2. 修饰的微球　用聚合物将抗原或抗体吸附或交联形成的微球,称为免疫微球,①可用于抗癌药的靶向治疗;②可用于标记和分离细胞作诊断和治疗;③可用免疫球蛋白处理红细胞得免疫红细胞,它是在体内免疫反应很小且靶向于肝、脾的免疫载体。

3. 免疫纳米球　单抗体与药物纳米球结合通过静脉注射,可实现主动靶向。如将人肝癌单克隆抗体 HAb18 与载有米托蒽醌的白蛋白纳米粒化学偶联,制成人肝癌特异的免疫纳米粒,能与靶细胞特异性结合,并具有选择性杀伤作用。

(二) 前体药物

前体药物是活性药物衍生而成的药理惰性物质,能在体内经化学反应或酶反应,使活性的母体药物再生而发挥其治疗作用。目前研究的前体药物主要有抗癌药前体药物、脑靶向前体药物、结肠靶向前体药物、肾靶向前体药物、病毒靶向前体药物等。

1. 抗癌药前体药物　某些抗癌药制成磷酸酯或酰胺类前体药物可在癌细胞定位，因为癌细胞比正常细胞含较高浓度的磷酸酯酶和酰胺酶，通常肿瘤细胞能产生大量的纤维蛋白溶酶原活化剂，可活化血清纤维蛋白溶酶原成为活性纤维蛋白溶酶，故将抗癌药与合成肽连接，成为纤维蛋白溶酶的底物，可在肿瘤部位使抗癌药再生。

2. 脑靶向前体药物　脑部靶向释药对治疗脑部疾患有较大意义。只有强脂溶性药物可通过血脑屏障，而强脂溶性前体药物对其他组织的分配系数也很高，从而引起明显的毒副作用，如口服多巴胺的前体药物L-多巴就是进入脑部纹状体经脱羧酶的作用转化成多巴胺而起治疗作用的。为防止外围组织中前体药物再生而引起不良反应，可应用抑制剂（芳香氨基脱羧酶，如卡比多巴），不良反应降低，而卡比多巴不能进入脑部，故不会妨碍L-多巴胺在脑部的再生。

另有利用二氢吡啶等作载体能进入脑内的性质，在脑内氧化成为相应的、难于通过血脑屏障的季铵盐，因而滞留在脑内，经脑脊液的酶或化学反应水解，缓慢释放药物而延长药效；而在外围组织形成的季铵盐经胆、肾机制而较快排出体外，全身毒副作用明显降低。

3. 结肠靶向前体药物　主要采用葡糖苷酸、偶氮双键和偶氮双键定位黏附等方式制备前体药物，其中偶氮聚合物的应用前景尤为广阔。另外，可利用结肠特殊菌落产生的酶的作用，在结肠释放出活性药物从而达到结肠靶向作用。

四、物理化学靶向制剂

物理化学靶向制剂是采用某些物理化学方法将药物传输到特定部位发挥药效。

（一）磁性靶向制剂

采用体外磁响应导至靶部位的制剂称为磁性靶向制剂。该制剂对治疗离表皮比较近的癌症如乳腺癌、食管癌、膀胱癌、皮肤癌等显示出特有的优势。磁性靶向系统常见的有磁性微球、磁性微囊、磁性脂质体和磁性纳米囊等。

知识链接

磁性微球的制备

磁性微球是将磁性材料和药物同时包裹入设计的微球载体系统中，在应用时通过外加磁场的作用，将微球导向病灶部位。磁性材料通常是超细磁流体如 $FeO \cdot Fe_2O_3$ 或 Fe_2O_3。磁性微球可用一步法或两步法制备，一步法是在成球前加入磁性材料，聚合物将磁性材料包裹成球；两步法是先制备微球，再将微球磁化。要想达到理想的靶向效果，对磁性微球的形态、粒径分布、溶胀能力、吸附性能、体外磁响应、载药稳定性等均有一定要求。另外，应用磁性微球时需要有外加磁场。

（二）栓塞靶向制剂

动脉栓塞是通过插入动脉的导管将栓塞物输到靶组织或靶器官的一种医疗技术。栓塞的目的是阻断对靶区的供血和营养，使靶区的肿瘤细胞缺血坏死；如栓塞制剂含有抗肿瘤药物，则具有栓塞和靶向性化疗双重作用。

为了提高抗肝癌药米托蒽醌的药效并降低其毒副作用，将其制备成动脉栓塞米托蒽醌乙基纤维素微球，动物实验表明肝脏药物浓度高，平均滞留时间为注射剂的2.45倍。

（三）热敏靶向制剂

1. 热敏脂质体　在相变温度时，脂质体中的磷脂产生从胶态到液晶态的物理变化，脂质体膜的流动性大大增强，此时药物释放量最多。利用相变温度不同可制成热敏脂质体。将不同比例类脂质的二棕榈酸磷脂（DPPC）和二硬脂酸磷脂（DSPC）混合，可制得不同相变温度的脂质体。

2. 热敏免疫脂质体　在热敏脂质体膜上将抗体交联，可得热敏免疫脂质体，在交联抗体的同时，可将水溶性药物包封到脂质体内。这种脂质体同时具有物理化学靶向与主动靶向的双重作用，如阿糖胞苷热敏免疫脂质体就属此类。

（四）pH敏感的靶向制剂

此类靶向制剂主要有pH敏感脂质体和pH敏感的口服结肠定位给药系统。pH敏感脂质体，是利用肿瘤间质液的pH比周围正常组织显著低的特点，制备在低pH范围内可释放药物的pH敏感脂质体。通常采用对pH敏感的类脂（如DPPC、十七烷酸磷脂）构成脂质体膜，在pH降低时，膜材性质发生改变而融合，加速药物的释放。

知识链接

脉冲式给药系统

时辰药理学研究表明，心血管疾病、哮喘、关节疼痛等疾病的发生、发作均存在时辰节律变化。这些疾病症状常常在凌晨加剧，通常患者无法及时服药预防疾病发作或减轻症状。脉冲式给药系统又称定时释放系统，是根据人体的生物节律变化特点，按时辰药理学和时辰治疗学原理设计的新型控释给药系统。根据生理治疗需要，在疾病发作前按预定时间单次或多次释放药物，可有效地预防和治疗疾病，减少药物可能引发的副作用，避免某些药物因持续高浓度造成的受体敏感性降低和细菌耐药性的产生。

脉冲式给药适用于多种给药途径，在口服、注射、埋植和眼用等方面都有新剂型被开发出来。因技术不同，可将口服脉冲制剂分为渗透泵定时释药系统、包衣脉冲系统和定时脉冲塞胶囊等。目前，脉冲释药制剂只有单次或两次脉冲释放剂型，只能满足部分昼夜节律疾病的治疗需要，随着时辰药理学、时辰治疗学等相关学科的发展，其研究和开发将取得新的进展，口服脉冲制剂将成为新剂型研究的重要方向之一。

点滴积累

1. 靶向制剂是指载体将药物通过局部给药或全身血液循环，选择性地浓集定位于靶组织、靶器官、靶细胞或细胞内结构的给药系统。
2. 按靶向给药原理的不同，靶向制剂可分为被动靶向制剂、主动靶向制剂和物理化学靶向制剂。

目标检测

一、选择题

（一）单项选择题

1. 最适于制备缓、控释制剂的药物半衰期为(　　)

　A. <1 小时　B. 2~8 小时　C. 24~32 小时　D. 32~48 小时

2. 下列不适合做成缓控释制剂的药物是(　　)

　A. 抗生素　B. 抗心律失常　C. 降压药　D. 抗心绞痛药

3. 若药物主要在胃和小肠吸收,口服给药的缓控释制剂宜设计成(　　)

　A. 每 6 小时给药一次　B. 每 12 小时给药一次

　C. 每 18 小时给药一次　D. 每 24 小时给药一次

4. 透皮吸收制剂中加入氮酮的目的是(　　)

　A. 产生微孔　B. 调节 pH

　C. 渗透促进剂促进主药吸收　D. 抗氧剂增加主药的稳定性

5. 不具有靶向性的制剂是(　　)

　A. 静脉乳剂　B. 纳米粒注射液　C. 混悬型注射液　D. 脂质体注射液

6. 属于被动靶向制剂的是(　　)

　A. 磁性靶向制剂　B. 栓塞靶向制剂

　C. 脂质体靶向制剂　D. 抗癌药前体药物

7. 属于物理化学靶向制剂的是(　　)

　A. 热敏靶向制剂　B. 肺靶向前体药物

　C. 肾靶向前体药物　D. 抗癌药前体药物

8. 胃内滞留片属于(　　)

　A. 控释制剂　B. 靶向制剂　C. 缓释制剂　D. 经皮给药制剂

9. 属于控释制剂的是(　　)

　A. 微孔膜包衣片　B. 生物黏附片

　C. 不溶性骨架片　D. 亲水凝胶骨架片

（二）多项选择题

1. 与常用普通剂型如口服片剂、胶囊剂等比较,TDDS 具有的特点有(　　)

　A. 作用时间延长　B. 维持恒定的血药浓度　C. 减少用药次数

　D. 避免首过效应　E. 起效非常迅速

2. 按靶向给药原理,靶向制剂的类型可分为(　　)

　A. 被动靶向制剂　B. 主动靶向制剂　C. 物理化学靶向制剂

D. 定向靶向制剂　　E. pH 靶向制剂

3. 可用于溶蚀性骨架片的材料为(　　)

A. 氢化植物油　　B. 硬脂醇　　C. 聚乙烯

D. 蜂蜡　　E. 乙基纤维素

4. 缓控释制剂根据其释药原理不同和制备技术不同可分为(　　)

A. 包衣型制剂　　B. 肠溶型制剂　　C. 骨架型制剂

D. 渗透泵型制剂　　E. 凝胶型制剂

5. 经皮给药制剂可分为(　　)

A. 膜控释型　　B. 黏胶分散型　　C. 骨架扩散型

D. 微贮库型　　E. 凝胶分散型

6. 膜控释型 TDDS 的基本结构主要有(　　)

A. 背衬层　　B. 药物贮库层　　C. 控释膜层

D. 黏胶层　　E. 保护层

7. 常用的经皮吸收促进剂有(　　)

A. 表面活性剂　　B. 氮酮类化合物　　C. 无机酸类化合物

D. 高分子凝胶　　E. 醇类化合物

8. 成功的靶向制剂应具备(　　)

A. 迅速释药　　B. 长期滞留　　C. 定位浓集

D. 控制释药　　E. 无毒可生物降解

9. 渗透泵片的处方组成物质可能有(　　)

A. 释药孔　　B. 半透膜材料　　C. 渗透压活性物质

D. 推动剂　　E. 药物

二、简答题

1. 缓释和控释制剂中的渗透泵片为何能恒速释放药物?

2. 简述经皮给药制剂的制备工艺。

3. 简述靶向制剂的基本概念及研究进展。

4. 常见的被动靶向制剂的载体有哪些?特点是什么?

5. 什么是前体药物?欲使前体药物在特定的靶部位再生为母体药物的基本条件是什么?

三、实例分析

1. 分析下列阿米替林缓释片处方中各成分的作用,并简述其制备过程。

阿米替林缓释片(50mg/片)

【处方】			
	阿米替林	50mg	(　　)
	枸橼酸	10mg	(　　)
	HPMC(K4M)	160mg	(　　)

乳糖　　　　　180mg(　　　　)

硬脂酸镁　　　2mg　(　　　　)

制备过程:

2. 某患者服用了医生开的某缓释片后,发现大便中有“完整药片”,他以为是药片未崩解,无法吸收,于是他下一次服药时就将药片研碎、嚼烂后吞服,结果出现了中毒现象,试分析原因。

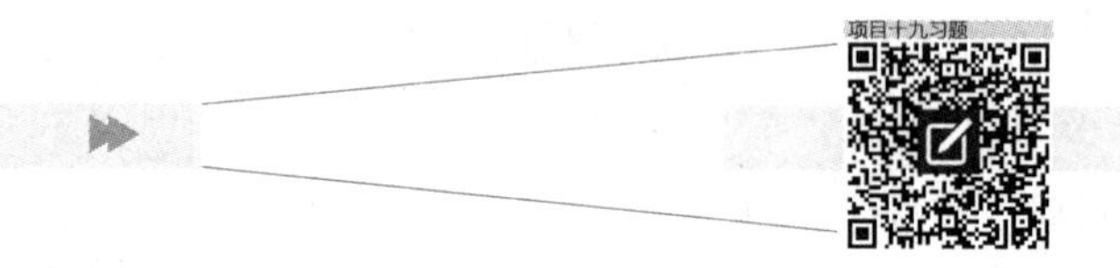

(徐宁宁)

模块八

药物制剂的稳定性与有效性

项目二十

药物制剂的稳定性

导学情景

情景描述

某同学刚到连锁药店实习，这天一位顾客来买红霉素眼膏，该同学在柜台找了许久也未能找到此药。他便询问带教老师，老师告诉他，红霉素眼膏的贮存条件是在阴凉（不超过20℃）干燥处保存，所以它存放在阴凉柜里。

学前导语

药物制剂的贮存条件与其稳定性相关，而稳定性又是保证药物有效性和安全性的基础。本项目我们将带领同学们学习药物制剂稳定性的相关知识，学会如何防止药物制剂从生产到临床应用前可能发生的稳定性问题。

任务一　概述

一、研究药物制剂稳定性的意义

药物制剂稳定性系指药物制剂在生产、运输、贮藏、周转直至临床应用前的一系列过程质量变化的速度和程度。药物制剂稳定性是考察药物制剂质量的重要指标之一，是确定药物制剂使用期限的主要依据。

药物制剂的基本要求是安全性、有效性和稳定性，而稳定性又是保证药物有效性和安全性的基础。药物若分解变质，不仅可使疗效降低，有些药物甚至产生毒副作用，难以保证药物的安全性和有效性。作为已实现机械化大生产的制剂行业，若产品因不稳定而变质，则在经济上可造成巨大损失。因此，药物制剂稳定性是制剂研究、开发与生产中的一个重要问题。随着制药工业的发展，制剂的品种越来越多，某些液体制剂的稳定性问题甚为突出，尤其是注射剂，若将变质的注射液注入人体，则非常危险。我国已经规定：在新药的研究和开发时必须考察外界因素和处方因素对药物稳定性的影响，新药申请必须呈报有关稳定性资料。因此，为了提高制剂质量，保证药品疗效与安全，提高经济效益，必须重视药物制剂从开发到临床应用全过程的稳定性研究。

课堂活动

青霉素不能口服，而需注射给药，而且只能做成粉针剂，为什么？

二、药物制剂稳定性的研究范围

药物制剂稳定性一般包括化学、物理和生物学三个方面。

（一）化学稳定性

化学稳定性是指药物由于水解、氧化等化学降解反应，使药物含量（或效价）产生变化。药物由于化学结构的不同，其降解反应也不一样，水解和氧化是药物降解的两个主要途径。其他如异构化、聚合、脱羧等反应，在某些药物中也有发生。有时一种药物还可能同时产生两种或两种以上的反应。

1. 水解 水解是药物降解的主要途径，属于此类降解的药物主要有酯类（包括内酯）、酰胺类（包括内酰胺）等。

（1）酯类药物的水解：含有酯键药物的水溶液，在 H^+ 或 OH^- 或广义酸碱的催化下水解反应加速。特别在碱性溶液中，由于酯分子中氧的电负性比碳大，故酰基被极化，亲核性试剂 OH^- 易于进攻酰基上的碳原子，而使酰氧键断裂，生成醇和酸，酸与 OH^- 反应，使反应进行完全。在酸碱催化下，酯类药物的水解常可用一级或伪一级反应处理。

盐酸普鲁卡因的水解可作为这类药物的代表，其水解生成对氨基苯甲酸与二乙胺基乙醇，此分解产物无明显的麻醉作用。属于此类药物的还有盐酸可卡因、硫酸阿托品、氢溴酸后马托品等。酯类的水解往往使溶液的 pH 下降，有些酯类药物灭菌后 pH 下降，即提示可能发生了水解反应。

（2）酰胺类药物的水解：酰胺类药物水解以后生成酸与胺。属于这类的药物有青霉素类、头孢菌素类、巴比妥类等。

例如青霉素类在碱性条件下，β-内酰胺环开环水解，生成青霉酸而失去抗菌活性；头孢菌素类药物应用日益广泛，由于分子中同样含有 β-内酰胺环，易于水解，如头孢唑林钠在酸与碱中都易水解失效，其水溶液在 pH 4~7 范围内较稳定。

2. 氧化 氧化也是药物变质的主要途径之一。药物氧化分解常是自动氧化，即在大气中氧的影响下进行缓慢地氧化。药物的氧化过程与化学结构有关，如酚类、烯醇类、芳胺类、吡唑酮类、噻嗪类药物较易氧化，易氧化药物也要特别注意光、氧气、金属离子对它们的影响，以保证产品质量。药物氧化后，不仅效价损失，而且可能发生颜色变化或沉淀。

（1）酚类药物：这类药物分子中具有酚羟基，如肾上腺素、左旋多巴、吗啡、水杨酸钠等。

（2）连烯二醇类：维生素 C 是这类药物的代表，由于分子中含有烯醇基，极易氧化。在有氧条件下，先氧化成去氢抗坏血酸，然后经水解为 2，3-双酮古罗糖酸，此化合物进一步氧化为草酸与 L-丁糖酸。在无氧条件下，发生脱水作用和水解作用生成呋喃甲醛和二氧化碳，由于 H^+ 的催化作用，在酸性介质中脱水作用比碱性介质快，实验中证实有二氧化碳气体产生。

（3）其他类药物：芳胺类如磺胺嘧啶钠，噻嗪类如盐酸氯丙嗪、盐酸异丙嗪等，这些药物都易氧化，其中有些药物氧化过程极为复杂，常生成有色物质。含有碳碳双键的药物，如维生素 A 或 D 的氧化是典型的游离基链式反应。

3. 光解 光解是指药物在光的作用下所发生的有关降解反应，许多药物对光不稳定，如硝苯地平类、喹诺酮类等。一般来说，可吸收波长小于 280nm 光线的药物可能在日光照射下降解，当药物可以吸收波长大于400nm的光线，日光和灯光都可能引起该药物的降解。光解反应有不同的类型，最典型的例子是临床上用于静脉给药治疗急性高血压的硝普钠，避光放置时其溶液剂的稳定性良好，至少可以保存一年，但在灯光下其半衰期仅为4小时。

由于氧化反应常由光照引发，因此，光解常伴随氧化反应，但光解并不仅限于氧化反应，此外，药物光解会产生光毒性，无论是口服或是注射给药，有部分患者在日光强烈照射下发生严重的光毒性反应，临床主要表现为在光照皮肤处出现红肿、发热、瘙痒、疱疹等症状。具有光毒性的药物有喹诺酮类抗菌素、呋塞米、氯噻酮等。

4. 其他反应

（1）异构化：异构化分为光学异构化和几何异构化两种。通常药物发生异构化后，生物活性降低甚至消失。

光学异构化是指化合物的光学特性发生了变化，可分为外消旋化作用和差向异构化作用。如左旋肾上腺素具有生理活性，在pH 4的水溶液中外消旋后只有50%的活性。差向异构化指具有多个不对称碳原子的基团发生异构化的现象。四环素在酸性条件下，在4位上碳原子出现差向异构形成4-差向四环素，现在已经分离出差向异构四环素，治疗活性比四环素低。

几何异构化是指化合物的顺反式之间发生的转变。如维生素A的活性形式是全反式，在2,6位形成顺式异构化后活性下降。

（2）聚合：是两个或多个分子结合在一起形成复杂分子的过程。已经证明氨苄西林浓的水溶液在贮存过程中能发生聚合反应，一个分子的β-内酰胺环裂开与另一个分子反应形成二聚物，此过程可继续进行形成高聚物。一般这类聚合物能诱发氨苄西林产生过敏反应。

（3）脱羧：对氨基水杨酸钠在光、热、水分存在的条件下很易脱羧，生成间氨基酚，后者还可进一步氧化变色。普鲁卡因水解产物对氨基苯甲酸，也可逐渐脱羧生成苯胺，而苯胺在光线影响下氧化生成有色物质，这就是盐酸普鲁卡因注射液变黄的原因。

（二）物理稳定性

物理稳定性，主要指制剂的物理性能发生变化，制剂物理变化的规律和机制较化学变化更为复杂，主要有以下几个方面：

1. 晶型转变　药物具有两种或两种以上的晶型结构，即为多晶型。晶型分为稳定型、亚稳型和不稳型（非晶态）。当药物的某种晶型所处环境的温度、湿度、压力等外界条件发生变化时，可能会转变成其他晶型。制剂中药物晶型的转变可能导致药物物理性质的较大变化，例如新生霉素在水混悬液中为亚稳型，放置过程中易转变为无生物活性的稳定型。混悬液中常加入甲基纤维素，以阻止转型及防止产生沉淀和结块。

2. 沉淀或结晶　若药物在制剂中几乎为饱和、过饱和溶液，则从溶液中容易析出固体物质，影响剂量的准确性和生物利用度。另外，栓剂内主药在不同基质中的溶解度不同，若制备时更换了基质，则主药就有可能从基质中结晶出来。

3. 药物挥发　某些易挥发的药物和辅料由于具有较高的蒸汽压，容易导致药物挥发损失。例如硝酸甘油具有高度的挥发性，故在贮存过程中极易导致药物含量显著降低。

4. 吸附　静脉输液采用聚氯乙烯(PVC)塑料包装储存或给药时,药物-塑料相互作用可能导致药物吸附在容器内壁。PVC 对一些药物有吸附作用,如胰岛素、地西泮等。除 PVC 外,目前输液器材料还有聚丙烯(PP)、聚乙烯(PE)等,不同材质输液器对药物吸附存在明显差异性。

5. 制剂变化和老化　药物制剂物理稳定性视剂型不同,表现形式也不同。例如混悬剂中药物颗粒结块、结晶生长,乳剂的分层、破裂,胶体制剂的老化,片剂崩解度、溶出速度的改变等。

案例分析

案例

临床上经常使用的甘露醇在放置过程中析出结晶,问是否还能继续使用?

分析

甘露醇在水中的溶解度(25℃)为1 ∶5.5。甘露醇注射液含20%以及25%甘露醇为一过饱和溶液,如果贮存温度较低则会析出结晶,此时,可加温到37℃使之完全溶解后进行使用。由此可见,对于某些发生物理稳定性变化的药物制剂,如果条件改变能够恢复制剂原来形式的还可以正常应用。

(三)生物学稳定性

生物学稳定性一般指药物制剂由于受微生物的污染,而使产品变质、腐败,尤其是含糖、蛋白质等营养性物质的液体制剂更易于微生物滋生。药物制剂受微生物污染后,会引起物理性状变化、热原产生、生成致敏物质、药效或毒性改变等。

药物制剂稳定性是一个复杂的问题,有时伴随着化学稳定性的问题,也同时发生物理与生物稳定性问题,其结果都将导致产品质量下降甚至不合格。因此,药物制剂的稳定性对制剂安全、稳定、有效均会造成很大影响,剂型设计时一定要加以考虑。

知识链接

制剂稳定性的化学动力学基础

化学动力学是研究化学反应在一定条件下的速度规律、反应条件(温度、压力、浓度、介质、催化剂等)对反应速度与方向的影响以及化学反应的机制等,即以测定药物降解的速度来预测药品的有效期和了解影响反应速度的因素,评价药物制剂的稳定性。浓度对药物降解反应速率影响是首要问题,通常采用反应级数来阐明反应物浓度与反应速率之间的关系。尽管药物的降解反应机制十分复杂,但多数药物及其制剂的降解反应可按零级、一级处理。

1. 零级反应　反应速度与反应物浓度无关,其速率方程为:

$$-\frac{dC}{dt} = k_0 \qquad 式(20\text{-}1)$$

积分式为:

$$C = C_0 - k_0 t \qquad 式(20\text{-}2)$$

2. 一级反应　反应速率与反应物浓度的一次方成正比，其速率方程为：

$$-\frac{dC}{dt}=kC \qquad 式（20-3）$$

积分式为：

$$\lg C=-\frac{kt}{2.303}+\lg C_0 \qquad 式（20-4）$$

上述公式中，k 为速率常数，C 为 t 时间反应物的浓度，C_0 为 $t=0$ 时反应物浓度。通常将反应物消耗一半所需的时间为半衰期，记作 $t_{1/2}$。一级反应恒温时，$t_{1/2}$ 与反应物浓度无关，即 $t_{1/2}=\frac{0.693}{k}$，在药物制剂降解反应中，常用降解 10% 所需的时间作为有效期，记作 $t_{0.9}$，恒温时，$t_{0.9}$ 也与反应物浓度无关，即 $t_{0.9}=\frac{0.1054}{k}$。

点滴积累

1. 药物制剂的基本要求是安全性、有效性和稳定性。
2. 制剂稳定性的研究范围包括化学、物理和生物学三个方面。
3. 药物的降解途径有水解、氧化、光解、异构化和聚合等，其中主要途径为水解和氧化。
4. 制剂的物理稳定性包括晶型转变、沉淀或结晶、药物挥发、吸附、制剂变化和老化。

任务二　影响药物制剂稳定性的因素及稳定化方法

一、影响药物制剂稳定性的因素

（一）处方因素

制备任何一种制剂，首先要进行处方设计，因处方的组成对制剂稳定性影响很大。pH、广义的酸碱催化、溶剂、离子强度、表面活性剂等因素，均可影响药物的稳定性；此外溶液 pH 与药物氧化反应也有密切关系。半固体、固体制剂的某些赋形剂或附加剂有时对主药的稳定性也有影响，都应加以考虑。

1. pH 的影响　药液的 pH 不仅影响药物的水解反应，而且影响药物的氧化反应。许多酯类、酰胺类药物的水解受 H^+ 或 OH^- 的催化，这种催化作用称为专属酸碱催化或特殊酸碱催化，其水解速度主要由溶液的 pH 决定。当 pH 很低时，主要是酸催化。当 pH 较高时，主要是碱催化。反应速度常数与 pH 关系的图形，称为 pH-速度图，曲线最低点对应的 pH 即为 pHm（该 pH 条件下液体制剂中的药物最稳定）。在较高温度下求得的 pHm，一般也适用于室温条件。

2. 广义酸碱催化的影响　按照 Bronsted-Lowry 酸碱理论，给出质子的物质叫广义的酸，接受质子的物质叫广义的碱。有些药物也可被广义的酸碱催化水解，这种催化作用叫广义的酸碱催化或一般酸碱催化。许多药物处方中，往往需要加入缓冲剂如醋酸盐、磷酸盐、枸橼酸盐、硼酸盐等，为广义的酸碱。为了观察缓冲液对药物的催化作用，可用增加缓冲剂的浓度，但保持离子强度不变（pH恒定）的方法，配制一系列的缓冲溶液，然后观察药物在这一系列缓冲溶液中的分解情况，如果分解速度随缓冲剂浓度的增加而增加，则可确定该缓冲剂对药物有广义的酸碱催化作用。为了减少这种催化作用的影响，在实际生产处方中，缓冲剂应使用尽可能低的浓度或选用没有催化作用的缓冲系统。

3. 溶剂的影响　根据溶剂和药物的性质，溶剂可能由于溶剂化、解离、改变反应活化能等而对药物制剂的稳定性产生显著影响。一般情况下，药物的降解速度与溶剂的极性、介电常数有关，但是，溶剂对稳定性的影响比较复杂，对于具体药物应通过实验来进行确定。

4. 表面活性剂的影响　溶液中加入表面活性剂可能影响药物稳定性。一些易水解的药物加入表面活性剂可使稳定性提高，因药物被增溶在胶束内部，形成了所谓的“屏障”。但应注意，表面活性剂有时也会加快药物的降解，如聚山梨酯-80使维生素D稳定性下降。故设计处方时须通过实验，正确选用表面活性剂。

5. 离子强度的影响　在制剂处方中，离子强度的影响主要来源用于调节pH、调节等渗、防止氧化等需要而加入的附加剂，包括缓冲液、等渗调节剂、抗氧剂、电解质等。离子强度对降解速度的影响可用式（20-5）说明：

$$\lg k = \lg k_0 + 1.02 Z_A Z_B \sqrt{\mu} \qquad \text{式(20-5)}$$

式中，k为降解速度常数；k_0为溶液无限稀（$\mu=0$）时的速度常数；μ为离子强度；$Z_A Z_B$为溶液中药物所带的电荷。以$\lg k$对作图可得一直线，其斜率为$1.02Z_AZ_B$，外推到$\mu=0$可求得k_0，见图20-1。

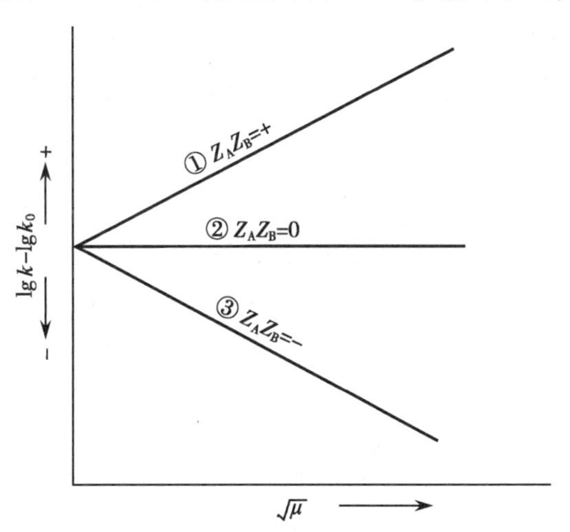

图20-1　离子强度对反应速度的影响

由上式可知，相同离子间的反应，对于带负电荷的药物离子而言，如果受OH^-催化，则由于盐的加入会增大离子强度，从而使分解反应的速度加快；如果受H^+催化，则分解反应的速度随着离子强度的增大而缓慢。对于中性分子的药物而言，分解速度与离子强度无关。

6. 处方中辅料的影响　一些半固体制剂，如软膏剂、栓剂中药物的稳定性与制剂处方的基质有关。栓剂基质聚乙二醇可使乙酰水杨酸分解，产生水杨酸和乙酰聚乙二醇。一些片剂的润滑剂对乙酰水杨酸的稳定性也有一定影响，如硬脂酸钙、硬脂酸镁可与乙酰水杨酸反应形成相应的乙酰水杨酸钙及乙酰水杨酸镁，提高了系统的 pH，使乙酰水杨酸溶解度增加，分解速度加快，因此生产乙酰水杨酸片时应选用滑石粉或硬脂酸作为润滑剂。

（二）外界因素

外界因素包括温度、光线、空气（氧）、金属离子、湿度和水分、包装材料等。这些因素对于制定产品的生产工艺条件和包装设计都是十分重要的。其中温度对各种降解途径（如水解、氧化等）均有较大影响，而光线、空气（氧）、金属离子对易氧化药物影响较大，湿度、水分主要影响固体药物的稳定性。同时包装材料对稳定性的影响也是必须考虑的问题。

1. 温度的影响　一般来说，温度升高，反应速度加快，根据 Van' t Hoff 规则，温度每升高 10℃，反应速度约增加 2~4 倍。然而不同反应增加的倍数可能不同，故上述规则只是一个粗略的估计。温度对于反应速度常数的影响，Arrhenius 提出如下方程：

$$K = Ae^{-E/RT} \qquad 式(20\text{-}6)$$

式中，k 为速度常数；A 为频率因子；E 为活化能；R 为气体常数；T 为绝对温度，这就是著名的 Arrhenius 指数定律，它定量地描述了温度与反应速度之间的关系，是预测药物稳定性的主要理论依据。

2. 光线的影响　在制剂生产与产品的贮存过程中，还必须考虑光线的影响。光是一种辐射能，辐射能量的单位是光子。光子的能量与波长成反比，光线波长越短，能量越大，故紫外线更易激发化学反应。有些药物分子受辐射（光线）作用使分子活化而产生分解，此种反应叫光化降解，其速度与系统的温度无关。这种易被光降解的物质叫光敏感物质。药物结构与光敏感性可能有一定的关系，如酚类和分子中有双键的药物，一般对光敏感。

3. 空气（氧）的影响　大气中的氧是引起药物制剂氧化的主要因素。大气中的氧进入制剂的主要途径有两个方面，一方面是氧在水中有一定的溶解度，在平衡时，0℃ 为 10. 19ml/L，25℃ 为 5. 75ml/L，50℃ 为 3. 85ml/L，100℃ 水中几乎没有氧；另一方面在药物容器空间的空气中也存在着一定量的氧。各种药物制剂几乎都有与氧接触的机会，药物的氧化降解常为自动氧化，在制剂中只要有少量氧存在，就能发生氧化反应，氧化降解会使药物失效、生成无生理活性的物质或有毒物质，制剂的颜色也不断加深。

4. 金属离子的影响　制剂中微量金属离子主要来自原辅料、溶剂、容器以及操作过程中使用的工具等。微量金属离子对自动氧化反应有显著的催化作用，如 0. 0002mol/L 的铜能使维生素 C 氧化速度增大 1 万倍。铜、铁、钴、镍、锌、铅等离子都有促进氧化的作用，它们主要是缩短氧化作用的诱导期，增加游离基生成的速度。

5. 湿度和水分的影响　空气中湿度与物料中含水量对固体药物制剂的稳定性的影响特别重要。水是化学反应的媒介，固体药物吸附了水分以后，在表面形成一层液膜，分解反应会在液膜中进行。无论是水解反应，还是氧化反应，微量的水均能加速阿司匹林、青霉素 G 钠盐、氨苄西林钠、对氨基水杨酸钠、硫酸亚铁等的分解。药物是否容易吸湿，取决于其临界相对湿度的大小。氨苄西林极易吸湿，经实验测定其临界相对湿度仅为 47%，如果在相对湿度 75% 的条件下，放置 24 小时，可吸收水分约 20%，同时粉末溶解。

6. 包装材料的影响　药物贮藏于室温环境中，主要受热、光、水汽及空气（氧）的影响。包装设计就是为了排除这些因素的干扰，但同时也要考虑包装材料与药物制剂的相互作用，通常使用的包装容器材料有玻璃、塑料、橡胶及一些金属，这些包装材料对药物制剂的稳定性直接关系到药物制剂的质量。

二、药物制剂稳定化方法

（一）控制温度

药物制剂在制备过程中，往往需要加热溶解、灭菌等操作，此时应考虑温度对药物稳定性的影响，制定合理的工艺条件。有些产品在保证完全灭菌的前提下，可降低灭菌温度、缩短灭菌时间；对热特别敏感的药物，如某些抗生素、生物制品，要根据药物性质设计合适的剂型（如固体剂型）；生产中采取特殊的工艺如冷冻干燥，无菌操作等产品，同时产品要低温贮存，以保证产品质量。

（二）加入附加剂

1. pH 调节剂　确定最稳定的 pH 是溶液型制剂处方设计中首先要解决的问题。一般是通过实验求得，方法如下：保持处方中其他成分不变，配制一系列不同 pH 的溶液，在较高温度（恒温，例如 60℃）下进行加速实验。求出各种 pH 溶液的速度常数（k），然后以 1gk 对 pH 作图，就可求出最稳定的 pH。

pH 调节要同时考虑稳定性、溶解度和药效三个方面。pH 调节剂一般常用盐酸和氢氧化钠，也常用与药物本身相同的酸和碱，如硫酸卡那霉素用硫酸、氨茶碱用乙二胺等进行调节。如需维持药物溶液的 pH，则可用磷酸、醋酸、枸橼酸及其盐类组成的缓冲系统来调节。一些药物最稳定的 pH 见表 20-1。

表 20-1　一些药物最稳定的 pH

药物	最稳定 pH	药物	最稳定 pH
盐酸普鲁卡因	3.4~4.0	对乙酰氨基酚	5.0~7.0
维生素 C	6.0~6.5	阿司匹林	2.5
甘露醇	4.5~6.5	吗啡	4.0
葡萄糖	3.8~4.0	地西泮	5.0
头孢噻吩钠	3.0~8.0	维生素 B_1	2.0
阿昔洛韦	10.5~11.5	阿奇霉素	5.0~7.5

2. 抗氧剂　为了防止易氧化药物的自动氧化，在制剂中必须加入抗氧剂。一些抗氧剂本身为强还原剂，它首先被氧化而保护主药免遭氧化，在此过程中抗氧剂逐渐被消耗（如亚硫酸盐类）。另一些抗氧剂是链反应的阻化剂，能与游离基结合，中断链反应的进行，在此过程中其本身不被消耗。抗氧剂可分为水溶性抗氧剂与油溶性抗氧剂两大类。水溶性抗氧剂中，焦亚硫酸钠和亚硫酸氢钠常用于弱酸性药液，亚硫酸钠常用于偏碱性药液，硫代硫酸钠只能用于碱性药液如磺胺类注射液等。油溶性抗氧剂如 BHA、BHT 等，用于油溶性维生素类（如维生素 A、D）制剂有较好效果。此外还有一

些药物能显著增强抗氧剂的效果，通常称为协同剂，如枸橼酸、酒石酸、磷酸等。

3. 金属离子络合剂　要避免金属离子的影响，首先应选用纯度较高的原辅料，其次在操作过程中尽可能避免使用金属器具，同时还可加入螯合剂，如依地酸盐或枸橼酸、酒石酸、磷酸、二巯乙基甘氨酸等附加剂，有时螯合剂与亚硫酸盐类抗氧剂联合应用，效果更佳。依地酸二钠常用量为0.005%~0.05%。

（三）改变剂型或生产工艺

1. 制成固体制剂　凡在水溶液中证明是不稳定的药物，一般可制成固体制剂。供口服的做成片剂、胶囊剂、颗粒剂等。供注射的则做成注射用无菌粉末，可使稳定性大大提高。

2. 制成微囊或包合物　某些药物制成微囊可增加药物的稳定性，如维生素A制成微囊稳定性有很大提高，也有将维生素C、硫酸亚铁制成微囊，防止氧化，有些药物可制成环糊精包合物来提高稳定性，如维生素D_3制成β-CD包合物稳定性增加。

3. 采用粉末直接压片或包衣工艺　一些对湿热不稳定的药物，可以采用粉末直接压片或干法制粒。包衣是解决片剂稳定性的常规方法之一，如氯丙嗪、异丙嗪、对氨基水杨酸钠等，均做成包衣片。个别对光、热、水很敏感的药物，如酒石酸麦角胺，采用联合式压制包衣机制成包衣片，收到良好效果。

（四）改善包装

药物制剂的包装材料有类型，下面主要讨论常见的玻璃和塑料两种包装材料。

1. 玻璃材质　玻璃的理化性能稳定，不易与药物相互作用，气体不能透过，为目前应用最多的一类容器。但有些玻璃释放碱性物质或脱落不溶性玻璃碎片等。棕色玻璃能阻挡波长小于470nm的光线透过，故光敏感的药物可用棕色玻璃瓶包装。

2. 塑料材质　塑料是聚氯乙烯、聚苯乙烯、聚乙烯、聚丙烯、聚酯、聚碳酸酯等一类高分子聚合物的总称。为了便于成形或防止老化等原因，常常在塑料中加入增塑剂、防老剂等附加剂。有些附加剂具有毒性，药用包装塑料应选用无毒塑料制品。塑料制品有质轻、可塑、不易破损等优点，但也存在着透气、透湿、吸附等缺点。高密度聚乙烯的刚性、表面硬度、拉伸强度大，熔点、软化点高，水蒸气与气体透过速度下降，常用于片剂，胶囊剂的包装。

鉴于包装材料与药物制剂稳定性关系较大。因此，在产品试制过程中要进行“装样试验”，对各种不同包装材料进行认真的选择。

（五）其他稳定化方法

1. 充入惰性气体　生产上一般在溶液中和容器空间通入惰性气体如二氧化碳或氮气，置换其中的氧，延缓氧化反应的发生。例如在配制易氧化药物的水溶液时，通常用新鲜煮沸放冷的纯化水配制，或在纯化水中通入氮气或二氧化碳，置换溶解在水中的氧；制备注射液时，多采用通二氧化碳气体除去水中的氧；灌封安瓿时充二氧化碳或氮气除去安瓿空间的氧气。

2. 改变溶剂　对于易水解的药物，有时采用非水溶剂，如乙醇、丙二醇、甘油等使其稳定。含有非水溶剂的注射液，如苯巴比妥注射液就避免了苯巴比妥水溶液受OH^-催化水解。

3. 制成难溶性盐　药物的化学结构是决定制剂稳定性的内因，药物化学结构不同，稳定性不同。所以可将容易水解的药物制成难溶性盐或难溶性酯类衍生物,可增加其稳定性。水溶性越低,稳定性越好,例如青霉素G钾盐,可制成溶解度小的普鲁卡因青霉素G(水中溶解度为1∶250),稳定性显著提高。

点滴积累

1. 影响药物制剂稳定性的因素有处方因素(pH、酸碱催化、溶剂等)及外界因素(温度、光线、空气、包装材料等)。
2. 药物制剂稳定化方法包括控制温度、加入附加剂、改变剂型和生产工艺、改善包装等。

任务三　药物制剂稳定性试验

一、概述

(一)稳定性试验的目的

稳定性试验的目的是考察原料药或药物制剂在温度、湿度、光线的影响下随时间变化的规律,为药品的生产、包装、贮存、运输条件提供科学依据,同时通过试验测定药品的有效期。

(二)稳定性试验的基本要求

1. 稳定性试验包括影响因素试验、加速试验与长期试验。影响因素试验要求用1批原料药或1批制剂进行;加速试验与长期试验要求用3批供试品进行。

2. 原料药供试品应是一定规模生产的,其合成工艺路线、方法、步骤应与大生产一致。药物制剂的供试品应是放大试验的产品[如片剂或胶囊剂至少在10 000片(粒)左右,特殊剂型、特殊品种所需数量,根据具体情况灵活掌握],其处方与生产工艺应与大生产一致。

3. 供试品的质量标准应与临床前研究及临床试验和规模生产所使用的供试品质量标准一致。

4. 加速试验与长期试验所用供试品的容器和包装材料及包装方式应与上市产品一致。

5. 研究药物稳定性,要采用专属性强、准确、精密、灵敏的药物分析方法与有关物质(含降解产物及其他变化所生成的产物)的检查方法,并对方法进行验证,以保证药物稳定性结果的可靠性。在稳定性试验中,应重视降解产物的检查。

二、药物制剂稳定性试验方法

(一)影响因素试验

影响因素试验(强化试验)是在比加速试验更激烈的条件下进行的稳定性试验,原料药进行此项试验的目的是探讨药物的固有稳定性、了解影响其稳定性因素及可能的降解途径与降解产物,为制剂生产工艺、包装、贮存条件与建立降解产物的分析方法提供科学依据。药物制剂进行此项试验的目的是考察制剂处方的合理性与生产工艺及包装条件。具体方法是将供试品置适宜的容器中(如称量瓶或培养皿),摊成≤5mm厚的薄层,疏松原料药摊成≤10mm厚度薄层,进行以下实验:

1. 高温试验　供试品开口置适宜的洁净容器中,60℃温度下放置10天,于第5天和第10天取样，按稳定性重点考察项目进行检测。若供试品含量低于规定限度则在40℃条件下同法试验。若60℃无明显变化，不再进行40℃试验。

2. 高湿试验　供试品开口置恒湿密闭容器中，在25℃分别于相对湿度90%±5%条件下放置10天，于第5天和第10天取样，按稳定性重点考察项目要求检测，同时准确称量试验前后供试品的重量，以考察供试品的吸湿潮解性能。若吸湿增重5%以上，则在相对湿度75%±5%条件下，同法进行试验；若吸湿增重5%以下，且其他考察项目符合要求，则不再进行此项试验。恒湿条件可通过在密闭容器如干燥器下部放置饱和盐溶液实现。根据不同相对湿度的要求，选择NaCl饱和溶液（相对湿度75%±1%，15.5~60℃）或KNO_3饱和溶液（相对湿度92.5%，25℃）。

3. 强光照射试验　供试品开口放在装有日光灯的光照箱或其他适宜的光照装置内，于照度为4500lx±500lx的条件下放置10天，分别于第5天和第10天取样，按稳定性重点考察项目进行检测，特别要注意供试品的外观变化。

关于光照装置，建议采用定型设备“可调光照箱”，也可用光橱，在箱中安装日光灯数支使达到规定照度。箱中供试品台高度可以调节，箱上方安装抽风机以排除光源产生的热量，箱上配有照度计，可随时监测箱内照度，光照箱应不受自然光的干扰，并保持照度恒定，同时要防止尘埃进入光照箱。

以上为影响因素稳定性研究的一般要求。在进行药物制剂稳定性研究时，首先应查阅原料药稳定性有关资料，了解温度、湿度、光线对原料药稳定性影响，进行必要的影响因素试验。根据药品的性质必要时可以设计其他试验，如考察pH、氧、低温等因素对药品稳定性的影响。对于需要溶解或稀释后使用的药品，如注射用无菌粉末、溶液片剂等，还应考察临床使用条件下的稳定性。

（二）加速试验

加速试验是在超常的条件下进行的。其目的是通过加速药物的化学或物理变化，探讨药物的稳定性，为制剂设计、包装、运输及贮存提供必要的资料。原料药物与药物制剂均需进行此项试验，供试品要求3批，按市售包装，在温度40℃±2℃、相对湿度75%±5%条件下放置6个月。所用设备应能控制温度±2℃，相对湿度±5%，并能对真实温度与湿度进行监测。在试验期间第1个月、第2个月、第3个月、第6个月末取样一次，按稳定性重点考察项目进行检测。在上述条件下，如6个月内供试品经检测不符合制订的质量标准，则应在中间条件下即在温度30℃±2℃，相对湿度65%±5%的情况下（可用$Na_2C_rO_4$饱和溶液，30℃，相对湿度64.8%）进行加速试验，时间仍为6个月。加速试验，建议采用隔水式电热恒温培养箱（20~60℃）。箱内放置具有一定相对湿度饱和盐溶液的干燥器，设备应能控制所需的温度，且设备内各部分温度应该均匀，并适合长期使用。也可采用恒湿恒温箱或其他适宜设备。

对温度特别敏感的药物，预计只能在冰箱中（4~8℃）保存，此种药物的加速试验，可在温度25℃±2℃、相对湿度60%±10%的条件下进行，时间为6个月。

乳剂、混悬剂、软膏剂、乳膏剂、糊剂、凝胶剂、眼膏剂、栓剂、气雾剂、泡腾片及泡腾颗粒宜直接采用温度30℃±2℃、相对湿度65%±5%的条件下进行试验，其他要求与上述相同。

对于包装在半透性容器的药物制剂，如低密度聚乙烯制备的输液袋、塑料安瓿、眼用制剂容器等，则应在温度 40℃±2℃、相对湿度 25%±5% 的条件（可用 $CH_3COOK \cdot 1.5H_2O$ 饱和溶液）进行试验。

（三）长期试验

药物制剂稳定性试验方法——长期试验

长期试验又称留样观察法，是在接近药物的实际贮存条件下进行，其目的为制订药物的有效期提供依据。此法能准确地反映实际情况。其缺点是周期较长，不易及时发现和纠正出现的问题。

原料药物与药物制剂均需进行长期试验，供试品要求 3 批，市售包装，在温度 25℃±2℃、相对湿度 60%±10%的条件下放置 12 个月，每 3 个月取样一次，分别于第 0 个月、第 3 个月、第 6 个月、第 9 个月、第 12 个月按稳定性重点考察项目进行检测。12 个月以后，分别于第 18 个月、第 24 个月、第 36 个月仍需继续考察，取样进行检测。将结果与第 0 个月比较，以确定药物的有效期。由于实测数据的分散性，一般应按 95%可信限进行统计分析，得出合理的有效期。

有时试验没有取得足够数据（例如只有 18 个月），也可用统计分析以确定药物的有效期。如 3 批统计分析结果差别较小，则取其平均值为有效期；若差别较大，则取其最短的为有效期。数据表明很稳定的药品，不作统计分析。

对温度特别敏感的药物，长期试验可在温度 6℃±2℃的条件下放置 12 个月，按上述时间要求进行检测，12 个月以后，仍需按规定继续考察，制订在低温贮存条件下的有效期。

原料药进行加速试验与长期试验所用包装应采用模拟小包装，但所用材料与封装条件应与市售原料药一致。

（四）经典恒温法

前述实验方法主要用于新药申请，但在实际研究工作中，也可考虑采用经典恒温法，特别对水溶液的药物制剂，预测结果有一定的参考价值。

经典恒温法的理论依据是前述 Arrhenius 指数定律 $K=Ae^{-E/RT}$，其对数形式为

$$\lg K=-\frac{E}{2.303RT}+\lg A \qquad 式(20\text{-}7)$$

以 $\lg K$ 对 $1/T$ 作图得一直线，此图称 Arrhenius 图，直线斜率为 $-E/(2.303R)$，由此可计算出活化能 E。若将直线外推至室温，就可求出室温时的速度常数（$K_{25℃}$）。由 $K_{25℃}$ 可求出分解 10%所需的时间（即 $t_{0.9}$）或室温贮藏若干时间以后残余的药物的浓度。

除经典恒温法外，试验方法还有线性变温法、Q_{10} 法、活化能估算法等，在研究工作中，有时可以应用。

（五）固体制剂稳定性试验的特殊要求和特殊方法

固体制剂在制剂中占有很大比例，前节所述加速实验方法，一般适用于固体制剂，但根据固体药物稳定性的特点，还要有一些特殊要求，须引起实验者的注意：①如水分对固体药物稳定性影响较大，则每个样品必须测定水分，加速实验过程中也要测定；②样品必须密封容器，但为了考察材料的影响，可以用开口容器与密封容器同时进行，以便比较；③测定含量和水分的样品，都要分别单次包

装；④固体剂型要使样品含量尽量均匀，以避免测定结果的分散性；⑤药物颗粒的大小对结果也有影响，故样品要用一定规格的筛号过筛，并测定其粒度，固体的表面是微粉的重要性质，必要时可用BET方法测定；⑥实验温度不宜过高，以60℃以下为宜。

此外还需注意赋形剂对药物稳定性的影响。通常可用下述方法设计实验：药物与赋形剂以1∶5配料，药物与润滑剂按20∶1配料，常用赋形剂和润滑剂有淀粉、糊精、蔗糖、磷酸氢钙、硫酸钙、硬脂酸镁、硬脂酸等，配好料后，其中一半用小瓶密封，另一半吸入或加入5%水后，也用小瓶密封，然后在5℃、25℃、50℃、60℃和4500lx光照下进行加速实验，定期取样测定含量，并进行薄层分析、热分析和漫反射光谱分析来判断，并观察外观、色泽等变化，以判断赋形剂是否影响药物的稳定性。

（六）稳定性重点考察项目

《中国药典》(2015年版)规定，原料药和制剂的稳定性考察项目见表20-2。

表20-2　原料药及药物制剂稳定性重点考察项目表

剂型	稳定性重点考察项目
原料药	性状、熔点、含量、有关物质、吸湿性以及根据品种性质选定的考察项目
片剂	性状、含量、有关物质、崩解时限或溶出度或释放度
胶囊剂	性状、含量、有关物质、崩解时限或溶出度或释放度、水分；软胶囊要检查内容物有无沉淀
注射剂	性状、含量、pH、可见异物、不溶性微粒、有关物质，应考察无菌
栓剂	性状、含量、融变时限、有关物质
软膏剂	性状、均匀性、含量、粒度、有关物质
乳膏剂	性状、均匀性、含量、粒度、有关物质、分层现象
糊剂	性状、均匀性、含量、粒度、有关物质
凝胶剂	性状、均匀性、含量、粒度、有关物质、乳胶剂应检查分层现象
眼用制剂	如为溶液，应考察性状、可见异物、含量、pH、有关物质；如为混悬型，还应考察粒度、再分散性；洗眼剂还应考察无菌；眼丸剂应考察粒度与无菌
丸剂	性状、含量、有关物质、溶散时限
糖浆剂	性状、含量、澄清度、相对密度、有关物质、pH
口服溶液剂	性状、含量、澄清度、有关物质
口服乳剂	性状、含量、分层现象、有关物质
口服混悬剂	性状、含量、沉降体积比、有关物质、再分散性
散剂	性状、含量、粒度、有关物质、外观均匀度
气雾剂	递送剂量均一性、微细粒子剂量、有关物质、每瓶总揿次、喷出总量、喷射速度
吸入制剂	递送剂量均一性、微细粒子剂量
喷雾剂	每瓶总吸次、每喷喷量、每喷主药含量、递送速率和递送总量、微细粒子剂量
颗粒剂	性状、含量、粒度、有关物质、溶化性或溶出度或释放度
贴剂(透皮帖剂)	性状、含量、有关物质、释放度、黏附力
冲洗剂、洗剂、灌肠剂	性状、含量、有关物质、分层现象(乳状型)、分散性(混悬型)、冲洗剂应考察无菌

续表

剂型	稳定性重点考察项目
搽剂、涂剂、涂膜剂	性状、含量、有关物质、分层现象(乳状型)、分散性(混悬型)、涂膜剂还应考察成膜性
耳用制剂	性状、含量、有关物质,耳用散剂、喷雾剂与半固体制剂分别按相关剂型要求检查
鼻用制剂	性状、pH、含量、有关物质、鼻用散剂、喷雾剂与半固体制剂分别按相关剂型要求检查

注:有关物质(含降解产物及其他变化所生成的产物)应说明其生成产物的数目及量的变化,如有可能应说明有关物质中何者为原料中的中间体,何者为降解产物,稳定性试验中重点考察降解产物

知识链接

中药复方制剂稳定性

中药复方制剂的质量难以用某 1 ~2 个成分的含量来控制，它也不能代表制剂的全部质量含义，所测的成分在许多情况下不一定是在临床治疗上起主要作用的有效成分，只是在原料、工艺等质量控制中起着质量指标的作用，因此用某个含量测定指标作为中药制剂稳定性研究中有一定变化且可定量考察的对象，在一些情况下不一定能全面反映产品稳定性的真实情况，在制定有效期时仅作为参考。 也有用加速试验并参照制剂药效学指标的变化来判断中药制剂稳定性的报道。

点滴积累

1. 稳定性试验通常包括影响因素试验、加速试验和长期试验。
2. 影响因素实验包括高温、高湿和强光照射实验。
3. 影响因素试验要求用 1 批原料药或 1 批制剂进行；加速试验与长期试验要求用 3 批供试品进行。

目标检测

一、选择题

(一) 单项选择题

1. 药物的有效期是指药物含量降低(　　)

A. 10%所需时间　　B. 50%所需时间　　C. 63. 2%所需时间　　D. 5%所需时间

2. 药物化学降解的主要途径是(　　)

A. 聚合　　B. 脱羧　　C. 异构化　　D. 水解与氧化

3. 下列属于影响制剂稳定性的非处方因素为(　　)

A. 药物的化学结构　　B. 辅料　　C. 药物的结晶形态　　D. 湿度

4. 下列药物制剂的不稳定性属于化学变化的是(　　)

A. 散剂吸湿　　B. 乳剂破裂　　C. 产生气体　　D. 发霉、腐败

5. 加速试验时，供试品要求放置6个月的条件是(　　)

A. 50℃、相对湿度60%　　B. 50℃、相对湿度75%

C. 40℃、相对湿度75%　　D. 40℃、相对湿度60%

(二) 多项选择题

1. 药物制剂的基本要求有(　　)

A. 安全性　　B. 有效性　　C. 方便性

D. 稳定性　　E. 经济性

2. 影响药物制剂稳定性的处方因素有(　　)

A. 溶剂　　B. 温度　　C. pH

D. 光线　　E. 附加剂

3. 药物发生变质的原因包括(　　)

A. 分子聚合　　B. 药物变旋　　C. 晶型转变

D. 药物水解　　E. 酶类药物的变性

4. 贮藏条件能影响制剂稳定性，主要包括(　　)

A. 温度　　B. 湿度　　C. 光线

D. 贮存容器　　E. 氧气

5. 药物制剂稳定化方法有(　　)

A. 改变溶剂　　B. 控制温度　　C. 调节pH

D. 避光　　E. 控制微量金属离子

6. 稳定性试验的考察方法有(　　)

A. 高温试验　　B. 加速试验　　C. 比较试验

D. 长期试验　　E. 强光照射试验

二、简答题

1. 简述制剂稳定性研究的范围。

2. 简述影响制剂稳定性的因素及稳定化措施。

3. 简述稳定性试验的方法。

三、实例分析

1. 维生素C在包装上应采用何种方法以增加其稳定性？

2. 临床上常用的药物阿司匹林，为什么制成肠溶片而不是普通片？

(苏　红)

项目二十一

药物制剂的有效性

导学情景

情景描述

刘大爷高血压，一直吃某原研降压药，血压一直控制很好，由于原研药价格高，刘大爷听说有一个药物名字相同，价格便宜的仿制药，节俭的刘大爷就改用了价格便宜的药。换药一周，刘大爷出现头晕，头痛等高血压症状，到医院看，医生发现刘大爷的血压又高了。了解后发现是刘大爷改用的药品疗效不好。刘大爷不能理解，为什么同一个药品，剂量相同，可是效果却不一样。

学前导语

相同的药物制剂可以因为选择的工艺路线、工艺条件、操作技术及辅料不同而对药物制剂的疗效、稳定性产生影响，本项目将带领同学们学习药物制剂的有效性的影响因素和如何评价药品有效性。

任务一　概述

一、影响药物制剂有效性的因素

20世纪60年代以来，随着医药科学技术的发展，人们对药品的质量与疗效有了新的认识。认识到药物在一定剂型中所产生的效应不仅与药物本身的化学结构有关，而且还受到剂型因素与生物因素的影响，有时甚至有很大的影响。含有同量同样化学结构的药品，并不一定有相同的疗效。临床上发现，不同厂家生产的同一制剂，甚至同一厂家生产的不同批号的同一药品，都有可能产生不同的疗效。例如曾有报道，不同药厂生产的相同剂量的泼尼松片，一种临床应用有效，另一种无效，而这两种片剂的崩解时限都未超过6分钟，后经溶出速率测定，临床上有效片剂药物溶出一半所需的时间是3~6分钟，而无效片则需5~15分钟。又如澳大利亚曾报道抗癫痫药苯妥英钠胶囊中毒事件，是生产厂家将赋形剂从原来的硫酸钙改为乳糖，导致药物的吸收量大大增加，使血药浓度超过了安全浓度而引起中毒。

每一种药物被赋予一定的剂型，由特定的途径给药，特定的方式和剂量被吸收、分布、代谢和排泄，到达作用部位后又以特定的方式和靶点作用，起到治疗疾病的目的。药物发挥治疗作用的好坏与上述所有环节都密切相关。

综上所述,影响药物制剂产生疗效的因素主要有剂型因素和生物因素。

（一）剂型因素

1. 药物的某些化学性质,如同一药物的不同盐、酯、络合物或前体药物,即药物的化学形式及药物的稳定性等。

2. 药物的某些物理性质,如粒子大小、晶型、溶解度、溶出速率等。

3. 制剂处方中所用辅料的性质与用量。

4. 药物的剂型及使用方法。

5. 处方中药物的配伍及相互作用。

6. 制剂的工艺过程、操作条件及贮存条件等。

（二）生物因素

1. 种族差异　指不同的生物种类,如小鼠、狗、猴等不同的实验动物和人的差异,及同一种生物在不同地理区域和生活条件下形成的差异,如不同人种的差异。

2. 性别差异　指动物的雌雄和人的性别差异。

3. 年龄差异　新生儿、婴儿、青壮年和老年人的生理功能可能有差异,因此药物在不同年龄个体中的处置与对药物的反应可能不同。

4. 生理和病理条件的差异　生理因素如妊娠及各种疾病引起的病理因素能引起药物体内过程的差异。

5. 遗传因素　人体内参与药物代谢的各种酶的活性可能存在着很大个体差异,这些差异可能是遗传因素引起。

案例分析

案例

1957 年沙利度胺作为镇静催眠剂上市。 此药因治疗妊娠呕吐反应疗效极为显著，销售很好，很快许多药厂以“thalidomide（反应停）”作为商品名在全球 46 个国家（主要在欧洲、非洲、澳洲和日本）销售使用。 然而就在上市不久的 1958-1962 年间，导致了 8000 多例婴幼儿海豹样畸形，其中 5000 多例死亡，成为震惊全球的、药物治疗史上的悲惨事件。 问题:

1. 妊娠期妇女用药后，药物可能对胎儿产生什么影响?

2. 药物如何向胎儿内转运? 影响因素有哪些?

分析

1. 妊娠期妇女用药后，药物可能对胎儿致畸、死亡、基因突变等。

2. 药物可进入母体循环系统，穿过胎盘和胎膜，进入胎儿循环转运至胎儿体内各部分。 影响药物通过胎盘的因素，主要有药物的理化性质，如脂溶性、解离度、分子量等；药物的结合蛋白率；用药时胎盘的功能状况，如胎盘血流量、胎盘代谢、胎盘生长等功能，以及药物在孕妇体内的分布特征等。

二、研究药物制剂有效性的学科

（一）生物药剂学

生物药剂学是研究药物及其制剂在体内的吸收、分布、代谢、排泄等过程，阐明药物的剂型因素、生物因素与药效间关系的一门科学。它探讨的是机体用药后直到排出体外这个阶段内药物的体内命运，即研究药物体内的量变规律及影响这些量变规律的因素，从药物在体内的量变动向去探讨药物对机体的效应，以确保用药的有效性与安全性。

生物药剂学主要研究药理上已证明有效的药物，当制成某种剂型以某种途径给药后能否很好地吸收、分布、代谢和排泄，以及血药浓度的变化过程与药效的关系。

（二）药物动力学

药物动力学是应用动力学原理与数学模型，定量地描述药物通过各种途径（如静脉注射、口服给药等）进入体内的吸收、分布、代谢和排泄，即药物体内过程的量时变化动态规律的一门科学。下面主要介绍药物动力学的几个基本概念：

1. 药物转运的速度过程　药物进入体内以后，体内的药物量或药物浓度将随着时间不断发生变化，通常将药物体内转运过程分为以下三种类型：

（1）一级速度过程：药物在体内某部位的转运速度与该部位的药量或血药浓度的一次方成正比，称为一级速度过程或线性动力学过程。通常药物在常用剂量时，其体内的各个过程多为一级速度过程，或近似为一级速度过程。

一级速度过程具有以下特点：半衰期与剂量无关；单剂量给药后的血药浓度-时间曲线下面积与剂量成正比；一次给药情况下，尿药排泄量与剂量成正比。

（2）零级速度过程：药物在体内的转运速度在任何时间都是恒定的，与血药浓度无关，称为零级速度过程或零级动力学过程。通常恒速静脉滴注的给药速度以及控释制剂中药物的释放速度为零级速度过程。以零级动力学过程消除的药物，其生物半衰期随剂量的增加而增加。

（3）受酶活力限制的速度过程：药物浓度较高而出现酶活力饱和时的速度过程，称为受酶活力限制的速度过程。通常符合这种速度过程的药物在高浓度时表现为零级速度过程，而在低浓度时是一级速度过程，其原因有以下两个方面：一是药物的代谢酶被饱和；二是与主动转运有关的药物跨膜转运时载体被饱和。

2. 隔室模型　药物动力学中用隔室模型来模拟机体对药物的配制。根据药物的体内过程和分布速度的差异，将机体划分为若干“隔室”或者“房室”。在同一隔室内，各部分的药物均处于动态平衡，但并不意味着浓度相等。最简单的是单室模型，较复杂的动力学模型有双室模型和多室模型。

知识链接

隔 室 模 型

隔室模型中的“隔室”是以速度论的观点，即以药物分布的速度与完成分布所需要的时间来划分，不是从生理解剖部位来划分的，具有抽象意义而不具有解剖学的实体意义。尽管“隔室”是抽象概念，但仍然具有客观的物质基础，对多数药物而言，血管分布丰富、血液流速快、流量大的组织器官可以称为“中央室”，如：血液、心、肝、脾、肺、肾等；与中央室比较，可以将血管分布相对较少、血液流速慢、流量小的组织器官称为“周边室”或称“外室”，如：骨骼、脂肪、肌肉等。

(1)单室模型：药物进入体内以后，能迅速向各组织器官分布，以致药物能很快在血液与各组织脏器之间达到动态平衡的都属于这种模型。单室模型并不意味着所有身体各组织在任何时刻的药物浓度都一样，但要求机体各组织药物水平能随血浆药物浓度的变化平行地发生变化。

(2)二室模型：药物进入体内后，能很快进入机体的某些部位，但对另一些部位，需要一段时间才能完成分布。在二室模型中，一般将血液以及药物分布能瞬时达到与血液平衡的部分划分为一个“隔室”，称为“中央室”；与中央室比较，将血液供应较少，药物分布达到与血液平衡时间较长的部分划分为“周边室”或称“外室”。

(3)多室模型：若在上述二室模型的外室中又有一部分组织、器官或细胞内药物的分布更慢，则可以从外室中划分出第三隔室。分布稍快的称为“浅外室”，分布慢的为“深外室”，由此形成三室模型。按此方法，可以将在体内分布速率有多种水平的药物按多室模型进行处理。

3. 速率常数 速率常数是描述速度过程的重要的动力学参数。速率常数的大小可以定量地比较药物转运速度的快慢，速率常数越大，该过程进行也越快。常见的速率常数有吸收速率常数(k_a)、总消除速率常数(k)、尿药排泄速率常数(k_e)。

4. 生物半衰期 生物半衰期指药物在体内的量或血药浓度消除一半所需要的时间，常以$t_{1/2}$表示，单位取“时间”单位。生物半衰期是衡量一种药物从体内消除快慢的指标。

一般来说，代谢快、排泄快的药物，其$t_{1/2}$短；代谢慢，排泄慢的药物，其$t_{1/2}$长。对线性动力学特征的药物而言，$t_{1/2}$是药物的特征参数，不因药物剂型或给药方法(剂量、途径)而改变。

5. 表观分布容积 表观分布容积是体内药量与血药浓度间相互关系的一个比例常数，用“V”表示。它可以设想为体内的药物按血浆浓度分布时，所需要体液的理论容积。

V是药物的特征参数，对于一具体药物来说，V是个确定的值，其值的大小能够表示出该药物的分布特性。V不具有直接的生理意义，在多数的情况下不涉及真正的容积，因而是“表观”的。一般水溶性或极性大的药物，不易进入细胞内或脂肪组织中，血药浓度较高，表观分布容积较小；亲脂性药物在血液中浓度较低，表现分布容积通常较大，往往超过体液总体积。

6. 清除率 清除率是指机体或者消除器官在单位时间能清除掉相当于多少体积的血液中的药物。清除率常用“Cl”表示，又称为体内总清除率，单位用“体积/时间”表示。

点滴积累

1. 影响药物制剂产生疗效的因素包括药物本身性质、剂型因素和生物因素。
2. 生物半衰期指药物在体内的量或血药浓度消除一半所需要的时间。

任务二　药物制剂的吸收

一、生物膜的组成与结构

药物从用药部位到达作用部位而产生药效，需要通过具有复杂结构与生理功能的生物膜，这些生物膜包括细胞膜及各种细胞器的亚细胞膜。细胞膜主要由水、类脂、蛋白质和少量的糖类所组成。关于细胞膜的结构，目前一般认为具有类脂双分子层的基本骨架，镶嵌和衬垫有可活动的蛋白质或蛋白微管、微丝，如图 21-1 所示。

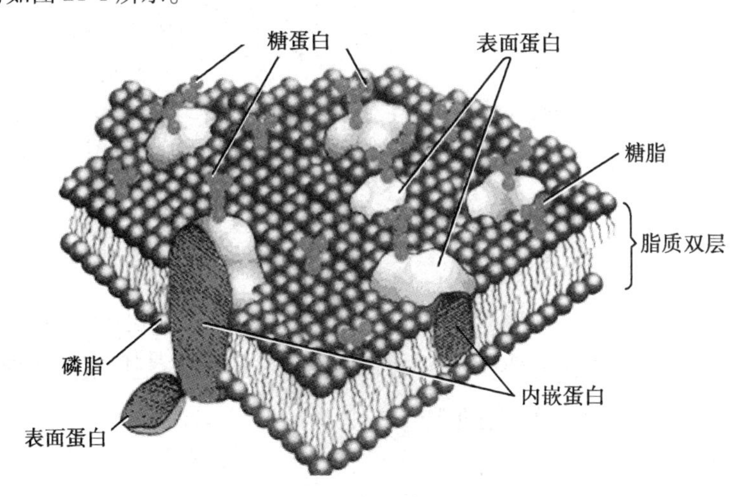

图 21-1　细胞膜液态镶嵌模型图

二、药物的吸收方式

药物在体内的吸收实际上就是药物在体内通过各种生物膜的转运过程，如图 21-2。

吸收是指药物从给药部位进入体液循环的过程。除了血管内给药无吸收过程外，非血管内给药(如胃肠道给药、肌内注射等)都存在着吸收过程。药物只有吸收进入体循环，在血液中达到一定的血药浓度，才会出现一定的药理效应，其作用强弱和持续时间都与血药浓度密切相关。因此，吸收是发挥体内药效的前提。一般来说，脂溶性药物和相对分子质量小的亲水性物质一般通过由被动扩散吸收，一些相对分子质量几百的极性分子须在膜中某些成分参与下进行转运。药物在体内转运方式主要有以下几种。

(一) 被动扩散

被动扩散是指药物由高浓度一侧通过生物膜扩散到低浓度一侧的转运过程。药物服用后，胃肠液中药物浓度高，生物膜内侧浓度低，大多数药物分子能以被动扩散为主要方式透过生物膜，转运到

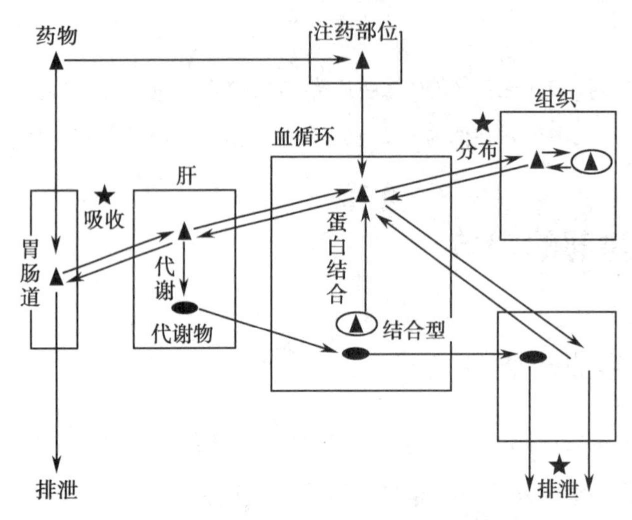

图 21-2　药物在体内的过程

血中完成吸收过程。

（二）主动转运

主动转运是借助于载体的帮助，药物由低浓度区域向高浓度区域逆向转运的过程。这种吸收方式需要消耗能量，需要载体帮助。一些生命必需的物质如氨基酸、单糖、Na^+、水溶性维生素及有机酸、碱等弱电解质的离子型均可以主动转运方式通过生物膜而被吸收。

（三）促进扩散

促进扩散系指一些物质在生物膜载体的帮助下，由膜的高浓度侧向低浓度侧转运的过程。转运需要载体参与，因此具有载体转运的特性，如可被结构类似物竞争性抑制、有饱和现象等，但由于药物的转运是顺浓度差进行的，故不需要消耗能量。

（四）胞饮作用

由于细胞膜具有一定的流动性，细胞可以通过主动变形而将某些物质摄入细胞内或从细胞内释放到细胞外，这个过程称膜动转运，其中向内摄取为入胞作用，向外释放为出胞作用，两者统称胞饮作用，摄取固体颗粒时称为吞噬。

ER-21-1

上皮细胞的构造及物质的转运途径

三、药物的吸收部位

药物的吸收部位随着药物剂型和给药方式而有不同，最主要的吸收部位是胃肠道，其他还有通过注射部位吸收、口腔吸收、肺部吸收、直肠吸收等。

（一）胃肠道吸收

口服药物一般通过胃肠道进行吸收，胃内壁是由黏膜组成，黏膜上少有绒毛，有利于药物通过胃黏膜上皮细胞，药物在胃中的吸收机制主要是被动扩散。一般情况下，弱碱性药物在胃中几乎不被吸收。

小肠黏膜表面有环状皱襞，且黏膜上有大量的绒毛和微绒毛，故有效吸收面积极大，小肠中药物的吸收以被动扩散为主。小肠中（特别是十二指肠）存在着许多特异性载体，所以是某些药物主动转运的特异吸收部位。故大多数药物都应在小肠中释放而获得良好的吸收。

大肠黏膜有皱襞但无绒毛和微绒毛，有效吸收面积比小肠小得多，因此不是药物吸收的主要部位，部分运至结肠的药物可能是缓释制剂、肠溶制剂或溶解度很小在小肠中吸收不完全的残留药物。直肠下端血管相当丰富，是直肠给药（如栓剂）的良好吸收部位。大肠中药物的吸收以被动扩散为主。

（二）注射部位吸收

注射给药方式中除了血管内给药没有吸收过程外，其他途径如皮下注射、肌内注射、腹腔注射等都存在吸收过程。注射部位周围一般有丰富的血液和淋巴循环。药物分子从注射点到达一个毛细血管只需通过几微米的路径，平均不到一秒，且影响吸收的因素比口服要少，故一般注射给药吸收快，生物利用度也比较高。

（三）口腔吸收

药物在口腔的吸收方式多为被动扩散，并遵循 pH 分配学说，即脂溶性药物或口腔环境下不解离的药物更易吸收。口腔吸收的药物可经颈内静脉到达血液循环，因此药物吸收无首过效应，也不受胃肠道 pH 和酶系统的破坏。这使口腔给药有利于首过作用大、胃肠中不稳定的某些药物。

（四）肺部吸收

药物肺部的吸收主要在肺泡中进行，由于肺泡总面积可达 $100\sim200m^2$，与小肠的有效吸收表面很接近，肺的解剖结构决定了药物能够在肺部十分迅速地吸收，肺部吸收的药物可直接进入全身循环，不受肝脏首过效应的影响。

（五）直肠吸收

直肠给药后的吸收途径主要有两条，一是通过直肠上静脉进入肝脏，进行首过代谢后再由肝脏进入大循环；另一条是通过直肠中、下静脉和肛门静脉，绕过肝脏，经下腔大静脉直接进入大循环，避免了肝脏的首过作用，因此首过作用大的药物直肠则往往可以增加生物利用度。

（六）鼻黏膜吸收

人体鼻腔上皮细胞下毛细血管和淋巴管十分发达，药物吸收后直接进入大循环，也无肝脏的首过作用。鼻腔黏膜为类脂质，药物在鼻黏膜的吸收主要方式为被动扩散。因此脂溶性药物易于吸收，水溶性药物吸收较差。

（七）阴道黏膜吸收

阴道黏膜的表面有许多微小隆起，有利于药物的吸收。从阴道黏膜吸收的药物可直接进入大循环，不受肝脏首过效应的影响。

ER-21-2
药物首过效应示意图

四、影响药物胃肠道吸收的因素

（一）生理因素

1. 胃肠道 pH 影响　胃肠道不同部位有着不同的 pH，不同 pH 决定弱酸性和弱碱性药物的解离状态，而消化道上皮细胞是一种类脂膜，故分子型药物易于吸收。如空腹时胃液的 pH 通常为 0.9~1.5，餐后可略增高，呈现酸性，有利于弱酸性药物的吸收，弱碱性药物吸收较少。消化道 pH 的变化能影响被动扩散药物的吸收，但对主动转运过程影响较小。

2. 胃排空速率的影响　胃内容物经幽门向小肠排出称胃排空，单位时间胃内容物的排出量称胃空速率。多数药物以小肠吸收为主，胃空速率可反映药物到达小肠的速度，因此对药物的起效快慢、药效强弱和持续时间均有明显影响。当胃空速率增加时，药物到达小肠部位越快，越有利于药物吸收。胃空速率慢，药物在胃中停留时间延长，主要在胃中吸收的弱酸性药物吸收增加。

影响胃空速率因素主要有食物的组成与理化性质、胃内容物的黏度与渗透压、药物因素（有些药物能降低排空速率）、身体所处的姿势等。

3. 食物的影响　食物的存在使胃内容物黏度增大，减慢了药物向胃肠壁扩散速度，从而影响药物的吸收；同时食物的存在能减慢胃空速率，推迟药物在小肠的吸收；食物可消耗胃肠道内的水分，导致胃肠液减少，进而影响固体制剂的崩解和药物溶出，影响药物吸收速度。

当食物中含有较多的脂肪时，能促进胆汁的分泌，胆汁中的胆酸盐属表面活性剂，可增加难溶性药物的吸收。同时食物存在可减少一些对胃有刺激性药物的刺激作用利于吸收。

4. 血液循环的影响　由胃、小肠和大肠吸收的药物都经门静脉进入肝脏，肝脏的首过效应会使某些药物在进入体循环之前就受到很大损失。

消化道周围的血液与药物的吸收有复杂的关系。当血流速率下降时，吸收部位转运药物的能力下降，降低细胞膜两侧浓度梯度，使药物吸收减慢。当药物的膜透过速率比血流速率低时，吸收为膜限速过程。相反，当血流速率比膜透过速率低时，吸收为血流限速过程。血流速率对难吸收药物影响较小，对易吸收药物影响较大。

5. 胃肠分泌物的影响　在胃肠道的表面存在着大量黏蛋白，这些物质可增加药物吸附和保护胃黏膜表面不受胃酸或蛋白水解酶的破坏。有些药物可与这些黏蛋白结合，会导致此类药物吸收不完全（如链霉素）或不能吸收（如庆大霉素）。在黏蛋白外面，还有不流动水层，它对脂溶性强的药物是一个重要的通透屏障。人体分泌的胆汁中含有的胆酸盐（增溶剂）可促进难溶性药物的吸收，但与有些药物会生成不溶物而影响吸收。

（二）药物因素

1. 药物理化性质的影响

（1）药物脂溶性和解离度：胃肠道上皮细胞膜的结构为类脂双分子层，这种生物膜只允许脂溶性非离子型药物透过而被吸收。药物脂溶性大小可用油水分配系数（$k_{O/W}$）表示，一般油水分配系数大的药物吸收较好，但药物的油水分配系数过大，有时吸收反而不好，因为这些药物渗入磷脂层后可与磷脂层强烈结合，可能不易向体循环转运。

临床上多数治疗药物为有机弱酸或弱碱，其离子型难以透过生物膜。故药物的胃肠道吸收好坏不仅取决于药物在胃肠液中的总浓度，而且与非解离部分浓度大小有关，而非离子型部分的多少与药物的 pK_a 和吸收部位的 pH 有关。

（2）溶出速度：片剂、胶囊剂等固体剂型口服后，药物在体内吸收过程是先崩解，其次是药物溶解于胃肠液中，最后溶解的药物透过生物膜被吸收。因此，任何影响制剂崩解和药物溶解的因素均能影响药物的吸收。一般来说，可溶性药物溶解速度快，对吸收影响较少；难溶性药物或溶解缓慢的药物，溶解速度可限制药物的吸收。

(3)粒度:难溶或溶解缓慢药物的粒径是影响吸收的重要因素。粉粒愈细,表面积愈大,溶解速度愈快。为了减小粒径增加药物表面积,可采用微粉化、固体分散等方法改善。

(4)多晶型:化学结构相同的药物,因结晶条件不同而得到晶格排列不同的晶型,这种现象称为多晶型现象。多晶型中的稳定型,其熔点高,溶解度小,化学稳定性好;而亚稳定型的熔点较低,溶解度大,溶出速率也较快。因此亚稳定型的生物利用度高,而稳定型药物的生物利用度较低,甚至无效。

药物除多晶型外,还存在非晶型(无定型),无定型药物往往有高的溶出速率。例如结晶型新生霉素口服后 0.5~6 小时内均未能测得血药浓度,但无定型药物的溶解度和溶解速度均比结晶型的至少大 10 倍,呈显著的生物活性。晶型在一定条件下可以互相转化,如果掌握了转型条件,就能将某些原为无效的晶型转为有效晶型。

2. 药物稳定性的影响　很多药物在胃肠道中不稳定,一方面由于胃肠道 pH 的影响,可促进某些药物的分解。另一方面是由于药物不能耐受胃肠道中的各种酶,出现酶解作用使药物失活。实际中可利用包衣技术防止某些胃中不稳定药物的降解和失效,与酶抑制剂合用可以有效阻止药物酶解,制成药物衍生物或前体药物也是有效的途径。

3. 剂型因素的影响　剂型与药物吸收的关系可以分为药物从剂型中释放及药物通过生物膜吸收两个过程,因此剂型因素的差异可使制剂具有不同的释放特性,从而可能影响药物在体内的吸收和药效,体现在药物的起效时间、作用强度和持续时间等方面。常见口服剂型的吸收顺序是:溶液剂>混悬剂>散剂>胶囊剂>片剂>包衣片剂。

(1)液体制剂:溶液剂、混悬剂和乳剂等液体制剂属速效制剂,而水溶液或乳剂要比混悬剂吸收更快。药物以水溶液剂口服在胃肠道中吸收最快,这是因为药物以分子或离子状态分散。

(2)固体制剂:固体制剂包括片剂、胶囊剂、散剂、颗粒剂、丸剂、栓剂等。片剂处方中加入的附加剂较多、工艺复杂,影响吸收的因素也较多。

胶囊剂只要囊壳在胃内破裂,药物可迅速地分散,以较大的面积暴露于胃液中。影响胶囊剂吸收的因素常有:药物粉碎的粒子大小、稀释剂的性质、空胶囊的质量及贮藏条件等。

片剂是使用最广泛、研究生物利用度问题最多的一种制剂。片剂中含有大量辅料,并经制粒、压片或包衣等制成片状制剂,其表面积大大减小,减慢了药物从片剂中释放到胃肠中的速度,从而影响药物的吸收。

包衣片剂比一般片剂更复杂,因药物溶解吸收之前首先是衣层溶解,而后才能崩解使药物溶出。衣层的溶出速率与包衣材料的性质和厚度有关,尤其是肠溶衣片涉及因素更复杂,它的吸收还与胃肠内 pH 及其在胃肠内滞留时间等有关。

(3)制备工艺对药物吸收的影响:制剂在制备过程中的许多操作都可能影响到最终药物的吸收,包括混合、制粒、压片、包衣等操作。对于中药制剂干燥方法等不同也会影响药物吸收。例如片剂在湿法制粒过程中,湿混时间、湿粒干燥时间的长短,均对吸收有影响;压片时所加压力的大小,也会影响药物的溶出速率。另外在制粒操作中,黏合剂与崩解剂的品种、用量,颗粒的大小和松紧以及制粒方法等对药物的吸收均有较大影响。

(4)辅料对药物吸收的影响:在制剂过程中,为增加药物的均匀性、有效性和稳定性,通常都需要加入各种辅料(如:黏合剂、稀释剂、润滑剂、崩解剂、表面活性剂等),而无生理活性的辅料几乎不存在,故许多辅料对固体制剂的吸收可能会有一定影响。辅料可能会影响药物剂型的理化性状,从而影响到药物在体内的释放、溶解、扩散、渗透以及吸收等过程;在某些情况下辅料与药物之间可能产生物理、化学或生物学方面的作用。

点滴积累

1. 药物的体内过程包括吸收、分布、代谢、排泄。
2. 药物的吸收方式包括被动扩散、主动转运、促进扩散和胞饮作用。
3. 药物吸收的主要部位是胃肠道，还包括注射部位、口腔、肺部和直肠吸收等。
4. 影响药物胃肠道吸收的因素包括生理因素和药物因素。

任务三　药物制剂的分布、代谢、排泄

一、药物制剂的分布

(一) 分布的含义

药物吸收进入体循环后,随血液向体内各个可分布的脏器和组织转运的过程称为分布。如果药物分布的主要器官和组织正是药物的作用部位,则药物分布与药效之间有密切联系;如果药物分布于非作用部位,则往往与药物在体内的蓄积和毒性有密切关系。因此,了解药物的体内分布特征,对于预测药物的药理作用、体内滞留程度和毒副作用,保证安全用药和新药开发,都具有十分重要的意义。

(二) 影响分布的因素

1. 血液循环与血管通透性　药物的分布多数情况是通过血液循环进行的。药物的分布主要受组织器官血流量的影响,其次为毛细血管的透过性。血液循环快的脏器和组织有脑、肝和胃等,肌肉、皮肤次之,脂肪组织与结缔组织血液循环最慢。从血中向组织转运的药物,首先要从血管中渗出,毛细血管的透过性因脏器不同而存在差异。脑和脊髓的血管内壁结构致密,细胞间隙极少,极性药物很难透过。

2. 药物与血浆蛋白结合　游离药物易透过血管壁向体内各部位转运,而与血浆蛋白结合的药物则不能。药物与血浆蛋白的结合常是可逆的,血液中结合型和游离型药物处于动态平衡状态。当药物与血浆蛋白的结合出现饱和,或同时应用另一种药物与其发生竞争时,血浆中游离型药物浓度增加,可导致药物的药效显著增加,甚至出现副作用。

3. 组织结合与蓄积　体内与药物结合的物质除血浆蛋白外,其他组织细胞内存在的蛋白、脂肪、DNA、酶以及黏多糖等高分子物质亦能与药物发生非特异性结合。组织结合一般亦是可逆的,药物在组织与血液间保持动态平衡。组织结合程度的大小,对药物在体内的分布有很大影响。

当药物与组织有特殊亲和性时,分布过程中药物进入组织的速度大于从组织中解脱进入血液的速度,连续给药时,组织中的药物浓度逐渐上升的现象称为蓄积。药物若蓄积在靶器官,则可达到满意的疗效;如蓄积在脂肪等组织,则起储库作用,可延长作用时间;若蓄积的药物毒性较大,可对机体造成伤害。

4. 血脑屏障、胎盘屏障　脑和脊髓毛细血管的内皮细胞被一层神经胶质细胞包围,细胞间连接致密,间隙极少。神经胶质细胞富有脑磷脂,形成了较厚的脂质屏障,对于被动扩散的外来物质具有高度的选择性。这是脑组织对外来物质有选择地摄取的能力就称为血脑屏障。通常水溶性和极性药物很难透入脑组织,而脂溶性药物却能迅速地向脑内转运。

在母体循环与胎儿循环之间存在着胎盘屏障,胎盘屏障的性质与其他生物膜相似,胎盘的作用过程类似于血脑屏障。但随着妊娠的进行,胎儿生长达高峰期时药物的通透性可增加;当孕妇患严重感染、中毒或其他疾病时,可使胎盘的屏障作用降低。

二、药物制剂的代谢

药物的代谢又称生物转化,是指药物在体内所经历的化学结构的转变。药物代谢产物的极性通常比原形药物大,更适于肾脏排泄和胆汁排泄。

药物代谢主要在肝脏内进行,也发生在其他部位,如血浆、胃肠道、肠黏膜、肺或其他组织内。药物代谢过程可分为 2 个阶段:第 1 阶段通常是药物被氧化、羟基化、开环、还原或水解,结果使药物结构中增加了羟基、氨基或羧基等极性基因;第 2 阶段是结合反应,即上述极性基团与葡萄糖醛酸、甘氨酸等结合成葡萄糖醛酸苷、乙酰化物等,增加了药物极性,使之容易排泄。

影响药物代谢的主要因素有:种族差异、个体差异、年龄差异、性别差异、生理及病理条件差异,此外剂型因素也会影响药物的代谢,如相同药物不同的给药途径和方法往往因有无首过作用而产生代谢过程的差异。

三、药物制剂的排泄

药物的排泄是指体内药物以原形或代谢物的形式排出体外的过程。药物排泄最主要的途径是经肾排泄,其次是胆汁排泄,也可经乳汁、唾液、呼吸、汗液等途径排泄。

药物的肾排泄是肾小球过滤、肾小管重吸收和肾小管分泌等综合作用的结果。影响药物肾排泄的主要因素有:药物的血浆蛋白结合、尿液 pH 和尿量、合并用药、药物代谢、肾脏病变等。

药物经胆汁排泄包括被动扩散和主动转运两种方式。经胆汁排泄的药物进入十二指肠,再随粪便排出体外。某些在胆汁中排泄的药物或其代谢物在肠道中水解为原形药物后,被重新吸收返回门静脉的现象称为肠肝循环。肠肝循环能延长药效,如果使用抑制肠道菌丛的抗生素则肠肝循环减少。

当药物从乳汁排泄时,可能会使还在吃母乳的婴儿的安全受到一定的影响,应予以关注。

点滴积累

1. 药物吸收进入体循环后，随血液向体内各个可分布的脏器和组织转运的过程称为分布。
2. 影响药物分布的因素包括血液循环与血管通透性、药物与血浆蛋白结合、组织结合与蓄积、血脑和胎盘屏障。
3. 药物的代谢又称生物转化，主要在肝脏内进行。
4. 药物的排泄的主要途径是经肾排泄，其次是胆汁排泄。

任务四　生物利用度

一、生物利用度概述

生物利用度是指剂型中的药物被吸收进入血液的速度与程度，是客观评价制剂内在质量的一项重要指标。生物利用度是衡量制剂疗效差异的主要指标。药物制剂的生物利用度包括两方面的内容：生物利用程度和生物利用速度。

1. 生物利用的程度（*EBA*）　生物利用的程度即吸收程度，是指与标准参比制剂相比，试验制剂中被吸收药物总量的相对比值。可用下式表示：

$$EBA=\frac{\text{试验制剂被机体吸收的药物总量}}{\text{标准制剂被机体吸收的药物总量}}\times 100\% \qquad \text{式(21-1)}$$

吸收程度的测定可通过给予试验制剂和参比制剂后血药浓度-时间曲线下总面积（*AUC*），或尿中排泄药物总量来确定。

2. 生物利用的速度（*RBA*）　生物利用的速度是指与标准参比制剂相比，试验制剂中药物被吸收的速度的相对比值。可用下式表示：

$$RBA=\frac{\text{试验制剂的吸收速度}}{\text{标准制剂的吸收速度}}\times 100\% \qquad \text{式(21-2)}$$

多数药物的吸收为一级过程，因而常用吸收速度常数或吸收半衰期来衡量吸收速度，也可用达峰时间 t_{max} 来表示，峰浓度 C_{max} 不仅与吸收速度有关，还与吸收的量有关。

生物利用度是一个相对的概念，根据选择的标准参比制剂不同，生物利用度的结果也不同。如果用静脉注射剂为参比制剂，求得的是绝对生物利用度；当药物无静脉注射剂型或不宜制成静脉注射剂时，通常用药物的水溶液或溶液剂或同类型产品公认为优质厂家的制剂，所得的是相对生物利用度。

二、生物利用度的基本参数

评价生物利用度的速度与程度要有三个参数：吸收总量即血药浓度-时间曲线下面积 *AUC*、血药浓度峰值 C_{max}、血药浓度峰时 t_{max}。

药峰浓度 C_{max}、达峰时间 t_{max} 和药时曲线下面积 *AUC* 是具有吸收过程的制剂生物利用度的三项基本参数。对一次给药显效的药物，吸收速率更为重要，因为有些药物的不同制剂即使其曲线下面

积 AUC 值的大小相等，但曲线形状不同（图 21-3）。这主要反映在 C_{max} 和 t_{max} 两个参数上，这两个参数的差异足以影响疗效，甚至毒性。如曲线 C 的峰值浓度低于最小有效血药浓度值，将不产生治疗效果，曲线 A 的药峰浓度值高于最小中毒浓度值，则出现毒性反应，而曲线 B 能保持有效浓度时间较长，且不致引起毒性。因此，同一药物的不同制剂，在体内的吸收总量虽相同，若吸收速率有明显差异时，其疗效也将有明显差异，因此，生物利用度不仅包括被吸收的总药量，而且还包括药物在体内的吸收速率。

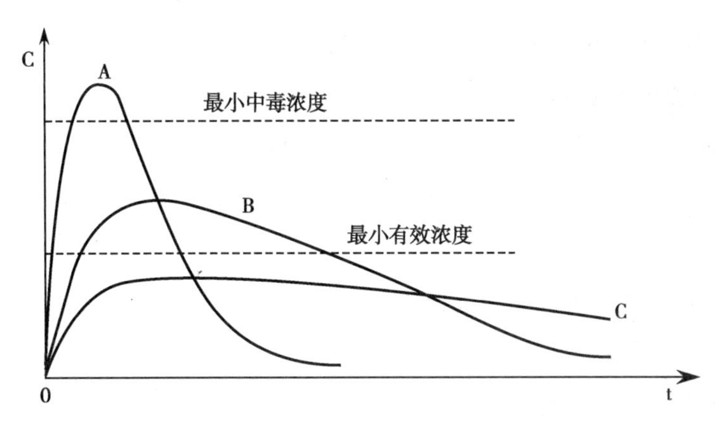

图 21-3　吸收量相同的三种制剂的药-时曲线

三、生物利用度的测定方法

测定生物利用度的方法主要有尿药累积排泄量法（简称尿药浓度法）、血药浓度法和药理效应法，方法的选择取决于研究的对象、目的、药物分析技术和药物动力学性质。

（一）血药浓度法

血药浓度法是生物利用度最常用的研究方法，分别给予受试者服用试验制剂和参比制剂后，测定血药浓度-时间数据，即可求算生物利用度。

若药物吸收后很快生物转化为代谢产物，无法测定原形药物的血药浓度-时间曲线，则可以通过测定血中代谢产物浓度来进行生物利用度研究，但代谢产物最好为活性代谢产物。

（二）尿药浓度法

若药物或其代谢物全部或大部分（>70%）经尿排泄，而且药物在尿中的累积排泄量与药物吸收总量的比值保持不变，则可利用药物在尿中排泄的数据估算生物利用度。尿药浓度法的优点是：不必进行血样采集，干扰成分少，分析方法易建立。但尿药浓度法影响因素多、集尿时间长，只有当不能采用血药浓度法时才用尿药浓度法。

（三）药理效应法

若药物的吸收速度与程度采用血药法与尿药法均不便评价，如一些中药制剂有效成分复杂或不明确，或无合适定量分析方法，而药物的效应与药物体内存留量有定量相关关系，且能较容易地进行定量测定时，可以通过药理效应测定结果进行药动学研究和药物制剂生物等效性评价，此方法称药理效应法。一般可用急性药理作用（如瞳孔放大、心率或血压变化）作为药物生物利用度的指标。

四、生物利用度的应用

（一）生物利用度的研究意义

生物利用度相对地反映出同种药物不同制剂（包括不同厂家生产的同一药物相同剂型的产品）被机体吸收的优劣，是衡量制剂内在质量的一个重要指标。也是新药研究的一项重要内容。药典及部颁标准收载的药物，改变剂型而不改变给药途径，测定生物利用度有更重要的意义，可以免作临床验证。对于某些临床指标不够明确的药物来说，生物利用度的测定显得更为重要。

（二）生物利用度的实验设计

1. 受试者的选择　临床生物等效性评价中的生物利用度研究，受试对象一般为健康人，年龄18~40岁，同一批受试者年龄不宜相差10岁，体重在正常范围内。受试者应经健康检查，确认健康，无过敏史，人数一般为18~24例。人体生物利用度研究必须遵守《药品临床试验管理规范》，研究计划经伦理委员会批准后，研究者应与受试者签订知情同意书。受试者在试验前两周内未用任何药物，试验期间禁烟、酒和含咖啡饮料。

2. 试验制剂与标准参比制剂试验　制剂应获得国家药品监督管理部门的临床试验批文；在我国已获得上市许可、有合法来源的药物制剂，一般均可作为参比制剂。

3. 试验设计　通常采用双周期的交叉试验设计。试验时将受试者随机分为两组，一组先用受试制剂，后用标准参比制剂；另一组则先用标准参比制剂，后用受试制剂。两个试验周期之间的时间间隔称洗净期，应大于药物的7~10个半衰期，半衰期小的药物洗净期通常为一周。试验在空腹条件下给药，一般禁食10小时以上，早上服药，同时饮水200ml，4小时后统一进标准餐。

4. 试验数据的分析　列出原始数据，计算平均值与标准差，求出主要药物动力学参数$t_{1/2}$、t_{max}、C_{max}、AUC等，计算生物利用度。

▶▶ 课堂活动

布洛芬作为一种常用的解热、镇痛、抗炎药物，其剂型、生产厂家各不相同，如何判断它们的优劣呢？

五、生物等效性

生物等效性是指一种药物的不同制剂在相同的试验条件下，给以相同的剂量，反映其吸收速率和程度的主要动力学参数没有明显的统计学差异。即指药物临床疗效、不良反应与毒性的一致性。生物等效性是反映新制剂与其参比制剂生物等效程度的重要指标，它是以生物利用度研究为基础的药物制剂质量控制研究项目，已成为国内外药物仿制或移植品种的重要评价内容。

国家规定的新药生物等效性评价方法有临床随机对照试验与生物利用度试验两种，以生物利用度进行生物等效性的实验设计时主要参数有血药浓度-时间曲线下面积AUC、峰浓度C_{max}及达峰时间t_{max}，具体可参照《中国药典》（2015年版）四部9011药物制剂人体生物利用度和生物等效性试验指导原则中相关规定进行。

点滴积累

1. 生物利用度是指剂型中的药物被吸收进入血液的速度与程度。
2. 评价生物利用度的参数有吸收总量即血药浓度-时间曲线下面积 AUC、血药浓度峰值 C_{max}、血药浓度峰时 t_{max}。
3. 生物利用度相对地反映出同种药物不同制剂（包括不同厂家生产的同一药物相同剂型的产品）被机体吸收的优劣，是衡量制剂内在质量的一个重要指标。
4. 生物利用度的测定方法有血药浓度法、尿药浓度法和药理效应法。

任务五　一致性评价

一、一致性评价概述

（一）一致性评价工作的政策背景

仿制药一直在药品研发与生产中占据较大比重,为提升我国制药行业整体水平,保障药品的安全有效,促进医药产业升级和结构调整,增强国际竞争力,2016 年 3 月发布的《国务院办公厅关于开展仿制药质量和疗效一致性评价的意见》,明确了分阶段完成一致性评价工作的任务:《国家基本药物目录(2012 年版)》中 2007 年 10 月 1 日前批准上市的化学药品仿制药口服固体制剂,应在 2018 年底前完成一致性评价,其中需开展临床有效性试验和存在特殊情形的品种,应在 2021 年底前完成一致性评价;逾期未完成的,不予再注册。化学药品新注册分类实施前批准上市的其他仿制药,自首家品种通过一致性评价后,其他药品生产企业的相同品种原则上应在 3 年内完成一致性评价;逾期未完成的,不予再注册。

（二）一致性评价工作的重要意义

仿制药在满足医疗需求等方面发挥着重要作用,在很多国家和地区已成为药品消费的主流。仿制药具有价格较低的优势,能够提升医疗服务水平、降低医疗支出、维护广大公众健康,具有显著的经济效益和社会效益。但是我国仿制药存在着过度重复申报、产品质量差异较大的问题。因此,开展仿制药质量和疗效一致性评价具有重要意义:①开展仿制药一致性评价意味着一个新的标准诞生;②仿制药的标准和质量将得到提升;③在招标过程中仿制药将有较大的优势;④在整个申报和进入公费医疗等方面,仿制药将享有优势。

（三）其他国家的经验

其他国家和地区曾经历过仿制药一致性评价,如美国、欧盟、日本等。美国于 1971 年启动仿制药生物等效性评价,开始关注仿制药的疗效,陆续淘汰了 6000 种不合格的药品;1984 年美国出台仿制药相关法案,加快了仿制药上市的步伐。英国在 1975 年开始对 36 000 个品种进行仿制药一致性评价,淘汰了相当数量的药品;日本从 1971 年至今共经历了 3 次一致性评价,1997 年启动药品品质再评价工程。各国通过一致性评价提高了仿制药的质量,使制药企业优胜劣汰,诞生了一大批世界性跨国药企,创新药层出不穷。

（四）相关概念

1. 仿制药　是指与被仿制药具有相同的活性成分、剂量、规格剂型、质量、安全性、给药途径和治疗作用的药品。

2. 药品一致性研究　就是仿制药必须和原研药“管理一致性、中间过程一致性、质量标准一致性等全过程一致”的高标准要求。

3. 参比制剂　是指用于仿制药质量一致性评价的对照药品，可为原研药品或国际公认的同种药物。

4. 原研药品　是指已经过全面的药学、药理学和毒理学研究，且具有完整和充分的安全性、有效性数据作为上市依据、拥有或曾经拥有相关专利或获得了专利授权、在境外或境内首先批准上市的药品。

5. 国际公认药品　是指与原研药品质量和疗效一致的药品

6. 药学等效性（Pharmaceutical equivalence）　如果两制剂含等量的相同活性成分，具有相同的剂型，符合同样的或可比较的质量标准，则可以认为它们是药学等效的。药学等效不一定意味着生物等效，因为辅料的不同或生产工艺差异等可能会导致药物溶出或吸收行为的改变。

7. 治疗等效性（Therapeutic equivalence）　如果两制剂含有相同活性成分，并且临床上显示具有相同的安全性和有效性，可以认为两制剂具有治疗等效性。如果两制剂中所用辅料本身并不会导致有效性和安全性问题，生物等效性研究是证实两制剂治疗等效性最合适的办法。如果药物吸收速度与临床疗效无关，吸收程度相同但吸收速度不同的药物也可能达到治疗等效。而含有相同的活性成分只是活性成分化学形式不同（如某一化合物的盐、酯等）或剂型不同（如片剂和胶囊剂）的药物制剂也可能治疗等效。

二、一致性评价工作程序

根据《国务院办公厅关于开展仿制药质量和疗效一致性评价的意见》的任务要求，制定了仿制药一致性评价工作程序，流程简图如图 21-4 所示。

（一）评价品种名单的发布

国家药品监督管理部门发布开展仿制药质量和疗效一致性评价（以下简称一致性评价）的品种名单。药品生产企业按照国家药品监督管理部门发布的品种名单，对所生产的仿制药品开展一致性评价研究。

（二）企业开展一致性评价研究

药品生产企业是开展一致性评价的主体。对仿制药品（包括进口仿制药品），应参照《普通口服固体制剂参比制剂选择和确定指导原则》（国家食品药品监督管理总局公告 2016 年第 61 号），选择参比制剂，以参比制剂为对照药品全面深入地开展比对研究。参比制剂需履行备案程序的，按照《仿制药质量和疗效一致性评价参比制剂备案与推荐程序》（国家食品药品监督管理总局公告 2016 年第 99 号）执行。仿制药品需开展生物等效性研究的，按照《关于化学药生物等效性试验实行备案管理的公告》（国家食品药品监督管理总局公告 2015 年第 257 号）进行备案。

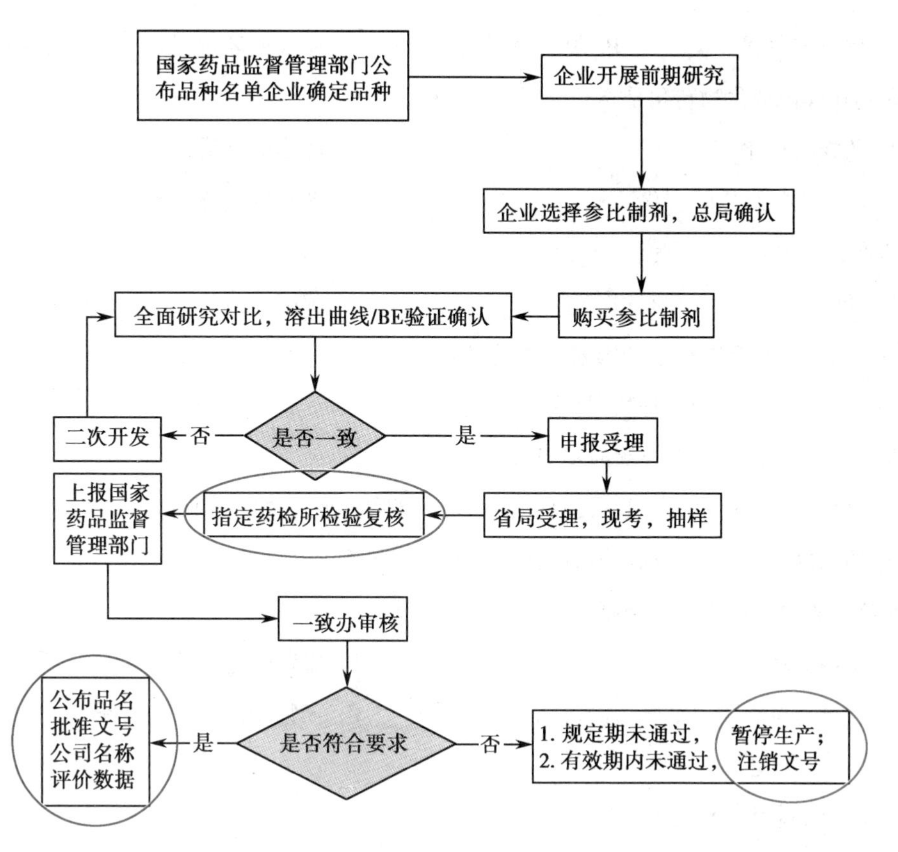

图 21-4　一致性评价工作程序简图

对为开展一致性评价而变更处方、工艺等已获批准事项的仿制药品（包括进口仿制药品），应参照《药品注册管理办法》的有关要求，提出补充申请，按照本工作程序执行。其他补充申请，按照《药品注册管理办法》的有关规定执行。

点滴积累

1. 仿制药是指与被仿制药具有相同的活性成分、剂量、规格剂型、质量、安全性、给药途径和治疗作用的药品。
2. 药品一致性研究，就是仿制药必须和原研药“管理一致性、中间过程一致性、质量标准一致性等全过程一致”的高标准要求。
3. 参比制剂是指用于仿制药质量一致性评价的对照药品，可为原研药品或国际公认的同种药物。

目标检测

一、选择题

（一）单项选择题

1. 药物在胃肠道吸收的机制不包括（　　）

A. 扩散作用　　B. 渗透压作用　　C. 载体作用　　D. 胞饮作用

2. 吸收是指药物进入（　　）

A. 胃肠道过程　B. 靶器官过程　C. 血液循环过程　D. 细胞内过程

3. 药物在体内的生物转化是指(　　)

A. 药物的活化　B. 药物的灭活

C. 药物化学结构的变化　D. 药物的消除

4. 药物的代谢器官主要为(　　)

A. 肾脏　B. 肝脏　C. 脾脏　D. 肺

5. 下列关于影响药物疗效的因素叙述错误的为(　　)

A. 吸收部位的血液循环快,易吸收

B. 药物在饱腹时比在空腹时易吸收

C. 胃肠道不同区域的黏膜表面积大小不同,药物的吸收速度也不同

D. 药物服用者饮食结构不同,服同一种药物疗效不同

6. 影响药物分布的因素不包括(　　)

A. 体内循环的影响　B. 血管透过性的影响

C. 药物与血浆蛋白结合力的影响　D. 药物制备工艺的影响

(二) 多项选择题

1. 关于生物利用度的叙述正确的有(　　)

A. 系指药物被吸收进入血液循环的程度

B. 相对生物利用度是试验制剂与静脉注射制剂相比较

C. 绝对生物利用度是试验制剂与参比制剂相比较

D. 生物利用程度常用参数 AUC 表示

E. 研究所用的参比制剂必须上市许可、有合法来源制剂

2. 影响药物口服吸收的主要因素有(　　)

A. 生理因素　B. 药物因素　C. 剂型因素

D. 处方因素　E. 血液流速

3. 药物生物利用度评价三大指标为(　　)

A. AUC　B. t_{max}　C. C_{max}

D. $t_{1/2}$　E. K

4. 下列关于影响药物吸收的因素叙述正确的有(　　)

A. 胃空速率越快,药物越易吸收

B. 一般稳定型结晶较亚稳定型结晶吸收好

C. 药物水溶性越大,越易吸收

D. 制剂工艺及赋形剂不同,疗效不同

E. 难溶性固体药物粒径越小,越易吸收

5. 可以减少或避免肝脏首过效应的给药途径或剂型是(　　)

A. 舌下给药　B. 鼻腔给药　C. 静脉注射

D. 肌内注射　　　　　　　　E. 栓剂直肠距肛门 2cm 处给药

二、简答题

1. 简述影响药物疗效的剂型因素。
2. 简述生物利用度的定义和研究意义。
3. 结合本项目所学内容，试分析从哪些方面来保证药物制剂的稳定性？

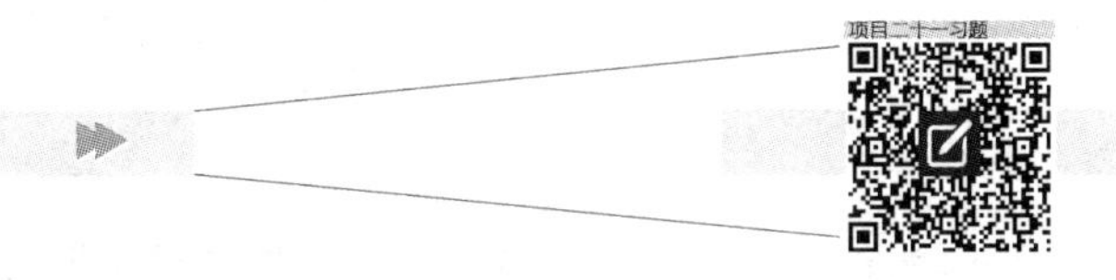

（杨媛媛）

项目二十二

药物制剂的配伍变化

导学情景

情景描述

某医生给某患者下医嘱：将维生素 C 与多种微量元素同时加入到 5% 葡萄糖溶液中进行使用。病区护士在配液中发现用抽吸过维生素 C 的一次性无菌注射器抽吸多种微量元素注射液时，注射器内立即变成黑色，因此没给患者用药，并及时将情况汇报给医生。

学前导语

多种微量元素与多种药物存在不同程度的配伍禁忌，应引起医护人员的重视。本项目我们将带领同学们学习药物制剂配伍变化的相关知识，以保证临床用药的安全、有效。

任务一　概述

一、药物制剂配伍的含义

药物制剂配伍是指两种或两种以上药物共处于同一剂型中的相容性，其结果是可以配伍，也可能出现不可以配伍即配伍禁忌。药物配伍的目的是为了提高药物疗效，减少不良反应，延缓机体耐受性或病原体耐药性的发生，以及预防或治疗并发症而加用其他药物等。

多种药物配合在一起使用，由于它们的物理化学性质和药理性质相互影响，可能产生各种各样的配伍变化。有的发生物质形态改变的物理性变化，有的则有新物质产生的化学变化，有的引起药物作用性质、强度或持续时间改变的疗效学变化，统称配伍变化。如果配伍变化有利于生产、使用和符合临床治疗需要的，称为合理性配伍，如甲氧苄啶使磺胺药增效；如果产生的配伍变化不符合制剂要求，或使药物作用减弱、消失，甚至引起毒副作用的，称为配伍禁忌，如泼尼松与氢氯噻嗪合用，两者均有强烈的排钾作用，可能出现严重的低钾血症。

二、研究药物制剂配伍变化的目的

研究药物制剂配伍变化的目的在于根据药物和制剂成分的理化性质和药理作用，探讨配伍变化产生的原因和正确处理或防止的方法，设计合理的处方、工艺，对可能发生的配伍变化则有预见性，进行制剂的合理配伍，避免不良的药物配伍，保证用药的安全、有效。

知识链接

中西药物配伍使用

随着新药、新剂型不断涌现，中西药结合治疗、中西药物联合组方的制剂日益增多，带来了药物配伍的许多新问题，易出现重复用药、剂量增加等现象。如蟾酥、罗布麻等含有强心苷或强心物质，若与洋地黄类强心药合用总剂量增加，可引起强心苷中毒。甘草、鹿茸具有糖皮质激素样作用，与水杨酸钠合用能诱发或加重消化道溃疡的发病率，与胰岛素同服时能产生相互拮抗而减弱降糖药的效应。

点滴积累

1. 药物制剂的配伍变化包括合理性配伍和配伍禁忌。
2. 药物配伍的目的是为了提高药物疗效，减少不良反应，延缓机体耐受性或病原体耐药性的发生，以及预防或治疗并发症而加用其他药物等。

任务二　药物制剂配伍变化类型

一、物理的配伍变化

物理的配伍变化是指药物配伍时发生了物理性质的改变。常见的有：

1. 润湿、液化和结块　某些药物配伍时出现润湿或液化现象，给生产和储存带来困难，影响产品质量。造成润湿与液化的物理性配伍原因主要有：

(1)吸湿：固体药物配伍时，若配伍药物之一吸湿性强，则可发生润湿和液化，从而影响产品质量。

(2)形成低共熔混合物：一些醇类、酚类、酮类、酯类的药物如薄荷脑、樟脑、麝香草酚、苯酚、水合氯醛等在一定温度下按一定比例混合时，产生润湿或液化现象。

散剂、颗粒剂由于药物吸湿后又逐渐干燥而引起结块，从而导致制剂变质或药物分解失效。

2. 溶解度改变　不同性质溶剂的制剂配伍使用，常因药物在混合溶液中的溶解度变小而析出沉淀。如含树脂的醇性制剂在水性制剂中析出树脂；含蛋白质、黏液质多的水溶液若加入大量的醇能产生沉淀。

3. 分散状态或粒径变化　乳剂、混悬剂中分散相的粒径可因与其他药物配伍，也可因久贮而粒径变大，或分散相聚结而分层或析出。导致临床使用不便，甚至影响疗效。

二、化学的配伍变化

化学的配伍变化是指药物之间发生化学反应，使药物产生了不同程度的质的变化。常见的有：

1. 变色　药物间发生氧化、还原、聚合、分解等反应时，产生带色化合物或发生颜色上变化，在光线照射、高温及湿度下反应更快。如含酚基化合物与铁盐作用使混合物颜色有变化;维生素C注射液与碱性氨茶碱注射液配伍,可加速维生素C的分解变色。

2. 产生气体　产生气体是药物发生化学反应的结果。碳酸盐、碳酸氢盐与酸类药物,铵盐及乌洛托品与碱类药物混合时可能产生气体,如溴化铵等铵类与强碱性药物配伍可放出氨气,乌洛托品与酸性药物配伍能分解产生甲醛等。

3. 混浊和沉淀　液体药物配伍时,若配伍不当,可能出现混浊和沉淀。如水杨酸钠或苯巴比妥钠的水溶液遇酸或酸性药物后,会析出水杨酸或巴比妥酸;小檗碱和黄芩苷在溶液中能产生难溶性沉淀;硝酸银遇含氯化物的水溶液时产生沉淀等。

4. 发生爆炸　大多数由强氧化剂与强还原剂配伍时引起,如以下药物混合研磨时易发生爆炸:氯化钾与硫、高锰酸钾与甘油、强氧化剂与蔗糖等。

三、疗效的配伍变化

疗效的配伍变化即药物相互作用,是指药物合用或先后应用的其他药物、内源性化学物质、附加剂或食物等而使药效发生变化的现象。引起药物相互作用的因素很多,主要有以下几方面:

(一)体内药物间物理化学反应

半胱氨酸、二巯丙醇等能与某些重金属离子形成配合物而起解毒作用;亚甲蓝利用氧化还原反应起解毒作用等。这些药物同样可能与其他含金属离子药物,如氢氧化铝等抗酸剂、枸橼酸铋钾等胃黏膜保护剂、补钙补铁制剂等产生反应而影响药物治疗。煅牡蛎、煅龙骨等碱性较强的中药及以其为主要成分的中成药,与阿司匹林、胃蛋白酶合剂等酸性药物合用,可发生中和反应,使药物的疗效降低,甚至失去治疗作用。

(二)药物动力学方面相互作用

药物动力学方面相互作用是指影响药物吸收、分布、代谢和排泄等体内过程的相互作用,与药效学方面的配伍变化的区别在于对血中游离药物浓度与药效反应的关系曲线无影响。

在胃肠道中药物之间产生的物理化学反应如吸附、形成配合物、复合物而影响吸收。如降血脂药物考来烯胺为阴离子交换树脂,可与甲状腺素、保泰松、洋地黄毒苷、华法林等产生吸附作用;四环素族与Ca^{2+}、Al^{3+}、Mg^{2+}、Fe^{3+}等可形成沉淀,故这些药物同时使用应间隔5个小时以上。改变胃肠道pH、胃排空速度,改变肠蠕动,改变肠道菌群,胃肠黏膜损害也会影响药物的吸收。

影响分布的相互作用则有药物血浆蛋白结合、组织蛋白结合等,血浆蛋白的结合置换作用对结合率高的药物影响较大。如保泰松与华法林合并使用可引起出血;甲氨蝶呤能被阿司匹林或磺胺类从结合部位置换出来,使血中游离甲氨蝶呤浓度升高,显著增加对骨髓的抑制作用。

影响代谢的相互作用有酶促作用和酶抑作用,如巴比妥类药物能诱发肝药酶对抗凝剂的代谢,而降低口服抗凝剂(如双香豆素类)的作用;双香豆素抑制甲苯磺丁脲在肝脏内羟基化反应酶的作用,使羟化反应不能顺利地进行,使甲苯磺丁脲在体内停留时间延长。

排泄的相互作用影响药物或其活性代谢产物在体内的滞留时间,即影响药效持续时间的长短,多剂量给药时会影响稳态平均血药浓度。如丙磺舒能与青霉素在肾小管近端竞争分泌,使青霉素消除减慢。增高尿液 pH,可增加肾小管对弱碱性药物的再吸收,使药物消除半衰期延长;而对于弱酸性药物则正好相反。

(三)药效学方面相互作用

药效学方面相互作用包括作用于受体使药效增强的协同作用(包括相加或增强)和使药效减弱的拮抗作用;药物也可作用于酶分子,如汞、砷、锑等的中毒用二巯丙醇解毒等。

药物相互作用还受生理条件、食物等的影响。另外还有抗生素间的相互作用,静脉全营养过程中的代谢性相互作用等等。

应当指出,不应把有意进行的配伍变化都看作是配伍禁忌。有些配伍变化是制剂配制的需要。如泡腾片利用碳酸盐与酸反应产生 CO_2,使片剂迅速崩解。临床上利用药物之间拮抗作用来解救药物中毒,如有机磷轻度中毒时采用阿托品;利用拮抗作用消除另一药物副作用,如麻黄碱治哮喘时用巴比妥类药物对抗其中枢神经兴奋作用等。所以在分析药物配伍变化是否会影响制剂质量及治疗效果时,需要对具体问题具体分析。

课堂活动

当 10%磺胺嘧啶注射液、硫酸链霉素注射液与 10%葡萄糖注射液配伍时，颜色发生了改变，并有结晶析出，请你说出该处方发生了哪些配伍变化?

点滴积累

1. 药物制剂的配伍变化包括物理的配伍变化、化学的配伍变化和疗效的配伍变化。
2. 物理的配伍变化包括润湿、液化、结块及溶解度改变等，化学的配伍变化包括变色、产气、混浊及沉淀等，疗效的配伍变化包括体内药物间物理化学反应、药动学及药效学方面的相互作用。

任务三　注射剂的配伍变化

药物制剂配伍变化——案例分析

一、概述

由于药物治疗上广泛采用注射剂,而且常常是多种药物配伍在一起使用,情况极为复杂。多种注射剂配伍使用时,要求不仅要保持各种药物的有效稳定,又要防止因配伍发生的配伍禁忌。输液是特殊的注射剂,其特点是直接滴注输入血管,使用容量大,因此质量要求如 pH、渗透压、可见异物等均有严格的规定。常用的输液有:5%葡萄糖注射液、等渗氯化钠注射液、复方氯化钠注射液、葡萄糖氯化钠注射液、右旋糖酐注射液、转化糖注射液及各种含乳酸钠的制剂等,这些单糖、盐、高分子化合物的溶液一般都比较稳定,常与注射液配伍。而有些输液由于它的特殊性质,不适用于与其他药物注射剂配伍,如:血浆、甘露醇、静脉注射用脂肪油乳剂。

二、注射剂配伍变化的主要原因

1. 溶剂组成的改变 注射剂有时为了有利于药物溶解、稳定而采用非水性溶剂如乙醇、丙二醇、甘油等，当这些非水性溶剂的注射剂加入输液（水溶液）中时，由于溶剂组成的改变而析出药物。如氯霉素注射液（含乙醇、甘油等）加入5%葡萄糖注射液中时往往析出氯霉素，但输液中氯霉素的浓度低于0.25%时，则不致析出沉淀。

2. pH的改变 在不适当的pH下，有些药物会产生沉淀或加速分解。如5%硫喷妥钠10ml加于5%葡萄糖500ml中则产生沉淀，这是由于pH下降所致。如乳糖酸红霉素在等渗氯化钠中（pH约6.45）24小时分解3%，若在糖盐水中（pH约5.5）24小时则分解32.5%。一般而言，凡两者的pH相差越大，发生配伍变化的可能性也就越大。如表22-1所示。

表22-1 一些注射液的pH与配伍变化

+：有配伍变化如产生浑浊、沉淀、变色等

±：不确定配伍变化

-：没有配伍变化

注射液	盐酸四环素	利血平	盐酸氯丙嗪	盐酸异丙嗪	盐酸苯海拉明	盐酸普鲁卡因	青霉素钠	乳酸钠	碳酸氢钠	氨茶碱	苯巴比妥钠
盐酸四环素（5%）pH2.0											
利血平（0.1%）pH3.5	-										
盐酸氯丙嗪（2.5%）pH5.0	-	-									
盐酸异丙嗪（2.5%）pH5.5	-	-	-								
盐酸苯海拉明（2%）pH5.5	-	-	-	-							
盐酸普鲁卡因（2%）pH5.0	-	-	-	-	-						
青霉素钠（10万单位/ml）pH5.0	+	+	+	+	-	+					
乳酸钠（11.2%）pH6.5~7.0	±	-	-	-	-	-	-				
碳酸氢钠（5%）pH8.5	+	+	+	+	-	-	+	-			
氨茶碱（2.5%）pH9.6	±	+	+	+	+	-	+	-	-		
苯巴比妥钠（2%）pH9.6	+	+	+	+	+	-	-	-	-	-	
磺胺嘧啶钠（20%）pH10.2	+	+	+	+	+	+	+	±	±	-	+

3. 缓冲容量 药液混合后的pH是受注射液中所含成分的缓冲能力决定的（有些加入缓冲剂）。缓冲剂抑制pH变化能力的大小称为缓冲容量，有些输液中含有的阴离子如乳酸根等有一定的缓冲容量。酸性溶液中易沉淀的药物，在含有缓冲能力的弱酸性溶液中常会出现沉淀。如5%硫喷妥钠10ml加入生理盐水或林格液（500ml）中不产生变化，但加入5%葡萄糖或含乳酸盐的葡萄糖液中则析出沉淀，这是由于具有一定低pH并有一定缓冲容量的溶液，使混合后的pH下降至药物沉淀的pH范围以内所致。

4. 离子作用 有些离子能加速某些药物的水解反应。如乳酸根离子能加速氨苄青霉素、青霉素的水解，其作用比枸橼酸根强，若氯苄青霉素在含乳酸的复方氯化钠注射液中4小时后可损失20%。另外，青霉素及某些半合成青霉素如氨苄西林等能被蔗糖、葡萄糖及右旋糖酐所作用使效价下降，但室温下pH高于8.0时，在10%葡萄糖、5%葡萄糖或6%右旋糖酐中的效价下降趋势能被足够量的碳酸氢钠所抑制，失效变慢。

5. **电解质的盐析作用**　如两性霉素B在水中不溶，临用前只能加在5%葡萄糖注射液中静滴，如果在含大量电解质的输液中则能被电解质盐析出来，以致胶体粒子凝聚而产生沉淀。右旋糖酐注射液与生理盐水配伍，因盐析而产生右旋糖酐沉淀。

6. **直接反应**　某些药物可直接与输液中的成分反应。如四环素与含钙盐的输液在中性或碱性下形成复合物而产生沉淀，但此复合物在酸性下有一定的溶解度，一般情况下与复方氯化钠配伍时不出现沉淀。四环素还能与Fe^{2+}形成红色、与Al^{3+}形成黄色、与Mg^{2+}形成绿色的复合物。

7. **聚合反应**　有些药物在溶液中可能形成聚合物。如10%氨苄西林的浓贮备液虽贮于冷暗处，但放置期间pH稍有下降便出现变色，溶液变黏稠，甚至产生沉淀，这是由于形成聚合物所致。聚合物形成过程与时间及温度均有关，聚合物会引起过敏。

8. **药物与机体中某些成分的结合**　某些药物如青霉素能与蛋白质结合，这种结合可能会增加变态反应，所以这种药物加入蛋白质类输液中使用是不妥当的。

9. **杂质、附加剂等**　有些制剂在配伍时发生的异常现象，并不是由于主成分本身而是原辅料中的杂质引起的。例如氯化钠原料中含有微量的钙盐，与25%枸橼酸钠注射液配合可产生枸橼酸钙的悬浮微粒而混浊。中草药注射液中未除尽的高分子杂质在长久贮存中，与输液配液时可出现混浊沉淀。注射剂中常常加有缓冲剂、助溶剂、抗氧剂等附加剂，它们之间或它们与药物之间也可发生反应而出现配伍变化。

10. **配合量**　配合量的多少影响到药物浓度，一些药物在一定浓度下才出现沉淀。如间羟胺注射液与氢化可的松琥珀酸钠注射液，在等渗氯化钠或5%葡萄糖注射液中各为100mg/L时，观察不到变化，但氢化可的松琥珀酸钠浓度为300mg/L、间羟胺浓度为200mg/L时则出现沉淀。

11. **混合的顺序**　有些药物混合时产生沉淀的现象可用改变混合顺序的方法来克服。如1g氨茶碱与300mg烟酸配合，先将氨茶碱用输液稀释至100ml，再慢慢加入烟酸则可达到澄明的溶液，如先将两种药液混合后稀释则会析出沉淀。

知识链接

静脉用药调配中心（室）

为加强医疗机构药事管理，规范临床静脉用药集中调配，提高静脉用药质量，促进静脉用药合理使用，保障静脉用药安全，根据《中华人民共和国药品管理法》和《处方管理办法》，制定了静脉用药集中调配质量管理规范。医疗机构采用集中调配和供应静脉用药的，应当设置静脉用药调配中心（室）（Pharmacy intravenous admixture service，PIVAS）。肠外营养液和危害药品静脉用药应当实行集中调配与供应。

点滴积累

1. 不适用于与其他注射剂配伍的输液包括血浆、甘露醇及静脉注射用脂肪乳剂。
2. 注射剂配伍变化的主要原因有溶剂组成的改变、pH改变、缓冲容量、离子作用、直接反应等。

任务四　配伍变化的研究与处理方法

一、配伍变化的研究方法

（一）可见性配伍变化实验方法

可见性配伍变化是指药物配伍后，产生的物理化学方面肉眼可见的外观变化，如润湿、液化、硬结、变色、混浊、沉淀、结晶、产生气体甚至爆炸或燃烧等现象。这方面的实验方法较多，主要是将药液混合，在一定时间内肉眼观察是否有外观变化的现象。实验中要注意配伍量的比例，观察时间、浓度与 pH 等，这些条件不同会出现不同结果，对产生沉淀或混浊的配伍，有时再加入酸或碱调节 pH，观察沉淀是否消失，或将沉淀滤出，用 UV 光谱等方法观察是否形成了新物质。

（二）测定变化点的 pH

pH 对药物配伍变化有着重要影响，许多注射液的配伍变化是由 pH 改变引起的，所以可用 pH 的变化作为预测配伍变化的参考。如表 22-2 所示。如果 pH 移动范围大，说明该药液不易产生配伍变化，如果 pH 移动范围小，则该药液容易产生配伍变化。具体方法如下：

分别取 10ml 注射液，测定 pH。主药为有机酸盐的，用 0.1mol/L HCl（pH 1.0）；主药为有机碱盐的，则用 0.1mol/L NaOH（pH 13.0）缓缓滴于注射液中，观察其间的变化（如混浊、沉淀、变色等）。如发生显著变化时，测定 pH，此时 pH 即为变化点的 pH，记录所用酸或碱的量和 pH 移动范围。如酸或碱的量达到 10ml 以上也未出现变化，则认为酸或碱对该药液不引起变化。

表 22-2　pH 移动发生变化的注射液

注射液名称	成品 pH	变化点 pH	pH 移动数	0.11mol/L NaOH	0.1mol/L HCl	变化情况
盐酸去甲肾上腺素	2.2	8.6	+6.4	0.7	—	变化
盐酸氯丙嗪	4.6	6.3	+1.7	0.1	—	白色浑浊
盐酸苯海拉明	6.4	7.4	+1.0	0.1	—	白色浑浊
维生素 C50mg	6.7	9.9	+3.2	2.5	—	变色
维生素 C100mg	6.7	10.0	+3.3	5.5	—	变色
细胞色素 C	4.8	2.15	-2.65	—	1.6	变褐色
对氨基水杨酸钠	7.1	6.4	-0.7	—	2.0	结晶沉淀
硫喷妥钠	11.1	8.8	-2.3	—	0.7	结晶沉淀

（三）稳定性试验

药物在输液中不稳定比较多见，因为输液的时间比较长，而且药物加入到输液后的 pH 并非是最合适的，同时也往往含有催化作用的离子使药物降解，若在规定的时间内（如 6 小时或 24 小时）药物效价或含量的降低不超过 10%，一般认为是可允许的。

实验方法：一般在一定温度下，将注射剂按使用情况（浓度和用量等）加入输液中（常用量100~500ml），或再加入第二种、第三种注射剂，混合均匀后立即测定其中不稳定药物的含量或效价，并记录混合液的pH与外观等。每隔一定时间取出适量进行含量和效价测定，根据所得数据，可将药物配伍后含量或效价变化的情况作成图表，从而了解药物在一定条件下稳定的情况和分解10%所需的时间。

（四）紫外光谱、薄层层析、气相色谱、高效液相色谱等的应用

利用紫外光谱、薄层层析、气相色谱、高效液相色谱等分析可以鉴定配伍产生的沉淀物成分。如维生素B_1注射液与利血平注射液混合后析出的沉淀物，其紫外光谱与单独的维生素B_1或利血平不一致，说明沉淀物是配伍后产生的新物质。

（五）药动学及药效学实验

疗效上的配伍变化常需进行药动学或药效学的实验，研究药物配合后是否产生药动学参数的变化或药理效应的变化。如西咪替丁与普鲁卡因胺合用，由于西咪替丁的药酶抑制作用，使后者代谢速度减慢，从而使后者血药浓度相应增高，生物半衰期也由2.9小时延长至3.8小时。

二、配伍变化的处理原则与方法

（一）处理原则

处理的一般原则应该是：在审查处方发现疑问时，首先应该与处方医师联系，了解用药意图，明确对象及给药的途径作为配发的基本条件，例如患者年龄、性别、病情及其严重程度、用药途径等，对患有并发症的患者审方时应注意禁忌证。再结合药物的物理、化学和药理等性质，分析可能产生的不利因素和作用，对成分、剂量、处方量、用法等各方面加以全面的审查，使药剂能在具体条件下，较好地挥发疗效并使患者使用方便，保证用药安全。

（二）处理方法

1. 改变调配次序　改变调配次序常可克服一些不应产生的配伍禁忌。如苯甲醇与三氯叔丁醇各0.5%在水中配伍时，由于三氯叔丁醇在水中溶解很慢，可先与苯甲醇混合溶解，再随后加入注射用水。

2. 调整溶液pH　pH能影响很多微溶性药物的溶解性、稳定性，特别是对于注射剂，比较精确地控制pH显得十分重要。如碱性抗生素、碱性维生素、碱性局部麻醉剂等，当pH降低到一定程度时，能析出溶解度较小的游离碱。

3. 改变用药途径、调整药量和临床观察及监测　如分开服用或注射，可克服直接的物理或化学反应和大多数影响药物吸收的配伍；调整药量主要指相加作用的配伍；临床观察及监测（血生化监测、血药浓度监测等）主要指可能增加毒副作用的配伍。

4. 改变有效成分或改变剂型　在征得医师的同意下可改换药物，但改换的药物疗效应力求与原成分类似，用法也尽量与原方一致。如将0.5%硫酸锌与2%硼砂配伍制成滴眼剂，能析出碱式硼酸锌或氢氧化锌，可改用硼酸代替硼砂。

5. 拒绝调剂　主要指无法用药剂方法解决的配伍，应禁止配伍使用，请医师修改后再行调剂。

在药物合用中应特别注意审查下列几类药物：剂量小而作用强的药物（如降糖药、抗心律失常药、抗高血压药等）；毒性和血药浓度密切相关的药物（如氨基苷类、强心苷类、细胞毒类）；作用降低有危险性的药物（这类药物的作用降低可引起发病或治疗失败，如抗心律失常药、抗生素、抗癫痫药）；产生严重毒副作用的药物。

案例分析

案例

硫酸庆大霉素注射液、氨茶碱注射液与5%葡萄糖注射液混合后溶液出现混浊。

分析

硫酸庆大霉素水溶液为酸性，氨茶碱水溶液为碱性（pH 9），混合后因复分解反应使庆大霉素与氨茶碱游离析出，此时可用其他抗生素代替硫酸庆大霉素，或两药分别于不同容器内间隔注射。

点滴积累

1. 药物配伍变化处理的原则应该是：了解医师的用药意图，发挥制剂应有的疗效，保证用药安全。
2. 药物配伍变化处理的方法包括改变用药途径、改变调配次序、改变有效成分或改变剂型、调整溶液 pH 等。

目标检测

一、选择题

（一）单项选择题

1. 下列配伍变化属于配伍禁忌的是（　　）
   A. 药物作用持续时间变化　　B. 异烟肼与麻黄碱合用
   C. 磺胺类药物与甲氧苄啶合用　　D. 配伍需要的变化
2. 注射剂混合后产生配伍变化的原因叙述中，错误的是（　　）
   A. 溶剂改变　　B. pH 改变　　C. 盐析作用　　D. 观察方法
3. 克服注射剂间配伍变化的方法叙述错误的是（　　）
   A. 注射剂混合后有结晶析出，应分别注射
   B. 注射剂混合后有沉淀出现，应分别注射
   C. 注射剂混合后发生变色者，应分别注射
   D. 注射剂混合后无可见性配伍变化，可合并注射
4. 不是药物制剂配伍使用的目的为（　　）
   A. 使药物作用减弱　　B. 疗效提高

C. 降低毒副作用　　　D. 延缓耐药性的发生

5. 12.5%的氯霉素注射液2ml与50%的葡萄糖注射液20ml混合后析出结晶的原因是(　　)

A. pH改变　　B. 混合顺序不当　　C. 溶剂改变　　D. 盐离子效应

6. 药剂人员可自行解决有配伍禁忌处方的方法为(　　)

A. 改变服药时间　　B. 运用调配技术　　C. 改变给药途径　　D. 更换药物

7. 下列关于注射液的配伍变化点的pH说法错误的是(　　)

A. 可用pH的变化作为预测配伍变化的参考

B. 如果pH移动范围大,说明该药液不易产生配伍变化

C. 如果pH移动范围小,说明该药液不易产生配伍变化

D. 如果两种注射液混合后的pH都不在两者的变化区内,一般不会发生变化

(二)多项选择题

1. 注射剂配伍变化的主要原因有(　　)

A. 溶剂组成的改变　　B. pH的改变　　C. 离子作用

D. 盐析作用　　E. 缓冲容量

2. 下列输液中,不宜与其他注射液配伍的是(　　)

A. 脂肪乳输液剂　　B. 氯化钠注射液　　C. 甘露醇

D. 5%葡萄糖注射液　　E. 血液

3. 与盐酸四环素同服可影响后者吸收的是(　　)

A. 维生素C　　B. 硫酸亚铁　　C. 利血平

D. 碳酸氢钠　　E. 碳酸镁

4. 制备含盐的芳香水剂时,易析出挥发油,可采取的方法有(　　)

A. 将芳香水剂稀释　　B. 加适当的表面活性剂　　C. 加助溶剂

D. 调节pH　　E. 配伍禁忌,不宜使用

5. 配伍变化包括(　　)

A. 润湿与液化　　B. 变色　　C. 结块

D. 药物作用增强　　E. 沉淀

二、简答题

1. 药物制剂配伍以及研究配伍变化的目的是什么?

2. 简述注射剂中产生配伍变化的主要原因。

3. 配伍变化处方处理的原则是什么?如何处理?

三、实例分析

【处方】注射用氨苄西林钠　2g

维生素C注射液　3g

10%葡萄糖注射液　1000ml

1. 试分析上述处方的配伍变化及其发生的原因。

2. 针对上述处方所发生的配伍变化试分析可采取的处理办法。

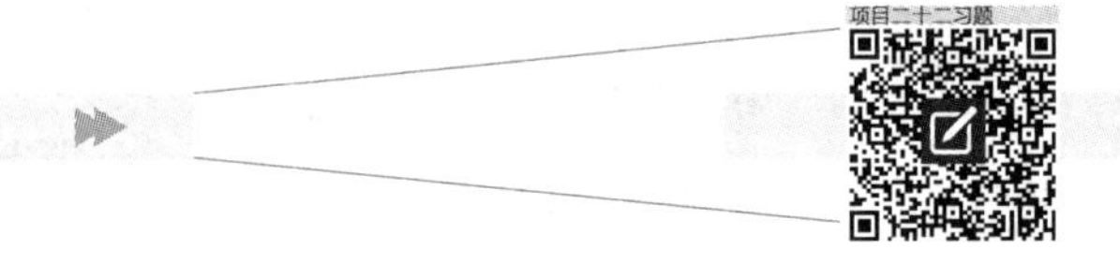

（苏　红）

模块九

生物技术药物制剂

项目二十三

生物技术药物制剂

导学情景

情景描述

李大爷被诊断 2 型糖尿病 5 年，每日注射胰岛素两次，不方便而且有轻微的疼痛感。 李大爷百思不得其解，为什么医生不给他开口服胰岛素。

学前导语

胰岛素属于蛋白质类药物，在消化道中会被蛋白酶分解，故目前给药方式为注射。 大多数蛋白质类药物，分子量较大、分子结构复杂，活性较强、稳定性差，制成的剂型较单一，如何提高蛋白质类药物的稳定性、增加新的剂型、便于患者服药，是生物技术药物制剂需要重点解决的问题。 本项目将带你了解生物技术药物制剂，分析影响其稳定性的因素，并介绍常见的制剂学研究方法，以确保生物技术药物的安全、有效、稳定。

任务一　概述

一、生物技术药物的含义

生物技术(biotechnology)，是指人们以现代生命科学为基础，结合其他基础科学的科学原理，采用先进的科学技术手段，按照预先的设计改造生物体或加工生物原料，生产出人类所需产品或达到某种目的的物质。现代生物技术主要包括基因工程、细胞工程与酶工程。此外还有发酵工程(微生物工程)与生化工程。

生物技术药物是以细胞及其组成分子为起始原料，采用现代生物技术，生产的生物活性物质。生物技术药物包括细胞团子、重组蛋白质药物、抗体、疫苗和寡核苷酸药物等，主要用于防治肿瘤、心血管疾病、传染病、哮喘、糖尿病、遗传病、心脑血管病、类风湿性关节炎等疑难病症，在临床上已经开始广泛应用，近十几年来，生物技术在医药方面取得了惊人的成就，已有不少生物技术药物应用于临床。

二、生物技术药物的特点与生物药物制剂研究

(一) 生物技术药物的特点

1. 分子量大结构复杂　生物技术来源药物，是应用基因修饰活的生物体产生的蛋白或多肽类的产物，或是依据靶基因化学合成互补的寡核苷酸，所获产品往往分子质量较大，并具有复杂的分子

结构。

2. 安全性高　生物技术药物由于是人类天然存在的蛋白质或多肽，活性较强，用量极少就会产生显著的效应，副作用较小、毒性较低、安全性较高。

3. 种属特异性　生物技术药物存在着种属特异性，主要是由于药物自身以及药物作用受体和代谢酶的基因序列存在着种属差异。来源人类蛋白质和多肽类药物，其中有的与动物的相应蛋白质或多肽的同源性有很大差别，因此对一些动物不敏感，甚至无药理学活性。

4. 活性蛋白或多肽药物较不稳定　蛋白质或多肽药物较不稳定，易变性，易失活，并且易为微生物污染、酶解破坏。

5. 体内的半衰期短　很多生物技术药物在体内的半衰期短、迅速降解，并在体内降解的部位广泛。

6. 免疫原性　许多来源于人的生物技术药物，在动物中有免疫原性，所以在动物中重复给予这类药品将产生抗体；有些人源性蛋白在人体中也能产生血清抗体，主要可能是重组药物蛋白质在结构及构型上与人体天然蛋白质有所不同所致。

7. 基因稳定性　生产菌种及细胞系的稳定性和生产条件的稳定性非常重要，它们的变异将导致生物活性的变化或产生意外的或不希望的一些生物学活性。

（二）生物药物制剂研究

生物技术药物产品，目前国内外已批准上市的约 40 余种，正在研究的有数百种之多，这些药物均属肽类与蛋白质类药物，如环孢素 A（cyclosporin A）、降钙素（calcitonin）、促黄体生成素释放激素（luteinizing hormone release hormone，LHRH）类似物、催产素、加压素等，用提取或其他方法生产，已在临床上使用。

随着生物技术药物的发展，生物技术药物制剂的研究与开发，已成为医药工业中一个重要的领域，同时给药物制剂带来了新的挑战。由于多肽和蛋白质类性质很不稳定，极易变质，因此如何将这类药物制成安全、有效、稳定的制剂，就是摆在我们面前的一大难题。运用制剂手段将这类药物制成口服制剂或通过其他途径给药，以提高其稳定性和患者使用的顺应性，具有潜在的研究价值和广阔的应用前景。

点滴积累

1. 生物技术药物是以细胞及其组成分子为起始原料，采用现代生物技术，来生产的生物活性物质，已有不少生物技术药物应用于临床。
2. 生物技术类药物具有分子量大结构复杂、安全性高、种属特异性、活性蛋白或多肽药物较不稳定、体内的半衰期短、免疫原性等特点。

任务二　蛋白质类药物结构与一般理化性质

蛋白质是由氨基酸以“脱水缩合”方式组成的多肽链经过盘曲折叠形成的具有一定空间结构的物质，含有碳、氢、氧、氮元素。

一、蛋白质的结构

蛋白质具有一级、二级、三级、四级结构，蛋白质分子的结构决定了它的功能。

一级结构（primary structure）：氨基酸残基在蛋白质肽链中的排列顺序称为蛋白质的一级结构，每种蛋白质都有唯一而确切的氨基酸序列。

二级结构（secondary structure）：蛋白质分子中肽链并非直链状，而是按一定的规律卷曲（如 α-螺旋结构）或折叠（如 β-折叠结构）形成特定的空间结构，这是蛋白质的二级结构。蛋白质的二级结构主要依靠肽链中氨基酸残基亚氨基（—NH—）上的氢原子和羰基上的氧原子之间形成的氢键而实现的。

三级结构（tertiary structure）：在二级结构的基础上，肽链还按照一定的空间结构进一步形成更复杂的三级结构。肌红蛋白，血红蛋白等正是通过这种结构使其表面的空穴恰好容纳一个血红素分子。

四级结构（quaternary structure）：具有三级结构的多肽链按一定空间排列方式结合在一起形成的聚集体结构称为蛋白质的四级结构。如血红蛋白由 4 个具有三级结构的多肽链构成，其中 2 个是 α-链、2 个是 β-链，其四级结构近似椭球形状。

二、蛋白质的理化性质

1. 旋光性　蛋白质分子总体旋光性由构成氨基酸各个旋光度的总和决定，通常是右旋，它由螺旋结构引起。蛋白质变性，螺旋结构松开，则其左旋性增大。

2. 电学性质　蛋白质是由 α-氨基酸通过肽键构成的高分子化合物，在蛋白质分子中存在着氨基和羧基，与氨基酸相似，也是两性物质。在不同 pH 条件下，蛋白质的电学性质不同，即蛋白质可能成为阳离子、阴离子或两性离子。

3. 紫外吸收　大部分蛋白质均含有带苯核的苯丙氨酸、酪氨酸与色氨酸，苯核在紫外 280nm 有最大吸收。氨基酸在紫外 230nm 显示强吸收。

4. 水解反应　蛋白质在酸、碱或酶的作用下发生水解反应，经过多肽，最后得到多种 α-氨基酸。蛋白质水解时，应找准结构中键的“断裂点”，水解时肽键部分或全部断裂。

5. 胶体性质　有些蛋白质能够溶解在水里形成溶液，由于蛋白质的分子量很大，在水中形成胶体颗粒，故具有胶体性质。蛋白质的表面多亲水基团，可强烈吸引水分子，在蛋白质表面形成水化膜，从而阻止蛋白质分子的相互聚集。

点滴积累

1. 蛋白质具有一级、二级、三级、四级结构，蛋白质分子的结构决定了它的功能。
2. 蛋白质具有如下性质：旋光性、电学性质、紫外吸收、水解反应、胶体性质。

任务三　蛋白质药物的不稳定性

蛋白质的稳定性对于蛋白质类药物的制剂研究、生产、贮存等极为重要。与小分子药物一样，蛋白质药物的活性与其结构密切相关。不同的是，蛋白质生物活性的保持不仅取决于其氨基酸组成的化学稳定性，还取决于其高级结构的稳定性。前者称为蛋白质的化学稳定性，后者称为蛋白质的物理稳定性。

一、蛋白质的化学不稳定性

蛋白质的化学稳定性是指其通过共价键连接的氨基酸序列的稳定性，也包括其中各个氨基酸侧链的共价结构的稳定性。影响蛋白质化学稳定性的主要反应是氧化反应、水解反应、二硫键的断裂与交换、去酰胺反应等。

1. 蛋白质的氧化　多肽和蛋白序列中可能参与氧化反应的是具有芳香侧链的氨基酸，如甲硫氨酸、半胱氨酸，甲硫氨酸可氧化成甲硫氨酸亚砜而使一些多肽类激素和蛋白质失去活性。半胱氨酸的巯基根据不同的反应条件，可依次氧化为次磺酸（RSOH）、二硫化物（RSSH）、亚磺酸（RSO_2H），最后成磺酸（RSO_3H）、半胱氨酸，即半胱磺酸。影响氧化的因素很多，有催化剂的种类和氧的强度、温度、pH、缓冲介质等。

2. 蛋白质的水解　在一定条件下，蛋白质可被酸、碱以及蛋白酶催化水解，使蛋白质的分子断裂，分子量逐渐变小，蛋白质变成了分子量大小不等的肽段和氨基酸。水解包括不完全水解与完全水解。不完全水解是在酶或稀酸等较温和的条件下进行，水解产物有肽段与氨基酸；完全水解是在5.7mol/L盐酸中，于110℃高温20小时可完全变成氨基酸。酸水解可使胱氨酸变成半胱氨酸，丝氨酸、苏氨酸也有不同程度的破坏。

3. 外消旋作用　某些旋光性物质在化学反应过程中，由于不对称碳原子上的基团在空间位置上发生转移，使D-或L-型化合物转变为D-型和L-型各50%的混合物，彼此旋光值抵消，失去旋光性，这种现象称为外消旋作用。当蛋白质用碱水解时往往会使某些氨基酸产生消旋作用。影响氨基酸消旋作用的因素有温度、pH、离子强度和金属离子螯合作用。蛋白质中氨基酸的消旋作用一般能使氨基酸成为非代谢的形式。

4. 二硫键断裂与交换　二硫键是把同一肽链（肽链内）或不同肽链（肽链间）的不同部分连接起来，故对稳定蛋白质的构象起重要作用。在常规中性pH溶液中，二硫键是相对稳定的，但是在特定工艺以及贮存条件下，二硫键的断裂以及重新排列组合对蛋白结构有很大影响。在某些蛋白质中，二硫键一旦破坏，蛋白质的生物活性即丧失，蛋白质分子中二硫键数目愈多，则结构稳定性和抗拒外界因素的能力也愈强。

二、蛋白质的物理不稳定性

蛋白药物的物理稳定性是指在蛋白质的氨基酸序列结构保持稳定的前提下，蛋白质三维结构的稳定性。蛋白质失去其原始结构和生物活性的现象称为变性。常见的蛋白质变性主要有蛋白聚集、沉淀、表面吸附或者解折叠等。

蛋白聚集是指多个蛋白分子在溶液中的聚集，形成二聚体、三聚体、多聚体等，分子间相互作用而产生蛋白表面折叠结构的变化。

表面吸附是指蛋白分子吸附到管道、容器以及瓶塞等表面或者聚集在各种界面而造成亲水基团、疏水基团的再分布。

解折叠是指由于各种环境因素的变化而造成蛋白原始折叠结构的解离。

影响蛋白质物理稳定性的因素有很多，包括温度、pH、蛋白浓度、表面作用以及离子环境等。

点滴积累

1. 蛋白质化学不稳定性主要有氧化、水解、外消旋、二硫键断裂与交换等。
2. 蛋白质变性主要有蛋白聚集、沉淀、表面吸附或者解折叠等

任务四　蛋白质类药物制剂剂型与工艺

蛋白质分子在受到物理或化学因素的影响时，性质常有所改变，因此在制备蛋白质类药物制剂时，关键是解决蛋白质的稳定性问题。

一、蛋白质类药物剂型的选择

常见的剂型有注射给药系统和非注射给药系统。

（一）蛋白质类药物的注射给药系统

1. 注射剂　注射剂是蛋白质类药物最常见的剂型，一般是多肽或蛋白质分子的溶液，或者是分子聚集体和微晶的混悬液。由于注射液的稳定性对温度敏感，因此一般要求在冷藏条件下贮存。在制剂制备过程中需要考察的主要因素有：

（1）溶液的 pH 和缓冲盐：蛋白质类分子在溶液中的稳定性和溶液的 pH 密切相关，所以在制剂的研究过程中，要考察研究最能保证蛋白稳定性的 pH 范围和缓冲体系。由于大多数降解反应的发生和降解速率与 pH 有关，所以应根据特定蛋白分子的主要降解途径，对溶液的 pH 进行筛选。同时，对缓冲液也要进行相应的选择，才会使蛋白分子在溶液中较为稳定。

（2）表面活性剂：在制备和贮存过程中，蛋白质分子会遭遇各种两相界面，因此很容易造成蛋白的变性。故在制剂制备的过程中，添加适量的表面活性剂分子，可以使蛋白分子远离界面，降低变性的几率，如吐温 80 等非离子的表面活性剂。

（3）小分子稳定剂和抗氧剂：在组成蛋白质的氨基酸中，很多容易被氧化，如半胱氨酸、组氨酸等。在蛋白制剂中，往往含有一些容易使氨基酸氧化的物质，导致蛋白失活。可以加入蔗糖，或者 EDTA 等螯合剂抑制氧化反应的发生，保证蛋白的稳定性不被破坏。

2. 冻干粉针　蛋白质类药物可以制备成冻干粉针，在临用前加入灭菌的注射用水，溶解成为注射剂。蛋白类药物对温度较为敏感，因此常用冷冻干燥法制备冻干粉针。冻干粉针的工艺应重点研究在冻干过程中，保护蛋白质药物的物理和化学稳定性，可能影响蛋白质稳定性的因素如下：

（1）冷冻过程：在冷冻过程中，随着水分子的结晶析出，药物和辅料将会和水分子分离，处于非结晶区域，可能会对蛋白的稳定性产生重要影响。当溶液中出现很多冰晶时，界面对蛋白质的结构

会造成一定的破坏作用,因此冷冻时应控制冷冻的速率,以减少对蛋白质类药物结构的影响。

(2)干燥过程:在冷冻干燥过程中,随着蛋白质分子结合水的失去,氢键作用消失,蛋白的三维结构会发生改变,将导致蛋白质失活和进一步降解。为了避免此种情况的出现,可以加入冻干保护剂如蔗糖等。冻干保护剂可以和蛋白质分子形成氢键,替代水分子的氢键作用,从而维持蛋白的空间构型。冻干保护剂还有助于形成玻璃态,限制了蛋白分子的运动,使其结构稳定。

(3)加入赋形剂:为了保证冻干粉具有足够的机械强度,维持良好的外形,需要加入一些赋形剂,如甘露醇和氨基乙酸等。赋形剂具有较高的塌陷温度,因此冻干时不会发生塌陷,结晶的结构疏松,有利于水分的升华。加入赋形剂可以限制药物有效成分的逃离,避免药物的损失。

3. 新型注射(植入)给药系统　蛋白质类药物在体内血浆半衰期短,清除率高,因而需要延长其在体内的平均驻留时间,或改变蛋白质在体内的药物动力学性质,有时需要制成非零级脉冲式释药系统(如疫苗)。为满足这些要求,可以对蛋白质分子进行化学修饰,或者控制蛋白质进入血流的释放速度等。目前已有用 PEG 修饰蛋白质分子以延长蛋白质药物在血浆中的半衰期。

(1)控释微球制剂:为了达到蛋白质类药物控制释放,可将其制成生物可降解的微球制剂,目前已经实际应用的生物可降解材料有聚乳酸(PLA)或聚丙交酯-乙交酯,改变丙交酯与乙交酯的比例或分子量,可得到不同时间生物可降解性质的材料。首次经 FDA 批准的蛋白质类药物微球制剂是醋酸亮丙瑞林(leuprolide acetate)聚丙交酯-乙交酯微球。此种微球供肌内注射,用于治疗前列腺癌,可控制释放达 30 天之久,改变了普通注射剂需每天注射的传统,使用方便。

(2)脉冲式给药系统:一些预防药物,即疫苗或类毒素均为抗原蛋白,使用这些疫苗全程免疫至少要进行三次接种,才能达到免疫效果。据调查,全世界不能完成全程免疫接种而发生的辍种率高达 70%,因此为了提高免疫接种的覆盖率,减少重大疾病的死亡率,采用脉冲式给药系统将多剂量疫苗发展为单剂量控释疫苗。

(二)非注射给药系统

研究非注射途径的给药系统,将有益于增加病人的顺应性。蛋白质和多肽类药物的非注射给药方式包括鼻腔、口服、直肠、口腔、透皮和肺部给药。目前最有应用前景的属鼻腔给药,然而口服给药还是最受欢迎的给药途径,但难度很大,大部分药物在胃肠道内被破坏,生物利用率低。

1. 鼻腔给药系统　由于鼻腔部位黏膜中动静脉和毛细淋巴管分布十分丰富,鼻腔呼吸区细胞表面具有大量微小绒毛,鼻腔黏膜的穿透性较高而蛋白酶相对较少,对蛋白质类药物的分解作用比胃肠道黏膜低,因而有利于药物的吸收并直接进入体内血液循环。因此,鼻腔给药是多肽和蛋白质类药物在非注射剂型中最有希望的给药途径之一。

目前已有一些蛋白质多肽类药物的鼻腔给药制剂上市并用于临床,主要剂型有滴鼻剂、喷鼻剂等。为了提高蛋白质类药物鼻腔给药的生物利用度,可利用吸收促进剂。常用的鼻腔黏膜促进剂有去氧胆酸盐、牛磺胆酸盐、葡萄糖胆酸盐、乌索去氧胆酸盐等。

鼻腔给药系统当前也存在一些问题,主要是有些分子量大的药物透过性差,导致生物利用度低,有些药物制剂存在吸收不规则,且产生局部刺激性、对纤毛运动的妨碍以及长期给药所引起的毒性,因而使应用受到限制。随着制剂处方与工艺的改进,这类给药系统的发展前景看好。

知识链接

鼻腔给药制剂

上市并用于临床的主要剂型有滴鼻剂、喷鼻剂等。这些药物是：LHRH 激动剂布舍瑞林（buserelin）、去氨加压素（desmopressin，即 l-deamino-β-D-arginine-vasopressin，DDAVP）、降钙素（calcitonin）、催产素（Oxytocin）、asopressin（商品名 postacton）、胰岛素（商品名 Nazlin）等。

2. 肺部给药系统　肺部的肺泡囊面积很大，高达 140m^2，血流量达 5L/min，其生理功能包括气体分子的透过和交换，肺泡由单层上皮细胞构成，药物经空气-血液途径交换的距离短，可以高效的传递多肽和蛋白质类等大分子药物。蛋白酶活性比胃肠道相对较低，可以降低药物的首过效应，提高生物利用度。所以，将药物制成吸入制剂的研究一直深受重视。据报道三种治疗用多肽，如亮丙瑞林（9 个氨基酸）、胰岛素（51 个氨基酸）、生长激素（192 个氨基酸）可以生理活性型从肺部吸收，生物利用度为 10%~25%。该值超过胰岛素与生长激素不加促进剂鼻腔给药系统的生物利用度。

目前蛋白质肺部给药系统存在的主要问题是：蛋白质药物的分子量较大，肺吸收会受到一定的限制，生物利用度较低；促进吸收的措施，关键是选择合适的给药装置，将药物输送至肺泡组织；气雾剂和喷雾剂是肺部给药的主要剂型，但是使用时的气液界面对于蛋白结构的稳定性也构成了影响。一旦这些问题获得解决，肺部给药系统也是这类药物的适宜途径。

3. 口服给药系统　口服给药，病人的顺应性较好，然而对于蛋白质类药物来说，口服制剂的研究难度很大。蛋白质药物口服给药主要存在四个问题：①蛋白质类药物在胃内酸催化降解；②在胃肠道内的酶水解；③蛋白质类药物分子量很大，对胃肠道黏膜的透过性差；④肝脏的首过效应。

胰岛素口服给药是人们关注的热点，因为胰岛素目前主要靠注射给药，而且每天需频繁注射（3~4 次），某些病人需终身给药，给病人带来很大的痛苦与不便，为此研制口服胰岛素给药制剂是十分必要的。目前研制的口服制剂主要有微乳制剂、纳米囊、胰岛素肠溶软胶囊、胰岛素微球制剂、胰岛素脂质等。目前，胰岛素口服剂型的研究很多，但离实用产品尚有较大距离，还需要做艰巨的工作。

4. 直肠给药系统　由于直肠内 pH 接近中性，水解酶活性比胃肠道低，所以药物破坏较少，且药物吸收后基本上可避免肝脏的首过效应，直接进入全身血液循环，同时也不像口服药物受到胃排空及食物的影响。

5. 经皮给药系统　皮肤表面的表皮细胞层构成了药物透过皮肤的最大屏障，生物大分子药物几乎不可逾越。但皮肤的水解酶活性相当低，这有利于多肽与蛋白质类药的经皮给药。离子导入技术是指电荷或中性分子在电场作用下迁移进入皮肤的过程。该项技术的应用使大分子量、荷电和亲水性的多肽和蛋白质类药物能透过皮肤角质层。如胰岛素、TRH、LHRH、精氨酸加压素等的透皮吸收都取得一定研究进展。此外，应用机械力穿透表皮细胞层的微针技术，在近年来随着微针制造技术的进步，也得到了发展，预期在蛋白质类药物的给药系统中将发挥较大作用。

知识链接

蛋白质类药物制剂的评价方法

1. 制剂中药物的含量测定　制剂中蛋白质类药物的含量测定可根据处方组成确定，如紫外分光光度法和反相高效液相色谱法常用于测定溶液中蛋白质的浓度。

2. 制剂中药物的活性测定　蛋白质类药物制剂中药物的活性测定方法有药效学方法（如细胞病变抑制法）和放射免疫测定法。

3. 测定控缓释制剂中蛋白质类药物的体外释药速率时考虑到药物在溶出介质中不稳定，多采用测定制剂中未释放药物量的方法。

4. 制剂的稳定性研究　蛋白质类药物制剂的稳定性研究应包括制剂的物理稳定性和化学稳定性两个方面，物理稳定性研究应包括制剂中药物的溶解度、释放速率以及药典规定的制剂常规指标的测定，化学稳定性包括药物的聚集稳定性、降解稳定性和生物活性测定。

5. 刺激性及生物相容性研究　刺激性及生物相容性研究是蛋白质类药物制剂（特别是各类注射剂）研究与开发的重要一环，根据我国药品监督管理部门药品注册管理办法规定，皮肤、黏膜及各类腔道用药需进行局部毒性和刺激性试验。

二、蛋白质类药物液态制剂的稳定化方法

蛋白质类药物在液体剂型中的稳定化方法分为两类:改造其结构和加入适宜的辅料。其中,通过加入各类辅料,改变蛋白类药物溶剂的性质是药物制剂中常用的稳定化方法。蛋白类药物的稳定剂有以下几类:

1. 调节 pH 和离子强度　pH 会影响到蛋白质的物理化学稳定性,蛋白质的稳定 pH 范围很窄,应采用适当的缓冲系统,以提高蛋白质在溶液中的稳定性。缓冲盐类除了影响蛋白质的稳定性外,其浓度对蛋白质的溶解度与聚集均有很大影响。组织纤溶酶原激活素在最稳定的 pH 条件下,药物的溶解度不足以产生治疗效果,因此加入带正电荷的精氨酸以增加蛋白质在所需 pH 下的溶解度。

2. 加入表面活性剂　由于离子型表面活性剂倾向于排列在界面,可使蛋白质分子离开界面,从而抑制蛋白质表面吸附和变性。所以在蛋白质药物,如 α-2b 干扰素、G-CSF、组织纤溶酶原激活素等制剂中均加入少量非离子表面活性剂,如吐温 80 来抑制蛋白质的聚集。

3. 使用其他附加剂来增加蛋白质的稳定性　常见的附加剂有糖和多元醇、盐类、聚乙二醇类、大分子化合物、组氨酸、甘氨酸、谷氨酸和赖氨酸的盐酸盐以及金属离子等。

点滴积累

1. 蛋白质类药物常见的剂型有注射给药系统和非注射给药系统。
2. 注射给药系统主要有：注射剂、冻干粉针、新型注射给药系统。
3. 非注射给药系统主要有：鼻腔、肺部、口服、直肠、经皮给药方式。

目标检测

一、选择题

（一）单项选择题

1. 现代生物技术是(　　)

A. 以基因工程为核心以及具备基因工程和细胞工程内涵的发酵工程和酶工程

B. 以发酵工程和酶工程为核心的基因工程

C. 以细胞工程为核心的发酵工程和酶工程

D. 以基因工程为核心的细胞工程

2. 现代生物技术的核心是(　　)

A. 细胞工程　　B. 发酵工程　　C. 酶工程　　D. 基因工程

3. 以下不属于生物技术药物特点的是(　　)

A. 分子量大,不易吸收　　B. 结构复杂

C. 易被消化道内酶及胃酸等降解　　D. 从血中消除慢

4. 1982 年,第一个上市的基因工程药物是(　　)

A. 乙肝疫苗　　B. 重组人胰岛素　　C. 白细胞介素-2　　D. EPO

5. 关于蛋白质多肽类药物的理化性质错误的叙述是(　　)

A. 蛋白质大分子是一种两性电解质

B. 蛋白质大分子在水中表现出亲水胶体的性质

C. 蛋白质大分子具有旋光性

D. 保证蛋白质大分子生物活性的高级结构主要是由强相互作用,如肽键来维持的

6. 蛋白质药物的冷冻干燥注射剂中最常用的填充剂是(　　)

A. 甘露醇　　B. 氨基酸　　C. 十二烷基硫酸钠　　D. 氯化钠

（二）多项选择题

1. 属于生物技术药物的是(　　)

A. 采用现代生物技术,借助某些微生物、植物或动物来生产所需的药品

B. 利用 DNA 重组技术生产的酶

C. 利用单克隆抗体技术生产的蛋白质、多肽

D. 化学药物在体内的代谢产物

E. 利用 DNA 重组技术生产的细胞生长因子

2. 生物技术药物的特点有(　　)

A. 临床使用剂量大　　B. 药理活性高　　C. 稳定性差

D. 分子量大　　E. 血浆半衰期长

3. 蛋白质多肽类药物的结构特点是(　　)

A. 氨基酸是组成蛋白质的基本结构单元

B. 蛋白质化学结构中包括共价键与非共价键，前者包括氢键、疏水键，后者包括肽键、二硫键

C. 蛋白质的结构分为三级

D. 蛋白质的一级结构是指多肽链中氨基酸的排列顺序

E. 蛋白质的二级结构是指多肽链的折叠方式，包括螺旋和折叠结构等

二、简答题

1. 简述蛋白质的四级结构。

2. 蛋白质类药物的口服制剂开发研究有何难点？其对策是什么？

三、实例分析

1. 分析下列阿米替林缓释片处方中各成分的作用，并简述其制备过程。

阿米替林缓释片(50mg/片)

【处方】 阿米替林　50mg（　　）

构橼酸　10mg（　　）

HPMC(K4M)　160mg（　　）

乳糖　180mg（　　）

硬脂酸镁　2mg（　　）

制备过程：

2. 某患者服用了医生开的某缓释片后，发现大便中有“完整药片”，他以为是药片未崩解，无法吸收，于是他下一次服药时就将药片研碎、嚼烂后吞服，结果出现了中毒现象，试分析原因。

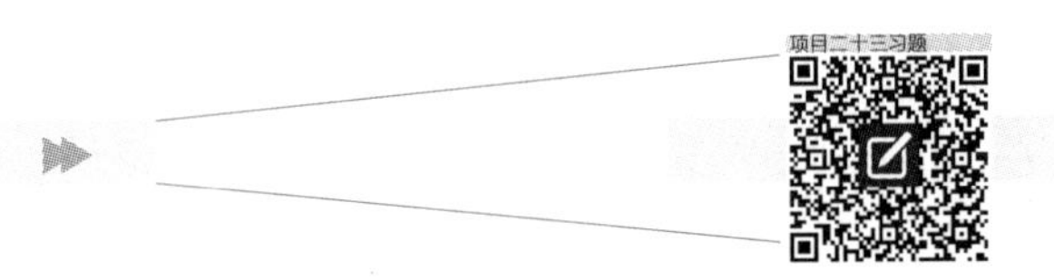

(徐宁宁)

附录

附录一　实训报告格式

《药物制剂技术》实训报告

班别__________　姓名__________　学号__________　实验日期__________

气温__________　相对湿度__________

一、实训目的

二、实训步骤

三、实训结果

四、分析讨论

附录二 批生产指令

批生产指令

<table>
<tr><td colspan="7">产品名称：</td></tr>
<tr><td colspan="2">起草人：</td><td colspan="2"></td><td colspan="2">审核、批准人：</td><td></td></tr>
<tr><td colspan="4">签发部门：</td><td colspan="2">签发日期：</td><td>生效日期：</td></tr>
<tr><td colspan="7">从________年________月________日起，________车间生产产品为：________，
批量：________。规格为：________，批号为：________，请按车间工艺规程组织生产。
包装规格：________。批包装指令下达后方可进行包装。
原辅料定额量</td></tr>
<tr><td>序号</td><td>原辅料名称</td><td>处方量</td><td>单位</td><td>损耗率</td><td>实际领用量</td><td>单位</td></tr>
<tr><td>1</td><td></td><td></td><td></td><td></td><td></td><td></td></tr>
<tr><td>2</td><td></td><td></td><td></td><td></td><td></td><td></td></tr>
<tr><td>3</td><td></td><td></td><td></td><td></td><td></td><td></td></tr>
<tr><td>4</td><td></td><td></td><td></td><td></td><td></td><td></td></tr>
<tr><td>5</td><td></td><td></td><td></td><td></td><td></td><td></td></tr>
<tr><td>6</td><td></td><td></td><td></td><td></td><td></td><td></td></tr>
<tr><td>7</td><td></td><td></td><td></td><td></td><td></td><td></td></tr>
<tr><td>8</td><td></td><td></td><td></td><td></td><td></td><td></td></tr>
<tr><td>9</td><td></td><td></td><td></td><td></td><td></td><td></td></tr>
<tr><td>备注</td><td colspan="6"></td></tr>
</table>

附录三 领 料 单

领料单

<table>
<tr><td colspan="2">车间：</td><td colspan="2">产品名称：</td><td>规格：</td><td colspan="2">批号：</td><td>产量：</td></tr>
<tr><td>材料名称</td><td>规格</td><td>进厂编号</td><td>检验单号</td><td>单位</td><td>领用数</td><td>实发数</td><td>备注</td></tr>
<tr><td></td><td></td><td></td><td></td><td></td><td></td><td></td><td></td></tr>
<tr><td></td><td></td><td></td><td></td><td></td><td></td><td></td><td></td></tr>
<tr><td></td><td></td><td></td><td></td><td></td><td></td><td></td><td></td></tr>
<tr><td></td><td></td><td></td><td></td><td></td><td></td><td></td><td></td></tr>
<tr><td></td><td></td><td></td><td></td><td></td><td></td><td></td><td></td></tr>
<tr><td></td><td></td><td></td><td></td><td></td><td></td><td></td><td></td></tr>
<tr><td colspan="8">车间技术主任： 领料人： 发料人： 发料日期：</td></tr>
</table>

附录四 半成品(中间体请验单)

半成品(中间体)请验单

品名:	请验部门:
批号:	请验者:
数量:	请验日期: 年 月 日
备注:	

附录五 半成品(中间产品)交接单

半成品(中间产品)交接单

半成品(中间产品)交接单

名称:________________

规格:________________

批号:________________

数量:________________

交料人:________________

接料人:________________

日期:______年______月______日

附录六　清场检查记录

清场检查记录

<table>
<tr><td colspan="2">清场工序</td><td></td><td rowspan="7">清场要求</td><td rowspan="7">1. 地面无积水、无积灰、无异物
2. 使用的工具应清洁无异物，管道内外清洁，无黏液、无异物
3. 设备内外无浆块、无油垢，物见本色
4. 有关的生产设施、环境等要求干净、整洁，并要物放有序
5. 每一品种随着某工序环节的完成，应随时清场</td></tr>
<tr><td rowspan="4">清场前</td><td>产品名称</td><td></td></tr>
<tr><td>生产批号</td><td></td></tr>
<tr><td>生产时间</td><td>月　日　时</td></tr>
<tr><td>班组</td><td></td></tr>
<tr><td rowspan="2">清场后</td><td>产品名称</td><td></td></tr>
<tr><td>生产批号</td><td></td></tr>
</table>

<table>
<tr><td colspan="3">清场项目</td><td colspan="2">检查情况</td><td rowspan="7">清场人：

复核人：</td></tr>
<tr><td colspan="3">1. 本批生产的物料是否已清除</td><td>已清</td><td>未清</td></tr>
<tr><td colspan="3">2. 工具、盛器是否清洁</td><td></td><td></td></tr>
<tr><td colspan="3">3. 设备内外是否清洁，物见本色</td><td></td><td></td></tr>
<tr><td colspan="3">4. 地面、门窗、灯具、墙壁是否清扫干净</td><td></td><td></td></tr>
<tr><td colspan="3">5. 工作台、凳子是否清洁</td><td></td><td></td></tr>
<tr><td colspan="3">6. 地漏是否清洁</td><td></td><td></td></tr>
<tr><td rowspan="4">其他项目</td><td></td><td></td><td></td><td></td><td rowspan="3">检查意见：</td></tr>
<tr><td></td><td></td><td></td><td></td></tr>
<tr><td></td><td></td><td></td><td></td></tr>
<tr><td></td><td></td><td></td><td></td><td>质检员：</td></tr>
</table>

附录七　清场合格证

清场合格证

工序：

原产品名：　　　　　　批号：

调换品名：　　　　　　批号：

清场合格证

清场班组：__________清场者签名：__________

清场日期：__________ QA 签名：__________　__________

附录八 配液、过滤、灌封生产记录

配液、过滤、灌封生产记录

<table>
<tr><td>品名</td><td colspan="2"></td><td>规格</td><td></td></tr>
<tr><td>批号</td><td colspan="2"></td><td>生产日期</td><td></td></tr>
<tr><td>操作步骤</td><td colspan="3">操作指导</td><td>操作记录(是否完成):是√ 否×</td></tr>
<tr><td>仪器仪表校正</td><td colspan="3">1. 是否核对批生产指令
2. 电子天平是否经过校正</td><td>□
□
操作人:
复核人:</td></tr>
<tr><td>操作前准备</td><td colspan="3">1. 是否核对批生产指令
2. 是否检查岗位的清场情况和状态标志
3. 是否核对原辅料品名、批号、数量
4. 直接接触药液的配液罐、量筒、烧杯等是否按清洁SOP进行清洗、消毒
5. 工器具、洁器具按规定清洗、消毒
6. 是否有状态标示卡</td><td>□
□
□
□
□
□
操作人: 复核人:</td></tr>
<tr><td rowspan="4">备料</td><td>物料名称</td><td>批号或编号</td><td>数量</td><td rowspan="4">称量人:
复核人:</td></tr>
<tr><td></td><td></td><td></td></tr>
<tr><td></td><td></td><td></td></tr>
<tr><td></td><td></td><td></td></tr>
<tr><td>配液、过滤</td><td colspan="3">1. 操作人员是否按洁净区人员进出管理规程更衣消毒后进入配液间
2. 清场确认:检查是否有前次清场合格证
3. 是否按配液罐操作规程进行操作
4. 配制工艺:
5. 药液测试:是否包括pH、色泽等
6. 药液过滤系统:是否按要求选用的过滤材料作终端过滤介质</td><td>□
□
□
投料量________L
配制开始时间____时____分
加热开始时间____时____分
回流时间__时__分~__时____分
回流温度________
配制结束时间__时____分
加入上批余液时间______L
配液总量______L
药液 pH______
色泽________
操作人:
复核人:
□</td></tr>
</table>

续表

<table>
<tr><td>灌封</td><td>1. 操作人员是否按洁净区人员进出管理规程更衣消毒后进入配液间
2. 设备是否完好、清洁;是否有状态标示卡
3. 清场确认:检查是否有前次清场合格证和是否在有效期内
4. 是否按灌封操作规程进行操作
5. 灌封工艺:

6. 灌封质量情况:

7. 物料平衡计算
$物料平衡 = \frac{产品量 + 废品量 + 取样量}{理论产量} \times 100\%$</td><td>□

□
□

□
投料量________L
灌封开始时间____时____分
灌封结束时间____时____分
理论产量____________万支
合格产品量__________万支
废品量______________万支
取样量__________L

物料平衡 = ______%

操作人:
复核人:</td></tr>
<tr><td>清场</td><td>1. 是否按配液罐或灌封设备清洁操作规程进行清洁
2. 是否将废弃物用塑料袋包好,废物通过传递窗送出洁净室
3. 洁净室内的用具、设备部件擦抹后是否回位并摆放整齐
4. 是否用浸有消毒液的无静电丝织物擦抹室内的四周墙壁、工作台面、生产设备及其死角、器具等设施
5. 是否用浸有消毒液的拖把拖地面;是否按地漏清洗消毒规程清洁地漏</td><td>□
□

□

□

□

操作人:
复核人:</td></tr>
<tr><td colspan="3">特殊情况及偏差处理:</td></tr>
</table>

附录九　粉碎工序生产记录

粉碎工序生产记录

品名	规格	批号	日期	班次

生产前准备	1. 清场确认:检查是否有前次清场合格证和是否在有效期内 2. 所用设备是否有设备“完好”标志 3. 所有器具是否已清洁 4. 物料有无物料卡 5. 挂“正在生产”状态牌 6. 室内温、湿度要求:　温度 18~26℃ 相对湿度 45%~65%	□ □ □ □ □ 温度: 相对湿度: 签名:
生产操作	1. 粉碎按《20B 型万能粉碎机操作规程》操作 2. 将物料粉碎,粉碎后的细粉装入衬有洁净塑料袋的周转桶内,扎好袋口,填好“物料卡”备用	粉碎时间: :　至　: 粉碎前重量:　kg 粉碎后重量:　kg 操作人:
物料平衡	物料平衡=(实收量+尾料量+残损量)/领料量×100% = 限度:98%~100%	操作人: 复核人:
偏差情况及处理	有□无□偏差 偏差情况及处理: QA 签名:	

名称	领用量	产量	尾料量	残损量	收率	物料平衡

附录十　筛分工序生产记录

筛分工序生产记录

<table>
<tr><td>品名</td><td>规格</td><td>批号</td><td>日期</td><td>班次</td></tr>
<tr><td></td><td></td><td></td><td></td><td></td></tr>
</table>

<table>
<tr><td>生产前准备</td><td>1. 清场确认:检查是否有前次清场合格证和是否在有效期内
2. 所用设备是否有设备“完好”标志
3. 所用器具是否已清洁
4. 物料有无物料卡
5. 挂“正在生产”状态牌
6. 室内温、湿度要求:温度 18~26℃
相对湿度 45%~65%</td><td>□
□
□
□
□
温度:
相对湿度:

签名:</td></tr>
<tr><td>生产操作</td><td>1. 筛分按《S365 旋振筛操作规程》操作
2. 将物料过筛,过筛后的细粉装入衬有洁净塑料袋的周转桶内,扎好袋口,填好“物料卡”备用</td><td>筛分时间:
: 至 :
筛分前重量: kg
筛分后细粉重量: kg
筛分后粗粉重量: kg

操作人:</td></tr>
<tr><td>物料平衡</td><td>物料平衡=(细粉量+粗粉量)/领料量×100%
=

限度:98%~100%
<table><tr><td>名称</td><td>领用量</td><td>产量</td><td>尾料量</td><td>残损量</td><td>收率</td><td>物料平衡</td></tr><tr><td></td><td></td><td></td><td></td><td></td><td></td><td></td></tr></table></td><td>操作人:

复核人:</td></tr>
<tr><td>偏差情况及处理</td><td>有□无□偏差

偏差情况及处理:

QA 签名:</td><td></td></tr>
</table>

附录十一　混合工序生产记录

混合工序生产记录

<table>
<tr><td colspan="2">品名</td><td colspan="2">规格</td><td colspan="2">批号</td><td>日期</td><td>班次</td></tr>
<tr><td colspan="2"></td><td colspan="2"></td><td colspan="2"></td><td></td><td></td></tr>
<tr><td>生产前准备</td><td colspan="5">1. 清场确认:检查是否有前次清场合格证和是否在有效期内
2. 所用设备是否有设备“完好”标志
3. 所用器具是否已清洁
4. 物料有无物料卡
5. 挂“正在生产”状态牌
6. 室内温、湿度要求:温度 18~26℃
相对湿度 45%~65%</td><td colspan="2">□
□
□
□
□
温度:
相对湿度:

签名:</td></tr>
<tr><td rowspan="12">生产操作</td><td colspan="3">混合机编号:</td><td colspan="4">混合时间:　　　至</td></tr>
<tr><td rowspan="3">物料</td><td>名　称</td><td>用量/kg</td><td>名　称</td><td colspan="3">用量/kg</td></tr>
<tr><td></td><td></td><td></td><td colspan="3"></td></tr>
<tr><td></td><td></td><td></td><td colspan="3"></td></tr>
<tr><td colspan="7">混　合　物</td></tr>
<tr><td>桶号</td><td></td><td></td><td></td><td></td><td colspan="2"></td></tr>
<tr><td>净重/kg</td><td></td><td></td><td></td><td></td><td colspan="2"></td></tr>
<tr><td>桶号</td><td></td><td></td><td></td><td></td><td colspan="2"></td></tr>
<tr><td>净重/kg</td><td></td><td></td><td></td><td></td><td colspan="2"></td></tr>
<tr><td>总桶数</td><td colspan="2"></td><td>总净重/kg</td><td colspan="3"></td></tr>
<tr><td>操作人</td><td colspan="2"></td><td>复核人</td><td colspan="3"></td></tr>
<tr><td colspan="7" style="display:none"></td></tr>
<tr><td>备注</td><td colspan="7">

QA 签名:</td></tr>
</table>

附录十二 制粒生产记录 1

制粒生产记录 1

品名	规格	批号	日期	班次

生产前检查:文件□ 设备□ 现场□ 物料□ 检查人:

生产操作	计划产量:		领料人:	
	原辅料名称	批号	领料数量/kg	实投数量/kg
	称量人		复核人	
配浆	品名		浓度/%	
	批号		重量	
	用量		操作人	

黏合剂名称	各缸用量			

预混合时间	湿混时间	操作人

清场合格证副本粘贴处

附录十三　制粒生产记录 2

制粒生产记录 2

<table>
<tr><td colspan="2">品名</td><td colspan="2">规格</td><td colspan="2">批号</td><td colspan="2">日期</td><td>班次</td></tr>
<tr><td colspan="2"></td><td colspan="2"></td><td colspan="2"></td><td colspan="2"></td><td></td></tr>
<tr><td rowspan="7">干　燥</td><td colspan="4">干燥机编号:</td><td colspan="4">完好与清洁状态:完好□清洁□</td></tr>
<tr><td colspan="4">第　缸干燥温度:</td><td colspan="4">第　缸干燥温度:</td></tr>
<tr><td>时间</td><td>进风</td><td>出风</td><td>水分%</td><td>时间</td><td>进风</td><td>出风</td><td>水分%</td></tr>
<tr><td></td><td></td><td></td><td></td><td></td><td></td><td></td><td></td></tr>
<tr><td></td><td></td><td></td><td></td><td></td><td></td><td></td><td></td></tr>
<tr><td></td><td></td><td></td><td></td><td></td><td></td><td></td><td></td></tr>
<tr><td></td><td></td><td></td><td></td><td></td><td></td><td></td><td></td></tr>
<tr><td rowspan="15">整粒总混</td><td colspan="3">整粒机编号</td><td colspan="3"></td><td colspan="2">状态:完好□清洁□</td></tr>
<tr><td colspan="3">总混机编号</td><td colspan="3"></td><td colspan="2">状态:完好□清洁□</td></tr>
<tr><td rowspan="4">外加辅料</td><td colspan="3">名称</td><td colspan="2">用量</td><td>名称</td><td>用量</td></tr>
<tr><td colspan="3"></td><td colspan="2"></td><td></td><td></td></tr>
<tr><td colspan="3"></td><td colspan="2"></td><td></td><td></td></tr>
<tr><td colspan="3"></td><td colspan="2"></td><td></td><td></td></tr>
<tr><td colspan="3">整粒筛网规格</td><td colspan="3">总混时间/min</td><td colspan="2">颗粒水分/%</td></tr>
<tr><td colspan="3"></td><td colspan="3"></td><td colspan="2"></td></tr>
<tr><td colspan="8">总混后颗粒/kg</td></tr>
<tr><td>桶号</td><td></td><td></td><td></td><td></td><td></td><td></td><td rowspan="2"></td></tr>
<tr><td>净重</td><td></td><td></td><td></td><td></td><td></td><td></td></tr>
<tr><td>总桶数</td><td></td><td colspan="2">颗粒总重/kg</td><td></td><td colspan="2">可见损耗量/kg</td><td></td></tr>
<tr><td>粉头量/kg</td><td></td><td colspan="3">操作人:</td><td colspan="3">复核人:</td></tr>
<tr><td colspan="8"></td></tr>
<tr><td colspan="8"></td></tr>
<tr><td colspan="9">物料平衡=(总混后颗粒总量+粉头量+可见损耗量)/(投入原辅料量+投入粉头量+投入浸膏量)×100%
=

收得率=(总混后颗粒总量)/(投入原辅料量+投入粉头量+投入浸膏量)×100%
=</td></tr>
<tr><td colspan="9">备注/偏差情况:</td></tr>
</table>

附录十四 压片生产记录1

压片生产记录1

品名	规格	批号	批量:万片	日期:

操作步骤	记录	操作人	复核人
1. 检查房间上次生产清场记录	已检查,符合要求□		
2. 检查房间温度、相对湿度、压力	温度: ℃ 相对湿度: % 压力: MPa		
3. 检查房间中有无上次生产的遗留物,有无与本批产品无关的物品、文件	已检查,符合要求□		
4. 检查磅秤、天平是否有效	已检查,符合要求□		
5. 检查用具、容器应干燥洁净	已检查,符合要求□		
6. 按生产指令领取模具和物料	已领取,符合要求□		
7. 按程序安装模具,试运行转应灵活、无异常声音	已试运行,符合要求□		
8. 料斗内加料,并注意保持料斗内的物料不少于1/2	已加料□		
9. 试压,检查片重、硬度、外观	已检查,符合要求□		
10. 正常压片,每15分钟检查片重差异	已检查,符合要求□		
11. 压片结束,关机	已检查,符合要求□		
12. 清洁,填写清场记录	已清场,填写清场记录□		
13. 及时填写各种记录	填写记录□		
14. 关闭水、电、气	水、电、气已关闭□		
备注/偏差情况:			

附录十五 压片生产记录 2

压片生产记录 2

品名：			规格：		批号：	
指令	1	冲模规格：				
	2	设备完好、清洁：				
	3	本批颗粒为：		标准片重： g/片		
	4	按压片生产 SOP 操作：				
	5	指令签发人：				

	压片机编号				完好与清洁状态			
					完好□ 清洁□			
	使用颗粒总重量		kg		理论产量		kg	
	第（ ）号机				第（ ）号机			
	日期	时间	10 片重量	外观质量	日期	时间	10 片重量	外观质量
	填写人：							

片重差异检查													
日期	时间	每片重/g										平均片重（g/片）	波动范围（g/片）
填写人				复核人									
备注/偏差情况：													

附录十六　压片生产记录3

压片生产记录3

品名			规格		批号	
崩解时限及脆碎度检查记录	日期	时间	崩解时限/min	日期	时间	脆碎度/%
桶号						
净重量/kg						
数量/万片						
桶号						
净重量/kg						
数量/万片						
总重量		kg		总数量	万片	
回收粉头		kg		可见损耗量	kg	

物料平衡＝(片总量+回收粉头+可见损耗量)/领用颗粒总量×100%

＝

收得率＝实际产量(万片)/理论产量(万片)×100%

＝

操作人		复核人	

备注/偏差情况：

附录十七　包衣生产记录

包衣生产记录

<table>
<tr><td colspan="2">品名</td><td>规格</td><td>批号</td><td>日期</td><td>班次</td></tr>
<tr><td colspan="2"></td><td></td><td></td><td></td><td></td></tr>
<tr><td colspan="3">环境温度：</td><td colspan="3">相对湿度：</td></tr>
<tr><td rowspan="2">指令</td><td colspan="5">1. 检查是否具备生产证、清场合格证、设备完好证</td></tr>
<tr><td colspan="5">2. 按薄膜包衣标准操作程序包衣
2.1 分批分锅将素片用加料斗转运入包衣机锅内；
2.2 开启薄膜包衣料输送屏，设定包衣料用量。启动包衣机，在包衣过程中随时检查片面质量，每100kg素片使用包衣料不得少于73kg。热风温度控制在90~130℃，滚筒转速控制为1~12转/分</td></tr>
<tr><td colspan="2">锅　号</td><td>1</td><td>2</td><td>3</td><td>4</td></tr>
<tr><td colspan="2">素片量(kg)</td><td></td><td></td><td></td><td></td></tr>
<tr><td colspan="2">包衣料批号</td><td></td><td></td><td></td><td></td></tr>
<tr><td colspan="2">包衣料量(kg)</td><td></td><td></td><td></td><td></td></tr>
<tr><td colspan="2">预热温度(℃)</td><td></td><td></td><td></td><td></td></tr>
<tr><td colspan="2">喷雾开始时间</td><td>时　分</td><td>时　分</td><td>时　分</td><td>时　分</td></tr>
<tr><td colspan="2">喷雾结束时间</td><td>时　分</td><td>时　分</td><td>时　分</td><td>时　分</td></tr>
<tr><td colspan="2">平均片重(g)</td><td></td><td></td><td></td><td></td></tr>
<tr><td colspan="2">薄膜片重(kg)</td><td></td><td></td><td></td><td></td></tr>
<tr><td colspan="2">薄膜片损耗量(kg)</td><td></td><td></td><td></td><td></td></tr>
<tr><td colspan="2">操作人</td><td></td><td></td><td></td><td></td></tr>
<tr><td colspan="2">清场</td><td colspan="4">包衣完毕，按规定清场、清洁，并填写清场记录□</td></tr>
<tr><td colspan="6">备注：</td></tr>
<tr><td colspan="6">填写人：　　　　复核人：　　　　QA：</td></tr>
</table>

附录十八　内包装生产记录

内包装生产记录

品名	批号	规格	内包规格
日期	班次	室内温度	相对湿度

清场标志	符合□　不符合□	执行	□铝塑包装标准操作程

内包材料/kg

内包材名称	批号	上班余数	领用数	实用数	本班结余数	损耗数	操作人

片剂包装：　　　　　/万片

领料数量	实包装数量	结余数量	废损数量	热封温度

操作人		包装质量检查		检查人	

物料平衡计算

内包收得率=实包装数量\领料数量×100%

=

收得率范围	98%~100%	结论		检查人	
备注					

附录十九　外包装生产记录

外包装生产记录

品名	批号	规格	外包规格
日期	班次	室内温度	相对湿度

清场标志	符合□　不符合□	执行	□包装标准操作规程

外包材料/kg						
外包材名称	上班余数	领用数	实用数	本班结余数	损耗数	操作人

片剂包装：　　　　　/万片				
打码领料名称	打码数量	结余数量	废损数量	操作人

上批产品批号			上批产品尾数		
实包装数量		包装质量检查		检查人	

物料平衡计算
物料平衡=(实包装数量+取样)/领料数量×100% = 收得率=实包装数量/理论数量×100% =

收得率范围：	98%~100%	结论		检查人	

备注	

参考文献

1. 张健泓.药物制剂技术.2 版.北京:人民卫生出版社,2013

2. 张健泓.药物制剂技术实训教程.北京:化学工业出版社,2014

3. 方亮.药剂学.8 版.北京:人民卫生出版社,2016

4. 傅超美,王世宇.药用辅料学.北京:中国中医药出版社,2008

5. 刘建平.生物药剂学与药物动力学.5 版.北京:人民卫生出版社,2016

6. 姚文兵.生物技术制药概论.北京:中国医药科技出版社,2010

7. 国家药典委员会.中华人民共和国药典.北京:中国医药科技出版社,2015

目标检测参考答案

项目一　药物制剂基础

一、选择题

（一）单项选择题

1. C　2. C　3. A　4. A　5. D　6. A　7. A

（二）多项选择题

1. ACD　2. ABCE　3. ABCD　4. ABCE

二、简答题(略)

三、实例分析(略)

项目二　制药卫生

一、选择题

（一）单项选择题

1. C　2. C　3. D　4. A　5. A　6. A

（二）多项选择题

1. ABCDE　2. ABDE　3. ABCD　4. ABDE

二、简答题(略)

三、实例分析(略)

项目三　制药用水

一、选择题

（一）单项选择题

1. A　2. C　3. C　4. A　5. B　6. B　7. A

（二）多项选择题

1. ABCD　2. ABCD　3. DE　4. ABC　5. AB

二、简答题(略)

三、实例分析(略)

项目四 物料干燥

一、选择题

(一)单项选择题

1. A 2. C 3. C 4. C 5. D 6. B 7. B

(二)多项选择题

1. ABCD 2. ABCDE 3. ABCD 4. ABCD 5. BE

二、简答题(略)

项目五 粉碎、过筛、混合

一、选择题

(一)单项选择题

1. B 2. C 3. B 4. B 5. B 6. D 7. C 8. A 9. C

(二)多项选择题

1. ABCE 2. ABCDE 3. ABCE 4. ACD 5. ABCDE

二、简答题(略)

项目六 液体制剂

一、选择题

(一)单项选择题

1. D 2. A 3. C 4. C 5. D 6. A 7. A 8. B 9. C 10. B
11. D 12. C

(二)多项选择题

1. ACD 2. CDE 3. ABCE 4. ABCDE 5. ABE 6. ADE

二、简答题(略)

项目七 无菌液体制剂

一、选择题

(一)单项选择题

1. C 2. C 3. B 4. B 5. D 6. D 7. A 8. B 9. A 10. D

11. C　12. B

（二）多项选择题

1. ABCDE　2. BE　3. ABE　4. ACD　5. ACDE　6. ACD　7. ACD

二、简答题（略）

三、实例分析（略）

项目八　浸出制剂

一、选择题

（一）单项选择题

1. B　2. B　3. D　4. D　5. C　6. A　7. D　8. C　9. D　10. D

11. A　12. C　13. B　14. B　15. B

（二）多项选择题

1. ABCD　2. ABDE　3. BD　4. ACE　5. ACDE　6. ABCE　7. ABCD　8. ABCDE　9. ABCDE　10. ABC

二、简答题（略）

三、实例分析（略）

项目九　散　剂

一、选择题

（一）单项选择题

1. D　2. D　3. B　4. A　5. C　6. A

（二）多项选择题

1. ABC　2. ABDE　3. ABCD　4. ABC

二、简答题（略）

三、实例分析（略）

项目十　颗　粒　剂

一、选择题

（一）单项选择题

1. B　2. B　3. A　4. A　5. D　6. A　7. D

（二）多项选择题

1. ABCD　2. ABCE　3. ABCD

二、简答题（略）

三、实例分析（略）

项目十一　胶　囊　剂

一、选择题

（一）单项选择题

1. A　2. D　3. B　4. B　5. A

（二）多项选择题

1. AB　2. ABCD　3. ACDE　4. ABCD　5. ABCD

二、简答题（略）

三、实例分析（略）

项目十二　片　　剂

一、选择题

（一）单项选择题

1. C　2. A　3. C　4. B　5. D　6. D　7. B　8. A　9. C　10. A

（二）多项选择题

1. BCE　2. BCD　3. AD　4. BCDE　5. ABCDE　6. ABCD　7. ABD

二、简答题（略）

三、实例分析（略）

项目十三　丸　　剂

一、选择题

（一）单项选择题

1. A　2. A　3. C　4. B　5. D　6. D　7. A　8. B　9. A　10. C

11. A　12. A

（二）多项选择题

1. ABD　2. ABCDE　3. ABD　4. ABCD　5. BCDE　6. A BD　7. ABCDE　8. AE

二、简答题（略）

项目十四　外用膏剂

一、选择题

（一）单项选择题

1. D　2. A　3. C　4. C　5. C　6. B　7. A　8. B　9. A　10. D

（二）多项选择题

1. AC　2. AB　3. ACD　4. AD　5. BD　6. AC　7. BC

二、简答题（略）

三、实例分析（略）

项目十五　栓　　剂

一、选择题

（一）单项选择题

1. D　2. B　3. A　4. B　5. C　6. D　7. A　8. C　9. C　10. D
11. C　12. C　13. C　14. D　15. B

（二）多项选择题

1. BCE　2. ABCDE　3. BDE　4. AB　5. ABC　6. ABE　7. CD　8. ABCDE

二、简答题（略）

三、实例分析（略）

项目十六　膜剂与涂膜剂

一、选择题

（一）单项选择题

1. C　2. D　3. B　4. D　5. B

（二）多项选择题

1. ABCDE　2. BCDE　3. ABCD　4. CE　5. ACE

二、简答题（略）

三、实例分析（略）

项目十七　气雾剂、粉雾剂和喷雾剂

一、选择题

（一）单项选择题

1. A　2. B　3. D　4. D　5. C　6. A　7. C　8. D　9. A　10. D
11. D　12. C

（二）多项选择题

1. AC　2. ABCD　3. ABD　4. AC　5. BE

二、简答题（略）

三、实例分析（略）

项目十八　药物制剂的新技术

一、选择题

（一）单项选择题

1. C　2. B　3. B　4. A　5. C　6. B　7. A　8. B　9. B　10. C

11. A　12. C

（二）多项选择题

1. ACDE　2. DE　3. ABCD　4. BCDE

二、简答题（略）

三、实例分析（略）

项目十九　药物制剂的新剂型

一、选择题

（一）单项选择题

1. B　2. A　3. B　4. C　5. C　6. C　7. A　8. C　9. A

（二）多项选择题

1. ABCD　2. ABC　3. ABD　4. ACD　5. AC　6. ABCDE　7. ABE　8. CDE　9. BCDE

二、简答题（略）

三、实例分析（略）

项目二十　药物制剂的稳定性

一、选择题

（一）单项选择题

1. A　2. D　3. D　4. C　5. C

（二）多项选择题

1. ABD　2. ACE　3. ABCDE　4. ABCDE　5. ABCDE　6. ABDE

二、简答题（略）

三、实例分析（略）

项目二十一　药物制剂的有效性

一、选择题

（一）单项选择题

1. B　　2. C　　3. C　　4. B　　5. B　　6. D

（二）多项选择题

1. DE　2. ABCDE　3. ABC　4. ADE　5. ABCDE

二、简答题(略)

项目二十二　药物制剂的配伍变化

一、选择题

（一）单项选择题

1. B　　2. D　　3. D　　4. A　　5. C　　6. B　　7. C

（二）多项选择题

1. ABCDE　2. ACE　3. BC　4. ABC　5. ABCDE

二、简答题(略)

三、实例分析(略)

项目二十三　生物技术药物制剂

一、选择题

（一）单项选择题

1. A　　2. D　　3. D　　4. B　　5. D　　6. A

（二）多项选择题

1. ABCE　2. BCD　3. ADE

二、简答题(略)

三、实例分析(略)

药物制剂技术课程标准

（供药物制剂技术专业用）

ER-课程标准 1

（供化学制药技术专业使用）

ER-课程标准 2

（供生物制药技术专业用）

ER-课程标准 3

（供药学专业用）

ER-课程标准 4